JN300059

無機化学命名法
― IUPAC 2005 年勧告 ―

Neil G. Connelly・Ture Damhus
Richard M. Hartshorn・Alan T. Hutton 著

日本化学会 化合物命名法委員会 訳著

東京化学同人

International Union of Pure and Applied Chemistry
Nomenclature of Inorganic Chemistry
IUPAC Recommendations 2005

Issued by the Division of Chemical Nomenclature and Structure Representation
in collaboration with the Division of Inorganic Chemistry

Prepared for publication by

Neil G. Connelly
University of Bristol, UK

Ture Damhus
Novozymes A/S, Denmark

Richard M. Hartshorn
University of Canterbury, New Zealand

Alan T. Hutton
University of Cape Town, South Africa

© International Union of Pure and Applied Chemistry, 2005, All rights reserved.

Original English language edition published for the International Union of Pure and Applied Chemistry by The Royal Society of Chemistry, Thomas Graham House, Science Park, Milton Road, Cambridge CB4 0WF, UK

まえがき

　化学命名法はそれを利用する各分野の必要に即して進化しなければならない．特に，命名法はつぎのことを考慮してつくるべきである．新化合物あるいは新化合物群も表現できるようにする，あいまいさが生じたらこれを除去するように修正を加える，命名法を利用する過程で混乱があるならそれをすっきりさせる．また命名法に通暁していない利用者（たとえば，まだ化学の学習途中の人や，職場や家庭で化学薬品を使用する必要がある化学の専門家以外の人）を助けるために，できる限り系統的で，複雑でない命名法をつくることが必要である．それ故，"無機化学命名法──IUPAC 1990 年勧告──（レッドブック I）[訳注]"の改訂は，無機化学命名法に関する IUPAC 委員会（Commission on Nomenclature of Inorganic Chemistry：CNIC）の指導のもとに 1998 年に着手され，ついで IUPAC の全体的再編の一環である 2001 年の CNIC 廃止に伴い，化学命名法および構造表示部会（第 VIII 部会）の下で作業する作業部会によって行われた．

　無機化学および有機化学命名法の体系に可能な限りの一貫性を確保するために，レッドブック改訂版の編集者と"有機化学命名法──IUPAC 勧告──（ブルーブック改訂版，現在編集中）"の編集者との間に広範な協同作業が行われてきた．現在のところ，改訂中のブルーブックの重要要素である優先的 IUPAC 名（preferred IUPAC names：PIN）という概念は，無機化学命名法にまでは拡張されていない（ただし，適切であると判断される場合には，本書でも有機化合物すなわち炭素含有化合物に対して PIN が使用されている）．無機化合物にも広く PIN を採用しようとする将来計画では，現在は同等に正当とされている複数の命名法体系のいずれかを選ぶかという問題に直面することは避けられない．

　本書はレッドブック I に優先するばかりでなく，適切な箇所では"無機化学命名法 II ──IUPAC 2000 年勧告──（レッドブック II）"にも優先するものとなる．レッドブック I からの主要変更点の一つは，より明快にするために内容の構成を変えたことである．すなわち，IR-5（組成命名法とイオン名称・ラジカル名称の概観），IR-6（母体水素化物名称と置換命名法）および IR-7（付加命名法）は，無機化合物に適用される 3 種類の主要な命名法体系の一般的特徴を取扱う（'IR-' という表記はレッドブック I で使っている 'I-' という接頭語と本書の章や節を区別するために使われていることに留意）．それに続く三つの章は，それらの応用，特に付加命名法の大きな 3 部門となる化合物，無機酸とその誘導体（IR-8），配位化合物（IR-9），有機金属化合物（IR-10）への適用を扱っている．全体的に見て，レッドブック I ですでに明示した付加命名法（配位化合物の古典的命名法を一般化したもの）が本書ではさらに強化されている．有機化学と無機化学の境界から選んだ有機化合物の例も含まれており，

　　訳注　その冊子の表紙の地色が赤なのでレッドブックの通称が与えられた．無機化学命名法の赤に対し，有機化学命名法は青が用いられているので，有機化学命名法冊子はブルーブックとよばれている．

これらに対しては付加命名法による命名が便利である（おそらく，それらの PIN は違った名称になるであろう）．

本書の重要な変更点の一つは有機金属化合物に関する IR-10 である．この章を配位化合物に関する章（IR-9）から分離したことは，有機金属化学の重要性が著しく増大したことと，π結合配位子の存在に関連した非常に異質な問題を反映している．IR-9 もかなり改められている（レッドブック I の I-10 と比較せよ）．この章の改訂では，配位化合物および有機金属化合物における η および κ 方式の使用法（IR-9.2.4.2, IR-9.2.4.3），多核化合物の名称における中心原子の順序に関する新規則（IR-9.2.5.6）を説明し，配置に関する項を構成に関する節（IR-9.2）から分離して統合（IR-9.3），そして T-型分子（IR-9.3.3.7）とシーソー型分子（IR-9.3.3.8）に対する多面体記号の説明を加え，それらの形と密接に関係した構造（IR-9.3.2.2）の選択の指針を定めた．

オキソ酸とオキソ酸陰イオンに関する章（レッドブック I の I-9）も大幅に改訂された．章題を無機酸とその誘導体（IR-8）とし，IR-8.4 では '水素名称' の概念を若干改訂している（慣用的な 'ous' と 'ic' の名称が整合性のために再び使われているが，これらの名称は有機化学命名法すなわち新しいブルーブックでは必要とされているからである）．

化合物または化学種を命名する問題に直面した読者は，いくつかのやり方でその方法を見いだすことができよう．IR-1.5.3.5 にフローチャートをあげてあるが，これを使えばたいていの場合，少なくとも一つの可能な名称をつくり出す規則が記載されている節あるいは章に到達することができるだろう．IR-9.2.1 にあげる第二のフローチャートは配位化合物および有機金属化合物に特化した付加命名法適用の助けとなろう．細目にわたる事項索引，ならびに広範囲の単純無機化合物，イオンおよびラジカルに対する可能な代替名称の詳細な指針も与えられている（付表 IX）．

多くの化合物において，化学式はもう一つの重要な組成あるいは構造表現であり，化合物によっては，化学式の組立てが命名より容易なこともありうる．IR-4（化学式）では，化学式の表示とそれに対応する名称との調和性を向上させるように，かなりの変更を加えた．たとえば，配位子を引用する順序（今やこの順序は配位子の電荷に関係しない）（IR-4.4.3.2）および括弧の順序と用法（簡略化され，有機化学命名法で提案されている用法と矛盾が少ないもの）である（IR-4.2.3）．さらに，配位子を略号で示せば化学式の煩雑さが減るので，略号の構築と使用法に対する勧告を IR-4.4.4 で述べ，公認される配位子略号を大編成の付表 VII に示した（付表 VIII には配位子の構造式が示してある）．

レッドブック I の内容が短縮されるか簡約化された二つの章があるが，どちらの領域もまだ大規模な修正を必要としている．まず固体の章（IR-11）は本書では基礎項目だけを記載しており，最近の発展については国際結晶学連合（International Union of Crystallography: IUCr）から刊行される出版物に記載される予定である．IUPAC と IUCr との将来の協同作業により，急速に発展している固体化学分野に対して必要な命名法を付け加えていくことが望

まれる．

　第二に，ホウ素化学，特に多核ホウ素化合物に関する化学も大きく発展している．したがって，ここでもホウ素含有化合物の命名法の基礎だけが IR-6（母体水素化物名称と置換命名法）に与えられている（レッドブックⅠのホウ素化合物の命名法に関する独立した，より広範ではあるが旧式の章 I-11 と比較されたい）．しかし，さらに高度な諸問題は，将来のプロジェクトでの詳細な検討のために残されている．

　そのほかの変更としては，新元素およびそれらの命名の現行手続き（IR-3.1）に関する節があり，また鎖状および環状化合物の系統的命名法についての簡略化された記述（レッドブックⅡのⅡ-5 を改訂している）がある．それほど重要でないとして，一本鎖のポリマーに関する節（レッドブックⅡのⅡ-7 として更新されている）および周期表の旧版は，一応削除した（表見返しにある周期表は IUPAC の現行承認版である）．

　新しい勧告のいくつかは，慣用とは決別し，明快さと一貫性を重視している．たとえば，付加命名法名称で語尾 'ide' をもつすべての陰イオン性配位子には接尾語 'ido' を適用している（例：chloro および cyano の代わりに chlorido および cyanido を使う．また，hydrido を，ホウ素命名法も例外とせず，すべてで使う）．これはより系統的な手法を志向する全体的動きの一環となるものである．

謝　辞

　本書がレッドブックの過去の版から進化してきたことを思い起こすと，まず以前の編集者および関係者の努力に感謝しなければならない．一方，今回の改訂は多くの方々の助けなしでは達成されなかった．これらの方々にも感謝したい．この改訂の初期段階では，CNIC 委員（配位子の略号を収集整理する仕事を始めた Stanley Kirschner もその一員で，その成果が付表Ⅶおよび Ⅷ となっている）にご助力いただいた．また IUPAC の第Ⅷ部会の諮問小委員会委員（特に Jonathan Brecher, Piroska Fodor-Csányi, Risto Laitinen, Jeff Leigh および Alan McNaught）およびブルーブック改訂版の編集者（Warren Powell と Henri Favre）は非常に貴重な助言をしてくれた．この仕事の多くは Richard Hartshorn と Alan Hutton という二人の上級編集者を含む作業部会によって行われた．

Neil G. Connelly・Ture Damhus
（上級編集者）

訳著者まえがき

"無機化学命名法"は 1990 年および 2000 年に IUPAC（国際純正・応用化学連合）の 1990 年勧告（レッドブック I）および 2000 年勧告（レッドブック II）が出版されたが，このたび IUPAC の 2005 年勧告が出版された．2000 年勧告は小規模の改訂であったが，2005 年勧告は 1990 年勧告以来の大幅な改訂である．

IUPAC は慣用的な命名をより系統的で統一的な命名へと変えてきたが，本書でもその傾向がはっきりと表れている．このことはたとえば，錯体の命名に大きな変更として表れている．陰イオンが配位子としてはたらいているときには，陰イオン名の語尾を e から o へと変化させるという約束になっている．したがって，硫酸イオン（sulfate）が配位子となる場合にはスルファト（sulfato）となる．しかし，Cl⁻（chloride），CN⁻（cyanide），OH⁻（hydroxide）が配位子となる場合には，それぞれクロロ（chloro），シアノ（cyano），ヒドロキソ（hydroxo）と命名されていた．今回の改訂では系統的で統一的な命名法という姿勢を一層徹底させ，これらの配位子はそれぞれクロリド（chlorido），シアニド（cyanido），ヒドロキシド（hydroxido）と命名されている．したがって，K$_3$[Fe(CN)$_6$] の名称はヘキサシアノ鉄(III)酸カリウムからヘキサシアニド鉄(III)酸カリウムへと変わった．

レッドブック I の I-10 に配位化合物（錯体）の命名法が記載されている．この中に有機金属種という節があり，有機金属化合物の命名法がほんのわずか取上げられている．しかし，本書では配位化合物と有機金属化合物とがそれぞれ IR-9 と IR-10 として完全に分離され，それぞれ充実した記載がなされている．有機金属化学の領域が拡大し，化学や化学工業において重要な地歩を占めるに至ったこと，有機金属化合物が配位化学のための命名法の枠組みに収まりきれなくなったことの反映である．

命名法の改訂は多方面に大きな影響を与える．今回の改訂の内容はまず日本の化学者に十分伝えられなければならない．完全にグローバル化している化学者の世界で，共通の命名法に基づく情報交換が不可欠だからである．国内外の学会発表はもちろんのこと，内外の国際学術誌への論文発表でも改訂された IUPAC 命名法を理解しておかないと，支障を生じるおそれがある．そこで，本書には，命名法に関する重要な基本概念や用語および化合物名称に対応する英語を併記した．また，原著には事項索引しかないが，本書には対応する和文索引と欧文索引に加え，新たに作成した詳細な化学式索引を設定した．これらは，読者が化学情報を英語で発信するときに，本書が強力な助けとなるようにと考えたからである．

日本の法律に記載する化合物名にはおもに IUPAC の命名法が採用されている．したがって，IUPAC による命名法の改訂は日本の関係省庁，地方自治体や企業の関係者等に適切に伝えなければならない．地球環境問題の解決，グリーンケミストリーの推進，農薬の規制，化学工業における生産活動の管理といった化学がかかわる広範な諸問題は国際的な連携がますます重要になっている．このため国際的な取決めに従った命名法の普及がきわめて重要であ

る．本書が最新の IUPAC 命名法の普及・啓発に活躍してくれることを期待している．

　高等学校や大学の教育に今回の改訂命名法をどのように取入れるか（あるいは取入れないか）を考えることは重要である．本書をこのような問題の検討に役立てていただくことも期待している．

　末筆になってしまったが，本書の出版に当たり日本化学会から大きな励ましをいただいたこと，同会の井樋田裕子氏，東京化学同人の高林ふじ子氏に大変お世話になったことに謝意を表したい．

2010 年 3 月

日本化学会 化合物命名法委員会
委員長　荻　野　　博

（社）日本化学会 化合物命名法委員会
（"無機化学命名法"翻訳グループ）

委員長	荻　野　　　博	放送大学 副学長，元 東北大学大学院理学研究科 教授，東北大学名誉教授，理学博士
委　員	岩　本　振(とし)武(たけ)	元 東京大学教養学部 教授，東京大学名誉教授，理学博士
	岡　崎　雅　明	弘前大学大学院理工学研究科 教授，理学博士
	齋　藤　太　郎	元 東京大学大学院理学系研究科 教授，東京大学名誉教授，工学博士
	中　原　勝(まさ)儼(よし)	元 立教大学理学部 教授，立教大学名誉教授，理学博士

（五十音順）

凡　例

1. 原著にある注以外に，日本語への翻訳に際して必要とした注を"訳注"として加えてある．

2. 引用されている命名例には，日本語名称とともに，原著にある英語名称を併記してある．

3. 陰イオンの日本語名称においては，化物 ide'イオン'や酸 ate'イオン'のように，原著にはない'イオン'を付記してある．これは，たとえば chloride や sulfate の日本語直訳となる塩化物，硫酸塩がそれぞれ物質群を特定する用語であって，イオンの名称にはならないからである．

4. 命名法に関連する重要な基本概念や用語は太字で印刷してあり，対応する英語も示してある．また，原著ではイタリックで印刷されているような強調部分について，日本語訳では下線を施してある．

5. 原著には事項索引だけが設けられているが，訳書では，対応する和文索引と欧文索引のほかに，詳細な化学式索引を加えた．化学式索引のために訳書で追記された化学式には，♯ $C_2H_4P_2Se_3$ のように，♯印を付記してある．

6. 日本語への翻訳に際しての上記の処置は，本書が，単に化合物の日本語名称を知るためではなく，英語で公表するときの助けとなることをも重視して刊行されたという趣旨にそうものである．

7. 原著にある英語化合物名称をカタカナ表記日本語名称に翻訳する際には，巻末に掲載してある字訳規準に従った．

8. 字数の多い英語名称が改行で分断（分綴）されているとき，通常の分綴記号であるハイフン '-' に代わって '⌒' が行末に記されていることがある．この記号は，名称を分断しないときには不要となるので，その場合は表記しない．英語名称中のハイフンは意味のある記号として名称を構成しているので，いかなる場合でも削除してはならない．これらは，原著と訳書の中だけに限定された改行にかかわる表記規定である．

目　　次

IR-1　化学命名法の目的，機能および方法 ···1
　IR-1.1　序 ···1
　IR-1.2　化学命名法の歴史 ··1
　IR-1.3　化学命名法の目的 ··3
　IR-1.4　化学命名法の機能 ··3
　IR-1.5　無機化学命名法の方法 ··3
　IR-1.6　前回のIUPAC勧告からの変更点 ···8
　IR-1.7　他の化学分野での命名法勧告 ···11
　IR-1.8　文　献 ···11

IR-2　文　法 ···14
　IR-2.1　序　論 ···14
　IR-2.2　括　弧 ···15
　IR-2.3　ハイフン，プラス・マイナス符号，全角ダッシュ，結合標識 ··············22
　IR-2.4　斜　線 ···24
　IR-2.5　ドット，コロン，コンマ，セミコロン ··24
　IR-2.6　スペース ··26
　IR-2.7　母音省略 ··27
　IR-2.8　数　字 ···27
　IR-2.9　イタリック体 ··30
　IR-2.10　ギリシャ文字 ··31
　IR-2.11　星　印 ···31
　IR-2.12　プライム ··32
　IR-2.13　倍数接頭語 ···32
　IR-2.14　位置記号 ··33
　IR-2.15　順序規則 ··35
　IR-2.16　結　語 ···39
　IR-2.17　文　献 ···39

IR-3　元　素 ···40
　IR-3.1　原子の名称と記号 ··40

IR-3.2	質量，電荷，原子番号の指数（下付きおよび上付き）による表示 ... 41
IR-3.3	同 位 体 ... 41
IR-3.4	元素（あるいは単体） ... 42
IR-3.5	周期表中の元素 ... 44
IR-3.6	文献と補遺 ... 45

IR-4 化 学 式 ... 46

IR-4.1	序 論 ... 46
IR-4.2	式の種類の定義 ... 46
IR-4.3	イオン電荷の表示 ... 49
IR-4.4	式中の記号の記載順序 ... 50
IR-4.5	同位体修飾化合物 ... 55
IR-4.6	式に用いられるその他の記号など ... 56
IR-4.7	文献と補遺 ... 58

IR-5 組成命名法とイオン名称・ラジカル名称の概観 ... 59

IR-5.1	序 論 ... 59
IR-5.2	元素(単体)および二元化合物の定比組成名称 ... 59
IR-5.3	イオンおよびラジカルの名称 ... 61
IR-5.4	一般的定比組成名称 ... 66
IR-5.5	（形式的）付加化合物の名称 ... 71
IR-5.6	結 語 ... 72
IR-5.7	文 献 ... 72

IR-6 母体水素化物名称と置換命名法 ... 73

IR-6.1	序 論 ... 74
IR-6.2	母体水素化物の名称 ... 74
IR-6.3	母体水素化物誘導体の置換式名称 ... 88
IR-6.4	母体水素化物から誘導されるイオンおよびラジカルの名称 ... 91
IR-6.5	文 献 ... 96

IR-7 付 加 命 名 法 ... 97

IR-7.1	序 論 ... 97
IR-7.2	単 核 体 ... 98
IR-7.3	多 核 体 ... 101
IR-7.4	無機鎖と環 ... 104
IR-7.5	文 献 ... 108

IR-8 無機酸とその誘導体 ... 109

IR-8.1	序論と概観 ... 109

IR-8.2	酸を体系的に命名するための一般規則	111
IR-8.3	付加式名称	111
IR-8.4	水素名称	121
IR-8.5	陰イオンの水素名称の省略形	123
IR-8.6	オキソ酸誘導体の官能基代置名称	124
IR-8.7	文　献	127

IR-9　配位化合物　128

IR-9.1	序　論	129
IR-9.2	配位化合物の構成の記述	133
IR-9.3	錯体の立体配置	158
IR-9.4	結　語	178
IR-9.5	文献と補遺	178

IR-10　有機金属化合物　179

IR-10.1	序　論	179
IR-10.2	遷移元素の有機金属化合物命名法	180
IR-10.3	主要族元素の有機金属化合物命名法	205
IR-10.4	多核有機金属化合物における中心原子の順序	209
IR-10.5	文　献	210

IR-11　固　体　211

IR-11.1	序　論	211
IR-11.2	固相の名称	212
IR-11.3	化学組成	212
IR-11.4	点欠陥（Kröger–Vink）記号	214
IR-11.5	相の名称	216
IR-11.6	不定比相	217
IR-11.7	多　形	219
IR-11.8	結　語	220
IR-11.9	文　献	220

付表 I	元素の名称，記号，原子番号	222
付表 II	原子番号112番以上の元素に対して暫定的に認められた名称と記号	223
付表 III	接尾語および語尾	224
付表 IV	倍数接頭語	229
付表 V	幾何学的および構造的特性を示す接辞（接頭語，挿入後，接尾語）	230
付表 VI	元素の順位	230
付表 VII	配位子略号	231
付表 VIII	配位子（抜粋）の構造式（番号は付表VIIと合致）	241

付表 IX 同種原子系，二元系ならびにその他の簡単な系の分子，イオン，化合物，ラジカル
　　　　および置換基の名称 ……………………………………………………………………… 247
付表 X 陰イオン名称，置換命名法で用いられる 'a' 語群および
　　　　鎖状環状命名法で用いられる 'y' 語群 …………………………………………………… 322

付録 1 化合物名日本語表記の原則 …………………………………………………………………… 325
付録 2 化合物名字訳基準 ……………………………………………………………………………… 326

欧 文 索 引 …………………………………………………………………………………………… 331
和 文 索 引 …………………………………………………………………………………………… 338
化学式索引 …………………………………………………………………………………………… 345

IR-1　化学命名法の目的，機能および方法

IR-1.1　序
IR-1.2　化学命名法の歴史
　IR-1.2.1　無機化学命名法における国際共同作業
IR-1.3　化学命名法の目的
IR-1.4　化学命名法の機能
IR-1.5　無機化学命名法の方法
　IR-1.5.1　規則の公式化
　IR-1.5.2　名称の構成
　IR-1.5.3　命名法の体系
　　IR-1.5.3.1　総論
　　IR-1.5.3.2　組成命名法
　　IR-1.5.3.3　置換命名法
　　IR-1.5.3.4　付加命名法
　　IR-1.5.3.5　一般的命名手続き

IR-1.6　前回の IUPAC 勧告からの変更点
　IR-1.6.1　陽イオンの名称
　IR-1.6.2　陰イオンの名称
　IR-1.6.3　付表 VI での元素序列
　IR-1.6.4　（形式的）錯体中の陰イオン性配位子の名称
　IR-1.6.5　（形式的）錯体の化学式
　IR-1.6.6　多核錯体の付加名称
　IR-1.6.7　無機酸の名称
　IR-1.6.8　付加化合物
　IR-1.6.9　その他
IR-1.7　他の化学分野での命名法勧告
IR-1.8　文献

IR-1.1　序

本章は，IR-1.2 で化学命名法の歴史を簡単に概観し，IR-1.3 から IR-1.5 にかけてその目的，機能，方法について総括する．あとの章でのさらに詳細な記述の前置きとして，IR-1.5.3.5 では，無機化合物に適用できる命名法のさまざまな体系について簡潔に述べた．それぞれの体系はそれぞれに準拠した名称を化合物に与えるが，当該化合物の種類に最も適切な体系が選択できるよう，IR-1.5.3 にはフローチャートを示した．IR-1.6 では，前回の勧告からの主要な変更点を概括してある．最後に IR-1.7 では，化学の他分野での命名法にも触れ，無機化学が総合的に統一された全体の一部を構成している事実を示しておく．

IR-1.2　化学命名法の歴史

科学としての化学が成立する以前から，錬金術や工芸技術の活動によって，さまざまな化学物質に名称が与えられていたが，個々の化学組成が反映されるような名称の例はほとんどなかった．しかし，真の科学としての化学が確立されたころの 1782 年，Guyton de Morveau[1] が化学命名法の '方式' を展開した．Guyton が述べた '記憶に頼らず知性を活性化する確固とした命名の方式' の必要性は，まさに化学命名法の基本目的を明確に定義するものである．彼の命名方式は，Lavoisier, Berthollet, de Fourcroy からの協力[2] も得られて拡張され，Lavoisier[3] はその普及に努めた．その後 Berzelius[4] が Lavoisier の考えを支持し，命名法をゲルマン系言語に翻訳するとともに，拡大化して多くの新語を加えた．Dalton の原子論が発表される前に考案されていたこの方式は，元素は酸素と反応して化合物をつくり，酸化物はまた互いに反応して塩をつくるとする元素概念を基礎にしている．2 語からなる化合物名称は，ある意味では，動植物種に Linnaeus（Carl von Linné）が適用した属種二名法（属種二名称連記方式）命名と類似し

ていた.

　原子論が発展して各種の酸化物や他の二元化合物を特定できる化学式を書くことも可能になると,多かれ少なかれ正確に組成を反映する化学名が一般化した.しかし,オキソ酸塩の組成を表現するような命名は採択されなかった.無機化合物の数が急増しても,19世紀末までは命名法の基本要素はほとんど変わらなかった.ある必要に応じてそれに対応する名称が提案されるといったように,体系化ではなく,自然増に応じた追補で命名法も拡大していった.

　Arrheniusが,分子だけでなく,イオンの存在をも強調したとき,中性化学種に加え,荷電粒子の命名が必要となった.しかし,塩の新命名法は不必要とされた.陽イオンはその金属元素名で指示できたし,陰イオンはその非金属成分の名称を部分的に変形して表記された.

　Werner[5]が配位説を提示したとき,組成を示すだけにとどまらず,多くの構造的特徴をも表現する錯体の命名法体系も提案している.Wernerの体系は完全に付加的で,まず配位子の名称を示し,ついで中心原子の名称が続く(錯体が陰イオンであれば語尾が'酸塩あるいは酸イオン ate'と変化する)[訳注].Wernerはまた,構造記号と位置記号をも用いた.この付加的命名法体系にはさらなる拡張と新化合物への対応能力があり,化学の他分野への応用も可能であった.

IR-1.2.1　無機化学命名法における国際共同作業

　1892年にジュネーブで開催された会議[6]において,国際的に認められる有機化学命名法体系の基礎が築かれたが,その当時,それに比肩しうる無機化学命名法の動きは全くなかった.一般化ではなく,その都度,時宜に応じて多くの方式が提案され,ある分類に属するある一つの化合物に対して二つ以上の命名方式が生じることも少なくなかった.名称が異なっても,ある特定の場合にはそれなりの意義があったり,あるいはある特定の人々の気に入るということもあったが,当然それには混乱を招く可能性があった.

　英語圏の化学者の間で統一的命名法の必要性が確認されたのは1886年にさかのぼり,英米両国化学会がその採用に合意することとなった.1913年には,国際化学会連合の評議会が,無機化学,有機化学,生物化学の専門委員会を組織したが,第一次世界大戦の勃発によってその機能は中断した.1921年,IUPACの第2回会議で無機化学,有機化学,生化学の命名法委員会が任命され,作業が再開された.

　1940年に提出された無機委員会の最初の総合報告[7]は,無機化学命名法の体系化に大きな影響を及ぼした.酸化状態の表記におけるStock方式の採用,二元化合物成分の化学式および名称における記載順序の確立,酸性塩名称における重炭酸塩のような名称の使用に対する否定的見解,付加化合物命名における統一的方式の展開など,この最初の報告の主眼点は多くの化学者に認識された.

　その後,これらのIUPAC勧告は改訂され,1959年に小冊子[8]として刊行され,1971年に改訂2版[9]が,そして1977年には"How to Name an Inorganic Substance(無機物質命名法)"と題された補編[10]が刊行された.さらにまた1990年に,それに先行した20年間に生じた多くの多様な変化を集成して全面改訂されたIUPAC勧告[11]が出版された.

　ポリ酸イオン[12],テトラピロール金属錯体(文献13に基づく),無機鎖状および環状化合物[14]と黒鉛層間化合物に関するさらに専門化した領域も検討されている[15].これらの諸事項は,同位体修飾された無機化合物[16],窒素の水素化物とそれに由来する陽イオン・陰イオン・配位子[17],正規単鎖および準単鎖無機・配位高分子[18]を扱った各論文の修正版とともに,"Nomenclature of Inorganic Chemistry II, IUPAC

　訳注　対陽イオンが水素イオンの場合は,語尾が'酸 ic acid'となる.

Recommendations 2000[19]" の七つの章を構成している．'Nomenclature of Organometallic Compounds of the Transition Elements' と題された論文[20]は本書 IR-10 章の基本となっている．

IR-1.3 化学命名法の目的

　化学命名法の主要目的は，化学種を一義的に同定して情報伝達を助けるために，名称と化学式を選定する方法論を提供するところにある．標準化を図ることは副次的目的となろう．一つの物質には唯一の名称だけが許されるほどの絶対性はなくとも，'容認しうる' 複数の名称の数はできるだけ少なくしなければならない．

　命名法体系の開発に当たっては，広く要求に応え，一般的に利用されることにも留意する必要がある．ある場合には，18 世紀後半以前では必須の要求であったような，ある物質を同定できさえすればよい程度でもよかった．現に，小さな専門家集団では，そこだけに限定された名称や略号がまだ使われている．そのような局限的名称は，その専門家集団が同定に用いる手段を理解している間は通用するだろう．しかし，局限的名称は必ずしも他分野に広く構造・組成の情報を伝達するとは限らないので，そのような手法はここで定義した命名法とはいえない．広く利用されるためには，命名法の体系は，理解しやすく，多義性がなく，そして広汎でなければならない．したがって，必要もないのに局限的名称や略号を科学的言語として公の場で使用することは認め難いのである．

IR-1.4 化学命名法の機能

　命名法の第一水準では，完全な慣用名の場合を除き，その物質について若干の体系的情報は与えるが，組成を推定することなどはできない．オキソ酸（例：硫酸，過塩素酸）とその塩の通用名の多くはこの種のものである．このような名称は準体系的といえる．通常の物質に使われ，一般の化学者に理解される限り，その名称は容認される．しかし，化学的訓練がまだ十分でない人にとっては，組成の理解を妨げる類の名称であることを認識しておく必要がある．

　名称だけで定比組成式が一般則に従って推定できるならば，その命名法は真に体系的である．この第二水準に達した命名法による名称でなければ情報検索目的には使えない．

　物質の三次元構造に関する情報を組込みたいとする要望が急激に高まりつつあり，そのためには命名法の体系化もさらに高度な第三水準へと拡張せざるを得なくなっている．検索する化合物すべてにそのような高度な情報を必要とすることはないだろうが，必要な場合にはその水準が要求されるであろう．

　命名情報の編集と広汎強力な検索機能の利用には第四水準が必要となろう．ある一物質での多重登録を可能とする編集検索機能に要する費用は莫大となるだろうから，一物質には唯一の名称を与える系統的階層的規則の開発が不可避となるであろう．

IR-1.5 無機化学命名法の方法

IR-1.5.1 規則の公式化

　新発見はまた命名法に新たな需要をもたらすので，命名法の改良は継続的作業となる．IUPAC においては化学命名法と構造表現部会（2001 年創設）で無機および他の物質の命名法のすべてにわたって研究を続けており，特定の問題，たとえば化学式の表記と名称の作成に対処する最も適切な手法を推奨している．新しい命名規則は，的確に定義された適用領域において名称と化学式を帰属させるための体系的基礎を与えるように，精確に公式化される必要がある．可能な限り，そのような新規則は，現存する推

奨命名法とは，無機化学と他の化学分野の両方で整合性を保ち，また今後発展してくる化学の新領域にも配慮すべきである．

IR-1.5.2 名称の構成

ある無機物質を体系的に命名するには，組成および構造情報を提供すべく定められた手法に従って，構成単位から名称を構築する．命名法体系とよばれる処方に従って体系的名称を構築するには，含まれる元素の名称（あるいは元素名の語根，ラテン語名などの場合もある．付表I，付表II*ならびにIR-3を参照）を接辞とともに連結する．

IR-1.5.3 で述べるように，名称の構築にはすでに認められているいくつかの方式がある．最も単純なのは二元物質の命名の例であろう．そこでの規則からは，物質 $FeCl_2$ に二塩化鉄 iron dichloride なる名称が導かれる．この名称では，元素名（鉄 iron，塩素 chlorine）が列記され，それは特定順序で配列され（電気的陽性元素が電気的陰性元素の前にくる）^{訳注}，電荷を示すために元素名に小変更を加え（陰イオン化した元素，あるいはさらに一般的に，形式上陰イオンとされる元素名の語尾を'化物 ide'として明示する），組成を示すために倍数接頭語'二 di'が使われている．

命名法の形式が異なっていても，名称は一般に以下のような構成単位から構築される．

    元素名語根
    倍数接頭語
    原子あるいは置換基，配位子などの原子団を示す接頭語
    電荷を示す接尾語
    母体化合物を示す名称と語尾
    特定置換基を示す接尾語
    挿入語
    位置記号
    記述語（構造，幾何，立体，その他）
    句読記号

IR-1.5.3 命名法の体系

IR-1.5.3.1 総論

命名法の発展につれて，化学名称構築の体系にはいくつかの異なるものが生じた．それぞれの体系には固有の論理と規則（文法）がある．広汎な応用が可能であっても，実際上は化学のある特定分野だけで利用されているものもある．複数の異なる命名法があるならば，一つの物質に対して複数の名称が論理的には与えられることになる．そのような融通性が役に立つこともあるだろうが，一物多名の度が過ぎれば，情報伝達には齟齬を生じ，通商や法令の分野では障害となる．ある命名法での文法が他の命名法で誤用され，結果としてどの命名法にも従わない名称が与えられれば，混乱を生じるだろう．

無機化学においては，組成命名法，置換命名法，付加命名法の3種が特に重要であり，それぞれ IR-5，IR-6，IR-7 の各章で詳細に解説する．多分，付加命名法は無機化学で最も一般的に適用可能であろう．置換命名法はそれに適切な領域で適用できる．しかし，この2種の命名法では，化合物あるいは命名対象となる化合物あるいは化学種の構造（結合性）の知識が要求される．化合物の化学量論あるいは

---

* 表番号がローマ数字の表は巻末に一括掲載してある．
訳注 日本語名称では，原則として電気的陰性元素が電気的陽性元素の前に配列される．

組成だけが判明し，あるいはそれだけを伝達するのならば，組成命名法で十分である．

IR-1.5.3.2 組成命名法

本書でいう**組成命名法** compositional nomenclature とは，構造情報が関与する他の体系とは対照的に，命名対象化合物あるいは化学種の組成だけに準拠する名称構築である．一例として，一般化された"**定比組成名称** stoichiometric name"をあげる．原子あるいは多原子イオンのような複合単位に倍数接頭語をつけて並べ，一つの化合物の全定比組成を示すのである．二つ以上の成分をもつときは，それらを電気的陽性および電気的陰性の2成分に形式上分離する．命名対象の化学的性質との関係はなくても，この点では伝統的な塩の命名法と同様である．

ここで，成分の配列順序，倍数接頭語の用法，電気的陰性成分の名称の適切な語尾設定について，文法の規則が必要となる．

例：

1. 三酸素 trioxygen O_3
2. 塩化ナトリウム sodium chloride $NaCl$
3. 三塩化リン phosphorus trichloride PCl_3
4. 五ビスマス化三ナトリウム trisodium pentabismuthide Na_3Bi_5
5. 塩化水酸化マグネシウム magnesium chloride hydroxide $MgCl(OH)$
6. シアン化ナトリウム sodium cyanide $NaCN$
7. 塩化アンモニウム ammonium chloride NH_4Cl
8. 酢酸ナトリウム sodium acetate NaO_2CMe

IR-1.5.3.3 置換命名法

置換命名法 substitutive nomenclature は有機化合物に対して広く用いられており，母体水素化物の水素原子を他の原子および（または）原子団で置換する概念を基礎としている[21]．（全体としては付加命名となる錯体あるいは有機金属化合物における有機配位子の命名に特に利用される．）

また，形式上，周期表13～17族元素の水素化物から誘導される化合物の命名に利用される．炭素同様，これらの元素は，多くの誘導体をつくりうる鎖状および環状構造を与えるが，この命名法であれば，母体水素化物中に残った水素原子の位置を特定する必要はなくなるのである．

母体化合物と置換基の命名，置換基名の引用順序，置換基結合位置の特定に係る規則が必要となる．

例：

1. 1,1-ジフルオロトリシラン 1,1-difluorotrisilane $SiH_3SiH_2SiHF_2$
2. トリクロロホスファン trichlorophosphane PCl_3

母体化合物中の非水素原子を他の原子あるいは原子団で置換する，たとえば有機化学での骨格置換のような 'a' 名称を導く操作（文献21のP-13.2およびP-51.3を見よ）も置換命名法に取込まれ，無機化学のある分野では利用されている．

例：

3. 1,5-ジカルバ-*closo*-ペンタボラン(5) 1,5-dicarba-*closo*-pentaborane(5), $B_3C_2H_5$（BH を CH が置換）
4. スチボロジチオ酸 stiborodithioic acid $H_3SbO_2S_2$

消去操作もまた置換命名法での手法になっている．

例：

 5. 4,5-ジカルバ-9-デボル-*closo*-九ホウ酸(2−)イオン
   4,5-dicarba-9-debor-*closo*-nonaborate(2−) [$B_6C_2H_8$]$^{2-}$ （BH の欠如）

IR-1.5.3.4 付加命名法

付加命名法 additive nomenclature では，一つの化合物あるいは化学種を，1個あるいは2個以上の中心原子に配位子が結合した結合体として扱う．配位化合物に適用される特定の付加体系（IR-9 を見よ）である配位命名法は，無機酸（IR-8），有機金属化合物（IR-10），付表 IX に示された多くの簡単な分子やイオンなどに適用されるように，広範囲の化合物にも適用できる．もう一つの付加体系は，鎖状・環状構造の命名に適している（IR-7.4 および下の例 6 を見よ）．

これらの命名体系には，配位子の名称ならびに中心原子名称と配位子名称の配列順序ガイドライン，電荷あるいは不対電子の所在，複雑な配位子での配位位置，立体関係などを明らかにする規則がある．

例：

1. PCl_3 トリクロリドリン trichloridophosphorus
2. [$CoCl_3(NH_3)_3$] トリアンミントリクロリドコバルト triamminetrichloridocobalt
3. $H_3SO_4^+$ (= [$SO(OH)_3$]$^+$) トリヒドロキシドオキシド硫黄(1+)
          trihydroxidooxidosulfur(1+)
4. [$Pt(\eta^2\text{-}C_2H_4)Cl_3$]$^-$ トリクロリド(η^2-エテン)白金酸(1−)イオン
          trichlorido(η^2-ethene)platinate(1−)
5. HONH•   ヒドリドヒドロキシド窒素(•) hydridohydroxidonitrogen(•)
6. （構造図） 1,7-ジアジウンデカスルフィ-[012.1^{1,7}]ジサイクル
       1,7-diazyundecasulfy-[012.1^{1,7}]dicycle
       # N_2S_{11}

IR-1.5.3.5 一般的命名手続き

上記の PCl_3 で例示したように，3種の基本的命名法体系では，対象となる一つの化合物に，異なってはいるが明確な名称が与えられる．

3種のうちのいずれを採るかは，対象とする無機化合物の種類と伝達すべき情報の程度による．以下の例によって，名称を決める前に考慮すべき典型的事象を説明する．

例：

1. NO_2 この実験式によって単に化合物を特定化するのか，あるいは分子式で特定化するのか？これがラジカルであることを強調したいのか？ 原子の結合順序が ONO であることを特定化したいのか？
2. $Al_2(SO_4)_3 \cdot 12H_2O$ この化合物が単に三硫酸二アルミニウムと水が 1：12 の比で構成されることを示したいのか？ あるいはそれがヘキサアクアアルミニウム(3+)イオンを含むことを厳密に示したいのか？

3. $H_2P_3O_{10}^{3-}$ これが三リン酸（表 IR-8.1 で定義される）から 3 個の水素 (1+) イオンが取れたものとするのか？ それらのイオンがどこから取れたかを明らかにしたいのか？

図 IR-1.1 のフローチャートで化合物とその他の化学種命名の一般的ガイドラインを示した．

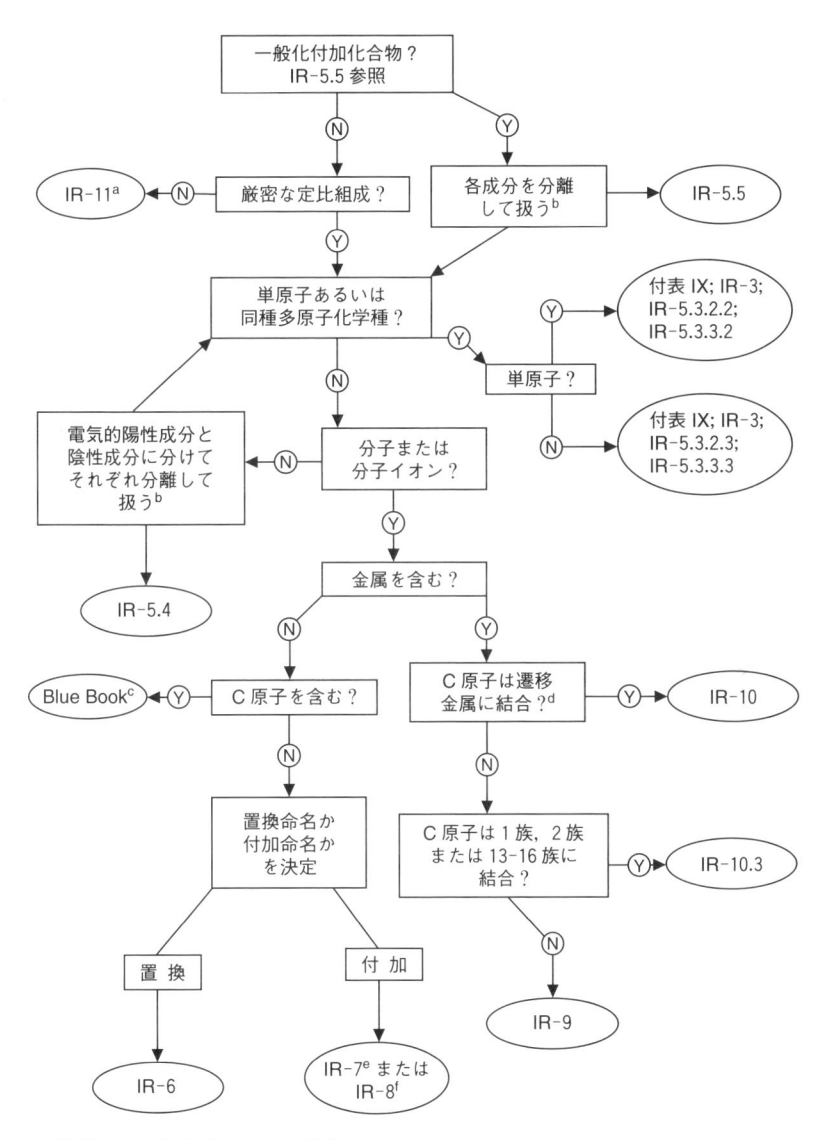

a 固体状態の命名法は IR-11 で扱う．
b 個々の化合物それぞれはここに示した経路に従って命名される．完全な名称は IR-5 に示した勧告に従って組立てられる．
c この化合物は原理的に本書の範囲を超えている．炭素化合物命名の少数例が表 IR-8.1, 表 IR-8.2, および付表 IX にあるが，そのほかは Blue Book[21] を参照されたい．
d C-結合シアン化物は配位化合物として扱われる．IR-9 参照のこと．
e この化学種は配位型化合物 coordination-type compound (IR-7.1 から IR-7.3) として命名してよいが，鎖あるいは環 (IR-7.4) としてもよい．
f 無機酸の記述あり．

図 IR-1.1 化合物・化学種の命名法ガイドライン

IR-1.6 前回の IUPAC 勧告からの変更点

本節では，これまでの IUPAC 命名法関係出版物と比較して今回の重要な変更点をまとめておく．一般論として，これらの変更はより論理的で首尾一貫し，可能な限り，有機化学での命名法 "Nomenclature of Organic Chemistry, IUPAC Recommendations", Royal Society of Chemistry, in preparation（文献 21）とも合致するように設定された．

IR-1.6.1 陽イオンの名称

文献 11 および 19 に名称が与えられている母体水素化物から誘導されるようなイオンは，置換命名法によるようにみえるが，置換命名法の規則には従っていない．たとえば，文献 11 および 19 によれば，$N_2H_6^{2+}$ はヒドラジニウム (2+) hydrazinium(2+) となる．しかし，語尾の 'イウム ium' とは水素 (1+) hydrogen(1+) の付加を意味し，その電荷を意味する．そこでこの陽イオンはヒドラジンジイウム hydrazinediium あるいはジアザンジイウム diazanediium と命名され，IR-6.4.1 および文献 21 にあるように，電荷は記載しない．

IR-1.6.2 陰イオンの名称

陰イオンの体系的名称構築においては，例外なく下記の規則を厳守する．

(i) 同種多原子陰イオンの組成名は '化物 ide' で終わる．

例：

1. I_3^- 三ヨウ化物 (1−) イオン   triiodide(1−)
2. O_2^{2-} 二酸化物 (2−) イオン   dioxide(2−)

(ii) 水素 (1+) イオンを母体水素化物から形式上除去した陰イオンの名称は 'イド ide' で終わる．

例：

3. $^-HNNH^-$ ヒドラジン-1,2-ジイドイオン   hydrazine-1,2-diide
4. $MeNH^-$ メタンアミニドイオン   methanaminide
5.   ポルフィリン-21,23-ジイド   porphyrin-21,23-diide

(iii) 陰イオンの付加命名法名称は '酸 ate' で終わる．

例： 6. PS_4^{3-} テトラスルフィドリン酸 (3−) イオン   tetrasulfidophosphate(3−)

これらの規則は陰イオンがラジカルであってもなくても適用され，文献 21 でのある種のラジカル陰イオンの付加命名法名称は変更されることになった．たとえば，$HSSH^{\bullet-}$ はビス（ヒドリドスルフィド）$(S—S)(\bullet 1-)$ イオン bis(hydridosulfide($S—S$)($\bullet 1-$)[22] と命名されていたが，今回はビス（ヒドリド硫酸）$(S—S)(\bullet 1-)$ bis(hydridosulfate)($S—S$)($\bullet 1-$) イオンとなる[訳注]．

文献 11，文献 19 では，母体水素化物準拠陰イオンで，位置記号がなく，電荷数が付記されていたものも変更されることになった．たとえば文献 19 で $^-HNNH^-$ に与えられた名称ヒドラジド (2−) イオン

訳注　別の名称もありうる．IR-2.2.2.2 (p.18)，IR-7.3.1 (p.101)，IR-7.4.3 (p.107) 参照．

hydrazide(2−)は，今回，ヒドラジン-1,2-ジイドイオン hydrazine-1,2-diide となった．

IR-1.6.3　付表 VI での元素序列

"無機化学命名法，IUPAC 勧告 1990（Nomenclature of Inorganic Chemistry, IUPAC Recommendations 1990）（文献 11）"では，いくつかの元素序列の中で酸素が例外的に扱われていたが，今回，その例外は廃止され，付表 VI の元素序列は厳密に守られることとなった．特に，酸素はどのハロゲンに対しても二元化合物での組成名称（IR-5.2）および対応する化学式（IR-4.4.3）において電気的陽性であるとされる．その結果，たとえば ClO_2 二酸化塩素 chlorine dioxide ではなく，式は O_2Cl，名称は塩化二酸素 dioxygen chloride とされるのである．

文献 11 では，命名法の指針も，'金属間化合物 intermetallic compound' なる用語の定義もないまま，金属間化合物の化学式も例外の対象であるとされた．'金属 metal' を定義すること自体，難問である．そこで，ここでは金属間化合物の式についても名称についても，特に規定は設けないことにした．しかしながら，今回の勧告には，三元，四元等の多元化合物の式と組成名について，相当の適応性があることを特に指摘しておこう．いくつかある順序付け原理は等しく受容可能である（IR-4.4.2 および IR-4.4.3 を見よ）．

付表 VI の元素序列は，多核化合物の付加命名法名称の構築を目的とする中心原子の順序付けにおいても守られるべきである（IR-1.6.6 を見よ）．

IR-1.6.4　（形式的）錯体中の陰イオン性配位子の名称

本勧告の規則では例外なく，'イド ide'，'イト ite'，'アート ate' となる陰イオンの語尾は，付加命名法で利用される配位子名称となるとき，それぞれ 'イド ido'，'イト ito'，'アト ato' と変化する（IR-7.1.3 および IR-9.2.2.3）．その結果，文献 11 および 12 とはかなり大きな変更を生じている．

簡単な配位子の多くは，歴史的には（文献 11 においても）フルオロ fluoro，クロロ chloro，ブロモ bromo，ヨード iodo，ヒドロキソ hydroxo，ヒドロ hydro，シアノ cyano，オキソ oxo のように短縮された形で示されていた．本勧告の規則に従うと，これらはフルオリド fluorido，クロリド chlorido，ブロミド bromido，ヨージド iodido，ヒドロキシド hydroxido，ヒドリド hydrido，シアニド cyanido，オキシド oxido となるのである．なお，チオ thio は官能基代置命名法で用いられる用語であり，配位子 $S^{2−}$ はスルフィド sulfido と命名される．

多くの場合，陰イオン（形式的を含む）配位子の名称は，その陰イオン自身の命名法が変わったために変更された（IR-1.6.2 を見よ）．たとえば配位子 $^−$HNNH$^−$ の現在の名称はヒドラジン-1,2-ジイド hydrazine-1,2-diido となり（IR-1.6.2 の例 3），文献 22 では（ヒドリドニトリド）オキシド炭酸(•1−)イオン（hydridonitrido)oxidocarbonate(•1−) だった HNCO$^{•−}$ は（ヒドリドニトラト）オキシド炭酸(•1−)イオン（hydridonitrato)oxidocarbonate(•1−) となった．

有機配位子の正しい名称と語尾には特に注意が必要である．IR-1.6.2 での例 4 および例 5 に関連し，メタミナト methaminato ではなくメタンアミニド methanaminido が現用形であり，ポルフィリン配位子についてはポルフィリナト(2−) porphyrinato(2−)（文献 11 で用いられている）ではなく，ポルフィリン-21,23-ジイド porphyrin-21,23-diido が現用形となる．

付表 VII に示された有機配位子の体系的名称は文献 21 の規則から得られた陰イオン名称と対応している．多くの例で文献 11 での体系的名称とは異なっている．

IR-1.6.5 （形式的）錯体の化学式

錯体の化学式中の配位子は，現行方式では，電荷には関係なく，化学式中で用いた配位子の略号あるいは配位子の化学式のアルファベット順に並べていく（IR-4.4.3.2 および IR-9.2.3.1）．

文献 11 では，電荷をもつ配位子を中性配位子の前においた．昔からの流儀という以外には明白な理由もなく，2 種の配列順序方式が使われていた．錯体の化学式を考えるときには，どの配位子が電荷をもつかを決定する必要があった．そのような決定は必ずしも簡単であるとは限らない．

そこで，たとえばツァイゼ塩陰イオンの推奨化学式は，現在では $[Pt(\eta^2-C_2H_4)Cl_3]^-$ である．文献 11 では，塩化物イオンが陰イオンであるとして，$[PtCl_3(\eta^2-C_2H_4)]^-$ とされていた．

IR-1.6.6 多核錯体の付加名称

複核および多核錯体の付加名称の方式は，文献 11 で開発された体系が明確化され，整合性を図るために若干変更されている．すなわち，名称中で中心原子を列記する場合は，付表 VI における元素の記載順に従い，矢印の順（F から Rn までの順）で後位の元素が常に先位になることとした（IR-7.3.2 および IR-9.2.5.6 を見よ）．

この体系はどんな中心原子の多核錯体にも適用できる．名称中の中心原子の順序は，どの配位原子がどの中心原子に配位しているかを特定するカッパ方式(IR-9.2.4.2)で用いられる位置記号が指定する中心原子の順序を反映している．金属-金属結合を示すために名称の最後尾におかれた原子記号も同様の順序になる．そこで，たとえば $[(CO)_5ReCo(CO)_4]$ はノナカルボニル-$1\kappa^5C, 2\kappa^4C$-レニウムコバルト(Re―Co) nonacarbonyl-$1\kappa^5C, 2\kappa^4C$-rheniumcobalt(Re―Co) となり，文献 11 での名称ノナカルボニル-$1\kappa^5C, 2\kappa^4C$-コバルトレニウム(Co―Re) nonacarbonyl-$1\kappa^5C, 2\kappa^4C$-cobaltrhenium(Co―Re) とはならないのである．

IR-1.6.7 無機酸の名称

無機酸 inorganic acid の名称は IR-8 で別個に扱われる．

文献 11 で'酸命名法'の見出し以下に記述された名称，たとえばテトラオキソ硫酸 tetraoxosulfuric acid，トリオキソ塩素(V)酸 trioxochloric(V) acid は，もはや推奨しない．さらに，文献 11 で'水素命名法'の見出し以下で記述された書式も変更され，'水素 hydrogen' は常に名称の第 2 部分に直接連結され，また連結される第 2 部分は常に括弧でくくられることになる．名称末尾の電荷数はその全電荷となる．

例：
1. $HCrO_4^-$ （テトラオキシドクロム酸）水素(1−)イオン　　hydrogen(tetraoxidochromate)(1−)
2. $H_2NO_3^+$ （トリオキシド硝酸）二水素(1+)イオン　　dihydrogen(trioxidonitrate)(1+)

この種の名称で括弧と電荷数を省略してよいと限定されたもの（炭酸水素イオン hydrogencarbonate，リン酸二水素イオン dihydrogenphosphate など）の表が IR-8.5 に与えられている．（これらの名称は文献 11 に示したものと変わっていない．）

しかしながら，無機酸の体系的名称を導くには，付加命名法を用いるのが主要原則である．たとえば，リン酸二水素イオン $H_2PO_4^-$ の体系的名称は，ジヒドロキシドジオキシドリン酸(1−)イオン dihydroxidodioxidophosphate(1−) である．

本勧告において，有機化学命名法で官能基母体として用いられる一群の無機酸に対しては，それらの母体名称の利用が一貫して認められるが，IR-8 ではそのすべてに対し，体系的付加命名法での名称が与

えられている．それらの酸の例としては，亜ホスフィン酸 phosphinous acid，臭素酸 bromic acid，ペルオキシ二硫酸 peroxydisulfuric acid がある．（それらの名称のいくつかは，文献 11 には記載されていない．）

IR-1.6.8 付加化合物

付加化合物 addition compound および付加化合物として扱った化合物の表現形式は合理化され（IR-4.4.3.5 および IR-5.5 を見よ），成分ホウ素化合物の例外は除かれ，名称は化学式によるのではなく，自己充足的に構築される．複塩であるカーナル石 carnallite を形式上の付加化合物とすると，その化学式は成分化合物の式をアルファベット順に並べるが，水だけは末尾におく．

$KCl \cdot MgCl_2 \cdot 6H_2O$

しかし，名称は成分化合物の英文名称をアルファベット順に並べる．

塩化マグネシウム—塩化カリウム—水（1/1/6）

magnesium chloride—potassium chloride—water（1/1/6）

IR-1.6.9 その他

(i) 文献 22 では，体系的名称および化学式中のラジカルのドットは省略されていなかったが，本勧告では随意とすることにした．[文献 22 では，たとえば NO の化学式は NO•，名称はオキシド窒素(•) oxidonitrogen(•) と示されている．]

(ii) 括弧利用の優先順位は（IR-2.2.1），文献 21 との整合性を図るため，文献 11 の方式とは異なるものとなった．

(iii) 文献 20 と 22 では，いくつかの名称が '優先性のある preferred' ものと公示されているが，序言で述べたように，この公示は早計に過ぎるところがあり，本勧告では優先性のある名称の選択は行っていない．

IR-1.7 他の化学分野での命名法勧告

無機化学命名法も，無機化学それ自体と同様，他の領域と無関係に発展するものではない．境界領域で活動する人には，化学命名法の一般原則[23]のほか，有機化学[21]，生化学[24]，分析化学[25]，高分子化学[26]等の専門分野における IUPAC 文書が有益である．他の IUPAC 出版物には，生物無機化学用語集[27]，化学用語一覧[28]，物理化学で用いられる量・単位・記号[29]がある．化学命名法に関する他の資料は文献 30 にある．

IR-1.8 文献

1. L.B. Guyton de Moveau, *J. Phys.*, **19**, 310 (1782); *Ann. Chim. Phys.*, **1**, 24 (1798).
2. L.B. Guyton de Morveau, A.L. Lavoisier, C.L. Berthollet and A.F. de Fourcroy, *Méthode de Nomenclature Chimique*, Paris, 1787.
3. A.L. Lavoisier, *Traité Elémentaire de Chimie*, Third Edn., Deterville, Paris, 1801, Vol. I, pp. 70–81, and Vol. II.
4. J.J. Berzelius, *Journal de Physique, de Chimie, et d'Histoire Naturelle*, **73**, 253 (1811).
5. A. Werner, *Neuere Anschauungen auf dem Gebiete der Anorganischen Chemie*, Third Edn., Vieweg, Braunschweig, 1913, pp. 92–95.

6. *Bull. Soc. Chem. (Paris)*, **3**(7), XIII (1892).
7. W.P. Jorissen, H. Bassett, A. Damiens, F. Fichter and H. Remy, *Ber. Dtsch. Chem. Ges. A*, **73**, 53–70 (1940); *J. Chem. Soc.*, 1404–1415 (1940); *J. Am. Chem. Soc.*, **63**, 889–897 (1941).
8. *Nomenclature of Inorganic Chemistry*, 1957 Report of CNIC, IUPAC, Butterworths Scientific Publications, London, 1959; *J. Am. Chem. Soc.*, **82**, 5523–5544 (1960).
9. *Nomenclature of Inorganic Chemistry. Definitive Rules 1970*, Second Edn., Butterworths, London, 1971.
10. *How to Name an Inorganic Substance, 1977. A Guide to the Use of Nomenclature of Inorganic Chemistry. Definitive Rules 1970*, Pergamon Press, Oxford, 1977.
11. *Nomenclature of Inorganic Chemistry, IUPAC Recommendations 1990*, ed. G.J. Leigh, Blackwell Scientific Publications, Oxford, 1990；邦訳：山崎一雄 訳・著，"無機化学命名法 —— IUPAC 1990 年勧告 ——"，東京化学同人 (1993).
12. Nomenclature of Polyanions, Y. Jeannin and M. Fournier, *Pure Appl. Chem.*, **59**, 1529–1548 (1987).
13. Nomenclature of Tetrapyrroles, Recommendations 1986, G.P. Moss, *Pure Appl. Chem.*, **59**, 779–832 (1987); Nomenclature of Tetrapyrroles, Recommendations 1978, J.E. Meritt and K.L. Loening, *Pure Appl. Chem.*, **51**, 2251–2304 (1979).
14. Nomenclature of Inorganic Chains and Ring Compounds, E.O. Fluck and R.S. Laitinen, *Pure Appl. Chem.*, **69**, 1659–1692 (1997).
15. Nomenclature and Terminology of Graphite Intercalation Compounds, H.-P. Boehm, R. Setton and E. Stumpp, *Pure Appl. Chem.*, **66**, 1893–1901 (1994).
16. Isotopically Modified Compounds, W.C. Fernelius, T.D. Coyle and W.H. Powell, *Pure Appl. Chem.*, **53**, 1887–1900 (1981).
17. The Nomenclature of Hydrides of Nitrogen and Derived Cations, Anions, and Ligands, J. Chatt, *Pure Appl. Chem.*, **54**, 2545–2552 (1982).
18. Nomenclature for Regular Single-strand and Quasi Single-strand Inorganic and Coordination Polymers, L.G. Donaruma, B.P. Block, K.L. Loening, N. Platé, T. Tsuruta, K.Ch. Buschbeck, W.H. Powell and J. Reedijk, *Pure Appl. Chem.*, **57**, 149–168 (1985).
19. *Nomenclature of Inorganic Chemistry II, IUPAC Recommendations 2000*, eds. J.A. McCleverty and N.G. Connelly, Royal Society of Chemistry, 2001. (Red Book II.)
20. Nomenclature of Organometallic Compounds of the Transition Elements, A. Salzer, *Pure Appl. Chem.*, **71**, 1557–1585 (1999).
21. *Nomenclature of Organic Chemistry, IUPAC Recommendations*, eds. W.H. Powell and H. Favre, Royal Society of Chemistry, in preparation. [See also, *Nomenclature of Organic Chemistry*, Pergamon Press, Oxford, 1979; *A Guide to IUPAC Nomenclature of Organic Compounds, Recommendations 1993*, eds. R. Panico, W.H. Powell and J.-C. Richer, Blackwell Scientific Publications, Oxford, 1993; and corrections in *Pure Appl. Chem.*, **71**, 1327–1330 (1999)].
22. Names for Inorganic Radicals, W.H. Koppenol, *Pure Appl. Chem.*, **72**, 437–446 (2000).
23. *Principles of Chemical Nomenclature, A Guide to IUPAC Recommendations*, G.J. Leigh, H.A. Favre and W.V. Metanomski, Blackwell Scientific Publications, Oxford, 1998.
24. *Biochemical Nomenclature and Related Documents*, for IUBMB, C. Liébecq, Portland Press Ltd., London, 1992. (The White Book.)
25. *Compendium of Analytical Nomenclature, IUPAC Definitive Rules*, 1997, Third Edn., J. Inczedy, T. Lengyel and A.M. Ure, Blackwell Scientific Publications, Oxford, 1998. (The Orange Book.)
26. *Compendium of Macromolecular Nomenclature*, ed. W.V. Metanomski, Blackwell Scientific Publications, Oxford, 1991. (The Purple Book. The second edition is planned for publication in 2005). See also

Glossary of Basic Terms in Polymer Science, A.D. Jenkins, P. Kratochvíl, R.F.T. Stepto and U.W. Suter, *Pure Appl. Chem.*, **68**, 2287-2311 (1996); Nomenclature of Regular Single-strand Organic Polymers, J. Kahovec, R.B. Fox and K. Hatada, *Pure Appl. Chem.*, **74**, 1921-1956 (2002).

27. Glossary of Terms used in Bioinorganic Chemistry, M.W.G. de Bolster, *Pure Appl. Chem.*, **69**, 1251-1303 (1997).
28. *Compendium of Chemical Terminology, IUPAC Recommendations*, Second Edn., eds. A.D. McNaught and A. Wilkinson, Blackwell Scientific Publications, Oxford, 1997.（The Gold Book.）
29. *Quantities, Units and Symbols in Physical Chemistry*, Second Edn., eds. I. Mills, T. Cvitas, K. Homann, N. Kally and K. Kuchitsu, Blackwell Scientific Publications, Oxford, 1993; Third Edn., RSC Publishing, 2007 (The Green Book); 邦訳：（独）産業技術総合研究所計量標準総合センター訳，"物理化学で用いられる量・単位・記号"，第3版，（社）日本化学会監修（2009）．
30. *Nomenclature of Coordination Compounds*, T.E. Sloan, Vol. 1, Chapter 3, *Comprehensive Coordination Chemistry*, Pergamon Press, 1987; *Inorganic Chemical Nomenclature, Principles and Practice*, B.P. Block, W.H. Powell and W.C. Fernelius, American Chemical Society, Washington, DC, 1990; Chemical Nomenclature, K.J. Thurlow, Kluwer Academic Pub., 1998.

IR-2 文　　　　法

- IR-2.1　序　論
- IR-2.2　括　弧
  - IR-2.2.1　総　論
  - IR-2.2.2　角括弧
    - IR-2.2.2.1　化学式中での用法
    - IR-2.2.2.2　名称中での用法
  - IR-2.2.3　丸括弧
    - IR-2.2.3.1　化学式中での用法
    - IR-2.2.3.2　名称中での用法
  - IR-2.2.4　波括弧
- IR-2.3　ハイフン，プラス・マイナス符号，全角ダッシュ，結合標識
  - IR-2.3.1　ハイフン
  - IR-2.3.2　プラス・マイナス符号
  - IR-2.3.3　全角ダッシュ
  - IR-2.3.4　直線構造式用特殊結合標識
- IR-2.4　斜　線
- IR-2.5　ドット，コロン，コンマ，セミコロン
  - IR-2.5.1　ドット
  - IR-2.5.2　コロン
  - IR-2.5.3　コンマ
  - IR-2.5.4　セミコロン
- IR-2.6　スペース
- IR-2.7　母音省略
- IR-2.8　数　字
  - IR-2.8.1　アラビア数字
  - IR-2.8.2　ローマ数字
- IR-2.9　イタリック体
- IR-2.10　ギリシャ文字
- IR-2.11　星　印
- IR-2.12　プライム
- IR-2.13　倍数接頭語
- IR-2.14　位置記号
  - IR-2.14.1　序　論
  - IR-2.14.2　アラビア数字
  - IR-2.14.3　文字記号
- IR-2.15　順序規則
  - IR-2.15.1　序　論
  - IR-2.15.2　アルファベット順
  - IR-2.15.3　他の順序規則
    - IR-2.15.3.1　周期表に準拠する元素の順序
    - IR-2.15.3.2　母体水素化物の順序
    - IR-2.15.3.3　置換命名法のための特性基の順序
    - IR-2.15.3.4　化学式および名称中での配位子の順序
    - IR-2.15.3.5　塩の化学式および名称中での成分の順序
    - IR-2.15.3.6　同位体修飾
    - IR-2.15.3.7　立体化学での優先順序
    - IR-2.15.3.8　句読点の階層的順序
- IR-2.16　結　語
- IR-2.17　文　献

IR-2.1　序　論

　化学命名法は一つの言語であると考えられる．それは語によって構成され，語は構成規則（シンタクス：syntax）によって配列される．

　化学命名法言語における語は，単純な原子名称である．語が集まって文が形成されるように，原子名称が集まって化合物名称が形成される．構成規則は，語から文を形成するための文法規則の集合である．命名法における構成規則には，ドット，コンマ，ハイフンなどの記号の用法，適切な理由によって設定される場所での数字の用法，各種の語，音節，記号の配列順序が含まれる．

命名法体系には，一般に名称を構築する際の基本要素となるものが要求される．付加命名法では，'コバルト'あるいは'ケイ素'のような元素名がその基本要素となる．置換命名法では，元素名そのものではなく，元素名（'ケイ素 silicon'からの'シル sil'，鉛のラテン語'plumbum'からの'プルンブ plumb'など）に由来する母体水素化物名称（たとえば'シラン silane'あるいは'プルンバン plumbane'）が基本要素となる．

これらの基本要素に他の単位が加わって名称が構築される．最も重要な単位として，**接辞** affix がある．接辞は，語あるいは基本要素に付加されるが，その位置が語頭であれば**接頭語** prefix，語尾であれば**接尾語** suffix，中間であれば**挿入語** infix である．

接尾語および語尾には，付表Ⅲ*に示すように，多くの種類があり，それぞれに明確な意味をもつ．以下に特定な使用例を説明しよう．置換命名法で母体化合物の不飽和度を示す例としてヘキサン hex*ane* とヘキセン hex*ene*，ホスファン phosph*ane*，ジホスフェン diphosph*ene* とジホスフィン diphosph*yne* がある．語尾形の例としては，化合物全体が保持する電荷の本性を示し，この場合は陰イオンであることを示すコバルト酸イオン cobalt*ate* がある．接尾語の例としては，ヘキシル hex*yl* のように基を示すものもある．

接頭語の例としては，置換命名法で置換基を示すクロロトリシラン *chloro*trisilane があり，付加命名法で配位子名を示すアクアコバルト *aqua*cobalt がある．**倍数接頭語** multiplicative prefix（付表Ⅳ）は，ヘキサアクアコバルト *hexa*aquacobalt のように配位子の個数を示すのに使う例がある．化学構造の型や特性を示す接頭語もあり，付表Ⅴに幾何接頭語，構造接頭語をまとめてある．これらの接頭語の配置順序については，置換命名法での用例をIR-6で扱い，付加命名法での用例はIR-7，IR-9，IR-10で扱う．

化合物の記載を完結するための手段はほかにもあり，たとえばイオンの電荷をヘキサアクアコバルト(2+) hexaaquacobalt(2+) のように示し，あるいはまた中心原子の酸化状態に対応する酸化数をヘキサアクアコバルト(Ⅱ) hexaaquacobalt(Ⅱ) のように示す．

単核錯体では一般に中心原子と配位子は簡潔に表示できるが，多核錯体では簡単にはいかない．多核配位錯体，鎖状および環状構造化合物では，命名すべき化合物中に多様な中心原子があることになる．それぞれの場合について，優先順位あるいは階層規則を確立しておかなければならない．置換命名法における官能基の階層規則は確立した形をとっており，付表Ⅵには組成命名法および付加命名法における元素の序列を示してある．

本章の目的は，読者が，ある無機化合物の名称あるいは式表示を命名法に従って導き，それが規定された原則に完全に従っていることを認証できるようにすることである．名称あるいは化学式に用いられるさまざまな表記法を，それぞれの意味と適用分野を考慮しながら，以下に列記していこう．

IR-2.2 括　　弧
IR-2.2.1 総　　論

化学命名法では3種の括弧，すなわち { }（波括弧，中括弧，ブレース brace），[ ]（角括弧，大括弧，ブラケット bracket），( )（丸括弧，小括弧，パーレン parenthesis）を使用する．

化学式での多重使用順序は [ ]，[( )]，[{ ( ) }]，[({ ( ) })]，[{ ({ ( ) }) }]，… となる．通常，角括弧は式全体を囲むのに用い，その内側で丸括弧と波括弧を交互に用いる（IR-4.2.3 および IR-9.2.3.2をも見よ）．なお，化学式中での角括弧の用法には他の例もあるのでIR-2.2.2.1を参照されたい．

＊ 付表は巻末に一括掲載してある．

16   IR-2 文   法

名称における多重使用順序は（），［（）］，｛［（）］｝，（｛［（）］｝）… となる．これは置換命名法での順序であり，文献1のP-16.4を見られたい．（配位子の名称における用例についてはIR-9.2.2.3をも見よ．）

例：

1. $[Rh_3Cl(\mu\text{-}Cl)(CO)_3\{\mu_3\text{-}Ph_2PCH_2P(Ph)CH_2PPh_2\}_2]^+$

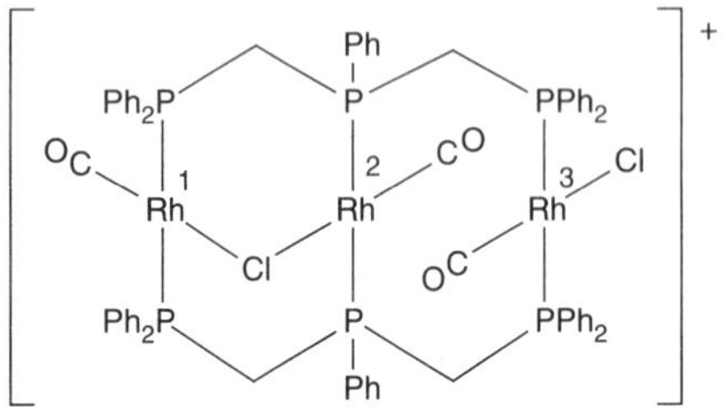

トリカルボニル-1κC,2κC,3κC-μ-クロリド-1:2κ^2Cl-クロリド-3κCl-ビス｛μ$_3$-ビス［（ジフェニルホスファニル）メチル］-1κP:3κP'-フェニルホスファン-2κP｝三ロジウム(1+)

tricarbonyl-1κC,2κC,3κC-μ-chlorido-1:2κ^2Cl-chlorido-3κCl-bis｛μ$_3$-bis［(diphenylphosphanyl)methyl］-1κP:3κP'-phenylphosphane-2κP｝trirhodium(1+)

IR-2.2.2 角 括 弧
IR-2.2.2.1 化学式中での用法

化学式中での角括弧の用法は以下の通りである．

(a) 中性の配位化合物における錯体全体を囲む．

例：

1. $[Fe(\eta^5\text{-}C_5H_5)_2]$ （記号ηの用法についてはIR-9.2.4.3およびIR-10.2.5.1を見よ）
2. $[Pt(\eta^2\text{-}C_2H_4)Cl_2(NH_3)]$
3. $[PH(O)(OH)_2]$

この用法においては，角括弧の末尾に下付き数字は付けない．たとえば，分子式が実験式の2倍であるときは，それを角括弧の内側で示さなければいけない．

例：

4.

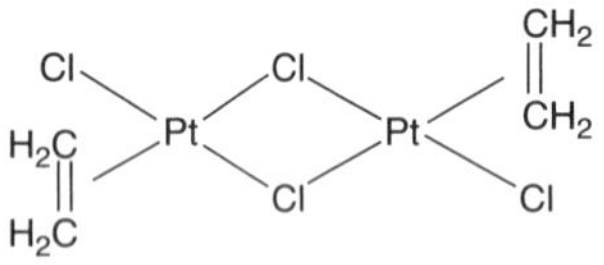

$[\{Pt(\eta^2\text{-}C_2H_4)Cl(\mu\text{-}Cl)\}_2]$ としたほうが，$[Pt_2(\eta^2\text{-}C_2H_4)_2Cl_4]$ とするよりも詳しい情報を伝える．これを $[Pt(\eta^2\text{-}C_2H_4)Cl_2]_2$ とするのは正しくない．

(b) 電荷をもつ錯体を囲む．この場合，電荷は角括弧外側に上付きで示し，塩におけるイオンの数も外側に下付きで示す．

例：

5. $[BH_4]^-$

6. $[Al(OH)(OH_2)_5]^{2+}$
7. $[Pt(\eta^2\text{-}C_2H_4)Cl_3]^-$
8. $Ca[AgF_4]_2$
9. $[Co(NH_3)_5(N_3)]SO_4$
10. $[S_2O_5]^{2-}$
11. $[PW_{12}O_{40}]^{3-}$

(c) 陽イオンも陰イオンも錯体であるときは，それぞれのイオンを別々に角括弧で囲む．（個々の電荷は示さずに，陽イオンを陰イオンの前に置く．）錯イオンの個数を示す下付き数字は角括弧の外側に付ける．

例：

12. $[Co(NH_3)_6][Cr(CN)_6]$ （$[Co(NH_3)_6]^{3+}$ イオンと $[Cr(CN)_6]^{3-}$ イオンの塩）
13. $[Co(NH_3)_6]_2[Pt(CN)_4]_3$ （$[Co(NH_3)_6]^{3+}$ イオンと $[Pt(CN)_4]^{2-}$ イオンの塩）

(d) 構造式をくくる．

例：

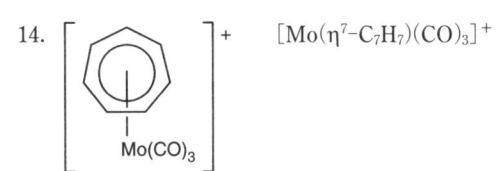

14. [シクロヘプタトリエニル-Mo(CO)₃ 錯体の構造式]$^+$ $[Mo(\eta^7\text{-}C_7H_7)(CO)_3]^+$

(e) 固体化学では，八面体位置にある原子あるいは原子団を示す．（IR-11.4.3 を見よ．）

例： 15. $(Mg)[Cr_2]O_4$

(f) 特異的に同位体標識された化合物で用いる．（文献 2 の II-2.4.2.2 をも見よ．）

例： 16. $H_2[^{15}N]NH_2$

一方の窒素がすべて同位体置換されている化合物 $H_2^{15}NNH_2$ とは区別されていることに留意されたい．

(g) 選択的に同位体標識された化合物で用いる．（文献 2 の II-2.4.3.2 をも見よ．）

例： 17. $[^{18}O,^{32}P]H_3PO_4$

(h) 鎖状化合物での繰返し単位を示す．

例： 18. $SiH_3[SiH_2]_8SiH_3$

IR-2.2.2.2 名称中での用法

名称中での角括弧の用法は以下の通りである．

(a) 特異的，選択的に同位体標識された化合物において，同位体修飾された部分の名称の前に置かれた角括弧の中に当該核種の記号を入れる．（IR-2.2.3.2 にある同位置換された化合物での丸括弧の用法と比較せよ．また，文献 2 の II-2.4.2.4 および II-2.4.3.3 をも見よ．）

例：
1. $[^{15}N]H_2[^2H]$　　$[^2H_1,^{15}N]$アンモニア　　$[^2H_1,^{15}N]$ammonia
2. $HO[^{18}O]H$　　$[^{18}O_1]$過酸化二水素　　dihydrogen $[^{18}O_1]$peroxide

詳細については文献2のⅡ-2.4を見ること．

(b) 配位化合物における有機配位子および有機部分の命名においては，角括弧の用法は有機化学命名法の原則に従う[1]．

例：

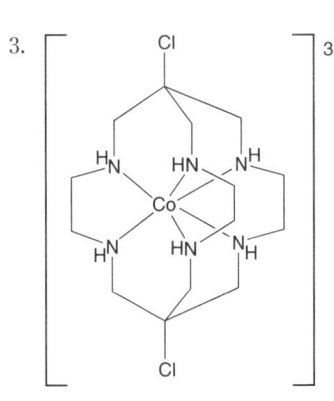

3. （コバルト錯体構造図）　　# $[Co\{ClC(CH_2NHCH_2CH_2OHCH_2)_3CCl\}]^{3+}$

1,8-ジクロロ-3,6,10,13,16,19-ヘキサアザビシクロ[6.6.6]イコサンコバルト(3+)

1,8-dichloro-3,6,10,13,16,19-hexaazabicyclo[6.6.6]icosanecobalt(3+)

(c) 鎖状および環状構造の命名では節記号を囲む (IR-7.4.2 および文献2のⅡ-5)．

例：

4. $HSSH^{•-}$　　1,4-ジヒドロニ-2,3-ジスルフィ-[4]カテナート(•1−)イオン

　　　　　1,4-dihydrony-2,3-disulfy-[4]catenate(•1−)

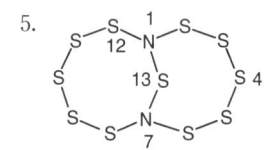

5. （N_2S_{11} 環状構造図）　　1,7-ジアジウンデカスルフィ-$[012.1^{1,7}]$ジサイクル

1,7-diazyundecasulfy-$[012.1^{1,7}]$dicycle

N_2S_{11}

IR-2.2.3　丸　括　弧
IR-2.2.3.1　化学式中での用法

化学式中での丸括弧の用法は以下の通りである．

(a) イオン，置換基，配位子，分子などの原子団をはっきりと示す，あるいはそれが複数個あるとき，その原子団を囲む．後者の場合，下付き数字は閉じ括弧のつぎにおく．硝酸イオンや硫酸イオンのような周知されているイオンでも丸括弧の使用が推奨されるが，その使用は強制されてはいない．

例：

1. $Ca_3(PO_4)_2$
2. $[Te(N_3)_6]$
3. $(NO_3)^-$　または　NO_3^-

4. $[\text{FeH}(\text{H}_2)(\text{Ph}_2\text{PCH}_2\text{CH}_2\text{PPh}_2)_2]^+$
5. PH(O)(OH)_2
6. $[\text{Co(NH}_3)_5(\text{ONO})][\text{PF}_6]_2$

(b) 化学式中の配位子名の略号を囲む．（配位子の略号として推奨されるものは付表Ⅶ，付表Ⅷに示した．また，IR-4.4.4 および IR-9.2.3.4 をも見よ．）

例： 7. $[\text{Co(en)}_3]^{3+}$

(c) ポリラジカルイオンにおいて，イオン電荷数との混同を避けるために，右上付きとなるラジカル記号とその倍数接頭語を囲む．

例： 8. $\text{NO}^{(2\bullet)-}$

(d) 固体化学で，同種位置を無秩序に占める異種原子それぞれを，コンマで分けてスペース[訳注]をおかずに列記して囲む．

例： 9. K(Br,Cl)

(e) 固体化学で，四面体位置を占める原子あるいは原子団を囲む．

例： 10. $(\text{Mg})[\text{Cr}_2]\text{O}_4$

(f) 不定比化合物の組成を示すときに用いる．

例：
11. $\text{Fe}_{3x}\text{Li}_{4-x}\text{Ti}_{2(1-x)}\text{O}_6$ $(x=0.35)$
12. LaNi_5H_x $(0<x<66.7)$

(g) Kröger-Vink 表記（IR-11.4 を見よ）において複雑な欠陥を示す．

例： 13. $(\text{Cr}_{\text{Mg}}V_{\text{Mg}}\text{Cr}_{\text{Mg}})^{\text{x}}$

(h) 結晶性物質において，生成した結晶の型を示す（IR-11 を見よ）．

例：
14. ZnS(*c*)
15. AuCd (*CsCl* 型 *CsCl* type)

(i) 化学種の凝集状態を示す記号を囲む．

例： 16. HCl(g)　　気相の塩化水素

(j) 光学活性化合物において，旋光の符号を囲む．

例： 17. $(+)_{589}\text{-}[\text{Co(en)}_3]\text{Cl}_3$

訳注　英文用スペースに相当するほぼ小文字 1 字分の空白となるスペース．パソコンワープロソフトでは英数半角 1 字分に相当する．詳しくは IR-2.6（p. 26）参照．

(k) キラリティー記号，配置指数のような立体記述記号を囲む（IR-9.3.3.2 を見よ）．

例：
18. (2*R*,3*S*)-SiH₂ClSiHClSiHClSiH₂SiH₃
19. (*OC*-6-22)-[Co(NH₃)₃(NO₂)₃]

(l) 高分子において，結合を示すダッシュ付きの丸括弧 ─( )─ で，繰返し単位を囲む．

例： 20. ─(S)─$_n$

IR-2.2.3.2　名称中での用法

名称中での丸括弧の用法は以下の通りである．

(a) 置換基あるいは配位子名を誤解の余地なく明示するために囲む．ジオキシド dioxido とかトリホスファト triphosphato のように，置換基あるいは配位子に倍数接頭語が付いている場合，括弧をつけないと置換形式を明確に特定できない場合，置換基あるいは配位子の名称に数字記号あるいは文字記号が付いている場合などがこれに相当する．配位子あるいは置換基の名称それ自体に丸括弧が付いているときには，他の種類の括弧も使われる．括弧の多重使用順序規則については IR-2.2.1 を参照のこと．

例：
1. [Pt(η²-C₂H₄)Cl₃]⁻　トリクロリド(η²-エテン)白金(II)酸イオン
   　　　　　　　　　 trichlorido(η²-ethene)platinate(II)
2. [Hg(CHCl₂)Ph]　（ジクロロメチル）（フェニル）水銀
   　　　　　　　　 (dichloromethyl)(phenyl)mercury

(b) 多重使用順序規則によって他の括弧が使用されない限り（IR-2.2.1 を見よ），ビス，トリスの系列倍数接頭語に続けて使う．

例：
3. [CuCl₂(NH₂Me)₂]　ジクロリドビス（メチルアミン）銅(II)
   　　　　　　　　　dichloridobis(methylamine)copper(II)
4. Fe₂S₃　トリス（硫化）二鉄　diiron tris(sulfide)

(c) 酸化数，電荷数を囲む．

例：
5. Na[B(NO₃)₄]　テトラニトラトホウ(III)酸ナトリウム
   　　　　　　　sodium tetranitratoborate(III)　または
   　　　　　　　テトラニトラトホウ酸(1−)ナトリウム
   　　　　　　　sodium tetranitratoborate(1−)

(d) ラジカルでは，ラジカルドット，それと必要なときは電荷数を囲む．

例：
6. ClOO•　クロリド二酸素(•)　　chloridodioxygen(•)
7. Cl₂•⁻　二塩化物(•1−)イオン　dichloride(•1−)

(e) 付加化合物の組成比を囲む．

例：

    8. $8H_2S \cdot 46H_2O$ 硫化水素―水（8/46）   hydrogen sulfide―water（8/46）

(f) 配位化合物で2個以上の金属原子間の結合を示すイタリック文字を囲む．

例：

    9. $[Mn_2(CO)_{10}]$ ビス(ペンタカルボニルマンガン)($Mn―Mn$)
                                  bis(pentacarbonylmanganese)($Mn―Mn$)

(g) 立体化学記号（IR-9.3 を見よ）を囲む．

例：

    10.   [構造式] $[CoCl_3(NH_3)_3]$ (OC-6-22)-トリアンミントリクロリドコバルト(III)
                                                     (OC-6-22)-triamminetrichloridocobalt(III)

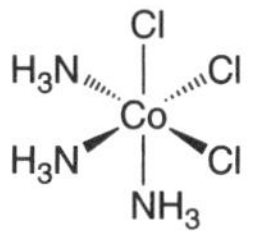

    11. $(+)_{589}$-$[Co(en)_3]Cl_3$ $(+)_{589}$-トリス(エタン-1,2-ジアミン)コバルト(III)三塩化物
                                      $(+)_{589}$-tris(ethane-1,2-diamine)cobalt(III) trichloride

    12. $(2R,3S)$-ClSi$\overset{1}{H_2}$Si$\overset{2}{H}$ClSi$\overset{3}{H}$ClSi$\overset{4}{H_2}$Si$\overset{5}{H_3}$ $(2R,3S)$-1,2,3-トリクロロペンタシラン
                                                     $(2R,3S)$-1,2,3-trichloropentasilane

(h) 同位体置換された化合物において，同位体置換された部分の名称の前に当該核種の記号を丸括弧で囲む（文献2のⅡ-2.3.3 を見よ）．IR-2.2.2.2 (a) での特異的，選択的標識化された化合物での角括弧の使用例と比較せよ．

例：

    13 H^3HO ($^3H_1$)水   ($^3H_1$)water

(i) ホウ素化合物の水素原子数を囲む．

例：

    14. B_6H_{10} ヘキサボラン(10)   hexaborane(10)

(j) 水素名（IR-8.4）で水素に係る部分を水素の語の前（英語名では後）で囲む．

例：

    15. $[HMo_6O_{19}]^-$ (ノナデカオキシドヘキサモリブデン酸)水素(1−)イオン
                                 hydrogen(nonadecaoxidohexamolybdate)(1−)

IR-2.2.4 波括弧

波括弧は，IR-2.2.1 で要約し，例示したように，名称および化学式の中の階層順序の枠内で使用される．

IR-2.3 ハイフン,プラス・マイナス符号,全角ダッシュ,結合標識
IR-2.3.1 ハイフン

ハイフン hyphen は化学式および名称中で使用されるが,その前後にスペースはおかないことに注意すること.

(a) μ(ミュー),η(イータ)および κ(カッパ)のような記号を,式や名称の他の部分と区分する.

例:

1. $[\{Cr(NH_3)_5\}_2(\mu\text{-}OH)]^{5+}$ μ-ヒドロキシド-ビス(ペンタアンミンクロム)(5+)
   μ-hydroxido-bis(pentaamminechromium)(5+)

(b) *cyclo, catena, triangulo, quadro, tetrahedro, octahedro, closo, nido, arachno, cis, trans* などの幾何,構造,立体化学記号を式や名称の他の部分と区分する.凝集体やクラスターを扱うときは位置記号も同様にして区分する.

例:

2. μ₃-(ブロモメタントリイル)-*cyclo*-トリス(トリカルボニルコバルト)(3 *Co—Co*)
   μ₃-(bromomethanetriyl)-*cyclo*-tris(tricarbonylcobalt)(3 *Co—Co*)
   # $[\{Co(CO)_3\}_3CBr]$

(c) 位置記号を名称の他の部分と区分する.

例: 3. $SiH_2ClSiHClSiH_2Cl$ 1,2,3-トリクロロトリシラン   1,2,3-trichlorotrisilane

(d) 選択的に同位体標識された化合物の化学式で,標識された核種の記号をその位置記号と区分する.

例: 4. $[1\text{-}^2H_{1;2}]SiH_3OSiH_2OSiH_3$

(e) 架橋配位子の名称を名称の他の部分と区分する.

例:

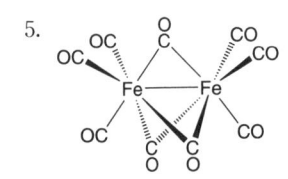

5. $[Fe_2(\mu\text{-}CO)_3(CO)_6]$
   トリ-μ-カルボニル-ビス(トリカルボニル鉄)(*Fe—Fe*)
   tri-μ-carbonyl-bis(tricarbonyliron)(*Fe—Fe*)

IR-2.3.2 プラス・マイナス符号

化学式あるいは名称において電荷を示すために+および-符号を用いる.

例:

1. Cl^-
2. Fe^{3+}
3. $[SO_4]^{2-}$
4. $[Co(CO)_4]^-$ テトラカルボニルコバルト酸(1−)イオン   tetracarbonylcobaltate(1−)

光学活性化合物では，化学式あるいは名称中で旋光の符号を示すのに用いられる．

例： 5.　$(+)_{589}$-[Co(en)$_3$]$^{3+}$　$(+)_{589}$-トリス(エタン-1,2-ジアミン)コバルト(3+)
$(+)_{589}$-tris(ethane-1,2-diamine)cobalt(3+)

IR-2.3.3　全角ダッシュ

'全角'ダッシュ'em' dashe^{訳注}の化学式での利用は，構造式の場合だけに限られる．(1990年勧告⁴では正確さに欠ける'長ダッシュ' 'long dashe' が使われていた．)

名称中での全角ダッシュの用法には二通りある．

(a) 多核化合物での金属−金属結合を示す．互いに結合する原子記号をイタリック体とし，その間を全角ダッシュでつなぎ，その全体を丸括弧で囲んで名称の末尾におく．

例： 1.　[Mn$_2$(CO)$_{10}$]　ビス(ペンタカルボニルマンガン)(*Mn—Mn*)
bis(pentacarbonylmanganese)(*Mn—Mn*)

(b) 付加化合物の個々の成分を区分して全角ダッシュでつなぐ．

例：
2.　3CdSO$_4$·8H$_2$O　　硫酸カドミウム—水 (3/8)　cadmium sulfate—water (3/8)
3.　2CHCl$_3$·4H$_2$S·9H$_2$O　クロロホルム—硫化水素—水 (2/4/9)
chloroform—hydrogen sulfide—water (2/4/9)

IR-2.3.4　直線構造式用特殊結合標識

隣接していない原子間の結合を直線式中で示すために，構造化学的標識⌐―――⌐および⌐―――⌐を使う．

例：

1. 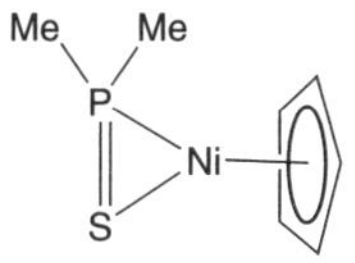　Ni(S=PMe$_2$)(η^5-C$_5$H$_5$)

2. 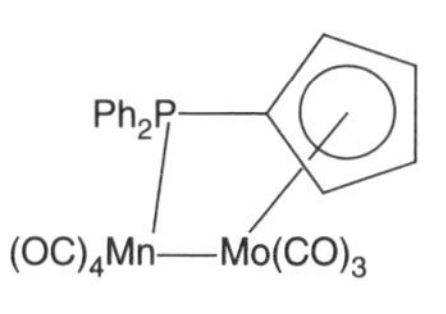　[(CO)$_4$MnMo(CO)$_3$(η^5-C$_5$H$_4$PPh$_2$)]

3. 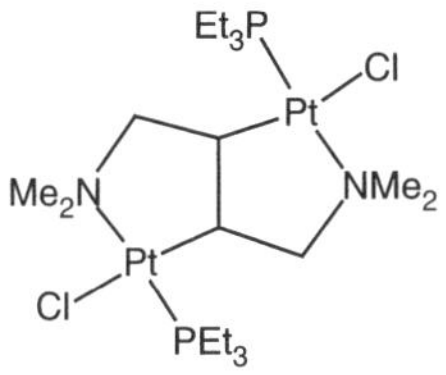　[(Et$_3$P)ClPt(Me$_2$NCH$_2$CHCHCH$_2$NMe$_2$)PtCl(PEt$_3$)]

訳注　可変幅欧文活字で最大幅となる文字を M，幅がその半分になる文字を n とすることから，em-dash, en-dash という印刷業での呼称がある．日本の印刷規格では，全角ダッシュが em-dash (Unicode: U+2014)，その二分の一の幅になる二分(にぶん)ダッシュが en-dash (Unicode: U+2013) に相当する．

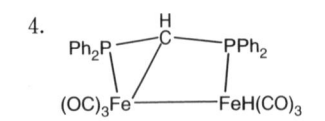

4.   [(OC)₃Fe(μ-Ph₂PCHPPh₂)FeH(CO)₃]

（構造式：Ph₂P, H, C, PPh₂, (OC)₃Fe, FeH(CO)₃）

IR-2.4 斜　　線

斜線 solidus（/）は，付加化合物の名称で各成分化合物の組成比を示すアラビア数字を区分するのに用いる．

例：

1. $BF_3 \cdot 2H_2O$ 三フッ化ホウ素―水（1/2） boron trifluoride―water（1/2）
2. $BiCl_3 \cdot 3PCl_5$ 三塩化ビスマス―五塩化リン（1/3）
   bismuth trichloride―phosphorus pentachloride（1/3）

IR-2.5　ドット，コロン，コンマ，セミコロン
IR-2.5.1　ドット

ドット dot（一般に黒点）の化学式中での用法はいろいろある．

(a) 右上付きでラジカルの不対電子を示す（IR-4.6.2 を見よ）．

例：

1. $HO^\bullet$
2. $O_2^{2\bullet}$

(b) 固体化学における Kröger-Vink 表記では，正の有効電荷を右上付きで示す（IR-11.4.4 を見よ）．

例： 3. $Li^x_{Li,1-2x}Mg^\bullet_{Li,x}V'_{Li,x}Cl^x_{Cl}$

(c) 水和物，付加物，包接化合物，複塩，複酸化物などを含む（形式的）付加化合物の化学式においては，中黒で各成分を区分する．中黒は行の中心線上に置き，終止符（ピリオド）とは区別される[訳注]．

例：

4. $BF_3 \cdot NH_3$
5. $ZrCl_2O \cdot 8H_2O$
6. $CuCl_2 \cdot 3Cu(OH)_2$
7. $Ta_2O_5 \cdot 4WO_3$

ラジカルドット（黒丸）は，ラジカルの名称では不対電子の存在を示すために用いる．

例：

8. $ClO^\bullet$ オキシド塩素(•)   oxidochlorine(•)
9. $Cl_2^{\bullet-}$ 二塩化物(•−)イオン dichloride(•−)

訳注　ラジカルなどで使用される黒点は，中黒より半径が大きく，ここではラジカルドットを黒丸として，中黒と区別する．

IR-2.5.2 コ ロ ン

名称における**コロン** colon の用法は以下の通りである．

(a) 配位化合物および有機金属化合物で，中心原子を架橋する配位子の配位原子を区分する．

例：

1. $[\{Co(NH_3)_3\}_2(\mu\text{-}NO_2)(\mu\text{-}OH)_2]^{3+}$

 ジ-μ-ヒドロキシド-μ-ニトリト-κN:κO-ビス(トリアンミンコバルト)(3+)

 di-μ-hydroxido-μ-nitrito-κN:κO-bis(triamminecobalt)(3+)

(κ の用法については IR-9.2.4.2 および IR-10.2.3.3 を，μ の用法については IR-9.2.5.2 および IR-10.2.3.1 を見よ．)

(b) 多核錯体および有機金属化合物において，2 個以上の中心原子が配位原子あるいは不飽和基で連結されるとき，それぞれの中心原子の位置記号を区分する．中心原子 1 と 2 が塩化物イオン 1 個で連結されるときは，μ-クロリド-1:2κ^2Cl μ-chlorido-1:2κ^2Cl と表記され，カルボニル基 1 個が原子 1 には末端基として配位し，その π 電子で原子 2 と原子 3 を架橋するときは，μ$_3$-2η^2:3η^2-カルボニル-1κC μ$_3$-2η^2:3η^2-carbonyl-1κC と表記される．

(c) ホウ素化合物において，架橋水素原子に連結されているホウ素原子の位置記号の組を区分する．

例：

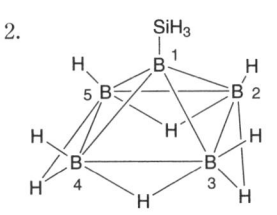

2. 1-シリル-2,3:2,5:3,4:4,5-テトラ-μH-ペンタボラン(9)

 1-silyl-2,3:2,5:3,4:4,5-tetra-μH-pentaborane(9)

 # $B_5H_8SiH_3$

(d) 鎖状および環状命名法において，一つの集合系における個々の構成単位の節記号を区分する (IR-7.4.2 を見よ)．

IR-2.5.3 コ ン マ

コンマ comma の用法は以下の通りである．

(a) 位置記号を区分する．

例：

1. $SiH_2ClSiHClSiH_2Cl$　1,2,3-トリクロロトリシラン　1,2,3-trichlorotrisilane

(b) 多座配位子における配位原子の記号を区分する．

例：

2. *cis*-ビス(グリシナト-κN,κO)白金　*cis*-bis(glycinato-κN,κO)platinum

(c) 固体化学において，同位置を無秩序に占めている原子の記号を区分する．

例：3. $(Mo,W)_nO_{3n-1}$

(d) 混合原子価化合物における酸化数を区分する.

例：

4. 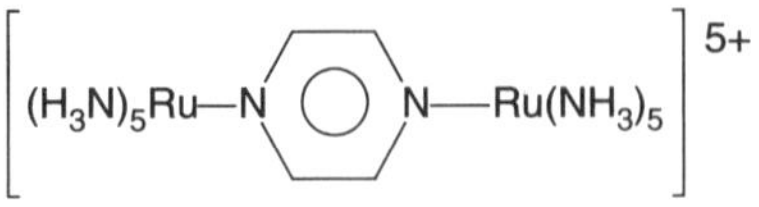 [(H₃N)₅Ru—N⌬N—Ru(NH₃)₅]⁵⁺   [(H₃N)₅Ru(μ-pyz)Ru(NH₃)₅]⁵⁺
   μ-ピラジン-ビス(ペンタアンミンルテニウム)(Ⅱ,Ⅲ)
   μ-pyrazine-bis(pentaammineruthenium)(Ⅱ,Ⅲ)

(e) 選択的に標識された化合物での標識された原子の記号を区分する．（文献 2 の Ⅱ-2.4.3.3 を見よ．）

例： 5. [¹⁸O,³²P]H₃PO₄   [¹⁸O,³²P]リン酸   [¹⁸O,³²P]phosphoric acid

IR-2.5.4 セミコロン

セミコロン semicolon の用法は以下の通りである．

(a) 配位化合物の名称において，カッパ方式によってすでにコンマで区分されている位置記号を整理する．（実例については IR-9.2.5.6 を見よ．）

(b) 選択的に同位体標識された化合物で，標識される核種の可能な個数を示す下付き数字を区分する．

例： 1. [1-²H₁;₂]SiH₃OSiH₂OSiH₃

IR-2.6 スペース

英語による無機化学命名法における，名称中での**スペース** space の用法は以下の通りであるが，その規則は他の言語においては異なることになる[訳注]．**化学式中ではスペースは用いない．**

(a) 英語では，塩においてイオンを区分する．

例：

1. NaCl   sodium chloride   塩化ナトリウム
2. NaTl(NO₃)₂   sodium thallium(I) dinitrate   二硝酸ナトリウムタリウム(I)

(b) 英語では，二元化合物において電気的陽性成分と電気的陰性成分を区分する．

例： 3. P₄O₁₀ tetraphosphorus decaoxide   十酸化四リン

(c) 中心原子間に多方向結合軸がある多核錯体の名称で，結合標識において中心原子の元素記号とアラビア数字とを区分する．

例：

4. [Os₃(CO)₁₂] *cyclo*-トリス(テトラカルボニルオスミウム)(3 *Os*—*Os*)
   cyclo-tris(tetracarbonylosmium)(3 *Os*—*Os*)

訳注　(a), (b) の例では，英語名称にあるスペースは，対応する日本語名称にはない．(c), (d), (e) の場合，英文用スペースに相当するほぼ小文字 1 字分の空白スペース．パソコンワープロソフトでは，数字，ローマ字，括弧を英数半角モードで入力し，当該箇所には 1 字分のスペースを入れるのが適当である．

(d) 付加化合物の名称において，成分名と組成比記号とを区分する．

例：

　　5．3CdSO$_4$·8H$_2$O　硫酸カドミウム—水 (3/8)　cadmium sulfate—water (3/8)

(e) 固体化学命名法において，化学式と構造型式とを区分する．

例：6．TiO$_2$(o) (ブルカイト型)　TiO$_2$(o) (*brookite* type)

IR-2.7　母音省略

組成および付加命名法で倍数接頭語を使用するときは，一般に**母音省略** elision は行わない．

例：

　　1．テトラアクア（テトラクアとしない）　tetraaqua (*not* tetraqua)
　　2．一酸素（モノキシジェンとしない）　　monooxygen (*not* monoxygen)
　　3．六酸化四ヒ素　tetraarsenic hexaoxide

一般則から外れた例外として，monooxide ではなく，monoxide が通常は使われる[訳注]．

IR-2.8　数　　字
IR-2.8.1　アラビア数字

アラビア数字 Arabic numeral の命名法における用法は特に重要であり，化学式あるいは名称における用法はそれぞれに特定の意味をもつ．

化学式では多くの用法がある．

(a) 右下付きで，個々の原子あるいは原子団の個数を示すが，1 の場合は省略する．

例：

　　1．CaCl$_2$
　　2．[Co(NH$_3$)$_6$]Cl$_3$

(b) 右上付きで電荷数を示すが，1 の場合は省略する．

例：

　　3．Cl$^-$
　　4．NO$^+$
　　5．Cu^{2+}
　　6．[Al(H$_2$O)$_6$]$^{3+}$

(c) 付加化合物（形式上を含む）あるいは不定比化合物の組成を示す．数字は各成分の化学式の前に同列で記すが，1 の場合は省略する．

訳注　英語では monoxide であるが，日本語ではモノオキシドとする．（巻末の"付録2 化合物名字訳基準"，2.6 (c) 参照．）

例：

   7. $Na_2CO_3 \cdot 10H_2O$

   8. $8WO_3 \cdot 9Nb_2O_5$

(d) 元素記号で与えられた核種の質量数と原子番号を示す．質量数は左上付きで，原子番号は左下付きで示す．

例：

   9. $^{18}_{8}O$

  10. $^{3}_{1}H$

(e) 記号 η の右上付きで，配位子の**ハプト数** hapticity を表す（IR-9.2.4.3 および IR-10.2.5.1 を見よ）．また記号 μ の右下付きで，配位子の**架橋多重度** bridging multiplicity を表す（IR-9.2.5.2 を見よ）．

例：

  11. $[\{Ni(\eta^5\text{-}C_5H_5)\}_3(\mu_3\text{-}CO)_2]$

アラビア数字は<u>名称中で位置記号として使われる</u>（IR-2.14.2 を見よ）．その用法は以下の通りである．

(a) 多核化合物での金属−金属結合の数を示す．

例：

  12.   # $[\{Ni(\eta^5\text{-}C_5H_5)\}_3(\mu_3\text{-}CO)_2]$

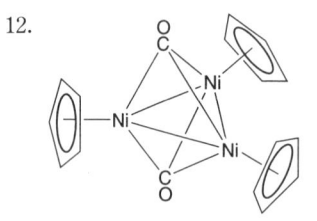

ジ-μ_3-カルボニル-*cyclo*-トリス(シクロペンタジエニルニッケル)(3 *Ni—Ni*)

di-μ_3-carbonyl-*cyclo*-tris(cyclopentadienylnickel)(3 *Ni—Ni*)

(b) 電荷を示す．

例：

  13. $[CoCl(NH_3)_5]^{2+}$ ペンタアンミンクロリドコバルト(2＋)   pentaamminechloridocobalt(2＋)

  14. $[AlCl_4]^-$ テトラクロリドアルミン酸(1−)イオン   tetrachloridoaluminate(1−)

ここで数字 '1' は必ず記す．これは旋光度の符号との混同を避けるためである［IR-2.2.3.1 (j) を見よ］．

(c) 記号 μ の右下付きで，配位子の架橋多重度を示す（IR-9.2.5.2 を見よ）．

例：

  15. $[\{Pt(\mu_3\text{-}I)Me_3\}_4]$

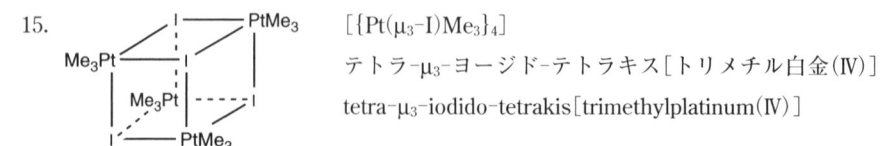

テトラ-μ_3-ヨージド-テトラキス［トリメチル白金(IV)］

tetra-μ_3-iodido-tetrakis[trimethylplatinum(IV)]

(d) ホウ素化合物（IR-6.2.3 を見よ）の命名法において，母体ボラン分子の水素原子数を示す．アラビア数字を丸括弧で囲み，名称の直後に（スペースなしに）おく．

例：

16. B_2H_6　ジボラン(6)　　diborane(6)
17. $B_{10}H_{14}$　デカボラン(14)　decaborane(14)

(e) 記号 κ の右上付きで，中心原子に配位する特定種の配位原子の個数を示す（IR-9.2.4.2 および IR-10.2.3.3 を見よ）．

(f) 記号 η の右上付きで，配位子のハプト数を表す（IR-9.2.4.3 および IR-10.2.5.1 を見よ）．

(g) 多核構造において，多面体型を指定する CEP 記法[5] でアラビア数字を用いる（IR-9.2.5.6 をも見よ）．

(h) （形式的）付加化合物名の最後尾で，組成比を表す（IR-5.5 を見よ）．

例：18　$8H_2S \cdot 46H_2O$　硫化水素—水 (8/46)　hydrogen sulfide—water (8/46)

(i) （記号 λ の）右上付きで，λ 方式における非標準結合数を示す（IR-6.2.1 を見よ）．

例：19. IH_5　λ^5-ヨーダン　λ^5-iodane

(j) 多面体記号および配置指数を用いて中心原子周りでの配位子の幾何配位構造と配置を表す（IR-9.3.2 および IR-9.3.3 を見よ）．

例：

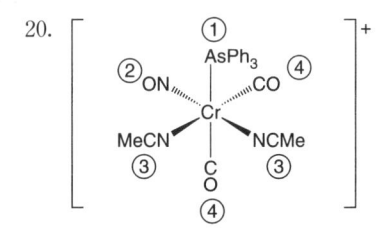

20.

(OC-6-43)-ビス(アセトニトリル)ジカルボニルニトロシル(トリフェニルアルサン)クロム(1+)
(OC-6-43)-bis(acetonitrile)dicarbonylnitrosyl(triphenylarsane)chromium(1+)
#　$[Cr(AsPh_3)(CO)_2(NCMe)_2(NO)]^+$

IR-2.8.2 ローマ数字

化学式中では，右上付きで形式的酸化状態を**ローマ数字** Roman numeral で示す．

例：

1. $[Co^{II}Co^{III}W_{12}O_{42}]^{7-}$
2. $[Mn^{VII}O_4]^-$
3. $Fe^{II}Fe^{III}_2O_4$

名称中では，原子の形式的酸化状態をその原子を示す名称の直後（スペースなし）に丸括弧で囲んだローマ数字で示す．

例：
4. $[Fe(H_2O)_6]^{2+}$　ヘキサアクア鉄(II)　　　　　hexaaquairon(II)
5. $[FeO_4]^{2-}$　テトラオキシド鉄(VI)酸イオン　tetraoxidoferrate(VI)

IR-2.9 イタリック体

名称中での**イタリック体** italic の用法は以下の通りである．

(a) 幾何および構造接頭語を *cis*, *cyclo*, *catena*, *triangulo*, *nido* などのようにイタリック体で記す（付表Vを見よ）．

(b) 多核化合物において，結合標識で連結された中心原子をイタリック体で記す．

例：
1. $[Mn_2(CO)_{10}]$　ビス(ペンタカルボニルマンガン)(*Mn—Mn*)
bis(pentacarbonylmanganese)(*Mn—Mn*)

(c) 複酸化物，複水酸化物の構造型式を指定するとき[訳注]．

例：2. $MgTiO_3$（チタン鉄鉱型 *ilmenite* type）

(d) 配位化合物において，配位子（おおむね多座配位子）の中心原子への配位原子を，κ方式適用の採否を問わず，イタリック体で指定する（IR-9.2.4.4 を見よ）．

例：
3. 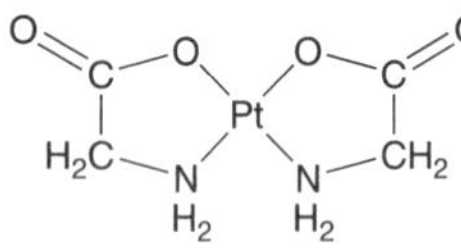 *cis*-ビス(グリシナト-κ*N*,κ*O*)白金
cis-bis(glycinato-κ*N*,κ*O*)platinum
#　$[Pt(NH_2CH_2CO_2)_2]$

(e) 固体化学における Pearson 記号および結晶系記号（IR-3.4.4 および IR-11.5 を見よ）．

(f) イタリック体大文字が多面体記号に用いられる（IR-9.3.2.1 を見よ）．

例：
4. 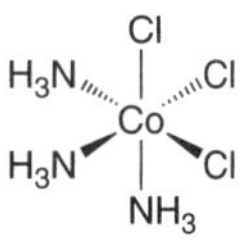 $[CoCl_3(NH_3)_3]$
(*OC*-6-22)-トリアンミントリクロリドコバルト(III)
(*OC*-6-22)-triamminetrichloridocobalt(III)

(g) イタリック体の他の用法としては，置換命名法での位置記号（例としては IR-6.2.4.1 を見よ）があり，*H* で特に指示する水素を示す（例としては IR-6.2.3.4 を見よ）．イタリック体小文字によって化学式中で不特定数値となる数を示す．

例：
5. $(HBO_2)_n$
6. Fe^{n+}

訳注　日本語名称ではイタリック体としない．

IR-2.10 ギリシャ文字

体系的無機化学命名法で使われるローマン体（立体）の**ギリシャ文字**[訳注] Greek letter は以下の通りである．

- Δ 絶対配置記号．また，デルタヘドラを指定する構造記号（IR-9.3.4 を見よ）．
- δ キレート環配座の絶対配置記号（IR-9.3.4 を見よ）．固体化学では，組成の小幅な変動を示す（IR-11.3.2 を見よ）．また，環構造あるいは環構造系での集積二重結合を示す（文献 1 の P-25.7 を見よ）．
- η 配位子のハプト数を示す（IR-9.2.4.3 および IR-10.2.5.1 を見よ）．
- κ κ方式における配位原子位置記号（IR-9.2.4.2 および IR-10.2.3.3 を見よ）．
- Λ 絶対配置記号（IR-9.3.4 参照）．
- λ λ方式における非標準結合数を示す（IR-6.2.1 および文献 1 の P-14.1 を見よ）．また，キレート環配座の絶対配置記号（IR-9.3.4 を見よ）．
- μ 架橋配位子を示す（IR-9.2.5.2 および IR-10.2.3.1 を見よ）．

IR-2.11 星　　印

化学式中では，星印 asterisk（*）は元素記号の右上付きとし，その用法は以下の通りである．

(a) 不斉中心を明示する．

例：

1. 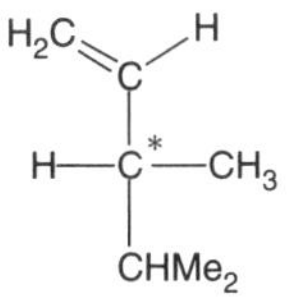 [構造式：$H_2C=CH$ に結合した C^* 中心、CH_3、H、$CHMe_2$ が結合]

この用例は，配位化学においてキラルな配位子あるいは不斉中心の明示にも拡張されている．

例：

2. 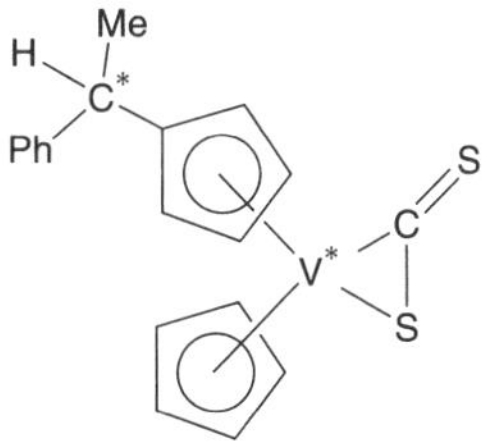 [構造式：C^* 中心に H、Ph、Me、シクロペンタジエニル基が結合し、V^* 中心にシクロペンタジエニル基2つと $S_2C=S$ 配位子が結合した錯体]

(b) 励起状態にある分子あるいは原子核を示す．

例： 3. NO*

[訳注]　無機化学命名法 1990 年勧告[4] では，δ, η, κ, λ, μ はイタリック体で用いられていた．

IR-2.12 プライム

(a) **プライム** prime (′)，二重プライム (″)，三重プライム (‴) などの，配位化合物の名称および化学式中での用法は以下の通りである．

(i) 配位子の名称中で，置換位置を区分する．
(ii) 可能な配位原子の中で，特定配位原子を指定する（IR-9.2.4.2）．
(iii) 同一配位子あるいは配位子分割部分にあって，同じ優先度となる配位原子を，配置指数（IR-9.3.5.3）を用いて配置を特定して区分する．

例：

1. $[Rh_3Cl(\mu-Cl)(CO)_3\{\mu_3-Ph_2PCH_2P(Ph)CH_2PPh_2\}_2]^+$

トリカルボニル-1κC,2κC,3κC-μ-クロリド-1:2κ^2Cl-クロリド-3κCl-ビス{μ$_3$-ビス[(ジフェニルホスファニル)メチル]-1κP:3κ$P′$-フェニルホスファン-2κP}三ロジウム(1+)

tricarbonyl-1κC,2κC,3κC-μ-chlorido-1:2κ^2Cl-chlorido-3κCl-bis{μ$_3$-bis[(diphenylphosphanyl)methyl]-1κP:3κ$P′$-phenylphosphane-2κP}trirhodium(1+)

(b) Kröger–Vink 表記（IR-11.4 を見よ）で，右上付きプライム，二重プライム，三重プライム等は，その位置での有効負電荷が 1, 2, 3 単位等であることを示す．

例： 2. $Li^x_{Li,1-2x}Mg^{\bullet}_{Li,x}V'_{Li,x}Cl^x_{Cl}$

IR-2.13 倍数接頭語

名称中の同一化学単位の個数は，**倍数接頭語** multiplicative prefix で表現する（付表Ⅳを見よ）．

単原子配位子のような簡単な単位の場合，ジ di，トリ tri，テトラ tetra，ペンタ penta，… の倍数接頭語を使う．

ビス bis，トリス tris，テトラキス tetrakis，ペンタキス pentakis，… の倍数接頭語は，配位子が複合名称であるとき，あるいは混同を避けるために使う．これらの倍数接頭語が修飾する対象部分は丸括弧でくくる．

例：

1. Fe_2O_3　三酸化二鉄　　diiron trioxide
2. $[PtCl_4]^{2-}$　テトラクロリド白金酸(2−)イオン　　tetrachloridoplatinate(2−)
3. $[Fe(CCPh)_2(CO)_4]$　テトラカルボニルビス(フェニルエチニル)鉄
　　　　　　　　tetracarbonylbis(phenylethynyl)iron

4. TlI₃　　　　トリス(ヨウ化)タリウム　thallium tris(iodide)　（IR-5.4.2.3 参照）
5. Ca₃(PO₄)₂　ビス(リン酸)三カルシウム　tricalcium bis(phosphate)
6. [Pt(PPh₃)₄]　テトラキス(トリフェニルホスファン)白金(0)
　　　　　　　　tetrakis(triphenylphosphane)platinum(0)

　複合倍数接頭語は 1 位，10 位，100 位の順に構成する．たとえば 35 の複合倍数接頭語は，ペンタトリアコンタ pentatriaconta あるいはペンタトリアコンタキス pentatriacontakis のようにする．

IR-2.14　位　置　記　号
IR-2.14.1　序　　論
　位置記号は，母体分子上の置換位置あるいは母体分子内の特定構造部を指示するのに用いる．位置記号はアラビア数字あるいはローマ字である．

IR-2.14.2　アラビア数字
　位置記号としての**アラビア数字** Arabic numeral の用法は以下の通りである．
　(a) 母体水素化物で，非標準結合数をもつ水素原子の配置，不飽和度，ボラン構造での架橋水素原子の位置などを指示する，骨格原子への番号付け．

例：
1. H₅$\overset{1\;2\;3}{\text{SSS}}$H₄$\overset{4}{\text{SH}}$　　　$1\lambda^6,3\lambda^6$-テトラスルファン　$1\lambda^6,3\lambda^6$-tetrasulfane　（$2\lambda^6,4\lambda^6$ ではない）
2. H₂$\overset{1\;2}{\text{NN}}$=$\overset{3}{\text{N}}H\overset{4\;5}{\text{NN}}$H₂　ペンタアズ-2-エン　pentaaz-2-ene
3. 　　　　　　　　　　　2,3;2,5;3,4;4,5-テトラ-μH-$nido$-ペンタボラン(9)
　　　　　　　　　　　　2,3;2,5;3,4;4,5-tetra-μH-$nido$-pentaborane(9)

　(b) 代置命名法において．

例：

4. $\overset{1}{\text{CH}_3}\overset{2}{\text{S}}\overset{3}{\text{CH}_2}\overset{4}{\text{SiH}_2}\overset{5}{\text{CH}_2}\overset{6}{\text{CH}_2}\overset{7}{\text{O}}\overset{8}{\text{CH}_2}\overset{9}{\text{CH}_2}\overset{10\;11}{\text{OCH}_3}$　7,10-ジオキサ-2-チア-4-シラウンデカン
　　　　　　　　　　　　　　　　　　　　　　　7,10-dioxa-2-thia-4-silaundecane

　(c) 付加命名法において．

例：
5. $\overset{1}{\text{SiH}_3}\overset{2}{\text{GeH}_2}\overset{3}{\text{SiH}_2}\overset{4}{\text{SiH}_2}\overset{5}{\text{SiH}_3}$

　　1,1,1,2,2,3,3,4,4,5,5,5-ドデカヒドリド-2-ゲルミ-1,3,4,5-テトラシリ-[5]カテナ
　　1,1,1,2,2,3,3,4,4,5,5,5-dodecahydrido-2-germy-1,3,4,5-tetrasily-[5]catena

(d) Hantzsch-Widman 命名法（IR-6.2.4.3）において，骨格原子の位置を示す．

例：

6. 1,3,2,4-ジオキサジスチベタン　1,3,2,4-dioxadistibetane
   # $Sb_2H_2O_2$

(e) Hantzsch-Widman 命名法（IR-6.2.4.3）において，指定した水素を示す．

例：

7. 1H-1,2,3-ジシラゲルミレン　1H-1,2,3-disilagermirene
   # $GeSi_2H_3$

(f) 置換命名法において，置換基の位置を特定する．

例：

8. HOSiH$_2$SiH$_2$SiH$_2$SiHClSiH$_2$Cl　4,5-ジクロロペンタシラン-1-オール　4,5-dichloropentasilan-1-ol

(g) 置換命名法において，付加あるいは減去操作の行われる骨格原子を特定する．

例：9. •HNNH• および -HNNH-　ヒドラジン-1,2-ジイル　hydrazine-1,2-diyl

(h) von Baeyer 名称において，多環状系のトポロジーを指定する．

例：

10. ビシクロ[4.4.0]デカシラン
    bicyclo[4.4.0]decasilane
    # $Si_{10}H_{18}$

(i) 多核配位化合物において，中心原子に番号を付ける（IR-9.2.5 を見よ）．

例：

11. [(OC)$_5$ReCo(CO)$_4$]　ノナカルボニル-1κ^5C,2κ^4C-レニウムコバルト($Re\!-\!Co$)
    nonacarbonyl-1κ^5C,2κ^4C-rheniumcobalt($Re\!-\!Co$)

(j) アラビア数字で番号付けられた原子の構造中で特定原子の立体化学を指定する．

例：12. ClSiH$_2$SiHClSiHClSiH$_2$SiH$_3$　(2R,3S)-1,2,3-トリクロロペンタシラン
    (2R,3S)-1,2,3-trichloropentasilane

IR-2.14.3 文字記号

置換名称中では，イタリック体の大文字が位置記号に使われる（たとえば IR-6.2.4.1 を見よ）．
ポリオキソ金属酸の命名法では，中心原子周り配位多面体の頂点を指定するときに小文字を使う．小文字は，その頂点をもつ配位多面体中心原子の番号に続ける．詳細は文献 2 の II-1 にある．

IR-2.15 順序規則
IR-2.15.1 序論

化学命名法では，元素名とそれらの組合せを扱う．元素一つであれば元素記号，元素名を書くのに問題はない．しかし，一つの元素の原子が他の元素の原子と結合して，たとえば二元化合物をつくったとなると，化学式中でも名称中でも，どちらの元素を先に書くかの選択をせまられることになる．化学式および名称中での元素の配列順序は，以下で概説する方法に基づく．多原子イオン，配位化合物における配位子，母体水素化物誘導体の置換基などの原子団も，特定の規則に従う順序で配列される．

IR-2.15.2 アルファベット順

化学式における**アルファベット順** alphabetical order の用法は以下の通りである．

(a) 塩，複塩の化学式では，陽イオン，陰イオンそれぞれの原子団について，アルファベット順に配列される．下の例5のように，特定の構造情報を伝達するためであれば，この規則からの例外も認められる．

例：

1. BiClO　（陰イオンは Cl^- と O^{2-} である）
2. NaOCl　（ここの陰イオンは OCl^- である．IR-4.4.3.1 参照）
3. $KNa_4Cl(SO_4)_2$
4. $CaTiO_3$　（灰チタン石型 *perovskite* type）
5. $SrFeO_3$　（灰チタン石型 *perovskite* type）

(b) 配位化合物あるいは形式的に配位化合物とされる化学種の化学式では，配位子はその化学式あるいは略号（IR-2.15.3.4 参照）のアルファベット順に配列される．可能であれば，配位子化学式中の配位原子は，それが配位する中心原子になるべく近づける（IR-9.2.3.1 を見よ）．

例：6. $[CrCl_2(NH_3)_2(OH_2)_2]$

(c) （形式的）付加化合物の化学式では，まず成分組成比が大きくなる順に各成分を配列し，同数の場合はアルファベット順とする（IR-4.4.3.5 を見よ）．

名称におけるアルファベット順配列は以下の通りである．

(d) 組成名称においては，形式上電気的陽性の成分群と電気的陰性の成分群それぞれの成分をアルファベット順に配列し，英文では陽性成分群が陰性成分群の前にくる．したがって，英文では下の例7，9，10のように，化学式中での配列順序と名称中での配列順序が異なることもあり得る[訳注]．

例：

7. $KMgF_3$　　フッ化マグネシウムカリウム　　**m**agnesium **p**otassium fluoride
8. BiClO　　塩化酸化ビスマス　　bismuth **c**hloride **o**xide
9. ZnI(OH)　　水酸化ヨウ化亜鉛　　zinc **h**ydroxide **i**odide
10. $SrFeO_3$　　酸化鉄ストロンチウム　　**i**ron **s**trontium oxide（上記例5参照）

訳注　日本語名称では，電気的陽性成分および電気的陰性成分のそれぞれについて，英語名称の語順に従って対応する語を配列する．

36　　　　　　　　　　　　　IR-2　文　　　法

(e) 付加名称における配位子の記載順では，配位子の個数，あるいはその錯体化合物が単核であるか多核であるかを問わず，配位子名のアルファベット順とする（IR-2.15.3.4 参照）．

例：

11. K[AuS(S$_2$)]　　　（ジスルフィド）スルフィド金酸(1−)カリウム
　　　　　　　　　　　potassium(**d**isulfido)**s**ulfidoaurate(1−)
12. [CrCl$_2$(NH$_3$)$_4$]$^+$　テトラアンミンジクロリドクロム(1+)
　　　　　　　　　　　tetra**a**mmine**d**ichloridochromium(1+)

置換命名法で置換基の名称を記載する順も同様な規則に従う（IR-6.3.1 を見よ）．

(f) 鎖および環の付加命名法において骨格原子の名称を記載する順（IR-7.4.3 参照）．

例：

13. HOS(O)$_2$SeSH
　　1,4-ジヒドリド-2,2-ジオキシド-1-オキシ-3-セレニ-2,4-ジスルフィ-[4]カテナ
　　1,4-dihydrido-2,2-dioxido-1-**o**xy-3-**s**eleny-2,4-di**s**ulfy-[4]catena

(g) 形式的付加化合物の名称を構築するとき，個々の成分はまずその個数が大きい順に記載し，同数のときはアルファベット順とする（IR-5.5 を見よ）．

IR-2.15.3　他の順序規則
IR-2.15.3.1　周期表に準拠する元素の順序

付表Ⅵに，周期表に準拠した元素序列を示したが，これは命名法の基本として特に重要な役割を果たす．各族（1 から 18）の元素は，より非金属的な元素から始まってより金属的な元素へ向かう方向の矢印によって連結されている．H 原子だけは，通常の周期表に比べると，特異な位置にある．この順序は，O 原子が 16 族の通常の位置に置かれてはいるものの，電気陰性度の順序に相当している．この順序は，以下の場合における元素記号と元素名の順序を決めるのに適用される．

(a) 二元化合物の組成名称とそれに対応する化学式において，付表Ⅵの矢印の順で後位の元素が化学式においても名称においても先位となる[訳注]．

例：

1. S$_2$Cl$_2$　二塩化二硫黄　　　　disulfur dichloride
2. O$_2$Cl　塩化二酸素　　　　　dioxygen chloride
3. H$_2$Te　テルル化二水素　　　dihydrogen telluride
4. AlH$_3$　三水素化アルミニウム　aluminium trihydride

(b) 多核化合物の付加名称において，矢印の後位となる中心原子が先位となる．IR-7.3.2 および IR-9.2.5.1 参照．

(c) 鎖および環の付加名称において，骨格構造からは完全に定義できない骨格原子の番号付けで，付表Ⅵの矢印の順で，最先位となった元素に最小の番号をつける．しかし，元素の 'y' 語群（付表Ⅹ参照）はアルファベット順に記載する．

訳注　日本語の名称では一般に逆になる．

例：

5. HOS(O)₂SeSH　1,4-ジヒドリド-2,2-ジオキシド-1-オキシ-3-セレニ-2,4-ジスルフィ-[4]カテナ
1,4-dihydrido-2,2-dioxido-1-seleny-2,4-disulfy-[4]catena

(d) Hantzsch-Widman 名称において，付表Ⅵの矢印の順で最初に出た原子に最小番号をつける．元素の 'a' 語群（付表Ⅹ）も同じ順となる．

例：

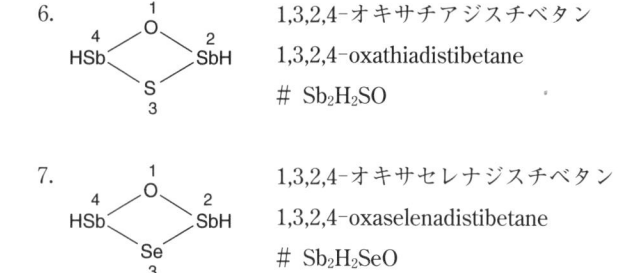

6. 1,3,2,4-オキサチアジスチベタン
1,3,2,4-oxathiadistibetane
Sb₂H₂SO

7. 1,3,2,4-オキサセレナジスチベタン
1,3,2,4-oxaselenadistibetane
Sb₂H₂SeO

(e) 骨格原子を置換したヘテロ原子が 'a' 接頭語で示される名称において，付表Ⅵの矢印の順で最初に出た原子に最小番号をつける．元素の 'a' 語群（付表Ⅹ）も同じ順となる．

例：

8. 1-オキサ-3-チア-2,4-ジスチバシクロブタン
1-oxa-3-thia-2,4-distibacyclobutane
Sb₂H₂SO

9. 1-オキサ-3-セレナ-2,4-ジスチバシクロブタン
1-oxa-3-selena-2,4-distibacyclobutane
Sb₂H₂SeO

IR-2.15.3.2　母体水素化物の順序

表 IR-6.1 に示した**母体水素化物** parent hydride（あるいは非標準結合数をもつ対応水素化物：IR-6.2.2.2 参照）の選択に任意性があるとき，以下の序列で先行する元素の水素化物を母体水素化物とする．

N＞P＞As＞Sb＞Bi＞Si＞Ge＞Sn＞Pb＞B＞Al＞Ga＞In＞Tl＞O＞S＞Se＞Te＞C＞F＞C＞Br＞I

この序列は，母体水素化物の選択に幅のある 13 から 16 族元素の有機金属化合物における命名で特に重要である（IR-10.3.3）．

例：1. AsCl₂GeH₃　ジクロロ（ゲルミル）アルサン　dichloro(germyl)arsane

置換命名法の規則[1]に従うと，この序列にある 2 種以上の元素が化合物中に存在する場合であっても，上記の原則が必ずしも成立しないことに注意しておこう．たとえば，置換命名法による HTeOH の名称は，テラン tellane に準拠したテラノール tellanol であって，オキシダン oxidane に基づくものではない．これは，特性基 OH を接尾語として扱う決まりからである．

IR-2.15.3.3 置換命名法のための特性基の順序

置換命名法では，主要官能基記載の選択には順序が定められている（文献 1，P-41 を見よ）．

IR-2.15.3.4 化学式および名称中での配位子の順序

配位化合物の化学式では，配位子あるいはその略号のアルファベット順に記載するのが一般則となっている．架橋配位子は，同種の末端配位子がある場合にはその直後におき，架橋多重度が増加する順に並べる（IR-9.2.3 および IR-9.2.5 も見よ）．

配位化合物の名称では，配位子の名称はアルファベット順で中心原子名に先行する．架橋配位子は同種の末端配位子がある場合には，たとえば，ジ-μ-クロリド-テトラクロリド di-μ-chlorido-tetrtachlorido のように，その直前におかれる．また，μ$_3$-オキシド-ジ-μ-オキシド… μ$_3$-oxido-di-μ-oxido... のように架橋多重度が減少する順に並べる（IR-9.2.2 および IR-9.2.5.1 をも見よ）．

例：
1. $[Cr_2(\mu\text{-}O)(OH)_8(\mu\text{-}OH)]^{5-}$
   μ-ヒドロキシド-オクタヒドロキシド-μ-オキシド-二クロム酸(5−)イオン
   μ-hydroxido-octahydroxido-μ-oxido-dichromate(5−)

この方式によると，化学式においても名称においても，架橋配位子の多重度が上がると中心原子から離れ，末端配位子が中心原子に近づくことになる．

IR-2.15.3.5 塩の化学式および名称中での成分の順序

塩，複塩，配位化合物の化学式および名称において，陽イオンは陰イオンの前にくる[訳注]．それぞれのグループの中ではアルファベット順となる．IR-2.15.2 参照．

IR-2.15.3.6 同位体修飾

同位体修飾化合物では，核種記号の記載順を決める原則がある（文献 2, II-2.2.5 を見よ）．

IR-2.15.3.7 立体化学での優先順序

配位化合物の立体化学命名法において，単核配位系での配位原子優先順位番号の設定は，キラルな炭素化合物で開発された標準順位規則に準拠している (Cahn, Ingold, Prolog 規則または CIP 則[6], IR-9.3.3.2 を見よ)．

IR-2.15.3.8 句読点の階層的順序

配位化合物およびホウ素化合物の名称において，数字位置記号，架橋原子位置記号，その他の位置記号が使われた場合，それらを元素記号から分離するための句読点の使用順序はつぎの階層による．

セミコロン semicolon (;) ＞ コロン colon (:) ＞ コンマ comma (,)

コロンは架橋配位子の場合だけに使われるので，一般的にはコンマ＜セミコロンとしておいてよいだろう．架橋配位子が特定化されたときの順序は，コンマ＜コロンとなる（IR-2.5.2 の例 2, IR-9.2.5.5 を見よ）．

訳注　日本語の名称では一般に逆になる．（複雑な錯陽イオンの塩などでは，逆にするとは限らない．）

IR-2.16 結　語

本章では，文字，数字，記号の名称および化学式でのさまざまな用法を共通性のある見出しの下で総集し，構築された名称あるいは化学式が決められた手続きに合致するかどうかを容易に検証できるように説明した．しかし，ある名称または式をつくるのに必要なすべての規則を明確にするには，まだ不十分である．さらに詳細な取扱いについては他の適当な章を参照されるようお奨めする．

IR-2.17 文　献

1. *Nomenclature of Organic Chemistry, IUPAC Recommendations*, eds. W.H. Powell and H. Favre, Royal Society of Chemistry, in preparation：［See also, *Nomenclature of Organic Chemistry*, Pergamon Press, Oxford, 1979；*A Guide to IUPAC Nomenclature of Organic Compounds, Recommendations 1993*, eds. R. Panico, W.H. Powell and J.-C. Richer, Blackwell Scientific Publications, Oxford, 1993；and corrections in *Pure Appl. Chem.*, **71**, 1327-1330（1999）］．
2. *Nomenclature of Inorganic Chemistry II, IUPAC Recommendations 2000*, eds. J.A. MaCleverty and N.G. Connelly, Royal Society of Chemistry, 2001.（Red Book II.）
3. *Compendium of Macromolecular Nomenclature*, ed. W.V. Metanomski, Blackwell Scientific Publications, Oxford, 1991.（The Purple Book. The second edition is planned for publication in 2005）．
4. *Nomenclature of Inorganic Chemistry, IUPAC Recommendations* 1990, ed. G.J. Leigh, Blackwell Scientific Publications, Oxford, 1990；邦訳：山崎一雄 訳・著，"無機化学命名法 ── IUPAC 1990 年勧告 ──"，東京化学同人（1993）．
5. J.B. Casey, W.J. Evans and W.H. Powell, *Inorg. Chem.*, **20**, 1333-1341（1981）．
6. R.S. Cahn, C. Ingold and V. Prelog, *Angew. Chem., Int. Ed. Engl.*, **5**, 385-415（1966）；V. Prelog and G. Helmchen, *Angew. Chem., Int. Ed. Engl.*, **21**, 567-583（1982）．

IR-3 元　　　　素

IR-3.1　原子の名称と記号	IR-3.4　元素（あるいは単体）
IR-3.1.1　新元素の体系的命名法と記号	IR-3.4.1　無限分子式あるいは無限構造をもつ元素（単体）の名称
IR-3.2　質量，電荷，原子番号の指数（下付きおよび上付き）による表示	IR-3.4.2　元素の同素体（同素多形）
IR-3.3　同位体	IR-3.4.3　分子式が明確な同素体の名称
IR-3.3.1　ある元素の同位体	IR-3.4.4　元素の結晶多形同素体
IR-3.3.2　水素の同位体	IR-3.4.5　無定形固体および無限構造をもつと認知されている同素体
	IR-3.5　周期表中の元素
	IR-3.6　文献と補遺

IR-3.1　原子の名称と記号

　たとえばアンチモン antimony のような元素名の起源は，古すぎて調べようもない．過去3世紀間に認識あるいは発見された元素の名称は，起源，物理的性質，化学的性質などとさまざまに関連している．最近では，傑出した科学者の人名に由来するものもある．

　過去には，一つの元素に名称が二つあるということもあった．二つのグループがそれぞれにその元素を発見したと主張していたからである．この種の混乱を防ぐため，1947年，合理的疑義を打ち消して新元素の実在が立証されたあとに，発見者はその名称を IUPAC に提案する権利を得るが，無機化学命名法委員会（CNIC）のみが IUPAC 評議会に最終決定を求めるよう勧告できることになった．

　現在の手続き[1]では，新元素発見の申立ては最初に IUPAC-IUPAP（International Union of Pure and Applied Physics：国際純正および応用物理学連合）の合同委員会で審査され，優先権が確認される．承認された発見者は無機化学部会に名称を一つだけ提案するよう求められ，無機化学部会が評議会への公式勧告を作成する．この手続きで決定された新元素の名称は，いったん評議会が決定したあとには，発見の優先性とのいかなる連係ももたないとされることを強調しておく．これまでに IUPAC によって承認された元素の名称も，その前史がどうであろうとも，この原則が適用されたと理解されている．

　原子番号1から111までの，IUPAC 公認の英語名称を付表 I* にアルファベット順で記載してある．どの言語での名称であろうとも，これらの英語名称にできるだけ似ることが望ましいのは明らかではある．しかし，他の言語では，英語とはかなり違ってはいるが，すでに確立している名称もある．付表 I の脚注には，現在英語では採用されていないが，元素記号の由来となったり，命名法での接頭語接尾語の語源となっている元素の名称を記してある．

　＊　表番号がローマ数字の表は巻末に一括掲載してある．

化学式においては，付表Iに示してあるように，各元素はそれぞれ固有の記号の立体文字で記す．質量数2と3の水素同位体には，記号DおよびTを用いてもよい（IR-3.3.2を見よ）．

IR-3.1.1 新元素の体系的命名法と記号

新元素が発見され，それがIUPACの承認を受けて名称と記号が決定するまでの間，科学文献でその新元素に言及するには，臨時の名称記号が必要となる．そのような元素は，たとえば元素120 element 120として，原子番号で指定すればよい．IUPACはそれを3文字記号で表示する命名法体系を承認している（付表IIを見よ）[2]．

名称は，以下の数字表現を用いた元素の原子番号から直接得られる．

| 0＝ニル | nil | 1＝ウン | un | 2＝ビ | bi | 3＝トリ | tri | 4＝クアド | quad |
| 5＝ペント | pent | 6＝ヘキス | hex | 7＝セプト | sept | 8＝オクト | oct | 9＝エン | enn |

原子番号の数字順にこれらの表現を連結し，語尾にイウム iumをおくと元素名が完結する．英語でennの最後のnはnilの前では省略され，同様にbiとtriのiはiumの前では省略される．

元素記号は，元素名称を与える各数字表現の頭文字を連結してつくる．

例：
1. 元素113＝ウンウントリウム　element 113＝ununtrium　記号 Uut

IR-3.2 質量，電荷，原子番号の指数（下付きおよび上付き）による表示

ある核種の**質量** mass，**電荷** charge，**原子番号** atomic numberは，元素記号のまわりに配列される3種の指数（下付きおよび上付き）で示す．それらの指数の位置はつぎの通り．

左上　質量数　　　左下　原子番号　　　右上　電荷

元素記号Aとなる原子上の電荷は，A^{n+}あるいはA^{n-}と表記する．A^{+n}, A^{-n}とはしない．元素記号の右下は化学式中の同種原子個数を示す下付き指数の位置となる．たとえば，S_8は硫黄原子8個からなる分子の式である（IR-3.4を見よ）．酸化状態や電荷数の表示についての式表現はIR-4.6.1を見られたい．

例：1. $^{32}_{16}S^{2+}$は原子番号16，質量数32の硫黄原子の2価陽イオンを示す．

核種$^{26}_{12}Mg$と核種$^{4}_{2}He$から核種$^{29}_{13}Al$と核種$^{1}_{1}H$が生じる核反応は以下のように書ける[3]．

$$^{26}Mg(\alpha, p)^{29}Al$$

化学式中での同位体修飾を元素記号で表記する方法と同位体修飾された化合物の命名法についてはそれぞれIR-4.5と文献4のII-2章を見られたい．

IR-3.3 同位体
IR-3.3.1 ある元素の同位体

ある元素の**同位体** isotopeはすべて同じ名称をもち（例外はIR-3.3.2を見よ），質量数の違い（IR-3.2を見よ）で区別する．たとえば，原子番号8番で質量数18の原子の名称は酸素-18 oxygen-18であり，記号は^{18}Oである．

IR-3.3.2　水素の同位体

水素は IR-3.3.1 の規則からの例外であり，3 種の同位体 ^{1}H, ^{2}H, ^{3}H にそれぞれプロチウム protium，ジュウテリウム deuterium，トリチウム tritium の名称を用いることができる．D および T を記号として用いてもよいが，それを用いると化学式中の元素配列のアルファベット順原則（IR-4.5 を見よ）を乱すことになるので，^{2}H および ^{3}H の使用が望ましい．ミューオン muon 1 個と電子 1 個の組合わせが水素の軽い同位体のように挙動するが，その名称はミューオニウム muonium，記号は Mu とする[5]．

これらの名称から，^{1}H$^+$, ^{2}H$^+$, ^{3}H$^+$, Mu$^+$ の各陽イオンの名称は，それぞれ陽子（プロトン proton），重陽子（ジュウテロン deuteron），三重陽子（トリトン triton），ミューオンとなる．プロトンなる名称は時として相反する語義で用いられることがある．同位体的に純粋な ^{1}H$^+$ イオンをさすことがある一方，天然に存在する同位体未分割組成のままの混合物をいうこともある．後者については，水素 hydrogen に由来する名称ヒドロン hydron で一般的に表示することが推奨される．

IR-3.4　元素（あるいは単体）

IR-3.4.1　無限分子式あるいは無限構造をもつ元素（単体）の名称

分子式が未確定な元素の試料あるいは同素体混合物の元素試料は原子名と同じ名称をもつ（IR-3.4.2 から IR-3.4.5 を見よ）．

IR-3.4.2　元素の同素体（同素多形）

元素の**同素体** allotrope にはその原子名にどの多形かを特定する記述子を付記する．ふつう，ギリシャ文字（α, β, γ, …），色，また適当であれば鉱物名（例：炭素のよく知られた同素体である石墨[訳注]とダイヤモンド）などが記述子となる．このような慣用名称は，構造が決定されるまでの暫定的なものであり，分子式（IR-3.4.3 参照），あるいは結晶構造（IR-3.4.4）に基づく合理的表記が推奨される．無定形同素体，あるいは石墨のように通常産出する類似構造体の混合物や赤リンのような構造未詳の無秩序構造体では，慣用名の利用が続くであろう（IR-3.4.5 を見よ）．

IR-3.4.3　分子式が明確な同素体の名称

体系的名称は分子を構成する原子数に準拠し，付表 IV の倍数接頭語で指示する．倍数接頭語 'モノ mono' は，その元素が通常は単原子状態では存在しない場合だけに用いる．長い鎖や大きい環のように，個数が大きくかつ不定であるときには，接頭語として 'ポリ poly' を用いてよい．必要な場合には，付表 V にある適当な接頭語を用いて構造を示すことができる．同素体の明確な構造をもつ多形（たとえば S_8 の α-形，β-形，γ-形）を特定したいときには，IR-3.4.4 の手法を用いるべきである（IR-3.4.4 の例 13 から 15 を見よ）．

例：

	式	体系名		許容される別名称
1.	Ar	アルゴン	argon	
2.	H	一水素	monohydrogen	
3.	N	一窒素	mononitrogen	
4.	N_2	二窒素	dinitrogen	

訳注　石墨（セキボク） graphite は鉱物名，黒鉛 black lead は物質名であるが，英語の black lead はもはや使われず，日英ともにグラファイト graphite が多用されている．

	式	体系名称		許容される別名称	
5.	$N_3^\bullet$	三窒素(•)	trinitrogen(•)		
6.	O_2	二酸素	dioxygen	酸素	oxygen
7.	O_3	三酸素	trioxygen	オゾン	ozone
8.	P_4	四リン	tetraphosphorus	白リン	white phosphorus
9.	S_6	六硫黄	hexasulfur	ε-硫黄	ε-sulfur
10.	S_8	*cyclo*-八硫黄	*cyclo*-octasulfur	α-硫黄　α-sulfur　β-硫黄　β-sulfur	
				γ-硫黄　γ-sulfur	
11.	S_n	ポリ硫黄	polysulfur	μ-硫黄（ゴム状硫黄）	μ-sulfur (or plastic sulfur)
12.	C_{60}	六十炭素	hexacontacarbon	[60]フラーレン	[60]fullerene

例 12 の [60]フラーレンの名称は C_{60} 構造の特定の形に対する非体系的名称として許容できるものとされている．詳細は文献 6 の P-27 を見られたい．

IR-3.4.4　元素の結晶多形同素体

結晶性同素体はその元素単体の多形であり，原子名称直後の括弧内に Pearson 記号[7]（IR-11.5.2 を見よ）を付記する．この記号は同素体の構造をブラベ格子（晶族 crystal class と単位胞の型については表 IR-3.1 を見よ[訳注1]）と単位胞中の原子数で定義する．たとえば，鉄（$cF4$）は鉄の同素体の一つ（γ-鉄）であり，立方晶系(c)の面心格子(F)となる単位胞に 4 個の鉄原子を含んでいることを示す．

表 IR-3.1　14 種のブラベ格子に用いる Pearson 記号

晶系		格子記号[a]	Pearson 記号
三斜	triclinic	P	aP
単斜	monoclinic	P	mP
		S[b]	mS
直方（斜方）[訳注2]	orthorhombic	P	oP
		S	oS
		F	oF
		I	oI
正方	tetragonal	P	tP
		I	tI
六方（および三方）	hexagonal (and trigonal P)	P	hP
菱面体	rhombohedral	R	hR
立方	cubic	P	cP
		F	cF
		I	cI

a　P, S, F, I, R は，それぞれ単純格子，底心格子，面心格子，体心格子，菱面体格子をさす．以前は S ではなく，C が用いられた[訳注3]．
b　y 軸を主軸とする単斜晶系での第 2 座標系[訳注3]．

訳注 1　表 IR-3.1 には，晶族 crystal class ではなく，晶系 crystal system が記載されている．
訳注 2　従来用いられていた "斜方" という呼称は誤解を生む余地があるとして，櫻井敏雄が提案した "直方" は，すでに日本国内の結晶学界に定着した用語となっている．
訳注 3　S は side-face-centred lattice, 側面心格子の記号である．そうであれば，脚注 b は不必要である．側面心格子は底心格子 base-centred lattice の名称を変えたものであり，底心格子と本質的な差はない．主軸が $b(y)$ となる単斜晶系では C 底心，A 底心の 2 種があり得るので，側面心格子で S とするほうが簡潔な表現となる．晶系に対応するイタリック小文字のうち，三斜晶系の a は anorthic（"三斜の"，"直交していない" の意）に由来する．直方格子は，これまで斜方格子とされていた格子であるが，三斜格子，単斜格子と異なり，座標軸がすべて直交しているので，直方格子とする．

例：
	記号	体系名称		許容慣用名
1.	P_n	リン($oS8$)	phosphorus($oS8$)	黒リン　black phosphorus
2.	C_n	炭素($cF8$)	carbon($cF8$)	ダイヤモンド　diamond
3.	C_n	炭素($hP4$)	carbon($hP4$)	グラファイト（一般形）　graphite (common form)
4.	C_n	炭素($hP6$)	carbon($hP6$)	グラファイト（非一般形）graphite (less common form)
5.	Fe_n	鉄($cI2$)	iron($cI2$)	α-鉄　α-iron
6.	Fe_n	鉄($cF4$)	iron($cF4$)	γ-鉄　γ-iron
7.	Sn_n	スズ($cF8$)	tin($cF8$)	α-スズ（灰色スズ）α- or grey tin
8.	Sn_n	スズ($tI4$)	tin($tI4$)	β-スズ（白色スズ）β- or white tin
9.	Mn_n	マンガン($cI58$)	manganese($cI58$)	α-マンガン　α-manganese
10.	Mn_n	マンガン($cP20$)	manganese($cP20$)	β-マンガン　β-manganese
11.	Mn_n	マンガン($cF4$)	manganese($cF4$)	γ-マンガン　γ-manganese
12.	Mn_n	マンガン($cI2$)	manganese($cI2$)	δ-マンガン　δ-manganese
13.	S_8	硫黄($oF128$)	sulfur($oF128$)	α-硫黄　α-sulfur
14.	S_8	硫黄($mP48$)	sulfur($mP48$)	β-硫黄　β-sulfur
15.	S_8	硫黄($mP32$)	sulfur($mP32$)	γ-硫黄　γ-sulfur

結晶同素体の区別が Pearson 記号だけではできない例もないわけではない．そのような場合は空間群を括弧内に追記する．それでも区別できないときは，特徴的な格子定数を追記しなければならなくなる．化合物型を取込んだ別の表記も役立つであろう（IR-4.2.5 および IR-11 を見よ）．

IR-3.4.5　無定形固体および無限構造をもつと認知されている同素体

無定形固体および無限構造をもつと認知されている同素体は，ギリシャ文字，物性に基づく名称，あるいは鉱物名のような慣習的表記で区別されている．

例：
1. C_n　ガラス状炭素　vitreous carbon
2. C_n　グラファイト状炭素（構造欠陥とは関係なく，グラファイト形となっている炭素）
   graphite carbon (carbon in the form of graphite, irrespective of structural defects)
3. P_n　赤リン［リン($oS8$) と四リンの部分構造を含む無秩序構造］
   red phosphorus [a distorted structure containing parts of phosphorus($oS8$) and parts of tetraphosphorus]
4. As_n　無定形ヒ素　amorphous arsenic

IR-3.5　周期表中の元素

周期表（表見返し参照）中の元素は 1 族から 18 族に分族される．水素を除く 1 族，2 族，および 13 族から 18 族までの元素は**主要族元素** main group element とされる．18 族を除き，各主要族元素の 1 番目と 2 番目の元素は**典型元素** typical element とされる[訳注]．元素を s, p, d, f のような記号を使って分族し

訳注　この定義では，**典型元素**の範囲が大幅に縮小される．従来の典型元素は，上記の**主要族元素**に 12 族元素を加えたものとされていた．

てもよい．たとえば，3 族から 12 族までの元素は **d ブロック元素** d-block element となる．これらの元素は一般に **遷移元素** transition element とされるが，その場合，12 族は必ずしも含まれるとは限らない．**f ブロック元素** f-block element は **内遷移元素** inner transition element とされることもある．ある特定の目的のために適切であるならば，族の最初の元素名を冠した族名も用いられる．たとえば，B, Al, Ga, In, Tl を **ホウ素族** boron group，Ti, Zr, Hf, Rf を **チタン族** titanium group とするように，である．

類似元素に対する集合的な名称として，以下の IUPAC 公認名称がある．**アルカリ金属** alkali metal (Li, Na, K, Rb, Cs, Fr)；**アルカリ土類金属** alkaline earth metal (Be, Mg, Ca, Sr, Ba, Ra)；**ニクトゲン** pnictogen[8,訳注1] (N, P, As, Sb, Bi)；**カルコゲン** chalcogen (O, S, Se, Te, Po)；**ハロゲン** halogen (F, Cl, Br, I, At)；**貴ガス**[訳注2] noble gas (He, Ne, Ar, Kr, Xe, Rn)；**ランタノイド** lanthanoid (La, Ce, Pr, Nd, Pm, Sm, Eu, Gd, Tb, Dy, Ho, Er, Tm, Yb, Lu)；**希土類金属** rare earth metal (Sc, Y とランタノイド)；**アクチノイド** actinoid (Ac, Th, Pa, U, Np, Pu, Am, Cm, Bk, Cf, Es, Fm, Md, No, Lr)．

ニクトゲン，カルコゲン，ハロゲンの化合物としての総括的名称ニクトゲン化物 pnictide，カルコゲン化物 chalcogenide，ハロゲン化物 halogenide (halide) も使用される．

ランタノイドの語義が"ランタン類似"であるからランタンは含まれないとする主張はあるが，一般には含む用法が定着してきた．アクチノイドも同様である．語尾がイド ide となる語は通常は陰イオンをさすので，ランタニド lanthanide やアクチニド actinide より，ランタノイド lanthanoid，アクチノイド actinoid のほうが良い．

IR-3.6 文献と補遺

1. Naming of New Elements, W.H. Koppenol, *Pure Appl. Chem.*, **74**, 787–791 (2002).
2. Recommendations for the Naming of Elements of Atomic Numbers Greater Than 100, J. Chatt, *Pure Appl. Chem.*, **51**, 381–3833 (1979).
3. *Quantities, Units and Symbols in Physical Chemistry*, Second Edn., eds. I. Mills, T. Cvitas, K. Homann, N. Kallay and K. Kuchitsu, Blackwell Scientific Publications, Oxford, 1993; Third Edn., RSC Publishing, 2007; 邦訳：(独)産業技術総合研究所計量標準総合センター 訳，"物理化学で用いられる量・単位・記号"，第 3 版，(社)日本化学会 監修 (2009). (The Green Book.)
4. *Nomenclature of Inorganic Chemistry II. IUPAC Recommendations 2000*, eds. J.A. McCleverty and N.G. Connelly, Royal Society of Chemistry, 2001. (Red Book II.)
5. Names for Muonium and Hydrogen Atoms and Their Ions, W.H. Koppelol, *Pure Appl. Chem.*, **73**, 377–379 (2001).
6. *Nomenclature of Organic Chemistry IUPAC Recommendations*, W.H. Powell and H. Favre, Royal Society of Chemistry, in preparation.
7. W.B. Pearson, *A Handbook of Lattice Spacings and Structures of Metals and Alloys*, Vol. 2, Pergamon Press, Oxford, 1967, pp. 1,2. For tabulated lattice parameters and data on elemental metals and semimetals, see pp. 79–91. See also, P. Villars and L.D. Calvert, *Pearson's Handbook of Crystallographic Data for Intermetallic Phases*, Vols. 1–3, American Society for Metals, Metals Park, Ohio, USA, 1985.
8. The alternative spelling 'pnicogen' is also used.

訳注1　日本語でもニコーゲン，ニコーゲン化物とされることがある．
訳注2　貴ガスは noble gas の訳語である．18 族元素の日本語名称に使われてきた希ガスは rare gas の訳語である．

IR-4 化学式

IR-4.1 序論
IR-4.2 式の種類の定義
  IR-4.2.1 実験式
  IR-4.2.2 分子式
  IR-4.2.3 構造式と式中の括弧の用法
  IR-4.2.4 （形式的）付加化合物の式
  IR-4.2.5 固相の構造情報
IR-4.3 イオン電荷の表示
IR-4.4 式中の記号の記載順序
  IR-4.4.1 序論
  IR-4.4.2 順序付けの原理
    IR-4.4.2.1 電気陰性度
    IR-4.4.2.2 英数字順
  IR-4.4.3 特定種類の化合物の式
    IR-4.4.3.1 二元化学種
    IR-4.4.3.2 配位化合物としての形式的処理
    IR-4.4.3.3 鎖状化合物
    IR-4.4.3.4 一般化した塩の式
    IR-4.4.3.5 （形式的）付加化合物
  IR-4.4.4 配位子の略号
IR-4.5 同位体修飾化合物
  IR-4.5.1 一般的式表現
  IR-4.5.2 同位体置換化合物
  IR-4.5.3 同位体標識化合物
    IR-4.5.3.1 標識化の種類
    IR-4.5.3.2 特定数標識化合物
    IR-4.5.3.3 特定位置標識化合物
IR-4.6 式に用いられるその他の記号など
  IR-4.6.1 酸化状態
  IR-4.6.2 ラジカルの式
  IR-4.6.3 光学活性化合物の式
  IR-4.6.4 励起状態の表示
  IR-4.6.5 構造記号
IR-4.7 文献と補遺

IR-4.1 序論

以下に述べる実験式，分子式，構造式は化合物を明示する簡潔で明瞭な表現手段である．これらの式は化学方程式や化学変化過程の記述に重要な役割を果たす．あいまいさをなくし，またデータベース作成や検索の便を図るために，標準化が望まれる．

IR-4.2 式の種類の定義
IR-4.2.1 実験式

化合物の**実験式** empirical formula は，元素記号を適当な下付き数字（整数）とともに列記した，化合物組成の表現を可能にする最も簡潔な化学式である．式中の元素記号の配列順序は IR-4.4 の記述に従うが，他の配列基準がない場合（たとえば構造情報がほとんどない場合）は，元素記号のアルファベット順に配列して実験式とする．炭素を含む化合物の場合は例外で，一般に C が先頭，H が 2 番目，以下アルファベット順となる[1]．

例：
1. BrClH$_3$N$_2$NaO$_2$Pt
2. C$_{10}$H$_{10}$ClFe

IR-4.2.2 分子式

明確な独立分子からなる化合物では，実験式ではなく，分子の実際の組成を示す**分子式** molecular formula を用いるのがよい．分子式内の原子配列順序については IR-4.4 を見よ．

どの式を用いるかは状況による．ある場合には，実験式が分子式に対応するが，両者の違いは原子（元素記号）の配列順序にしかない．組成を明確にしたくない，あるいは明確にできないとき，高分子の場合がそれに当たるが，n の下付き文字を使うことがある．

例：

	分子式	実験式
1.	S$_8$	S
2.	S$_n$	S
3.	SF$_6$	F$_6$S
4.	S$_2$Cl$_2$	ClS
5.	H$_4$P$_2$O$_6$	H$_2$O$_3$P
6.	Hg$_2$Cl$_2$	ClHg
7.	N$_2$O$_4$	NO$_2$

IR-4.2.3 構造式と式中の括弧の用法

構造式 structural formura は分子中の原子の結合と空間的配列に関する部分的あるいは完全な情報を提供する．単純な例として，元素記号の線型配列となる直線式は，線状分子内での原子の線状連結順序を示している．

例：
1. HOCN （実験式は CHNO）
2. HNCO （実験式は CHNO）
3. HOOH （実験式は HO）

ほんのわずかでも構造が複雑になると，直線式において原子集団を分離して記載するには括弧の使用が必要となる．あいまいさを避けるため，繰返し単位や側鎖には異なる括弧を使用しなければならない．

構造式における基本的な括弧用法の規則は以下の通りである．

(i) 鎖状化合物での繰返し単位は角括弧で囲む．
(ii) 主鎖に対する側鎖，中心原子に付加した原子団（配位子）は丸括弧で囲む．（鎖状構造水素化物での水素原子のように，単原子で誤解の余地がないときは，括弧を用いない例外もある．）
(iii) 1分子単位を示す式，あるいは式の部分は括弧で囲む．式全体が囲まれるときは，角括弧を用いるが，規則 (v) が適用されるときは例外となる．
(iv) 下付き数字が倍数となる式成分は，規則 (i) での鎖状化合物の繰返し単位を除き，丸括弧あるいは波括弧で囲む．

(v) 高分子で，繰返し単位間の結合を示すときには，その単位を丸括弧で囲み，結合を示すダッシュを丸括弧に重ねる．(印刷上都合が悪ければ，ダッシュは左括弧前と右括弧後にしてもよい．)

(vi) 角括弧内でのほかの括弧の使用優先順位は以下の通りとする．
( ), { ( ) }, ({ ( ) }), { ({ ( ) }) }, …

(vii) 接頭記号（たとえば μ のような構造修飾語）とともに表記される原子あるいは原子団は，規則 (vi) の順に従って括弧で囲む．

同位体修飾などの指定における括弧の用法は IR-4.5 で述べる．

直線式と比較すると，展開式（下の例 12, 例 13）は構造についてのより詳しい（あるいは完全な）情報を与える．

（以下の式中における記号配列順序付けに必要な規則は IR-4.4.3 に示す．）

例：

4. $SiH_3[SiH_2]_8SiH_3$ [規則 (i)]
5. $SiH_3[SiH_2]_5SiH(SiH_3)SiH_2SiH_3$ [規則 (i), (ii)]
6. $Ca_3(PO_4)_2$ [規則 (iv)]
7. $[Co(NH_3)_6]_2(SO_4)_3$ [規則 (iii), (iv), (vi)]
8. $[\{Rh(\mu-Cl)(CO)_2\}_2]$ [規則 (iii), (vi), (vii)]
9. $K[Os(N)_3]$ [規則 (ii), (iii)]
10. $-(S)_n-$ [規則 (v)]
11. $(HBO_2)_n$ または $-(B(OH)O)_n-$ [規則 (ii), (v)]

12.

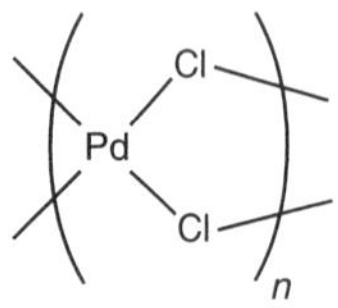

$$\left(\begin{array}{c} Cl \\ Pd \\ Cl \end{array}\right)_n$$

13.

$$\begin{array}{c} Cl \quad\quad PPh_3 \\ Ni \\ Cl \quad\quad PPh_3 \end{array}$$

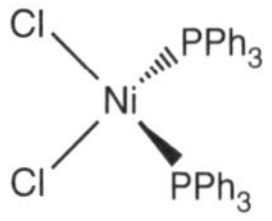

14. NaCl
15. [NaCl]

例 11 での最初の式は分子式(IR-4.2.2)であり，問題の物質の高分子結合構造については説明していない．
例 14, 例 15 において，[NaCl] はナトリウム 1 原子と塩素 1 原子からなる化合物分子を組成 NaCl の固体物質と区別するものとなる．

IR-4.2.4 （形式的）付加化合物の式

付加化合物および包接化合物や多重塩のように形式上は付加化合物として扱われる化合物には特別の式表現がある．成分の割合はその化学式の前にアラビア数字で示し，式中の各成分は中黒で分けられる．成分化学式の配列順序の規則は IR-4.4.3.5 に示す．

例：

1. $Na_2CO_3 \cdot 10H_2O$

2. 8H$_2$S·46H$_2$O
3. BMe$_3$·NH$_3$

IR-4.2.5 固相の構造情報

構造の型を示す式の規定で構造情報を記載することができる．たとえば，構造多形は丸括弧内に晶系の略号を示して指定できる（IR-11.5.2 および IR-11.7.2, 表 IR-3.1 を見よ）．あいまいさが避けられるときは，丸括弧中に型化合物名をイタリックで記入して構造を明示することもできる．少なくとも 10 種の ZnS(h) がある．同じ晶系でいくつかの結晶多形が存在するときは，Pearson 記号（IR-3.4.4 および IR-11.5.2 を見よ）で区別できるであろう．多形を区別するのにはギリシャ文字がよく使われているが，しばしば混乱や矛盾を招くので，その使用は一般的には推奨しない．

例：
1. TiO$_2$(t)（アナタース型 *anatase* type）
2. TiO$_2$(t)（ルチル型 *rutile* type）
3. AuCd(c) または AuCd (*CsCl* 型 *CsCl* type)

固溶体と不定比相の化学式については IR-11 を見よ．

IR-4.3 イオン電荷の表示

イオン電荷 ionic charge は A^{n+}, A^{n-} のように（A^{+n}, A^{-n} ではない）右上付き指数で示す．式が括弧で囲まれているときは，この指数は括弧の外側の右上付きとなる．高分子イオンでは，高分子構造繰返し 1 単位の電荷は丸括弧の内側に示すか，高分子種の全電荷を高分子丸括弧の外側に示す．（以下に示す例における原子配列順序付けに必要な規則は IR-4.4.3 に記載されている．）

例：
1. Cu$^+$
2. Cu^{2+}
3. NO$^+$
4. [Al(OH$_2$)$_6$]$^{3+}$
5. H$_2$NO$_3^+$
6. [PCl$_4$]$^+$
7. As^{3-}
8. HF$_2^-$
9. CN$^-$
10. S$_2$O$_7^{2-}$
11. [Fe(CN)$_6$]$^{4-}$
12. [PW$_{12}$O$_{40}$]$^{3-}$
13. [P$_3$O$_{10}$]$^{5-}$ または [O$_3$POP(O)$_2$OPO$_3$]$^{5-}$ または

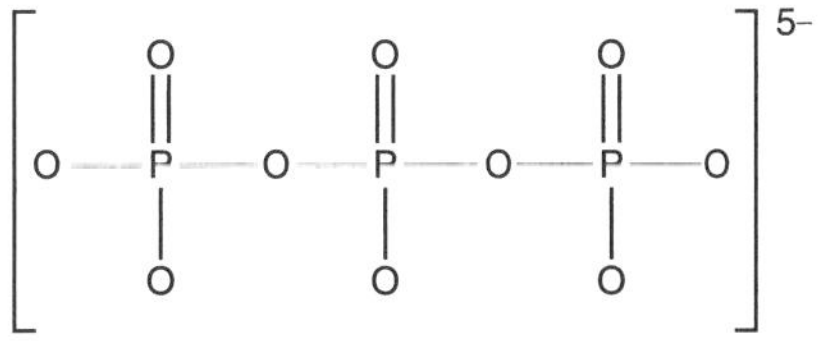

14.　$([CuCl_3]^-)_n$　または　$([CuCl_3])_n^{n-}$　または

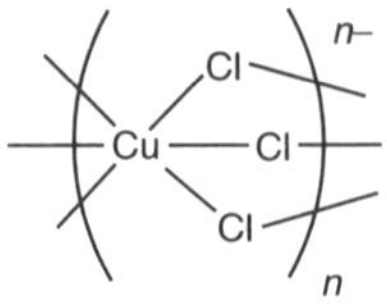

$$\left(\begin{array}{c} Cu \begin{array}{c} Cl \\ Cl \\ Cl \end{array} \end{array}\right)_n^{n-}$$

IR-4.4　式中の記号の記載順序

IR-4.4.1　序論

化学式中の原子記号配列順序にはいろいろな方式がある．IR-4.4.3 に各種の重要な化合物で一般に採用されている慣例を述べる．その前提として，IR-4.4.2 では，順序付けの二つの原理 '電気陰性度' と 'アルファベット順' の意義を説明する．

IR-4.4.2　順序付けの原理

IR-4.4.2.1　電気陰性度

化学式あるいは式の一部で相対的**電気陰性度** electronegativity に従って原子の順序付けをするときは，電気陰性度の小さい（電気的に陽性である）原子を先行させる．そのためには，付表 VI* に示した元素の順位が役に立つ．表中の矢印に従って進んで行くとき，後から出てくる元素ほど，電気的に陽性である．

IR-4.4.2.2　英数字順

直線式内では元素記号をアルファベット順に並べる．同じ頭文字なら，1 字の記号は 2 字の記号に優先する．B は Be の前にくる．2 字の記号では小文字のアルファベット順になる．Ba は Be の前にくる．

索引や登録簿などで，各種の化学種からなる直線式を，アルファベット順かつ個数順に順序付けすることもできる．まず元素記号のアルファベット順，ついで右下付き数字の増加順とする．たとえば，B＜BH＜BO＜B_2O_3 とする．NH_4 はしばしば単一の記号として扱われ，たとえば Na のあとにくる．

窒素およびナトリウムを含む化学種の序列を例示しておこう．

$$N^{3-}, NH_2^-, NH_3, NO_2^-, NO_2^{2-}, NO_3^-, N_2O_2^{2-}, N_3^-, Na, NaCl, NH_4Cl$$

この種の順序付けは式全体を索引や登録簿に記載するのに適するが，以下に述べるようなさまざまな化合物やイオンの特定のグループに対して，IR-4.4.2.1 の順序付け原理と関連して，一つの化学式の中で各部分を順序付けるのにも利用できよう．

IR-4.4.3　特定種類の化合物の式

IR-4.4.3.1　二元化学種

二元化学種 binary species には，すでに確立している電気陰性度基準（IR-4.4.2.1）がおもに適用される[2]．

例：

1. NH_3
2. H_2S
3. OF_2

---

*　表番号がローマ数字の表は巻末に一括掲載してある．

4. O_2Cl
   5. OCl^-
   6. PH_4^+
   7. $P_2O_7^{4-}$
   8. $[SiAs_4]^{8-}$
   9. $RbBr$
  10. $[Re_2Cl_9]^-$
  11. HO^- または OH^-
  12. $Rb_{15}Hg_{16}$
  13. Cu_5Zn_8 および Cu_5Cd_8

上記の方式によると水酸化物イオンは HO^- とすべきであることに留意されたい．

　電気陰性度による順序付けは，三元，四元と成分が増加しても適用可能である．しかし，3元素以上を含む化学種では，化学式中の元素記号配列順序には他の原理を適用する例が多い（IR-4.4.3.2 から IR-4.4.3.4 を見よ）．

IR-4.4.3.2　配位化合物としての形式的処理

　配位化合物の命名法は IR-9 で詳しく述べる．ここでは，配位化合物の化学式をどう構築するかについて簡単に述べる．多くの多原子化合物は，化学式の構築において配位化合物として扱うと便利である．

　錯体の化学式では，まず中心原子をおき，ついで配位子の記号あるいは化学式を続ける．順序を変えてさらなる構造情報を示す場合はこの限りではない（たとえば IR-4.4.3.3 を見よ）．

　中心原子が複数個あるときの記載順序は，IR-4.4.2.1 で述べた電気陰性度原理に従う．配位子は，化学式の最初の元素記号あるいは配位子略号（IR-4.4.4 を見よ）に書かれている通りの文字のアルファベット順（IR-4.4.2.2）に並べる．可能な限り，配位子の化学式は，中心原子に結合する配位原子が中心原子の元素記号にできるだけ接近するように書く．

　電荷の有無にかかわらず，錯体は角括弧で囲むのがよい．中心原子が遷移金属であるときは，常に角括弧で囲むのがすでに確立された手法となっている（IR-2.2.2 および IR-9.2.3.2 参照）．

例：
   1. $PBrCl_2$
   2. $SbCl_2F$ または $[SbCl_2F]$
   3. $[Mo_6O_{18}]^{2-}$
   4. $[CuSb_2]^{5-}$
   5. $[UO_2]^{2+}$
   6. $[SiW_{12}O_{40}]^{4-}$
   7. $[BH_4]^-$
   8. $[ClO_4]^-$ または ClO_4^-
   9. $[PtCl_2\{P(OEt)_3\}_2]$
  10. $[Al(OH)(OH_2)_5]^{2+}$
  11. $[PtBrCl(NH_3)(NO_2)]^-$
  12. $[PtCl_2(NH_3)(py)]$

13. [Co(en)F$_2$(NH$_3$)$_2$]$^+$ であるが [CoF$_2$(NH$_2$CH$_2$CH$_2$NH$_2$)(NH$_3$)$_2$]$^+$ ともなる.
14. [Co(NH$_3$)$_5$(N$_3$)]$^{2+}$

少ない例ではあるが, 一連の化合物において, 中心原子に異なる原子が結合した1個の構造単位として挙動する化学種では, 配位子のアルファベット順配列則には反することがあっても, その原子団の記載を優先させることがある. 下の例15, 例16 では, PO と UO$_2$ は一つの構造単位として扱っている.

例：

15. POBr$_3$（アルファベット順なら PBr$_3$O）
16. [UO$_2$Cl$_2$]（アルファベット順なら [UCl$_2$O$_2$]）

母体水素化物からの誘導体の式では（IR-6 を見よ), 残存水素原子が配位子としては最初にくるので, 伝統的に配位子のアルファベット順配列には従わないことになる.

例：

17. GeH$_2$F$_2$
18. SiH$_2$BrCl
19. B$_2$H$_5$Cl

カルバボラン類 carbaborane では, これまでは B 原子と C 原子の順番にあいまいさがあった[3]. ここで推奨される 'C の前に B' の順序は, 電気陰性度からもアルファベット順からも成立する原理である（これは IR-4.2.1 の Hill の順序[1] からの例外となる). さらにまた, 骨格ホウ素を置換した炭素は, 他の元素の有無に関係なく, ホウ素の直後にくることになる（IR-6.2.4.4 をも見よ).

例：

20. B$_3$C$_2$H$_5$ （推奨式）
21. B$_3$C$_2$H$_4$Br （推奨式）

無機オキソ酸の化学式では, まず '酸性' あるいは '置換可能' 水素原子（酸素に結合している水素原子）を最初, ついで中心原子, '非置換可能' 水素原子（中心原子に直接結合している水素原子), 最後に酸素原子をおく, 伝統的な配列順序がある. これは配位化合物としての式表現の代替となる（IR-8.3 を見よ).

例：

22. HNO$_3$ （伝統的）または [NO$_2$(OH)]（配位構造）
23. H$_2$PHO$_3$ （伝統的）または [PHO(OH)$_2$]（配位構造）
24. H$_2$PO$_4$$^-$ （伝統的）または [PO$_2$(OH)$_2$]$^-$（配位構造）
25. H$_5$P$_3$O$_{10}$ （伝統的）または [(HO)$_2$P(O)OP(O)(OH)OP(O)(OH)$_2$]（配位構造）
26. (HBO$_2$)$_n$ （伝統的）または ─[B(OH)O]─$_n$（配位構造）

IR-4.4.3.3 鎖状化合物

3種以上の元素を含む**鎖状化合物** chain compound では, アルファベット順や電気陰性度順でなく, 一般には分子あるいはイオンでの原子の結合順に従った化学式とする. しかし, 下の例1のように, 化合

物の付加命名法に関連する議論で目的化合物を形式上は配位化合物として扱いたいときなどには，配位化合物型の式も用いてよいであろう．

例：

1. NCS⁻ または SCN⁻ （CNS⁻＝[C(N)S]⁻ ではない）
   ニトリドスルフィド炭酸(1−)イオン　nitridosulfidocarbonate(1−)
2. BrSCN（BrCNS ではない）
3. HOCN（シアン酸 cyanic acid）
4. HNCO（イソシアン酸 isocyanic acid）

IR-4.4.3.4 一般化した塩の式

前に述べてきた2種の命名法がなじまないような，3種以上の元素を含む化合物は，塩 saltとみなして化学式をつくることができる．塩とするということは，どのような化合物でも，陽イオンとみなせる，あるいは他の成分と比較して電気的に陽性であるとみなせる成分と，陰イオンとみなせる，あるいは他の成分と比較して電気的に陰性であるとみなせる成分の両方を含んでいることが確認できる，という前提に立っている．そして，順序付けの原理は以下の通りである．

(i) すべての電気的陽性成分はすべての電気的陰性成分の前にくる．
(ii) それぞれの成分グループの中では，アルファベット順配列をとる．

例：

1. $KMgF_3$
2. $MgCl(OH)$
3. $FeO(OH)$
4. $NaTl(NO_3)_2$
5. $Li[H_2PO_4]$
6. $NaNH_4[HPO_4]$
7. $Na[HPHO_3]$
8. CuK_5Sb_2 または K_5CuSb_2
9. $K_5[CuSb_2]$
10. $H[AuCl_4]$
11. $Na(UO_2)_3[Zn(H_2O)_6](O_2CMe)_9$

例8の最初の式はKとCuを電気的陽性成分，Sbを電気的陰性成分としたが，第2の式はKを陽性成分，CuとSbを陰性成分としている．これらの式は構造情報を伝えるものではない．しかし，例9の式では，錯体 $[CuSb_2]^{5-}$ の存在を示している．

同種化合物間の類似性を強調するときにはアルファベット順からの逸脱も許される．

例：

12. $CaTiO_3$ と $ZnTiO_3$ （$TiZnO_3$ としなくてもよい）

塩として一般化される化合物の中には，付加化合物として扱うことができるものもある（IR-4.4.3.5を見よ）．

IR-4.4.3.5 （形式的）付加化合物

付加化合物あるいは包接化合物や複塩のように形式的には付加化合物とされるものの化学式では，成分分子あるいは組成単位を，その個数が増加する順に並べ，同数の場合にはIR-4.4.2.2で示したアルファベット順に配列する．水を含む付加化合物では，水を最後におくのが慣習となっている．しかし，成分となるホウ素化合物については，例外とはしないことになった．

例：

1. $3CdSO_4 \cdot 8H_2O$
2. $Na_2CO_3 \cdot 10H_2O$
3. $Al_2(SO_4)_3 \cdot K_2SO_4 \cdot 24H_2O$
4. $AlCl_3 \cdot 4EtOH$
5. $8H_2S_4 \cdot 46H_2O$
6. $C_6H_6 \cdot NH_3 \cdot Ni(CN)_2$
7. $BF_3 \cdot 2H_2O$
8. $BF_3 \cdot 2MeOH$

IR-4.4.4 配位子の略号

多くの化学文献で略号が用いられているが，それ故にその用法と定義についての合意が必要であろう．ここでは，配位化合物の式の中で用いられる配位子の略号（IR-9.2.3.4）を選択する際の指針を述べる．一般に用いられる略号を付表Ⅶに，また多くの配位子の構造を付表Ⅷに示した．

ある有機配位子の略号は，有機化合物体系的命名法[4]の現行規則に合致する名称に基づくべきである．（付表Ⅶの配位子略号には，現在も広く用いられており，その略号の根拠が体系的命名法には基づいていないものも含まれている．）新しく略号をつくるときは，以下の勧告に従うべきである．

(i) 配位子略号は混同や誤解を招くものであってはならない．その略号になじみがない読者もいるのであるから，発表文書中などで最初に用いるときには明確に定義しておくべきである．

(ii) すでに広く受容されている略号や頭字略称，たとえばDNA, NMR, ESR, HPLC, Me（メチル基），Et（エチル基）などに，新たに別の意味を加えるべきではない．

(iii) 配位子略号は，たとえばidaがイミノジアセタト iminodiacetatoであるように，その配位子を容易に連想させるべきである．（結果として命名法の規則に反する配位子の名称は修正されるべきである．文献4に従えば，イミノ二酢酸 iminodiacetateはアザンジイル二酢酸 azanediyldiacetateとすべきである．しかし，命名法規則が変更されるそのたびごとに配位子略号を変更する必要はない．）

(iv) 略号はできるだけ短くしたほうが良いが，少なくとも文字あるいは記号で2字以上にすべきである．

(v) 体系的命名法に基づかない配位子略号の新規利用には同意できない．

(vi) 略号には小文字だけを用いるべきである．以下はすでに確立された例外的用法である．

　(a) アルキル基，アリル基などの基では最初の字を大文字，残りを小文字にする．Me（メチル基），Ac（アセチル基），Cp（シクロペンタジエニル基）など．

　(b) 元素記号を含む略号：$[12]aneS_4$ など．

　(c) ローマ数字を含む略号：H_2ppIX（プロトポルフィリンⅨ protoporphyrin IX）．

　(d) 容易に離脱する水素を含む配位子の略号（viiを参照）．

IR-4.5 同位体修飾化合物

（注意：配位子として挙動する溶媒の略号もまた小文字とすべきである．［例：ジメチルスルホキシド dimethyl sulfoxide {(methylsulfinyl)methane} を dmso，テトラヒドロフラン tetrahydrofuran を thf とする．］配位子としては挙動していないときの溶媒分子の略号を大文字とする習慣は無用な差別であり，全く同意できない．）

(vii) 陰イオン性配位子のヒドロン付加で生じる酸には，略号に H を付加する．ida に対する Hida, H_2ida など．

(viii) 通常は中性であるが，1 個以上のヒドロンを放出しても配位子として挙動するときには，略号に −1H, −2H などを付記する（数字 1 が含まれる）．たとえば配位子 $Ph_2PCH_2PPh_2$ (dppm) がヒドロン 1 個を放出して $[Ph_2PCHPPh_2]^-$ となると，略号は dppm−1H，2 個放出すれば dppm−2H となる．

IR-4.5 同位体修飾化合物
IR-4.5.1 一般的表現

特定化する核種の質量数は通常のように当該元素記号の左上付きで示す（IR-3.2 を見よ）．

化学式中の同じ位置に異なる核種を記す必要があるときは，元素記号のアルファベット順，同じ元素記号なら質量数の増加順とする．同位体修飾化合物は，**同位体置換化合物** isptopically modified compound と同位体標識化合物に分類できる．

IR-4.5.2 同位体置換化合物

同位体置換化合物 isotopically substituted compound では，化合物全分子において特定位置の原子が指示された核種だけで占められている．置換核種は，通常の化学式中の当該元素記号の左上に質量数を挿入して示す．

例：

1. H^3HO
2. $H^{36}Cl$
3. $^{235}UF_6$
4. $^{42}KNa^{14}CO_3$
5. $^{32}PCl_3$
6. $K[^{32}PF_6]$
7. $K_3{}^{42}K[Fe(CN)_6]$

IR-4.5.3 同位体標識化合物
IR-4.5.3.1 標識化の種類

同位体標識化合物 isotopically labelled compound とは，形式的には，同位体標識されていない化合物と 1 種またはそれ以上の種類の同位体置換化合物との混合物であると考えられる．これらはいくつかの種類に分類できるが，ここでは特異的に標識された化合物である**特定数標識化合物** specifically labelled compound と選択的に標識された化合物である**特定位置標識化合物** selectively labelled compound について簡潔に述べる．詳細は文献 5 に記述されている．

IR-4.5.3.2 特定数標識化合物

ある特定の同位体置換化合物が同位体標識されていない同種化合物に形式的に添加されているとき，これを特定数標識化合物とよぶ．その化学式では当該核種の記号，そしてもしあるならば個数を示す下付き数字を角括弧で囲む．

例：

1. $H[^{36}Cl]$
2. $[^{32}P]Cl_3$
3. $[^{15}N]H_2[^{2}H]$
4. $[^{13}C]O[^{17}O]$
5. $[^{32}P]O[^{18}F_3]$
6. $Ge[^{2}H_2]F_2$

IR-4.5.3.3 特定位置標識化合物

特定位置標識化合物は特定数標識化合物の混合物であると考えられる．もし位置記号が必要ならそれを前へ出し，個数を示す下付き数字はつけず，当該核種を角括弧で囲んで化学式の先頭に記す．

例：

1. $[^{36}Cl]SOCl_2$
2. $[^{2}H]PH_3$
3. $[^{10}B]B_2H_5Cl$

指定された位置での可能な標識化原子数は，同位体記述子の元素記号下付きにセミコロンで区切った数字で示す．

例：

4. $[1-^{2}H_{1;2}]SiH_3OSiH_2OSiH_3$

IR-4.6 式に用いられるその他の記号など
IR-4.6.1 酸化状態

化学式中での元素の**酸化状態** oxidation state は，右上付きのローマ数字による**酸化数** oxidation number で示す．酸化状態 0 は数字 0 で表現できるが，通常は表記しない．同一式中で，ある元素が複数の酸化状態をとる場合は，それぞれの酸化数を記した元素記号を数が増加する順に並べる．

例：

1. $[P^{V}_2Mo_{18}O_{62}]^{6-}$
2. $K[Os^{VIII}(N)O_3]$
3. $[Mo^{V}_2Mo^{VI}_4O_{18}]^{2-}$
4. $Pb^{II}_2Pb^{IV}O_4$
5. $[Os^{0}(CO)_5]$
6. $[Mn^{-I}(CO)_5]^{-}$

ある原子団（あるいはクラスター）の個々の成分原子の酸化状態を定義するのが容易でない，あるいは合理的でないときは，IR-4.3 に示したように，その原子団全体の酸化準位を形式上のイオン電荷として定義すべきである．これによれば，分数化された酸化状態の利用は避けられる．

例：

　　7. O_2^-
　　8. $Fe_4S_4^{3+}$

IR-4.6.2　ラジカルの式

ラジカル radical とは，1個あるいはそれ以上の不対電子をもつ原子あるいは分子である．ラジカルは正または負電荷をもち，あるいは中性で電荷をもたないこともある．化学式中の不対電子は上付き黒丸（ドット）で示す．この黒丸は化学記号の右上に付けるので，質量数，原子番号，原子個数の表記を妨げない．ジラジカルなどの場合は，倍数字が黒丸に先行する．（倍数字のついた）黒丸のあとに電荷が記載される．混同を避けるため，倍数字と黒丸は丸括弧で囲む．

金属，そのイオン，あるいはその錯体はしばしば不対電子をもつが，便宜上，それらはラジカルとしては扱わず，化学式で黒丸は使わない．しかし，ラジカル配位子が金属原子あるいは金属イオンに配位したときは，ラジカル記号の黒丸を使用することが望ましい．

例：

　　1. $H^{\bullet}$
　　2. $HO^{\bullet}$
　　3. $NO_2^{\bullet}$
　　4. $O_2^{2\bullet}$
　　5. $O_2^{\bullet -}$
　　6. $BH_3^{\bullet +}$
　　7. $PO_3^{\bullet 2-}$
　　8. $NO^{(2\bullet)-}$
　　9. $N2^{(2\bullet)2+}$

IR-4.6.3　光学活性化合物の式

旋光の符号を丸括弧で囲み，丸括弧の右下付きで波長/nm の数値を記す．その記号全体を化学式の前に付ける．特に注記しない限り，ナトリウム D 線を基準とする．

例：　1.　$(+)_{589}$-$[Co(en)_3]Cl_3$

IR-4.6.4　励起状態の表示

励起電子状態は右上付きの**星印** asterisk で示す．これは，異なる**励起状態** excited state を区別することにはならない．

例：

　　1. He^*
　　2. NO^*

IR-4.6.5 構造記号

cis, trans などの**構造記号** structural descriptor は付表 V にまとめてある．一般に，これらの構造記号はイタリック体とし，ハイフンによって化学式と連結される．

例：

1. *cis*-[PtCl$_2$(NH$_3$)$_2$]
2. *trans*-[PtCl$_4$(NH$_3$)$_2$]

記号 μ は配位中心を架橋する原子あるいは原子団を示す．

例：

3. [(H$_3$N)$_5$Cr(μ-OH)Cr(NH$_3$)$_5$]$^{5+}$

IR-4.7 文献と補遺

1. これはいわゆる Hill の順序である．E.A. Hill, *J. Am. Chem. Soc.*, **22**, 478-494 (1900).
2. 金属間化合物においては，以前の勧告では電気陰性度よりアルファベット順を規定していた．(Section I-4.6.6 of *Nomenclature of Inorganic Chemistry, IUPAC Recommendations 1990*, ed. G.J. Leigh, Blackwell Scientific Publications, Oxford, 1990；邦訳：山崎一雄 訳・著，"無機化学命名法 —— IUPAC 1990 年勧告 ——"，東京化学同人 (1993))．
3. たとえば，化学式中の C と B の順番は以下と矛盾していた．*Nomenclature of Inorganic Chemistry, IUPAC Recommendations 1990*, ed. G.J. Leigh, Blackwell Scientific Publications, Oxford, 1990.
4. *Nomenclature of Organic Chemistry, IUPAC Recommendations*, eds. W.H. Powell and H. Favre, Royal Society of Chemistry, in preparation.
5. Chapter II-2 *of Nomenclature of Inorganic Chemistry II, IUPAV Recommendations 2000*, eds. J.A. McCleverty and N.G. Connelly, Royal Society of Chemistry, 2001. (Red Book II.)

IR-5 組成命名法と
イオン名称・ラジカル名称の概観

```
IR-5.1   序論                        IR-5.4    一般的定比組成名称
IR-5.2   元素(単体)および二元化合物の    IR-5.4.1  電気的陽性および電気的陰性成分
         定比組成名称                            の列記順序
IR-5.3   イオンおよびラジカルの名称      IR-5.4.2  成分比の表示
  IR-5.3.1   概論                      IR-5.4.2.1 倍数接頭語の利用
  IR-5.3.2   陽イオン                   IR-5.4.2.2 電荷数および酸化数の利用
    IR-5.3.2.1  総論                   IR-5.4.2.3 単原子成分の倍数表示と
    IR-5.3.2.2  単原子陽イオン                    同種多原子成分表示
    IR-5.3.2.3  同種多原子陽イオン     IR-5.5   (形式的)付加化合物の名称
    IR-5.3.2.4  異種多原子陽イオン     IR-5.6   結語
  IR-5.3.3   陰イオン                   IR-5.7   文献
    IR-5.3.3.1  概観
    IR-5.3.3.2  単原子陰イオン
    IR-5.3.3.3  同種多原子陰イオン
    IR-5.3.3.4  異種多原子陰イオン
```

IR-5.1 序論

組成命名法 compositional nomenclature は形式上，組成に基づいている．これは，構造には基づいていないので，構造情報が乏しい，あるいは皆無であるか，あるいは構造情報の伝達が最小限でも良い場合だけに選択される命名法である．

最も単純な組成名称の型は**定比組成名称** stoichiometric name で，化合物の実験式 (IR-4.2.1) そのまま，あるいは分子式 (IR-4.2.2) そのままとなるものである．定比組成名称では，成分元素の組成比は倍数接頭語，酸化数，電荷数を用いるいくつかの手法で示される．

ある場合には，一つの化合物が，それぞれの成分に定比組成名称を含むいずれかの名称がつけられているものの複合物であると見なせることがある．このとき，その化合物全体の名称は，各成分の名称とその比率によって示されることになる．そのような成分表示名称に属するものの一つに，**一般的定比組成名称** generalized stoichiometric name があり (IR-5.4 を見よ)，各成分は単原子あるいは多原子イオンの名称で示される．そのため，IR-5.3 では特にイオンの名称について詳述する．もう一つには付加化合物があり，その命名形式は IR-5.5 で述べる．

IR-5.2 元素(単体)および二元化合物の定比組成名称

純粋な定比組成名称はその化学種の構造情報を何一つ伝えない．

最も単純な場合，命名すべき化学種はただ1種の元素だけでつくられ，その名称は元素名に倍数接頭語の数字を冠する（例：S_8 八硫黄 octasulfur）．このような例は IR-3.4.3 に示した．

二元化合物の定比組成名称を構築するには，一方の元素を電気的陽性成分，他方の元素を電気的陰性成分とする．便宜上，電気的陽性成分となる元素は，付表Ⅵ*の矢印の順で後位の元素であり，付表Ⅰにある元素名に変更は加えない．電気的陰性成分の名称は，元素名の語尾を '化物 ide' とする．単原子陰イオンについては，IR-5.3.3.2 に詳細な例示がある．すべての元素についての '化物 ide' 名称は付表Ⅸに示した．

そこで，二元化合物の定比組成名称は，最初に電気的陽性成分の元素名，ついで電気的陰性成分の（語尾が変化した）元素名をおいて構成されるが，必要であれば両成分それぞれに 一 mono，二 di，三 tri，四 tetra，五 penta などの倍数接頭語（付表Ⅳに示した）を付ける．倍数接頭語は元素名に直接付け，スペースもハイフンも入れない．倍数接頭語の語尾の母音は省略しない．（一酸化物 monooxide を，慣用されている monoxide としてもよいのが唯一の許容された例外である．）英語名では陽性成分と陰性成分の間には英字用スペースをおく^{訳注}．

定比組成名称は実験式，あるいは実験式とは異なる分子式に対応しているとしてよい（下の例3，例4参照）．

例：

1. HCl 塩化水素 hydrogen chloride
2. NO 酸化窒素 nitrogen oxide あるいは
   一酸化窒素 nitrogen monooxide または nitrogen monoxide
3. NO_2 二酸化窒素 nitrogen dioxide
4. N_2O_4 四酸化二窒素 dinitrogen tetraoxide
5. OCl_2 二塩化酸素 oxygen dichloride
6. O_2Cl 塩化二酸素 dioxygen chloride
7. Fe_3O_4 四酸化三鉄 triiron tetraoxide
8. SiC 炭化ケイ素 silicon carbide
9. $SiCl_4$ 四塩化ケイ素 silicon tetrachloride
10. Ca_3P_2 二リン化三カルシウム tricalcium diphosphide または
    リン化カルシウム calcium phosphide
11. NiSn スズ化ニッケル nickel stannide
12. Cu_5Zn_8 八亜鉛化五銅 pentacopper octazincide
13. $Cr_{23}C_6$ 六炭化二十三クロム tricosachromium hexacarbide

二元名称の定比組成に誤解の余地がなければ，倍数接頭語の数字は用いなくてもよい（上の例10）．接頭語 mono は，厳密に言えば，余計であり，上例 2, 3, 4 のような組成に関連のある化合物群の議論で必要となるときに使われる．

成分の組成比率は酸化数や電荷数を利用しても表示できる（IR-5.4.2）．

---

* 表番号がローマ数字の表は巻末に一括掲載してある．
訳注　日本語名称では，一般に，語尾が '化物' となる陰性成分名称から '物' を除去し，スペースはおかずに陽性成分名称に続ける．つまり，陰性成分が前，陽性成分が後となる．

3種以上の元素を含む化合物では，組成名称に必要な規約がさらに加わることになる（IR-5.4 および IR-5.5 を見よ）．

IR-5.3 イオンおよびラジカルの名称
IR-5.3.1 概 論
定比組成名称では原子の電荷を明示する必要を生じない．しかし，多くの場合，原子や原子団が特定の電荷をもつことが知られている．以下に述べるように，組成命名法の枠内での化合物名には，定比組成名称あるいは他の原理に従った個々のイオンの名称が含まれることがある．

IR-5.3.2 陽イオン
IR-5.3.2.1 総 論
陽イオン cation とは1以上の正の電荷をもつ単原子あるいは多原子化学種である．陽イオンの名称中では，その電荷は中心原子の電荷数，あるいは付加命名された陽イオンでは中心原子あるいは原子団の酸化数で示される．酸化数と電荷数については IR-5.4.2.2 で論ずる．

IR-5.3.2.2 単原子陽イオン
単原子陽イオン monoatomic cation の名称は，元素名に続いて，丸括弧中に当該電荷数を記載したものとなる．単原子陽イオン中の不対電子数は，ラジカルドット，すなわち黒丸を電荷の前におき，必要があれば倍数数値を前置して示す．

例：

1. Na^+ ナトリウム(1+)   sodium(1+)
2. Cr^{3+} クロム(3+)   chromium(3+)
3. Cu^+ 銅(1+)   copper(1+)
4. Cu^{2+} 銅(2+)   copper(2+)
5. I^+ ヨウ素(1+)   iodine(1+)
6. H^+ 水素(1+)   hydrogen(1+)   ヒドロン   hydron
7. $^1H^+$ プロチウム(1+)   protium(1+)   プロトン   proton
8. $^2H^+$ ジュウテリウム(1+)   deuterium(1+)   ジュウテロン   deuteron
9. $^3H^+$ トリチウム(1+)   tritium(1+)   トリトン   triton
10. $He^{\bullet +}$ ヘリウム(•1+)   helium(•1+)
11. $O^{\bullet +}$ 酸素(•1+)   oxygen(•1+)
12. $N_2^{(2\bullet)2+}$ 二窒素(2•2+)   dinitrogen(2•2+)

水素同位体の名称は IR-3.3.2 で論じている．

IR-5.3.2.3 同種多原子陽イオン
同種多原子陽イオンの名称は，対応する中性種の定比組成名称に，つまり元素名に適切な倍数接頭語をつけたものに，電荷数を加えてつくる．不対電子があるときにはラジカルドットを加えてもよい．

例：

1. O_2^+ または $O_2^{\bullet +}$　　二酸素(1+)　　　dioxygen(1+)　　　または
   　　　　　　　　　　　二酸素(•1+)　　dioxygen(•1+)
2. S_4^{2+}　　　　　　　四硫黄(2+)　　　tetrasulfur(2+)
3. Hg_2^{2+}　　　　　　　二水銀(2+)　　　dimercury(2+)
4. Bi_5^{4+}　　　　　　　五ビスマス(4+)　pentabismuth(4+)
5. H_3^+　　　　　　　　三水素(1+)　　　trihydrogen(1+)

IR-5.3.2.4 異種多原子陽イオン

異種多原子陽イオンの名称は，置換命名法（IR-6.4を見よ）か，付加命名法（IR-7を見よ）によってつくる．置換名称のときは，その名称自体が電荷を示すので，電荷数を付記する必要はない（下の例2，例4）．不対電子があるときは，付加名称にラジカルドットを加えてもよい．

確認されている陽イオンの例は少なく，非体系的名称も許容されている．

例：

1. NH_4^+　　アザニウム　　　azanium　　（置換名称）　　または
   　　　　　アンモニウム　　ammonium　（許容される非体系的名称）
2. H_3O^+　　オキシダニウム　oxidanium　（置換名称）　　または
   　　　　　オキソニウム　　oxonium　（許容される非体系的名称；
   　　　　　　　　　　　　　　　　　　ヒドロニウム　hydronium は許容されていない）
3. PH_4^+　　ホスファニウム[訳注]　phosphanium　（置換名称）
4. H_4O^{2+}　　オキシダンジイウム　oxidanediium　（置換名称）
5. SbF_4^+　　テトラフルオロスチバニウム　　　　tetrafluorostibanium　（置換名称）　　または
   　　　　　テトラフルオリドアンチモン(1+)　tetrafluoridoantimony(1+)　　または
   　　　　　テトラフルオリドアンチモン(V)　　tetrafluoridoantimony(V)　（付加名称）
6. $BH_3^{\bullet +}$　ボラニウミル　boraniumyl　（置換名称）　　または
   　　　　　トリヒドリドホウ素(•1+)　trihydridoboron(•1+)　（付加名称）

付表Ⅸには，さらにいくつかの例が示されている．

IR-5.3.3　陰イオン
IR-5.3.3.1　概　観

陰イオン anion とは，1以上の負の電荷をもつ単原子あるいは多原子化学種である．陰イオンの電荷は，陰イオンの名称中では，中心原子の電荷数，あるいは付加命名された陰イオンでは中心原子あるいは原子団の酸化数で示される．酸化数と電荷数については IR-5.4.2.2 で論ずる．

陰イオン名称の語尾は '化物 ide'（単原子あるいは多原子化学種，母体水素化物から命名された異種多原子化学種），'酸 ate'（付加命名された異種多原子化学種），および '亜―酸 ite'（本規則の体系的命名法からは逸脱するが，使用が許容されている少数例）のいずれかとなる．下の例1のように，誤解の余地がなければ電荷数は省略してよい．母体水素化物名称には，その名称自体に電荷数が示されている

訳注　1990年勧告[2]ではホスホニウム phosphonium であった．

ので，電荷数は付記しない（下の例3，例4）．

例：

1. Cl^-　　　　塩化物（1−）イオン　　　　chloride（1−）　　または
   　　　　　　　塩化物イオン　　　　　　　chloride
2. S_2^{2-}　　　二硫化物（2−）イオン　　　disulfide（2−）
3. PH_2^-　　　ホスファニドイオン　　　　phosphanide
4. PH^{2-}　　　ホスファンジイドイオン　　phosphanediide
5. $[CoCl_4]^{2-}$　テトラクロリドコバルト酸（2−）イオン　tetrachloridocobaltate（2−）　または
   　　　　　　　テトラクロリドコバルト（II）酸イオン　　tetrachloridocobaltate（II）
6. NO_2^-　　　ジオキシド硝酸（1−）イオン　dioxidonitrate（1−）　または
   　　　　　　　亜硝酸イオン　　　　　　　nitrite

IR-5.3.3.2　単原子陰イオン

単原子陰イオン monoatomic anion の名称は，表Iの元素名に陰イオンの接尾指示語である'化物 ide'で修飾してつくる．英語では，元素名語尾の 'en'，'ese'，'ic'，'ine'，'ium'，'ogen'，'on'，'orus'，'um'，'ur'，'y'，あるいは 'ygen' を 'ide' で置換するか，元素名語尾に直接 'ide' をつける．

例：

1. 塩素	chlorine	塩化物イオン	chloride
2. 炭素	carbon	炭化物イオン	carbide
3. キセノン	xenon	キセノン化物イオン	xenonide
4. タングステン	tungsten	タングステン化物イオン	tungstide
5. ビスマス	bismuth	ビスマス化物イオン	bismuthide
6. ナトリウム	sodium	ナトリウム化物イオン	sodide
7. カリウム	potassium	カリウム化物イオン	potasside

英語名では短縮形をとらざるを得ない例がある．ゲルマニウム化物イオン germide がそれで，体系的命名による 'germanide' は GeH_3^- の名称になる．

単原子陰イオン名の中には元素のラテン語名を語幹とするものがあり，それらでは語尾の 'um' あるいは 'ium' を 'ide' で置換する．

例：

元素名		同ラテン語名	陰イオン名	
8. 銀	silver	argentum	銀化物イオン	argentide
9. 金	gold	aurum	金化物イオン	auride
10. 銅	copper	cuprum	銅化物イオン	cupride
11. 鉄	iron	ferrum	鉄化物イオン	ferride
12. 鉛	lead	plumbum	鉛化物イオン	plumbide
13. スズ	tin	stannum	スズ化物イオン	stannide

このように修飾されたすべての元素名は付表IXに示してある．

陰イオンを完全に特定化するために電荷数とラジカルドットを用いることができる．

例：

14. O^{2-}　　酸化物(2−)イオン　　oxide(2−)　　または　　酸化物イオン　oxide
15. $O^{\bullet -}$　　酸化物(•−)イオン　　oxide(•−)
16. N^{3-}　　窒化物(3−)イオン　　nitride(3−)　　または　　窒化物イオン　nitride

IR-5.3.3.3 同種多原子陰イオン

同種多原子陰イオンの名称は，対応する中性種の定比組成名称に，つまり元素名に適切な倍数接頭語をつけたものに，電荷数を加えてつくる．不対電子があるときにはラジカルドットを加えてもよい．

少数例であるが，体系的名称でない慣用名の代用が受容されている．

例：

		体系的名称			許容される非体系的名称	
1.	O_2^-	二酸化物(1−)イオン	dioxide(1−)	または	超酸化物イオン	superoxide
	$O_2^{\bullet -}$	二酸化物(•−)イオン	dioxide(•−)			
2.	O_2^{2-}	二酸化物(2−)イオン	dioxide(2−)		過酸化物イオン	peroxide
3.	O_3^-	三酸化物(1−)イオン	trioxide(1−)		オゾン化物イオン	ozonide
4.	I_3^-	三ヨウ化物(1−)イオン	triiodide(1−)			
5.	$Cl_2^{\bullet -}$	二塩化物(•−)イオン	dichloride(•−)			
6.	C_2^{2-}	二炭化物(2−)イオン	dicarbide(2−)		アセチレン化物イオン	acetylide
7.	N_3^-	三窒化物(1−)イオン	trinitride(1−)		アジ化物イオン	azide
8.	S_2^{2-}	二硫化物(2−)イオン	disulfide(2−)			
9.	Sn_5^{2-}	五スズ化物(2−)イオン	pentastannide(2−)			
10.	Pb_9^{4-}	九鉛化物(4−)イオン	nonaplumbide(4−)			

同種多原子陰イオンの中には母体水素化物からヒドロンを除いて得られるとされるものもある．(IR-6.4 を見よ．)

例：

11. O_2^{2-}　　ジオキシダンジイドイオン　　dioxidanediide
12. S_2^{2-}　　ジスルファンジイドイオン　　disulfanediide

IR-5.3.3.4 異種多原子陰イオン

異種多原子陰イオンは，置換命名法（IR-6.4.4 を見よ）か付加命名法（IR-7 および IR-9.2.2 を見よ）で命名されるのが普通である．不対電子の存在は，付加名称にラジカルドットを付記して表示できる．

少数ではあるが，すでに確立した非体系的名称が許容されている異種多原子陰イオン名もある．

例：

1. NH_2^-　　アザニドイオン　　　　　　azanide　（置換名称），
　　　　　　　ジヒドリド硝酸(1−)イオン　dihydridonitrate(1−)　（付加名称）　または
　　　　　　　アミドイオン　　　　　　　amide　（許容される非体系的名称）
2. GeH_3^-　ゲルマン化物イオン　　　　germanide　（置換名称）　　　　　または
　　　　　　　トリヒドリドゲルマン酸(1−)イオン　trihydridogermanate(1−)　（付加名称）

IR-5.3 イオンおよびラジカルの名称

3. HS⁻ スルファニドイオン sulfanide （置換名称） または
   ヒドリド硫酸(1−)イオン hydridosulfate(1−) （付加名称）

4. H₃S⁻ スルファヌイドイオン sulfanuide （置換名称） または
   λ⁴-スルファニドイオン λ⁴-sulfanide （置換名称） または
   トリヒドリド硫酸(1−)イオン trihydridosulfate(1−) （付加名称）

5. H₂S•⁻ スルファヌイジルイオン sulfanuidyl （置換名称） または
   λ⁴-スルファニジルイオン λ⁴-sulfanidyl （置換名称） または
   ジヒドリド硫酸(•1−)イオン dihydridosulfate(•1−) （付加名称）

6. SO₃²⁻ トリオキシド硫酸(2−)イオン trioxidosulfate(2−) （付加名称） または
   亜硫酸イオン sulfite （許容された非体系的名称）

7. OCl⁻ クロリド酸素酸(1−)イオン chloridooxygenate(1−) （付加名称）または
   次亜塩素酸イオン hypochlorite （許容された非体系的名称）

8. ClO₃⁻ トリオキシド塩素酸(1−)イオン trioxidochlorate(1−) （付加名称） または
   塩素酸イオン chlorate （許容された非体系的名称）

9. [PF₆]⁻ ヘキサフルオロ-λ⁵-ホスファヌイドイオン
   hexafluoro-λ⁵-phosphanuide （置換名称）
   ヘキサフルオリドリン酸(1−)イオン
   hexafluoridophosphate(1−) （付加名称）

10. [CuCl₄]²⁻ テトラクロリド銅(II)酸イオン tetrachloridocuprate(II) （付加名称）

11. [Fe(CO)₄]²⁻ テトラカルボニル鉄(−II)酸イオン tetracarbonylferrate(−II) （付加名称）

付表IXには，完全な体系的名称ではないが，すべて使用が許容されている陰イオン名を掲げた．

文献1では水素とそれ以外の元素だけからなるラジカル陰イオンを，'酸 ate'語尾（上の例5）ではなく，'化物 ide'語尾となる付加名称を優先させていた．そのような特定の例に付加命名法の例外をつくることは，現行規約では認められていないことに注意を要する．

1個以上のヒドロンが陰イオンの未定の位置，あるいは特定が不可能であるか特定を要しない位置に付加されたときは，'**水素名称** hydrogen name'（IR-8.4を見よ）を使うことができる．そのような名称は部分的に脱ヒドロン化したオキソ酸イオンのような，より簡単な化合物にも使うことができる．炭酸水素イオン hydrogencarbonate，リン酸二水素イオン dihydrogenphosphate のように，それらの短縮形名称も使用が許容されている．許容されている短縮形名称は IR-8.5 に示されている．

例：

12. HMo₆O₁₉⁻ （ノナデカオキシド六モリブデン酸)水素(1−)イオン
    hydrogen(nonadecaoxidohexamolybdate)(1−)

13. HCO₃⁻ （トリオキシド炭酸)水素(1−)イオン
    hydrogen(trioxidocarbonate)(1−) または
    炭酸水素イオン hydrogencarbonate

14. H₂PO₄⁻ （テトラオキシドリン酸)二水素(1−)イオン
    dihydrogen(tetraoxidophosphate)(1−) または
    リン酸二水素イオン dihydrogenphosphate

IR-5.4 一般的定比組成名称
IR-5.4.1 電気的陽性および電気的陰性成分の列記順序

命名すべき化合物の成分は，形式的に電気的陽性である成分と形式的に電気的陰性である成分とに分ける．化合物中には少なくとも一つの電気的陽性成分と少なくとも一つの電気的陰性成分があるはずである．定義からして，陽イオンは電気的に陽性，陰イオンは電気的に陰性である．規約により，付表 VI の順序で，電気的陽性元素は電気的陰性元素のあとにある．

3種以上の元素を含む化合物では，原理上，電気的陽性と電気的陰性の区別には任意性を生じる．しかし実際には，両者の境界をどこに決めるかの問題はほとんど起こらない．

英語での化合物名称の中では，電気的陽性成分の名称が電気的陰性成分の名称より前にくる[訳注]．両者それぞれで，各成分の列記順序は（倍数接頭語を無視して）アルファベット順とする．水素を電気的陽性成分としたときには，水素は常に電気的陽性成分の最後の位置におく．

この一般的定比組成名称構築の原理は IR-4.4.3.4 で述べた一般的塩化学式構築の原理と一致している．しかし，下の例4，例5，例7に見られるように，一般的定比組成名称での列記順序は，対応する一般的塩化学式での記号配列順序とは，必ずしも一致しない．

下記の一般的定比組成名称は単に元素成分組成に基づいており，構造情報を与えるものではない．

例:

1. IBr 臭化ヨウ素 iodine bromide
2. PBrClI 臭化塩化ヨウ化リン phosphorus bromide chloride iodide
3. ArHF または フッ化アルゴン水素 argon hydrogen fluoride または
   ArFH フッ化水素化アルゴン argon fluoride hydride
4. ClOF または フッ化塩素酸素 chlorine oxygen fluoride または
   OClF 塩化フッ化酸素 oxygen chloride fluoride
5. CuK_5Sb_2 または 二アンチモン化銅五カリウム copper pentapotassium diantimonide または
   K_5CuSb_2 銅化二アンチモン化五カリウム pentapotassium cupride diantimonide

これらの例に見る通り，名称中のいずれの2元素の順番も，電気的陽性と電気的陰性との区分けの任意性に依存することに注意されたい．（同様のことが IR-4.4.3.4 で説明したように，化学式中の元素記号の順序についてもいえる．）例3および例4にあげた化合物について，実際の構造を反映した付加名称（それぞれ FArH，FClO）は IR-7.2 で示す．

構造情報が欠けているときに，イオンの命名に置換命名法や付加命名法の適用が不可能，あるいは望ましくないという場合は多々ある．そのようなときは，定比組成名称に電荷数を付記するのが最善であると言える．電荷数がイオン全体の値であることを明示するためには，丸括弧の使用が必須である．

例: 6. $O_2Cl_2^+$ （二塩化二酸素）(1+) (dioxygen dichloride)(1+)

一般的定比組成名称に多原子イオン名称が含まれるときは，その名称によって若干の構造情報が示される．

例: 7. $NaNH_4[HPO_4]$ リン酸水素アンモニウムナトリウム ammonium sodium hydrogenphosphate

---

訳注 日本語では一般に逆になる．

IR-5.4.2 成分比の表示
IR-5.4.2.1 倍数接頭語の利用

単原子であろうと多原子であろうと，定比組成名称における成分比は，二元化合物の場合（IR-5.2 参照）と同じように，**倍数接頭語** multiplicative prefix で示される．

例：

1. Na_2CO_3 　　トリオキシド炭酸二ナトリウム　disodium trioxidocarbonate　または
 　　　　　　　　 炭酸ナトリウム　sodium carbonate
2. $K_4[Fe(CN)_6]$ 　ヘキサシアニド鉄酸四カリウム　tetrapotassium hexacyanidoferrate
3. PCl_3O 　　三塩化酸化リン　phosphorus trichloride oxide
4. $KMgCl_3$ 　　三塩化マグネシウムカリウム　magnesium potassium trichloride

成分の名称自体に倍数接頭語が付いていたり（二硫酸 disulfate, 二クロム酸 dichromate, 三リン酸 triphosphate, 四ホウ酸 tetraborate など），また，誤解を招くおそれのあるときは，別系統の倍数接頭語として，'ビス bis', 'トリス tris', 'テトラキス tetrakis', 'ペンタキス pentakis' など（付表 IV）を使う．このとき，これらの接頭語が作用する原子団は丸括弧でくくる．

例：

5. $Ca(NO_3)_2$ 　　ビス（トリオキシド硝酸）カルシウム　calcium bis(trioxidonitrate)　または
 　　　　　　　　 硝酸カルシウム　　　　　　　　　　calcium nitrate
6. $(UO_2)_2SO_4$ 　テトラオキシド硫酸ビス（ジオキシドウラン）
 　　　　　　　　 bis(dioxidouranium) tetraoxidosulfate
7. $Ba(BrF_4)_2$ 　ビス（テトラフルオリド臭素酸）バリウム　barium bis(tetrafluoridobromate)
8. $U(S_2O_7)_2$ 　ビス（二硫酸）ウラン　　　　　　uranium bis(disulfate)
9. $Ca_3(PO_4)_2$ 　ビス（リン酸）三カルシウム　　　tricalcium bis(phosphate)
10. $Ca_2P_2O_7$ 　二リン酸カルシウム　　　　　　　calcium diphosphate
11. $Ca(HCO_3)_2$ 　ビス（炭酸水素）カルシウム　　　calcium bis(hydrogencarbonate)

IR-5.4.2.2 電荷数および酸化数の利用

イオンの電荷を表す**電荷数** charge number，あるいは酸化状態を表す**酸化数** oxidation number を利用した名称によって，成分組成比の情報を提供することができる．酸化数の決定にはあいまいさや主観的判断が加わることもあるので，命名においては電荷数の利用が優先する．酸化数の利用は，その帰属が明確な場合だけにとどめるのがよい．

電荷数はイオン電荷の大きさの数であり，イオン名称直後にスペースなく連結される丸括弧内に記す．電荷はアラビア数字とし，そのあとに符号を記す．化学式で右上付きとなるイオン電荷表示と異なり，1 の場合も必ず数字を記す．中性化学種の名称のあとには電荷数を付けない．

例：

1. $FeSO_4$ 　　　　硫酸鉄(2+)　　iron(2+) sulfate
2. $Fe_2(SO_4)_3$ 　　硫酸鉄(3+)　　iron(3+) sulfate
3. $(UO_2)_2SO_4$ 　　硫酸ジオキシドウラン(1+)　　dioxidouranium(1+) sulfate
4. UO_2SO_4 　　硫酸ジオキシドウラン(2+)　　dioxidouranium(2+) sulfate

5. K₄[Fe(CN)₆]　　　　ヘキサシアニド鉄酸(4−)カリウム　　potassium hexacyanidoferrate(4−)
6. [Co(NH₃)₆]Cl(SO₄)　ヘキサアンミンコバルト(3+)塩化物硫酸塩[訳注1]
　　　　　　　　　　　hexaamminecobalt(3+) chloride sulfate

　元素の酸化数（IR-4.6.1 および IR-9.1.2.8 を見よ）はローマ数字で示し，元素名（必要なときは 'ate' のように変化した語尾）の直後に続く丸括弧で囲む[訳注2]．酸化数は正か負か零（アラビア数字 0 で表す）であり得るが，マイナス符号を付けない限り，常に負ではない（正のときは符号を付けない）．非整数の酸化数は，命名法においては使わない．

例：

7. PCl₅　　　　　塩化リン(V)　　phosphorus(V) chloride
8. Na[Mn(CO)₅]　ペンタカルボニルマンガン(−I)酸ナトリウム
　　　　　　　　sodium pentacarbonylmanganate(−I)
9. [Fe(CO)₅]　　ペンタカルボニル鉄(0)　pentacarbonyliron(0)

　酸化数の推定にはいくつかの約束事があり，特に遷移元素化合物の名称ではほぼ確立されている．非金属元素と結合している水素の酸化数は正で+I，金属元素と結合している水素の酸化数は負で−I となる．金属原子に結合している有機基は陰イオンとして扱われることが多い．（たとえば配位子となったメチル基は，通常はメタン化物イオン methanide, CH_3^- と見なされる．）しかし中性とされるもの（例：一酸化炭素）もある．同じ元素の原子間結合は酸化数に寄与しない．

例：

10. N₂O　　　　　酸化窒素(I)　　　　　nitrogen(I) oxide
11. NO₂　　　　　酸化窒素(IV)　　　　 nitrogen(IV) oxide
12. Fe₃O₄　　　　酸化鉄(II)二鉄(III)　 iron(II) diiron(III) oxide
13. MnO₂　　　　 酸化マンガン(IV)　　　manganese(IV) oxide
14. CO　　　　　 酸化炭素(II)　　　　　carbon(II) oxide
15. FeSO₄　　　　硫酸鉄(II)　　　　　　iron(II) sulfate
16. Fe₂(SO₄)₃　　 硫酸鉄(III)　　　　　 iron(III) sulfate
17. SF₆　　　　　 フッ化硫黄(VI)　　　　sulfur(VI) fluoride
18. (UO₂)₂SO₄　　 硫酸ジオキシドウラン(V)　dioxidouranium(V) sulfate
19. UO₂SO₄　　　 硫酸ジオキシドウラン(VI)　dioxidouranium(VI) sulfate
20. K₄[Fe(CN)₆]　 ヘキサシアニド鉄(II)酸カリウム　potassium hexacyanidoferrate(II)
　　　　　　　　　または
　　　　　　　　　ヘキサシアニド鉄酸(4−)カリウム　potassium hexacyanidoferrate(4−)
21. K₄[Ni(CN)₄]　 テトラシアニドニッケル(0)酸カリウム
　　　　　　　　　potassium tetracyanidonickelate(0)　または
　　　　　　　　　テトラシアニドニッケル酸(4−)カリウム

訳注1　日本語での陽イオン名称が複雑で長いときには，陽イオン名称を先におき，陰イオン名称の語尾を '化物' あるいは '酸塩' として後ろにおく名称とするのがよい．長さの基準に確固たるものはなく，任意である．

訳注2　日本語名称では，下の例 20. ヘキサシアニド鉄(II)酸カリウムのように，元素名と酸との間に囲んだローマ数字での酸化数を表記する．

potassium tetracyanidonickelate(4−)

22. Na₂[Fe(CO)₄]　テトラカルボニル鉄(−Ⅱ)酸ナトリウム
　　　　　　　　　sodium tetracarbonylferrate(−Ⅱ)　　または
　　　　　　　　　テトラカルボニル鉄酸(2−)ナトリウム
　　　　　　　　　sodium tetracarbonylferrate(2−)
23. [Co(NH₃)₆]ClSO₄　ヘキサアンミンコバルト(Ⅲ)塩化物硫酸塩
　　　　　　　　　hexaamminecobalt(Ⅲ) chloride sulfate　　または
　　　　　　　　　ヘキサアンミンコバルト(3+)塩化物硫酸塩
　　　　　　　　　hexaamminecobalt(3+) chloride sulfate
24. Fe₄[Fe(CN)₆]₃　ヘキサシアニド鉄(Ⅱ)酸鉄(Ⅲ)　iron(Ⅲ) hexacyanidoferrate(Ⅲ)
　　　　　　　　　または
　　　　　　　　　ヘキサシアニド鉄酸(4−)鉄(3+)　iron(3+) hexacyanidoferrate(4−)

同種多原子イオンの命名には，酸化数の利用は芳しくない．それはあいまいさを招くからである．倍数接頭語が付いていたとしても，上の例12にあるように，酸化数は当該元素の原子個々に対して規定される．そのやり方に従うと，二水銀(2+)（IR-5.3.2.3を見よ）は二水銀(Ⅰ)となり，二酸化物(2−)（IR-5.3.3.3を見よ）は二酸化物(−Ⅰ)となり，五ビスマス(4+)（IR-5.3.2.3を見よ）や二酸化物(1−)（IR-5.3.3.3を見よ）のようなイオンでは形式的酸化数が分数になってしまうので，命名法としては全く不適切である．

IR-5.4.2.3　単原子成分の倍数表示と同種多原子成分表示

単原子成分の倍数表示と同種多原子成分との区別には注意を要する．両者の区別は式からでは見分けがつかないこともあるが，わからないことはない．

例：

1. TlI₃　　　トリス(ヨウ化)タリウム　　　thallium tris(iodide)　　　または
　　　　　　ヨウ化タリウム(Ⅲ)　　　　　thallium(Ⅲ) iodide　　　　また
　　　　　　ヨウ化タリウム(3+)　　　　　thallium(3+) iodide
2. Tl(I₃)　　三ヨウ化(1−)タリウム　　　 thalliuim triiodide(1−)　　または
　　　　　　(三ヨウ化)タリウム(Ⅰ)　　　thallium(Ⅰ) (triiodide)　　または
　　　　　　(三ヨウ化)タリウム(1+)　　　thallium(1+) (triiodide)

上の例1，例2の化合物はTlI₃の式となり，単純な定比組成名称では三ヨウ化タリウム thallium triiodide となる．しかし，それ以上の情報を名称に与えることは可能であり，かつ望ましい．

例1の化合物は，ヨウ化物イオン，I⁻，とタリウムとが3：1の比で構成している．例2の化合物は，三ヨウ化物イオン(1−)，I₃⁻，とタリウムとが1：1の比で構成している．例1の化合物の第一の名称は，倍数接頭語トリス tris を用いて，1個の三ヨウ化物イオン triiodide ion ではなく，3個のヨウ化物イオンがあることを完全に明確化している．タリウムの酸化数Ⅲおよびイオンの電荷数3+を用いた第二，第三の名称は，それぞれ成分の組成を間接的に表現するものである．

例2での第一名称は電気的陰性成分が−1の電荷をもつ同種多原子単位であることを明確に示している．第二，第三の名称では，タリウムの酸化数あるいは電荷数によって組成を間接的に表現するととも

に，電気的陰性成分を丸括弧で囲んで，それが同種多原子単位であることを強調している．

上記両者の化合物について，若干重複部分はあるけれども，タリウムイオンの電荷数を示した完全に厳密な名称も許容される．それぞれトリスヨウ化タリウム(3+) thallium(3+) tris(iodide) と三ヨウ化(1−)タリウム(1+) thallium(1+) triiodide(1−) となる名称は，索引や一覧のような体系的言語記号処理においては，より適切であろう．

例：

3. $HgCl_2$　　二塩化水銀　　　　　mercury dichloride　　　　　または
　　　　　　　塩化水銀(II)　　　　mercury(II) chloride　　　　または
　　　　　　　塩化水銀(2+)　　　　mercury(2+) chloride
4. Hg_2Cl_2　二塩化二水銀　　　　dimercury dichloride　　　　または
　　　　　　　二塩化(二水銀)　　　(dimercury) dichloride　　　または
　　　　　　　塩化二水銀(2+)　　　dimercury(2+) chloride

例 4 の第一名称は単なる定比組成式である．第二はこの化合物が同種 2 原子陽イオンを含むという情報を与える．最後の名称は 2 原子陽イオンの電荷を特定化しており，'塩化' の前の接頭語の '二' は不必要となる．

例：

5. Na_2S_3　(三硫化)二ナトリウム　disodium (trisulfide)
　　　　　　(この表記は多原子陰イオンの存在を示す)　　または
　　　　　　三硫化(2−)ナトリウム　sodium trisulfide(2−)
　　　　　　(陰イオンの電荷を示し，陽イオン名への倍数接頭語は不必要となる)
6. Fe_2S_3　トリス(硫化)二鉄　diiron tris(sulfide)　　　または　　硫化鉄(III)　iron(III) sulfide

鎖状の S_n^{2-} イオンを含む塩は，多様な S^{2-} イオンを含む塩と同様に，'ポリ硫化物 polysulfide' として扱われるが，両者の区別を示す上例のような命名もある．

例：

7. K_2O　　酸化二カリウム　　　　dipotassium oxide
8. K_2O_2　(二酸化)二カリウム　　dipotassium (dioxide)　　　　または
　　　　　　二酸化(2−)カリウム　　potassium dioxide(2−)
9. KO_2　　(二酸化)一カリウム　　monopotassium (dioxide)　　　または
　　　　　　二酸化(1−)カリウム　　potassium dioxide(1−)
10. KO_3　 (三酸化)カリウム　　　potassium (trioxide)　　　　または
　　　　　　三酸化(1−)カリウム　　potassium trioxide(1−)

'二酸化カリウム potassiuim dioxide' のような簡潔な定比組成名称は，厳密に言えばあいまいさはないが (例 9 の化合物がそれに当たる)，誤解されやすいことは明らかであろう．他の場合も，化学的常識に従えば，事実上誤解の余地はなくなり，下の例 11，例 12 のように，簡潔な定比組成名称もしばしば使われる．

例：

11. BaO_2　二酸化バリウム　　　　barium dioxide　　(簡潔な定比組成名称)　　または
　　　　　　(二酸化)バリウム　　　barium (dioxide)　　　　　　　　　　　　　または

		二酸化(2−)バリウム	barium dioxide(2−)	（二原子陰イオンを特定化）
		あるいは		
		過酸化バリウム	barium peroxide	（許容されている陰イオンの別名称を利用）
12.	MnO_2	二酸化マンガン	manganese dioxide	（簡潔な定比組成名称）　　または
		ビス(酸化)マンガン	manganese bis(oxide)	
		（二原子陰イオンではなく，2個の酸化物イオンを特定化）　　　　または		
		酸化マンガン(IV)	manganese(IV) oxide	

IR-5.5 （形式的）付加化合物の名称

　ここで付加化合物とするものは，供与体–受容体錯体（付加物）から多様な格子化合物までを包含している．しかしながら，ここで述べる方法は，その種の化合物だけに適合するものではなく，多重塩（複塩），構造の不明確な化合物，あるいは詳細な構造情報は不要な化合物などにも適用できる．

　このような一般化された付加化合物個々の名称は，組成命名法，置換命名法，付加命名法それぞれの中から適当な命名法体系を選んで構築される．化合物全体の名称は，個々の成分化合物名を全角ダッシュで連結し，それに続けて各成分の組成比をアラビア数字と斜線からなる組成記号で示す．化合物名と組成記号の間には英文用スペースをおく．個々の成分の記載順は，まず組成比の増加順，ついでアルファベット順とする．唯一の例外として，成分名の'水'は常に最後尾におかれる．（これは，成分名が式に与えられた順に従うとする文献2の規則から変更されていることに注意されたい．）組成記号の数字の順は対応する成分名と同じ順になる．

　水を成分とする付加化合物に対する名称としては，すでに確立されている'水和物 hydrate'を化合物群の代表名称とすることが許容されている．英語では'ate'を語尾とするのは陰イオン成分であるとされているにもかかわらず，である．簡潔な定比組成をもつ水和物に対しては，古典的な'水和物 hydrate'なる名称は許容されるが，下の例12のように整数とはならない組成に対する命名規則はまだ公式化されていない．また，あいまいさが残るため，^2H_2O および ^3H_2O あるいはその他の同位体修飾された水が関与する付加化合物に，'重水和物 deuterate'あるいは'三重水和物 tritiate'なる名称を用いることは許容されていない．下の例3は，同位体修飾された化合物の現行の化学式と名称を示している．この例では，文献3のII-2.3.3における規則に従って，修飾された成分の式と名称が表記されている．

例：

1. $BF_3 \cdot 2H_2O$ 　　　　　三フッ化ホウ素―水 (1/2)　boron trifluoride—water (1/2)
2. $8Kr \cdot 46H_2O$ 　　　　　クリプトン―水 (8/46)　krypton—water (8/46)
3. $8Kr \cdot 46^2H_2O$ 　　　　クリプトン―($^2H_2$)水 (8/46)　krypton—($^2H_2$)water (8/46)
4. $CaCl_2 \cdot 8NH_3$ 　　　　塩化カルシウム―アンモニア (1/8)
　　　　　　　　　　　　　calcium chloride—ammonia (1/8)
5. $AlCl_3 \cdot 4EtOH$ 　　　　塩化アルミニウム―エタノール (1/4)
　　　　　　　　　　　　　aluminium chloride—ethanol (1/4)
6. $BiCl_3 \cdot 3PCl_5$ 　　　　塩化ビスマス(III)―塩化リン(V) (1/3)
　　　　　　　　　　　　　bismuth(III) chloride—phosphorus(V) chloride (1/3)
7. $2Na_2CO_3 \cdot 3H_2O_2$ 　　炭酸ナトリウム―過酸化水素 (2/3)

		sodium carbonate—hydrogen peroxide (2/3)	
8.	$Co_2O_3 \cdot nH_2O$	酸化コバルト(Ⅲ)—水 (1/n)	cobalt(Ⅲ) oxide—water (1/n)
9.	$Na_2SO_4 \cdot 10H_2O$	硫酸ナトリウム—水 (1/10)	sodium sulfate—water (1/10)
10.	$Al_2(SO_4)_3 \cdot K_2SO_4 \cdot 24H_2O$	硫酸アルミニウム—硫酸カリウム—水 (1/1/24)	
		aluminium sulfate—potassium sulfate—water (1/1/24)	
11.	$AlK(SO_4)_2 \cdot 12H_2O$	ビス(硫酸)アルミニウムカリウム十二水和物	
		aluminium potassium bis(sulfate) dodecahydrate	
12.	$3CdSO_4 \cdot 8H_2O$	硫酸カドミウム—水 (3/8)	cadmium sulfate—water (3/8)

　命名法としては，供与体-受容体錯体と配位化合物との差は見られない．その種の化合物には IR-7.1 から IR-7.3 までおよび IR-9 で述べる付加名称を与えるのがよいだろう．

例：

13.	$BH_3 \cdot (C_2H_5)_2O$	ボラン—エトキシエタン (1/1)	borane—ethoxyethane (1/1)

　または

　　$[B\{(C_2H_5)_2O\}H_3]$　　（エトキシエタン）トリヒドリドホウ素　　(ethoxyethane) trihydridoboron

　文献 4 の P-68.1 に有機供与体-受容体錯体の少しだけ違う命名法がある．

IR-5.6　結　語

　組成名称には，定比組成型（同種多原子化学種の場合を除く二元化合物型ともなる）と付加化合物型とがある．組成命名法は名称が構造情報を全くあるいはほとんど伝えない場合に用いる．しかしながら，全体の名称が組成名称となるときでも，その成分の構造を示すときには，置換命名法あるいは付加命名法も利用される．置換命名法は IR-6 で，付加命名法は IR-7，IR-8，IR-9 で述べる．

IR-5.7　文　献

1. Names for Inorganic Radicals: W.H. Koppenol, *Pure Appl. Chem.*, **72**, 437-446 (2000).
2. *Nomenclature of Inorganic Chemistry, IUPAC Recommendations 1990*, ed. G.J. Leigh, Blackwell Scientific Publishers, Oxford, 1990；邦訳：山崎一雄 訳・著，"無機化学命名法 —— IUPAC 1990 年勧告 ——"，東京化学同人(1993)．
3. *Nomenclature of Inorganic Chemistry II, IUPAC Recommendations 2000*, eds. J.A. McCleverty and N.G. Connelly, Royal Society of Chemistry, 2001.
4. *Nomenclature of Organic Chemistry, IUPAC Recommendations*, ed. W.H. Powell and H. Favre, Royal Society of Chemistry, in preparation.

IR-6　母体水素化物名称と置換命名法

IR-6.1　序　論
IR-6.2　母体水素化物の名称
　IR-6.2.1　標準結合数および非標準結合数をとる単核母体水素化物
　IR-6.2.2　同種原子からなる多核母体水素化物（ホウ素および炭素の水素化物を除く）
　　IR-6.2.2.1　すべての原子が標準結合数をとる同種原子の非環状母体水素化物
　　IR-6.2.2.2　非標準結合数をとる元素を含む同種原子の非環状母体水素化物
　　IR-6.2.2.3　不飽和な同種原子の非環状水素化物
　　IR-6.2.2.4　同種原子からなる単環母体水素化物
　　IR-6.2.2.5　同種原子の多環母体水素化物
　IR-6.2.3　水素化ホウ素
　　IR-6.2.3.1　定比組成名称
　　IR-6.2.3.2　構造記号名称
　　IR-6.2.3.3　多面体クラスターの体系的番号付け
　　IR-6.2.3.4　水素原子の分布を示す体系的名称
　IR-6.2.4　ヘテロ原子からなる母体水素化物
　　IR-6.2.4.1　一般的なヘテロ原子からなる非環状母体水素化物
　　IR-6.2.4.2　繰返し単位の鎖からなる水素化物
　　IR-6.2.4.3　ヘテロ原子からなる単環母体水素化物；Hantzsch-Widman 命名法
　　IR-6.2.4.4　水素化ホウ素での骨格代置
　　IR-6.2.4.5　ヘテロ原子からなる多環母体水素化物
IR-6.3　母体水素化物誘導体の置換式名称
　IR-6.3.1　接尾語と接頭語の使用
　IR-6.3.2　水素化ホウ素での水素置換
IR-6.4　母体水素化物から誘導されるイオンおよびラジカルの名称
　IR-6.4.1　一つ以上のヒドロンを付加することで母体水素化物から誘導される陽イオン
　IR-6.4.2　一つ以上の水素化物イオンを除くことで母体水素化物から誘導される陽イオン
　IR-6.4.3　置換陽イオン
　IR-6.4.4　一つ以上のヒドロンを除くことで母体水素化物から誘導される陰イオン
　IR-6.4.5　一つ以上の水素化物イオンを付加することで母体水素化物から誘導される陰イオン
　IR-6.4.6　置換陰イオン
　IR-6.4.7　ラジカルおよび置換原子団
　IR-6.4.8　置換ラジカルあるいは置換原子団
　IR-6.4.9　単一分子あるいはイオン中の陰イオンおよび陽イオン中心とラジカル
IR-6.5　文　献

IR-6.1 序　　論

"**置換命名法** substitutive nomenclature"は，基準となる数の水素原子が骨格構造に結合した**母体水素化物** parent hydride の名称に基づく命名法である．母体水素化物の誘導体の名称は，水素原子（必要ならば位置記号を前に付ける）を置換する原子団（すなわち**置換基** substituent）に適当な接頭語あるいは接尾語を付け，そのまますぐその母体水素化物名称を続けてつくる．

置換命名法は，表 IR-6.1 (IR-6.2.1) に記載した母体水素化物の誘導体とこれらの元素だけを含む多核水素化物の誘導体 (IR-6.2.2 から IR-6.2.4 を見よ) に対してのみ推奨される．骨格原子の結合数は，表 IR-6.1 に示す通りである（これらは"**標準結合数** standard bonding number"とよばれ，たとえば Si では 4，Se では 2 となる）．結合数がこれと異なるときは適当な記号を使って示す（'λ 方式'，IR-6.2.2.2 と文献 1 の P-14.1 参照）．

ここで取上げる置換命名法の実際や手法は，一般には有機化合物の置換命名法[1]と同じであり，その慣例に従う．

置換式名称は，一般に母体構造の水素原子を他の原子あるいは原子団によって置換する形式でつくる．これに関連した手法としては，しばしば置換命名法の一部と見なされる"**骨格代置法** skeletal replacement"(IR-6.2.4.1) と母体オキソ酸の"**官能基代置法** functional replacement"(IR-8.6) がある．母体水素化物に基づく命名法での操作は必ずしも置換式とは限らないことに注意すること（たとえば，H^+ および H^- の付加による陽イオンおよび陰イオンの生成，IR-6.4.1 と IR-6.4.5）．それらの節で記載されている母体水素化物の修飾による命名も，置換命名法の一部とされている．

本章において置換式で命名される化合物については，多くの場合，別に付加式によって同等に体系的な命名が可能である (IR-7)．しかし，ここで取上げた母体水素化物に対して，付加式名称を置換命名法における母体名として用いることができないことに注意しなければならない．

中性の水素化ホウ素はボラン borane と総称される．より詳細な方法は将来 IUPAC によって発表される規則に譲るとして，基本的なボラン類の命名法は IR-6.2.3 で取扱う．

IR-6.2 母体水素化物の名称

IR-6.2.1 標準結合数および非標準結合数をとる単核母体水素化物

周期表の 13-17 族元素の単核水素化物は置換命名法において重要で，表 IR-6.1 に名称を示したように母体水素化物として用いられる．

標準結合数と異なる場合，それをギリシャ文字 λ の右肩に適当な数字で示し，ハイフンをつけて表 IR-6.1 の水素化物名称の前におく．

例：

1. PH_5　　λ^5-ホスファン　　λ^5-phosphane
2. PH　　λ^1-ホスファン　　λ^1-phosphane
3. SH_6　　λ^6-スルファン　　λ^6-sulfane
4. SnH_2　　λ^2-スタンナン　　λ^2-stannane

表 IR-6.1　単核母体水素化物の名称

BH$_3$	ボラン	borane	CH$_4$	メタン	methane[a]	NH$_3$	アザン	azane[b]	H$_2$O	オキシダン	oxidane[b,c]
AlH$_3$	アルマン	alumane[c]	SiH$_4$	シラン	silane	PH$_3$	ホスファン	phosphane[e]	H$_2$S	スルファン	sulfane[c,f]
GaH$_3$	ガラン	gallane	GeH$_4$	ゲルマン	germane	AsH$_3$	アルサン	arsane[e]	H$_2$Se	セラン	selane[c,f]
InH$_3$	インジガン	indigane[g]	SnH$_4$	スタンナン	stannane	SbH$_3$	スチバン	stibane[e]	H$_2$Te	テラン	tellane[c,f]
TlH$_3$	タラン	thallane	PbH$_4$	プルンバン	plumbane	BiH$_3$	ビスムタン	bismuthane[c]	H$_2$Po	ポラン	polane[c,f]
									HF	フルオラン	fluorane[d]
									HCl	クロラン	chlorane[d]
									HBr	ブロマン	bromane[d]
									HI	ヨーダン	iodane[d]
									HAt	アスタタン	astatane[d]

a 体系的名称は 'カルバン carbane' であるが、CH$_4$ については一般的に 'メタン methane' という名称が使われており、'カルバン carbane' は推奨されていない。

b 'アザン azane' および 'オキシダン oxidane' という名称はアンモニアおよび水の誘導体を命名する際にのみ、多核化合物を命名する際の基本となる（例：トリアザン triazane、ジオキシダン dioxidane）。そのような命名例は IR-6.4 と付表 IX に示した。文献 1 の P-62 では、置換接尾語 'アミン amine' および 'イミン imine' を基本として、アンモニアの多くの有機誘導体が命名されている。

c 'aluminane'、'bismuthane'、'oxane'、'thiane'、'selenane'、'tellurane'、'polonane' は Hantzsch-Widman 体系（IR-6.2.4.3 を見よ）において、飽和ヘテロ六員単環化合物の名称に使われるので、母体水素化物の名称としては用いることができない。AlH$_3$ には 'アラン alane' という名称が用いられてきたが、置換基 -AlH$_2$ の体系的に導かれる名称は 'アラニル alanyl' であり、アミノ酸のアラニンから誘導されるアシル基の名称と重複することから、廃棄されねばならない。

d 'フルオラン fluorane'、'クロラン chlorane'、'ブロマン bromane'、'ヨーダン iodane'、'アスタタン astatane' という名称は、それらのイオン、ラジカル、置換基の置換式名称をつくる際に基本となるので（例として IR-6.4.7 および付表 IX を見よ）、ここに提示した。非置換水素化物は、'フッ化水素 hydrogen fluoride'、'臭化水素 hydrogen bromide' などとなる（定比組成命名法、IR-5）。しかし、これらの定比組成名称は母体名称としては用いることはできない。

e 本書では体系的名称の 'ホスファン phosphane'、'アルサン arsane'、'スチバン stibane' を統一して用いた。'ホスフィン phosphine'、'アルシン arsine'、'スチビン stibine' という名称はもはや認められない。

f スルファン sulfane は無置換のとき、'硫化水素 hydrogen sulfide'、より正確には '硫化二水素 dihydrogen sulfide'（定比組成名称、IR-5）と命名してもよい。しかし、定比組成名称は母体名称としては用いることができない。同じことがセラン selane、テラン tellane、ポラン polane でも当てはまる。

g InH$_3$ 同族体の体系的名称は 'インダン indane' となるが、これでは炭化水素 2,3-ジヒドロインデン 2,3-dihydroindene の名称として広く確立しているインダン indane と重複してしまう。'indiane' では、不飽和な誘導体を命名する際に紛らわしい。つまり、'トリインジエン triindiene' は不飽和部位を一つもつ 'トリインジアン triindiane' の誘導体の名称というだけでなく、二つの二重結合をもつ (diene) 化合物をも意味する。母体名称 'インジガン indigane' はインジゴ（インジウムの炎色反応の色）を語源としている。

IR-6.2.2 同種原子からなる多核母体水素化物(ホウ素および炭素の水素化物を除く)
IR-6.2.2.1 すべての原子が標準結合数をとる同種原子の非環状母体水素化物

これらの名称は表 IR-6.1 の対応する単核水素化物の'アン ane'名称の前に,鎖の原子数に相当する倍数接頭語('ジ di', 'トリ tri', 'テトラ tetra'など;付表Ⅳ*を見よ)を付けてつくる.

例:

1. HOOH　　　　　　ジオキシダン　　dioxidane　　または　過酸化水素　hydrogen peroxide
2. H_2NNH_2　　　　ジアザン　　　　diazane　　　または　ヒドラジン　hydrazine
3. H_2PPH_2　　　　ジホスファン　　diphosphane
4. H_3SnSnH_3　　　ジスタンナン　　distannane
5. HSeSeSeH　　　　トリセラン　　　triselane
6. $H_3SiSiH_2SiH_2SiH_3$　テトラシラン　　tetrasilane

組成名称である'過酸化水素 hydrogen peroxide' (IR-5 参照) は H_2O_2 そのものを表す'ジオキシダン dioxidane'の別名であるが,置換命名法における母体水素化物としては用いられない.

文献 1 の P-68.3 では,H_2NNH_2 の有機誘導体は,母体水素化物名称として'ヒドラジン hydrazine'を用いて命名されている.

IR-6.2.2.2 非標準結合数をとる元素を含む同種原子の非環状母体水素化物

鎖状水素化物の骨格原子が同種であるが,その中の一つ以上の原子が表 IR-6.1 に示した標準結合数をとらない場合は,あたかも全原子が標準結合数をとるかのように命名し,非標準結合数をとるそれぞれの原子の位置番号を前におく.この位置番号のすぐあとに λ^n (n は適当な結合数)をつける.

異なる原子価状態にある同種骨格原子の間で,位置番号を選ぶ必要があるときは,非標準結合数をとる原子に小さい番号を付ける.さらに二つ以上の非標準結合数をとる同種の骨格原子間で選択する必要がある場合は,結合数の大きい原子を優先して,小さい番号をつける.つまり,λ^6 に λ^4 よりも小さい位置番号をつける.

例:

1. $\overset{1\;2\;3\;\;\;4}{H_5SSSH_4SH}$　　　$1\lambda^6,3\lambda^6$-テトラスルファン　$1\lambda^6,3\lambda^6$-tetrasulfane　($2\lambda^6,4\lambda^6$ ではない)
2. $\overset{1\;2\;\;\;3\;\;\;4\;\;\;5}{HSSH_4SH_4SH_2SH}$　$2\lambda^6,3\lambda^6,4\lambda^4$-ペンタスルファン　$2\lambda^6,3\lambda^6,4\lambda^4$-pentasulfane
　　　　　　　　　　　　($2\lambda^4,3\lambda^6,4\lambda^6$ ではない)
3. $H_4PPH_3PH_3PH_4$　$1\lambda^5,2\lambda^5,3\lambda^5,4\lambda^5$-テトラホスファン　$1\lambda^5,2\lambda^5,3\lambda^5,4\lambda^5$-tetraphosphane
4. HPbPbPbH　　　$1\lambda^2,2\lambda^2,3\lambda^2$-トリプルンバン　$1\lambda^2,2\lambda^2,3\lambda^2$-triplumbane

IR-6.2.2.3 不飽和な同種原子の非環状水素化物

不飽和な鎖状化合物には,アルケンやアルキンで用いられる方式で置換命名法が適用される(文献 1 の P-31.1 を見よ).すなわち,対応する飽和鎖状水素化物の名称の語尾'アン ane'を二重結合のときは'エン ene'に,三重結合のときは'イン yne'に変える.もし,その両方が一つずつあれば,'エン en'…'イン yne'となり,適当な位置番号をつける.二重結合が二つあるときは,'ジエン diene'となる,以下同様.いずれの場合も,不飽和部位の位置を番号で示し,接尾語の直前につける.位置番号はできるだけ小さくなるように選択する.

---

* 表番号がローマ数字の表は巻末に一括掲載してある.

例：

1. HN＝NH　ジアゼン　diazene
2. HSb＝SbH　ジスチベン　distibene
3. H$_2$N$\overset{1}{\text{N}}$＝$\overset{2}{\text{N}}$$\overset{3}{\text{N}}H\overset{4}{\text{N}}H_2$　ペンタアズ-2-エン　pentaaz-2-ene

    （ペンタアズ-3-エン　pentaaz-3-ene　ではない）

不飽和な非環状水素化物は，母体水素化物として用いられない．置換命名法の階層的な規則のため，さまざまな基や修飾が番号付けされるまでは，二重結合および三重結合の位置番号は定まらないからである．（例として IR-6.4.9 を参照．）

IR-6.2.2.4　同種原子からなる単環母体水素化物

同種原子の単環水素化物の母体名称を与える方法にはおもに3種類ある．

(i)　Hantzsch-Widman（H-W）名称を用いる（IR-6.2.4.3 と文献1の P-22.2 参照）．

(ii)　付表Xの関連する代置接頭語（'a' 語群）と適当な倍数接頭語を使うことにより，対応する炭素環式化合物名称（文献1の P-22.2 を見よ）中の炭素原子の代置を示す．

(iii)　枝分れしていない無置換の対応する鎖の名称に接頭語 'シクロ cyclo' をつける（IR-6.2.2.1 から IR-6.2.2.3 と文献1の P-22.2 を見よ）．

それぞれの方法が以下の例 1-4 で使用されている．炭素を含まない同種原子からなる単環母体水素化物の有機誘導体を命名するとき，3-10 員環化合物では Hantzsch-Widman 方式による名称がよく用いられる．より員数の大きい化合物では，2番目の方法による名称が用いられる．大環状母体水素化物の命名法に関するより詳細な規則は，文献1の P-22.2 を見よ．

例：

1.　(i)　H-W 名称：ペンタアゾリジン　pentaazolidine　　＃ N$_5$H$_5$
　　(ii)　ペンタアザシクロペンタン　pentaazacyclopentane
　　(iii)　シクロペンタアザン　cyclopentaazane

2.　(i)　H-W 名称：オクタシロカン　octasilocane　　＃ S$_{18}$H$_{16}$
　　(ii)　オクタシラシクロオクタン　octasilacyclooctane
　　(iii)　シクロオクタシラン　cyclooctasilane

3.　(i)　H-W 名称：1H-トリゲルミレン　1H-trigermirene　　＃ Ge$_3$H$_4$
　　(ii)　トリゲルマシクロプロペン　trigermacyclopropene
　　(iii)　シクロトリゲルメン　cyclotrigermene

4.　(i)　H-W 名称：1H-ペンタアゾール　1H-pentaazole
　　(ii)　ペンタアザシクロペンタ-1,3-ジエン　pentaazacyclopenta-1,3-diene
　　(iii)　シクロペンタアザ-1,3-ジエン　cyclopentaaza-1,3-diene
　　＃ N$_5$H

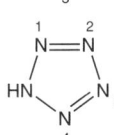

例4において，H-W 名称での番号付けは他の二つの方法とは異なることに注意すること．H-W 名称では水素原子の位置が優先され，(ii)および(iii)の方式では二重結合の位置が優先される．

IR-6.2.2.5 同種原子の多環母体水素化物

同種原子の多環母体水素化物は，三つの方法で命名される．

(i) 適切な単環の縮合を明示し（文献 1 の P-25.3 を見よ），それぞれの単環は Hantzsch-Widman 方式（IR-6.2.4.3）で命名される．
(ii) 付表 X の骨格代置接頭語（'a' 語群）と適切な倍数接頭語を使い，対応する環状炭素化合物中の炭素の代置を示す．
(iii) IR-6.2.2.1 で誘導される対応する直鎖の水素化物名称を組合わせて，von Baeyer 表記（文献 1 の P-23.4 を見よ）を用いて環構造を明示する．

例：

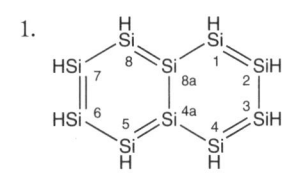

1. (i) ヘキサシリノヘキサシリン　hexasilinohexasiline
   (ii) デカシラナフタレン　decasilanaphthalene
   # $Si_{10}H_8$

2. (ii) および (iii) デカシラビシクロ[4.4.0]デカン
   　　　　　　　　decasilabicyclo[4.4.0]decane
   (iii) ビシクロ[4.4.0]デカシラン　bicyclo[4.4.0]decasilane
   # $Si_{10}H_{18}$

IR-6.2.3 水素化ホウ素
IR-6.2.3.1 定比組成名称

中性の水素化ポリホウ素を総称してボラン(類) boranes とよぶ．最も単純な母体構造は BH_3 であり，その名称は'ボラン borane'である．水素化ホウ素分子におけるホウ素原子の数は倍数接頭語で示す．この命名法が炭化水素命名法と異なる主要点は，水素原子数の定義が必要となる点にある．水素原子数は簡単な結合に関する考察からは定められない．水素原子数は名称のすぐあとに括弧で囲んだアラビア数字により示す．このような名称は組成に関する情報しか教えない．

例：

1. B_2H_6　ジボラン(6)　　　diborane(6)
2. $B_{20}H_{16}$　イコサボラン(16)　icosaborane(16)

IR-6.2.3.2 構造記号名称

定比組成名称を構造記号で補うと，構造に関するより多くの情報が得られる．構造記号は表 IR-6.2 に示したように，電子計数の関係[2] を基にしている．

IR-6.2 母体水素化物の名称

表 IR-6.2 定比組成と電子計数の関係による通常の水素化ポリホウ素の構造の要約[a]

記号	骨格電子対	母体水素化物	構造の特徴
closo (クロソ)	$n+1$	B_nH_{n+2}	三角形の面のみをもつ閉鎖系多面体構造
nido (ニド)	$n+2$	B_nH_{n+4}	鳥の巣形の非閉鎖系多面体構造;母体の *closo*-多面体における $(n+1)$ 頂点のうち, n 頂点に B 原子がある
arachno (アラクノ)	$n+3$	B_nH_{n+6}	くもの巣状の非閉鎖系多面体構造;母体の *closo*-多面体における $(n+2)$ 頂点のうち, n 頂点に B 原子がある
hypho (ハイフォ)	$n+4$	B_nH_{n+8}	網状の非閉鎖系多面体構造;母体の *closo*-多面体における $(n+3)$ 頂点のうち, n 頂点に B 原子がある
klado (クラド)	$n+5$	B_nH_{n+10}	開放的な分枝状多面体構造;母体の *closo*-多面体における $(n+4)$ 頂点のうち, n 頂点に B 原子がある

[a] 構造関係の説明にはしばしば Rudolph ダイヤグラムが利用される[3].

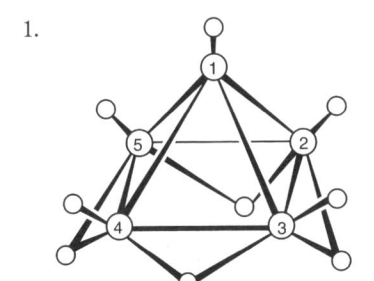

例:

1. *nido*-ペンタボラン(9) *nido*-pentaborane(9) B_5H_9
    \# *nido*-B_5H_9

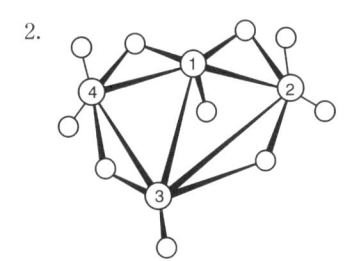

2. *arachno*-テトラボラン(10) *arachno*-tetraborane(10) B_4H_{10}
    \# *arachno*-B_4H_{10}

例1と2の二つの構造はつぎの通り, *closo*-$B_6H_6^{2-}$ の構造と関連づけて考えることができる.

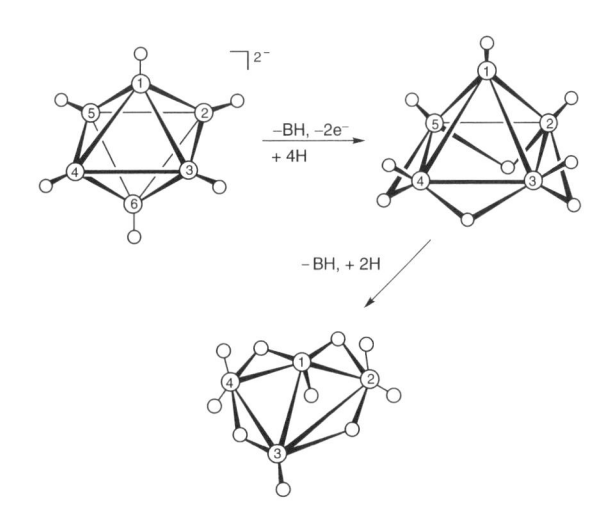

それらの構造は，形式的には *closo*-$B_6H_6^{2-}$ から BH 基を一つ（例 1）あるいは二つ（例 2）取除き，適当な数の水素原子を付け加えることで得られる．

nido, arachno その他の接頭語は最も簡単なボラン類には使われない．それらについては，形式上 *closo*-母体構造から上記のように逐次差し引いて誘導するのが回りくどいからである．

鎖状化合物は，接頭語 "*catena*" を使うことで明示される．

例：

3. ジボラン(6)　diborane(6)　B_2H_6

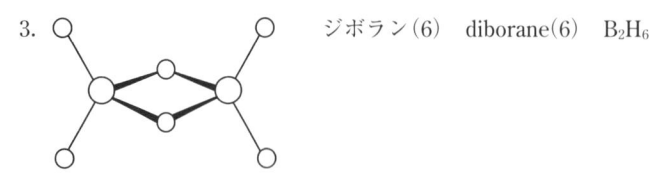

4. H_2BBHBH_2　*catena*-トリボラン(5)　*catena*-triborane(5)
5. HB＝BBH_2　*catena*-トリボレン(3)　*catena*-triborene(3)

環状化合物では対応する鎖状化合物の名称に接頭語 'cyclo' をつけるか，Hantzsch-Widman（H-W）命名法を使う（IR-6.2.4.3 を見よ）．

例：

6. シクロテトラボラン　　　　cyclotetraborane
   H-W 名称：テトラボレタン　tetraboretane
   # B_4H_4

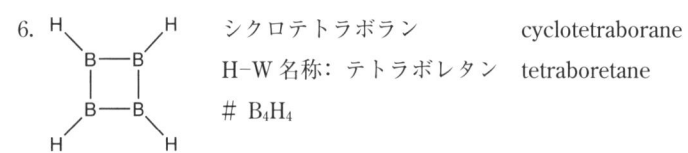

IR-6.2.3.3　多面体クラスターの体系的番号付け

置換誘導体を明確に命名するためには，各クラスターのホウ素骨格に体系的に番号をつけることが必要である．この目的のために，*closo*-構造のホウ素原子は，最高次数対称軸に直交して順次配列している平面を占めていると考える（もし最高次数軸が 2 本あれば，'長い方' すなわち直交する平面の多い方を選ぶ）．

クラスターをこの軸に沿って見たときに最も近くなるホウ素原子を 1 番として番号付けを始める．ついで，最初の平面上のすべての骨格原子に時計回りまたは反時計回りでつけていく．つぎの平面へいき，前の平面中の最小の位置番号のホウ素原子に最も近い位置から開始し，同一方向へ回りながら続く．

例：

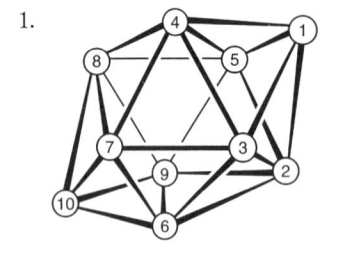

1. *closo*-$B_{10}H_{10}^{2-}$　（水素原子は簡略化のため省略）

nido-クラスターの番号は関連する *closo*-クラスターから誘導される．*arachno*-およびさらに開いた構造をとるクラスターでは，開いた側面を読者に向けて，ホウ素原子が背後の平面に投影されたとして考える．ホウ素原子は帯域ごとに順次番号をつけ，最高の連結数の中心ホウ素原子から始め，時計回りまたは反時計回りに最内部の帯域が終わるまで進む．ついで 12 時の位置から次の帯域も同じように番号付けし，最外部の帯域が終わるまで進む．つまり，この方式は *closo*-母体の番号付けが対応する *arachno*-母体へ引き継がれないことを意味する．

例：

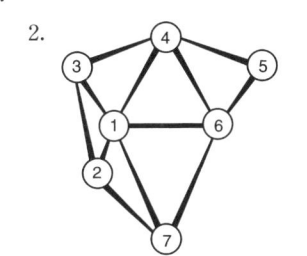

2. *arachno*-B_7H_{13} （水素原子は簡略化のため省略）

選択の余地があるときには，つぎの基準を順次適用することで 12 時の位置が決定される方向に分子をおく．

(i) 12 時の位置をホウ素原子の数が最小の対称面におく．
(ii) 12 時の位置を骨格原子の数が最大の対称面内におく．
(iii) 12 時の位置を架橋原子の数がより多い位置と反対側におく．

(i)～(iii) の基準で決定できず，対称面がないときには，この方式は適用できない．その際には，有機物に適用される一般的な方法を用い，置換される原子が最小の位置番号になるように番号付けをする．

IR-6.2.3.4 水素原子の分布を示す体系的名称

開放構造のボランでは，各ホウ素原子は少なくとも一つの末端水素原子をもつと仮定できる．しかし，架橋水素原子の位置は記号 μ を用いて明示する必要があり，μ の前に架橋した骨格の位置番号を小さいものから順に書く．名称の中で架橋水素原子には記号 *H* を用いる．

例：

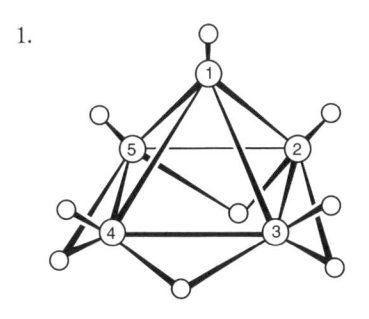

1. 2,3:2,5:3,4:4,5-テトラ-μ*H*-*nido*-ペンタボラン(9)
2,3:2,5:3,4:4,5-tetra-μ*H*-*nido*-pentaborane(9)
\# *nido*-B_5H_9

架橋水素原子の位置を特定するこの方法は，有機命名法（文献 1 の P-14.6 を見よ）における '指示水素 indicated hydrogen' 法から適用されたものである．'指示水素' 法では (2,3-μ*H*),(2,5-μ*H*),(3,4-μ*H*),(4,5-μ*H*)-*nido*-ペンタボラン(9) (2,3-μ*H*),(2,5-μ*H*),(3,4-μ*H*),(4,5-μ*H*)-*nido*-pentaborane(9) となる．

IR-6.2.4 ヘテロ原子からなる母体水素化物
IR-6.2.4.1 一般的なヘテロ原子からなる非環状母体水素化物

枝分れのない鎖状の母体炭化水素中の少なくとも四つの炭素原子が同種あるいは異種のヘテロ原子で代置され，末端の炭素原子が残っているか，あるいは P, As, Sb, Bi, Si, Ge, Sn, Pb, B, Al, Ga, In, Tl で代置されている場合，"骨格代置命名法 skeletal replacement nomenclature（'a' 命名法）"が，ヘテロ原子を示すのに用いられる（文献1の P-15.4 および P-21.2 を見よ）．

この方法では，骨格がすべて炭素原子で構成されているとして，まず鎖を命名する．ついで鎖中のヘテロ原子は付表Xに記載されている適当な代置接頭語（'a' 語群）を用いて，付表Ⅵの順番で示し，前に適切な位置番号を付ける．ヘテロ原子全体が小さい位置番号をとるように末端から番号を付ける．もし，両末端から始めても同じになるなら，最初に記述される代置接頭語に小さい位置番号を付ける．さらに同じになるなら，不飽和な部位に小さい位置番号を付ける．

四つ以上のヘテロ原子（厳密にいえば四つ以上のヘテロ単位）を含む鎖についてのみ，この方式で母体名称が得られる．ヘテロ単位とはそれ自身母体水素化物の骨格となるヘテロ原子の連結した系列である．たとえば，Se，SS および SiOSi はヘテロ単位となるが（IR-6.2.4.2 を見よ），OSiO はそうはならない．この目的で原子数を数えるときには，ヘテロ原子（もしあるなら）は主特性基に入れてはならない（IR-6.3.1 を見よ）．より少ないヘテロ単位をもつヘテロ原子鎖および上に列記した原子のいずれかで終わることのないヘテロ原子鎖は，同種原子からなる母体水素化物の誘導体として置換式で命名され，それ自体は母体名称として用いられない．

例：

1. H₂N–CH₂–CH₂–NH–CH₂–CH₂–NH₂ 　　　*N*-(2-アミノエチル)エタン-1,2-ジアミン
   　　　　　　　　　　　　　　　　　　　　N-(2-aminoethyl)ethane-1,2-diamine

2. H₂N–CH₂–CH₂–NH–CH₂–CH₂–NH–CH₂–CH₂–NH₂ 　*N*,*N*′-ビス(2-アミノエチル)エタン-1,2-ジアミン
   　　　　　　　　　　　　　　　　　　　　　　　N,*N*′-bis(2-aminoethyl)ethane-1,2-diamine

3. $\overset{11}{C}H_3\overset{10}{O}\overset{9}{C}H_2\overset{8}{C}H_2\overset{7}{O}\overset{6}{C}H_2\overset{5}{C}H_2\overset{4}{S}iH_2\overset{3}{C}H_2\overset{2}{S}\overset{1}{C}H_3$　　7,10-ジオキサ-2-チア-4-シラウンデカン
   　　　　　　　　　　　　　　　　　　　　　　　7,10-dioxa-2-thia-4-silaundecane

　（母体名称．位置番号 2,4,7,10 という組は 2,5,8,10 という組よりも優先されるので，2,5-ジオキサ-10-チア-8-シラウンデカン 2,5-dioxa-10-thia-8-silaundecane という母体名称にはならないことに注意すること．）

炭素を含まないヘテロ原子鎖に対する明確な母体名称は炭化水素の母体名称あるいは炭素を含まない同種原子からなる鎖の母体名称から誘導される（IR-6.2.2.1）．別な方法として，ヘテロ原子からなる鎖は IR-7.4 で述べる方法により付加的に命名できるが，そのような名称は置換命名法における母体名称として用いることはできない．

例：

4. $\overset{1}{S}iH_3\overset{2}{S}iH_2\overset{3}{S}iH_2\overset{4}{G}eH_2\overset{5}{S}iH_3$

   1,2,3,5-テトラシラ-4-ゲルマペンタン　1,2,3,5-tetrasila-4-germapentane

   （1,3,4,5-テトラシラ-2-ゲルマペンタン　1,3,4,5-tetrasila-2-germapentane ではない）

   　　または

2-ゲルマペンタシラン　2-germapentasilane　（上の場合と番号付けが異なることに注意）

または

1,1,1,2,2,3,3,4,4,5,5,5-ドデカヒドリド-4-ゲルミル-1,2,3,5-テトラシリ-[5]カテナ

1,1,1,2,2,3,3,4,4,5,5,5-dodecahydrido-4-germyl-1,2,3,5-tetrasily-[5]catena

IR-6.2.4.2　繰返し単位の鎖からなる水素化物

どちらも炭素ではない二つの元素 A と E が互い違いに骨格を形成する水素化物鎖，つまり $(AE)_nA$ 型化合物は（元素 A は付表 VI の順番で E よりもあとに登場する），つぎのような名称を順に並べて命名する．

(i)　元素 A の原子数を示す倍数接頭語（付表 IV），この接頭語の最後の母音は省略しない．

(ii)　元素 A および E を表す 'a' で終わる代置接頭語（付表 X）をその順で並べる（もう一方の 'a' または 'o' の前の代置接頭語の語尾の 'a' は省略する）．

(iii)　'ne' で終わる．

例：

1. $SnH_3OSnH_2OSnH_2OSnH_3$　　テトラスタンノキサン　　tetrastannoxane
2. $SiH_3SSiH_2SSiH_2SSiH_3$　　テトラシラチアン　　tetrasilathiane
3. $PH_2NHPHNHPH_2$　　トリホスファザン　　triphosphazane
4. SiH_3NHSiH_3　　ジシラザン　　disilazane
5. $\overset{1}{P}H_2\overset{2}{N}=\overset{3}{P}\overset{4}{N}H\overset{5}{P}H\overset{6}{N}H\overset{7}{P}H_2$　テトラホスファズ-2-エン　tetraphosphaz-2-ene

最初の四つの構造は母体水素化物となるが，最後の不飽和化合物はならない（IR-6.2.2.3 の注意を見よ）．

IR-6.2.4.3　ヘテロ原子からなる単環母体水素化物；Hantzsch-Widman 命名法

ヘテロ原子の単環水素化物の母体名については，二つの一般的な命名法があり，場合によっては第三の命名法も使用可能である．

(i)　（拡張）Hatzsch-Widman (H-W) 方式（文献 1 の P-22.2）では，環の大きさ，ヘテロ原子（つまり非炭素原子）の存在，水素化の程度（**マンキュード環** mancude（最大数の非集積二重結合をもつ環）か，あるいは飽和しているか）を特有の接頭語と接尾語を使って表記して命名する．接尾語は表 IR-6.3 に示した．（中間的な水素化の程度をとる水素化物は，接頭語 'ヒドロ hydro' を適当な倍数接頭語とともに用いて命名する．しかし，そのような水素化物は母体とはならない．）

ヘテロ原子を表記する順番は，付表 VI に従う．つまり，F＞Cl＞Br＞I＞O… となる．ここで A＞B は 'A が B の前にくる' ことを意味する．番号付けは付表 VI で先位原子に位置番号 1 を付け，位置番号全体ができるだけ小さくなるように，環を順番に回って番号をつける（位置記号は英数字順）．ヘテロ原子は付表 X の代置接頭語（'a' 語群）を適当な倍数接頭語と組合わせて表記する．（例外として，アルミニウムとインジウムの Hantzsch-Widman 方式における 'a' 語群はそれぞれ 'アルマ aluma' と 'インジガ indiga' である．）6 員環の場合，最後に表記されるヘテロ原子が，表 IR-6.3 のどの接尾語をとるかを定める．

互変異性体は**指示水素** indicated hydrogen を使って，以下の例 2 のように，一義的に決まらない水素原子の位置（つまり間接的には，二重結合の位置）を明示して，区別することができる．

表 IR-6.3 Hantzsh-Widman 方式で使われる接尾語

環の員数	マンキュード環[a] mancude	飽 和
3	イレン irene（ヘテロ原子として N のみを含む環では'イリン irine'）	イラン irane（N を含む環では'イリジン iridine'）
4	エト ete	エタン etane（N を含む環では'エチジン etidine'）
5	オール ole	オラン olane（N を含む環では'オリジン olidine'）
6(A)[b]	イン ine	アン ane
6(B)[b]	イン ine	イナン inane
6(C)[b]	イニン inine	イナン inane
7	エピン epine	エパン epane
8	オシン ocine	オカン ocane
9	オニン onine	オナン onane
10	エシン ecine	エカン ecane

a 最大数の非集積二重結合をもつもの．
b 6(A)は末尾のヘテロ原子が O, S, Se, Te, Po, Bi のときに用いる；6(B)は末尾のヘテロ原子が N, Si, Ge, Sn, Pb のときに用いる；6(C)は末尾のヘテロ原子が F, Cl, Br, I, P, As, Sb, B, Al, Ga, In, Tl のときに用いる．

(ii) 別な方法として，対応する環状炭素化合物の名称に基づく命名法がある．ヘテロ原子は付表 X の代置接頭語（'a' 語群）と適当な倍数接頭語を組合わせて示される．ヘテロ原子の順番は同様に付表 VI に従う．

(iii) 二つの骨格原子が交互に並んだ飽和環状化合物の特別な場合（以下の例 3 から 6），接頭語'シクロ cyclo'とすぐあとに代置接頭語（付表 X）を用いて命名する．その順番は，付表 VI に記載されている元素の順番とは逆となる．名称の語尾は'ane'とする．

有機命名法では，10 員環までの化合物に対しては Hantzsch-Widman 名称が優先する．10 員環以上の飽和環およびマンキュード環（最大数の非集積二重結合をもつもの）の命名には方法 (ii) が用いられる．大環状母体水素化物のより詳細な命名法に関しては，文献 1 の P-22.2 を見よ．

例：

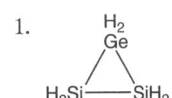

1. (i) H-W 名称：ジシラゲルミラン　disilagermirane　　# Si_2GeH_6
   (ii) ジシラゲルマシクロプロパン　disilagermacyclopropane

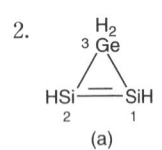

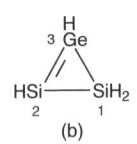

2. # Si_2GeH_4

   H-W 名称：3H-1,2,3-ジシラゲルミレン　3H-1,2,3-disilagermirene (a)
   　　　　　1H-1,2,3-ジシラゲルミレン　1H-1,2,3-disilagermirene (b)

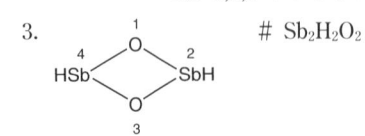

3. # $Sb_2H_2O_2$

   (i) H-W 名称：1,3,2,4-ジオキサジスチベタン　1,3,2,4-dioxadistibetane
   (ii) 1,3-ジオキサ-2,4-ジスチバシクロブタン　1,3-dioxa-2,4-distibacyclobutane
   (iii) シクロジスチボキサン　cyclodistiboxane

IR-6.2 母体水素化物の名称

4. 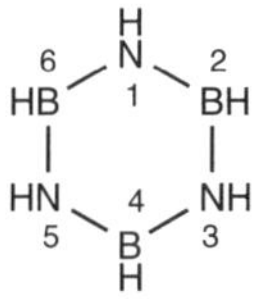 # $B_3N_3H_6$

    （i） H–W 名称：1,3,5,2,4,6-トリアザトリボリナン　　1,3,5,2,4,6-triazatriborinane
    （ii） 1,3,5-トリアザ-2,4,6-トリボラシクロヘキサン　　1,3,5-triaza-2,4,6-triboracyclohexane
    （iii） シクロトリボラザン　　cyclotriborazane

5. 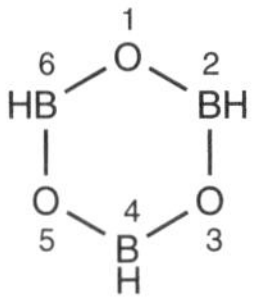 # $B_3N_3O_3$

    （i） H–W 名称：1,3,5,2,4,6-トリオキサトリボリナン　　1,3,5,2,4,6-trioxatriborinane
    （ii） 1,3,5-トリオキサ-2,4,6-トリボラシクロヘキサン　　1,3,5-trioxa-2,4,6-triboracyclohexane
    （iii） シクロトリボロキサン　　cyclotriboroxane

6. 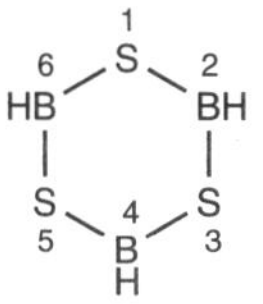 # $B_3H_3S_3$

    （i） H–W 名称：1,3,5,2,4,6-トリチアトリボリナン　　1,3,5,2,4,6-trithiatriborinane
    （ii） 1,3,5-トリチア-2,4,6-トリボラシクロヘキサン　　1,3,5-trithia-2,4,6-triboracyclohexane
    （iii） シクロトリボラチアン　　cyclotriborathiane

例 4,5,6 の三つの化合物の名称，ボラゾール borazole，ボロキソール boroxole，ボルチオール borthiole は Hantzsch–Widman 命名法では 5 員環を示すことになるので，かなり以前より使われなくなっている．ボラジン borazin(e)，ボロキシン boroxin，ボルチイン borthiin という名称は一つのホウ素原子と一つの他のヘテロ原子のみからなる不飽和な六員環化合物であることを示しているが（元素名の順番が正しくないが），これもまた認められない．

例：

7. 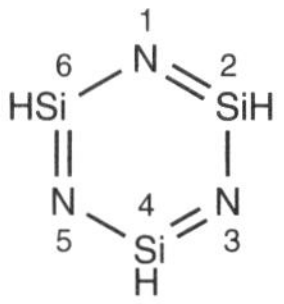 # $Si_3N_3H_3$

    （i） H–W 名称：1,3,5,2,4,6-トリアザトリシリン　　1,3,5,2,4,6-triazatrisiline
    （ii） 1,3,5-トリアザ-2,4,6-トリシラシクロヘキサ-1,3,5-トリエン
    　　　1,3,5-triaza-2,4,6-trisilacyclohexa-1,3,5-triene

環内の原子が非標準結合数をとる場合（IR-6.2.1 を見よ），実際の結合数を適当な位置番号のすぐあとにギリシャ文字 λ ラムダに上付き数字をつけて表記する．

例：

8. (i) H—W 名称：1,3,5,2λ^5,4λ^5,6λ^5-トリアザトリホスフィニン
    1,3,5,2λ^5,4λ^5,6λ^5-triazatriphosphinine
   (ii) 1,3,5-トリアザ-2λ^5,4λ^5,6λ^5-トリホスファシクロヘキサ-1,3,5-トリエン
    1,3,5-triaza-2λ^5,4λ^5,6λ^5-triphosphacyclohexa-1,3,5-triene
   # $P_3N_3H_6$

IR-6.2.4.4 水素化ホウ素での骨格代置

水素化ホウ素の基本骨格構造を保ったままで，ホウ素原子を一つ以上，他の原子で置き換えた誘導体の構造が可能である．そのような化学種の名称は代置命名法により命名され，カルボラン carborane，アザボラン azaborane，ホスファボラン phosphaborane，チアボラン thiaborane などを与える．

このようなヘテロボランでは，ヘテロ原子への最隣接原子の個数は多様で，5, 6, 7 などとなり得る．したがって，ポリボラン化合物に代置命名法を適用する際，他の原子によるホウ素原子の代置は名称内で示し，生じた多面体構造における水素原子の数を併記する．*closo, nido, arachno* などの接頭語は水素化ホウ素での用法をそのまま使う（IR-6.2.3.2）．多面体骨格中で置換されるヘテロ原子の位置は，母体のポリボランの番号付けを引き継ぎ，できるだけ小さくなるように位置番号を付けて示す．一義的に決まらない場合は，付表VIにおいて先位元素に，より小さい位置番号を付ける．

取扱う実際の化合物（すべてホウ素骨格からなる母体化合物ではないもの）の水素原子の数は名称の最後にアラビア数字を括弧で囲んで示す．その数字は水素を置換してもそのままとする．

例：

1. $B_{10}C_2H_{12}$　ジカルバ-*closo*-ドデカボラン(12)　dicarba-*closo*-dodecaborane(12)

2. $B_3C_2H_5$　　　# *closo*-$B_3C_2H_5$

   1,5-ジカルバ-*closo*-ペンタボラン(5)　1,5-dicarba-*closo*-pentaborane(5)

3. $B_4C_2H_8$　　　# *nido*-$B_4C_2H_8$

   4,5:5,6-di-μ*H*-2,3-ジカルバ-*nido*-ヘキサボラン(8)
   4,5:5,6-di-μ*H*-2,3-dicarba-*nido*-hexaborane(8)

骨格代置に関する位置番号は架橋水素原子に関するものよりも優先する．ヘテロボランと母体のポリボラン間で，架橋水素原子の数が異なることはよくある．番号付けの目的では，母体のホウ素骨格のみが考慮される．

例：

4.　# $nido\text{-}[(\eta^5\text{-}C_5Me_5)_2Co_2B_8H_{12}]$

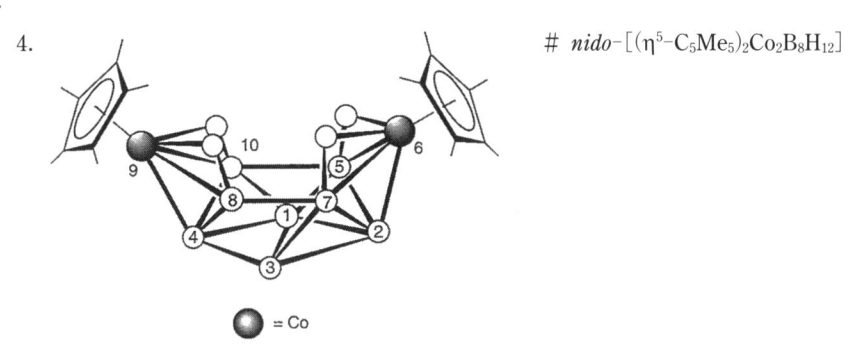

　　◯ = Co

6,9-ビス(ペンタメチル-η^5-シクロペンタジエニル)-5,6:6,7:8,9:9,10-テトラ-μH-6,9-ジコバルタ-$nido$-デカボラン(12)

6,9-bis(pentamethyl-η^5-cyclopentadienyl)-5,6:6,7:8,9:9,10-tetra-μH-6,9-dicobalta-$nido$-decaborane(12)

（簡略化のため，それぞれのホウ素原子上の一つの末端水素原子は省略してある）

5.　# $closo\text{-}[(OC)_3FeB_3C_2H_5]$

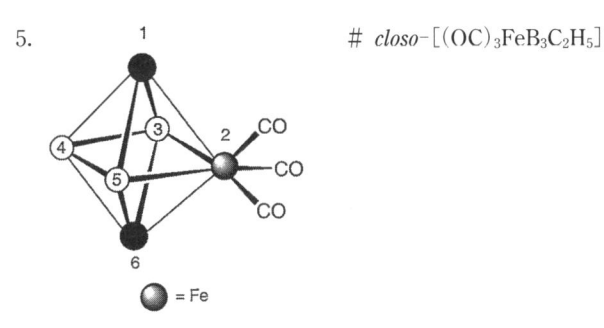

　　◯ = Fe

2,2,2-トリカルボニル-1,6-ジカルバ-2-フェラ-$closo$-ヘキサボラン(5)

2,2,2-tricarbonyl-1,6-dicarba-2-ferra-$closo$-hexaborane(5)

（簡略化のため，それぞれのホウ素および炭素原子上の一つの末端水素原子は省略してある）．

IR-6.2.4.5　ヘテロ原子からなる多環母体水素化物

ヘテロ原子からなる多環化合物の母体名称はつぎの三つの方法で命名される．

(i)　Hantzsch-Widman 方式（IR-6.2.4.3 を見よ）により命名された適切な単環（文献 1 の P-25.3 を見よ）の融合を明示する．

(ii)　付表 X の代置接頭語（'a' 語群）を用いて，対応する炭素環式化合物から代置される炭素原子を明示する．ヘテロ原子は付表 VI の順番で示し，適当な倍数接頭語をつける．

(iii)　繰返し単位からなる環状化合物では，von Baeyer 表記法により，適当な倍数接頭語と繰返し単位に適応する代置接頭語（付表 X）を組合わせて，環状構造を明示する．IR-6.2.4.2 で議論した名称を参照．

例：

1. [構造図: 二環式 B-N 環化合物、番号 1, 2, 3, 4, 4a, 5, 6, 7, 8, 8a] {番号づけは方法 (ii) に対してのみのである}
$B_5N_5H_8$

(i) オクタヒドロ[1,3,5,2,4,6]トリアザトリボリニノ[1,3,5,2,4,6]トリアザトリボリニン
octahydro[1,3,5,2,4,6]triazatriborinino[1,3,5,2,4,6]triazatriborinine

(ii) オクタヒドロ-1,3,4a,6,8-ペンタアザ-2,4,5,7,8a-ペンタボラナフタレン
octahydro-1,3,4a,6,8-pentaaza-2,4,5,7,8a-pentaboranaphthalene

(iii) ビシクロ[4.4.0]ペンタボラザン bicyclo[4.4.0]pentaborazane

この例では，名称 (i) および (ii) は 'オクタヒドロ octahydro' という接頭語を追加する必要がある．これらの化合物を命名する際，用いた母体水素化物（それぞれトリアザトリボリニンとナフタレン）が，マンキュード環（最大数の非集積二重結合をもつ）のためである．

IR-6.3 母体水素化物誘導体の置換式名称
IR-6.3.1 接尾語と接頭語の使用

母体水素化物の水素原子を代置すると考えられる原子団（すなわち置換基）は，適切な接尾語（'ol'，'thiol'，'peroxol'，'carboxylic acid'，その他）や接頭語（'hydroxy'，'phosphanyl'，'bromo'，'nitro'，その他）を用いて命名される．置換のための接尾語は文献 1 の P-43 に列記してある．接頭語は文献 2 の付録 2 に幅広く一覧が作成されている．母体水素化物から水素原子を一つ以上取除くことにより生成する置換基については，IR-6.4.7 に例を示して簡単に説明してある．よく用いられる無機置換基の一覧は付表 IX に記した．

ハロゲン原子などのように，いくつかの置換基は常に接頭語として用いられる．最高順位の置換基（主特性基）は接尾語として表記され，その他の置換基は接頭語として表記される．'ヒドロ hydro' 以外の接頭語はアルファベット順で母体水素化物の名称の前におき，不明確にならないように括弧で囲む．

同一の置換基が二つ以上あることは倍数接頭語で示す．もし，置換基そのものがさらに置換されている場合，接頭語 'ビス bis'，'トリス tris'，'テトラキス tetrakis' などを使う．'a' で終わる倍数接頭語と母音で始まる接尾語の場合，'a' は省略される（下の例 2 を見よ）．母体水素化物の名称の語尾の 'e' は，母音で始まる接尾語の前では，省略される（例 1 および 5 を見よ）．

表 IR-6.1 に記載されている母体水素化物（あるいは非標準結合数をとる対応する水素化物，IR-6.2.2.2 参照）の中で，一義的に決まらない場合，つぎの順番，N, P, As, Sb, Bi, Si, Ge, Sn, Pb, B, Al, Ga, In, Tl, O, S, Se, Te, C, F, Cl, Br, I のうちで先位元素の母体水素化物に基づいて名称を決める．

上の説明は置換命名法の最も重要な原理をきわめて簡潔に概観したものである．文献 1 では，有機化合物に対して組立てることができるように，多くのあいまいでなく置換名称から一つの名称を選ぶための，広範にわたる体系的な規則が開発されている．それに対し，非炭素化合物に対しては対応する広範な規則は開発されていない．これは多くの化合物がある程度は付加式名称によっても表記できることにもよる (IR-7)．

IR-6.3 母体水素化物誘導体の置換式名称

つぎの名称は上述の規則を例示したものである．いくつかの例では，付加式名称も比較のため併記した．

例：

1. SiH_3OH シラノール silanol
2. $Si(OH)_4$ シランテトロール silanetetrol（置換）または
   テトラヒドロキシドケイ素 tetrahydroxidosilicon（付加）
3. SF_6 ヘキサフルオロ-λ^6-スルファン hexafluoro-λ^6-sulfane（置換）または
   ヘキサフルオリド硫黄 hexafluoridosulfur（付加）
4. TlH_2CN タランカルボニトリル thallanecarbonitrile（置換）または
   シアニドジヒドリドタリウム cyanidodihydridothallium（付加）
5. SiH_3NH_2 シランアミン silanamine（置換）または
   アミドトリヒドリドケイ素 amidotrihydridosilicon（付加）
6. PH_2Cl クロロホスファン chlorophosphane
7. PH_2Et エチルホスファン ethylphosphane
8. $TlH_2OOOTlH_2$ トリオキシダンジイルビス（タラン） trioxidanediylbis(thallane)
9. $PbEt_4$ テトラエチルプルンバン tetraethylplumbane（置換）または
   テトラエチル鉛 tetraethyllead（付加）
10. $GeH(SMe)_3$ トリス（メチルスルファニル）ゲルマン tris(methylsulfanyl)germane
11. $PhGeCl_2SiCl_3$ トリクロロ［ジクロロ（フェニル）ゲルミル］シラン
    trichoro[dichloro(phenyl)germyl]silane
    ［ジクロロ（フェニル）（トリクロロシリル）ゲルマン
    dichloro(phenyl)(trichlorosilyl)germane ではない］
12. $MePHSiH_3$ メチル（シリル）ホスファン methyl(silyl)phosphane
    ［（メチルホスファニル）シラン (methylphosphanyl)silane や
    （シリルホスファニル）メタン (silylphosphanyl)methane ではない］

多核母体水素化物では，置換基の位置を特定するのに，位置番号がしばしば必要になる．IR-6.2 の規則を適用しても，置換基に対する母体水素化物の骨格原子の番号付けでいくつか等価なものがある場合，化合物全体として，番号付けができるだけ小さくなるように選択する．それでもまだ，決まらない場合は，名称の最初に表記される置換基に最小の位置番号をつける．すべての置換可能な水素原子が同じ置換基によって置換されるならば，以下の例20に示したとおり，位置番号は省略できる．

例：

13. $H_3GeGeGeH_2GeBr_3$ 4,4,4-トリブロモ-2λ^2-テトラゲルマン
    4,4,4-tribromo-2λ^2-tetragermane（母体の番号付けは，λ 記号により決定される）
14. $HOOC\overset{1}{Si}H_2\overset{2}{Si}H_2\overset{3}{Si}H_3$ トリシラン-1-カルボン酸 trisilane-1-carboxylic acid
15. $H\overset{1}{N}=\overset{2}{N}\overset{3}{N}HMe$ 3-メチルトリアズ-1-エン 3-methyltriaz-1-ene
    （1-メチルトリアズ-3-エン 1-methyltriaz-3-ene ではない）
    （骨格原子の番号付けは不飽和部位により決定される．）

16. ClSiH$_2$¹SiHCl²SiH$_2$³SiH$_2$⁴SiH$_2$⁵Cl　　1,2,5-トリクロロペンタシラン　1,2,5-trichloropentasilane
　　　　　　　　　　　　　　　　　　　　　（1,4,5-ではない）

17. BrSnH$_2$¹SnCl$_2$²SnH$_2$³C$_3$H$_7$　　1-ブロモ-2,2-ジクロロ-3-プロピルトリスタンナン

　　　　　　　　　　　　　　　　1-bromo-2,2-dichloro-3-propyltristannane

　　　　　　　　　　　　　　　　（ブロモはプロピルより優先され，最も小さい位置番号となる．）

18. HSnCl$_2$¹O²SnH$_2$³O⁴SnH$_2$⁵O⁶SnH$_2$⁷Cl　　1,1,7-トリクロロテトラスタンノキサン

　　　　　　　　　　　　　　　　　　　1,1,7-trichlorotetrastannoxane

19. 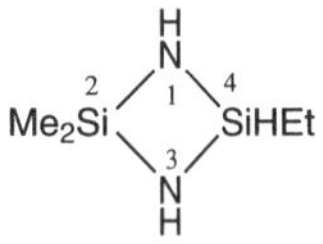
```
      H
      N
   Me₂Si²  ¹  ⁴SiHEt
          3
      N
      H
```
　　4-エチル-2,2-ジメチルシクロジシラザン

　　4-ethyl-2,2-dimethylcyclodisilazane

　　H–W 名称：4-エチル-2,2-ジメチル-1,3,2,4-ジアザジシレタン

　　　　　　　4-ethyl-2,2-dimethyl-1,3,2,4-diazadisiletane

　　（位置番号の組 2,2,4 はいずれの命名においても，2,4,4 よりも優先される．）

20. Et$_3$PbPbEt$_3$　　1,1,1,2,2,2-ヘキサエチルジプルンバン

　　　　　　　　　1,1,1,2,2,2-hexaethyldiplumbane　または

　　　　　　　　　ヘキサエチルジプルンバン　hexaethyldiplumbane（置換）　または

　　　　　　　　　ビス(トリエチル鉛)(*Pb*—*Pb*)　bis(triethyllead)(*Pb*—*Pb*)　（付加）

21. MeNHN=NMe　1,3-ジメチルトリアズ-1-エン　1,3-dimethyltriaz-1-ene

枝分れした構造の命名は，最も長い枝分れしていない鎖を選んで母体水素化物と見なし，それよりも短い鎖は置換基として扱い，適切に記載する．最も長い鎖は，置換基が最も小さい位置番号の組合わせとなるように，番号づける．

例：

22. 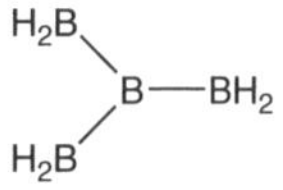
```
   H₂B
      B—BH₂
   H₂B
```
　　2-ボラニルトリボラン(5)　2-boranyltriborane(5)

23. 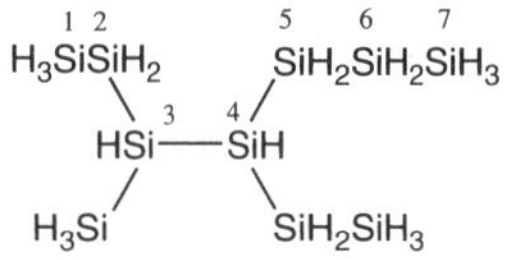
```
     1 2            5  6  7
   H₃SiSiH₂       SiH₂SiH₂SiH₃
           3    4
          HSi—SiH
        H₃Si    SiH₂SiH₃
```
　　4-ジシラニル-3-シリルヘプタシラン

　　4-disilanyl-3-silylheptasilane

　　（4-ジシラニル-5-シリルヘプタシラン

　　4-disilanyl-5-silylheptasilane ではない）

　　# Si$_{10}$H$_{22}$

鎖長だけでは主鎖が一義的に決められないときは，不飽和状態がつぎの選択基準となり，さらに決まらないときは置換基の数が最大となるよう選択する．

例：

24. 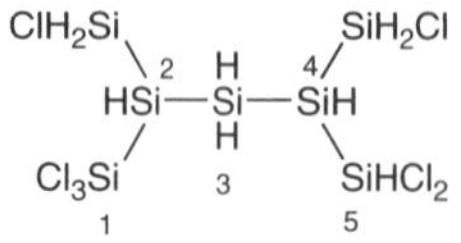
```
   ClH₂Si           SiH₂Cl
        2   H    4
      HSi—Si—SiH
   Cl₃Si    H    SiHCl₂
         1    3    5
```
　　1,1,1,5,5-ペンタクロロ-2,4-ビス(クロロシリル)ペンタシラン

　　1,1,1,5,5-pentachloro-2,4-bis(chlorosilyl)pentasilane

　　（これ以外の別の五つのケイ素鎖を選択すると，いずれの場合も，置換基の数が少なくなる．）

　　# Si$_7$H$_9$Cl$_7$

IR-6.3.2 水素化ホウ素での水素置換

水素原子が置換された水素化ホウ素誘導体は，IR-6.3.1 の手順により命名される．架橋水素原子の置換を明示するときは，特別な取扱いが必要となり，下の例 4 のように記号 'μ-' を置換基の名称の前につけて使う．

例：

1. 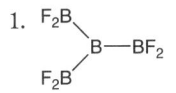 2-(ジフルオロボラニル)-1,1,3,3-テトラフルオロトリボラン(5)
   2-(difluoroboranyl)-1,1,3,3-tetrafluorotriborane(5)

2. 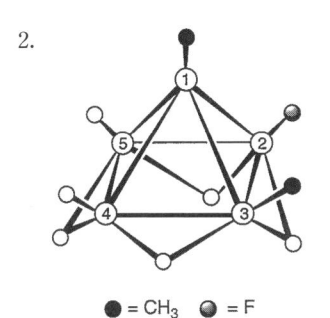 2-フルオロ-1,3-ジメチルペンタボラン(9)
   2-fluoro-1,3-dimethylpentaborane(9) または
   2-フルオロ-1,3-ジメチル-2,3:2,5:3,4:4,5-テトラ-μH-nido-ペンタボラン(9)
   2-fluoro-1,3-dimethyl-2,3:2,5:3,4:4,5-*tetra*-μH-*nido*-pentaborane(9)
   # *nido*-B$_5$H$_6$(CH$_3$)$_2$F

   ● = CH$_3$ ● = F

3. 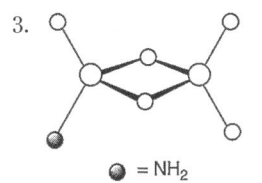 ジボラン(6)アミン   diboran(6)amine
   # B$_2$H$_5$(NH$_2$)

   ● = NH$_2$

4. 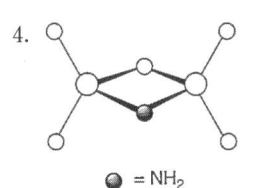 ジボラン(6)-μ-アミン   diboran(6)-μ-amine

   ● = NH$_2$

IR-6.4 母体水素化物から誘導されるイオンおよびラジカルの名称

この節では水素化物から，水素原子，水素化物イオン，あるいはヒドロンの除去あるいは付加によって形式的に誘導されるイオンおよびラジカルの名称を示す．IR-7 で述べるように，きわめて多くのイオンやラジカルは付加方式によっても命名することができる．多くの単純なイオンやラジカルは付表 IX に示すように命名され，しばしば付加式および置換式両方の命名法によって命名される．

IR-6.4.1 一つ以上のヒドロンを付加することで母体水素化物から誘導される陽イオン

母体水素化物にヒドロンを付加させて形式的に生成するイオンの名称は，母体水素化物名称の最後の 'e' をとり，接尾語 'ium' をつけて得られる．このようにして生成するポリ陽イオンでは，母体水素化物名称の 'e' を省略することなく，接尾語 'diium'，'triium' などをつける．位置番号が必要なときは接尾語のすぐ前におく．付加したヒドロンの位置番号は不飽和部位よりも優先し，例 8 の通りとなる．

別名のアンモニウム ammonium，ヒドラジニウム hydrazinium，ヒドラジンジイウム hydrazinediium，オキソニウム oxonium は有機誘導体を命名する際に用いられる．IR-6.4.3 と文献 1 の P-73.1 を見よ．

例：

1. NH_4^+ アザニウム   azanium   または アンモニウム   ammonium
2. $N_2H_5^+$ ジアザニウム   diazanium   または ヒドラジニウム   hydrazinium
3. $N_2H_6^{2+}$ ジアザンジイウム   diazanediium   または ヒドラジンジイウム hydrazinediium
4. H_3O^+ オキシダニウム   oxidanium   または オキソニウム   oxonium
   （ヒドロニウム hydronium ではない）
5. H_4O^{2+} オキシダンジイウム   oxidanediium
6. $H_3O_2^+$ ジオキシダニウム   dioxidanium
7. $^+H_3PPHPH_3^+$ トリホスファン-1,3-ジイウム   triphosphane-1,3-diium
8. $^+H_3NN=NH$ トリアズ-2-エン-1-イウム   triaz-2-en-1-ium

IR-6.4.2　一つ以上の水素化物イオンを除くことで母体水素化物から誘導される陽イオン

母体水素化物から形式的に水素化物イオンが失われることで生成する陽イオンは，母体名の最後の'e'を省略し，接尾語'イリウム ylium'をつけて命名する．このようにして生成するポリ陽イオンでは，接尾語'ジイリウム diylium'，'トリイリウム triylium' などが，母体水素化物名称の最後の'e'を省略することなく用いられる．位置番号が必要な場合は，接尾語のすぐ前につける．下の例5に示したように，除かれた水素化物イオンの位置番号は不飽和部位の位置番号よりも優先する．

多くの炭化水素名称と同様に，シラン，ゲルマン，スタンナン，プルンバンなどの名称では，母体水素化物名称の語尾'ane'を'イリウム ylium' に置換する（文献1のP-73.2参照）．

例：

1. PH_2^+ ホスファニリウム   phosphanylium
2. $Si_2H_5^+$ ジシラニリウム   disilanylium
3. SiH_3^+ シリリウム   silylium
4. BH_2^+ ボラニリウム   boranylium
5. $^+HNN=NH$ トリアズ-2-エン-1-イリウム   triaz-2-en-1-ylium

IR-6.4.3　置換陽イオン

陽イオンの置換誘導体の名称は，修飾した母体水素化物名称（IR-6.4.1 と IR-6.4.2 参照）に適当な置換接頭語をつけてつくる．多核の母体の誘導体に番号付けをする際には，下の例6に示したように，付加させたヒドロンあるいは除いた水素化物イオンの位置番号は置換基の位置番号より優先する．

例：

1. $[NF_4]^+$ テトラフルオロアザニウム   tetrafluoroazanium   または
                テトラフルオロアンモニウム   tetrafluoroammonium
2. $[PCl_4]^+$ テトラクロロホスファニウム   tetarachlorophosphanium

3. [NMe₄]⁺　　テトラメチルアザニウム　　　　　　　tetramethylazanium　　または
　　　　　　　テトラメチルアンモニウム　　　　　　　tetramethylammonium
4. [SEtMePh]⁺　エチル(メチル)フェニルスルファニウム　ethyl(methyl)phenylsulfanium
5. [MeOH₂]⁺　　メチルオキシダニウム　　　　　　　　methyloxidanium　　または
　　　　　　　メチルオキソニウム　　　　　　　　　methyloxonium
6. [ClPHPH₃]⁺　2-クロロジホスファン-1-イウム　　　2-chlorodiphosphan-1-ium

IR-6.4.4　一つ以上のヒドロンを除くことで母体水素化物から誘導される陰イオン

　形式的に母体水素化物から一つ以上のヒドロンが除かれてできる陰イオンは，母名に'イド ide'，'ジイド diide'などをつけて命名する．'ide'の前の語尾の'e'は除き，その他の場合では除かない．位置番号が必要なときは，接尾語のすぐ前におく．下の例10のとおり，除かれたヒドロンに対する位置番号は，不飽和部位の位置番号よりも優先する．

例：

1. NH₂⁻　　　　アザニドイオン　　　　　　azanide　　　または　アミドイオン　　　　amide
2. NH²⁻　　　　アザンジイドイオン　　　　azanediide　または　イミドイオン　　　　imide
3. H₂NNH⁻　　ジアザニドイオン　　　　　diazanide　　または　ヒドラジニドイオン　hydrazinide
4. H₂NN²⁻　　ジアザン-1,1-ジイドイオン　　diazane-1,1-diide　または
　　　　　　ヒドラジン-1,1-ジイドイオン　hydrazine-1,1-diide
5. ⁻HNNH⁻　　ジアザン-1,2-ジイドイオン　　diazane-1,2-diide　または
　　　　　　ヒドラジン-1,2-ジイドイオン　hydrazine-1,2-diide
6. SiH₃⁻　　　シラニドイオン　　　　　　silanide
7. GeH₃⁻　　　ゲルマニドイオン　　　　　germanide
8. SnH₃⁻　　　スタンナニドイオン　　　　stannanide
9. SH⁻　　　　スルファニドイオン　　　　sulfanide
10. ⁻HNN=NH　トリアズ-2-エン-1-イドイオン　triaz-2-en-1-ide

　ヒドロキシ基およびそのカルコゲン類縁体（接尾語'オール ol'および'チオール thiol'で特徴づけられる）から形式的に一つ以上のヒドロンが取除かれた陰イオンの名称は，適切な名称の語尾に'アート ate'をつけて命名する．

例：

11. SiH₃O⁻　　シラノラートイオン　　　　　　silanolate
12. PH₂S⁻　　ホスファンチオラートイオン　　phosphanethiolate

　例12の陰イオンはホスフィノ亜チオ酸 phosphinothious acid, H₂PSH の誘導体として命名することもでき，したがって'ホスフィノ亜チオ酸イオン phosphinothioite'という名称も与えられる．このタイプの名称は H₂PSH の有機誘導体を命名する際に用いられる（IR-8 の無機酸の議論を見よ）．

IR-6.4.5　一つ以上の水素化物イオンを付加することで母体水素化物から誘導される陰イオン

　母体水素化物への水素化物イオンの付加は，語尾を'ウイド uide'とすることによって示される（文献1の P-72.3 を見よ）．位置番号に関する規則は，接尾語'イド ide'をつけて命名する規則と同様である（IR-6.4.4 を見よ）．この種の化合物では，付加式名称（IR-7）もよく用いられ，受け入れられている．

例：

1. [BH₄]⁻ ボラヌイドイオン boranuide （ボラン borane から）または
   テトラヒドリドホウ酸(1－)イオン tetrahydridoborate(1－) （付加）

IR-6.4.6 置換陰イオン

陰イオンの置換誘導体の名称はこれまで述べてきた方法により命名した母体水素化物名称（IR-6.4.4 と IR-6.4.5 を見よ）にさらに置換基に関する接頭語をつけてつくる．その構造を番号付けするときは，例4の通り，ヒドロンを取除いたり，水素化物イオンを付加させたりする位置を置換基の位置よりも優先する．多くの場合，付加命名法もよく用いられ，受け入れられている．

例：

1. $SnCl_3^-$ トリクロロスタンナニドイオン trichlorostannanide （スタンナン stannane から）
   または   トリクロリドスズ酸(1－)イオン   trichloridostannate(1－) （付加）
2. $MePH^-$ メチルホスファニドイオン   methylphosphanide
3. $MeNH^-$ メチルアザニドイオン   methylazanide   または
           メチルアミドイオン   methylamide   または
           メタンアミニドイオン   methanaminide
           （いずれも置換命名法による，文献1のP-72.2を見よ）
4. ⁻$\overset{1}{Sn}H_2O\overset{2}{Sn}H_2O\overset{3}{Sn}H_2O\overset{4}{Sn}H_2O\overset{5}{Sn}H_2O\overset{6}{Sn}H_2O\overset{7}{Sn}H_2O\overset{8}{Sn}H_2O\overset{9}{Sn}Cl_3$ 9,9,9-トリクロロペンタスタンノキサン-1-イドイオン
    9,9,9-trichloropentastannoxan-1-ide
5. [BH_3CN]⁻ シアノボラヌイドイオン cyanoboranuide （ボラン borane から）または
            シアニドトリヒドリドホウ酸(1－)イオン
            cyanidotrihydridoborate(1－) （付加）
6. [PF_6]⁻ ヘキサフルオロ-λ^5-ホスファヌイドイオン
          hexafluoro-λ^5-phosphanuide （ホスファン phosphane から）または
          ヘキサフルオリドリン酸(1－)イオン hexafluoridophosphate(1－) （付加）

IR-6.4.7 ラジカルおよび置換原子団

母体水素化物から一つ以上の水素原子が除かれてできるラジカルおよび置換原子団は以下の通り母体水素化物名称を修飾することでつくられる．

(i) 一つの水素原子が除かれるときは，接尾語'イル yl'をつける（母体水素化物名称の語尾'e'を省く）．

(ii) 二つ以上の水素原子が除かれるときは，適当な倍数接頭語とともに'イル yl'をつける（母音の省略はなし）．

骨格原子から形式的に二つの水素原子を除くことで，二重結合が暗示されるなら，置換原子団に接尾語'イリデン ylidene'を用いる．三重結合が暗示されるなら，接尾語'イリジン ylidyne'を用いる．これらの接尾語でも，母体水素化物名称の語尾'e'は省く．

ラジカルでは，同一の原子から二つの水素原子が除かれるときは，接尾語'イリデン ylidene'を用いる．

IR-6.4 母体水素化物から誘導されるイオンおよびラジカルの名称

水素原子が取除かれる骨格原子を示すためには，位置番号が必要となる．このような位置番号は接尾語のすぐ前におく．その構造に番号付けをする際，下の例9の通り，不飽和部位よりも，水素原子が除かれる位置が優先される．

ラジカルは付加命名法によっても命名される．IR-7.1.4 および IR-7 のそれに続く例を見よ．

例：

1. $NH^{2\bullet}$ アザニリデン   azanylidene
2. $PH_2^{\bullet}$ と H_2P- ホスファニル   phosphanyl
3. $PH^{2\bullet}$ と $HP=$ ホスファニリデン   phosphanylidene
4. $HP<$ ホスファンジイル   phosphanediyl
5. $P\equiv$ ホスファニリジン   phosphanylidyne
6. $H_2Br^{\bullet}$ と H_2Br- λ^3-ブロマニル λ^3-bromanyl
7. $H_2NNH^{\bullet}$ と H_2NNH- ジアザニル   diazanyl または
                                                          ヒドラジニル   hydrazinyl
8. $^{\bullet}HNNH^{\bullet}$ と $-HNNH-$ ジアザン-1,2-ジイル   diazane-1,2-diyl または
                                                          ヒドラジン-1,2-ジイル   hydrazine-1,2-diyl
9. $HP=NP^{\bullet}NHPH^{\bullet}$ と $HP=NPNHPH-$ トリホスファズ-4-エン-1,3-ジイル
                                                          triphosphaz-4-ene-1,3-diyl

多くの場合，置換原子団またはラジカルの確立された名称は非体系名称であるか，母体名称の語尾の 'アン ane' を接尾語 'イル yl' あるいは 'イリデン ylidene' で置換して得られる名称の短縮形である．

例：

10. $OH^{\bullet}$ ヒドロキシル   hydroxyl   （オキシダニル oxydanyl に対して）
11. $OH-$ ヒドロキシ   hydroxy   （オキシダニル oxydanyl に対して）
12. $NH_2^{\bullet}$ アミニル   aminyl   （アザニル azanyl に対して）
13. NH_2- アミノ   amino   （アザニル azanyl に対して）
14. $CH_2^{2\bullet}$ メチリデン   methylidene   （メタニリデン methanylidene に対して）
                                  または
                                  λ^2-メタン λ^2-methane または カルベン carbene
15. $SiH_3^{\bullet}$ と SiH_3- シリル   silyl   （シラニル silanyl に対して）
16. $GeH_3^{\bullet}$ と GeH_3- ゲルミル   germyl   （ゲルマニル germanyl に対して）
17. $SnH_3^{\bullet}$ と SnH_3- スタニル   stannyl   （スタンナニル stannanyl に対して）
18. $PbH_3^{\bullet}$ と PbH_3- プルンビル   plumbyl   （プルンバニル plumbanyl に対して）
19. $SiH_2^{2\bullet}$ シリリデン   silylidene

上記は非炭素母体水素化物に関する限り，すべてを網羅している．炭素をもととする水素化物では，メチル methyl，エチル ethyl，プロピル propyl，ブチル butyl，ペンチル pentyl，ヘキシル hexyl，シクロヘキシル cyclohexyl，フェニル phenyl，ナフチル naphthyl など，短縮形や全く体系的でない名称も，確立したものとして用いられている．

IR-6.4.8 置換ラジカルあるいは置換原子団

母体水素化物から一つ以上の水素原子を除き，さらに置換基を導入することで形式的に誘導されるラジカルや置換原子団は，IR-6.3.1 で説明したように，置換接頭語を用いて命名される．番号付けをする

際に，水素原子を取除く位置が，置換基を導入する位置よりも優先される．いくつかの単純なラジカルや置換原子団の名称を付表Ⅸに示した．いくつかの例は有機命名法で用いられるラジカルおよび置換原子団の名称とは異なる（下の例2参照）．

例：

1. $NH_2O^{\bullet}$ と NH_2O-　アミノオキシダニル　aminooxidanyl
2. $HONH^{\bullet}$　　　　ヒドロキシアザニル　hydroxyazanyl
   $HONH-$　　　　ヒドロキシアミノ　hydroxyamino
3. $Me_3PbPbMe_2^{\bullet}$ と $Me_3PbPbMe_2-$
   1,1,2,2,2-ペンタメチルジプルンバン-1-イル　1,1,2,2,2-pentamethyldiplumban-1-yl
   （1,1,1,2,2-ペンタメチルジプルンバン-2-yl 1,1,1,2,2-pentamethyldiplumban-2-yl ではない）

IR-6.4.9　単一分子あるいはイオン中の陰イオンおよび陽イオン中心とラジカル

上記のような特徴［陽イオン部分，陰イオン部分，水素原子の除去によって形成されるラジカル］のいくつかが，一つの分子あるいはイオン内に存在するならば，母体水素化物名称の各種修飾を示す順序を決める規則が必要である．

その順序は，

　　　　　　　　　陽イオン　＜　陰イオン　＜　ラジカル

となるが，以下に従う．

(i) これらの修飾を示す接尾語はこの順番で示していく．
(ii) もしあれば，水素原子が除かれた位置に最小の位置番号を付ける．さらにあれば陰イオン部位につぎの最小位置番号をつけ，最後に陽イオン部分に番号を付ける．これらはすべて不飽和部位や接頭語で示される置換基よりも優先される．

例：

1. $H_2Te^{\bullet+}$　　　　テラニウミル　tellaniumyl
2. $H_2Te^{\bullet-}$　　　　テラヌイジル　tellanuidyl
3. $Me_3\overset{2}{N}{}^+-\overset{1}{N}{}^--Me$　1,2,2,2-テトラメチルジアザン-2-イウム-1-イド
   　　　　　　　　　1,2,2,2-tetramethyldiazan-2-ium-1-ide
4. $Me\overset{3}{N}=\overset{2}{N}{}^{\bullet+}-\overset{1}{N}{}^--SiMe_3$
   3-メチル-1-(トリメチルシリル)トリアズ-2-エン-2-イウム-1-イド-2-イル
   3-methyl-1-(trimethylsilyl)triaz-2-en-2-ium-1-id-2-yl

ラジカル中心を含む置換原子団を命名しようとすると，さらに複雑になる（文献1のP-71.5を見よ）．

IR-6.5　文　献

1. *Nomenclature of Organic Chemistry, IUPAC Recommendations*, eds. W. H. Powell and H. Favre, Royal Society of Chemistry, in preparetion.
2. K. Wade, *Adv. Inorg.Chem. Radiochem*., **18**, 1–66 (1976)；R. E. Williams, *Adv. Inorg.Chem. Radiochem*., **18**, 67–142 (1976)；D. M. P. Mingos, *Acc. Chem. Res*., **17**, 311–319 (1984)．
3. R. W. Rudolf and W. R. Pretzer, *Inorg. Chem*., **11**, 1974–1978 (1972)；R. W. Rudolf, *Acc. Chem. Res*., **9**, 446–452 (1976)．

IR-7 付加命名法

IR-7.1 序論
  IR-7.1.1 総論
  IR-7.1.2 中心原子または原子団，鎖状または環状構造の選択
  IR-7.1.3 付加式名称における配位子の表記
  IR-7.1.4 イオンとラジカル
IR-7.2 単核体
IR-7.3 多核体
  IR-7.3.1 対称的な複核体
  IR-7.3.2 非対称的な複核化合物
  IR-7.3.3 多核化合物
IR-7.4 無機鎖と環
  IR-7.4.1 総論
  IR-7.4.2 節記号
  IR-7.4.3 名称の構築
IR-7.5 文献

IR-7.1 序論
IR-7.1.1 総論

　付加命名法 additive nomenclature はもともと**ウェルナー型配位化合物** Werner-type coordination compound を対象に発展してきた．それは**配位子** ligand として知られる原子団によって取囲まれた中心原子（または原子団）から成り立つとみなされる化合物であるが，その他の多くの化合物に適用することができる．付加式名称は，中心原子の名称に，配位子の名称（修飾されることもある）を接頭語としておくことで組立てられる．

　この章は付加命名法の一般的特徴を取扱い，単純な単核および多核化合物の付加式名称を例示する．つぎに，さらなる規則で補完しながら，鎖状および環状化合物を付加命名法の原理で論ずる．無機酸の付加式名称は IR-8 で取扱う．付加命名法の金属配位化合物への適用については，IR-9 でさらに詳しく取扱う（図 IR-9.1 のフローチャートは，配位化合物を命名するための一般的手順を与えるものである）．多くの単純な化合物の付加式名称を付表Ⅸ*に示した．

　ある場合には，付加式により命名される化合物が，適切に選択した母体構造をもとにした置換式により，体系的に別の名称で命名されることに注意せよ（IR-6）．しかし，母体水素化物の付加式名称は，置換命名法における母体名称として用いることができないことに注意が必要である．

---

　* 表番号がローマ数字の表は巻末に一括掲載してある．

IR-7.1.2 中心原子または原子団，鎖状または環状構造の選択

付加命名法により化合物を命名する過程では，中心原子の選択が鍵となる．化合物中に（一つ以上の）金属原子がある場合，これらを中心原子として選択する．そのような原子はまた相対的に構造の中心にあり，可能なら分子の対称性を利用できるよう選択する（それにより名称が短くなる）．通常，中心原子を選ぶとき，水素原子は対象としない．

ある化合物では，中心原子が一義的に決まらない場合がある．付表Ⅵの矢印の順で最後位の原子を中心原子とする．

上記の基準に照らして，構造中に一つ以上の中心原子がある場合，その化合物は複核あるいは多核化合物として命名する．

上で述べた方式にかわるものとして，化合物内の鎖状および環状の部分構造を形成している原子団を選択し，IR-7.4 に概略を示した鎖および環の命名法を用いて，化合物に付加式名称を与えることもある．

IR-7.1.3 付加式名称における配位子の表記

付加式名称は中心原子の名称に配位子名（修飾されることもある）を接頭語としてつけることで組立てられる．陰イオン性配位子をこれらの接頭語として用いるときは，陰イオンを示す語尾 'イド ide'，'アート ate'，'イト ite'（IR-5.3.3 を見よ）をそれぞれを 'イド ido'，'アト ato'，'イト ito' に変化させる．中性および陽イオン性配位子では，少数の特殊な場合を除いて変更はない．特殊例の代表的なものとしては，水（接頭語は 'アクア aqua'），アンモニア（接頭語は 'アンミン ammine'），炭素によって結合した一酸化炭素（接頭語は 'カルボニル carbonyl'），窒素によって結合した一酸化窒素（接頭語は 'ニトロシル nitrosyl'）がある（IR-9.2.4.1 参照）．

原則的に，配位子を陰イオン性であると考えるか，中性，あるいは陽イオン性であるとするかは慣習の問題である．通常，配位子は陰イオン性として扱われ，OH は 'ヒドロキシド hydroxido'，Cl は 'クロリド chlorido'，SO_4 は 'スルファト sulfato' などとなる．いくつかの配位子，たとえば，アミン類，ホスファン類および炭化水素から水素原子を除いて誘導されるメチル，ベンジルなどのような配位子は便宜的に中性と見なされる．

名称中で単純な配位子を表す適当な接頭語を付表Ⅸに示した．詳細は IR-9.2.2.3 を見よ．

IR-7.1.4 イオンとラジカル

陰イオン性化学種は付加命名法では語尾を 'アート ate' とするが，陽イオン性と中性化学種では語尾で区別することはない．イオンの付加式名称は電荷数で終わる（IR-5.4.2.2 を見よ）．ラジカルの付加式名称では，その化合物がラジカルであることを，化合物名称の最後におく丸括弧でくくったラジカルドット•で示す．ポリラジカルは，ドットの前に適当な数字をおいて示す．たとえば，ジラジカルは '(2•)' となる．

IR-7.2 単核体

単核の化合物とイオン，つまり単一の中心原子をもつ化学種の名称は，中心原子の名称の前に配位子を示す適当な接頭語をアルファベット順に列記して組立てる．同じ配位子が複数ある場合は倍数接頭語（付表Ⅳ）でまとめる．クロリド chlorido，ベンジル benzyl，アクア aqua，アンミン ammine，ヒドロキシド hydroxido など単純な配位子に対しては，'ジ di'，'トリ tri'，'テトラ tetra' などを用い，また，

IR-7.2 単　核　体

たとえば 2,3,4,5,6-ペンタクロロベンジル 2,3,4,5,6-pentachlorobenzyl やトリフェニルホスファン triphenylphosphane などのようなより複雑な配位子に対しては，'ビス bis'，'トリス tris'，'テトラキス tetrakis' などを用いる．後者の接頭語はすでに 'ジ di'，'トリ tri' などが使用されていることから生じる不明確さを避けるためにも用いられる．配位子名称の本来の部分ではない倍数接頭語は，アルファベット順配列に影響を与えない．

配位子を表す接頭語は括弧で囲み区画できる（IR-9.2.2.3 を見よ）．これは単純な配位子を除き有機配位子を含むすべての配位子について行なわなければならない．以下の例 10 および 11 に示した通り，ある場合には，不明確さをさけるために，括弧を使用することが不可欠である．

以下のいくつかの例では，置換式名称（IR-6 を見よ）も記した．しかし，置換式名称を組立てるときに，それに対応する母体水素化物がない場合もある（例 9 および 11 を見よ）．以下に示した角括弧内の化学式は，中心原子を最初におく配位化合物型の式であることに注意せよ．

例：

1. $Si(OH)_4$　　　テトラヒドロキシドケイ素　tetrahydroxidosilicon　（付加）　または
   シランテトラオール　silanetetraol　（置換）

2. $B(OMe)_3$　　　トリメトキシドホウ素　trimethoxidoboron　または
   トリス(メタノラト)ホウ素　tris(methanolato)boron　（両方とも付加）
   あるいは
   トリメトキシボラン　trimethoxyborane　（置換）

3. FClO または　　フルオリドオキシド塩素　fluoridooxidochlorine　（付加）　または
   [ClFO]　　　　フルオロ-λ^3-クロラノン　fluoro-λ^3-chloranone　（置換）

4. ClOCl または　ジクロリド酸素　　dichloridooxygen　（付加）　または
   [OCl$_2$]　　　ジクロロオキシダン　dichlorooxidane　（置換）

5. [Ga{OS(O)Me}$_3$]　トリス(メタンスルフィナト)ガリウム
   tris(methanesulfinato)gallium　（付加）　または
   トリス(メタンスルフィニルオキシ)ガラン
   tris(methanesulfinyloxy)gallane　（置換）

6. MeP(H)SiH$_3$　　トリヒドリド(メチルホスファニド)ケイ素
   または　　　　trihydrido(methylphosphanido)silicon　（付加）　または
   [SiH$_3${P(H)Me}]　メチル(シリル)ホスファン
   methyl(silyl)phosphane　（置換）

7. NH$^{2\bullet}$　　　ヒドリド窒素(2•)　hydridonitrogen(2•)　（付加）　または
   アザニリデン　　azanylidene　（置換）

8. HOC(O)$^\bullet$　　ヒドロキシドオキシド炭素(•)　hydroxidooxidocarbon(•)　（付加）
   ヒドロキシオキソメチル　　hydroxyoxomethyl　（置換）

9. FArH または [ArFH]　フルオリドヒドリドアルゴン
   　　　　　　　　　fluoridohydridoargon

10. [HgMePh]　　メチル(フェニル)水銀　methyl(phenyl)mercury　（付加）

11. [Hg(CHCl$_2$)Ph]　(ジクロロメチル)(フェニル)水銀
    (dichloromethyl)(phenyl)mercury

12. $[Te(C_5H_9)Me(NCO)_2]$
ビス(シアナト-N)(シクロペンチル)(メチル)テルル
bis(cyanato-N)(cyclopentyl)(methyl)tellurium （付加）　または
シクロペンチルジイソシアナト(メチル)-λ^4-テラン
cyclopentyldiisocyanato(methyl)-λ^4-tellane （置換）

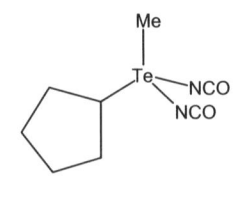

13. $[Al(POCl_3)_6]^{3+}$　ヘキサキス(トリクロリドオキシドリン)アルミニウム(3+)
hexakis(trichloridooxidophosphorus)aluminium(3+)

14. $[Al(OH_2)_6]^{3+}$　ヘキサアクアアルミニウム(3+)　hexaaquaaluminum(3+)

15. $[H(py)_2]^+$　ビス(ピリジン)水素(1+)　bis(pyridine)hydrogen(1+)

16. $[H(OH_2)_2]^+$　ジアクア水素(1+)　diaquahydrogen(1+)

17. $[BH_2(py)_2]^+$　ジヒドリドビス(ピリジン)ホウ素(1+)
dihydridobis(pyridine)boron(1+)

18. $[PFO_3]^{2-}$　フルオリドトリオキシドリン酸(2−)イオン
fluoridotrioxidophosphate(2−)

19. $[Sb(OH)_6]^-$　ヘキサヒドロキシドアンチモン酸(1−)イオン
hexahydroxidoantimonate(1−) （付加）　または
ヘキサヒドロキシ-λ^5-スチバヌイドイオン
hexahydroxy-λ^5-stibanuide （置換）

20. $[HF_2]^-$　ジフルオリド水素酸(1−)イオン　difluoridohydrogenate(1−)

21. $[BH_2Cl_2]^-$　ジクロリドジヒドリドホウ酸(1−)イオン
dichloridodihydridoborate(1−) （付加）　または
ジクロロボラヌイドイオン　dichloroboranuide （置換）

22. $OCO^{\bullet-}$　ジオキシド炭酸(•1−)イオン　dioxidocarbonate(•1−)

23. $NO^{(2\bullet)-}$　オキシド硝酸(2•1−)イオン　oxidonitrate(2•1−)

24. $PO_3^{\bullet 2-}$　トリオキシドリン酸(•2−)イオン　trioxidophosphate(•2−)

25. $[ICl_2]^+$　ジクロリドヨウ素(1+)　dichloridoiodine(1+) （付加）　または
ジクロロヨーダニウム　dichloroiodanium （置換）

26. $[BH_4]^-$　テトラヒドリドホウ酸(1−)イオン
tetrahydridoborate(1−) （付加）　または
ボラヌイドイオン　boranuide （置換）

27. CH_5^-　ペンタヒドリド炭酸(1−)イオン
pentahydridocarbonate(1−) （付加）　または
メタヌイドイオン　methanuide （置換）

28. $[PH_6]^-$　ヘキサヒドリドリン酸(1−)イオン
hexahydridophosphate(1−) （付加）　または
λ^5-ホスファヌイドイオン　λ^5-phosphanuide （置換）

29. $[PF_6]^-$　ヘキサフルオリドリン酸(1−)イオン
hexafluoridophosphate(1−) （付加）　または
ヘキサフルオロ-λ^5-ホスファヌイドイオン
hexafluoro-λ^5-phosphanuide （置換）

IR-7.3 多核体

IR-7.3.1 対称的な複核体

　対称的な複核体では，二つの中心原子は同じ元素であり，その配位構造は等価になっている．以下に示すように，そのような多くの化合物にはいくつかの形式の付加式名称が与えられる．また，以下の例が示すように，場合によっては，置換式名称も簡単に組立てることができる．

　対称的な複核体を命名する際の一般的な手順は以下の通りである．

　配位子は通常通り表記し，倍数接頭語 'ジ di' を中心原子名のすぐ前におく．化合物が陰イオンの場合，中心元素の名称は '酸塩 ate' 形に変える．

　二つの中心原子間に結合があるときは，それらの二原子のイタリック体の元素記号を全角ダッシュで結び，丸括弧に入れて名称に後置する．

　架橋型複核化学種の場合，架橋配位子はギリシャ文字 μ をハイフンで配位子名につないで示し．その名称全体，たとえば 'μ-クロリド μ-chlorido' は名称の他の部分とハイフンで分ける．架橋配位子が二つ以上あるときは，倍数接頭語を用いる（IR-9.1.2.10 および IR-9.2.5.2 を見よ）．

例：

1. $[Et_3PbPbEt_3]$　　ヘキサエチル二鉛($Pb—Pb$)　hexaethyldilead($Pb—Pb$)　（付加）　または
   ヘキサエチルジプルンバン　hexaethyldiplumbane （置換）
2. $HSSH^{•-}$　　ジヒドリド二硫酸($S—S$)(•1−)イオン
   dihydridodisulfate($S—S$)(•1−) （付加）　または
   ジスルファヌイジルイオン　disulfanuidyl　（置換）
3. NCCN　　ジニトリド二炭素($C—C$)　dinitridodicarbon($C—C$)
4. $NCCN^{•-}$　　ジニトリド二炭酸($C—C$)(•1−)イオン　dinitridodicarbonate($C—C$)(•1−)
5. (NC)SS(CN)　　ビス(ニトリドカルボナト)二硫黄($S—S$)
   bis(nitridocarbonato)disulfur($S—S$)　または
   ジシアニド二硫黄($S—S$)　dicyanidodisulfur($S—S$)
6. $(NC)SS(CN)^{•-}$　　ビス(ニトリドカルボナト)二硫酸($S—S$)(•1−)イオン
   bis(nitridocarbonato)disulfate($S—S$)(•1−)　または
   ジシアニド二硫酸($S—S$)(•1−)イオン　dicyanidodisulfate($S—S$)(•1−)
7. OClO　　μ-クロリド-二酸素　μ-chlorido-dioxygen　または
   ジオキシド塩素　dioxidochlorine
8. [構造式: 二つの Al が架橋 Cl 二つを共有し，各 Al にさらに Cl が二つずつ結合]　$Al_2Cl_4(μ-Cl)_2$
   ジ-μ-クロリド-テトラクロリド二アルミニウム
   di-μ-chlorido-tetrachloridodialuminium

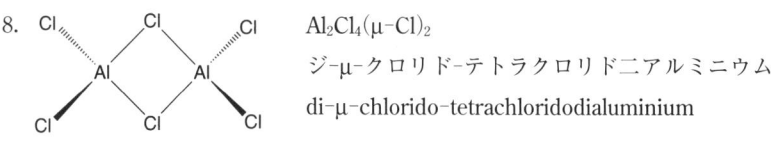

　上記の付加式名称の変形として，半分の分子またはイオンを括弧で囲み，その前に 'ビス bis' をつける方法がある．例1から6および例8をこの方法で命名すると以下の通りとなる．

例：

9. $[Et_3PbPbEt_3]$　　ビス(トリエチル鉛)($Pb—Pb$)　bis(triethyllead)($Pb—Pb$)
10. $HSSH^{•-}$　　ビス(ヒドリド硫酸)($S—S$)(•1−)イオン
    bis(hydridosulfate)($S—S$)(•1−)

11.	NCCN	ビス(ニトリド炭素)(C—C)　bis(nitridocarbon)(C—C)
12.	NCCN$^{•-}$	ビス(ニトリド炭酸)(C—C)(•1−)イオン
		bis(nitridocarbonate)(C—C)(•1−)
13.	(NC)SS(CN)	ビス[(ニトリドカルボナト)硫黄](S—S)
		bis[(nitridocarbonato)sulfur](S—S)　または
		ビス(シアニド硫黄)(S—S)　bis(cyanidosulfur)(S—S)
14.	(NC)SS(CN)$^{•-}$	ビス[(ニトリドカルボナト)硫酸](S—S)(•1−)イオン
		bis[(nitridocarbonato)sulfate](S—S)(•1−)　または
		ビス(シアニド硫酸)(S—S)(•1−)イオン
		bis(cyanidosulfate)(S—S)(•1−)
15.	Cl$_2$Al(μ-Cl)$_2$AlCl$_2$	ジ-μ-クロリド-ビス(ジクロリドアルミニウム)
		di-μ-chlorido-bis(dichloridoaluminium)

例 10 から 14 の五つの化合物は IR-7.4 で述べるように, 鎖状化合物としても簡単に命名できることに注意せよ. 例 14 の名称は文献 1 での名称と異なる (文献 1 では, 硫黄-硫黄結合は上のように記されるが, 炭素原子が中心原子とされている).

例 13 と 14 の化学種は, 例 16 と 17 で示したように, 架橋配位子を含むと見なすこともできる.

例：

16.	[NCSSCN]	μ-ジスルファンジイド-ビス(ニトリド炭素)
		μ-disulfanediido-bis(nitridocarbon)
17.	[NCSSCN]$^{•-}$	μ-ジスルファンジイド-ビス(ニトリド炭酸)(•1−)イオン
		μ-disulfanediido-bis(nitridocarbonate)(•1−)

IR-7.3.2　非対称的な複核化合物

非対称的な複核化合物にはつぎのような二つのタイプがある. (i) 同一の中心原子が異なる配位構造をもつもの, (ii) 中心原子が異なるもの. いずれの場合にも, 名称は IR-9.2.5 の手順により組立てられ, 架橋基も取扱う.

中心原子の優先順位はつぎのようにして決める. タイプ (i) の場合は, 名称のアルファベット順で優先される配位子を多くもつ中心原子に番号 1 とつける. (ii) の場合は, 配位子の分布に関係なく, 付表 VI で優先順位の高い中心元素に番号 1 をつける.

いずれの型の化合物においても, 名称は通常の方法で組立てられるが, まず配位子を表す接頭語をアルファベット順で示す. 配位子を表す各接頭語のあとに, ハイフン, その配位子が結合した中心原子に帰属された番号 (以下を見よ), 右上に中心原子に結合した配位子数を示す数字をつけた (配位子が一つのとき, 1 は省略する) ギリシャ文字 κ (カッパ) (IR-9.2.4.2 を見よ), その配位子中で中心原子に結合している配位原子のイタリック体の元素記号を, この順で記す. これは配位子とその結合様式を示すものである. κ 表記は単純な場合 (例 1 から 3 を見よ) あるいは中心原子での配位子の分布が明白な場合 (以下の例 4 を見よ) は省略できる.

配位子名のあとに中心原子名をおく. 中心原子が同じ元素の場合, 倍数接頭語 'ジ di' を用いる. 中心原子が異なる場合, 中心原子名の順番は付表 VI によって決める. 中心原子名の順番は κ 記号の前につける番号に反映される. 複核化合物が陰イオンであれば, 語尾に '酸塩 ate' をつけ, ラジカルでは, ラ

IR-7.3 多核体

ジカルドットをつける．二つの中心原子が異なる場合，その二つの原子の名称を括弧内に示し，'酸塩ate' は括弧の外に示す．

例：

1. ClClO オキシド-1κO-二塩素($Cl—Cl$) oxido-1κO-dichlorine($Cl—Cl$) または
   オキシド二塩素($Cl—Cl$) oxidodichlorine($Cl—Cl$)

2. ClOO• クロリド-1κCl-二酸素($O—O$)(•) chlorido-1κCl-dioxygen($O—O$)(•) または
   クロリド二酸素($O—O$)(•) chloridodioxygen($O—O$)(•)

3. ClClF$^+$ フルオリド-1κF-二塩素($Cl—Cl$)(1+)
   fluorido-1κF-dichlorine($Cl—Cl$)(1+) または
   フルオリド二塩素($Cl—Cl$)(1+) fluoridodichlorine($Cl—Cl$)(1+)

4. $[O_3POSO_3]^{2-}$ μ-オキシド-ヘキサオキシド-1κ^{3}O,2κ^{3}O-(リン硫黄)酸(2−)イオン
   μ-oxido-hexaoxido-1κ^{3}O,2κ^{3}O-(phosphorussulfur)ate(2−) または
   μ-オキシド-ヘキサオキシド(リン硫黄)酸(2−)イオン
   μ-oxido-hexaoxido(phosphorussulfur)ate(2−)

5.
   エチル-2κC-テトラメチル-1κ^{3}C,2κC-μ-チオフェン-2,5-ジイル-スズビスマス
   ethyl-2κC-tetramethyl-1κ^{3}C,2κC-μ-thiophene-2,5-diyl-tinbismuth

6. $[Cl(PhNH)_2GeGeCl_3]$
   テトラクロリド-1κ^{3}Cl,2κCl-ビス(フェニルアミド-2κN)-二ゲルマニウム($Ge—Ge$)
   tetrachlorido-1κ^{3}Cl,2κCl-bis(phenylamido-2κN)-digermanium($Ge—Ge$)

7. LiPbPh$_3$ トリフェニル-2κ^{3}C-リチウム鉛($Li—Pb$) triphenyl-2κ^{3}C-lithiumlead($Li—Pb$)

配位子中の配位原子の正確な位置が不明な場合，κ表記は用いることができない．

例：

8. $[Pb_2(CH_2Ph)_2F_4]$ ジベンジルテトラフルオリド二鉛 dibenzyltetrafluoridodilead

9. $[Ge_2(CH_2Ph)Cl_3(NHPh)_2]$ (ベンジル)トリクロリドビス(フェニルアミド)二ゲルマニウム
   (benzyl)trichloridobis(phenylamido)digermanium

IR-7.3.3 多核化合物

単純な多核化合物の場合には，これまで述べた原理を一般化して命名することができる．また，母体水素化物がはっきりとしている場合，置換命名法により簡単に命名できる化合物もある．

例：

1. HO$_3$• ヒドリド三酸素(•) hydridotrioxygen(•)

2. HON$_3$•− ヒドロキシド-1κO-三硝酸(2 $N—N$)(•1−)イオン
   hydroxido-1κO-trinitrate(2 $N—N$)(•1−)

3. Cl$_3$SiSiCl$_2$SiCl$_3$ オクタクロリド三ケイ素(2 $Si—Si$)
   octachloridotrisilicon(2 $Si—Si$) （付加） または
   オクタクロロトリシラン octachlorotrisilane （置換）

4. FMe₂SiSiMe₂SiMe₃　フルオリド-1κF-ヘプタメチル三ケイ素(2 *Si—Si*)
　　　　　　　　　　fluorido-1κ*F*-heptamethyltrisilicon(2 *Si—Si*)　（付加）　または
　　　　　　　　　　1-フルオロ-1,1,2,2,3,3,3-ヘプタメチルトリシラン
　　　　　　　　　　1-fluoro-1,1,2,2,3,3,3-heptamethyltrisilane　（置換）

（例3の化合物のもう一つの付加式名称が，分子の最長鎖に基づき，IR-7.4.3 で述べる方法によっても，組立てられる．例6を見よ．）

　異種中心原子からなる多核系に対しては，構成する中心原子を同定して命名し，配位子の位置番号を帰属するために中心原子を番号付けする必要があり，さらなる方式を導入しなくてはならない．

例：

5. Me₃SiSeSiMe₃　μ-セレニド-ビス(トリメチルケイ素)
　　　　　　　　　μ-selenido-bis(trimethylsilicon)　（付加）　または
　　　　　　　　　ヘキサメチル-1κ³*C*,2κ³*C*-二ケイ素セレン(2 *Si—Se*)
　　　　　　　　　hexamethyl-1κ³*C*,2κ³*C*-disiliconselenium(2 *Si—Se*)　（付加）　または
　　　　　　　　　1,1,1,3,3,3-ヘキサメチルジシラセレナン
　　　　　　　　　1,1,1,3,3,3-hexamethyldisilaselenane　（置換）

最後の例では，この化合物を複核としても三核としても，命名できることに注意せよ．等核および異核の中心原子クラスターと架橋配位子とが存在する構造上の多様性による複雑さは，IR-9.2.5.6 および IR-9.2.5.7 でより詳細に説明する．

IR-7.4　無 機 鎖 と 環
IR-7.4.1　総　　論

　無機鎖状および環状構造は，付加命名法の特殊な方式を用いることで，分子あるいはイオンの原子の並び方だけに基づき，結合の性質に一切触れることなく命名することができる．この方法は，主として炭素以外の原子からなる化学種を対象としたものであるが，すべての鎖状および環状化合物に適用可能である．小さな分子ならば，いくつかの別の方法で命名した方がより便利であるが，この命名法方式の利点は単純さにあり，複雑な構造を名称から導けるし，逆も可能である．この方式の詳細は文献2で説明されており，ここでは概略のみを紹介する．

　構造全体のトポロジーはつぎのように記すことができる．中性の鎖状化合物は，'**カテナ** catena'とよばれ，前に倍数接頭語'**ジ** di'，'**トリ** tri'，などをつけて，分子内の枝の数を示す．同様に，環状化合物は'**サイクル** cycle'とよばれ，前に適当な倍数接頭語をつける．鎖と環が混ざった化合物は非環状単位と環状単位 cyclic module(s) からなる集合体 assembly として分類され，中性なら，'**カテナサイクル** catenacycle'と命名され，例3のように適当な倍数接頭語を挿入する．

例：

1.　　　　　　　　　　トリカテナ　tricatena

2.　　　　　　　　　　　　　　　ジサイクル　dicylcle

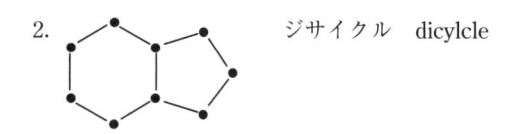

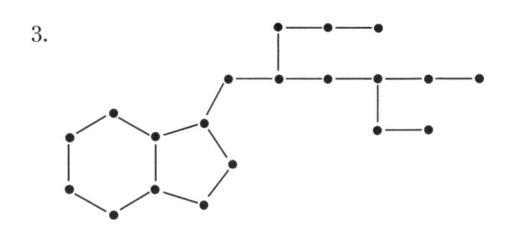

3.　　　　　　　　　　　　　　　トリカテナジサイクル　tricatenadicycle

IR-7.4.2　節　記　号

　分子骨格の原子の並び方は**節記号** nodal descriptor で示され，'カテナ catena'，'サイクル cycle' あるいは 'カテナサイクル catenacycle' などの語のすぐ前に角括弧で囲んでおく．各原子には，その種類に関係なく，一般的な節命名法に従って番号が割り当てられる．不明確な場合にだけ，原子の種類を考慮する．

　記号の最初の部分は，主鎖の原子数を示す．ピリオドのあとに優先順位に従って，枝の長さをアラビア数字で示す．それぞれの枝の位置番号は上付き数字で示すが，これはすでに番号付けされている分子内のその枝がついている原子の番号である．

　記号中のゼロは環であることを示し，そのあとに主環の原子数を示すアラビア数字を続ける．多環系では，番号付けは橋頭位の一つから始めて，他の橋頭位の位置番号ができるだけ小さくなる方向に向かって番号をつけていく．この場合，架橋している原子の数はピリオドの後ろにおく．このような架橋原子数を示す数字には，橋頭位の一対の位置番号をコンマで区切り，小さい番号を先にしたものを上付きとして記す．

　集合体の節記号は，丸括弧で囲んだ各単位の節記号を優先順位（文献2の規則を見よ）に従って並べ，角括弧で囲んで示される．それぞれの単位が結合した節の位置番号を各単位の記号の間におく．コロンによって区切られたこれらの位置番号は，集合体全体の最終的な番号付けにおける原子の番号である（下に示した例7を例5および6と比較せよ）．

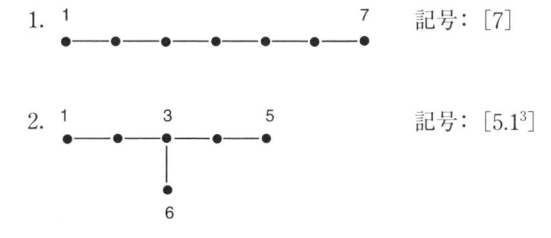

例：

1.　　　　　　　　　　　　　　　記号：[7]

2.　　　　　　　　　　　　　　　記号：[5.1^3]

3.　　　　　　　　　　　　　　　記号：[06]

4. 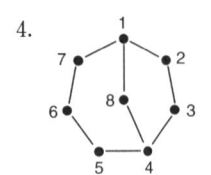 記号：[07.1¹,⁴]

5. 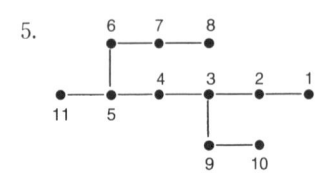 記号：[8.2³1⁵]

6. 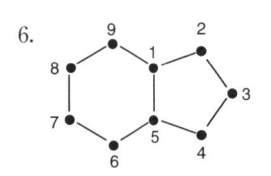 記号：[09.0¹,⁵]

7. 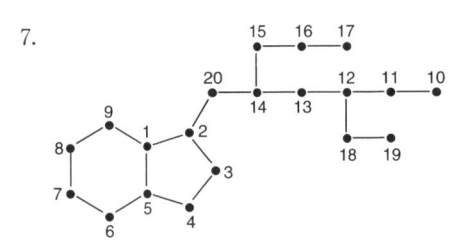 記号：[(09.0¹,⁵)2:20(8.2³1⁵)]

IR-7.4.3 名称の構築

節骨格を形成する原子はそれぞれの位置番号とともにアルファベット順に並べ，'y 語群'を用いて命名される．'y'語群の抜粋例を表 IR-7.1 に示す．詳細な例を付表 X に示した．

表 IR-7.1 節骨格で元素を命名するのに用いる 'y 語群' の抜粋

H	ヒドロニ	hydrony	C	カルビ	carby	N	アジ	azy	O	オキシ	oxy
B	ボリ	bory	Si	シリ	sily	P	ホスフィ	phosphy	S	スルフィ	sulfy
			Ge	ゲルミ	germy	As	アルシ	arsy	Se	セレニ	seleny
			Sn	スタンニ	stanny	Sb	スチビ	stiby	Te	テルリ	tellury

節骨格の一部ではない原子と原子団は配位子として命名し（IR-7.1.3），節骨格を形成する一連の原子名の前に，位置番号とともにアルファベット順で示す．節記号はそのつぎにくる．'カテナ catena'，'サイクル cycle' あるいは 'カテナサイクル catenacycle' は最後におく（IR-7.4.1 参照）．（この系では架橋配位子は用いられないことに注意すること．）

陰イオンおよび陽イオン種の場合，それぞれ語尾を 'ate' および 'ium' に変えて，'カテナート catenate'，'カテニウム catenium'，'サイクラート cyclate'，'サイクリウム cyclium'，'カテナジサイクリウム catenadicyclium'，'カテナサイクラート catenacyclate' などとし，電荷数は名称の最後におく．ラジカル種はラジカルドットを用いて示される（IR-7.1.4 を見よ）．

例 1 から 6 はここで述べた方式の使用例を示しているが，IR-7.3.1 の方法でも命名することができる．例 7 から 13 は他の方法では簡単には命名することができない．

例：

1. NCCN　　　1,4-ジアジ-2,3-ジカルビ-[4]カテナ　　1,4-diazy-2,3-dicarby-[4]catena

2. NCCN$^{•-}$　　1,4-ジアジ-2,3-ジカルビ-[4]カテナート(•1−)イオン
   1,4-diazy-2,3-dicarby-[4]catenate(•1−)

3. NCSSCN　　1,6-ジアジ-2,5-ジカルビ-3,4-ジスルフィ-[6]カテナ
   1,6-diazy-2,5-dicarby-3,4-disulfy-[6]catena

4. NCSSCN$^{•-}$　1,6-ジアジ-2,5-ジカルビ-3,4-ジスルフィ-[6]カテナート(•1−)イオン
   1,6-diazy-2,5-dicarby-3,4-disulfy-[6]catenate(•1−)

5. HSSH$^{•-}$　　1,2-ジヒドリド-1,2-ジスルフィ-[2]カテナート(•1−)イオン
   1,2-dihydrido-1,2-disulfy-[2]catenate(•1−)

6. $Cl_3SiSiCl_2SiCl_3$　2,2,3,3,4,4-ヘキサクロリド-1,5-ジクロリ-2,3,4-トリシリ-[5]カテナ
   2,2,3,3,4,4-hexachlorido-1,5-dichlory-2,3,4-trisily-[5]catena

7. $ClSiH_2SiH(Me)NSO$
   2,2,3-トリヒドリド-3-メチル-4-アジ-1-クロリ-6-オキシ-2,3-ジシリ-5-スルフィ-[6]カテナ
   2,2,3-trihydrido-3-methyl-4-azy-1-chlory-6-oxy-2,3-disily-5-sulfy-[6]catena

8. 　　　1,7-ジアジウンデカスルフィ-[012.1^{1,7}]ジサイクル
   1,7-diazyundecasulfy-[012.1^{1,7}]dicycle
   # N_2S_{11}

この化合物は窒素と硫黄しか含まないので，すべての硫黄原子に対して位置番号を付ける必要はない．二つの窒素原子の位置番号のみが必要である．同じことがつぎのいくつかの例でもいえる．

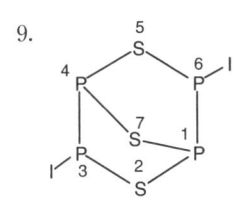

9. 　　　# $P_4S_3I_2$

   3,6-ジヨージド-1,3,4,6-テトラホスフィ-2,5,7-トリスルフィ-[06.1^{1,4}]ジサイクル
   3,6-diiodido-1,3,4,6-tetraphosphy-2,5,7-trisulfy-[06.1^{1,4}]dicycle

10. 　　　# $C_5H_{12}FN_4O_3PS$

    1-フルオリド-2,4,5,7-テトラメチル-3,3,6-トリオキシド-2,4,5,7-テトラアジ-6-カルビ-1-ホスフィ-3-スルフィ-[04.3^{1,1}]ジサイクル

    1-fluorido-2,4,5,7-tetramethyl-3,3,6-trioxido-2,4,5,7-tetraazy-6-carby-1-phosphy-3-sulfy-[04.3^{1,1}]dicycle

11. 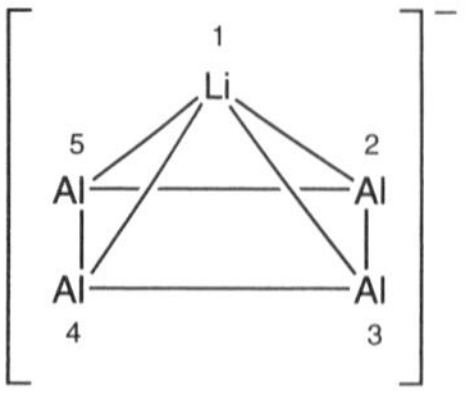 # [LiAl$_4$]$^-$

テトラアルミニ-1-リチ-[05.0^{1,3}0^{1,4}0^{2,5}]テトラサイクラート(1−)イオン
tetraaluminy-1-lithy-[05.0^{1,3}0^{1,4}0^{2,5}]tetracyclate(1−)

12. 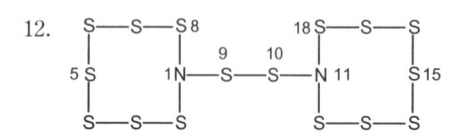 # N$_2$S$_{16}$

1,11-ジアジヘキサデカスルフィ-[(08)1:9(2)10:11(08)]カテナジサイクル
1,11-diazyhexadecasulfy-[(08)1:9(2)10:11(08)]catenadicycle

13. 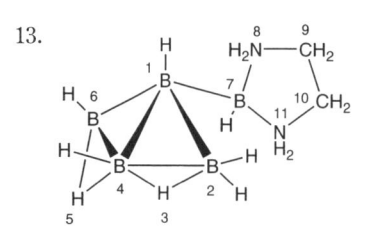 # C$_2$H$_{16}$B$_5$N$_2$

1,2,2,4,6,7,8,8,9,9,10,10,11,11-テトラデカヒドリド-8,11-ジアジ-1,2,4,6,7-ペンタボリ-9,10-ジカルビ-3,5-ジヒドロニ-[(06.0^{1,4}0^{2,4}0^{4,6})1:7(05)]ペンタサイクル
1,2,2,4,6,7,8,8,9,9,10,10,11,11-tetradecahydrido-8,11-diazy-1,2,4,6,7-pentabory-9,10-dicarby-3,5-dihydrony-[(06.0^{1,4}0^{2,4}0^{4,6})1:7(05)]pentacycle

IR-7.5 文　献

1. Names for Inorganic Radicals, W. H. Koppenol, *Pure Appl. Chem.*, **72**, 437–446 (2000).
2. Nomenclature of Inorganic Chains and Ring Compounds, E. O. Fluck and R. S. Laitinen, *Pure Appl. Chem.*, **69**, 1659–1692 (1997); Chapter II-5 in *Nomenclature of Inorganic Chemistry II, IUPAC Recommendations 2000*, eds. J. A. McCleverty and N. G. Connelly, Royal Society of Chemistry, 2001.

IR-8 無機酸とその誘導体

- IR-8.1 序論と概観
- IR-8.2 酸を体系的に命名するための一般規則
- IR-8.3 付加式名称
- IR-8.4 水素名称
- IR-8.5 陰イオンの水素名称の省略形
- IR-8.6 オキソ酸誘導体の官能基代置名称
- IR-8.7 文献

IR-8.1 序論と概観

ある種の無機および単純な含炭素化合物では，'酸 acid' という語を含む非体系的あるいは準体系的名称がよく使われている．ホウ酸 boric acid あるいはオルトホウ酸 orthoboric acid, メタホウ酸 metaboric acid, リン酸 phosphoric acid, 二リン酸 diphosphoric acid, *cyclo*-三リン酸 *cyclo*-triphosphoric acid, *catena*-三リン酸 *catena*-triphosphoric acid, 亜ジチオン酸 dithionous acid, ペルオキソ二硫酸 peroxodisulfuric acid, ペルオキシ二硫酸 peroxydisulfuric acid などがその例である．これらの名称は現在の命名法では異質なものであり，文字通りに解釈すれば，問題とする化合物のある特定の化学的性質を描写している．これに対して，体系的名称はそうではなく，組成と構造のみに基づいたものである．

すべてのこのような酸は，置換命名法や付加命名法に関する先の章で述べた規則により，構造をもとにした体系的名称を与えることができるので，そういう意味では，'酸 acid' を含む名称は不必要である．さらに化学的性質から酸として分類される多くの化学種は決してそのようには命名されていない．たとえば，ヘキサアクアアルミニウム(3+) のようなアクアイオンや，アンモニウム，硫化水素（スルファン sulfane）などの水素化物や誘導体などである．このように，酸という用語は首尾一貫して使用されてはいない．

このような考察から，無機命名法においてはいかなる新しい名称でも，酸という語の使用は推奨されない．しかし，多くの酸を含む名称が広く使われており（硫酸 sulfuric acid, 過塩素酸 perchloric acid など），それらすべてを体系的名称で置き換えることは現実的ではない．本勧告にそれらを含めるもう一つの理由は，ある種の有機（すなわち炭素を含む）誘導体の命名法における母体構造として，'酸' を含む名称が使われており，誘導体の名称は直接的あるいは間接的に '酸' を含む名称をもとにしていることにある．以下の例と IR-8.6 を見よ．

この章のおもな目的は以下のとおりである．

(a) ごく普通に酸として命名される無機化学種がどのようにして体系的に付加式名称を与えられるかを示すこと（IR-8.3 と表 IR-8.1，表 IR-8.2）

(b) ごく普通に使われている，あるいは有機命名法で必要とされているために，現在でも許容されている酸名称の一覧をつくること（表 IR-8.1 と表 IR-8.2）．

また，IR-8.4 および IR-8.5 では，水素名称 hydrogen name として示す，さらに別のタイプの名称を取扱う．これらの名称は'炭酸水素イオン hydrogencarbonate'のような陰イオンの慣用名の一般化と見なすことができるが，完全に明示された分子構造を命名するためには不必要で，特殊な事項と見なすことができる．

したがって，この章では多くの無機酸に対して，受け入れられているいくつかの名称を示す．目的に応じて，最も適当な名称を選ぶのは当事者にゆだねられている．将来的には，IUPAC はここで取扱う酸を含めた無機化学種の推奨名称を選択する予定であり，有機化学種については文献1ですでに行われている．

最後に，塩酸，スズ酸，タングステン酸などのような明確に化合物の組成を示さない名称は，ここで取扱う体系的名称の範ちゅうに入るものではない．しかし，それらを扱う化学体系では，常に塩化水素，酸化スズ(IV)，酸化タングステン(VI) などのような体系的名称を用いて，議論することができる．

上で述べた一般的注意を説明するために，ここでいくつかの例をあげる．これらの例と本章の残りの部分では，付加式名称の議論と関連して，明確化のために代替の化学式を提示する．これらでは，問題となる構造を，一般化した錯体構造としてとらえることを基本とする．単核錯体では，IR-4.4.3.2 で示したとおり，中心原子の記号を最初におき，つぎに配位子をアルファベット順に並べていく．

例：

    1. リン酸 phosphoric acid　＝　H_3PO_4 または ［$PO(OH)_3$］

構造に基づくと，この化合物は母体水素化物 λ^5-ホスファン λ^5-phosphane（PH_5）の誘導体として置換式で命名することが可能で，トリヒドロキシ-λ^5-ホスファノン trihydroxy-λ^5-phosphanone となる．あるいは付加式（IR-7）ではトリヒドロキシドオキシドリン trihydroxidooxidophosphorus となる．

この二つの名称とは対照的に，リン酸 phosphoric acid という名称は，構造に関する情報を与えないが，語尾 'ic' が，より高いあるいは最高の酸化状態を示す，という一般則に適合している（硝酸 nitric acid, 硫酸 sulfuric acid と比較せよ）．例2および3はリン酸を母体名称として命名した有機誘導体の名称を示している．

例：

    2. $PO(OMe)_3$　リン酸トリメチル　　　　　　　　trimethyl phosphate
    3. $PO(NMe_2)_3$　ヘキサメチルリン酸トリアミド　hexamethylphosphoric triamide

これら二つの化合物は上記の母体水素化物に基づいて，置換式あるいは付加式により命名することが可能であるが，ここで示した名称が IUPAC の推奨名である（文献1の P-67.1 を見よ）．

有機誘導体の名称ではつぎのアルソン酸（H_2AsHO_3 または ［$AsHO(OH)_2$］）の誘導体のように，いまだ"酸"という語を含むものがある．

例：

    4. $PhAsO(OH)_2$　フェニルアルソン酸　　　　　　phenylarsonic acid
    5. $EtAsCl(OH)S$　エチルアルソノクロリドチオ O-酸　ethylarsonochloridothioic O-acid

例4の名称は，この化合物を，ヒ素に直接結合した水素原子をフェニル基で置換することによる，アルソン酸からの誘導体とみなしている．例5の名称には，水素の置換に加えて，官能基代置換命名法が関与している（IR-8.6）．

一般的な場合として，無機化合物の完全な体系的名称に'酸'という語が出てくることがあることに注意しよう．すなわち，置換命名法を適用し，最高順位の置換基として，'酸 acid'で終わる接尾語を規定するときである．

ジチオン酸 dithionic acid, トリチオン酸 trithionic acid, テトラチオン酸 tetrathionic acid などの慣用名をもつポリチオン酸 polythionic acid, $H_2S_nO_6 = [(HO)(O)_2SS_{n-2}S(O)_2(OH)]$ ($n \geq 2$) を考える．それらは表 IR-8.1（p.114）に示す通り，付加命名法により体系的に命名される．$n \geq 3$ に対しては，以下の例に示したように，中心の（ポリ）スルファン (poly)sulfane 骨格をもとに，置換式によっても命名できる．

例：

6. $H_2S_3O_6 = [(HO)(O)_2SSS(O)_2(OH)]$　スルファンジスルホン酸
   sulfanedisulfonic acid
7. $H_2S_4O_6 = [(HO)(O)_2SSSS(O)_2(OH)]$　ジスルファンジスルホン酸
   disulfanedisulfonic acid

IR-8.2 酸を体系的に命名するための一般規則

体系的名称をつくるとき，一般に無機酸と見なされる分子性化合物およびイオンは，他の分子性化学種と何ら変わりなく取扱われる．

体系的命名に最も容易に適用できる規則は，IR-8.3に例示するように，付加命名法である．IR-8.1で述べる通り，置換命名法も同様に広く適用できる．しかし，ここではそのより詳細な取扱いについては触れない．

IR-8.4とIR-8.5では水素名称を説明するが，これは付加式名称と関連し，特別な場合にのみ必要とされる．

文献2, I-9.6の'酸命名法 acid nomenclature'とよばれる方法は，ほとんど用いられず，またその必要性もないので，その使用はもはや推奨されない．

IR-8.3 付加式名称

形式的に単核錯体と見なすことができる分子またはイオンは，IR-7に記載した規則を適用することで，付加式により命名される．

例：

1. $H_3SO_4^+ = [SO(OH)_3]^+$　トリヒドロキシドオキシド硫黄(1+)
   trihydroxidooxidosulfur(1+)
2. $H_2SO_4 = [SO_2(OH)_2]$　ジヒドロキシドジオキシド硫黄
   dihydroxidodioxidosulfur

3. $HSO_4^- = [SO_3(OH)]^-$ ヒドロキシドトリオキシド硫酸(1−)イオン
    hydroxidotrioxidosulfate(1−)

多核錯体とみなすことができる構造は IR-7.3 のように命名できるし，あるいは無機鎖および環の体系 (IR-7.4) を用いても命名できる．

　原則として，後者の場合にどちらの方法を用いるかは任意である．しかし，配位化合物命名の精巧な手続きは，多原子とりわけ多座配位子，あるいは多重架橋配位子を含む複雑な構造に対処できるように開発された．さらに，通常，配位化合物として分類される化合物では，配位子と中心原子の区別は明瞭であるが，ポリオキソ酸では明瞭ではない．したがって，比較的単純な鎖および環を形成するポリオキソ酸の命名に配位型の付加命名法を適用すると，必要以上に複雑になりがちである．ここでは，鎖と環の体系の適用が容易であり，誘導された名称の解読も容易である．しかし，この体系では，多くの位置番号が必要になり，名称が長くなる．

　多核系に対しては，付加式名称の双方の方式を以下に例示する．

例：

4. 一般に，二リン酸 diphosphoric acid とよばれる $H_4P_2O_7 = [(HO)_2P(O)OP(O)(OH)_2]$ は，配位型の付加命名法により，つぎのように命名される．

    μ-オキシド-ビス(ジヒドロキシドオキシドリン)

    μ-oxido-bis(dihydroxidooxidophosphorus)

    または，配位子をもつ五員鎖として

    1,5-ジヒドリド-2,4-ジヒドロキシド-2,4-ジオキシド-1,3,5-トリオキシ-2,4-ジホスフィ-[5]カテナ

    1,5-dihydrido-2,4-dihydroxido-2,4-dioxido-1,3,5-trioxy-2,4-diphosphy-[5]catena

5. 一般に，*cyclo*-三リン酸 *cyclo*-triphosphoric acid とよばれる化合物は，配位型の付加命名法により，つぎのように命名することができる．

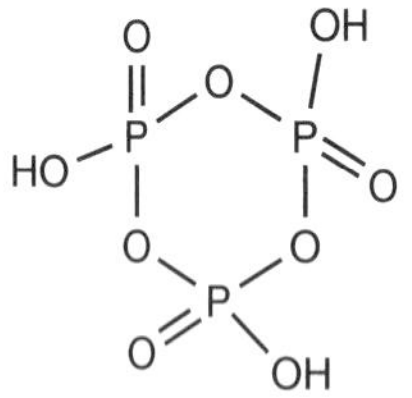

    $H_3P_3O_9$

    トリ-μ-オキシド-トリス(ヒドロキシドオキシドリン)

    tri-μ-oxido-tris(hydroxidooxidophosphorus)

    または，配位子をもつ六員環として

    2,4,6-トリヒドロキシド-2,4,6-トリオキシド-1,3,5-トリオキシ-2,4,6-トリホスフィ-[6]サイクル

    2,4,6-trihydroxido-2,4,6-trioxido-1,3,5-trioxy-2,4,6-triphosphy-[6]cycle

6. 関連化合物 catena-三リン酸 catena-triphosphoric acid は，三核錯体として命名することができる．

```
        O        O        O
        ‖        ‖        ‖
HO—P—O—P—O—P—OH
        |        |        |
       OH       OH       OH
```

$H_5P_3O_{10}$

ペンタヒドロキシド-$1κ^2O,2κ^2O,3κO$-ジ-μ-オキシド-$1:3κ^2O;2:3κ^2O$-トリオキシド-$1κO,2κO,3κO$-三リン

pentahydroxido-$1κ^2O,2κ^2O,3κO$-di-μ-oxido-$1:3κ^2O;2:3κ^2O$-trioxido-$1κO,2κO,3κO$-triphosphorus

または，架橋ホスファート配位子をもつ対称的な複核錯体として，

μ-（ヒドロキシドトリオキシド-$1κO,2κO'$-ホスファト）-ビス（ジヒドロキシドオキシドリン）

μ-(hydroxidotrioxido-$1κO,2κO'$-phosphato)-bis(dihydroxidooxidophosphorus)

または，二つのホスファート配位子をもつ単核の錯体として

ビス（ジヒドロキシドジオキシドホスファト）ヒドロキシドオキシドリン

bis(dihydroxidodioxidophosphato)hydroxidooxidophosphorus

または，配位子をもつ七員鎖として

1,7-ジヒドリド-2,4,6-トリヒドロキシド-2,4,6-トリオキシド-1,3,5,7-テトラオキシ-2,4,6-トリホスフィ-[7]カテナ

1,7-dihydrido-2,4,6-trihydroxido-2,4,6-trioxido-1,3,5,7-tetraoxy-2,4,6-triphosphy-[7]catena

'酸'という語を含む慣用名が現勧告においても許容されているすべての無機オキソ酸を，その体系的名称がどのように与えられるかを示すために，付加式名称とともに表 IR-8.1 に列挙した．

文献2から削除された名称，たとえばセレン酸 selenic acid と次亜臭素酸 hypobromous acid は，あいまいさがなくて現在でもよく使用されているので，復活している（官能基代置命名法における母体名称としての使用も含めて．IR-8.6 を見よ）．

表 IR-8.1 には中性のオキソ酸から一連の脱プロトン化により誘導される陰イオンも入っている．これらの陰イオンの多くはまた，ある場合にはそれらが現在ではすでに放棄されている命名法の原則に基づくものであるという事実にもかかわらず，現在においても受け入れられている慣用名である（たとえば，硝酸イオン nitrate/亜硝酸イオン nitrite, 過塩素酸イオン perchlorate/塩素酸イオン chlorate/亜塩素酸イオン chlorite/次亜塩素酸イオン hypochlorite）．接頭語 'hydrogen' のついた名称については，IR-8.4 および IR-8.5 を見よ．

表 IR-8.1 に化学種が記載されているからといって，文献に記述されているとか，あるいは過去において命名する必要があったということを意味しているのではない．いくつかの名称は表を網羅的にするためや，有機誘導体を命名するときに利用可能な母体名称を組立てるためだけに，表記されている．

表 IR-8.1 オキソ酸および関連する構造をとる化合物の許容される慣用名(付加式)名称

この表は、少なくとも一つの OH 基とともに酸素、水素およびおそらくはもう一つの他の元素からなる化合物；ある種の異性体；対応する部分的なあるいは完全に脱ヒドロキシ化した化学種を示す。化学式は古典的なオキソ酸の形式で記述され、最初に'酸'性の(酸素の)水素、つぎに中心原子、中心原子に直接結合した水素、そして酸素原子の順番で並べられる(たとえば $HBH_2O = [BH_2(OH)]$)。例外としてはたとえば $HOCN$ のような鎖状化合物があげられる。多くの場合、IR-7の規則に従い、錯体としても表記されている(たとえば、'$HBH_2O = [BH_2(OH)]$' および '$H_2SO_4 = [SO_2(OH)_2]$' と表記してある)。その他のオキソアニオン種の名称は、付表 IX にまとめてある。文献1のP-42には、有機誘導体を命名する際の母体名称となる相当数の無機オキソアニオン種の一覧表が記載されている。(IR-8.1 の議論を見よ。) それらの化学種のほとんどがこの表に含まれているが、すべてではない。とりわけ、複核酸および多核酸は、必ずしも網羅されてはいえない。

化学式	許容慣用名(特記しない限り)	体系的付加式名称
$H_3BO_3 = [B(OH)_3]$	ホウ酸 boric acid [a]	トリヒドロキシドホウ素 trihydroxidoboron
$H_2BO_3^- = [BO(OH)_2]^-$	ホウ酸二水素イオン dihydrogenborate	ジヒドロキシドオキシドホウ酸(1−)イオン dihydroxidooxidoborate(1−)
$HBO_3^{2-} = [BO_2(OH)]^{2-}$	ホウ酸水素イオン hydrogenborate	ヒドロキシドジオキシドホウ酸(2−)イオン hydroxidodioxidoborate(2−)
$[BO_3]^{3-}$	ホウ酸イオン borate	トリオキシドホウ酸(3−)イオン trioxidoborate(3−)
$(HBO_2)_n = (B(OH)O)_n$	メタホウ酸 metaboric acid	catena-ポリ[ヒドロキシドホウ素-µ-オキシド] catena-poly[hydroxidoboron-µ-oxido]
$(BO_2^-)_n = (OBO)_n^{n-}$	メタホウ酸イオン metaborate	catena-ポリ[(オキシドホウ素-µ-オキシド)(1−)]イオン catena-poly[(oxidoborate-µ-oxido)(1−)]
$H_2BHO_2 = [BH(OH)_2]$	ボロン酸 boronic acid	ヒドリドジヒドロキシドホウ素 hydridodihydroxidoboron
$HBH_2O = [BH_2(OH)]$	ボリン酸 borinic acid	ジヒドリドヒドロキシドホウ素 dihydridohydroxidoboron
$H_2CO_3 = [CO(OH)_2]$	炭酸 carbonic acid	ジヒドロキシドオキシド炭素 dihydroxidooxidocarbon
$HCO_3^- = [CO_2(OH)]^-$	炭酸水素イオン hydrogencarbonate	ヒドロキシドジオキシド炭酸(1−)イオン hydroxidodioxidocarbonate(1−)
$[CO_3]^{2-}$	炭酸イオン carbonate	トリオキシド炭酸(2−)イオン trioxidocarbonate(2−)
$HOCN = [C(N)OH]$	シアン酸 cyanic acid	ヒドロキシドニトリドオキシド炭素 hydroxidonitridocarbon
$HNCO = [C(NH)O]$	イソシアン酸 isocyanic acid	アザンジイドオキシド炭素 azanediidooxidocarbon, (ヒドリ)ドニトラト(hydridonitrato)オキシド炭素
$OCN^- = [C(N)O]^-$	シアン酸イオン cyanate	ニトリドオキシド炭酸(1−)イオン nitridooxidocarbonate(1−)
$HONC = [N(C)OH]$	[b]	カルビドヒドロキシドチッ素 carbidohydroxidonitrogen
$HCNO = [N(CH)O]$	[b]	(ヒドリ)ドカルボニドオキシドチッ素 (hydridocarbonato)oxidonitrogen
$ONC^- = [N(C)O]^-$	[b]	カルビドオキシド硝酸(1−)イオン carbidooxidonitrate(1−)
$H_4SiO_4 = [Si(OH)_4]$	ケイ酸 silicic acid [a]	テトラヒドロキシドケイ素 tetrahydroxidosilicon
$[SiO_4]^{4-}$	ケイ酸イオン silicate	テトラオキシドケイ酸(4−)イオン tetraoxidosilicate(4−)
$(H_2SiO_3)_n = (Si(OH)_2O)_n$	メタケイ酸 metasilicic acid	catena-ポリ[ジヒドロキシドケイ素-µ-オキシド] catena-poly[dihydroxidosilicon-µ-oxido]
$(SiO_3^{2-})_n = (SiO_2O)_n^{2n-}$	メタケイ酸イオン metasilicate	catena-ポリ[(ジオキシドケイ酸-µ-オキシド)(1−)]イオン catena-poly[(dioxidosilicate-µ-oxido)(1−)]

$H_6Si_2O_7 = [(HO)_3SiOSi(OH)_3]$	二ケイ酸 disilicic acid[c]	μ-オキシド-ビス(トリヒドロキシドケイ素) μ-oxido-bis(trihydroxidosilicon)
$[Si_2O_7]^{6-} = [O_3SiOSiO_3]^{6-}$	二ケイ酸イオン disilicate	μ-オキシド-ビス(トリオキシドケイ酸)(6−)イオン μ-oxido-bis(trioxidosilicate)(6−)
	[d]	
$H_2NO_3^+ = [NO(OH)_2]^+$		ジヒドロキシドオキシド窒素(1+) dihydroxidooxidonitrogen(1+), (トリ)オキシドニ水素(1+) dihydrogen(trioxidonitrate)(1+)
$HNO_3 = [NO_2(OH)]$	硝酸 nitric acid	ヒドロキシドジオキシド窒素 hydroxidodioxidonitogen
$[NO_3]^-$	硝酸イオン nitrate	トリオキシド硝酸(1−)イオン trioxidonitrate(1−)
$H_2NHO = [NH_2OH]$	ヒドロキシルアミン hydroxylamine[e]	ジヒドリドヒドロキシド窒素 dihydridohydroxidonitrogen
$H_2NHO_3 = [NHO(OH)_2]$	アゾン酸 azonic acid	ヒドリドジヒドロキシドオキシド窒素 hydridodihydroxidooxidonitrogen
$HNO_2 = [NO(OH)]$	亜硝酸 nitrous acid	ヒドロキシドオキシド窒素 hydroxidooxidonitrogen
$[NO_2]^-$	亜硝酸イオン nitrite	ジオキシド硝酸(1−)イオン dioxidonitrate(1−)
$HNH_2O_2 = [NH_2O(OH)]$	アジン酸 azinic acid	ジヒドリドヒドロキシドオキシド窒素 dihydridohydroxidooxidonitrogen
$H_2N_2O_2 = [HON=NOH]$	ジアゼンジオール diazenediol[f]	ビス(ヒドロキシド窒素)$(N-N)$ bis(hydroxidonitrogen)$(N-N)$ または 1,4-ジヒドリド-2,3-ジアジ-1,4-ジオキシ-[4]カテナ 1,4-dihydrido-2,3-diazy-1,4-dioxy-[4]catena
$HN_2O_2^- = [HON=NO]^-$	2-ヒドロキシジアゼン-1-オラートイオン 2-hydroxydiazen-1-olate[f]	ヒドロキシド-1κO-オキシド-2κO-二硝酸$(N-N)(1-)$イオン hydroxido-1κO-oxido-2κO-dinitrate$(N-N)(1-)$ または 1-ヒドリド-2,3-ジアジ-1,4-ジオキシ-[4]カテナート(1−)イオン 1-hydrido-2,3-diazy-1,4-dioxy-[4]catenate(1−)
$[N_2O_2]^{2-} = [ON=NO]^{2-}$	ジアゼンジオラートイオン diazenediolate[f]	ビス(オキシド硝酸)$(N-N)(2-)$イオン bis(oxidonitrate)$(N-N)(2-)$ または 2,3-ジアジ-1,4-ジオキシ-[4]カテナート(2−)イオン 2,3-diazy-1,4-dioxy-[4]catenate(2−)
$H_3PO_4 = [PO(OH)_3]$	リン酸 phosphoric acid[a]	トリヒドロキシドオキシドリン trihydroxidooxidophosphorus
$H_2PO_4^- = [PO_2(OH)_2]^-$	リン酸二水素イオン dihydrogenphosphate	ジヒドロキシドジオキシドリン酸(1−)イオン dihydroxidodioxidophosphate(1−)
$HPO_4^{2-} = [PO_3(OH)]^{2-}$	リン酸水素イオン hydrogenphosphate	ヒドロキシドトリオキシドリン酸(2−)イオン hydroxidotrioxidophosphate(2−)
$[PO_4]^{3-}$	リン酸イオン phosphate	テトラオキシドリン酸(3−)イオン tetraoxidophosphate(3−)
$H_2PHO_3 = [PHO(OH)_2]$	ホスホン酸 phosphonic acid[g]	ヒドリドジヒドロキシドオキシドリン hydridodihydroxidooxidophosphorus
$[PHO_2(OH)]^-$	ホスホン酸水素イオン hydrogenphosphonate	ヒドリドヒドロキシドジオキシドリン酸(1−)イオン hydridohydroxidodioxidophosphate(1−)
$[PHO_3]^{2-}$	ホスホン酸イオン phosphonate	ヒドリドトリオキシドリン酸(2−)イオン hydridotrioxidophosphate(2−)
$H_3PO_3 = [P(OH)_3]$	亜リン酸 phosphorous acid[g]	トリヒドロキシドリン trihydroxidophosphorus
$H_2PO_3^- = [PO(OH)_2]^-$	亜リン酸二水素イオン dihydrogenphosphite	ジヒドロキシドオキシドリン酸(1−)イオン dihydroxidooxidophosphate(1−)

表 IR-8.1（つづき）

化学式	許容慣用名（特記しない限り）	体系的加式名称
$HPO_3^{2-} = [PO_2(OH)]^{2-}$	亜リン酸水素イオン hydrogenphosphite	ヒドロキシドジオキシドリン酸(2−)イオン hydroxidodioxidophophate(2−)
$[PO_3]^{3-}$	亜リン酸イオン phosphite	トリオキシドリン酸(3−)イオン trioxidophosphate(3−)
$HPO_2 = [P(O)OH]$	ヒドロキシホスファノン hydroxyphosphanone[h]	ヒドロキシドオキシドリン hydroxidooxidophosphorus
$HPO_2 = [P(H)O_2]$	λ^5-ホスファンジオン λ^5-phosphanedione[h]	ヒドリドジオキシドリン hydridodioxidophosphorus
$H_2PHO_2 = [PH(OH)_2]$	亜ホスホン酸 phosphonous acid	ヒドリドジヒドロキシドリン hydridodihydroxidophosphorus
$HPH_2O_2 = [PH_2O(OH)]$	ホスフィン酸 phosphinic acid	ジヒドリドヒドロキシドオキシドリン dihydridohydroxidooxidophosphorus
$HPH_2O = [PH_2(OH)]$	亜ホスフィン酸 phosphinous acid	ジヒドリドヒドロキシドリン dihydridohydroxidophosphorus
$H_4P_2O_7 = [(HO)_2P(O)OP(O)(OH)_2]$	二リン酸 diphosphoric acid[c]	μ-オキシド-ビス(ジヒドロキシドオキシドリン) μ-oxido-bis(dihydroxidooxidophosphorus)
$(HPO_3)_n = \{P(O)(OH)O\}_n$	メタリン酸 metaphosphoric acid	catena-ポリ[ヒドロキシドオキシドリン]-μ-オキシド] catena-poly[hydroxidooxidophosphorus μ-oxido]
$H_4P_2O_6 = [(HO)_2P(O)P(O)(OH)_2]$	次リン酸 hypodiphosphoric acid	ビス(ジヒドロキシドオキシドリン)(P–P) bis(dihydroxidooxidophosphorus)(P–P)
$H_2P_2H_2O_5 = [(HO)P(H)(O)OP(H)(O)(OH)]$	ジホスホン酸 diphosphonic acid	μ-オキシド-ビス(ヒドリドヒドロキシドオキシドリン) μ-oxido-bis(hydridohydroxidooxidophosphorus)
$P_2H_2O_5^{2-} = [O_2P(H)OP(H)(O)_2]^{2-}$	ジホスホン酸イオン diphosphonate	μ-オキシド-ビス(ヒドリドジオキシドリン)(2−)イオン μ-oxido-bis(hydridodioxidophosphorus)(2−)
$H_3P_3O_9$	cyclo-三リン酸 cyclo-triphosphoric acid	トリ-μ-オキシド-トリス(ヒドロキシドオキシドリン) または 2,4,6-トリヒドロキシド-2,4,6-トリオキシド-1,3,5-トリオキシ-2,4,6-トリホスファイ-[6]サイクル tri-μ-oxido-tris(hydroxidooxidophosphorus) または 2,4,6-trihydroxido-2,4,6-trioxido-1,3,5-trioxy-2,4,6-triphosphy-[6]cycle
$H_5P_3O_{10}$	catena-三リン酸 catena-triphosphoric acid 三リン酸 triphosphoric acid[c]	ペンタヒドロキシド-1κ^2O,2κO,3κ^2O-di-μ-oxido-trioxido-1κO,2κO,3κO-triphosphorus pentahydroxido-1κ^2O,2κO,3κ^2O-di-μ-oxido-trioxido-1κO,2κO,3κO-triphosphorus または μ-(ヒドロキシドトリオキシドホスファト-1κO,2κO)-ビス(ジヒドロキシドオキシドリン) μ-(hydroxidotrioxidophosphato-1κO,2κO)-bis(dihydroxidooxidophosphorus) または 1,7-ジヒドリド-2,4,6-トリヒドロキシド-2,4,6-トリオキシド-1,3,5,7-テトラオキシ-2,4,6-トリホスフィ-[7]カテナ 1,7-dihydrido-2,4,6-trihydroxido-2,4,6-trioxido-1,3,5,7-tetraoxy-2,4,6-triphosphy-[7]catena

$H_3AsO_4 = [AsO(OH)_3]$	ヒ酸　arsenic acid, arsoric acid[i]	トリヒドロキシドオキシドヒ素　trihydroxidooxidoarsenic
$H_3AsO_3 = [As(OH)_3]$	亜ヒ酸　arsenous acid, arsorous acid[i]	トリヒドロキシドヒ素　trihydroxidoarsenic
$H_2AsHO_3 = [AsHO(OH)_2]$	アルソン酸　arsonic acid	ヒドリドジヒドロキシドオキシドヒ素　hydridodihydroxidooxidoarsenic
$H_2AsHO_2 = [AsH(OH)_2]$	アルソン酸　arsonous acid	ヒドリドジヒドロキシドヒ素　hydridodihydroxidoarsenic
$HAsH_2O_2 = [AsH_2O(OH)]$	アルシン酸　arsinic acid	ジヒドリドヒドロキシドオキシドヒ素　dihydridohydroxidooxidoarsenic
$HAsH_2O = [AsH_2(OH)]$	亜アルシン酸　arsinous acid	ジヒドリドヒドロキシドヒ素　dihydridohydroxidoarsenic
$H_3SbO_4 = [SbO(OH)_3]$	アンチモン酸　antimonic acid, stiboric acid[i]	トリヒドロキシドオキシドアンチモン　trihydroxidooxidoantimony
$H_3SbO_3 = [Sb(OH)_3]$	亜アンチモン酸　antimonous acid, stiborous acid[i]	トリヒドロキシドアンチモン　trihydroxidoantimony
$H_2SbHO_3 = [SbHO(OH)_2]$	スチボン酸　stibonic acid	ヒドリドジヒドロキシドオキシドアンチモン　hydridodihydroxidooxidoantimony
$H_2SbHO_2 = [SbH(OH)_2]$	亜スチボン酸　stibonous acid	ヒドリドジヒドロキシドアンチモン　hydridodihydroxidoantimony
$HSbH_2O_2 = [SbH_2O(OH)]$	スチビン酸　stibinic acid	ジヒドリドヒドロキシドオキシドアンチモン　dihydridohydroxidooxidoantimony
$HSbH_2O = [SbH_2(OH)]$	亜スチビン酸　stibinous acid	ジヒドリドヒドロキシドアンチモン　dihydridohydroxidoantimony
$H_3SO_4{}^+ = [SO(OH)_3]^+$	[d]	トリヒドロキシドオキシド硫黄(1+)　trihydroxidooxidosulfur(1+)　(テトラオキシドトリオキシド硫酸)三水素(1+)　trihydrogen(tetraoxidosulfate)(1+)
$H_2SO_4 = [SO_2(OH)_2]$	硫酸　sulfuric acid	ジヒドロキシドジオキシド硫黄　dihydroxidodioxidosulfur
$HSO_4{}^- = [SO_3(OH)]^-$	硫酸水素イオン　hydrogensulfate	ヒドロキシドトリオキシド硫酸(1−)イオン　hydroxidotrioxidosulfate(1−)
$[SO_4]^{2-}$	硫酸イオン　sulfate	テトラオキシド硫酸(2−)イオン　tetraoxidosulfate(2−)
$HSHO_3 = [SHO_2(OH)]$	スルホン酸　sulfonic acid[j]	ヒドリドヒドロキシドジオキシド硫黄　hydridohydroxidodioxidosulfur
$H_2SO_3 = [SO(OH)_2]$	亜硫酸　sulfurous acid	ジヒドロキシドオキシド硫黄　dihydroxidooxidosulfur
$HSO_3{}^- = [SO_2(OH)]^-$	亜硫酸水素イオン　hydrogensulfite	ヒドロキシドジオキシド硫酸(1−)イオン　hydroxidodioxidosulfate(1−)
$[SO_3]^{2-}$	亜硫酸イオン　sulfite	トリオキシド硫酸(2−)イオン　trioxidosulfate(2−)
$HSHO_2 = [SHO(OH)]$	スルフィン酸　sulfinic acid[j]	ヒドリドヒドロキシドオキシド硫黄　hydridohydroxidooxidosulfur
$H_2SO_2 = [S(OH)_2]$	スルファンジオール　sulfanediol[k]	ジヒドロキシド硫黄　dihydroxidosulfur
$[SO_2]^{2-}$	スルファンジオラート　sulfanediolate[k]	ジオキシド硫酸(2−)イオン　dioxidosulfate(2−)
$HSOH = [SH(OH)]$	スルファノール　sulfanol[k]	ヒドリドヒドロキシド硫黄　hydridohydroxidosulfur
$HSO^- = [SHO]^-$	スルファノラートイオン　sulfanolate[k]	ヒドリドオキシド硫酸(1−)イオン　hydridooxidosulfate(1−)
$H_2S_2O_7 = [(HO)S(O)_2OS(O)_2(OH)]$	二硫酸　disulfuric acid[c]	μ-オキシド-ビス(ヒドロキシドジオキシド硫黄)　μ-oxido-bis(hydroxidodioxidosulfur)
$[S_2O_7]^{2-} = [(O)_3SOS(O)_3]^{2-}$	二硫酸イオン　disulfate	μ-オキシド-ビス(トリオキシド硫酸)(2−)イオン　μ-oxido-bis(trioxidosulfate)(2−)

表 IR-8.1 （つづき）

化学式	許容慣用名（特記しない限り）	体系的付加式名称
$H_2S_2O_6 = [(HO)(O)_2SS(O)_2(OH)]$	ジチオン酸 dithionic acid[c,l]	ビス(ヒドロキシドジオキシド硫黄)(S–S) bis(hydroxidodioxidosulfur)(S–S) または 1,4-ジヒドリド-2,2,3,3-テトラオキシド-1,4-ジオキシン-2,3-ジスルフィ-[4]カテナ 1,4-dihydrido-2,2,3,3-tetraoxido-1,4-dioxy-2,3-disulfy-[4]catena
$[S_2O_6]^{2-} = [O_3SSO_3]^{2-}$	ジチオン酸イオン dithionate	ビス(トリオキシド硫酸)(S–S)(2–)イオン bis(trioxidosulfate)(S–S)(2–) または 2,2,3,3-テトラオキシド-1,4-ジオキシン-2,3-ジスルフィ-[4]カテナート(2–)イオン 2,2,3,3-tetraoxido-1,4-dioxy-2,3-disulfy-[4]catenate(2–)
$H_2S_3O_6 = [(HO)(O)_2SSS(O)_2(OH)]$	トリチオン酸 trithionic acid[c,m]	1,5-ジヒドリド-2,2,4,4-テトラオキシド-1,5-ジオキシン-2,3,4-トリスルフィ-[5]カテナ 1,5-dihydrido-2,2,4,4-tetraoxido-1,5-dioxy-2,3,4-trisulfy-[5]catena
$H_2S_4O_6 = [(HO)(O)_2SSSS(O)_2(OH)]$	テトラチオン酸 tetrathionic acid[c,m]	1,6-ジヒドリド-2,2,5,5-テトラオキシド-1,6-ジオキシン-2,3,4,5-テトラスルフィ-[6]カテナ 1,6-dihydrido-2,2,5,5-tetraoxido-1,6-dioxy-2,3,4,5-tetrasulfy-[6]catena
$H_2S_2O_5 = [(HO)(O)_2SS(O)OH]$	二亜硫酸 disulfurous acid[n] 二亜硫酸イオン disulfite[n]	ジヒドリド-1κO,2κO-トリオキシド-1κ^2O,2κO-二硫黄(S–S) dihydrido-1κO,2κO-trioxido-1κ^2O,2κO-disulfur(S–S)
$[S_2O_5]^{2-} = [O(O)_2SS(O)O]^{2-}$		ペンタオキシド-1κ^3O,2κ^2O-二硫酸(S–S)(2–)イオン pentaoxido-1κ^3O,2κ^2O-disulfate(S–S)(2–)
$H_2S_2O_4 = [(HO)(O)SS(O)(OH)]$	亜ジチオン酸 dithionous acid[c,l]	ビス(ヒドロキシドオキシド硫黄)(S–S) bis(hydroxidooxidosulfur)(S–S) または 1,4-ジヒドリド-2,3-ジオキシド-1,4-ジオキシン-2,3-ジスルフィ-[4]カテナ 1,4-dihydrido-2,3-dioxido-1,4-dioxy-2,3-disulfy-[4]catena
$[S_2O_4]^{2-} = [O_2SSO_2]^{2-}$	亜ジチオン酸イオン dithionite	ビス(ジオキシド硫酸)(S–S)(2–)イオン bis(dioxidosulfate)(S–S)(2–) または 2,3-ジオキシド-1,4-ジオキシン-2,3-ジスルフィ-[4]カテナート(2–)イオン 2,3-dioxido-1,4-dioxy-2,3-disulfy-[4]catenate(2–)
$H_2SeO_4 = [SeO_2(OH)_2]$	セレン酸 selenic acid	ジヒドロキシドジオキシドセレン dihydroxidodioxidoselenium
$[SeO_4]^{2-}$	セレン酸イオン selenate	テトラオキシドセレン酸(2–)イオン tetraoxidoselenate(2–)
$H_2SeO_3 = [SeHO_2(OH)]$	セレノン酸 selenonic acid[j,o]	ヒドリドヒドロキシドジオキシドセレン hydridohydroxidodioxidoselenium
$H_2SeO_3 = [SeO(OH)_2]$	亜セレン酸 selenous acid[o]	ジヒドロキシドオキシドセレン dihydroxidooxidoselenium
$[SeO_3]^{2-}$	亜セレン酸イオン selenite	トリオキシドセレン酸(2–)イオン trioxidoselenate(2–)

式	酸/イオン名	体系名
$HSeO_2 = [SeHO(OH)]$	セレニン酸 seleninic acid[j]	ヒドリドヒドロキシドオキシドセレン hydridohydroxidooxidoselenium
$H_6TeO_6 = [Te(OH)_6]$	オルトテルル酸 orthotelluric acid[a]	ヘキサヒドロキシドテルル hexahydroxidotellurium
$[TeO_6]^{6-}$	オルトテルル酸イオン orthotellurate(6−)[a]	ヘキサオキシドテルル酸(6−)イオン hexaoxidotellurate(6−)
$H_2TeO_4 = [TeO_2(OH)_2]$	テルル酸 telluric acid[a]	ジヒドロキシドジオキシドテルル dihydroxidodioxidotellurium
$[TeO_4]^{2-}$	テルル酸イオン tellurate[a]	テトラオキシドテルル酸(2−)イオン tetraoxidotellurate(2−)
$H_2TeO_3 = [TeO(OH)_2]$	亜テルル酸 tellurous acid	ジヒドロキシドオキシドテルル dihydroxidooxidotellurium
$HTeO_3 = [TeHO_2(OH)]$	テルロン酸 telluronic acid[j]	ヒドリドヒドロキシドジオキシドテルル hydridohydroxidodioxidotellurium
$HTeO_2 = [TeHO(OH)]$	亜テルリン酸 tellurinic acid[j]	ヒドリドヒドロキシドオキシドテルル hydridohydroxidooxidotellurium
$HClO_4 = [ClO_3(OH)]$	過塩素酸 perchloric acid	ヒドロキシドトリオキシド塩素 hydroxidotrioxidochlorine
$[ClO_4]^-$	過塩素酸イオン perchlorate	テトラオキシド塩素酸(1−)イオン tetraoxidochlorate(1−)
$HClO_3 = [ClO_2(OH)]$	塩素酸 chloric acid	ヒドロキシドジオキシド塩素 hydroxidodioxidochlorine
$[ClO_3]^-$	塩素酸イオン chlorate	トリオキシド塩素酸(1−)イオン trioxidochlorate(1−)
$HClO_2 = [ClO(OH)]$	亜塩素酸 chlorous acid	ヒドロキシドオキシド塩素 hydroxidooxidochlorine
$[ClO_2]^-$	亜塩素酸イオン chlorite	ジオキシド塩素酸(1−)イオン dioxidochlorate(1−)
$HClO = [O(H)Cl]$	次亜塩素酸 hypochlorous acid	クロリドヒドリド酸素 chloridohydridooxygen
$[OCl]^-$	次亜塩素酸イオン hypochlorite	クロリド酸素酸(1−)イオン chloridooxygenate(1−)
$HBrO_4 = [BrO_3(OH)]$	過臭素酸 perbromic acid	ヒドロキシドトリオキシド臭素 hydroxidotrioxidobromine
$[BrO_4]^-$	過臭素酸イオン perbromate	テトラオキシド臭素酸(1−)イオン tetraoxidobromate(1−)
$HBrO_3 = [BrO_2(OH)]$	臭素酸 bromic acid	ヒドロキシドジオキシド臭素 hydroxidodioxidobromine
$[BrO_3]^-$	臭素酸イオン bromate	トリオキシド臭素酸(1−)イオン trioxidobromate(1−)
$HBrO_2 = [BrO(OH)]$	亜臭素酸 bromous acid	ヒドロキシドオキシド臭素 hydroxidooxidobromine
$[BrO_2]^-$	亜臭素酸イオン bromite	ジオキシド臭素酸(1−)イオン dioxidobromate(1−)
$HBrO = [O(H)Br]$	次亜臭素酸 hypobromous acid	ブロミドヒドリド酸素 bromidohydridooxygen
$[OBr]^-$	次亜臭素酸イオン hypobromite	ブロミド酸素酸(1−)イオン bromidooxygenate(1−)
$H_5IO_6 = [IO(OH)_5]$	オルト過ヨウ素酸 orthoperiodic acid[a]	ペンタヒドロキシドオキシドヨウ素 pentahydroxidooxidoiodine
$[IO_6]^{5-}$	オルト過ヨウ素酸イオン orthoperiodate[a]	ヘキサオキシドヨウ素酸(5−)イオン hexaoxidoiodate(5−)
$HIO_4 = [IO_3(OH)]$	過ヨウ素酸 periodic acid[a]	ヒドロキシドトリオキシドヨウ素 hydroxidotrioxidoiodine
$[IO_4]^-$	過ヨウ素酸イオン periodate[a]	テトラオキシドヨウ素酸(1−)イオン tetraoxidoiodate(1−)
$HIO_3 = [IO_2(OH)]$	ヨウ素酸 iodic acid	ヒドロキシドジオキシドヨウ素 hydroxidodioxidoiodine
$[IO_3]^-$	ヨウ素酸イオン iodate	トリオキシドヨウ素酸(1−)イオン trioxidoiodate(1−)
$HIO_2 = [IO(OH)]$	亜ヨウ素酸 iodous acid	ヒドロキシドオキシドヨウ素 hydroxidooxidoiodine
$[IO_2]^-$	亜ヨウ素酸イオン iodite	ジオキシドヨウ素酸(1−)イオン dioxidoiodate(1−)

表 IR-8.1 (つづき)

化学式	許容慣用名 (特記しない限り)	体系的付加式名称
$HIO = [O(H)I]$ $[OI]^-$	次亜ヨウ素酸 hypoiodous acid 次亜ヨウ素酸イオン hypoiodite	ヒドリドヨージド酸素 hydridoiodidooxygen ヨージド酸素酸(1−)イオン iodidooxygenate(1−)

a 接頭語 'オルト ortho' はこれまで首尾一貫して用いられてきたわけではない (文献 2 の I-9 を含めて). 'オルト ortho' がなくても名称にあいまいさが残らないので, ホウ酸, ケイ酸, リン酸では省略されている. 'オルト ortho' が二つの異なった化合物を区別する場合は, テルル酸と過ヨウ素酸 (および対応する陰イオン) のみである.

b '雷酸 fulminic acid' と 'イソ雷酸 isofulminic acid' という名称はこれまで一貫性なく用いられてきた. もともと '雷酸' という化合物は HCNO であり, オキシマ酸ではない. 有機化学において, 通常 'fulminate' とよばれるエステルは RONC であり, オキシマ酸 HONC に対応する. 右側欄の付加式名称は構造を明示している. HCNO および HONC の推奨される有機名称は千酸ニトリルオキシド formonitrile oxide および λ²-メチリデンヒドロキシルアミン λ²-methylidenehydroxylamine である (文献 1 の P-61.9 を見よ. 付表 IX の CHNO および CNO の項目も併せて見よ.)

c 一連のオリゴマーは以下の通り続く. 三リン酸 triphosphoric acid など, ジリン酸 diphosphoric acid, トリチオン酸 trithionic acid, テトラチオン酸 tetrathionic acid など, 亜ジチオン酸 dithionous acid, 亜トリチオン酸 trithionous acid など.

d 'nitric acidium' という酸を示す名称 'sulfuric acidium' および 'sulfuric acidium' はいくつかの命名法を組合わせたものであり, 言語によっては翻訳しにくい. これらの使用はもはや許されていない.

e 置換式名称はアザノール azanol である. しかし, ある種の有機誘導体の推奨名では, NH_2OH 自体をヒドロキシルアミン hydroxylamine という名称で母体名とみなす. 文献 1 の P-68.3 を見よ.

f これらは体系式置換名称である '次亜硝酸 hyponitrous acid' と '次亜硝酸イオン hyponitrite' は許されていない. 接頭語 'hypo' を使用する場合の体系的名称は, 'hypodinitrous' および 'hypodinitrite' となる.

g 亜リン酸 phosphorous acid という名称と化学式 H_3PO_3 は文献では $[PHO(OH)_2]$ および $[P(OH)_3]$ の両方に対して用いられてきた. 現在ではこれら二つの化学種の名称はそれぞれ亜ホスホン酸 phosphonic acid および亜ホスフィン酸 phosphinic acid とされ, 文献 1 の P-42.3 および P-42.4 に記載されている母体名称と一致している.

h これらは置換式名称である. 'HPO₂' の二つの異性体には通常, '酸' という名称は用いられない.

i 'arsoric, arsorous, stiboric, stiborous' など.

j これらの化合物に対して 'sulfonic acid, sulfinic acid, selenonic acid' などの名称を母体名として使う際には注意が必要である. 置換命名法は対応する官能基名称を導入された誘導体を命名する際, 酸に対して置換するのではなく, 母体水素化物を置換するように規定している. たとえば, トリスルファンジスルホン酸 trisulfanedisulfonic acid (トリスルファンジイル trisulfanediyl)—$S(O)_2$—, —$S(O)_2$—などし, $HS(O)_2^-$, $HS(O)^-$ などでない. 置換基 'スルホニル sulfonyl', 'スルフィニル sulfinyl' をメタンセレン酸 (メチル methyl—…ではない; メタンセレン酸 methaneselenic acid スルホキシル酸 $S(OH)_2$, スルフェン酸 sulfenic acid HSOH をもとにしたこれらそのものは, もはや許されない.

k これらは体系的な置換式名称であるスルホキシル酸 sulfoxylic acid $S(OH)_2$, スルフェン酸 sulfenic acid HSOH をもとにしたこれらそのものは, もはや許されない.

l 接頭語 'hypo' を体系的に使うと, 'ジチオン酸 dithionic acid', 'テトラチオン酸 tetrathionic acid', 'ジチオン酸 dithionous acid' は, '次二亜硫酸 hypodisulfuric acid', 'テトラチオン酸 tetrathionic acid', '次二亜硫酸 hypodisulfurous acid' となる.

m 同族体 'トリチオン酸 trithionic acid', 'テトラチオン酸 tetrathionic acid' などは, 置換命名法によって 'スルファン二硫酸 sulfanedisulfuric acid', 'ジスルファン二硫酸 disulfanedisulfuric acid' などとも命名できる.

n 非対称的な構造は 'diacid' 方式で命名できる構造ではないので, 体系的には $[HO(O)SOS(O)(OH)]$ である (二亜硫酸 disulfurous acid). この慣用名には問題が残る. 付加式名称を用いることでこの混乱を避けることができるが, 二亜硫酸 disulfurous acid を母体名称として, 有機誘導体を命名する際に残っていない.

o 化学式 'H₂SeO₃' は, 文献では '亜セレン酸 selenonic acid', '亜セレン酸 selenous acid' の両方に用いられている. 二つの構造についての現在の名称の名称の選択は, 文献 1 の P-42.1 と P-42.4 に与えられている母体名称と一致している.

IR-8.4 水素名称

水素を含む化合物とイオンのもう一つの命名法をここで述べる．付加命名法で組立てられる陰イオン名称を括弧で囲み，その頭に，'水素 hydrogen' という語を，必要ならば倍数接頭語とともに，スペースをおかずに付ける（IR-2.2 を見よ）．こうして組立てられた名称に，再びスペースをおかず，その化学種あるいは命名する構造単位の全電荷を示す電荷数を後置する（中性の化学種は除く）．

ヒドロンを含む化合物あるいはイオン中で，結合様式（ヒドロンが結合する位置）が不明あるいは明示されないとき（すなわち，二つ以上の互変異性体を明示しないとき，あるいは網目状化合物のような複雑な結合様式を明示したくないときなど）は，水素名称が役に立つ．

つぎの例のいつくかは，以下で詳細に議論する．

例：

1. $H_2P_2O_7^{2-}$
   （二リン酸）二水素イオン　dihydrogen(diphosphate)　または
   [μ-オキシドビス(トリオキシドリン酸)]二水素(2−)イオン
   dihydrogen[μ-oxidobis(trioxidophosphate)](2−)

2. $H_2B_2(O_2)_2(OH)_4$
   （テトラヒドロキシドジ-μ-ペルオキシド-二ホウ酸）二水素
   dihydrogen(tetrahydroxidodi-μ-peroxido-diborate)

3. $H_2Mo_6O_{19} = H_2[Mo_6O_{19}]$
   （ノナデカオキシド六モリブデン酸）二水素
   dihydrogen(nonadecaoxidohexamolybdate)

4. $H_4[SiW_{12}O_{40}] = H_4[W_{12}O_{36}(SiO_4)]$
   [(テトラコンタオキシドケイ素十二タングステン)酸]四水素
   tetrahydrogen[(tetracontaoxidosilicondodecatungsten)ate]　または
   [ヘキサトリアコンタオキシド(テトラオキシドシリカト)十二タングステン酸]四水素
   tetrahydrogen[hexatriacontaoxido(tetraoxidosilicato)dodecatungstate]　または
   （シリコ十二タングステン酸）四水素　tetrahydrogen(silicododecatungstate)

5. $H_3[PMo_{12}O_{40}] = H_3[Mo_{12}O_{36}(PO_4)]$
   [テトラコンタオキシド(リン十二モリブデン)酸]三水素
   trihydrogen[tetracontaoxido(phosphorusdodecamolybdenum)ate]　または
   [ヘキサトリアコンタオキシド(テトラオキシドホスファト)十二モリブデン酸]三水素
   trihydrogen[hexatriacontaoxido(tetraoxidophosphato)dodecamolybdate]　または
   （ホスホ十二モリブデン酸）三水素　trihydrogen(phosphododecamolybdate)

6. $H_6[P_2W_{18}O_{62}] = H_6[W_{18}O_{54}(PO_4)_2]$
   [ドヘキサコンタオキシド(二リン十八タングステン)酸]六水素
   hexahydrogen[dohexacontaoxido(diphosphorusoctadecatungsten)ate]　または
   [テトラペンタコンタオキシドビス(テトラオキシドホスファト)十八タングステン酸]六水素
   hexahydrogen[tetrapentacontaoxidobis(tetraoxidophosphato)octadecatungstate]　または
   （ジホスホ十八タングステン酸）六水素　hexahydrogen(diphosphooctadecatungstate)

7. $H_4[Fe(CN)_6]$　（ヘキサシアニド鉄酸）四水素　tetrahydrogen(hexacyanidoferrate)

8. $H_2[PtCl_6]\cdot 2H_2O$　（ヘキサクロリド白金酸）二水素—水（1/2）
　　　　　　　　　dihydrogen(hexachloridoplatinate)—water (1/2)
9. HCN　（ニトリド炭酸）水素　　hydrogen(nitridocarbonate)

例1では，二つのヒドロンは一つのリン原子についている二つの酸素原子に，あるいはそれぞれのリン原子上の酸素原子に置くことも可能である．したがって，すでに述べた通り，水素名称では，必ずしも構造を完全に明示しない．

同じように，例9の水素名称は原理的には二つの互変異性体を含む．これはまた，慣用的な組成名称'シアン化水素 hydrogen cyanide'にも適用できる．名称'ヒドリドニトリド炭素 hydridonitridocarbon'（付加命名法），'メチリジンアザン methylidyneazane'（置換命名法），'ホルモニトリル formonitrile'（官能基有機命名法 functional organic nomenclature*），はすべてHCNの互変異性体を明示する．

問題とする陰イオンに結合したヒドロンとしての構造の概念を強調したいのなら，互変異性体の問題のない分子状化合物やイオンに対しても，水素名称が使用される．

例:

10. $HMnO_4$　　（テトラオキシドマンガン酸）水素　　　　hydrogen(tetraoxidomanganate)
11. H_2MnO_4　（テトラオキシドマンガン酸）二水素　　　dihydrogen(tetraoxidomanganate)
12. H_2CrO_4　（テトラオキシドクロム酸）二水素　　　　dihyrogen(tetraoxidochromate)
13. $HCrO_4^-$　（テトラオキシドクロム酸）水素（1−）イオン　hydrogen(tetraoxidochromate)(1−)
14. $H_2Cr_2O_7$　（ヘプタオキシド二クロム酸）二水素　　dihydrogen(heptaoxidodichromate)
15. H_2O_2　　（ペルオキシド）二水素　　　　　　　　dihydrogen(peroxide)
16. HO_2^-　　（ペルオキシド）水素（1−）イオン　　　　hydrogen(peroxide)(1−)
17. H_2S　　　（スルフィド）二水素　　　　　　　　　dihydrogen(sulfide)
18. $H_2NO_3^+$　（トリオキシド硝酸）二水素（1+）　　　dihydrogen(trioxidonitrate)(1+)

H_2O_2を表す'過酸化水素 hydrogen peroxide'およびH_2Sを表す'硫化水素 hydrogen sulfide'のような<u>組成名称</u> compositional name では（IR-5），（英語では）名称の電気陽性成分と電気陰性成分の間にスペースがある点で異なることに注意しておく．

'水素 hydrogen'という語が入る上記の型の組成名称は，文献2のI-9.5のオキソ酸の説明で，'水素命名法 hydrogen nomenclature'として分類され，広範にわたる多くの名称が例示されている．しかし，あいまいさを避けるために，ここではその一般的な使用は奨励しない．たとえば，組成名'硫化水素 hydrogen sulfide'と'硫化(2−)水素 hydrogen sulfide(2−)'は，HS^-ともH_2Sとも解釈できる．Na_2Sは硫化ナトリウム sodium sulfide，硫化二ナトリウム disodium sulfide，硫化(2−)ナトリウム sodium sulfide(2−)および硫化(2−)二ナトリウム disodium sulfide(2−)と命名できるが，そのうち1番目と3番目の名称はNaS^-を示すという誤解を与えそうにないものの，それを除けば，H_2Sでの状況とまったく類似する多義性がある．文献2では，そのあいまいさを避けるために，HS^-に対して'硫化水素(1−)イオン hydrogensulfide(1−)'および'硫化一水素イオン monohydrogensulfide'の名称が提案された．（しかし，言語によっては，組成名称ではスペースをおかないので，いずれにしてもきわめて微妙な区別が必要となる．）

訳注　日本化学会 化合物命名法委員会編，"化合物命名法（補訂7版）"，における特性基命名法に対応する．

ここで提案する水素名称 hydrogen names の厳密な定義は，このような混乱を解消するため，以下の必要条件を満たすものとなる．

(i) '水素 hydrogen'は名称の最初につける（英語名称では）．
(ii) 水素の数は，倍数接頭語での明示が必須である．
(iii) 陰イオン部分は括弧の中におく．
(iv) 命名している構造全体の電荷を明示する．

この方法で組立てた水素名称が他の形式の名称と誤解されることはあり得ない．

水素名称に対する上記の形式に対し，唯一許される例外は，IR-8.5 に記載されている少数の限られた陰イオンの省略名称である．

いくつかの場合では，混乱が起こりようもなく，組成名と水素名との間の区別は，ハロゲン化水素で最も顕著なように，それほど重要ではない．すなわち，HCl は，'塩化水素 hydrogen chloride'（組成名称）および'(塩化)水素 hydrogen(chloride)'（水素名称）として，ともにあいまいさなしに命名することができる．

上記の例 1, 3 から 6 および 14 によれば，ホモおよびヘテロポリオキソ酸とその部分的脱ヒドロン化形の名称は，それに対応する陰イオンが命名されたならば，その水素名称として与えられることができることになる．例 4 から 6 は，三つの異なる名称の特徴を例示している．最初の二つの名称は，両方とも陰イオン部分に対しては完全に付加式であるが，構造を配位子と中心原子に分ける方法が異なることに対応している．接頭語'シリコ silico'および'ホスホ phospho'を含む 3 番目の名称は，一般的な準体系的命名法による例であり，あいまいさをなくすためには複雑な規則が必要となるため，一般には推奨されない．

きわめて複雑なホモおよびヘテロポリオキソ陰イオンを命名するための規則は，文献 3 の II-1 に記載されている．

上記の例 10 から 14 は，これまで酸として命名されてきた遷移金属化合物の命名がいかに簡単になるかを示していることに注意されたい．過マンガン酸 permanganic acid，二クロム酸 dichromic acid などのような名称は，現勧告には含まれていない．というのは，それらは体系化して何を含めるかを決定することが困難な領域にあり，また対応する主要族元素の酸を示す'酸'名称とは異なり，有機命名法でその名称を必要としないからである．

最後に，有機多価酸の塩や部分的なエステルの名称では，上記の用法と異なることに注意が必要である．有機命名法では，'水素 hydrogen'は，陰イオン名のすぐ前に，常に陰イオンとは離して記すのであって，たとえばフタル酸水素カリウム potassium hydrogen phthalate，フタル酸水素エチル ethyl hydrogen phthalate となる．

IR-8.5 陰イオンの水素名称の省略形

いくつかのよく知られた陰イオン化学種には，上記の方式に従って組立てた水素名称の短縮形と見なすことができる名称がある．これらの名称は，分子の電荷の明確な表記も括弧もなく，すべて一語で構成され，簡潔で，長年用いられ，あいまいでないことから，その使用が受け入れられている．この一覧は，他の多くの場合では起こりうる不明確さから，あくまで限定的なものとして取扱うことを強く推奨する．（IR-8.4 の議論を見よ．）

陰イオン	許容される短縮した水素名称	水素名称
$H_2BO_3^-$	ホウ酸二水素イオン dihydrogenborate	（トリオキシドホウ酸）二水素（1−）イオン dihydrogen(trioxidoborate)(1−)
HBO_3^{2-}	ホウ酸水素イオン hydrogenborate	（トリオキシドホウ酸）水素（2−）イオン hydrogen(trioxidoborate)(2−)
HCO_3^-	炭酸水素イオン hydrogencarbonate	（トリオキシド炭酸）水素（1−）イオン hydrogen(trioxidocarbonate)(1−)
$H_2PO_4^-$	リン酸二水素イオン dihydrogenphosphate	（テトラオキシドリン酸）二水素（1−）イオン dihydrogen(tetraoxidophosphate)(1−)
HPO_4^{2-}	リン酸水素イオン hydrogenphosphate	（テトラオキシドリン酸）水素（2−）イオン hydrogen(tetraoxidophosphate)(2−)
$HPHO_3^-$	ホスホン酸水素イオン hydrogenphosphonate	（ヒドリドトリオキシドリン酸）水素（1−）イオン hydrogen(hydridotrioxidophosphate)(1−)
$H_2PO_3^-$	亜リン酸二水素イオン dihydrogenphosphite	（トリオキシドリン酸）二水素（1−）イオン dihydrogen(trioxidophosphate)(1−)
HPO_3^{2-}	亜リン酸水素イオン hydrogenphosphite	（トリオキシドリン酸）水素（2−）イオン hydrogen(trioxidophosphate)(2−)
HSO_4^-	硫酸水素イオン hydrogensulfate	（テトラオキシド硫酸）水素（1−）イオン hydrogen(tetraoxidosulfate)(1−)
HSO_3^-	亜硫酸水素イオン hydrogensulfite	（トリオキシド硫酸）水素（1−）イオン hydrogen(trioxidosulfate)(1−)

IR-8.6 オキソ酸誘導体の官能基代置名称

官能基代置命名法（fuctional replacement nomenclature）では，母体オキソ酸の＝O または−OH 基の置換（O→S, O→OO, OH→Cl などのように）は，以下の例に示したとおり，挿入語または接頭語を用いて示す（文献 1，P-67.1 を見よ）．

代置操作	接頭語		挿入語	
OH → NH_2	アミド	amid(o)	アミド	amid(o)
O → OO	ペルオキシ	peroxy	ペルオキソ	peroxo
O → S	チオ	thio	チオ	thio
O → Se	セレノ	seleno	セレノ	seleno
O → Te	テルロ	telluro	テルロ	telluro
OH → F	フルオロ	fluoro	フルオリド	fluorid(o)
OH → Cl	クロロ	chloro	クロリド	chlorid(o)
OH → Br	ブロモ	bromo	ブロミド	bromid(o)
OH → I	ヨード	iodo	ヨージド	iodid(o)
OH → CN	シアノ	cyano	シアニド	cyanid(o)

IR-8.1 の例 5 には，誘導体の母体化合物 HAsCl(OH)S = [AsClH(OH)S] を示す'アルソノクロリドチオ O−酸 arsonochloridothioic O−acid'という名称を導くための，OH→Cl と O→S を示す挿入語の使用例を示した．これはつぎの有機誘導体を命名するために必要となる．

EtAsCl(OH)S　エチルアルソノクロリドチオ O−酸　ethylarsonochloridothioic O−acid

官能基代置名称は，もちろん，誘導される母体酸そのものにも使われる．しかし，そのためには無機命名法では不必要な追加の体系を導入することになる．これまで述べたように，付加および置換命名法は常に使用できる．

表 IR-8.2 官能基代置によるオキソ酸誘導体の許容される慣用名称、官能基代置名称、体系的(付加式)名称

この表は表 IR-8.1 のオキソ酸に関連した化合物、異性体および対応する陰イオンの、許容される慣用名称、官能基代置名称 (IR-8.6 を見よ) および体系的 (付加式) 名称を掲載している。これらの例は、一つ以上の O 原子あるいは一つ以上の OH 基の、他の原子あるいは原子団による代置により誘導される。
化学式は場合によっては、"酸性" (酸素あるいはカルコゲンに結合した) の水素原子を最初においた旧来の形式 (たとえば、$H_2S_2O_3$) で与えられている。多くの場合、化学式はまた配位化合物として (あるいは配位化合物の式だけ) 書かれ、IR-7 の原則に従い、組立てられている (たとえば、$H_2S_2O_3 = [SO(OH)_2S]$).

化学式	許容される慣用名称	官能基代置名称	体系的 (付加式) 名称
$HNO_4 = [NO_2(OOH)]$	ペルオキソ硝酸 peroxynitric acid[a]	ペルオキシ硝酸 peroxynitric acid	(ジオキシダニド)ジオキシド窒素 (dioxidanido)dioxidonitrogen
$NO_4^- = [NO_2(OO)]^-$	ペルオキソ硝酸イオン peroxynitrate[a]	ペルオキシ硝酸イオン peroxynitrate(1−)	ジオキシドペルオキシド硝酸(1−)イオン dioxidoperoxidonitrate(1−)
$[NO(OOH)]$	ペルオキソ亜硝酸 peroxynitrous acid[a]	ペルオキシ亜硝酸 peroxynitrous acid	(ジオキシダニド)オキシド窒素 (dioxidanido)oxidonitrogen
$[NO(OO)]^-$	ペルオキソ亜硝酸イオン peroxynitrite[a]	ペルオキシ亜硝酸イオン peroxynitrite(1−)	オキシドペルオキシド硝酸(1−)イオン oxidoperoxidonitrate(1−)
$NO_2NH_2 = N(NH_2)O_2$	ニトロアミド nitramide	硝酸アミド nitric amide	アミドジオキシド窒素 amidodioxidonitrogen または ジヒドリド-1κ²H-ジオキシド-2κ²O-二窒素(N−N) dihydrido-1κ²H-dioxido-2κ²O-dinitrogen(N−N)
$H_3PO_5 = [PO(OH)_2(OOH)]$	ペルオキソリン酸 peroxyphosphoric acid[a]	ホスホロペルオキソ酸 phosphoroperoxoic acid	(ジオキシダニド)ジヒドロキシドオキシドリン (dioxidanido)dihydroxidooxidophosphorus
$[PO_5]^{3-} = [PO_3(OO)]^{3-}$	ペルオキソリン酸イオン peroxyphosphate[a]	ホスホロペルオキソ酸イオン phosphoroperoxoate	トリオキシドペルオキシドリン酸(3−)イオン trioxidoperoxidophosphate(3−)
$[PCl_3O]$	三塩化ホスホリル phosphoryl trichloride または 三塩化リン酸化物 phosphorus trichloride oxide	三塩化ホスホリル phosphoryl trichloride	トリクロリドオキシドリン trichloridooxidophosphorus
$H_4P_2O_8 = [(HO)_2P(O)OOP(O)(OH)_2]$	ペルオキソ二リン酸 peroxydiphosphoric acid[a]	2-ペルオキシ二リン酸 2-peroxydiphosphoric acid	μ-ペルオキシド-1κO,2κO'-ビス(ジヒドロキシドオキシドリン) μ-peroxido-1κO,2κO'-bis(dihydroxidooxidophosphorus)
$[P_2O_8]^{4-} = [O_3POOPO_3]^{4-}$	ペルオキソ二リン酸イオン peroxydiphosphate[a]	2-ペルオキシ二リン酸イオン 2-peroxydiphophate	μ-ペルオキシド-1κO,2κO'-ビス(トリオキシドリン酸)(4−)イオン μ-peroxido-1κO,2κO'-bis(trioxidophosphate)(4−)
$H_2SO_5 = [SO_2(OH)(OOH)]$	ペルオキソ硫酸 peroxysulfuric acid[a]	スルフロペルオキソ酸 sulfuroperoxoic acid	(ジオキシダニド)ヒドロキシドジオキシド硫黄 (dioxidanido)hydroxidodioxidosulfur
$[SO_5]^{2-} = [SO_3(OO)]^{2-}$	ペルオキソ硫酸イオン peroxysulfate[a]	スルフロペルオキソ酸イオン sulfuroperoxoate	トリオキシドペルオキシド硫酸(2−)イオン trioxidoperoxidosulfate(2−)
$H_2S_2O_8 = [(HO)S(O)_2OOS(O)_2(OH)]$	ペルオキソ二硫酸 peroxydisulfuric acid[a]	2-ペルオキシ二硫酸 2-peroxydisulfuric acid	μ-ペルオキシド-1κO,2κO'-ビス(ヒドロキシドジオキシド硫黄) μ-peroxido-1κO,2κO'-bis(hydroxidodioxidosulfur)
$[S_2O_8]^{2-} = [O_3SOOSO_3]^{2-}$	ペルオキソ二硫酸イオン peroxydisulfate[a]	2-ペルオキシ二硫酸イオン 2-peroxydisulfate	μ-ペルオキシド1κO,2κO'-ビス(トリオキシド硫酸)(2−)イオン μ-peroxido1κO,2κO'-bis(trioxidosulfate)(2−)

表 IR-8.2（つづき）

化学式	許容される慣用名称	官能基代置名称	体系的（付加式）名称
$H_2S_2O_3 = [SO(OH)_2S]$	チオ硫酸 thiosulfuric acid	スルフロチオ酸 O-酸 sulfurothioic O-acid	ジヒドロキシドオキシドスルフィド硫黄 dihydroxidooxidosulfidosulfur
$H_2S_2O_3 = [SO_2(OH)(SH)]$	チオ硫酸 thiosulfuric acid	スルフロチオ酸 S-酸 sulfurothioic S-acid	ヒドロキシドジオキシドスルファニド硫黄 hydroxidodioxidosulfanidosulfur
$S_2O_3^{2-} = [SO_3S]^{2-}$	チオ硫酸イオン thiosulfate	スルフロチオ酸イオン sulfurothioate	トリオキシドスルフィド硫酸(2−)イオン trioxidosulfidosulfate(2−)
$H_2S_2O_2 = [S(OH)_2S]$	チオ亜硫酸 thiosulfurous acid	スルフロ亜チオ酸 O-酸 sulfurothious O-acid	ジヒドロキシドスルフィド硫黄 dihydroxidosulfidosulfur
$H_2S_2O_2 = [SO(OH)(SH)]$	チオ亜硫酸 thiosulfurous acid	スルフロ亜チオ酸 S-酸 sulfurothious S-acid	ヒドロキシドオキシドスルファニド硫黄 hydroxidooxidosulfanidosulfur
$[SO_2S]^{2-}$	チオ亜硫酸イオン thiosulfite	スルフロ亜チオ酸イオン sulfurothioite	ジオキシドスルフィド硫酸(2−)イオン dioxidosulfidosulfate(2−)
$SO_2Cl_2 = [SCl_2O_2]$	二塩化スルフリル sulfuryl dichloride 二塩化二酸化硫黄 sulfur dichloride dioxide	二塩化スルフリル sulfuryl dichloride	ジクロリドジオキシド硫黄 dichloridodioxidosulfur
$SOCl_2 = [SCl_2O]$	二塩化チオニル thionyl dichloride 二塩化酸化硫黄 sulfur dichloride oxide	亜硫酸ジクロリド sulfurous dichloride	ジクロリドオキシド硫黄 dichloridooxidosulfur
$[S(NH_2)O_2(OH)]$	スルファミン酸 sulfamic acid	スルフラミド酸 sulfuramidic acid	アミドヒドロキシドジオキシド硫黄 amidohydroxidodioxidosulfur
$[S(NH_2)_2O_2]$	硫酸ジアミド sulfuric diamide	硫酸ジアミド sulfuric diamide	ジアミドジオキシド硫黄 diamidodioxidosulfur
$HSCN = [C(N)(SH)]$	チオシアン酸 thiocyanic acid		ニトリドスルファニド炭素 nitridosulfanidocarbon
$HNCS = [C(NH)S]$	イソチオシアン酸 isothiocyanic acid		イミドスルフィド炭素 imidosulfidocarbon
SCN^-	チオシアン酸イオン thiocyanate		ニトリドスルフィド炭素(1−)イオン nitridosulfidocarbonate(1−)

a これらの名称は文献4（規則5.22）では，接頭語'ペルオキシ peroxy'ではなく，'ペルオキソ peroxo'で与えられていた．しかし，文献2では，接頭語'ペルオキシ peroxy'を用いた名称は，代わりの接頭語'ペルオキソ peroxo'を与えられなかった．接頭語'ペルオキソ peroxo'を用いた名称は，ひき続き頻繁に用いられている．さらに，官能基代置命名法の一般的規則（文献1, P-15.5）では，-O-から-OO-への代置を示す代置接頭語'ペルオキシ peroxy'である（それに反し，この代置を示す挿入語'ペルオキシ peroxy'となる）．こういった観点から，ここでは接頭語'ペルオキシ peroxy'を用いた名称を列挙した．ほとんどの単核のオキソ酸に対して，文献1（P-67.1）の現在の規則では，体系的名称を規定している．それに従った名称は，ここでは第2欄に与えてある．硝酸，亜硝酸に対して，複核オキソ酸には挿入語用法を使う方法を使う方法を規定している．それに従った名称は，ここで示すように，接頭語用法を使っている．

例：

1. HAsCl(OH)S ＝ [AsClH(OH)S]　　クロリドヒドリドヒドロキシドスルフィドヒ素
chloridohydridohydroxidosulfidoarsenic　（付加）　　または
クロロ（ヒドロキシ）-λ^5-アルサンチオン
chloro(hydroxy)-λ^5-arsanethione　（置換）

それにもかかわらず，表 IR-8.2 には，表 IR-8.1 の化学種から各種の代置操作によって誘導されると見なすことのできる，いくつかの無機化学種が掲載さてれいる．実際，それらの慣用名は上述の接頭語方式により誘導されている（たとえば，'チオ硫酸 thiosulfuric acid'）．

官能基代置名称の接頭語異形を一般的に使用して生ずる問題は，チオ酸で例示される．トリチオ炭酸 trithiocarbonic acid，テトラチオリン酸 tetrathiophosphoric acid などの名称から，陰イオン名のトリチオ炭酸イオン trithiocarbonate，テトラチオリン酸イオン tetrathiophosphate などが導かれ，それらは付加式名称のように見えるが，それは正しくない．なぜなら，配位子の接頭語は，現在では，'スルフィド sulfido' または 'スルファンジイド sulfanediido' であるからである［したがって，トリスルフィド炭酸（2−）イオン trisulfidocarbonate(2−)，テトラスルフィドリン酸（3−）イオン tetrasulfidophosphate(3−) などとなる］．文献1の P-65.2 では挿入語に基づく名称として，カルボノトリチオ酸 carbonotrithioic acid を規定し，陰イオン名はカルボノトリチオ酸イオン carbonotrithioate となるとしており，これは付加式名称として間違いではない．

他の官能基代置命名法のいくつかの例も，表 IR-8.2 に掲載されている（たとえば，三塩化ホスホリル phosphoryl trichloride，硫酸ジアミド sulfuric diamide）．これらの特定の名称はとりわけ定着しており，今でもよく用いられるが，このタイプの命名法は，ここに示した以外の化合物では勧められない．繰返しになるが，表に例を示した通り，付加式名称と置換式名称は常に組立てることができる．

IR-8.7　文　　　献

1. *Nomenclature of Organic Chemistry, IUPAC Recommendations, eds.* W. H. Powell and H. Favre, Royal Society of Chemistry, in preparation.
2. *Nomenclature of Inorganic Chemistry, IUPAC Recommendations 1990*, ed. G.J. Leigh, Blackwell Scientific Publications, Oxford, 1990；邦訳：山崎一雄 訳・著，"無機化学命名法 —— IUPAC 1990 年勧告"，東京化学同人（1993）．
3. *Nomenclature of Inorganic Chemistry II, IUPAC Recommendations 2000*, eds. J. A. McCleverty and N. G. Connelly, Royal Society of Chemistry, 2001.
4. *IUPAC Nomenclature of Inorganic Chemistry, Second Edition, Definitive Rules 1970.* Butterworths, London 1971；邦訳：山崎一雄 訳・著，"無機化学命名法（化学の領域増刊 116 号）"，南江堂（1977）．

IR-9　配位化合物

IR-9.1　序論
　IR-9.1.1　総論
　IR-9.1.2　定義
　　IR-9.1.2.1　背景
　　IR-9.1.2.2　配位化合物と錯体
　　IR-9.1.2.3　中心原子
　　IR-9.1.2.4　配位子
　　IR-9.1.2.5　配位多面体
　　IR-9.1.2.6　配位数
　　IR-9.1.2.7　キレート配位
　　IR-9.1.2.8　酸化状態
　　IR-9.1.2.9　配位命名法：付加命名法
　　IR-9.1.2.10　架橋配位子
　　IR-9.1.2.11　金属-金属結合
IR-9.2　配位化合物の構成の記述
　IR-9.2.1　総論
　IR-9.2.2　配位化合物の名称
　　IR-9.2.2.1　名称中での配位子と中心原子の順序
　　IR-9.2.2.2　錯体中での配位子の数
　　IR-9.2.2.3　名称中での配位子の表記
　　IR-9.2.2.4　電荷数，酸化数，イオン対の比
　IR-9.2.3　配位化合物の化学式
　　IR-9.2.3.1　配位化合物の化学式中の記号の順序
　　IR-9.2.3.2　括弧の使用
　　IR-9.2.3.3　イオン電荷と酸化数
　　IR-9.2.3.4　略号の使用
　IR-9.2.4　供与原子の明示
　　IR-9.2.4.1　総論
　　IR-9.2.4.2　カッパ方式
　　IR-9.2.4.3　イータ方式とカッパ方式の比較
　　IR-9.2.4.4　名称中での供与原子記号のみの使用
　IR-9.2.5　多核錯体
　　IR-9.2.5.1　総論
　　IR-9.2.5.2　架橋配位子
　　IR-9.2.5.3　金属-金属結合
　　IR-9.2.5.4　対称的な複核錯体
　　IR-9.2.5.5　非対称的な複核錯体
　　IR-9.2.5.6　三核およびより多核の構造
　　IR-9.2.5.7　多核クラスター：対称的な中心構造単位

IR-9.3　錯体の立体配置
　IR-9.3.1　序論
　IR-9.3.2　配位の幾何構造
　　IR-9.3.2.1　多面体記号
　　IR-9.3.2.2　密接に関連した幾何構造の選択
　IR-9.3.3　立体配置 ── ジアステレオ異性体の区別
　　IR-9.3.3.1　総論
　　IR-9.3.3.2　配置指数
　　IR-9.3.3.3　平面四角形配位系（*SP*-4）
　　IR-9.3.3.4　八面体配位系（*OC*-6）
　　IR-9.3.3.5　正方錐配位系（*SPY*-4，*SPY*-5）
　　IR-9.3.3.6　両錐配位系（*TBPY*-5，*PBPY*-7，*HBPY*-8，*HBPY*-9）
　　R-9.3.3.7　T-型系（*TS*-3）
　　IR-9.3.3.8　シーソー系（*SS*-4）
　IR-9.3.4　絶対配置の表現 ── 鏡像異性体の区別
　　IR-9.3.4.1　総論
　　IR-9.3.4.2　四面体構造の *R/S* 方式
　　IR-9.3.4.3　三方錐構造の *R/S* 方式
　　IR-9.3.4.4　他の多面体構造の *C/A* 方式
　　IR-9.3.4.5　三方両錐構造の *C/A* 方式
　　IR-9.3.4.6　正方錐構造の *C/A* 方式
　　IR-9.3.4.7　シーソー構造の *C/A* 方式
　　IR-9.3.4.8　八面体構造の *C/A* 方式
　　IR-9.3.4.9　三方柱構造の *C/A* 方式
　　IR-9.3.4.10　他の両錐構造の *C/A* 方式
　　IR-9.3.4.11　斜交直線方式
　　IR-9.3.4.12　斜交直線方式のトリス（二座配位子）八面体型錯体への応用
　　IR-9.3.4.13　斜交直線方式のビス（二座配位子）八面体型錯体への応用
　　IR-9.3.4.14　斜交直線方式のキレート環配座への応用
　IR-9.3.5　配位子の優先順位決定
　　IR-9.3.5.1　総論
　　IR-9.3.5.2　優先順位数
　　IR-9.3.5.3　プライム方式
IR-9.4　結語
IR-9.5　文献と補遺

IR-9.1 序　　論
IR-9.1.1 総　　論

この章では，配位化合物の化学式を書き，命名するのに必要な定義と規則を述べる．錯体，配位多面体，配位数，キレート配位および架橋配位子といった鍵となる用語をまず定義し，付加命名法の役割を説明する（IR-7 も見よ）．

これらの定義を用いて，配位化合物の名称と化学式を書くための規則を詳述する．この規則によれば，配位化合物の組成は可能な限り明確に表記できる．名称と化学式は，中心原子の性質，中心原子に結合した配位子，およびその構造の全電荷に関する情報を与える．

ある特定の組成の化合物で存在しうるジアステレオ異性体あるいは鏡像異性体の構造を認識し，あるいは区別するために，立体記号を導入する．

配位化合物の立体配置を記述するには，まず，多面体記号を使用して幾何構造を明示する必要がある（IR-9.3.2.1 を見よ）．つぎに，配位多面体まわりの配位子の相対位置を配置指数により明示する（IR-9.3.3）．配置指数は，それぞれの配位幾何構造に特有の規則に従って割り当てられた，配位子の優先番号の系列である．必要ならば，配位化合物のキラリティーもまた，配位子の優先番号を使うことで記述できる（IR-9.3.4）．これらの記述で用いられる配位子の優先番号は，配位子の化学的組成に基づいている．それらを決める規則に関する詳細な記述は，文献 1 の P-91 にあるが，IR-9.3.5 でその概略を述べる．

IR-9.1.2 定　　義
IR-9.1.2.1 背　　景

配位理論の発展および配位化合物とよばれる化合物の分類についての認識は，歴史的に重要な概念である**主原子価** primary valence および**側原子価** secondary valence から出発している．

主原子価は $NiCl_2$，$Fe_2(SO_4)_3$ および $PtCl_2$ などの単純な化合物の定比性から明らかであった．しかし，それ自体安定な別の化合物，たとえば H_2O, NH_3 あるいは KCl などがこれらの単純な化合物に付加した，たとえば $NiCl_2 \cdot 4H_2O$，$Co_2(SO_4)_3 \cdot 12NH_3$ あるいは $PtCl_2 \cdot 2KCl$ のような新物質の生成が多く知られるようになった．このような化学種は，化学組成の複雑さ（錯雑さ）から，錯化合物とよばれ，その種の金属元素の特性と考えられた．これらの単純な化合物に付加すると考えられた化学種の数から，側原子価の概念が生まれた．

錯化合物間の関係を認識することで，配位理論が体系化され，付加命名法による配位化合物命名への道が開かれた．配位化合物は，中心原子とそれに結合した他の原子団からなる配位構造体（すなわち錯体）であるか，あるいはそれを含むものである．

これらの概念は，これまで金属化合物に適用されてきたが，幅広い他の化学種も，中心原子あるいは中心原子団とそれに結合した多くの他の原子団から構成されると考えることができる．そのような化学種への付加命名法の適用は IR-7 で簡潔に記述し，例示している．また，無機酸については，IR-8 で多くの例をあげて説明してある．

IR-9.1.2.2 配位化合物と錯体

配位化合物 coordination compound は，**錯体** coordination entity を含む化合物である．錯体とは，通常は金属原子である中心原子と，配位子とよばれる他の原子あるいは原子団が配列して取り囲み中心原子と結合して構成された，イオンあるいは中性分子である．古典的には，一つの配位子は中心原子の一つの側原子価または一つの主原子価のいずれかを満たすとされ，これらの原子価の和（しばしば，配位

子の個数に等しい）は**配位数** coordination number とよばれる（IR-9.1.2.6 を見よ）．化学式では，錯体を電荷の有無にかかわらず，角括弧で囲む（IR-9.2.3.2 を見よ）．

例：

1. $[Co(NH_3)_6]^{3+}$
2. $[PtCl_4]^{2-}$
3. $[Fe_3(CO)_{12}]$

IR-9.1.2.3 中心原子

中心原子 central atom は，錯体中で他の原子あるいは原子団（配位子）を結びつける原子であり，錯体の中心の位置を占める．$[NiCl_2(H_2O)_4]$，$[Co(NH_3)_6]^{3+}$ および $[PtCl_4]^{2-}$ における中心原子は，それぞれ，ニッケル，コバルトおよび白金である．一般に複雑な錯体の名称は，中心原子の個数をより多く選び（IR-9.2.5 を見よ），構造の結合状況をカッパ方式で示すと，比較的容易に組立てることができる（IR-9.2.4.2 を見よ）．

IR-9.1.2.4 配位子

配位子 ligand は中心原子に結合している原子または原子団である．この語の語根はしばしば別の形に変換され，配位子として配位することを意味する動詞 'ligate' やその活用形として ligating および ligated などが用いられている．用語 '配位原子 ligating atom' と '供与原子 donor atom' は同じ意味で使われる．

IR-9.1.2.5 配位多面体

中心原子に直接結合した配位原子が，中心原子のまわりに**配位多面体** coordination polyhedron（または**多角形** polygon）を形成していると見なすのが，基準となる考え方である．たとえば，$[Co(NH_3)_6]^{3+}$ は八面体型のイオンであり，$[PtCl_4]^{2-}$ は平面四角形型のイオンである．そのような場合，配位数は配位多面体の頂点の数に等しい．一つ以上の配位子が中心原子に二つ以上の隣接している原子によって配位している場合は，正しくは配位多面体とはいえない．しかし，もしこの隣接している原子を単一の配位子として扱い，配位多面体の一つの頂点を占めるとすれば，正しいことになる．

例：

1. 八面体型配位多面体
2. 平面四角形型配位多角形
3. 四面体型配位多面体

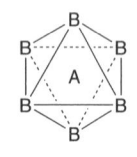

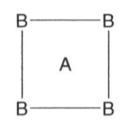

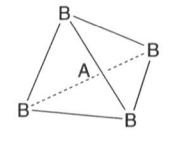

IR-9.1.2.6 配位数

配位化合物では，配位数は配位子と中心原子の間の σ 結合の数に等しい．たとえば，CN^-，CO，N_2 および PMe_3 でのように，配位原子と中心原子の間に σ 結合と π 結合の両方があるとき，π 結合は配位数を決めるうえで考慮しない．

IR-9.1.2.7 キレート配位

キレート配位 chelation とは，ある一つの配位子内の二つ以上の隣接していない原子から同じ中心原子に σ 電子対を供与する配位をいう．単一のキレート配位子における配位原子の数は，二座 bidentate[2]，三座 tridentate，四座 tetradentate，五座 pentadentate などの形容詞により示される（倍数接頭語の一覧は付表 IV* を見よ）．同一の中心原子に結合したある一つの配位子からの供与原子の数は**配座数** denticity とよばれる．

例：

1. 二座キレート配位
2. 二座キレート配位
3. 三座キレート配位
4. 四座キレート配位

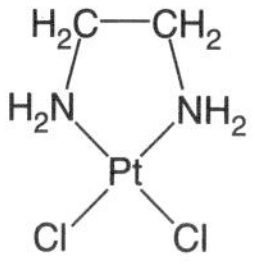

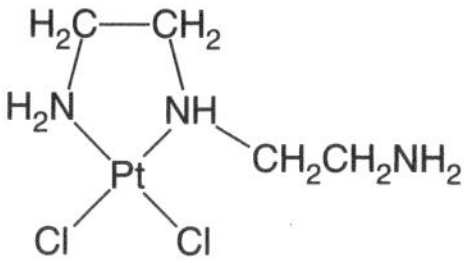

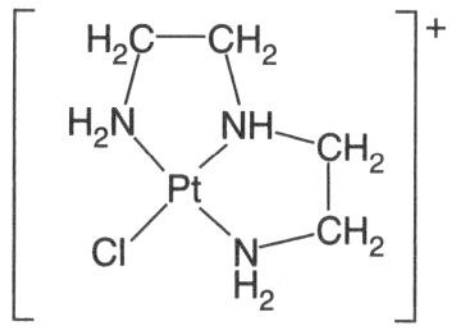

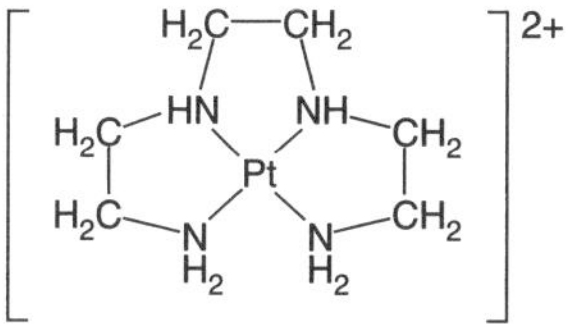

同じ配位子から二つ以上の供与原子が中心原子へ結合して形成される環状構造を**キレート環** chelate ring とよび，これらの供与原子の配位過程をキレート化とよぶ．

エタン-1,2-ジアミン ethane-1,2-diamine のように，潜在的には二座キレート配位子であっても，二つの金属イオンに配位するときは，キレート配位ではなく，それぞれの金属イオンに単座配位し，連結あるいは架橋しているのである．

例：

1. $[(NH_3)_5Co(\mu\text{-}NH_2CH_2CH_2NH_2)Co(NH_3)_5]^{6+}$

アルケン，アレーン，その他の不飽和分子は，多重結合した原子のいくつかあるいはすべてを使って中心原子に結合し，有機金属錯体を与える．配位化合物と有機金属化合物の命名法の間には多くの類似点があるものの，後者は前者とは明らかに異なっている．したがって，有機金属錯体は IR-10 で別に取扱う．

IR-9.1.2.8 酸化状態

錯体の中心原子の**酸化状態** oxidation state は，中心原子と共有している電子対とともにすべての配位子を取除いたとしたときに，中心原子がもつ電荷として定義し，ローマ数字で表記する．酸化状態は簡単で形式的な規則から導かれる指数であり（IR-4.6.1 および IR-5.4.2.2 も見よ），電子分布を直接示すものではないということを強調しておく．場合によっては，このような形式的な取扱いでは，中心原子の酸化状態が許容できかねることもある．このようなあいまいな場合もあるので，実際の命名に当たって

---

* 表番号がローマ数字の表は巻末に一括掲載してある．

は，錯体の正味の電荷を示した方がよい．つぎの例で，錯体全体の電荷，配位子数と電荷，および導かれる中心原子の酸化状態の関係を説明する．

	化学式	配位子	中心原子の酸化状態
1.	$[Co(NH_3)_6]^{3+}$	$6\,NH_3$	III
2.	$[CoCl_4]^{2-}$	$4\,Cl^-$	II
3.	$[MnO_4]^-$	$4\,O^{2-}$	VII
4.	$[MnFO_3]$	$3\,O^{2-}+1\,F^-$	VII
5.	$[Co(CN)_5H]^{3-}$	$5\,CN^- + 1\,H^-$	III
6.	$[Fe(CO)_4]^{2-}$	$4\,CO$	$-$II

IR-9.1.2.9 配位命名法：付加命名法

配位理論が展開された当初，配位化合物とは独立して安定な化合物群が単純な中心化合物へ付加して生成すると考えられていた．したがって，それらの名称は付加原理に基づき組立てられ，付加する化合物と単純な中心化合物の名称を連結することで得られた．この原理は配位化合物を命名する際の基礎として現在も残っている．

錯体が中心原子を取囲んで組立てられるように，名称も中心原子を中心にして組立てられる．

例：

1. 中心原子への配位子の付加：
    $$Ni^{2+} + 6H_2O \longrightarrow [Ni(H_2O)_6]^{2+}$$
    中心原子名に配位子名称を付加
    ヘキサアクアニッケル(II)　hexaaquanickel(II)

この命名法は，さらに中心原子（およびそれらの配位子）が集まって，単核の構築単位から多核の化学種が形成するような，より複雑な構造にまで拡張される．複雑な構造は，多核化学種として取扱うことで，通常，より容易に命名される（IR-9.2.5 を見よ）．

IR-9.1.2.10 架橋配位子

多核化学種では，配位子は二つ以上の中心原子と同時に結合することで，架橋基としてはたらく．架橋は名称および化学式中で，その配位子の化学式あるいは名称に接頭語として記号 μ をつけることによって示される（IR-9.2.5.2 を見よ）．

架橋配位子 bridging ligand は中心原子を連結し，二つ以上の中心原子をもつ錯体を形成する．架橋配位子あるいは中心原子間の直接的な結合によって単一の錯体となったときの中心原子の数は複核，三核，四核などの語により示される．

架橋指数 bridging index は，ある架橋配位子によって連結された中心原子の数である（IR-9.2.5.2 を見よ）．架橋は一つの原子あるいは長く配列した原子によっても形成される．

例：

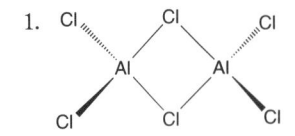

1. $[Al_2Cl_4(\mu\text{-}Cl)_2]$ あるいは $[Cl_2Al(\mu\text{-}Cl)_2AlCl_2]$
   ジ-μ-クロリド-テトラクロリド-$1\kappa^2Cl,2\kappa^2Cl$-二アルミニウム
   di-μ-chlorido-tetrachlorido-$1\kappa^2Cl,2\kappa^2Cl$-dialuminium

IR-9.1.2.11 金属-金属結合

金属-金属結合 metal-metal bond を含む単純な構造は,付加命名法を用いて簡単に記述できるが(IR-9.2.5.3 を見よ),三つ以上の中心原子を含む構造では,複雑になってくる.そのような中心原子のクラスターを含む化学種は IR-9.2.5.6 および IR-9.2.5.7 で取扱う.

例:

1. $[Br_4ReReBr_4]^{2+}$ ビス(テトラブロミドレニウム)$(Re-Re)(2+)$
   bis(tetrabromidorhenium)$(Re-Re)(2+)$
2. $[(OC)_5\overset{1}{Re}\overset{2}{Co}(CO)_4]$ ノナカルボニル-$1\kappa^5C,2\kappa^4C$-レニウムコバルト$(Re-Co)$
   nonacarbonyl-$1\kappa^5C,2\kappa^4C$-rheniumcobalt$(Re-Co)$

IR-9.2 配位化合物の構成の記述

IR-9.2.1 総 論

化合物の構成を記述するには,おもに三つの方法が有効である.構造を描くこと,名称を書くこと,あるいは化学式を書くことである.描かれた構造には,分子の構造的な構成要素とそれらの立体化学的

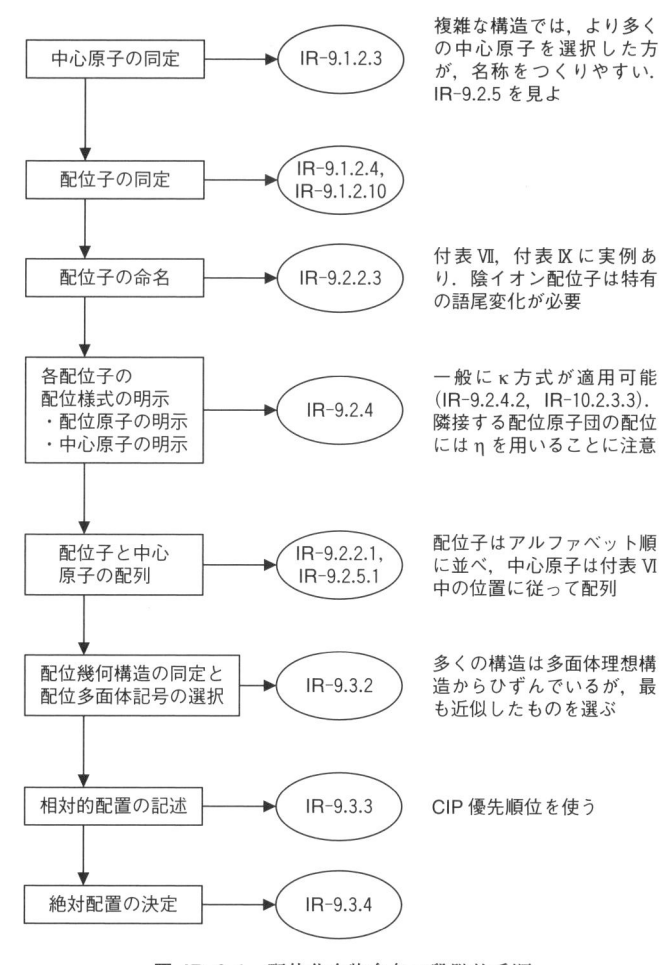

```
中心原子の同定  → IR-9.1.2.3     複雑な構造では,より多く
                              の中心原子を選択した方
                              が,名称をつくりやすい.
                              IR-9.2.5 を見よ

配位子の同定   → IR-9.1.2.4,
               IR-9.1.2.10

配位子の命名   → IR-9.2.2.3    付表 VII,付表 IX に実例あ
                              り.陰イオン配位子は特有
                              の語尾変化が必要

各配位子の
配位様式の明示
・配位原子の明示 → IR-9.2.4    一般に κ 方式が適用可能
・中心原子の明示              (IR-9.2.4.2,IR-10.2.3.3).
                              隣接する配位原子団の配位
                              には η を用いることに注意

配位子と中心
原子の配列    → IR-9.2.2.1,   配位子はアルファベット順
              IR-9.2.5.1     に並べ,中心原子は付表 VI
                              中の位置に従って配列

配位幾何構造の同定と
配位多面体記号の選択 → IR-9.3.2  多くの構造は多面体理想構
                              造からひずんでいるが,最
                              も近似したものを選ぶ

相対的配置の記述 → IR-9.3.3    CIP 優先順位を使う

絶対配置の決定  → IR-9.3.4
```

図 IR-9.1 配位化合物命名の段階的手順

な関係に関する情報が含まれる．残念なことに，そのような構造は，普通，文章に含めるのには不向きである．したがって，化合物の構成を記述するには，名称と化学式が用いられる．

配位化合物の名称は，そこに存在する構造的な構成要素に関する詳細情報を提供する．しかし，名称は，一義的で容易に解釈できることが重要である．そのため，いかに名称を組立てていくかを定義する規則が必要である．つぎの節ではこれらの規則を明らかにし，使用例をあげる．

図 IR-9.1 に示したフローチャートは，配位化合物の名称をつくる一般的な手順を説明している．それぞれの段階の手順で必要な，詳細な規則，指針および実例を含む節が提示されている．

しかし，化合物の名称がかなり長くなって，その使用が不便なこともある．そのような状況のとき，化学式が化合物を説明する手早い手段となる．化学式の使用をよりわかりやすくするための規則もある．化学式は短縮省略した形であるから，化合物の構造に関する情報を名称ほど十分には提供できないことがしばしばあることに注意すべきである．

IR-9.2.2　配位化合物の名称

錯体の体系的名称は IR-7 に概略を示した付加命名法の規則によって導かれる．したがって，名称中には，中心の原子あるいは構造を取囲む原子団を示さなくてはならない．それらは，中心原子の名称（IR-9.2.2.1 を見よ）の前に適当な倍数詞をつけた接頭語として列記する（IR-9.2.2.2 を見よ）．これらの接頭語は，配位子の名称（IR-9.2.2.3 を見よ）から簡単な方法で導かれる．陰イオン性錯体の名称はさらに，語尾を酸または酸塩 'ate'[訳注] とすることで与えられる．

IR-9.2.2.1　名称中での配位子と中心原子の順序

配位化合物を命名するとき，以下の一般的な規則を用いる．
(i)　配位子の名称は，中心原子の名称の前に並べる．
(ii)　同じ錯体に属する名称の各部分の間には，スペースを入れない．
(iii)　配位子の名称はアルファベット順に並べる（配位子の数を示す倍数接頭語は，その順番を決める際に考慮しない）．
(iv)　名称中での略語の使用は推奨されない．

例：
1. $[CoCl(NH_3)_5]Cl_2$
   ペンタアンミンクロリドコバルト(2+)塩化物　pentaamminechloridocobalt(2+) chloride
2. $[AuXe_4]^{2+}$
   テトラキセノニド金(2+)　tetraxenonidogold(2+)

多核化合物に適用される追加の規則は IR-9.2.5 で取扱う．

IR-9.2.2.2　錯体中での配位子の数

錯体の名称中で，それぞれ同類の配位子の数を示すのに，2 種類の倍数接頭語が利用できる（付表 IV を見よ）．

訳注　日本語では，対陽イオンが水素イオンであれば '酸' が語尾になる．そうでない場合，簡単な陽イオンであれば '酸' として陽イオン名を続ける．陽イオンが複雑であれば，陽イオン名を前におき，陰イオン性錯体名の語尾を '酸塩' とする．

(i) 接頭語ジ di, トリ tri などは，一般に単純な配位子の名称に用いられる．括弧は必要ない．
(ii) 接頭語ビス bis, トリス tris, テトラキス tetrakis などは，複雑な配位子の名称に，あるいはあいまいさを避けるために用いられる．この接頭語が指定する部分は括弧（各種括弧の順番は，IR-2.2 に示してある）で囲む必要がある．

たとえば，$(NH_3)_2$ に対してはジアンミン diammine となるが，$(NH_2Me)_2$ に対しては，ジメチルアミン dimethylamine と区別するために，ビス(メチルアミン) bis(methylamine) とする．たとえば，テトラアンミン tetraammine や類似の名称において，母音の省略はしないし，ハイフンも使用しない．

IR-9.2.2.3 名称中での配位子の表記

よく用いられる配位子の体系的名称および別名を付表VIIおよびIXに示した．付表VIIはよく用いられる有機配位子の名称，付表IXは配位子としてはたらく他の単純な分子およびイオンの名称を示した．一般的な要点は以下の通りである．

(i) 陰イオン性配位子の名称は，無機，有機に関係なく，語尾を 'o' で終わるように変化させる．一般に，陰イオンの名称が 'ide'，'ite' または 'ate' で終わるときは，最後の 'e' を 'o' で置き換え，それぞれ 'ido'，'ito' および 'ato' とする．特に，アルコホラート alcoholate, チオラート thiolate, フェノラート phenolate, カルボキシラート carboxylate, 部分的に脱ヒドロン化したアミン amine, ホスファン phosphane は，ここに分類される．また，ハロゲン化物イオン halide の配位子名は，フルオリド fluorido, クロリド chlorido, ブロミド bromido, ヨージド iodio となり，配位したシアン化物イオン cyanide は，シアニド cyanido となる．

錯体では，分子状水素の場合を除いて，水素はいつも陰イオン性として取扱う．'ヒドリド hydrido' はホウ素を含めてすべての元素に配位したときの水素に用いられる[3]．

(ii) 有機配位子を含め，中性および陽イオン性配位子の名称は[4]，そのまま修飾することなく用いられる（たとえ語尾が 'ide'，'ite'，あるいは 'ate' となる場合でも．下の例8および14を見よ）．

(iii) あいまいさを避ける必要があるかどうかに関係なく，中性および陽イオン性配位子の名称，倍数接頭語を含む無機陰イオン性配位子（たとえばトリホスファト triphosphato），組成名称（たとえば二硫化炭素 carbon disulfide），置換有機配位子の名称（たとえそれらの使用においてあいまいさがなくても）などに対し，括弧が必要である．しかし，アクア aqua, アンミン ammine, カルボニル carbonyl, ニトロシル nitrosyl, メチル methyl, エチル ethyl などの配位子の慣用名では，特に括弧がないとあいまいさが生じる場合を除き，括弧を必要としない．

(iv) 炭素原子によって金属に結合する配位子は有機金属化合物に関するIR-10で取扱う．

例：

	化学式	配位子名称		
1.	Cl^-	クロリド	chlorido	
2.	CN^-	シアニド	cyanido	
3.	H^-	ヒドリド	hydrido[3]	
4.	D^- または $^2H^-$	ジュウテリド	deuterido[3]	または
		[^2H]ヒドリド	[^2H]hydrido[3]	
5.	$PhCH_2CH_2Se^-$	2-フェニルエタン-1-セレノラト	2-phenylethane-1-selenolato	

6.	MeCOO⁻	アセタト	acetato	または
		エタノアト	ethanoato	
7.	Me₂As⁻	ジメチルアルサニド	dimethylarsanido	
8.	MeCONH₂	アセトアミド	acetamide	
		(アセタミドではない)訳注	(*not* acetamido)訳注	
9.	MeCONH⁻	アセチルアザニド	acetylazanido	または
		アセチルアミド	acetylamido	
10.	MeNH₂	メタンアミン	methanamine	
11.	MeNH⁻	メチルアザニド	methylazanido	または
		メチルアミド	methylamido	または
		メタンアミニド	methanaminido	
		(IR-6.4.6 の例3を参照)		
12.	MePH₂	メチルホスファン	methylphosphane	
13.	MePH⁻	メチルホスファニド	methylphosphanido	
14.	MeOS(O)OH	亜硫酸水素メチル	methyl hydrogen sulfite	
15.	MeOS(O)O⁻	メチルスルフィト	methyl sulfito	または
		メタノラトジオキシドスルファト(1−)	methanolatodioxidosulfato(1−)	

IR-9.2.2.4 電荷数，酸化数，イオン対の比

化合物の組成の記述を補助するために，以下の方法を用いることができる．

(i) 酸化状態を明確に定義できるときにのみ，錯体中の中心原子の酸化数をローマ数字で示し，中心原子の名称に添えて丸括弧で囲む（必要ならば語尾 'ate' を含める）．必要に応じて，数字の前に負の記号をおく．アラビア数字のゼロは，酸化数ゼロを示す．

(ii) 上記とは別に，錯体の電荷を示すこともできる．全体の電荷は電荷の符号の前にアラビア数字で書き，丸括弧で囲む．それは中心原子の名称のあとに（必要ならば語尾 'ate' を含める），間隔をあけることなくおく．

(iii) 配位化合物中のイオン組成比は，倍数接頭語によって示すことができる（IR-5.4.2.1 をみよ）．

例：

1. K₄[Fe(CN)₆]
   ヘキサシアニド鉄(II)酸カリウム　　potassium hexacyanidoferrate(II)　　または
   ヘキサシアニド鉄酸(4−)カリウム　　potassium hexacyanidoferrate(4−)　　または
   ヘキサシアニド鉄酸四カリウム　　　tetrapotassium hexacyanidoferrate

2. [Co(NH₃)₆]Cl₃
   ヘキサアンミンコバルト(III)塩化物　　hexaamminecobalt(III) chloride

3. [CoCl(NH₃)₅]Cl₂
   ペンタアンミンクロリドコバルト(2+)塩化物　　pentaamminechloridocobalt(2+) chloride

---

訳注　原著では，英語名称の語尾が o でなく，e であることを強調しているが，対応する日本語名称では，語尾ではなく，誤りとなるカタカナ表記を強調した．

4. ［CoCl(NH₃)₄(NO₂)］Cl
   テトラアンミンクロリドニトリト-κN-コバルト(III)塩化物
   tetraamminechloridonitrito-κN-cobalt(III) chloride

5. ［PtCl(NH₂Me)(NH₃)₂］Cl
   ジアンミンクロリド(メタンアミン)白金(II)塩化物
   diamminechlorido(methanamine)platinum(II) chloride

6. ［CuCl₂{O＝C(NH₂)₂}₂］
   ジクロリドビス(尿素)銅(II)　dichloridobis(urea)copper(II)

7. K₂［PdCl₄］
   テトラクロリドパラジウム(II)酸カリウム　potassium tetrachloridopalladate(II)

8. K₂［OsCl₅N］
   ペンタクロリドニトリドオスミウム酸(2−)カリウム
   potassium pentachloridonitridoosmate(2−)

9. Na［PtBrCl(NH₃)(NO₂)］
   アンミンブロミドクロリドニトリト-κN-白金酸(1−)ナトリウム
   sodium amminebromidochloridonitrito-κN-platinate(1−)

10. ［Fe(CNMe)₆］Br₂
    ヘキサキス(メチルイソシアニド)鉄(II)臭化物
    hexakis(methyl isocyanide)iron(II) bromide

11. ［Co(en)₃］Cl₃
    トリス(エタン-1,2-ジアミン)コバルト(III)三塩化物
    tris(ethane-1,2-diamine)cobalt(III) trichloride

IR-9.2.3　配位化合物の化学式

　化合物の化学式（1行式）は，簡潔かつ便利な手法で，その化合物の組成に関する基本的情報を提供するために用いられる．多様な系への適用を可能にするため，化学式を書くには柔軟性が必要である．たとえば，化学式が表す化合物の構造に関するより多くの情報を得たいとする要請に応じる場合，以下の指針に違反することが望ましいことさえあり得る．とりわけ，複核化合物の場合がこれに該当し，IR-9.2.3.1 に示した序列の規則を緩和して対応した方が，多くの構造的情報を提供することができる（IR-9.2.5，特に IR-9.2.5.5 も見よ）．

IR-9.2.3.1　配位化合物の化学式中の記号の順序

(i) 最初に中心原子の記号を記す．
(ii) つぎに配位子の記号（化学式，略号あるいは頭字語）をアルファベット順で並べる（IR-4.4.2.2 を見よ)[5]．たとえば，CH₃CN，MeCN および NCMe はそれぞれ C, M, N で順序づけされる．また，一文字からなる元素記号は二文字からなる元素記号よりも優先されるので，CO は Cl よりも優先される．配位子の配列順序には，その電荷は無関係である．
(iii) 供与原子が中心原子に最も近い場所になるように配位子を表記することで，化学式によってより多くの情報が伝達される．この手順は可能な限り推奨され，配位した水に対してもそうである．

IR-9.2.3.2 括弧の使用

錯体全体の化学式は，電荷の有無にかかわらず，**角括弧**で囲む．配位子が多原子から構成される場合，それらの化学式は**丸括弧**で囲む．配位子の略号もまた，普通，丸括弧で囲む．括弧の順番は IR-2.2 および IR-4.2.3 に与えてある．角括弧は錯体を囲むときにのみ用いられ，丸括弧および波括弧は交互に組入れられる．

IR-9.2.2.4 の例1から11は化学式中での括弧の使用を示したものである．それらの例では，化学式中でイオン性化学種の表記の間にスペースを入れないことに注意すること．

IR-9.2.3.3 イオン電荷と酸化数

対イオンは示さず，**電荷** charge をもつ錯体の化学式だけを書くときは，電荷を角括弧の外側に右上付きで，数字は符号の前におく（1の場合は数字を書かない）．中心原子の**酸化数** oxidation number は，ローマ数字で表記し，元素記号の右上付きで示すこと．

例：

1. $[PtCl_6]^{2-}$
2. $[Cr(OH_2)_6]^{3+}$
3. $[Cr^{III}(NCS)_4(NH_3)_2]^{-}$
4. $[Cr^{III}Cl_3(OH_2)_3]$
5. $[Fe^{-II}(CO)_4]^{2-}$

IR-9.2.3.4 略号の使用

化学式中で複雑な有機配位子を表すのに，**略号** abbreviation を用いることができる（名称中では，通常，略号を用いるべきではない）．化学式中で使用するときは，略号は普通，括弧で囲む．

配位子の略号に関する指針は，IR-4.4.4 に与えられている．配位子略号の例は付表Ⅶにアルファベット順で掲載されており，そのほとんどの構造式を付表Ⅷに示した．

一つの配位子中で供与可能な原子がいくつかあり，そのうちの一つの原子によって配位するような場合には，その供与原子を明示することが望ましい．これはカッパ方式（IR-9.2.4.2 を見よ）を使用する名称で明示できる．ギリシャ文字の小文字 カッパ（κ）で供与原子を明示するが，この方法は，ある程度，化学式にも適用できる．たとえば，もし，グリシナート陰イオン（gly）が窒素原子のみによって配位するなら，このときの配位子の略号は gly-κN であり，錯体の化学式は $[M(gly-κN)_3X_3]$ となる．

IR-9.2.4 供与原子の明示
IR-9.2.4.1 総論

中心原子と一つの原子でしか結合できない配位子では，供与原子を明示する必要はない．しかし，配位子中に配位可能な原子が複数あるときは，あいまいさが生じる．そのときは，その配位子中のどの供与原子が中心原子に結合しているかを明示する必要がある．これは一つの分子またはイオンのある特定の部位から H^+ が除去されて配位子が生成すると考えられる場合も含まれる．たとえば，アセチルアセトナートイオン acetylacetonate, $MeCOCHCOMe^-$ は，体系的配位子名称では 2,4-ジオキソペンタン-3-イド 2,4-dioxopentan-3-ido であるが，この名称は配位子の真ん中の炭素原子から中心原子への結合生成までは示していない．この供与原子は，IR-9.2.4.2 で示すように，明示することができる．

IR-9.2 配位化合物の構成の記述

中心原子に二つ以上の方法で結合できる配位子に対して，供与原子を明示する必要がないのは，つぎの例のみである．

O で結合する単座カルボン酸イオン carboxylate
C で結合する単座シアン化物イオン cyanide（配位子名'シアニド cyanido'）
C で結合する単座一酸化炭素 carbon monoxide（配位子名'カルボニル carbonyl'）
N で結合する単座一酸化窒素 nitrogen monoxide（配位子名'ニトロシル nitrosyl'）

慣例により，これらの場合では，配位子の名称が上述の結合方式を意味する．

IR-9.2.4.2 では，供与原子を明示する方法の詳細について説明する．そこで紹介するカッパ（κ）方式は一般的であり，きわめて複雑な系でも用いることができる．場合によっては簡略化して，ただ供与原子の元素記号だけを使用することもある（IR-9.2.4.4 を見よ）．

これらの体系は名称中で使用できるが，化学式の中での使用が常に適当であるとはいえない．供与原子の記号の使用は，単純な系の化学式では可能であるが（IR-9.2.3.4 を見よ），不明確にならないように注意しなければならない．カッパ方式は一般に配位子の略号の使用とは両立しない．

これらの方法は通常，中心原子とそれぞれ隣り合うことなく位置する供与原子間の結合を明示する際にのみ用いられる．イータ（η）方式は中心原子がある配位子内の隣り合う供与原子に結合している場合に用いられる（IR-10.2.5.1 を見よ）．後者の種類の例はほとんどが有機金属化合物であるが（IR-10），以下に配位化合物での使用例を示す．

例：

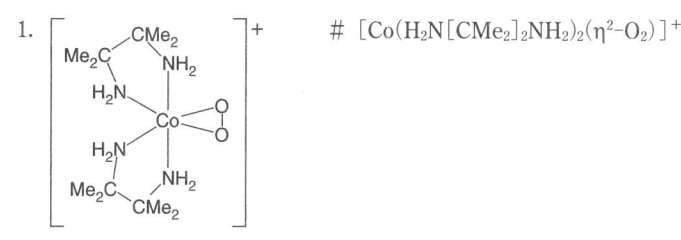

1. [構造式]   # $[Co(H_2N[CMe_2]_2NH_2)_2(\eta^2\text{-}O_2)]^+$

ビス(2,3-ジメチルブタン-2,3-ジアミン)(η^2-ペルオキシド)コバルト(1+)
bis(2,3-dimethylbutane-2,3-diamine)(η^2-peroxido)cobalt(1+)

IR-9.2.4.2 カッパ方式

単一の配位原子は，イタリック体の元素記号で示し，前にギリシャ文字のカッパκをつける．これらの記号は，配位原子が見出される環，鎖あるいは置換基を表す配位子名のあとにおく．

例：

1. $[NiBr_2(Me_2PCH_2CH_2PMe_2)]$ # $[NiBr_2(dmpe)]$
ジブロミド[エタン-1,2-ジイルビス(ジメチルホスファン-κP)]ニッケル(II)
dibromido[ethane-1,2-diylbis(dimethylphosphane-κP)]nickel(II)

配位子あるいはその一部に適用される倍数接頭語は供与原子の記号にも適用される．場合によっては，別の配位子名を使用する必要がある．たとえば，配位子の一部が他の点では等価であっても配位様式が異なるなら，もはや倍数接頭語を用いることができない．これに関して，いくつかの例を下に示す．

簡単な例として，窒素で結合した NCS はチオシアナト-κ*N* thiocyanato-κ*N* となり，硫黄で結合した NCS はチオシアナト-κ*S* thiocyanato-κ*S* となる．窒素で結合した亜硝酸イオンは，ニトリト-κ*N* nitrito-κ*N* と命名され，酸素で結合した亜硝酸イオンは，ペンタアンミンニトリト-κ*O*-コバルト(III) pentaamminenitrito-κ*O*-cobalt(III) でのように，ニトリト-κ*O* nitrito-κ*O* と命名される．

鎖に沿って直線的に配置された複数の配位原子をもつ配位子での κ 記号の順番は，一方の端から始めて連続したものとする．もし，配位原子が異なるなら，端の選択はアルファベット順に基づく．たとえば，システイナト-κ*N*,κ*S* cysteinato-κ*N*,κ*S*；システイナト-κ*N*,κ*O* cysteinato-κ*N*,κ*O*．

イタリック体の元素記号に右上付きで位置番号を付け，簡単な場合には，プライムや複数のプライムを付けることで（下の例3のように），ある特定の元素の供与原子を区別することができる．

一方，上付き数字は，母体水素化物での骨格原子の番号付けのように，配位子のすべてあるいはいくつかの原子に適切な番号を付けることに基づいており，きわめて複雑な場合でも，中心原子に対する結合位置を明示できる．先に取上げたアセチルアセトナート acetylacetonate, MeCOCHCOMe$^-$ のような簡単な場合，配位子名 2,4-ジオキソペンタ-3-イド-κ*C*^{3} 2,4-dioxopenta-3-ido-κ*C*^{3} はペンタン骨格での中央の炭素原子による配位を示している（下の例4も見よ）．

場合によっては，標準的な命名法の手順では，問題とする供与原子の位置番号が付けられないことがある．そのような場合，単純な特別の手順を適用することができる．たとえば，配位子(CF$_3$COCHCOMe)$^-$ に対し，名称 1,1,1-トリフルオロ-2,4-ジオキソペンタン-3-イド-κ*O* 1,1,1-trifluoro-2,4-dioxopentan-3-ido-κ*O* は，この分子の CF$_3$CO 部分の酸素による配位を表すのに使用されるが，これに対し，MeCO による配位は，1,1,1-トリフルオロ-2,4-ジオキソペンタン-3-イド-κ*O*′ 1,1,1-trifluoro-2,4-dioxopentan-3-ido-κ*O*′ により明示される．このプライムは，分子内で MeCO の酸素原子に CF$_3$CO の酸素原子よりも大きい位置番号が帰属されることを示している．この配位子の CF$_3$CO 部分の酸素原子は C2 に結合し，一方，MeCO 部分の酸素原子は C4 に結合している．これとは別に，上記の二つの結合様式に対する名称として，それぞれ 1,1,1-トリフルオロ-2-(オキソ-κ*O*)-4-オキソペンタン-3-イド 1,1,1-trifluoro-2-(oxo-κ*O*)-4-oxopentan-3-ido および 1,1,1-トリフルオロ-2-オキソ-4-(オキソ-κ*O*)ペンタン-3-イド 1,1,1-trifluoro-2-oxo-4-(oxo-κ*O*)pentan-3-ido のように修正することができる．

二つ以上の同一の配位子（あるいは多座配位子中の同一部分）が含まれるような場合，そのような配位原子の数を示すのには，κ に上付き数字をつける．上述の通り，錯体本体に対する倍数接頭語は，κ 記号にも効いていると考える．すなわち，下の例2の通り，名称中の部分で '…ビス(2-アミノ-κ*N*-エチル)… …bis(2-amino-κ*N*-ethyl)…' のようにするが，'…ビス(2-アミノ-κ^2*N*-エチル)… …bis(2-amino-κ^2*N*-ethyl)…' とはしない．例2および例3では，これらの規則を，直鎖のテトラアミン配位子 *N*,*N*′-ビス(2-アミノエチル)エタン-1,2-ジアミン *N*,*N*′-bis(2-aminoethyl)ethane-1,2-diamine による三座キレート配位で説明している．

例：

2. [構造図] # [Pt(C$_6$H$_{18}$N$_4$)Cl]$^+$

[*N*,*N*′-ビス(2-アミノ-κ*N*-エチル)エタン-1,2-ジアミン-κ*N*]クロリド白金(II)
[*N*,*N*′-bis(2-amino-κ*N*-ethyl)ethane-1,2-diamine-κ*N*]chloridoplatinum(II)

IR-9.2 配位化合物の構成の記述   141

3. [構造式] [N-(2-アミノ-κN-エチル)-N'-(2-アミノエチル)エタン-
1,2-ジアミン-κ²N,N']クロリド白金(II)
[N-(2-amino-κN-ethyl)-N'-(2-aminoethyl)ethane-
1,2-diamine-κ²N,N']chloridoplatinum(II)
[Pt(C_6H_{18}N_4)Cl]^+

例2は，'ビス bis' という2倍を示す接頭語の効果が及ぶ置換基名のあとにカッパ指標をおくことで，この配位子の二つの末端第一級アミノ基による配位を明示する方式の例を示す．'エタン-1,2-ジアミン ethane-1,2-diamine' のあとが単なる指標 κN となっているのは，二つの等価な第二級アミノ窒素原子のうち，一方のみが結合していることを示す．

例3では，末端第一級アミンの一つのみが配位している．このことは，2倍を示す接頭語 'ビス bis' を使わないで，(2-アミノエチル)(2-aminoethyl) を繰返し，(2-アミノ-κN-エチル)(2-amino-κN-ethyl) のように，最初の箇所にのみ κ 指標を挿入することで示される．第二級のエタン-1,2-ジアミン ethane-1,2-diamine の窒素原子が両方ともキレート配位に関与することは，指標 κ²N,N' により示される．

例4の四つの官能基をもつ大環状配位子による三座キレート配位は，配位子の名称にカッパ指標を続けることによって表される．四つの配位可能な原子の他の組合わせで，中心原子と結合した化合物とこの錯体を区別するためには，配位子の番号づけが必要である．

例：

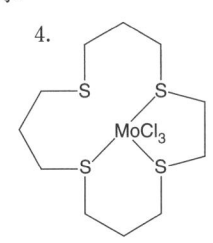

4. [構造式] トリクロリド(1,4,8,12-テトラチアシクロペンタデカン-κ³S^{1,4,8})モリブデン
trichlorido(1,4,8,12-tetrathiacyclopentadecane-κ³S^{1,4,8})molybdenum
または
トリクロリド(1,4,8,12-テトラチアシクロペンタデカン-κ³S^1,S^4,S^8)モリブデン
trichlorido(1,4,8,12-tetrathiacyclopentadecane-κ³S^1,S^4,S^8)molybdenum
[Mo(C_{11}H_{22}S_4)Cl_3]

(エタン-1,2-ジイルジニトリロ)テトラアセタト (ethane-1,2-diyldinitrilo)tetraacetato 配位子(edta)でよく知られている配位様式，すなわち二座，四座および五座での配位を例5から例8に示した．例5で使用した倍数接頭語 'テトラ tetra' は例6および例7では用いることができない．というのは，酢酸イオン部分の中心原子への配位に関するあいまいさを避けることが必要なためである．そのような場合，配位子の名称中では，配位した部分は配位していない部分より前に記載する．あるいはその代わりに，例7のように，修飾した名称を代替使用することもできる．IUPAC 推奨名として N,N'-エタン-1,2-ジイルビス[N-(カルボキシメチル)グリシン] N,N'-ethane-1,2-diylbis[N-(carboxymethyl)glycine]（文献1の P-44.4 を見よ）の使用が示されている．

例：

5. [構造式] # [PtCl_2(edta)]^{4-}

ジクロリド[(エタン-1,2-ジイルジニトリロ-κ²N,N')テトラアセタト]白金酸(4−)イオン
dichlorido[(ethane-1,2-diyldinitrilo-κ²N,N')tetraacetato]platinate(4−)

6. [構造式] $^{4-}$ # $[PtCl_2(edta)]^{4-}$

ジクロリド[(エタン-1,2-ジイルジニトリロ-κN)(アセタト-κO)トリアセタト]白金(II)酸イオン
dichlorido[(ethane-1,2-diyldinitrilo-κN)(acetate-κO)triacetato]platinate(II)

7. [構造式] $^{2-}$ # $[Pt(edta)]^{2-}$

[(エタン-1,2-ジイルジニトリロ-κ^{2}N,N')(N,N'-ジアセタト-κ^{2}O,O')(N,N'-ジアセタト)]
 白金酸(2−)イオン
[(ethane-1,2-diyldinitrilo-κ^{2}N,N')(N,N'-diacetato-κ^{2}O,O')(N,N'-diacetato)]platinate(2−)
 または
{N,N'-エタン-1,2-ジイルビス[N-(カルボキシラトメチル)グリシナト-κO,κN]}
 白金酸(2−)イオン
{N,N'-ethane-1,2-diylbis[N-(carboxylatomethyl)glycinato-κO,κN]}platinate(2−)

8. [構造式] $^-$ # $[Co(edta)(OH_2)]^-$

アクア[(エタン-1,2-ジイルジニトリロ-κ^{2}N,N')トリス(アセタト-κO)アセタト]
 コバルト酸(1−)イオン
aqua[(ethane-1,2-diyldinitrilo-κ^{2}N,N')tris(acetato-κO)acetato]cobaltate(1−)
 または
アクア[N-{2-[ビス(カルボキシラト-κO-メチル)アミノ-κ-]エチル}-
 N-(カルボキシラト-κO-メチル)グリシナト-κ]コバルト酸(1−)イオン
aqua[N-{2-[bis(carboxylato-κO-methyl)amino-κ-]ethyl}-
 N-(carboxylato-κO-methyl)glycinato-κ]cobaltate(1−)

一つのアミノ基が配位しておらず,すべての四つのカルボキシラト基が単一の金属イオンに結合しているedtaの化合物があるならば,その錯体の名称中での配位子名称は(エタン-1,2-ジイルジニトリロ-κN)テトラキス(アセタト-κO) (ethane-1,2-diyldinitrilo-κN)tetrakis(acetato-κO) となる.

IR-9.2 配位化合物の構成の記述

硫黄-酸素混合型環状ポリエーテル，1,7,13-トリオキサ-4,10,16-トリチアシクロオクタデカン 1,7,13-trioxa-4,10,16-trithiacyclooctadecane は，アルカリ金属には酸素原子のみでキレート配位し，第二遷移系列の金属には硫黄原子のみでキレート配位する．そのようなキレート錯体に対応するカッパ指標は，それぞれ $\kappa^3 O^1,O^7,O^{13}$ および $\kappa^3 S^4,S^{10},S^{16}$ となる．

例9から11は配位子 N-[N-(2-アミノエチル)-N',S-ジフェニルスルホノジイミドイル]ベンゼンイミドアミド N-[N-(2-aminoethyl)-N',S-diphenylsulfonodiimidoyl]benzenimidamide の三つのキレート配位様式を示している．カッパ指標を用いることで，配位可能なヘテロ原子が多くあるにもかかわらず，これらの結合様式（およびその他のものも）を区別して同定することができる．

例：

9. [構造式] $^+$ # $[Cu(C_{21}H_{22}N_5S)Cl]^+$

{N-[N-(2-アミノ-κN-エチル)-N',S-ジフェニルスルホノジイミドイル-κN]ベンゼンイミドアミド-$\kappa N'$}クロリド銅(II)

{N-[N-(2-amino-κN-ethyl)-N',S-diphenylsulfonodiimidoyl-κN]benzenimidamide-$\kappa N'$}chloridocopper(II)

10. [構造式] $^+$ # $[Cu(C_{21}H_{23}N_5S)Cl]^+$

{N-[N-(2-アミノ-κN-エチル)-N',S-ジフェニルスルホノジイミドイル-$\kappa^2 N,N'$]ベンゼンイミドアミド}クロリド銅(II)

{N-[N-(2-amino-κN-ethyl)-N',S-diphenylsulfonodiimidoyl-$\kappa^2 N,N'$]benzenimidamide}chloridocopper(II)

11. [構造式] $^+$ # $[Cu(C_{21}H_{22}N_5S)Cl^-]^+$

{N-[N-(2-アミノ-κN-エチル)-N',S-ジフェニルスルホノジイミドイル-κN]ベンゼンイミドアミド-κN}クロリド銅(II)

{N-[N-(2-amino-κN-ethyl)-N',S-diphenylsulfonodiimidoyl-κN]benzenimidamide-κN}chloridocopper(II)

名称の例 9 と 11 の相違はベンゼンイミドアミド官能基のイミノ窒素原子の習慣的なプライムのつけ方にある．このプライムはベンゼンイミドアミドの窒素原子が置換されたものと（名称の最初でプライムがつけられていないものと）区別するためである．

原子記号に供与原子の位置番号をつけて配位の場所を示す方法を，大環状種 1,4,7-トリアゼカン 1,4,7-triazecane （または 1,4,7-トリアザシクロデカン 1,4,7-triazacyclodecane）の 2 種類の異性体となる二座配位様式によって，もう一度説明しよう（例 12 および 13）．5 員キレート環の形成を示すには，指標 $\kappa^2 N^1,N^4$ が必要であり，6 員キレート環を示すには記述語 $\kappa^2 N^1,N^7$ が必要である．例 14 は，κ とともに使用される位置番号は各部分ごとにつけるため，配位子の異なる部分を示すのに，同じ位置番号と原子記号が何度か現れることを示している．

例：

12. $\kappa^2 N^1,N^4$

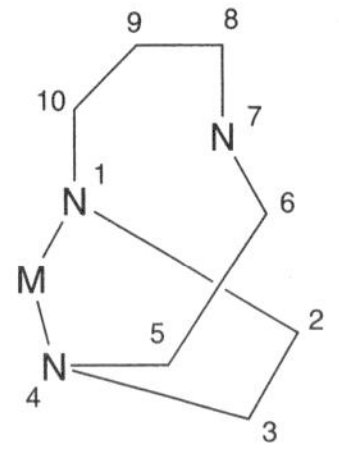

13. $\kappa^2 N^1,N^7$

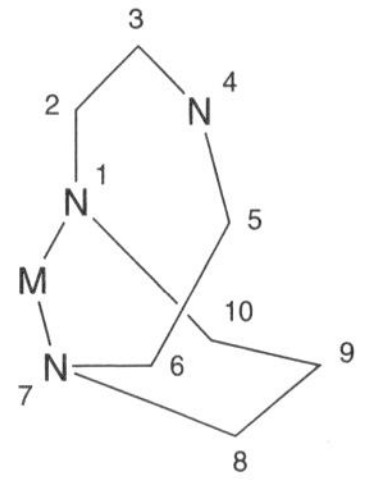

14. ジアンミン[2′-デオキシグアニリル-κN^7-(3′→5′)-
2′-デオキシシチジリル(3′→5′)-
2′-デオキシグアノシナト-κN^7(2−)]白金(II)
diammine[2′-deoxyguanylyl-κN^7-(3′→5′)-
2′-deoxycytidylyl(3′→5′)-
2′-deoxyguanosinato-κN^7(2−)]platinum(II)
[Pt(C$_{28}$H$_{36}$N$_{13}$O$_{16}$P$_2$)(NH$_3$)$_2$]

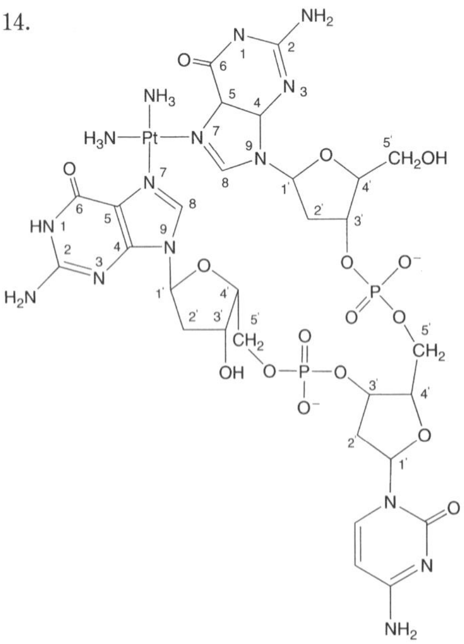

IR-9.2.4.3 イータ方式とカッパ方式の比較

イータ方式（IR-10.2.5.1）は，ある配位子内の連続した供与原子が中心原子への結合生成に関与する場合に用いられる．したがって，二つ以上の配位原子がある時にのみ用いられ，η^1 という表記は使用されることはない．連続した原子は同じ元素であることが多いが，そうである必要はない．

カッパ方式は，隣接していない供与原子から一つ以上の中心原子への結合生成を明示するのに使用される．

二つ以上の同一の配位子（あるいは多座配位子の複数部分）が中心原子に結合しているとき，供与原子と中心原子との結合の数を示すのには，κ に右上付き数字を付けて示す．

IR-9.2.4.4 名称中での供与原子記号のみの使用

場合によっては，カッパ方式は簡略化することができ，配位子の供与原子は，配位子の名称の語尾に供与原子の元素記号のイタリック体を付け加えるだけで示すことができる．すなわち，1,2-ジチオオキサラート陰イオン 1,2-dithiooxalate anion に対しては，1,2-ジチオオキサラト-$\kappa S,\kappa S'$ 1,2-dithiooxalato-$\kappa S,\kappa S'$ および 1,2-ジチオオキサラト-$\kappa O,\kappa S$ 1,2-dithiooxalato-$\kappa O,\kappa S$ のような配位子の名称は混乱することなく，それぞれ 1,2-ジチオオキサラト-S,S' 1,2-dithiooxalato-S,S' および 1,2-ジチオオキサラト-O,S 1,2-dithiooxalato-O,S に短縮される．その他の例としては，チオシアナト-N thiocyanato-N とチオシアナト-S thiocyanato-S およびニトリト-N nitrito-N とニトリト-O nitrito-O がある．

IR-9.2.5 多核錯体
IR-9.2.5.1 総論

多核無機錯体には，イオン性固体，分子状ポリマー，オキソ陰イオンの拡張型集合体，鎖と環，架橋金属錯体，同核および異核のクラスターなど，途方にくれるほど多様な構造種類が存在する．この節では主として，架橋金属錯体と同核および異核のクラスターの命名法を取扱う．配位ポリマーは，別のところで幅広く取扱う[6]．

一般原則として，**多核錯体** polynuclear complex の化学式あるいは名称は，できるだけ多くの構造に関する情報が提供できることが要求される．しかし，多核錯体は巨大で拡張した構造をとり，構造に基づく合理的な命名法は非現実的かもしれない．さらに，それらの構造は未確定であったり，適切な説明がなされないこともある．そのような場合，名称あるいは化学式の主たる役割は，存在する各種成分の定比組成を伝えることである．

この節と次節では，特定の錯体を例として何度も使用し，定比性のみを明示するか，あるいは一部または全体の構造情報を含めるかによって，いかに異なる命名がなされるかを示す．

多核錯体の配位子は，化学式および名称のいずれにおいても，アルファベット順で記載される．それぞれの配位子の数は，化学式では下付き数字で明示され（IR-9.2.3.1 から IR-9.2.3.4），名称では，適当な倍数接頭語で明示される（IR-9.2.2.1 から IR-9.2.2.3）．同種の中心原子の数が二つ以上であれば，同様に示す．

しかし，化学式を書くための規則は，問題とする構造の特徴をよりよく表すために，種々の方法で緩和されることに注意しよう．この柔軟性は以下の多くの例で採用されている．

例：
1. $[Rh_3H_3\{P(OMe)_3\}_6]$　　トリヒドリドヘキサキス（亜リン酸トリメチル）三ロジウム
   trihydridohexakis(trimethyl phosphite)trirhodium

もし，中心原子として示される元素が複数あれば，これらの元素は，付表VIの矢印の順に記載されている順番に従って並べる．付表VIの矢印の順で後位の元素を化学式中の中心原子記号配列では前に記し，また，錯体の名称中でも中心原子の名称は同様に配列する．

例：

2. [ReCo(CO)$_9$]

　　ノナカルボニルレニウムコバルト　　nonacarbonylrheniumcobalt

陰イオン種では，語尾を'酸 ate'とし電荷数（IR-5.4.2.2を見よ）を中心原子のあとにつける．もし，2種以上の元素が中心原子として含まれるならば，中心原子を並べて記し括弧で囲む．

例：

3. [Cr$_2$O$_7$]$^{2-}$

　　ヘプタオキシド二クロム酸(2−)イオン　　heptaoxidodichromate(2−)

4. [Re$_2$Br$_8$]$^{2-}$

　　オクタブロミド二レニウム酸(2−)イオン　　octabromidodirhenate(2−)

5. 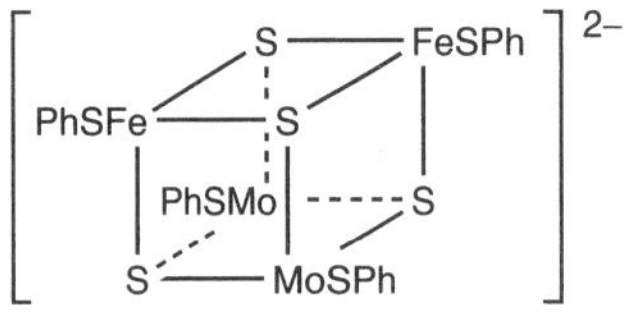 [構造式]$^{2-}$　　[Mo$_2$Fe$_2$S$_4$(SPh)$_4$]$^{2-}$

　　テトラキス(ベンゼンチオラト)テトラキス(スルフィド)(二モリブデン二鉄)酸(2−)イオン
　　tetrakis(benzenethiolato)tetrakis(sulfido)(dimolybdenumdiirion)ate(2−)

ここで多くの例をあげることはしないが，以下に展開する多核錯体に関する規則は，中心原子が金属ではない（形式的な）錯体に対しても適用可能であるということに注意すること．

例：

6. [PSO$_7$]$^{2-}$

　　ヘプタオキシド(リン硫黄)酸(2−)イオン　　heptaoxido(phosphorussulfur)ate(2−)

多くのオキソ酸および関連化学種は，IR-8および付表IXで同様に命名されている．

　多原子配位子中の配位原子を明示するために，IR-9.2.4.2で記号カッパ κ を導入した．多核錯体中の多原子配位子においても，κ の使用が適用される．しかし，記号 κ には，さらにどの配位原子がどの中心原子に結合しているかを明示する，新しい役割を担わせることになる．この目的のために，中心原子の一覧表での順番に従い（付表VIの矢印の順で後位の中心原子の元素に，小さい位置番号を付ける），これらの原子に番号を付けて，中心原子を同定する．

　同じ元素の中心原子が二つ以上あるときには，さらに規則が必要である（IR-9.2.5.5 および IR-9.2.5.6 を見よ）．ただし，その構造が対称で二つ以上の中心原子が等価となり（たとえばIR-9.2.5.4を見よ），その結果，生成した名称がその番号付けとは無関係になる場合は除かれる．

　中心原子の番号は，さらに配位原子に対する位置番号として使われ，カッパ記号の左におく．それぞれのカッパ指標，すなわち上付き数字（必要なら）の付いたカッパ記号，中心原子の位置番号および配位原子の元素記号一式は，コンマで区切る．

例：
7. $[(OC)_5\overset{1}{Re}\overset{2}{Co}(CO)_4]$

    ノナカルボニル-$1\kappa^5C,2\kappa^4C$-レニウムコバルト

    nonacarbonyl-$1\kappa^5C,2\kappa^4C$-rheniumcobalt

8. $[Cl_4\overset{1}{Re}\overset{2}{Re}Cl_4]^{2-}$

    オクタクロリド-$1\kappa^4Cl,2\kappa^4Cl$-二レニウム酸(2-)イオン

    octachlorido-$1\kappa^4Cl,2\kappa^4Cl$-dirhenate(2-)

これらの二つの例では，化学式が示す構造情報は，名称によっては伝えられない．実際，どのような多核錯体でも，二つ以上の中心原子に結合している配位子（架橋配位子）を少なくとも一つ含むか，あるいは二つの中心原子間に結合があるかのいずれかのはずである．名称において，これらの構造的側面を明示するためには，さらなる工夫が必要である．これらのことは，つぎの二つの節で紹介する．

IR-9.2.5.2 架橋配位子

架橋配位子 bridging ligand は，明示できるならギリシャ文字 μ で示し，配位子の記号あるいは名称の前におき，ハイフンでその間をつなぐ．適用する方法は，IR-9.1.2.10 で簡単に紹介してある．名称中では，架橋配位子の名称全体，たとえば μ-クロリド μ-chlorido は，アンミン-μ-クロリド-クロリド ammine-μ-chlorido-chlorido などのように，名称中の他の部分とはハイフンで区切る．ただし，架橋配位子の名称自体が括弧で囲まれているときはその限りではない．同じ架橋配位子が二つ以上あれば，倍数接頭語を使って，トリ-μ-クロリド-クロリド tri-μ-chlorido-chlorido のように，あるいはより複雑な配位子名が含まれるなら，ビス(μ-ジフェニルホスファニド) bis(μ-diphenylphosphanido) のようになる．

架橋配位子は，他の配位子とともに，アルファベット順に並べられるが，名称中では，架橋配位子は対応する非架橋配位子より前におき，ジ-μ-クロリド-テトラクロリド di-μ-chlorido-tetrachlorido のようになる．化学式では，架橋配位子は同じ種類の末端配位子のあとにおく．したがって，名称および化学式両方において，架橋配位子は，同じ種類の末端配位子よりも，中心原子から離れておかれることになる．

例：
1. $[Cr_2O_6(\mu\text{-}O)]^{2-}$

    μ-オキシド-ヘキサオキシド二クロム酸(2-)イオン

    μ-oxido-hexaoxidodichromate(2-)

架橋配位子により連結された配位中心の数である**架橋指数** bridging index n は，右下付きで示す．通常，架橋指数 2 は示されない．多重架橋は，架橋指数が大きいものから順に列挙する．たとえば，μ_3-オキシド-ジ-μ-オキシド-トリオキシド μ_3-oxido-di-μ-oxido-trioxido となる．括弧が必要となる配位子名では，μ はその括弧の中に含める．

架橋される中心原子とそれに対する供与原子を明示する必要があるときは，カッパ方式が μ とともに使われる．カッパ記号は供与原子と中心原子とのすべての結合を考慮に入れているのであって，下の例 2 では，記号 $1:2:3\kappa^3S$ は中心原子 1, 2, 3 を架橋した硫黄原子からの三つすべての結合を明示している．

例：

2. 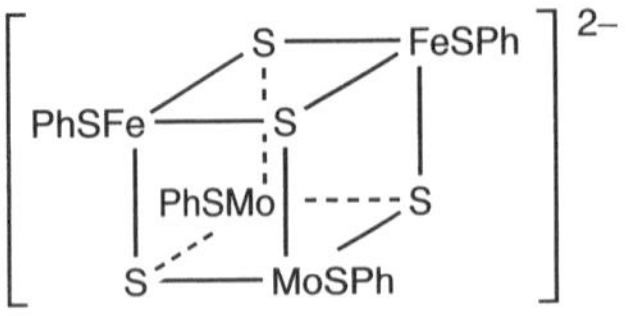 [構造図: Mo₂Fe₂S₄(SPh)₄ クラスター]²⁻

[Mo₂Fe₂S₄(SPh)₄]²⁻

テトラキス(ベンゼンチオラト)-1κS,2κS,3κS,4κS-テトラ-μ₃-スルフィド-
  1:2:3κ³S;1:2:4κ³S;1:3:4κ³S;2:3:4κ³S-(ニモリブデン二鉄)酸(2−)イオン
tetrakis(benzenethiolato)-1κS,2κS,3κS,4κS-tetra-μ₃-sulfido-
  1:2:3κ³S;1:2:4κ³S;1:3:4κ³S;2:3:4κ³S-(dimolybdenumdiiron)ate(2−)

ここでは，IR-9.2.5.1 の規則に従い，二つのモリブデン原子が1と2，二つの鉄原子が3と4に番号付けされている．この化合物の対称性のために，1と2，あるいは3と4を区別する必要はない．

例：

3. [O₃S(μ-O₂)SO₃]²⁻
  μ-ペルオキシド-1κO,2κO'-ヘキサオキシド二硫酸(2−)イオン
  μ-peroxido-1κO,2κO'-hexaoxidodisulfate(2−)

単一の配位原子が二つ以上の中心原子に結合するとき，中心原子の位置番号はコロンで区切る．たとえば，トリ-μ-クロリド-1:2κ²Cl;1:3κ²Cl;2:3κ²Cl- tri-μ-chlorido-1:2κ²Cl;1:3κ²Cl;2:3κ²Cl- は，三つの架橋クロリド配位子があり，それらは中心原子1と2，1と3，2と3の間を架橋していることを示している．コロンは使用されているので，架橋位置番号の各組はコンマではなくセミコロンで区切られていることに注意せよ．

例：

4. 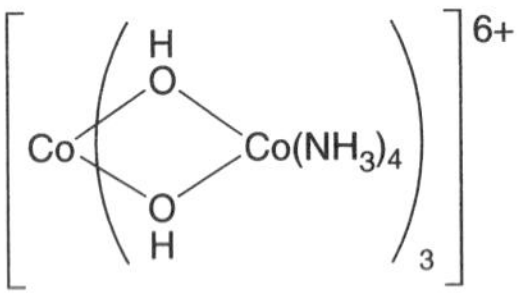 [構造図: Co{(μ-OH)₂Co(NH₃)₄}₃ 錯体]⁶⁺

[Co{(μ-OH)₂Co(NH₃)₄}₃]⁶⁺

ドデカアンミン-1κ⁴N,2κ⁴N,3κ⁴N-ヘキサ-μ-ヒドロキシド-
  1:4κ⁴O;2:4κ⁴O;3:4κ⁴O-四コバルト(6+)
dodecaammine-1κ⁴N,2κ⁴N,3κ⁴N-hexa-μ-hydroxido-
  1:4κ⁴O;2:4κ⁴O;3:4κ⁴O-tetracobalt(6+)

この例での中心原子の位置番号は，IR-9.2.5.5 および IR-9.2.5.6 の規則に従い，付けられている．この場合，中心コバルト原子には位置番号4が付けられている．

例:

5. [構造式]

ヘキサアンミン-$2\kappa^3N,3\kappa^3N$-アクア-$1\kappa O$-{μ_3-(エタン-1,2-ジイルジニトリロ-$1\kappa^2N,N'$)-テトラアセタト-$1\kappa^3O^1,O^2,O^3$:$2\kappa O^4$:$3\kappa O^{4'}$}-ジ-μ-ヒドロキシド-$2,3\kappa^4O$-クロム二コバルト(3+)
hexaammine-$2\kappa^3N,3\kappa^3N$-aqua-$1\kappa O$-{μ_3-(ethane-1,2-diyldinitrilo-$1\kappa^2N,N'$)-tetraacetato-$1\kappa^3O^1,O^2,O^3$:$2\kappa O^4$:$3\kappa O^{4'}$}-di-μ-hydroxido-$2,3\kappa^4O$-chromiumdicobalt(3+)
\# [$CrCo_2(C_{10}H_{12}N_2O_8)(NH_3)_6(OH_2)(\mu\text{-}OH)_2$]$^{3+}$

この名称では,四つのカルボキシラート基の酸素配位原子の番号付け($1,1',2,2',3,3',4,4'$)は明白であり,暗黙のうちに想定されている.

IR-9.2.5.3 金属-金属結合

金属-金属結合 metal-metal bonding,あるいはより一般的には錯体中の中心原子間の結合は,中心原子の名称を列挙したあとに,適当な中心原子の元素記号をイタリックで示し,全角ダッシュで分離して括弧で囲む.さらに必要なら,イオン電荷を続けて記す.中心原子の元素記号は中心原子が名称中で登場するのと同じ順序で記す(すなわち,付表Ⅵに従い,矢印をたどっていき,最初に到達した元素は最後におく).金属-金属結合の数は,アラビア数字で示し,最初の元素記号の前に1字分のスペースをおいて記す.結合次数の違いを識別することは命名法の本義ではないが,構造中にある元素の中心原子が複数存在し,問題とする結合にそれらのうちのどれが含まれているかを示す必要があるときには(なぜなら,それらは非等価であるから),例4に示すように,中心原子の位置番号(IR-9.2.5.6を見よ)を元素記号の右上付きに記して表現することができる.

例:

1. [$Cl_4\overset{1}{Re}\overset{2}{Re}Cl_4$]$^{2-}$
   オクタクロリド-$1\kappa^4Cl,2\kappa^4Cl$-二レニウム酸($Re—Re$)(2−)イオン
   octachlorido-$1\kappa^4Cl,2\kappa^4Cl$-dirhenate($Re—Re$)(2−)

2. [$(OC)_5\overset{1}{Re}\overset{2}{Co}(CO)_4$]
   ノナカルボニル-$1\kappa^5C,2\kappa^4C$-レニウムコバルト($Re—Co$)
   nonacarbonyl-$1\kappa^5C,2\kappa^4C$-rheniumcobalt($Re—Co$)

3. $Cs_3[Re_3Cl_{12}]$
   ドデカクロリド-*triangulo*-三レニウム酸($3\,Re—Re$)(3−)セシウム
   caesium dodecachlorido-*triangulo*-trirhenate($3\,Re—Re$)(3−)

4.

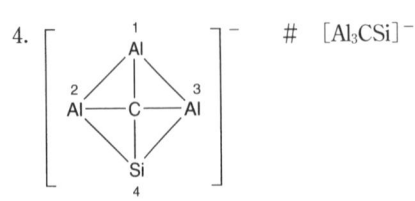

[構造図: [Al₃CSi]⁻ の構造。頂点 1 に Al、2 に Al、3 に Al、4 に Si、中心に C] # [Al₃CSi]⁻

μ₄-カルビド-*quadro*-(三アルミニウムケイ素)酸(Al^1―Al^2)(Al^1―Al^3)(Al^2―Si)(Al^3―Si)(1−)イオン

μ₄-carbido-*quadro*-(trialuminiumsilicon)ate(Al^1―Al^2)(Al^1―Al^3)(Al^2―Si)(Al^3―Si)(1−)

(例3と4は構造記号 *triangulo* と *quadro* を含むが，それらは，つぎの IR-9.2.5.7 で紹介する.) 例3の名称ではどのクロリド配位子がどの中心原子に結合するか明示していないことに注意せよ．

IR-9.2.5.4 対称的な複核錯体

対称的な**複核錯体** dinuclear entity 種では，名称は倍数接頭語を用いることで単純化できる．

例：

1. $[Re_2Br_8]^{2-}$ ビス(テトラブロミドレニウム酸)(Re―Re)(2−)イオン
   bis(tetrabromidorhenate)(Re―Re)(2−)

2. $[Mn_2(CO)_{10}]$ ビス(ペンタカルボニルマンガン)(Mn―Mn)
   bis(pentacarbonylmanganese)(Mn―Mn)

3. $[\{Cr(NH_3)_5\}_2(\mu\text{-}OH)]^{5+}$ μ-ヒドロキシド-ビス(ペンタアンミンクロム)(5+)
   μ-hydroxido-bis(pentaamminechromium)(5+)

4. $[\{PtCl(PPh_3)\}_2(\mu\text{-}Cl)_2]$ ジ-μ-クロリド-ビス[クロリド(トリフェニルホスファン)白金]
   di-μ-chlorido-bis[chlorido(triphenylphosphane)platinum]

5. $[\{Fe(NO)_2\}_2(\mu\text{-}PPh_2)_2]$ ビス(μ-ジフェニルホスファニド)ビス(ジニトロシル鉄)
   bis(μ-diphenylphophanido)bis(dinitrosyliron)

6. $[\{Cu(py)\}_2(\mu\text{-}O_2CMe)_4]$ テトラキス(μ-アセタト-κO:κO')ビス[(ピリジン)銅(II)]
   tetrakis(μ-acetato-κO:κO')bis[(pyridine)copper(II)]

ある場合には，倍数接頭語は，非対称的な複核錯体の名称を単純化するのにも用いられる（IR-9.2.5.5 の例5を見よ）．

IR-9.2.5.5 非対称的な複核錯体

非対称的な複核錯体種の名称は，IR-9.2.5.1 から IR-9.2.5.3 に記載されている一般則に従ってつくられる．

例：

1. $[ClHgIr(CO)Cl_2(PPh_3)_2]$
   カルボニル-1κC-トリクロリド-1κ^2Cl,2κCl-ビス(トリフェニルホスファン-1κP)イリジウム水銀(Ir―Hg)
   carbonyl-1κC-trichlorido-1κ^2Cl,2κCl-bis(triphenylphosphane-1κP)iridiummercury(Ir―Hg)

この例では，付表 VI で矢印の順で後位がイリジウムである．そこで，名称ではイリジウムを水銀の前におき，中心原子の位置番号1を付ける．

IR-9.2 配位化合物の構成の記述

唯一残されている問題は，中心原子が同じであるが配位環境が異なるときの中心原子の番号付けである．この場合，もし適用可能であれば，より大きい配位数をもつ中心原子に小さい（位置）番号を付ける．もし，配位数が等しいときは，配位子の数が多いあるいは名称中で先に記載する配位原子をもつ中心原子により小さい（位置）番号を付ける．すなわち，例2では，九つのアンミン配位子のうち，五つをもつクロム原子に優先番号1を与える．

例：

2. $[(H_3N)_5\overset{1}{Cr}(\mu\text{-}OH)\overset{2}{Cr}(NH_2Me)(NH_3)_4]^{5+}$

   ノナアンミン-$1\kappa^5N,2\kappa^4N$-μ-ヒドロキシド-(メタンアミン-$2\kappa N$)二クロム(5+)

   nonaammine-$1\kappa^5N,2\kappa^4N$-μ-hydroxido-(methanamine-$2\kappa N$)dichromium(5+)

3. $[(H_3N)_3\overset{1}{Co}(\mu\text{-}NO_2)(\mu\text{-}OH)_2\overset{2}{Co}(NH_3)_2(py)]^{3+}$

   ペンタアンミン-$1\kappa^3N,2\kappa^2N$-ジ-μ-ヒドロキシド-μ-ニトリト-$1\kappa N{:}2\kappa O$-(ピリジン-$2\kappa N$)二コバルト(3+)

   pentaammine-$1\kappa^3N,2\kappa^2N$-di-μ-hydroxido-μ-nitrito-$1\kappa N{:}2\kappa O$-(pyridine-$2\kappa N$)dicobalt(3+)

4. $[(bpy)(H_2O)\overset{1}{Cu}(\mu\text{-}OH)_2\overset{2}{Cu}(bpy)(SO_4)]$

   アクア-$1\kappa O$-(2,2′-ビピリジン-$1\kappa^2N,N'$)(2,2′-ビピリジン-$2\kappa^2N,N'$)-ジ-μ-ヒドロキシド-(スルファト-$2\kappa O$)二銅(Ⅱ)

   aqua-$1\kappa O$-(2,2′-bipyridine-$1\kappa^2N,N'$)(2,2′-bipyridine-$2\kappa^2N,N'$)-di-μ-hydroxido-(sulfato-$2\kappa O$)dicopper(Ⅱ)

ある場合には，例5に示したように，名称にたどりつくのに，異なった配位環境にある二つの中心原子を厳密に番号付けする必要はない．完全に対称的な構造に対しては，IR-9.2.5.4でも示したように，名称を単純化するための倍数接頭語の使用について注意しよう

例：

5. $[\{Co(NH_3)_3\}_2(\mu\text{-}NO_2)(\mu\text{-}OH)_2]^{3+}$

   ジ-μ-ヒドロキシド-μ-ニトリト-$\kappa N{:}\kappa O$-ビス(トリアンミンコバルト)(3+)

   di-μ-hydroxido-μ-nitrito-$\kappa N{:}\kappa O$-bis(triamminecobalt)(3+)

IR-9.2.5.6 三核およびより多核の構造

前節で述べた，配位子を命名して配位原子を指定する方法は一般的であり，核数（関与する中心原子の数）にかかわらず適用できる．しかし，多くの場合，錯体の体系的な付加式名称を組立てるには，中心原子の番号付けが必要となる．そのような番号付けは，核数が増えるにつれて一般に複雑さが増していく命名の手続となる．この節では中心原子に位置番号を割り当てる一般的な手順を示す．

二つの中心原子が同じ元素でないときは，それらの中心原子の位置番号および名称中で記載する順序は，付表Ⅵを使用して決めることができる．表の矢印の順で最も先位の中心原子に最も大きい位置番号を付け，最も後位の原子に位置番号1を付ける．もしも構造中に，ある元素からなる中心原子をすべて等価にする対称性が存在するならば，この方法は2種類以上の中心原子が存在する系にも適用することができる．実際，極端な場合，すべての中心原子が等価であれば，位置番号を帰属する必要は全くない．

例:
1. [Be$_4$(μ$_4$-O)(μ-O$_2$CMe)$_6$]

   ヘキサキス(μ-アセタト-κ*O*:κ*O*′)-μ$_4$-オキシド-*tetrahedro*-四ベリリウム

   hexakis(μ-acetato-κ*O*:κ*O*′)-μ$_4$-oxido-*tetrahedro*-tetraberyllium

2. [Os$_3$(CO)$_{12}$]

   ドデカカルボニル-1κ^4*C*,2κ^4*C*,3κ^4*C*-*triangulo*-三オスミウム(3 *Os*—*Os*)

   dodecacarbonyl-1κ^4*C*,2κ^4*C*,3κ^4*C*-*triangulo*-triosmium(3 *Os*—*Os*)

(記号 *tetrahedro* および *triangulo* は IR-9.2.5.7 で導入される.)

このような例としては,IR-9.2.5.2 の例 5 があげられる.ここでは二つのコバルト原子のうち,どちらに番号 2 を付け,どちらに番号 3 を付けるかは重要ではない.いずれにせよ,体系的名称は同じである.

多核錯体の配位型付加式名称を組立てるために提案されている一般的手順は以下の通りである.

(i) 中心原子と配位子を同定する.

(ii) κ,η,μ などの指標を付けて,配位子を命名する(中心原子の位置番号は除く).記号 κ,η または μ が,他の点では等価である配位子の一部にのみ適用されるなら,配位子名称を変更する(そして 'トリ tri' または 'トリス tris' のような倍数接頭語によって記述される)必要があることに注意すること.

(iii) 配位子の名称をアルファベット順におく.

(iv) 以下の規則を適用して,中心原子の位置番号を付ける.

   (a) 付表Ⅵの元素順序を適用する.矢印の順で後位の元素に,より小さい位置番号を付ける.すべての中心原子が異なる元素であれば,この基準によって番号付けが決まる.同じ元素の中心原子への位置番号付けは,つぎの規則による.

   (b) 同じ元素の中心原子間では,より大きい配位数をもつ中心原子に,より小さい位置番号を付ける.

   (c) 配位子名称をアルファベット順に配列する.配位原子を明確に(κ または η の指標などで)あるいは暗黙のうちに(配位子名称 'carbonyl カルボニル' などで)明示できるように,名称あるいは部分名称は吟味する.位置番号の明確な番号付けがまだなされていない中心原子の間で,均等に分布していない配位原子の組に出合ったら,この配位原子を最も多くもつ中心原子にできるだけ小さい番号を付ける.配位子を吟味する一連の過程は,すべての中心原子に位置番号が付けられるか,すべての配位子の検討が終るまで続ける.

   (d) これまでの手順により非等価で,位置番号が付いていない中心原子は,それらが直接結合した他の中心原子のみ異なる.これらの直接結合した隣接する中心原子の位置番号を比較し,最も小さい位置番号の原子に近い中心原子に,残っている中で最も小さい位置番号を付ける(下の例 9 をみよ).

これらの規則を使って付けた中心原子の位置番号は,置換命名法(IR-6 参照)や文献 7 のⅡ-1,Ⅱ-5 で説明した命名法のような,適用可能な他の命名法を用いた場合の位置番号と一致する必要はない.

例：

3. [構造式] $[Mo_2Fe_2S_4(SPh)_4]^{2-}$

テトラキス(ベンゼンチオラト)-1κS,2κS,3κS,4κS-テトラ-μ_3-スルフィド-
  1:2:3$\kappa^3 S$;1:2:4$\kappa^3 S$;1:3:4$\kappa^3 S$;2:3:4$\kappa^3 S$-(二モリブデン二鉄)酸(2−)イオン
tetrakis(benzenethiolato)-1κS,2κS,3κS,4κS-tetra-μ_3-sulfido-
  1:2:3$\kappa^3 S$;1:2:4$\kappa^3 S$;1:3:4$\kappa^3 S$;2:3:4$\kappa^3 S$-(dimolybdenumdiiron)ate(2−)

上述の規則を使うと，二つのモリブデン原子あるいは二つの鉄原子間を，区別できないが，その必要はない．

例：

4. [構造式] $[Co\{(\mu\text{-}OH)_2Co(NH_3)_4\}_3]^{6+}$

ドデカアンミン-1$\kappa^4 N$,2$\kappa^4 N$,3$\kappa^4 N$-ヘキサ-μ-ヒドロキシド-1:4$\kappa^4 O$;2:4$\kappa^4 O$;3:4$\kappa^4 O$-四コバルト(6+)
dodecaammine-1$\kappa^4 N$,2$\kappa^4 N$,3$\kappa^4 N$-hexa-μ-hydroxido-1:4$\kappa^4 O$;2:4$\kappa^4 O$;3:4$\kappa^4 O$-tetracobalt(6+)

規則(a)および(b)では四つのコバルト間の区別はできない．しかし，規則(c)により，周りをとりまく三つのコバルト原子に番号1,2,3が付けられる．というのは，それらのコバルト原子は，名称中で最初に出てくるアンミン配位子と結合しているからであり，したがって中心のコバルト原子は，番号4となる．錯体の対称性のために，名称をつけるのに必要なのは以上ですべてである．

例：

5. [構造式]

ヘキサアンミン-2$\kappa^3 N$,3$\kappa^3 N$-アクア-1κO-{μ_3-(エタン-1,2-ジイルジニトリロ-1$\kappa^2 N,N'$)-
  テトラアセタト-1$\kappa^3 O^1,O^2,O^3$:2κO^4:3κO^4}-ジ-μ-ヒドロキシド-2:3$\kappa^4 O$-クロム二コバルト(3+)
hexaammine-2$\kappa^3 N$,3$\kappa^3 N$-aqua-1κO-{μ_3-(ethane-1,2-diyldinitrilo-1$\kappa^2 N,N'$)-
  tetraacetato-1$\kappa^3 O^1,O^2,O^3$:2κO^4:3κO^4}-di-μ-hydroxido-2:3$\kappa^4 O$-chromiumdicobalt(3+)
$[CrCo_2(C_{10}H_{12}N_2O_8)(NH_3)_6(OH_2)(\mu\text{-}OH)_2]^{3+}$

6. # [{Fe(CO)$_4$}$_2${Pt(PPh$_3$)$_2$}]
    # [FePt(CO)$_8$(PPh$_3$)$_2$]

オクタカルボニル-1κ^{4}C,2κ^{4}C-ビス(トリフェニルホスファン-3κP)-
triangulo-二鉄白金(*Fe—Fe*)(2 *Fe—Pt*)

octacarbonyl-1κ^{4}C,2κ^{4}C-bis(triphenylphosphane-3κP)-*triangulo*-
diironplatinum(*Fe—Fe*)(2 *Fe—Pt*)

7. [Os$_3$(CO)$_{12}$(SiCl$_3$)$_2$]

ドデカカルボニル-1κ^{4}C,2κ^{4}C,3κ^{4}C-ビス(トリクロロシリル)-
1κ*Si*,2κ*Si*-三オスミウム(*Os^1—Os^3*)(*Os^2—Os^3*)

dodecacarbonyl-1κ^{4}C,2κ^{4}C,3κ^{4}C-bis(trichlorosilyl)-
1κ*Si*,2κ*Si*-triosmium(*Os^1—Os^3*)(*Os^2—Os^3*)

三つのオスミウム原子はすべて四つのカルボニル配位子と結合している．トリクロロシリル配位子と結合している二つのオスミウム原子は中心原子の位置番号1と2が付けられる．というのは，これらの配位子が，均等に分布していない最初のものだからである．対称的な構造のため，位置番号1と2をどちらに付けても同じことになる．

例：

8. # [Rh$_3$(C$_{30}$H$_{25}$P$_3$)$_2$(CO)$_3$(μ-Cl)Cl]$^+$

トリカルボニル-1κC,2κC,3κC-μ-クロリド-1:2κ^{2}Cl-クロリド-3κCl-
ビス{μ$_3$-ビス[(ジフェニルホスファニル)メチル]-1κP:3κP'-
フェニルホスファン-2κP}三ロジウム(1+)

tricarbonyl-1κC,2κC,3κC-μ-chlorido-1:2κ^{2}Cl-chlorido-3κCl-bis{μ$_3$-
bis[(diphenylphosphanyl)methyl]-1κP:3κP'-phenylphosphane-2κP}trirhodium(1+)

あるいは配位子のホスファンにIUPAC推奨名[1]を使用すると，

トリカルボニル-1κC,2κC,3κC-μ-クロリド-1:2κ^{2}Cl-クロリド-3κCl-ビス{μ$_3$-[フェニルホスファンジイル-1κP-ビス(メチレン)]ビス(ジフェニルホスファン)-2κP':3κP''}三ロジウム(1+)

tricarbonyl-1κC,2κC,3κC-μ-chlorido-1:2κ^{2}Cl-chlorido-3κCl-bis{μ$_3$-[phenylphosphanediyl-
1κP-bis(methylene)]bis(diphenylphosphane)-2κP':3κP''}trirhodium(1+)

例8は同じ配位子に対し異なる（いずれも体系的）名称を用いると，いかに異なる付加式名称や異なる位置番号となるかを示している．

第一の名称では，ロジウム原子が非等価と認識される最初の場所が，μ-クロリド配位子と関連してくるカッパ項にある．すなわち，クロリドが架橋したロジウム原子には，中心原子の位置番号1と2が付けられ（この段階では区別がつかないが），残りのロジウム原子には位置番号3が付けられる．中心原子1あるいは2に関係してくる名称でのつぎの違いは，ジフェニルホスファニルのκ項である．この配位子のそれらの部分は末端のロジウム原子に結合し，中央のロジウム原子には結合していない．末端ロジウム原子の一つにはすでに最初の段階での違いから，位置番号3が付けられているので，もう一方のロジウム原子に番号1が付けられ，中央の原子には位置番号2が残る．

第二の名称では，位置番号3は同様に帰属されるが，ここでは配位子名称中で先に出てくるので（ホスファンジイルの項で），中央のロジウム原子に番号1を付ける．

例：

9. 構造式 # [Al$_3$CSi]$^-$

μ$_4$-カルビド-*quadro*-(三アルミニウムケイ素)酸(Al^1―Al^2)(Al^1―Al^3)(Al^2―Si)(Al^3―Si)(1−)
μ$_4$-carbido-*quadro*-(trialuminiumsilicon)ate(Al^1―Al^2)(Al^1―Al^3)(Al^2―Si)(Al^3―Si)(1−)

この例では，中心原子の位置番号はつぎのようにして付けられる．上述の規則(a)により，ケイ素原子に番号4を付ける．三つのアルミニウム原子では，配位数と配位子の分布は同じであり，他の中心原子への結合の仕方のみ異なる．アルミニウム原子の番号付けは上述の規則(d)に従う．

すべての配位子の前にイタリック体で記した接頭語 '*cyclo*' は，単環化合物に用いることができる．

例：

10. 構造式 # [Pd$_3$(NH$_3$)$_5$(NH$_2$Me)(μ-OH)$_3$]

cyclo-ペンタアンミン-1κ^2N,2κ^2N,3κN-トリ-μ-ヒドロキシド-
 1:2κ^2O;1:3κ^2O;2:3κ^2O-(メタンアミン-3κN)二白金パラジウム(3+)
cyclo-pentaammine-1κ^2N,2κ^2N,3κN-tri-μ-hydroxido-
 1:2κ^2O;1:3κ^2O;2:3κ^2O-(methanamine-3κN)diplatinumpalladium(3+)

二つの白金原子は等価であり，規則(a)によりパラジウムより小さい位置番号が与えられる．

例:

11.   # [Rh$_4$(μ-C$_4$H$_5$N$_2$)$_4$(CO)$_8$]

cyclo-テトラキス(μ-2-メチルイミダゾリド-κN^1:κN^3)テトラキス(ジカルボニルロジウム)
cyclo-tetrakis(μ-2-methylimidazolido-κN^1:κN^3)tetrakis(dicarbonylrhodium)

12.   # [Rh$_4$(μ-C$_4$H$_5$N$_2$)$_4$(CO)$_6$(PMe$_3$)$_2$]

cyclo-ヘサキカルボニル-1κ^{2}C,2κ^{2}C,3κC,4κC-テトラキス(μ-2-メチル-
  1H-イミダゾール-1-イド)-1:3κ^{2}N^1:N^3;1:4κ^{2}N^3:N^1;2:3κ^{2}N^3:N^1;2:4κ^{2}N^1:N^3-
  ビス(トリメチルホスファン)-3κP,4κP-四ロジウム
cyclo-hexacarbonyl-1κ^{2}C,2κ^{2}C,3κC,4κC-tetrakis(μ-2-methyl-1H-imidazol-1-ido)-
  1:3κ^{2}N^1:N^3;1:4κ^{2}N^3:N^1;2:3κ^{2}N^3:N^1;2:4κ^{2}N^1:N^3-bis(trimethylphospane)-3κP,4κP-tetrarhodium

IR-9.2.5.7 多核クラスター:対称的な中心構造単位

複雑な多核錯体の構造的特徴を表現するのに,**中心構造単位** central structural unit(**CSU**)という概念が用いられる.この目的では,金属原子のみが考慮される.非直線型クラスターでは,すでに例をあげておいたように,*triangulo*, *tetrahedro*, *dodecahedro* のような記号が,単純な場合に,中心構造単位を記述するのに用いられてきた.しかし,合成化学は,この取扱いに関連した中心構造単位の範囲をはるかに超えて発展した.より包括的な CSU 記号と番号付けの体系,すなわち **CEP**(Casey, Evans, Powell)体系が,とりわけ完全に三角形からなるポリホウ素多面体(デルタ多面体)[8]に対して開発された.これらの CEP 記号は,完全に三角形からなる多面体(デルタ多面体)に対する従来の記号に代わる体系的なもので,一般に用いられる.例を表 IR-9.1 に列挙した.

簡潔に言うと,CSU の番号付けは,基準軸とこれに垂直な原子面をおくことに基づいている.基準軸は最高の回転対称をもつ軸である.まず,第一平面にある一つの原子(または最小数の原子)をもつ基準軸の端を選ぶ.つぎに二つ以上の原子を含む第一平面内で最初に位置番号を付ける位置が12時の位置にくるように CSU をあわせる.つぎに12時の位置から始めて時計回りまたは反時計回りに進みながら,軸の位置または第一平面の各位置に位置番号を付ける.第一平面からつぎの位置に移り,同じ方向(時計回り,または反時計回り)に進みながら,続けて番号を付けていく.このとき,その平面で番号を付

表 IR-9.1 構造記号

CSUの原子数	記号	点群[訳注]	CEP記号[訳注]
3	*triangulo*	D_{3h}	
4	*quadro*	D_{4h}	
4	*tetrahedro*	T_d	$[T_d\text{-}(13)\text{-}\Delta^4\text{-}closo]$
5		D_{3h}	$[D_{3h}\text{-}(131)\text{-}\Delta^6\text{-}closo]$
6	*octahedro*	O_h	$[O_h\text{-}(141)\text{-}\Delta^8\text{-}closo]$
6	*triprismo*	D_{3h}	
8	*antiprismo*	S_6	
8	*dodecahedro*	D_{2d}	$[D_{2d}\text{-}(2222)\text{-}\Delta^6\text{-}closo]$
8	*hexahedro* (*cube*)	O_h	
12	*icosahedro*	I_h	$[I_h\text{-}(1551)\text{-}\Delta^{20}\text{-}closo]$

ける前に常に12時の位置に戻るか,または前進の方向で12時に最も近い位置へ戻ることにする.このようにして全部の位置に番号が付くまで続ける.

デルタ多面体に番号を付ける完全な議論は他の文献にある[8].CSUの完全な記号は中心原子のリストのすぐ前にくる.構造的に重要なときには,金属−金属結合を明示する(IR-9.2.5.3と以下の例を見よ).

CSUでの鎖状あるいは環状構造の番号付けは,一貫してIR-9.2.5.6で与えた規則(a)-(d)に従わなくてはならない.つぎの例3では,実際,CSU番号付けは,それらの規則だけを使ってたどりつく番号付けと一致している.

例:

1. $[\{Co(CO)_3\}_3(\mu_3\text{-}CBr)]$

   (μ_3-ブロモメタントリイド)ノナカルボニル-*triangulo*-三コバルト(3 *Co—Co*)

   (μ_3-bromomethanetriido)nonacarbonyl-*triangulo*-tricobalt(3 *Co—Co*)   または

   (μ_3-ブロモメタントリイド)-*triangulo*-トリス(トリカルボニルコバルト)(3 *Co—Co*)

   (μ_3-bromomethanetriido)-*triangulo*-tris(tricarbonylcobalt)(3 *Co—Co*)

2. $[Cu_4(\mu_3\text{-}I)_4(PEt_3)_4]$

   テトラ-μ_3-ヨージド-テトラキス(トリエチルホスファン)-*tetrahedro*-四銅

   tetra-μ_3-iodido-tetrakis(triethylphosphane)-*tetrahedro*-tetracopper   または

   テトラ-μ_3-ヨージド-テトラキス(トリエチルホスファン)-$[T_d\text{-}(13)\text{-}\Delta^4\text{-}closo]$-四銅

   tetra-μ_3-iodido-tetrakis(triethylphosphane)-$[T_d\text{-}(13)\text{-}\Delta^4\text{-}closo]$-tetracopper

3. $[Co_4(CO)_{12}]$

   トリ-μ-カルボニル-1:2κ^2C;1:3κ^2C;2:3κ^2C-ノナカルボニル-

   1κ^2C,2κ^2C,3κ^2C,4κ^3C-$[T_d\text{-}(13)\text{-}\Delta^4\text{-}closo]$-四コバルト(6 *Co—Co*)

   tri-μ-carbonyl-1:2κ^2C;1:3κ^2C;2:3κ^2C-nonacarbonyl-1κ^2C,2κ^2C,3κ^2C,4κ^3C-

   $[T_d\text{-}(13)\text{-}\Delta^4\text{-}closo]$-tetracobalt(6 *Co—Co*)

訳注 国際結晶学連合等が規定している点群記号では,下付きのh, dなどのローマ字をイタリック体にするが,ここで無機化学命名法が規定した記号ではローマ体であるので,そのまま記載する.

この化合物は，文献7のⅡ-5.3.3.3.6において，鎖状および環状化合物の命名法（IR-7.4を見よ）によっても，命名されている．しかし，その名称は，完全に異なった番号付け体系によっている．

例：

4. $[Mo_6S_8]^{2-}$

    オクタ-μ_3-スルフィド-*octahedro*-六モリブデン酸(2−)イオン

    octa-μ_3-sulfido-*octahedro*-hexamolybdate(2−)　　　　　または

    オクタ-μ_3-スルフィド-$[O_h$-(141)-Δ^8-*closo*]-六モリブデン酸(2−)イオン

    octa-μ_3-sulfido-$[O_h$-(141)-Δ^8-*closo*]-hexamolybdate(2−)

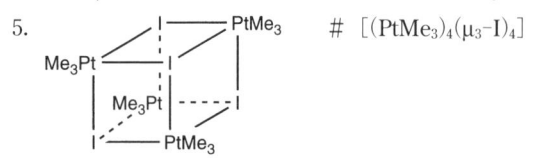

5. # $[(PtMe_3)_4(\mu_3\text{-}I)_4]$

    テトラ-μ_3-ヨージド-1:2:3$\kappa^3 I$;1:2:4$\kappa^3 I$;1:3:4$\kappa^3 I$;2:3:4$\kappa^3 I$-
    ドデカメチル-1$\kappa^3 C$,2$\kappa^3 C$,3$\kappa^3 C$,4$\kappa^3 C$-*tetrahedro*-四白金(Ⅳ)

    tetra-μ_3-iodido-1:2:3$\kappa^3 I$;1:2:4$\kappa^3 I$;1:3:4$\kappa^3 I$;2:3:4$\kappa^3 I$-dodecamethyl-
    1$\kappa^3 C$,2$\kappa^3 C$,3$\kappa^3 C$,4$\kappa^3 C$-*tetrahedro*-tetraplatinum(Ⅳ)　　　　または

    テトラ-μ_3-ヨージド-1:2:3$\kappa^3 I$;1:2:4$\kappa^3 I$;1:3:4$\kappa^3 I$;2:3:4$\kappa^3 I$-ドデカメチル-
    1$\kappa^3 C$,2$\kappa^3 C$,3$\kappa^3 C$,4$\kappa^3 C$-$[T_d$-(13)-Δ^4-*closo*]-四白金(Ⅳ)

    tetra-μ_3-iodido-1:2:3$\kappa^3 I$;1:2:4$\kappa^3 I$;1:3:4$\kappa^3 I$;2:3:4$\kappa^3 I$-dodecamethyl-
    1$\kappa^3 C$,2$\kappa^3 C$,3$\kappa^3 C$,4$\kappa^3 C$-$[T_d$-(13)-Δ^4-*closo*]-tetraplatinum(Ⅳ)

6. $[(HgMe)_4(\mu_4\text{-}S)]^{2+}$

    μ_4-スルフィド-テトラキス(メチル水銀)(2+)

    μ_4-sulfido-tetrakis(methylmercury)(2+)　　　　または

    テトラメチル-1κC,2κC,3κC,4κC-μ_4-スルフィド-*tetrahedro*-四水銀(2+)

    tetramethyl-1κC,2κC,3κC,4κC-μ_4-sulfido-*tetrahedro*-tetramercury(2+)　　　　または

    テトラメチル-1κC,2κC,3κC,4κC-μ_4-スルフィド-$[T_d$-(13)-Δ^4-*closo*]-四水銀(2+)

    tetramethyl-1κC,2κC,3κC,4κC-μ_4-sulfido-$[T_d$-(13)-Δ^4-*closo*]-tetramercury(2+)

IR-9.3 錯体の立体配置
IR-9.3.1 序　論

　錯体の組成が明らかになると，構造成分である分子またはイオンの空間的関係を記述しなければならない．成分の空間的配置のみが異なる分子は**立体異性体** stereoisomer として知られる．互いに鏡像関係にある立体異性体を**鏡像異性体** enantiomer とよぶが（時にはこれらは**光学異性体** optical isomer とよぶ），一方鏡像関係にないものは**ジアステレオ異性体** diastereoisomer（あるいは**幾何異性体** geometrical isomer）とよぶ．化学においてこれは重要な区別である，なぜなら一般にジアステレオ異性体は互いに異なる物理的，化学的，分光学的性質を示すが，鏡像異性体は（他のキラル chiral 成分が存在しなければ）同一の性質を示す．一つの分子の立体配置（およびそれに伴う空間的関係）の記述法を確立するために，ごくありふれた類例を考えることは有益である．

左手と右手は異なる（重ね合わせできない）が互いに**鏡像** mirror image であるので，上述の術語を用いると互いに鏡像異性体と見なせる．左右の手で親指は人差し指の隣にあり，各手のすべての他部分に対して同様な位置関係にある．右手の親指と人差し指を交換すると，これは正常な右手のジアステレオ異性体（左手にも同様な交換をほどこすと鏡像異性体となる）と考えられる．鍵となる点は（正常な右手と改変した右手の）ジアステレオ異性体成分の相対位置が異なるということである．

手を完全に記述するためには，成分（4本の指，1本の親指とこの手の中心部分）を同定しなければならないし，手に指がつく場所と手の周りの4本の指と親指の相対位置を記述しなければならず，また手が '左' か '右' かを特定しなければならない．最後の3段階は手の立体配置を取扱う．

配位化合物の場合は，名称と化学式が配位子と中心金属を表す．そのような配位化合物の配置の記述には3因子の考察を要する．

(i) 配位の幾何構造 ── 分子全体の形の同定．
(ii) 相対的立体配置 ── 分子成分の相対位置の記述，すなわち同定された幾何構造における配位子の中心金属周りの位置．
(iii) 絶対配置 ── （鏡像を重ね合わせできなければ）一方の鏡像異性体を特定．

以下の3節はこれらの因子を順に取扱う．配位化合物の立体配置の詳細な議論については他の文献を参照のこと[9]．

IR-9.3.2 配位の幾何構造
IR-9.3.2.1 多面体記号

2以上のすべての配位数に対して，中心原子に結合した原子の異なる空間配置が可能である．たとえば，2配位の化学種は配位子と中心原子が線状か，曲がった配置をとる．同様に，3配位の化学種は三角形か，三方錐，4配位の化学種は平面四角形，正方錐，四面体のいずれかである．配位多面体（あるいは平面分子では多角形）は名称についた**多面体記号** polyhedral symbol とよばれる接辞により表される．この記号は配位多面体の幾何構造が異なる異性体を区別する．

多面体記号は他のすべての空間的特徴を考察する前に定める必要がある．この記号は配位中心周りの配位子の理想的幾何構造を表す通常の形態語からとられた1個以上のイタリック体の大文字と，中心原子の配位数であるアラビア数字から成る．

理想的幾何構造からのひずみは普通に起こる．しかし分子構造を理想モデルに関連させることが習慣となっている．多面体記号は接辞として丸括弧に入れ，名称との間をハイフンでつないで用いる．配位数2から9までの最もありふれた幾何構造に対する多面体記号は表 IR-9.2 に記してあり，それらの構造を多面体とともに表 IR-9.3 に示す．

IR-9.3.2.2 密接に関連した幾何構造の選択

実際の分子やイオンでは，立体化学記号は最も近い理想的幾何構造に基づくべきである．しかし理想的幾何構造のあるものは密接に関連しており［たとえば，平面四角形（*SP*-4），4配位正方錐（*SPY*-4），シーソー（*SS*-4），四面体（*T*-4）；T-型（*TS*-3），三角形（*TP*-3），三方錐（*TPY*-3）］，それ故選択するにあたって注意が必要である．

表 IR-9.2 多面体記号[a]

配位多面体		配位数	多面体記号
直 線	linear	2	*L*-2
折れ線	angular	2	*A*-2
三角形	trigonal plane	3	*TP*-3
三方錐	trigonal pyramid	3	*TPY*-3
T-型	T-shape	3	*TS*-3
四面体	tetrahedron	4	*T*-4
平面四角形	square plane	4	*SP*-4
正方錐	square pyramid	4	*SPY*-4
シーソー	see-saw	4	*SS*-4
三方両錐	trigonal bipyramid	5	*TBPY*-5
正方錐	square pyramid	5	*SPY*-5
八面体	octahedron	6	*OC*-6
三方柱	trigonal prism	6	*TPR*-6
五方両錐	pentagonal bipyramid	7	*PBPY*-7
一冠八面体	octahedron, face monocapped	7	*OCF*-7
四角面一冠三方柱	trigonal prism, square-face monocapped	7	*TPRS*-7
立方体	cube	8	*CU*-8
正方ねじれ柱	square antiprism	8	*SAPR*-8
(三角)十二面体	dodecahedron	8	*DD*-8
六方両錐	hexagonal bipyramid	8	*HBPY*-8
トランス-二冠八面体	octahedron, *trans*-bicapped	8	*OCT*-8
三角面二冠三方柱	trigonal prism, triangular-face bicapped	8	*TPRT*-8
四角面二冠三方柱	trigonal prism, square-face bicapped	8	*TPRS*-8
四角面三冠三方柱	trigonal prism, square-face tricapped	9	*TPRS*-9
七方両錐	heptagonal bipyramid	9	*HBPY*-9

a 厳密にはすべての幾何構造が多面体で表現できるとは限らない.

表 IR-9.3 多面体記号, 幾何構造と多面体

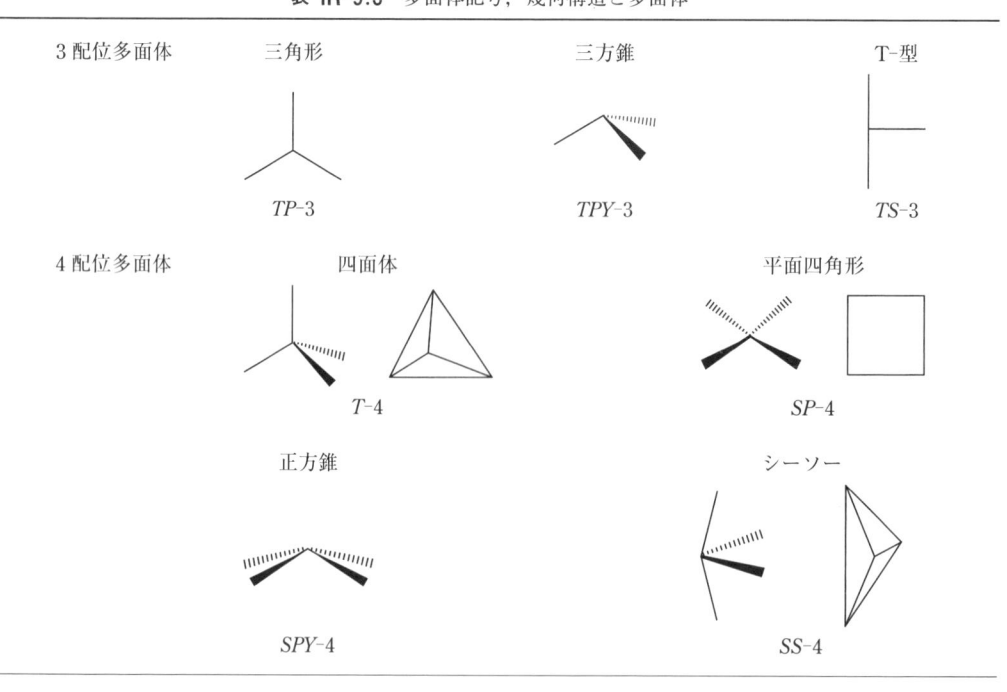

3配位多面体	三角形	三方錐	T-型
	TP-3	*TPY*-3	*TS*-3

4配位多面体	四面体	平面四角形
	T-4	*SP*-4
	正方錐	シーソー
	SPY-4	*SS*-4

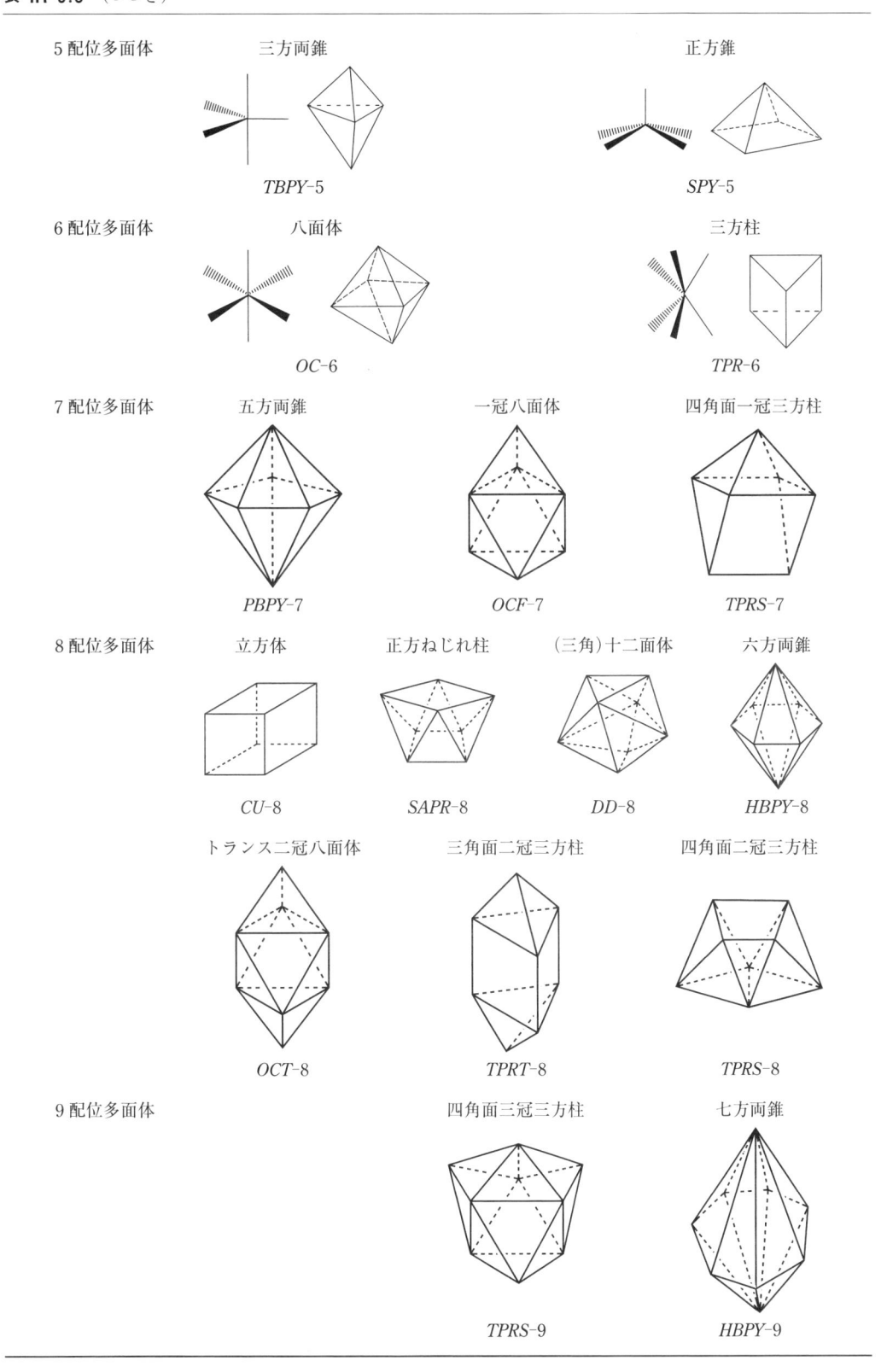

表 IR-9.3 （つづき）

5 配位多面体

三方両錐　　　　　　　　　　　　　　　正方錐

TBPY-5　　　　　　　　　　　　　　*SPY*-5

6 配位多面体

八面体　　　　　　　　　　　　　　　三方柱

OC-6　　　　　　　　　　　　　　　*TPR*-6

7 配位多面体

五方両錐　　　　　一冠八面体　　　　四角面一冠三方柱

PBPY-7　　　　　*OCF*-7　　　　　*TPRS*-7

8 配位多面体

立方体　　　正方ねじれ柱　　（三角）十二面体　　六方両錐

CU-8　　　*SAPR*-8　　　　*DD*-8　　　　　*HBPY*-8

トランス二冠八面体　　三角面二冠三方柱　　四角面二冠三方柱

OCT-8　　　　　　　*TPRT*-8　　　　　　*TPRS*-8

9 配位多面体

四角面三冠三方柱　　　　七方両錐

TPRS-9　　　　　　　*HBPY*-9

以下の方法は4配位構造の多面体記号を決定するのに役立つ．その鍵は中心原子と配位原子の相対的位置関係の考察である．5個すべての原子が同一平面内にあれば，（あるいはそれに近ければ）この分子は平面四角形として取扱うべきである．4個の配位原子が平面内にあるが，中心原子がこの平面からかなりずれていれば，正方錐構造が適当である．4個の配位原子が平面上になければ（あるいは平面の近くになければ），4個すべての配位原子をいくつかの線で結ぶことにより多面体を定義できる．中心原子がこの多面体の内部にあれば，その分子は四面体とみなすべきである．そうでない場合は，シーソー see-saw 構造とみなすべきである．

T-型と三角形構造の分子では両者ともに配位原子で定められる平面内（あるいは平面近傍）に中心原子をもつ．三角形構造では3個の配位原子間の角度がほぼ等しいが，T-型分子では1個の角度が他の2個の角度よりずっと大きい．三方錐構造では中心原子が平面よりかなり出ている．

IR-9.3.3 立体配置 —— ジアステレオ異性体の区別
IR-9.3.3.1 総　　論

特定のジアステレオ異性体を同定するために，中心原子周りの配位子位置を記述しなければならない．単純な系においては，配位子の相対位置を記述するのに多くの一般用語（たとえば，シス *cis*, トランス *trans*, メル *mer*, ファク *fac*）が使用されている．しかしこれらの用語は特定の幾何構造が存在するとき（たとえば，八面体あるいは平面四角形），そして供与原子が2種類しかないとき（たとえば平面四角形錯体 Ma_2b_2 で M が中心原子で 'a' と 'b' が供与原子の種類）にのみ使える．

より複雑な系においてジアステレオ異性体を区別するいくつかの方法が使われてきた．たとえば，線状の四座配位子から生ずる立体異性体は，トランス *trans*, シス-α *cis*-α, またはシス-β *cis*-β[10] として同定されることが多かった．そして大環状四座配位子の配位から生ずる立体異性体はそれ自身の体系をもっている[11]．これらの命名法の適用範囲はかなり狭いが，多座配位子の錯体の記述について適用範囲が広い命名法が最近提案された[12]．

他の幾何構造か，2種類以上の供与原子がある化合物のジアステレオ異性体を区別するための一般則が必要であることは明らかである．**配置指数** configuration index がこの目的のために開発された．次節では化合物の配置指数を得る方法の概要を述べ，続く節では特定の幾何構造について詳細に述べる．議論される各幾何構造について通常使用される術語も記す．

IR-9.3.3.2 配置指数

配位の幾何構造を多面体記号で明らかにすると，どの配位子（あるいは供与原子）が特定の配位位置を占めるかを定めることが必要になってくる．これは，配位多面体の頂点上の配位原子位置を示す一連の数字である配置指数を用いることにより，達成できる．配置指数はジアステレオ異性体を区別する性質をもっている．配置指数は多面体記号（IR-9.3.2.1 参照）のあとにハイフンをはさんでつけ，全体を丸括弧で囲む．

各供与原子は Cahn, Ingold, Prelog により開発された規則（**CIP 則**）に基づく優先順位数をつけて示さねばならない[13]．それらの優先順位数は化合物の配置指数を付けるために使われる．配位化合物に対する CIP 則の適用は IR-9.3.5 に詳細に記述されるが，一般に大きい原子番号をもつ配位原子が小さい原子番号をもつものより高い優先順になる．

IR-9.3 錯体の立体配置

多座配位子においては，配置指数内の数のいくつかにプライムを付ける必要性が出てくる．プライムは，プライム付きの優先順位数をもつ供与原子が，プライム付きでない供与原子と同じ多座配位子の一部ではないこと，あるいは対称性により関連付けられた多座配位子の異なる部分に属することを示すために用いられる．プライム付きの優先順位数をもつ供与原子は，同じ種類の供与原子でプライムなしのものより低い優先順位にある．'プライム方式' に関する詳細は IR-9.3.5.3 にある．

IR-9.3.3.3 平面四角形配位系 (SP-4)

シス *cis*, トランス *trans* という術語は，M が中心原子で 'a' と 'b' が異なる種類の供与原子である [Ma_2b_2] 型の平面四角形配位化合物における立体異性体を区別するための接頭語として一般に使用される．シス異性体では同じ供与原子が互いに隣接位を占めるがトランス異性体では反対側にくる．シス-トランスという用語は平面四角形配位の [Mabcd] の 3 個の異性体を区別するには十分でないが，[Ma_2bc] 系（シスとトランスは同じ供与原子の相対位置をさす）には原理上使用可能である．しかしこの用い方は推奨できない．

平面四角形系に対する配置指数は多面体記号（*SP*-4）のあとにおく．これは優先順位 1 位の配位原子に対しトランス位にある配位原子につける一桁の優先順位数である，すなわち最優先配位原子に対しトランス位にある配位原子の優先順位数である．

例：

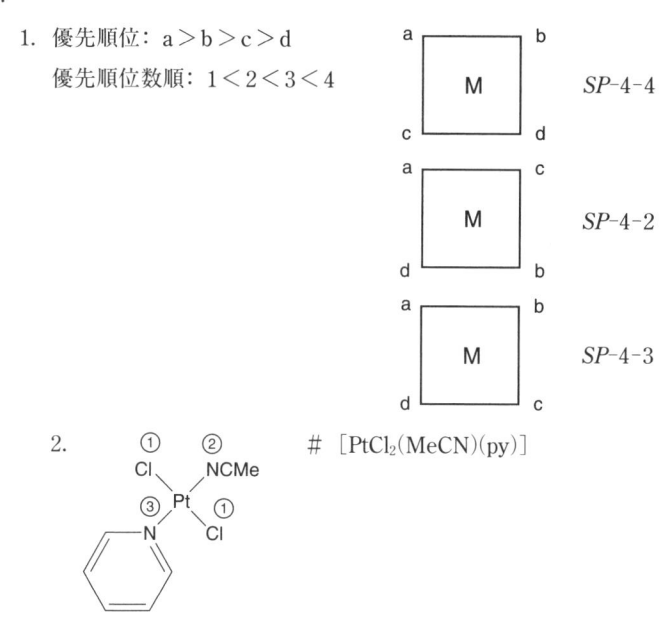

1. 優先順位：a＞b＞c＞d
   優先順位数順：1＜2＜3＜4

   SP-4-4

   SP-4-2

   SP-4-3

2. ＃ [PtCl₂(MeCN)(py)]

   (*SP*-4-1)-(アセトニトリル)ジクロリド(ピリジン)白金(II)
   (*SP*-4-1)-(acetonitrile)dichlorido(pyridine)platinum(II)

例 3 のように，二つの可能性があれば，配置指数は大きい方の数値が優先順位である．優先順位 2 位の配位子（アセトニトリル）と優先順位 3 位の配位子（ピリジン）の両者が優先順位 1 位の配位子（クロリド）に対しトランス位にある．大きい方の数値 (3) が配置指数として選ばれる．この選択はトランス最大差という原則に従ったものである，すなわち配位子の優先順位数値間の差はできるだけ大きくならなければならない．

例:

3. (SP-4-3)-(アセトニトリル)ジクロリド(ピリジン)白金(Ⅱ)
(SP-4-3)-(acetonitrile)dichlorido(pyridine)platinum(Ⅱ)
[PtCl₂(MeCN)(py)]

IR-9.3.3.4 八面体配位系 (*OC*-6)

シス *cis*, トランス *trans* という術語は，M が中心原子で 'a' と 'b' が異なる種類の供与原子である [Ma₂b₄] 型の八面体配位化合物における立体異性体を区別するために接頭語として一般に使用される．シス異性体では 'a' 供与体が互いに隣接位を占めるが，トランス異性体では反対側にくる（例 1）．

メル *mer*（子午線の *meridional*），ファク *fac*（面上の *facial*）の術語は [Ma₃b₃] 型錯体の立体異性体を区別するためによく使用される．*mer* 異性体（例 2）では，3 個の同じ供与体の 2 組がそれぞれ配位八面体の子午線上で中心原子も含む平面内にある．*fac* 異性体（例 3）では 3 個の同じ供与体の 2 組がそれぞれ配位多面体の面の角を占める．

八面体系の**配置指数** configuration index は多面体記号（*OC*-6）のあとにつける 2 個のアラビア数字から成る．

最初の数字は優先順位数 1 の供与原子のトランス位にある供与原子の優先順位数である，すなわち最優先供与原子のトランス位にある供与原子の優先順位数である．2 個以上の優先順位 1 の供与原子がある場合は，最初の数字は最大の数値（プライムをつけた数字はプライムをつけない数字より大きい数値とみなすことに留意）をもつトランス配位子の優先順位数である．

それらの 2 個の供与原子，優先順位 1 位の原子とそれに対しトランス位にある（最低優先順位の）原子，が八面体の**基準軸** reference axis を定める．

配置指数の 2 番目の数字は基準軸に垂直な平面内で最高優先順位の配位原子に対しトランス位にある配位原子の優先順位数である．この平面内に最高優先順位原子が 2 個以上ある場合は，最大数値のトランス原子を選ぶ．

例:

1. *OC*-6-12

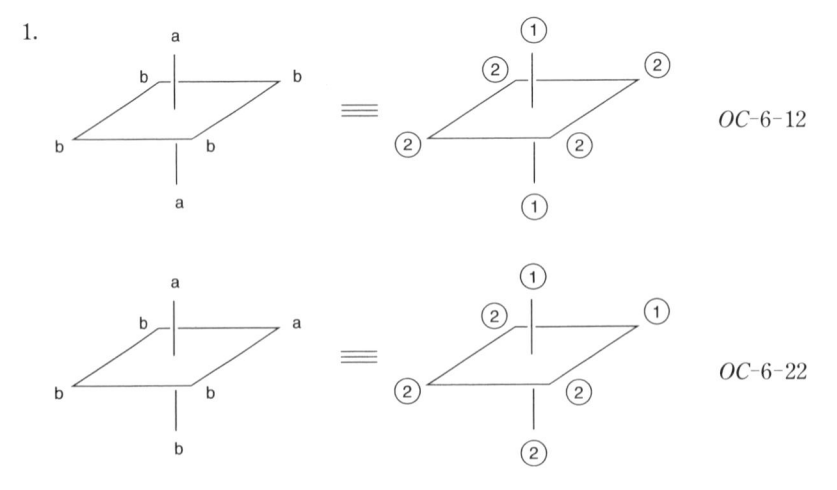

OC-6-22

2. *mer*-[Co(NH$_3$)$_3$(NO$_2$)$_3$]

(*OC*-6-21)-トリアンミントリニトリト-κ^3*N*-コバルト(Ⅲ)

(*OC*-6-21)-triamminetrinitrito-κ^3*N*-cobalt(Ⅲ)

3. *fac*-[Co(NH$_3$)$_3$(NO$_2$)$_3$]

(*OC*-6-22)-トリアンミントリニトリト-κ^3*N*-コバルト(Ⅲ)

(*OC*-6-22)-triamminetrinitrito-κ^3*N*-cobalt(Ⅲ)

4. # [Cr(AsPh$_3$)(CO)$_2$(MeCN)$_2$(NO)]$^+$

(*OC*-6-43)-ビス(アセトニトリル)ジカルボニルニトロシル(トリフェニルアルサン)クロム(1+)

(*OC*-6-43)-bis(acetonitrile)dicarbonylnitrosyl(triphenylarsane)chromium(1+)

IR-9.3.3.5 正方錐配位系（*SPY*-4, *SPY*-5）

　SPY-5系の配置指数は2個のアラビア数字からなる．最初の数字は理想化されたピラミッドのC_4対称軸（基準軸）上の供与原子の優先順位数である．2番目の数字はC_4対称軸に垂直な平面内の最小優先順位数をもつ供与原子に対しトランス位にある供与原子の優先順位数である．垂直平面内に最小優先順位数をもつ原子が2個以上ある場合は2番目の数字は最大の数値のものを選ぶ．

　SPY-4系の配置指数は*SPY*-5系の2番目の数字と同じやり方で選んだ単一の数字である．それ故4配位の正方錐系の配置指数は配位子と中心原子が同一平面内にある平面四角形配位に対するものと同じことになる．この構造の違いは配置指数よりむしろ多面体記号で表される．

例：

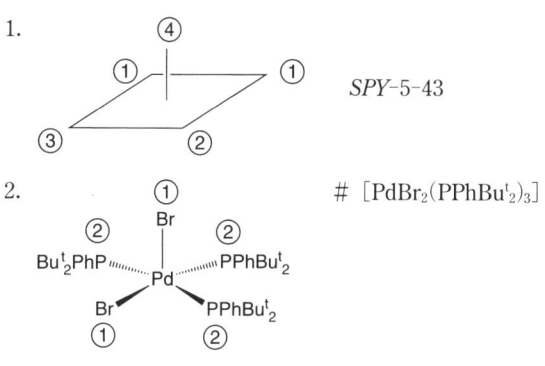

1. *SPY*-5-43

2. # [PdBr$_2$(PPhBu$^t_2$)$_3$]

(*SPY*-5-12)-ジブロミドトリス[ジ-*t*-ブチル（フェニル）ホスファン]パラジウム

(*SPY*-5-12)-dibromidotris[di-*tert*-butyl(phenyl)phosphane]palladium

IR-9.3.3.6 両錐配位系 (TBPY-5, PBPY-7, HBPY-8, HBPY-9)

両錐配位系の配置指数は，2番目の部分は必要がないので省略される三方両錐以外は，適当な多面体記号とハイフンで分離した2個の部分から成る．最初の部分は基準軸とする最高位回転対称軸上の配位原子の優先順位数である2個のアラビア数字から成る．小さい方の数字を最初に書く．

第二部分は基準軸に垂直な平面内の供与原子の優先順位数である．最初の数字は平面内の最高優先順位である供与原子に対する最小順位数である．他の優先順位数は，構造の投影を時計回りあるいは反時計回りの順序に従って並べる．回る方向は最小数字の順序による．その最小数字の順序とは，両方の端から数字を比較したとき，違いが出る点で最小の数字を与える方をとる．

例：

1. 三方両錐 (TBPY-5) trigonal bipyramid

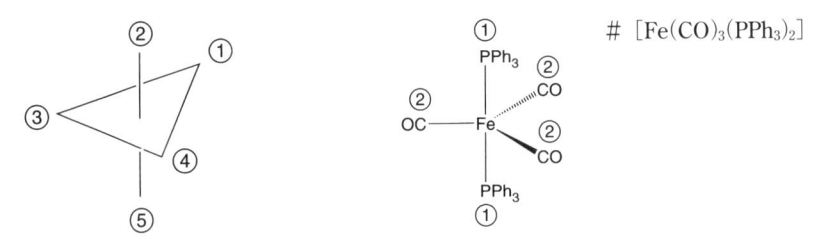

   TBPY-5-25

   (TBPY-5-11)-トリカルボニルビス(トリフェニルホスファン)鉄
   (TBPY-5-11)-tricarbonylbis(triphenylphosphane)iron

   # [Fe(CO)$_3$(PPh$_3$)$_2$]

2. 五方両錐 (PBPY-7) pentagonal bipyramid

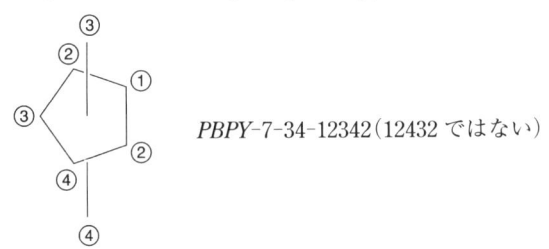

   PBPY-7-34-12342 (12432 ではない)

IR-9.3.3.7 T-型系 (TS-3)

T-型系の配置指数は多面体記号のつぎにTの縦棒上（Tの横棒上ではない）の配位原子の優先順位数である1個のアラビア数字である．

IR-9.3.3.8 シーソー系 (SS-4)

シーソー系の配置指数は，最大角をなす2個の配位原子の優先順位数である2個のアラビア数字からなる．小さい数値の数字を最初にあげる．

例：

1. SS-4-11　最大角

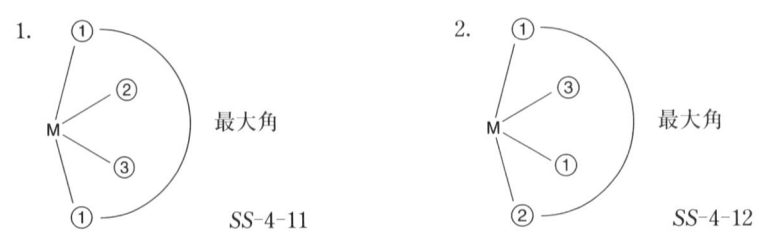

2. SS-4-12　最大角

IR-9.3.4　絶対配置の表現 ── 鏡像異性体の区別
IR-9.3.4.1　総　　論

2個の鏡像異性体（互いに鏡像である立体異性体）を区別するには，確立しているが基本的に異なる2種類の体系がある．最初の方式は，化合物の化学組成に基づくものであり，四面体中心を説明するために用いられるR/S方式とその他の多面体に用いられるそれと密接に関連したC/A方式である．R/SとC/A方式は，（通常）原子番号と置換基に基づく配位原子の優先順位を用いる．このことに関しては，IR-9.3.3.2で言及し，IR-9.3.5で詳細に述べる．

第二の方式は分子の幾何構造に基づくものであり，斜交直線方式を用いる．これは普通八面体錯体のみに適用される．この方式では2個の鏡像異性体を記号ΔとΛで区別する．この斜交直線方式で完全に明確になるようなキレート錯体にはC/A命名法は必要ない（IR-9.3.4.11，IR-9.3.4.14 参照）．

IR-9.3.4.2　四面体構造のR/S方式

四面体中心の絶対配置を記述するのに用いる方式はもともと炭素原子中心のために開発されたが（文献13と文献1のP-91参照），どのような四面体中心に対しても使える．四面体金属錯体を取扱うために規則を変える必要はない．

観察者が四面体中心から最低順位の置換基（最大数値すなわち順位数4をもつ置換基）へのベクトルを見下ろしたとき，最高順位から始まる順位数の回転方向が時計回りならば，記号Rをつける．反時計回りの回転方向であれば記号Sをつける．

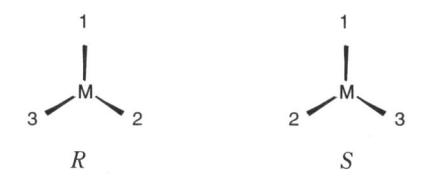

この方式は配位子内部の配置に関連して最もしばしば用いられるが，四面体金属中心に対しても同等に応用できる．また，たとえばシクロペンタジエニル配位子があたかも優先順位の高い単座配位子として取扱われるときなど，擬四面体の有機金属錯体についても便利である．

例：

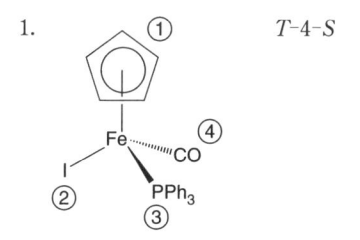

1.　　　　　　　　　　　T-4-S

IR-9.3.4.3　三方錐構造のR/S方式

三方錐中心（TPY-3）を含む分子は1対の立体異性体として存在できる．この中心の配置は四面体中心の配置と同様に表すことができる．これは三方錐中心から四面体中心をつくり出す配位座に，低い順位の'幽霊原子'を想像上置くことにより達成できる．この中心は上述の方法によりRかSとして同定できる．

ある種の結合理論を用いて，三方錐中心上に非結合電子対をおくことにする．この操作を行うと，この場合非結合電子対により占められる配位座に'幽霊原子'をおくことにより，この中心の絶対配置も R/S 方式で表される．この実際の例はアルキル置換基が異なるスルホキシドの絶対配置の記述に見ることができる．

IR-9.3.4.4 他の多面体構造の C/A 方式

R/S 方式は上述のように四面体中心におけるキラリティーの決定のために優先順位数を用いる．同じ原理が四面体以外の幾何構造に対しても容易に拡張できる[14]．しかし混乱を避けるため，配位多面体に適用される優先順位系に独自な側面を強調するために，他の多面体に適用するときには R と S 記号を C と A 記号に置き換える．

供与原子の優先順位を決める詳細な手順は IR-9.3.5 に述べてある．それらの優先順位が決まると，その幾何構造にふさわしい基準軸（と方向）が同定される．高い優先順位のアキシアル供与原子から見た，基準軸に垂直な平面内の供与原子の優先順位数がつぎに考慮される．

基準軸に垂直な平面内の最高優先順位原子から始め，優先順位数の時計回りと反時計回り順を比較して違いが出る点で最小の数字を与える方をとる．優先順位数の時計回り順が選ばれるなら，この構造のキラリティー記号は C であり，反時計回り順であれば A となる．

IR-9.3.4.5 三方両錐構造の C/A 方式

R/S 方式において四面体系に適用されたのと同じ手順が使われるが，独自な基準軸（2 個のアキシアル原子と中心原子を貫く）が存在するので修正する．

優先順位がより高い供与原子（優先順位数がより小さい数字のもの）を観察者に近い方にして基準軸を見下ろすように，この構造の方向を定める．したがって，低い優先順位のアキシアル供与原子は中心原子より下にある．この方向を用いて，三角面における 3 個の供与原子の優先順位を決める．最高優先順位から最低優先順位に時計回りの順になるなら，キラリティー記号 C をつける．逆に，最高優先順位から最低優先順位の順（最小の数値から最大の数値へ）が反時計回りであれば，記号 A をつける．

例：

1. キラリティー記号 $= C$

2. キラリティー記号 $= A$

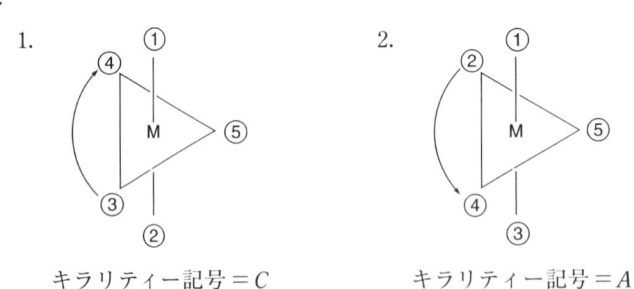

IR-9.3.4.6 正方錐構造の C/A 方式

IR-9.3.4.4 の記述と同様な手順が正方錐構造に使われる．SPY-5 系の場合には，観察者が形式的 C_4 軸に沿ってアキシアル配位子から中心原子方向を見るように，多面体の向きを決める．最高優先順位の原子（最小数値の優先順位数をもつもの）から始めて，垂直平面内の配位原子の優先順位数を決めていく．

優先順位数の時計回りと反時計回りの順を比較して，最初に違いが出る点で時計回り（C）か反時計回り（A）のどちらが小さいかで記号 C か A をつける．

SPY-4系のキラリティーは同様に定義する．この場合，観察者は，形式的 C_4 軸に沿ってすべての配位子が中心原子より遠くにくるように見る．ついで，SPY-5系と同じく，記号 C あるいは A をつけるために優先順位数を用いる．

例：

1. キラリティー記号＝C

2. キラリティー記号＝A

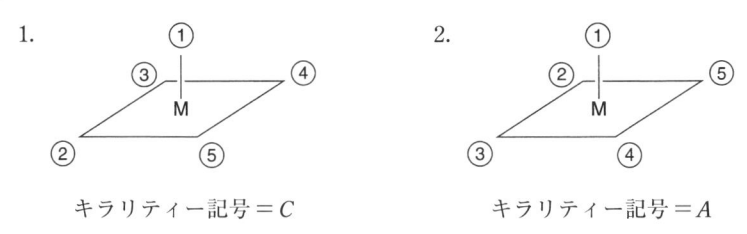

IR-9.3.4.7　シーソー構造の C/A 方式

シーソー系錯体の絶対配置は C/A 系を用いて記述できる．シーソー系の配置指数は，最大角をなす2個の配位子の優先順位数である2個のアラビア数字から成る．2個のうち，より高い優先順位の配位子を決め，そしてその点を，それらの配置指数に含まれていない2個の配位子を見る点として用いる．高い優先順位の配位子から低い優先順位の配位子方向に回し（より小さい角度の間で），それが時計回りであれば絶対配置は C になる．反時計回りであれば絶対配置は A である．

例：

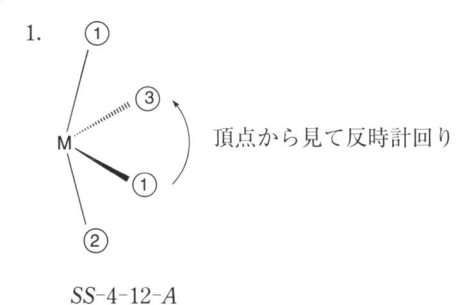

1. 頂点から見て反時計回り

SS-4-12-A

IR-9.3.4.8　八面体構造の C/A 方式

八面体錯体の絶対配置は斜交直線参照系（IR-9.3.4.11）か C/A 系を用いて記述できる．斜交直線参照系が通常使用されているが，C/A 系の方がより一般的であり，ほとんどの錯体に使える．斜交直線参照系は，トリス（二座配位子）か，ビス（二座配位子）とそれらに密接に関連した錯体にのみ適用可能である．

八面体中心に対する参照軸は，CIP 優先順位1の配位原子と，それにトランス位にある最低優先順位（最大数値）の配位原子を含む軸である（IR-9.3.3.4参照）．基準軸に垂直な配位平面内の原子は，最高優先順位（CIP 優先順位1）の供与原子から見て，優先順位数の時計回りか反時計回りを比較する．最初の違いが出る点で時計回り（C）か反時計回り（A）かにより，その構造に記号 C あるいは A をつける．

170   IR-9 配位化合物

例：
1. キラリティー記号 = C
2. キラリティー記号 = A
4. キラリティー記号 = C

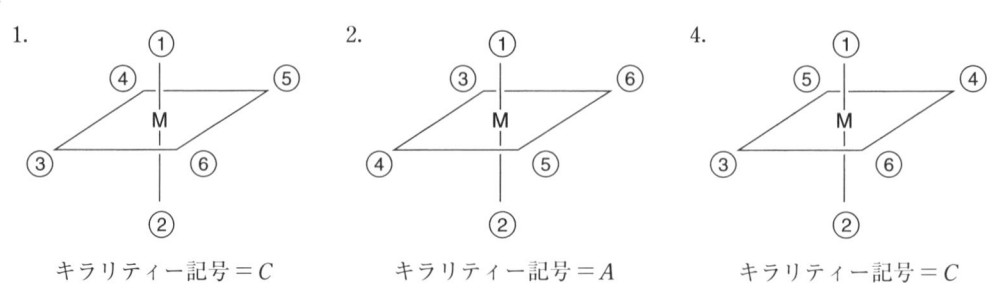

例 4 は多面体記号 OC-6 と配置指数 32 をもつ化合物 $[CoBr_2(en)(NH_3)_2]^+$ を示す．キラリティー記号は C である．

例：
4.

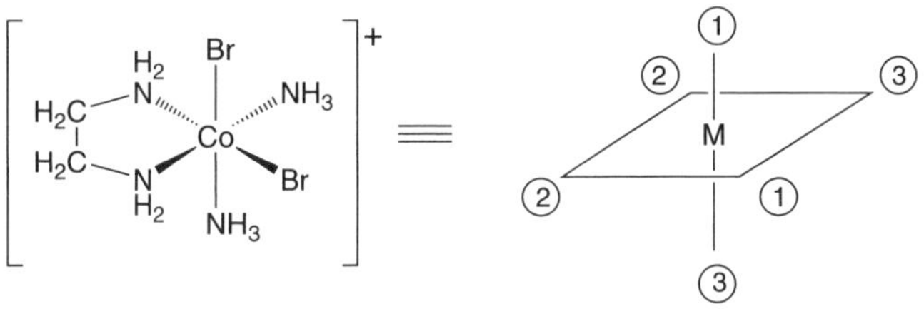

例 5 は記号 OC-6-24-A をもつ錯体 $[Ru(CO)ClH(PMe_2Ph)_3]$ を示す．クロリド配位子が優先順位 1 をもつ．

例：
5.

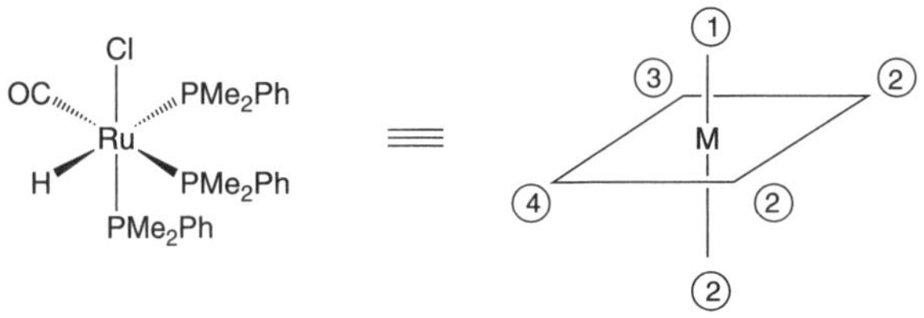

例 6 により，IR-9.3.5 で述べたプライム方式を用いる多座配位子に対する C/A 帰属法を示す．優先順位 2 は優先順位 2′ より高い優先順であることに注意．

例：
6.

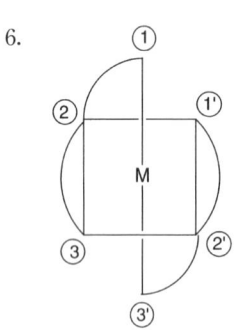

キラリティー記号 = A

IR-9.3.4.9 三方柱構造の *C/A* 方式

三方柱に対しては，配置指数は最高 CIP 優先順位の供与原子を多く含む三角面の反対側にある供与原子の CIP 優先順位から誘導するものである．キラリティー記号は優先三角面の上から三方柱を見て，優先順位が低い三角面に対する優先順の方向に注目することにより決める．

例：

1. キラリティー記号＝*C*
2. キラリティー記号＝*A*

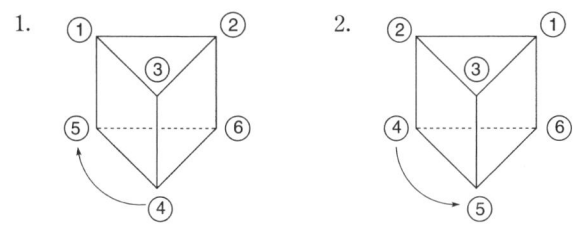

IR-9.3.4.10 他の両錐構造の *C/A* 方式

三方両錐に使われた方法は他の両錐構造にもあてはまる．数字を端から一つずつ比べ（IR-9.3.4.5, IR-9.3.4.6 参照），分子を基準軸上でより高い優先順位の供与原子から見たとき，最初に違いが現れる点で時計回り（*C*）あるいは反時計回り（*A*）順のいずれが小さいかによって構造に記号 *C* か *A* をつける．

例：

1.

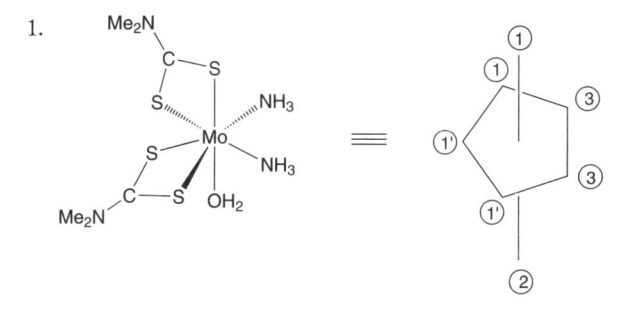

PBPY-7-12-11′1′33-*A*

IR-9.3.4.11 斜交直線方式

トリス（二座配位子）錯体には多くの例があり，それらの錯体に対しては，らせんを決定する斜交直線の方向に基づき，有用で明確な方式が開発された．

例 1 と例 2 は［Co(NH$_2$CH$_2$CH$_2$NH$_2$)$_3$］$^{3+}$ のような錯体のデルタ *delta*（Δ）形とラムダ *lamda*（Λ）形を表す．この規則によって別の二つの形のキラリティーが決まる．これらは *cis*-ビス（二座配位子）八面体構造とある種のキレート環の配座である．つぎに述べる体系はさらに高次の多座配位子の錯体にも応用できるが，追加の規則が必要である[15]．

例：

1. デルタ *delta*（Δ）
2. ラムダ *lamda*（Λ）

直交しない 2 本の斜交直線はただ 1 本だけの垂線を共有する性質をもつ. それらは図 IR-9.2 と IR-9.3 (下) に示すように, らせんを規定する. 図 IR-9.2 では斜交する直線のうちの一つの AA がらせんの形成する円筒表面の軸となり, この円筒の半径は斜交する 2 本の直線 AA と BB とに共通する垂線 NN の長さに等しい. 他の直線 BB は N 点でらせんの接線となり, らせんのピッチ (1 回転で進む距離) を決定している. 図 IR-9.3 において, 2 本の直線 AA と BB は共通な垂線に直交する平面上への投影として見られる.

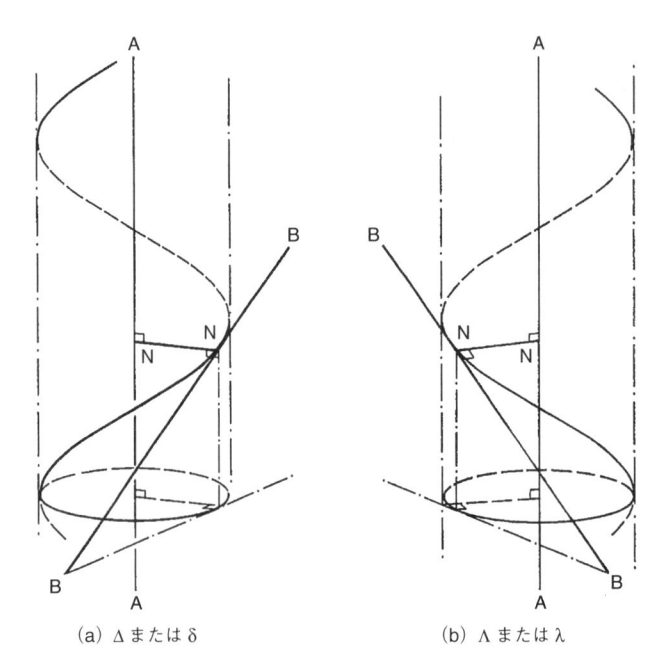

(a) Δ または δ   (b) Λ または λ

図 IR-9.2　直交しない 2 本の斜交直線 AA と BB がらせん系を規定する. 図中において, AA は 2 本の斜交直線の共有垂線 NN によって半径が決まる円筒の軸である. 直線 BB は NN との交点で上記円筒への接線であり, またこの円筒上のらせんを決定する. (a) と (b) はそれぞれ右巻きと左巻きのらせんを表している

図 IR-9.2 と図 IR-9.3 の (a) はギリシャ文字デルタで示す右巻きのらせんを表す (大文字 Δ は**配置** cofiguration を, 小文字 δ は**配座** conformation を表す). 図 IR-9.2 と図 IR-9.3 の (b) はギリシャ文字ラムダで示す左巻きらせんを表す (大文字 Λ は配置を, 小文字 λ は配座を表す). 2 本の斜交する直線がつくる対称性から考えて, 第一の直線, たとえば BB が第二の直線 AA の周りに規定するらせんは, AA が

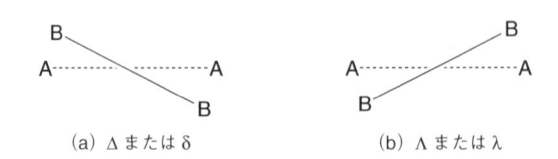

(a) Δ または δ   (b) Λ または λ

図 IR-9.3　図は斜交する 2 本の直線を両者に平行する平面上へ投影したものである. 実線 BB は紙面より上に, 点線 AA は紙面の下にある. (a) は図 IR-9.2 の (a) に対応し, 右巻きのらせんを規定する. (b) は図 IR-9.2 の (b) に対応し, 左巻きのらせんを規定する

BB の周りに規定するらせんと同じキラリティーをもつ．一方の直線を他方の直線に対し NN の周りに回転すれば，2 本の直線が互いに平行または垂直のときを境にキラリティーが逆転する（図 IR-9.2）．

IR-9.3.4.12 斜交直線方式のトリス（二座配位子）八面体型錯体への応用

トリス（二座配位子）配位化合物の配置を示すのに，それらの三つのキレート環中任意の 2 個を選ぶ．各キレート環の供与原子が 1 本の直線を規定する．同じ錯体中の 1 対のキレート環に対する 2 本のこのような直線がらせんを規定し，そのうち 1 本の直線がらせんの軸となり，他方が両者に共通な垂線のところでらせんの接線となる．この接線がらせんの軸に対し右巻き（Δ）または左巻き（Λ）のらせんを決め，したがって錯体の配置のキラリティーを規定する．

IR-9.3.4.13 斜交直線方式のビス（二座配位子）八面体型錯体への応用

図 IR-9.4 (a) はトリス（二座配位子）八面体錯体を 3 回回転軸に垂直な平面状に投影した構造である．図 IR-9.4 (b) はキラリティーを規定する 1 組のキレート環が斜交している関係を強調するようにおいた同じ構造を示す．図 IR-9.4 (c) は同じ方式が *cis*-ビス（二座配位子）錯体にも使えることを示す．2 個のキレート環が 2 本の斜交直線を規定し，それがさらにらせんを規定し，この化合物のキラリティーを決める．この方式はトリス（二座配位子）錯体に対するものとまったく同じで，ただキレート環が 1 対しかない．

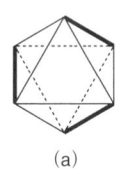

図 IR-9.4 (a) と (b) はトリス（二座配位子）構造の 2 種の配向で，これら 2 個とビス（二座配位子）構造 (c) のキラリティーの関係を示す

IR-9.3.4.14 斜交直線方式のキレート環配座への応用

環の配座のキラリティーを決めるには，図 IR-9.3 の直線 AA をキレート環の 2 個の配位原子を結ぶ線とする．他の直線 BB は，各配位原子の隣にある 2 個の環原子を結ぶものである．これら 2 本の斜交直線が通常のやり方でらせんを規定する．接線が軸に関して右巻き（δ）または左巻き（λ）のらせんを規定し，それが図 IR-9.2 の方式で配座を規定する．図 IR-9.3 の方式間の関係と通常のキレート環配座の表現間の関係は，図 IR-9.3 と図 IR-9.5 を比較すればわかる．

図 IR-9.5 キレート環の δ-配座：(a) 五員環；(b) 六員環

IR-9.3.5 配位子の優先順位決定
IR-9.3.5.1 総　論

この章のはじめに概要を述べた立体異性体を区別する方法では，中心原子に結合した配位子原子（すなわち供与原子）の優先順位の決定を要する．これらの優先順位数は配位子の相対位置を表す配置指数と，化合物の絶対配置の決定に使われる．

以下の節に，1組の供与原子に対する優先順位数の付け方と，多座配位子を含む錯体を十分に記述するための基本則改変方法の概要を述べる．これらの改変は一まとめにプライム方式とよばれ，特定多座配位子中の，どの供与原子を一緒の組に入れるかを示すために優先順位数にプライムを用いる．

IR-9.3.5.2 優先順位数

単核配位系において優先順位数を付ける方法は，Cahn, Ingold, Prelog によってキラル炭素化合物に対して開発された標準順位規則によるものである[13]．（文献1のP-91も参照．）これらのCIP則は中心原子に結合した原子団に優先順をつけるために非常に一般的に使える．

これらの規則の要点は，配位化合物に適用した場合，中心原子に結合している配位子をその構造間で供与原子から始めて外側にたどってみて，原子を一つずつ比較することである．その比較はまず原子番号で行い，ついで必要であれば（たとえば同位体を比べる場合など）質量数で比較する．置換基の比較には他の性質が使われることもあるが，必要性はまれであるので，ここでは詳細に述べない．

配位子を比較したら，優先順位数を以下のように決める．

(i) 同一の配位子は同じ優先順位である．
(ii) 最高優先順位の配位子に優先順位数1をつける．つぎに高い優先順位の配位子には2をつける．以下同様．

例：

1. 優先順位：$Br > Cl > PPh_3$, $PPh_3 > NMe_3 > CO$
   優先順位数の順序：$1 > 2 > 3$, $3 > 4 > 5$

2.

例2では，複素環配位子はOHより小さい原子番号の配位原子をもつので，優先順位は2であり，窒素原子の置換によりアンミン配位子より上の順位になる．

IR-9.3 錯体の立体配置   175

例 3 では，すべての配位原子が窒素原子である．図は配位子成分の枝に沿って進んでいって，どのように優先順位を決めるかを示している．右側の 1, 2, 3 列の番号は構造中の原子の原子番号であり，括弧内の数字は多重結合の存在を考慮している．共鳴構造のときの平均化する手法（下段の 2 個の配位子）は原報に記載されている[13].

IR-9.3.5.3 プライム方式

特別な種類の多座配位子を 2 個以上含む系，あるいは特別な種類の配位部分を 2 個以上含む 1 個の多座配位子の立体化学を記述するために，配置指数を用いるときのあいまいさを避けるためにプライム方式が必要である．この事態はビス(三座配位子)錯体によく見られるが，より複雑な場合にも起こる．この方式の必要性は例で示すのがもっともよい．

ビス(三座配位子)錯体（すなわち，2 個の同一の線状三座配位子を含む八面体型錯体）には 3 個の立体異性体があり，三座配位子自身が対称要素をもたなければそれ以上の数の異性体が生ずる．もっとも単純な場合の 3 個の異性体を，多面体記号（IR-9.3.2.1）と配置指数（IR-9.3.3.4）とともに以下に示す（例 1, 2, 3）．N-(2-アミノエチル)エタン-1,2-ジアミン N-(2-aminoethyl)ethane-1,2-diamine とイミノ二酢酸 iminodiacetate はこれらの図で表せる．

N-(2-アミノエチル)エタン-1,2-ジアミン
N-(2-aminoethyl)ethane-1,2-diamine
    または
2,2′-アザンジイルビス(エタン-1-アミン)
2,2′-azanediylbis(ethan-1-amine)

イミノ二酢酸
iminodiacetate
    または
2,2′-アザンジイル二酢酸
2,2′-azanediyldiacetate

プライム方式がなければ例1と3の配置指数がどのようになるかを考えると，プライム方式の必要性がわかる．これら2個の配位子は同等なものであり，ともにつながっている2個の類似部分からなる．プライムを無視すると，これら2個の錯体は配位原子の分布が同じになる（一つの平面内に4個の優先順位1の配位原子があり，互いにトランス位にある2個の優先順位2の配位原子がある）．したがって，それらは明らかに異なる錯体であるにもかかわらず，同じ配置指数をもつことになる．

これら2個の例の違いを明らかにする一つの方法として，例1においては，すべての配位原子が他方の配位子に属する配位原子のトランス位にあるということに注目する．このことは例3にはあてはまらない．特定の配位子における配位原子の組を示すためにプライムを用いると，これら2個の立体異性体が配置指数により互いに区別できる．

例：

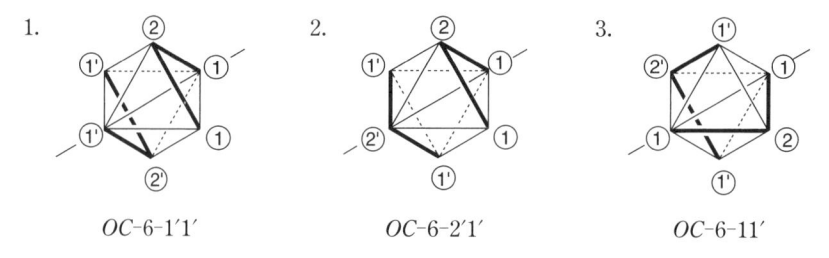

1. *OC*-6-1′1′

2. *OC*-6-2′1′

3. *OC*-6-11′

一方の配位子の優先順位数に便宜上プライムをつける．プライムをつけた数はつけない数より低い優先順位であるが，つぎのプライムなしの数よりは高い順位である．1′は1より優先順位が低いが，2よりは高い．

この技法により，例4,5,6で*N*,*N*′-ビス(2-アミノエチル)エタン-1,2-ジアミン *N*,*N*′-bis(2-aminoethyl)ethane-1,2-diamine のような鎖状の四座配位子に対して示したのと同じようにして，さらに高い多座配位子の錯体の立体異性体も区別できる．この場合，四座配位子中半分の配位原子の優先順位数にプライムをつける．

N,*N*′-ビス(2-アミノエチル)エタン-1,2-ジアミン
N,*N*′-bis(2-aminoethyl)ethane-1,2-diamine

例:

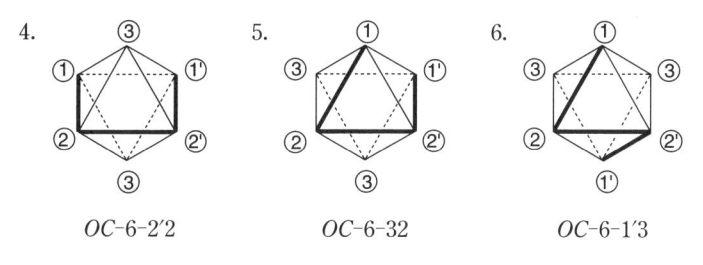

4. *OC*-6-2′2   5. *OC*-6-32   6. *OC*-6-1′3

五座配位子，六座配位子も同様に取扱う．例 7 と 8 は古典的な鎖状の六座配位子の立体異性体に対し，一方例 9 と 10 は枝分かれ構造を含む配位子に対し適用される．

例:

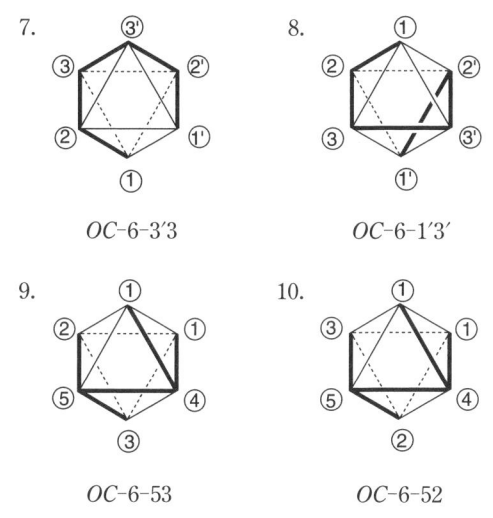

7. *OC*-6-3′3   8. *OC*-6-1′3′

9. *OC*-6-53   10. *OC*-6-52

例 11 は八面体でない構造において絶対配置を決めるためのプライム使用を示す．キラリティーの指定は，上面の記号 1 を底面の記号 1″ の上におくという条件を付け加えた配位子へのプライムのつけ方で決められる．これにより図に示す順位ができ，三方柱を上面の上から見るときに，キラリティー記号 *C* がつけられる．立体化学記号は *TPR*-6-1″11′-*C* である．斜交直線方式（IR-9.3.4.11）も適用できるが，この場合は Δ 記号を与える．

例:

11.

IR-9.4 結　語

この章では配位化合物の命名法と化学式の表し方を述べた．この手順はまず中心原子と配位子（名称，情況により化学式あるいはその省略形）を同定し，つぎに中心原子と配位子間の結合の性質を規定する．後者の段階では，（あいまいさが残る場合）配位子中の配位原子を特定し，配位子間の空間的関係を記述することが必要である．配位子間の空間的関係は（多面体記号を与える）配位多面体と（配置指数と絶対配置を与える）配位原子の CIP 優先順位によって規定する．

IR-9.5 文献と補遺

1. *Nomenclature of Organic Chemistry, IUPAC Recommendations*, eds. W.H. Powell and H. Favre, Royal Society of Chemistry, in preparation.
2. *Nomenclature of Inorganic Chemistry, IUPAC Recommendations 1990*, ed. G.J. Leigh, Blackwell Scientific Publications, Oxford, 1990 では，語学上の理由から didentate という術語が bidentate の代わりに使われた．以前に認められていた術語 bidentate に復帰したことは，この方が一般に使用されていることを反映している．
3. 他の水素同位体の名称は IR-3.3.2 に論じられている．
4. 有機配位子の名称は IUPAC 勧告の通りにすべきである．文献 1 を見よ．
5. 規則を単純化し，配位子の電荷の有無が明確でない場合に生ずるあいまいさをなくすために，配位化合物の化学式における配位子順を決定するにあたり，配位子の電荷は考慮しない．（*Nomenclature of Inorganic Chemistry, IUPAC Recommendation* 1990, ed. G.J. Leigh, Blackwell Scientific Publications, Oxford, 1990 においては，陰イオン性配位子を中性配位子の前においた．）
6. Chapter II-7, *Nomenclature of Inorganic Chemistry II, IUPAC Recommendations 2000*, eds. J.A. McCleverty and N.G. Connelly, Royal Society of Chemistry, 2001.
7. *Nomenclature of Inorganic Chemistry II, IUPAC Recommendations 2000*, eds. J.A. McCleverty and N.G. Connelly, Royal Society of Chemistry, 2001.
8. J.B. Casey, W.J. Evans and W.H. Powell, *Inorg. Chem.*, **20**, 1333–1341 (1981).
9. A. von Zelewski, *Stereochemistry of Coordination Compounds*, John Wiley & Sons, Chichester, 1996.
10. A.M. Sargeson and G.H. Searle, *Inorg. Chem.*, **4**, 45–52 (1965); P.J. Garnett, D.W. Watts and J.I. Legg, *Inorg. Chem.*, **8**, 2534 (1969); P.F. Coleman, J.I. Legg and J. Steele, *Inorg. Chem.*, **9**, 937–944 (1970).
11. B. Bosnich, C.K. Poon and M.L. Tobe, *Inorg. Chem.*, **4**, 1102–1108 (1965); P.O. Whimp, M.F. Bailey and. N.F. Curtis, *J. Chem. Soc.*, 1956–1963 (1970).
12. R.M. Harthorn and D.A. House, *J. Chem. Soc., Dalton Trans.*, 2577–2588 (1998).
13. R.S. Cahn, C. Ingold and V. Prelog, *Angew. Chem., Int. Ed. Engl.*, **5**, 385–415 (1966); V. Belog, and G. Helmchen, *Angew. Chem. Int. Ed. Engl.*, **21**, 567–583 (1982).
14. M.F. Brown, B.R. Cook and T.E. Sloan, *Inorg. Chem.*, **7**, 1563–1568 (1978).
15. M. Brorson, T. Damhus and C.E. Schaeffer, *Inorg. Chem.*, **22**, 1569–1573 (1983).

IR-10　有機金属化合物

IR-10.1　序　論
IR-10.2　遷移元素の有機金属化合物命名法
 IR-10.2.1　概念と方式
  IR-10.2.1.1　配位数
  IR-10.2.1.2　キレート配位
  IR-10.2.1.3　連結度の明示
  IR-10.2.1.4　酸化数と正味電荷
 IR-10.2.2　1本の金属-炭素単結合をもつ化合物
 IR-10.2.3　1個の配位子から複数の金属-炭素単結合を形成する化合物
  IR-10.2.3.1　ミュー(μ)方式
  IR-10.2.3.2　キレート配位子
  IR-10.2.3.3　カッパ(κ)方式
  IR-10.2.3.4　架橋配位子
  IR-10.2.3.5　金属-金属結合
 IR-10.2.4　金属-炭素多重結合をもつ化合物
 IR-10.2.5　不飽和分子または原子団に結合する化合物
  IR-10.2.5.1　イータ(η)方式
 IR-10.2.6　メタロセン命名法
IR-10.3　主要族元素の有機金属化合物命名法
 IR-10.3.1　序　論
 IR-10.3.2　1,2族の有機金属化合物
 IR-10.3.3　13-16族の有機金属化合物
IR-10.4　多核有機金属化合物における中心原子の順序
 IR-10.4.1　1-12族のみの中心原子
 IR-10.4.2　1-12族および13-16族両方からの中心原子
 IR-10.4.3　13-16族のみの中心原子
IR-10.5　文　献

IR-10.1　序　論

　過去50年間における有機金属化学の著しい進歩と予期しなかった結合形式をもつ新種化合物の発見のために，**有機金属化合物** organometallic compound に対する命名法の追加が必要になってきた．この章は，1990年勧告[1]のI-10.9を大幅に拡充し，遷移元素有機金属化合物に対する1999年のIUPAC勧告に基本的に準拠するものである[2].

　有機金属化合物は金属原子と炭素原子間に少なくとも1本の結合を含む化合物と定義される．したがって有機金属化合物の名称は有機化学命名法と配位化学命名法の両規則に従わなくてはならない（両

者は別個に進化してきたのではあるが).

この章の主要部分は IR-7 に導入し，IR-9 で配位化合物に適用した付加命名法に基づく遷移元素有機金属化合物命名法の体系を提供するものではあるが，できうる限り有機配位子の命名規則も組入れたものとなっている[3]．最も重要なことは，有機金属化合物によく見られる特別な結合様式を明瞭に表す付加的規則が編み出されていることである．

この章の後半部分では，主要族元素有機金属化合物の命名について概略を説明するが，そこでは 13-16 族元素の適当な母体水素化物を置換することによって（IR-6 で導入された）置換命名法方式が適用されている．一方 1, 2 族の有機金属化合物の名称は付加命名法の体系に基づく．

この章に記述される命名法では，化合物の組成と分子やイオン中の原子連結度の正確な記述に限定していることを強調しなければならない．また分子やイオンの構造成分間の空間的関連性を明示することも重要である（IR-9.3 参照）．有機金属化学の命名法は，結合の極性，反応性のパターンや合成法を詳細に示すものではないことにとりわけ留意すべきである．

IR-10.2 遷移元素の有機金属化合物命名法
IR-10.2.1 概念と方式

IR-9.1, IR-9.2 に一般定義と規則が提示されている配位錯体の（付加）命名法は，遷移元素の有機金属化合物命名のために，この節に記述される体系の基本となるものである．配位化学の一般概念は有機金属化合物にも適用できるが，たとえばアルケン，アルキン，芳香族化合物のような不飽和基を含む有機配位子と金属との相互作用によって生ずる新しい結合性も，取扱えるように拡張する必要がある．この節では，配位化学の関係する概念や方式を有機金属化合物に適用する場合に，有機金属化合物の特別な結合様式を明確に表すために，どのような新規の方式を導入する必要があるのかを示す．

IR-10.2.1.1 配位数

配位数 coordination number が配位子と中心金属間の σ 結合数に等しいという定義 (IR-9.1.2.6) は，単一の配位原子の金属への結合が σ と π 両成分を含む可能性がある CN^-, CO, N_2, PPh_3 のような配位子にも適用される．π 結合成分は配位数を決めるのに考慮されないので，$[Ir(CO)Cl(PPh_3)_2]$, $[RhI_2(Me)(PPh_3)_2]$, $[W(CO)_6]$ は配位数がそれぞれ 4, 5, 6 になる．

しかしこの定義は，σ, π, δ 結合（σ, π, δ は配位子と中心原子間の軌道相互作用の対称性を表す）の組合わせにより，一つの配位子の 2 個以上の隣接原子が中心金属と相互作用する多くの有機金属化合物に適用できない．

たとえば，エテンのような配位子は，2 個の配位炭素原子をもつが，中心原子には電子を 1 対しか供与しない．同様にエチンは両炭素原子で配位するが，配位型によっては，一つの金属原子に対し 1 ないし 2 対の電子を供与すると考えられる．これらの配位子は通常単座配位子とみなされる．エテンやエチンが中心金属原子に酸化的付加すると考えるとき，このことは変わってくる．酸化数を決定するために錯体を解体し，電子数を計算してみると 2 対の配位電子をとるものと仮定されることになり，したがってこれらは二座キレート配位子であると考えられる．このような配位子をもつ化合物はエテンあるいはエチン錯体ではなく，メタラシクロプロパン metallacyclopropane あるいはメタラシクロプロペン metallacyclopropene という異なる名称で表現できる．

IR-10.2.1.2 キレート配位

キレート配位 chelation の概念（IR-9.1.2.7）は，厳密にいうと，配位子の供与原子がσ結合だけで中心金属に結合している有機金属化合物にのみ適用できる．そうしないと，上記のように，エテンのように単純な配位子についてもあいまいさが生ずる．ブタジエンとベンゼンは配位にあたって2対あるいは3対の電子を供給し，それぞれ二座配位子あるいは三座配位子とみなされる．しかし，立体化学においては，そのような配位子はあたかも単座配位子のように取扱われることが多い．

IR-10.2.1.3 連結度の明示

複数個の異なる配位原子を含む配位子の場合，特に一部が配位に用いられていないときには，金属に結合する原子は**カッパ(κ)方式** kappa(κ) convention で明示される（IR-9.1.2.7 および IR-9.2.4.2 を見よ）．有機金属命名法では，配位炭素原子はときには十分に配位子名中に明示されている．しかしヘテロ原子の結合を示すのにカッパ方式の使用が必要になり，また多核錯体において異なる金属中心を架橋するときにも単一配位子の特定結合点を明示する必要がある．カッパ方式の利点は，配位子と複数の金属中心間の連結度を示す際のあいまいさを，完全に回避できることである．有機金属命名法におけるカッパ方式の使用例は IR-10.2.3.3 でさらに議論する．

相補的記号である**イータ(η)方式** eta(η) convention は，1個以上の数の金属に対する結合に含まれる，連続した配位原子の数（**ハプト数** hapticity）を明示するのに用いられる．この方式の必要性は，π電子を介する不飽和炭化水素の金属に対する結合の特殊性から生じたものであり，金属との結合に関与する，連続した複数個の原子がある場合にのみ使用される．π配位配位子の連続原子は通常同じ元素であるが，必ずしもそうでなくてもよく，炭素以外の原子も許される．イータ方式は IR-10.2.5.1 で定義され，多くの使用例を示す．すべての連結度をカッパ方式で表現できるが，有機金属命名法における実際例では，連続配位原子であればイータ方式を使用しなければならない．複雑な構造では両方式の併用が必要になる（IR-9.2.4.3 参照）．

金属中心に対する2個以上の結合を形成する能力をもつ有機配位子はキレート配位（一つの金属に結合する場合），架橋配位（2個以上の金属に対する結合の場合）またはキレート配位と架橋配位の両者であることもある．架橋結合様式は配位子名の接頭語としてつけるギリシャ文字μ（ミュー）で示される（IR-9.2.5.2）．この方式は IR-10.2.3.1，IR-10.2.3.4 において，他の有機金属化合物について例示する．

IR-10.2.1.4 酸化数と正味電荷

酸化数 oxidation number または酸化状態の概念（IR-4.6.1，IR-5.4.2.2，IR-9.1.2.8 も参照）は有機金属化合物に適用するのが困難な場合がある．配位子による配位が，ルイス酸またはルイス塩基相互作用か酸化的付加のどちらかと見なす方が良いかどうか決め難い場合には特に困難である．したがって，命名法の目的からすると，重要なのは錯体そのものの**正味電荷** net charge であり，あとの節では，形式酸化数を有機金属錯体の中心原子に帰属することはしない．そのような化合物における酸化数の帰属に関する議論については，有機金属化学の標準的教科書を参照してほしい．

IR-10.2.2　1本の金属-炭素単結合をもつ化合物

有機金属化合物を命名するとき，もしその配位子が炭素以外の原子を介して配位するなら，錯体中の配位子命名の通則が適用される（IR-9.2.2.3）．したがって，配位子 $MeCOO^-$ はアセタト，Me_2As^- はジメチルアルサニド，そして PPh_3 はトリフェニルホスファンと名付ける．

IR-10 有機金属化合物

　もし1個の炭素原子を介して配位する有機配位子が炭素原子から1個の水素原子の除去によって生成する陰イオンと見なされるなら，この配位子名は陰イオン名の語尾'イド ide'を'イド ido'で置き換えることによりつけられる．

例：

1. CH_3^- 　　　　　メタニド　　　　　methanido
2. $CH_3CH_2^-$ 　　　エタニド　　　　　ethanido
3. $(CH_2=CHCH_2)^-$ 　プロパ-2-エン-1-イド　prop-2-en-1-ido
4. $C_6H_5^-$ 　　　　　ベンゼニド　　　　benzenido
5. $(C_5H_5)^-$ 　　　　シクロペンタジエニド　cyclopentadienido

　厳密にいえばあいまいであるが，陰イオン名シクロペンタジエニド cyclopentadienide はシクロペンタ-2,4-ジエン-1-イド cyclopenta-2,4-dien-1-ide の短縮形として許容される（その結果配位子名はシクロペンタジエニド cyclopentadienido）．

　化合物 $[TiCl_3Me]$ は上記の型の配位子名を用いれば，トリクロリド（メタニド）チタン trichlorido◯(methanido)titanium ということになる.

　単一の炭素原子を介して結合する有機配位子のもう一つの命名法としては，それを置換基とみなし，名称は1個の水素原子が除去された母体水素化物から誘導されるものとする．有機金属化学ではそのような配位子は，酸化数を推定する場合は，結合が実際は共有性であるにもかかわらず，一般に陰イオンとして取扱うから，この名称はやや恣意的である．しかし，この命名法は有機化学と有機金属化学で長い歴史があり，主要な利点は有機基に対して普通に用いられる名称を変更なしに使えることである．

　母体水素化物から置換基名をつくるには二つの方式がある．

　(a) 母体水素化物名称の語尾'アン ane'を接尾語'イル yl'に換える．もし母体水素化物が鎖であれば，鎖の最後が自由原子価の原子になっていると解される．すべての場合にその原子は位置番号'1'（名称からは省かれる）である．この方式は飽和非環式および単環式炭化水素置換基とケイ素，ゲルマニウム，スズ，鉛の単核母体水素化物に採用される．

例：

6. CH_3- 　　　　　メチル　　　　　methyl
7. CH_3CH_2- 　　　エチル　　　　　ethyl
8. $C_6H_{11}-$ 　　　シクロヘキシル　　cyclohexyl
9. $CH_3CH_2CH_2CH_2-$ 　ブチル　　　　butyl
10. $CH_3CH_2CH_2C(Me)H-$ 　1-メチルブチル　1-methylbutyl
11. Me_3Si- 　　　　トリメチルシリル　trimethylsilyl

　化合物 $[TiCl_3Me]$ はこの方式によるとトリクロリド（メチル）チタンとよぶことになる．

　(b) より一般的方式では，接尾語'イル yl'が母体水素化物の名称に付加され，もし語尾に'e'が存在すればそれを除く．自由原子価をもつ原子は母体水素化物の確立した番号付けと矛盾しない限り最小数をつける．'1'を含めて位置番号は常につけなければならない．（より完全な議論のためには文献3のP-29を参照）

IR-10.2 遷移元素の有機金属化合物命名法

例：

12. CH₃CH₂CH₂C(Me)H－　ペンタン-2-イル　　pentan-2-yl（上記の例10参照）
13. CH₂＝CHCH₂－　　　プロパ-2-エン-1-イル　prop-2-en-1-yl

複素環系におけると同様，縮合多環式炭化水素では特別な番号付けが採用される（文献3のP-25参照）．

例：

14. ナフタレン-2-イル　　naphthalen-2-yl　　# C₁₀H₇-

15. 1H-インデン-1-イル　1H-inden-1-yl　　# C₉H₇-

16. モルホリン-2-イル　　morpholin-2-yl　　# C₄H₈NO-

表 IR-10.1 には金属と単結合を形成する配位子をあげてあり，1個の金属-炭素単結合を含む化合物命名の例を下に示す．この表（表 IR-10.2 と表 IR-10.4 とともに）では，有機配位子は陰イオンまたは中性種の両者として表示してある．最後の列に許容される別名をあげる．

表 IR-10.1 金属-炭素単結合（あるいは他の14族元素との結合）を形成する配位子の名称

配位子の化学式	陰イオン性配位子としての体系名	中性配位子としての体系名	許容される別名
CH₃－	メタニド methanido	メチル methyl	
CH₃CH₂－	エタニド ethanido	エチル ethyl	
CH₃CH₂CH₂－	プロパン-1-イド propan-1-ido	プロピル propyl	
(CH₃)₂CH－	プロパン-2-イド propan-2-ido	プロパン-2-イル propan-2-yl または 1-メチルエチル 1-methylethyl	イソプロピル isopropyl
CH₂＝CHCH₂－	プロパ-2-エン-1-イド prop-2-en-1-ido	プロパ-2-エン-1-イル prop-2-en-1-yl	アリル allyl
CH₃CH₂CH₂CH₂－	ブタン-1-イド butan-1-ido	ブチル butyl	
CH₃CH₂-C(CH₃)H-	ブタン-2-イド butan-2-ido	ブタン-2-イル butan-2-yl または 1-メチルプロピル 1-methylpropyl	s-ブチル sec-butyl
(H₃C)₂CH-CH₂-	2-メチルプロパン-1-イド 2-methylpropan-1-ido	2-メチルプロピル 2-methylpropyl	イソブチル isobutyl
H₃C-C(CH₃)₂-	2-メチルプロパン-2-イド 2-methylpropan-2-ido	2-メチルプロパン-2-イル 2-methylpropan-2-yl または 1,1-ジメチルエチル 1,1-dimethylethyl	t-ブチル tert-butyl

表 IR-10.1 （つづき）

配位子の化学式	陰イオン性配位子としての体系名	中性配位子としての体系名	許容される別名
(CH₃)₃C-CH₂-	2,2-ジメチルプロパン-1-イド 2,2-dimethylpropan-1-ido	2,2-ジメチルプロピル 2,2-dimethylpropyl	
シクロプロピル構造 CH-	シクロプロパニド cyclopropanido	シクロプロピル cyclopropyl	
シクロブチル構造 CH-	シクロブタニド cyclobutanido	シクロブチル cyclobutyl	
C_5H_5	シクロペンタ-2,4-ジエン-1-イド cyclopenta-2,4-dien-1-ido	シクロペンタ-2,4-ジエン-1-イル cyclopenta-2,4-dien-1-yl	シクロペンタジエニル cyclopentadienyl
C_6H_5	ベンゼニド benzenido	フェニル phenyl	
$C_6H_5CH_2$	フェニルメタニド phenylmethanido	フェニルメチル phenylmethyl	ベンジル benzyl
$H_3C-C(=O)-$	1-オキソエタン-1-イド 1-oxoethan-1-ido	エタノイル[a] ethanoyl	アセチル[a] acetyl
$C_2H_5-C(=O)-$	1-オキソプロパン-1-イド 1-oxopropan-1-ido	プロパノイル[a] propanoyl	プロピオニル propionyl
$C_3H_7-C(=O)-$	1-オキソブタン-1-イド 1-oxobutan-1-ido	ブタノイル[a] butanoyl	ブチリル[a] butyryl
$C_6H_5-C(=O)-$	オキソ(フェニル)メタニド oxo(phenyl)methanido	ベンゼンカルボニル[a] benzenecarbonyl	ベンゾイル[a] benzoyl
$H_2C=CH-$	エテニド ethenido	エテニル ethenyl	ビニル vinyl
$HC\equiv C-$	エチニド ethynido	エチニル ethynyl	
H_3Si-	シラニド silanido	シリル silyl	
H_3Ge-	ゲルマニド germanido	ゲルミル germyl	
H_3Sn-	スタンナニド stannanido	スタンニル stannyl	
H_3Pb-	プルンバニド plumbanido	プルンビル plumbyl	

a これらのアシル名は 1-オキソエチルなどより望ましい.

例：

17. $[OsEt(NH_3)_5]Cl$ ペンタアンミン(エチル)オスミウム(1+)塩化物
    pentaammine(ethyl)osmium(1+)chloride

18. $Li[CuMe_2]$ ジメチル銅酸(1−)リチウム
    lithium dimethylcuprate(1−)

19. CrR_4 (R = ビシクロ[2.2.1]ヘプタン-1-イル構造)   テトラキス(ビシクロ[2.2.1]ヘプタン-1-イル)クロム
    tetrakis(bicylo[2.2.1]heptan-1-yl)chromium
    # $[Cr(C_7H_{11})_4]$

IR-10.2 遷移元素の有機金属化合物命名法

20. [Pt{C(O)Me}Me(PEt₃)₂]   アセチル(メチル)ビス(トリエチルホスファン)白金
   acetyl(methyl)bis(triethylphosphane)platinum

21. 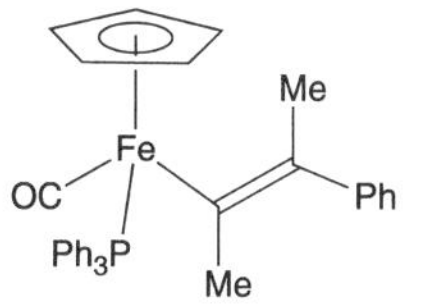 # [Fe(η⁵-C₅H₅)(C₁₀H₁₁)(CO)(PPh₃)]

   カルボニル(η⁵-シクロペンタジエニル)[(E)-3-フェニルブタ-2-エン-
   2-イル](トリフェニルホスファン)鉄
   carbonyl(η⁵-cyclopentadienyl)[(E)-3-phenylbut-2-en-2-yl](triphenylphosphane)iron
   (ここで用いられる η 記号は IR-10.2.5.1 で説明される．)

22. 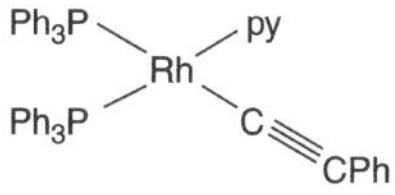 # [Rh(C₈H₅)(PPh₃)₂(py)]

   (フェニルエチニル)(ピリジン)ビス(トリフェニルホスファン)ロジウム
   (phenylethynyl)(pyridine)bis(triphenylphosphane)rhodium

23. 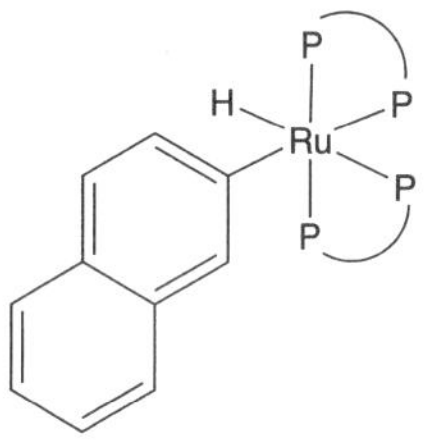 # [Ru(C₁₀H₇)(dmpe)₂H]

   ビス[エタン-1,2-ジイルビス(ジメチルホスファン-κP)]ヒドリド
   (ナフタレン-2-イル)ルテニウム
   bis[ethane-1,2-diylbis(dimethylphosphane-κP)]hydrido(naphthalene-2-yl)ruthenium

   P͡P = Me₂PCH₂CH₂PMe₂ = エタン-1,2-ジイルビス(ジメチルホスファン)
   ethane-1,2-diylbis(dimethylphosphane)

IR-10.2.3　1個の配位子から複数の金属-炭素単結合を形成する化合物

　一つの有機配位子が(1個以上の金属原子に対して)複数の金属-炭素単結合を形成するとき，配位子名は適当数の水素原子が除去された母体の炭化水素の名称から誘導されることがある．体系的な置換式名称では，もしそれぞれ2個あるいは3個の水素原子が1個以上の金属原子で置換されたのならば母体の炭化水素の名称に接尾語'ジイル diyl'または'トリイル triyl'がつけられる．語尾の'e'は省略されない．炭素原子の最長鎖を明らかにするために位置番号'1'がつけられ，側鎖や置換基に最小の位置番号を与えるための番号つけが選択される．メタンから誘導される配位子以外では位置番号を必ずつけなければならない．

　別の命名法では，これらの配位子を陰イオンとして考えるとき，'ジイド diido'あるいは'トリイド triido'という語尾を使用すべきである．この命名法は超原子価配位形式，たとえば架橋メチル基にも適用される．2個ないし3個の金属-炭素単結合を形成する代表的な配位子を表 IR-10.2 にあげる．

表 IR-10.2 複数の金属-炭素単結合を形成する配位子名

配位子の化学式	陰イオン性配位子としての体系名	中性配位子としての体系名	許容される別名
$-CH_2-$	メタンジイド　methanediido	メタンジイル　methanediyl	メチレン　methylene
$-CH_2CH_2-$	エタン-1,2-ジイド ethane-1,2-diido	エタン-1,2-ジイル ethane-1,2-diyl	エチレン ethylene
$-CH_2CH_2CH_2-$	プロパン-1,3-ジイド propane-1,3-diido	プロパン-1,3-ジイル propane-1,3-diyl	
$-CH_2CH_2CH_2CH_2-$	ブタン-1,4-ジイド butane-1,4-diido	ブタン-1-4-ジイル butane-1,4-diyl	
HC⟨	メタントリイド methanetriido	メタントリイル methanetriyl	
CH_3CH⟨	エタン-1,1-ジイド ethane-1,1-diido	エタン-1,1-ジイル ethane-1,1-diyl	
CH_3C⟨	エタン-1,1,1-トリイド ethane-1,1,1-triido	エタン-1,1,1-トリイル ethane-1,1,1-triyl	
$-CH=CH-$	エテン-1,2-ジイド ethene-1,2-diido	エテン-1,2-ジイル ethene-1,2-diyl	
$H_2C=C$⟨	エテン-1,1-ジイド ethene-1,1-diido	エテン-1,1-ジイル ethene-1,1-diyl	
$-C\equiv C-$	エチン-1,2-ジイド ethyne-1,2-diido	エチン-1,2-ジイル ethyne-1,2-diyl	
$-C_6H_4-$	ベンゼンジイド benzenediido (-1,2-ジイド　など)	ベンゼンジイル benzenediyl (-1,2-ジイル　など)	フェニレン phenylene (1,2-　など)

IR-10.2.3.1　ミュー（μ）方式

2個以上の金属-炭素結合を形成する有機配位子は1個の金属原子に配位するキレート配位子か，2個以上の金属原子に配位する架橋配位子である．架橋配位様式はギリシャ文字μで示される（IR-9.2.5.2, IR-10.2.3.4 を参照）．

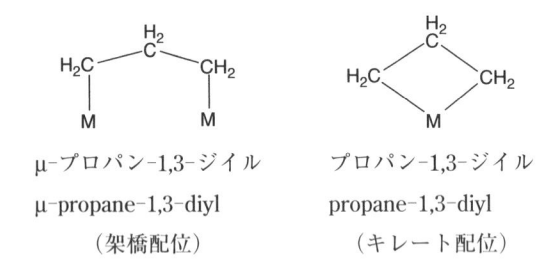

μ-プロパン-1,3-ジイル　　　　プロパン-1,3-ジイル
μ-propane-1,3-diyl　　　　propane-1,3-diyl
（架橋配位）　　　　　　　（キレート配位）

架橋配位子 bridging ligand により結合する金属原子の数は右の下つき文字，μ_n, $n \geq 2$, で示されるが，**架橋数** bridging index 2 は通常示されない．

μ-メチル　　　　　μ₃-メチル
μ-methyl　　　　　μ₃-methyl

CH₂ に対する名称メチレンは架橋結合様式（μ-メチレン）に関連したときにのみ使用され，1 個の金属のみに結合する CH₂ 配位子は金属-炭素二重結合をもち，メチリデンと命名されるべきである（IR-10.2.4 参照）．

$$\underset{\substack{\text{μ-メチレン} \\ \text{μ-methylene}}}{\text{M}\diagup\overset{H_2}{C}\diagdown\text{M}} \qquad \underset{\substack{\text{メチリデン} \\ \text{methylidene}}}{\text{M}=\text{CH}_2}$$

同様に，配位子 HC は少なくとも 3 種類の異なる結合様式をもつ．3 個の金属を架橋（μ₃-メタントリイル），2 個の金属を架橋（μ-メタニリリデン），1 個の金属に配位（メチリジン，IR-10.2.4 参照）．

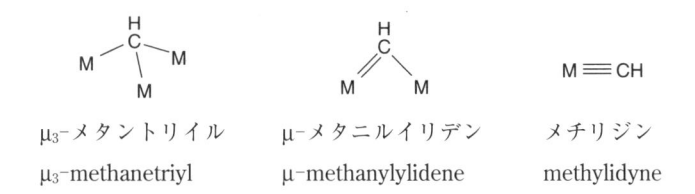

$$\underset{\substack{\text{μ}_3\text{-メタントリイル} \\ \text{μ}_3\text{-methanetriyl}}}{} \qquad \underset{\substack{\text{μ-メタニルイリデン} \\ \text{μ-methanylylidene}}}{} \qquad \underset{\substack{\text{メチリジン} \\ \text{methylidyne}}}{\text{M}\equiv\text{CH}}$$

架橋様式をとるとき配位子 CH₂CH₂ は μ-エタン-1,2-ジイルとよぶべきであるが，それと同じ配位子が，単一の金属中心に両炭素原子を介して配位するときは η²-エテンとよばれるべきである（IR-10.2.5 参照）．

$$\underset{\substack{\text{μ-エタン-1,2-ジイル} \\ \text{μ-ethane-1,2-diyl}}}{} \qquad \underset{\substack{\text{η}^2\text{-エテン} \\ \text{η}^2\text{-ethene}}}{}$$

同様な事態が CHCH にも起こり，炭素原子が 2 個の金属のおのおのに単結合で架橋するときには μ-エテン-1,2-ジイルとよぶべきであり，金属-炭素結合が二重結合であれば μ-エタンジイリデンとよぶ（IR-10.2.4 参照）．その同じ配位子でも両方の炭素原子が両方の金属中心に配位するときは μ-エチンとよぶべきである．両炭素原子が 1 個の金属に配位する場合は η²-エチンと命名される（IR-10.2.5 参照）．

$$\underset{\substack{\text{μ-エテン-1,2-ジイル} \\ \text{μ-ethene-1,2-diyl}}}{} \qquad \underset{\substack{\text{μ-エタンジイリデン} \\ \text{μ-ethanediylidene}}}{} \qquad \underset{\substack{\text{μ-η}^2\text{:η}^2\text{-エチン} \\ \text{μ-η}^2\text{:η}^2\text{-ethyne}}}{} \qquad \underset{\substack{\text{η}^2\text{-エチン} \\ \text{η}^2\text{-ethyne}}}{}$$

IR-10.2.3.2 キレート配位子

キレート配位子 chelating ligand が母体の化合物から 2 個以上の水素原子を除去することにより形成される場合，中心原子に結合するとみなされる原子は，（プロパン-1,3-ジイル propane-1,3-diyl のような）適当な配位子名を用いて示される，IR-10.2.3 参照．これは下の例 1 から 3 に示す．そのようなメタラサイクルに対する別の命名法が現在開発されつつあることに留意されたい．

例：

1. （ブタン-1,4-ジイル）ビス（トリフェニルホスファン）白金
(butane-1,4-diyl)bis(triphenylphosphane)platinum
$[Pt(C_4H_8)(PPh_3)_2]$

2. # $[Ir(C_7H_{10})(PEt_3)_3]^+$

(2,4-ジメチルペンタ-1,3-ジエン-1,5-ジイル)トリス(トリエチルホスファン)イリジウム(1+)
(2,4-dimethylpenta-1,3-diene-1,5-diyl)tris(triethylphosphane)iridium(1+)

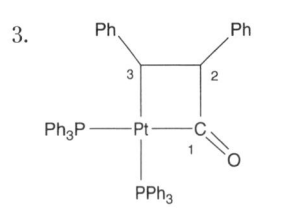

3. # $[Pt(C_{15}H_{12}O)(PPh_3)_2]$

(1-オキソ-2,3-ジフェニルプロパン-1,3-ジイル)ビス(トリフェニルホスファン)白金
1-oxo-2,3-diphenylpropane-1,3-diyl)bis(triphenylphosphane)platinum

IR-10.2.3.3 カッパ(κ)方式

　炭素の結合に加えてヘテロ原子からの配位（供与性）結合を含むキレート環はκ方式を用いて命名すべきである．この方式（IR-9.2.4.2参照）では，1個の金属中心に結合する多座配位子の配位原子は，各配位原子のイタリック体元素記号の前につけるギリシャ文字カッパκにより示される．一つの型の配位原子から中心原子への同一結合の数を表すために，右上付き数字を記号κに付けてもよい．非等価の配位原子はそれぞれκのあとのイタリック体元素記号により示さねばならない．

　単純な場合には，同一元素の供与原子を区別するために元素記号上に1個以上の上付きプライムを付けてもよい．そうでなければ，配位原子を明瞭に見分けるために，配位子内原子の通常の番号付けに対応する右上付き数字を用いてもよい．これらの記号は，配位子名の中で，特定の官能基，置換基，環または鎖中の配位原子を表す部分のあとにおかれる．

　配位炭素原子は適当な置換の接尾語で十分特定できるので，κ方式を用いて配位ヘテロ原子のみ特定すればよいことが多い．図示する目的でのみ，つぎの例でキレート環の中の配位結合を示すために矢印が用いられる．例1では明快にするために$κC^1$で特定されているが，炭素原子1番からの結合は"フェニル phenyl"という名称からわかるので，厳密には必要でない．

例：

1. テトラカルボニル[2-(2-フェニルジアゼン-1-イル-$κN^2$)フェニル-$κC^1$]マンガン
tetracarbonyl[2-(2-phenyldiazen-1-yl-$κN^2$)phenyl-$κC^1$]manganese
$[Mn(C_{12}H_9N_2)(CO)_4]$

2. 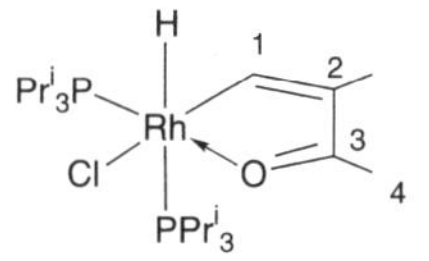 # ［Rh(C₅H₃O)ClH(PPr$^i_3$)₂］

クロリドヒドリド(2-メチル-3-オキソ-κ*O*-ブタ-1-エン-1-イル)ビス(トリイソプロピルホスファン)ロジウム

chloridohydrido(2-methyl-3-oxo-κ*O*-but-1-en-1-yl)-bis(triisopropylphosphane)rhodium

IR-10.2.3.4 架橋配位子

架橋配位子 bridging ligand は配位子名の前にギリシャ文字 μ（ミュー）をつけることにより示される（IR-9.2.5.2 および IR-10.2.3.1 を参照）．架橋配位子は他の配位子とともにアルファベット順に並べるが，非架橋配位子の前に置き，多重架橋は複雑さが減少する順に並べる．たとえば μ₃ 架橋は μ₂ 架橋の前におく．

例：

1. 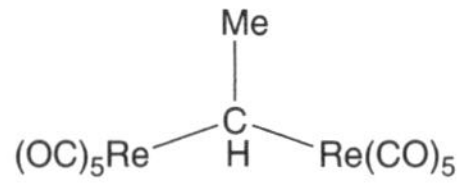 (μ-エタン-1,1-ジイル)ビス(ペンタカルボニルレニウム)
    (μ-ethane-1,1-diyl)bis(pentacarbonylrhenium)
    # ［Re₂(μ-C₂H₄)(CO)₁₀］

異種複核錯体における金属中心は付表 VI* に与える元素の優先順位に従って順番をつけるが，この表の矢印の順で最も後位の中心原子に 1 をつけ，名称では最初にあげる（IR-9.2.5 参照）．

中心原子の位置番号は，配位原子の分布を示すために，κ 方式とともに用いられる．そのような位置番号は，その位置番号で特定される中心原子に対する等価な結合の数を示すために，右上付き数字を付けた κ 記号の前におく（IR-9.2.5.5 参照）．したがって，デカカルボニル-1κ⁵*C*,2κ⁵*C* は 5 個のカルボニル配位子の炭素原子は中心原子 1 番に結合し，他の 5 個は中心原子 2 番に結合することを示す．架橋配位子の名称の中で，それぞれの中心原子に対する結合はコロンにより分離される．たとえば μ-プロパン-1,2-ジイル-1κ*C*¹:2κ*C*² μ-propane-1,2-diyl-1κ*C*¹:2κ*C*².

例：

2. 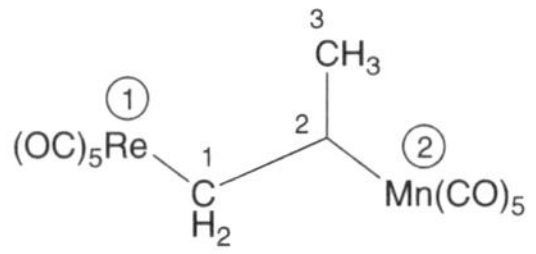 # ［ReMn(μ-C₂H₅)(CO)₁₀］

デカカルボニル-1κ⁵*C*,2κ⁵*C*-(μ-プロパン-1,2-ジイル-1κ*C*¹:2κ*C*²)レニウムマンガン

decacarbonyl-1κ⁵*C*,2κ⁵*C*-(μ-propane-1,2-diyl-1κ*C*¹:2κ*C*²)rheniummanganese

IR-10.2.3.5 金属－金属結合

金属－金属結合 metal–metal bonding は相当する金属原子のイタリック体元素記号により示され，括弧内に全角ダッシュで分離して入れて中心原子名のあとに置き，そのあとにイオン電荷数をつける．それらの元素記号は中心原子が名称に現れる順と同じ順におかれる．すなわち付表 VI の矢印の順で後位の

---

* 表番号がローマ数字の表は巻末に一括掲載してある．

元素を最初にもってくる．そのような金属−金属結合の数は最初の元素記号の前におかれるアラビア数字により示され，スペースで分離する．命名法の目的からは，異なる金属−金属結合次数は区別しない．

例：

1. (μ-エタン-1,2-ジイル)ビス(テトラカルボニルオスミウム)($Os—Os$)
   (μ-ethane-1,2-diyl)bis(tetracarbonylosmium)($Os—Os$)
   # $[Os_2(μ-C_2H_4)(CO)_8]$

2. # $[Co_3(μ_3-C_2H_3)(CO)_9]$

   (μ$_3$-エタン-1,1,1-トリイル)-*triangulo*-トリス(トリカルボニルコバルト)(3 $Co—Co$)
   (μ$_3$-ethane-1,1,1-triyl)-*triangulo*-tris(tricarbonylcobalt)(3 $Co—Co$)

3. # $[WRe(η^5-C_5H_5)_3(μ-CO)_2(CO)]$

   ジ-μ-カルボニル-カルボニル-2κC-ビス(1η^5-シクロペンタジエニル)(2η^5-シクロペンタジエニル)タングステンレニウム($W—Re$)
   di-μ-carbonyl-carbonyl-2κC-bis(1η^5-cyclopentadienyl)(2η^5-cyclopentadienyl)tungstenrhenium($W—Re$)

ここに含まれる η 記号は IR-10.2.5.1 に説明されている．複核化合物およびさらに大きい多核クラスターの議論については，他の例とともに IR-9.2.5 を参照のこと．

IR-10.2.4　金属−炭素多重結合をもつ化合物

金属−炭素二重結合あるいは三重結合を形成すると見なされる配位子は母体水素化物から誘導される置換基接頭語をもち，配位子名は二重結合に対して'イリデン ylidene'，三重結合に対して'イリジン ylidyne'の語尾をもつ．これらの接尾語は２種類の方法に従って用いられる（文献３のP-29を参照）．

　(a) 母体水素化物の名称の語尾'アン ane'を接尾語'イリデン ylidene'または'イリジン ylidyne'に変える．もし母体水素化物が鎖であれば，自由原子価をもった原子が鎖末端にあると理解される．この原子は，すべての場合に，位置番号'1'（これは名称から省かれる）をもつ．この方法は飽和非環式と単環式炭化水素置換基とケイ素，ゲルマニウム，スズ，鉛の母体の単核水素化物に対してのみ使用される．接尾語'イレン ylene'は架橋 −CH$_2$−（メチレン）または −C$_6$H$_4$−（フェニレン）を示す μ と一緒のときだけに使用すべきである（IR-10.2.3.1参照）．

　(b) より一般的方法では，接尾語'イリデン ylidene'または'イリジン ylidyne'は，語尾に'e'があるならば，それを省略して母体水素化物の名称につける．自由原子価をもつ原子は，母体水素化物の確立した番号付けに一致する限り，できるだけ小さな番号をつける．接尾語'イリデン ylidene'をもつ配位子名に対しては，名称における唯一の位置番号であり，あいまいさがない場合を除き，この位置番号は必ずつける．

IR-10.2 遷移元素の有機金属化合物命名法

例：
1. EtCH=   プロピリデン   propylidene   [方法(a)]
   Me$_2$C=   プロパン-2-イリデン   propan-2-ylidene   [方法(b)]

複数の結合箇所をもつ配位子の番号付けでは，自由原子価をもつ原子に最小位置番号をつける前に，炭素原子の最長鎖が母体の鎖として選択されることに注意してほしい．メタラサイクルにおいては，番号付けの方向は側鎖か置換基に最小の位置番号を与えるように選ばれる．ここでも，複素環や多環系では特別な番号付け方式が適用される（文献3のP-25，P-29参照）．

もし配位子が金属-炭素多重結合とともに1個以上の金属-炭素単結合を形成するなら，語尾は'イル yl'，'イリデン ylidene'，'イリジン ylidyne'の順になる．その場合，自由原子価に対して最小の位置番号を与える方法(b)を使用すべきである．もし選択の必要があれば，'イリデン ylidene'位置より'イル yl'位置を小さい数にし，つぎに側鎖か置換基の順になる．

例：
2. CH$_3$-CH$_2$-C=   プロパン-1-イル-1-イリデン   propan-1-yl-1-ylidene

表 IR-10.3 金属-炭素多重結合を形成する配位子の名称

配位子の化学式	体系名		許容される別名	
H$_2$C=	メチリデン	methylidene		
MeCH=	エチリデン	ethylidene		
H$_2$C=C=	エテニリデン	ethenylidene	ビニリデン	vinylidene
H$_2$C=HCHC=	プロパ-2-エン-1-イリデン prop-2-en-1-ylidene		アリリデン	allylidene
H$_2$C=C=C=	プロパ-1,2-ジエン-1-イリデン propa-1,2-dien-1-ylidene		アレニリデン	allenylidene
(H$_3$C)$_2$C=	プロパン-2-イリデン propan-2-ylidene		イソプロピリデン	isopropylidene
H$_3$C-C(CH$_3$)(H)-C=	2,2-ジメチルプロピリデン 2,2-dimethylpropylidene			
△C=	シクロプロピリデン cyclopropylidene			
◇C=	シクロブチリデン cyclobutylidene			
(cyclopentadienyl)C=	シクロペンタ-2,4-ジエン-1-イリデン cyclopenta-2,4-dien-1-ylidene			
PhHC=	フェニルメチリデン phenylmethylidene		ベンジリデン	benzylidene
HC⦅	メタニリリデン	methanylylidene		
HC≡	メチリジン	methylidyne		
MeC≡	エチリジン	ethylidyne		
EtC≡	プロピリジン	propylidyne		
H$_3$C-C(CH$_3$)$_2$-C≡	2,2-ジメチルプロピリジン 2,2-dimethylpropylidyne			
PhC≡	フェニルメチリジン phenylmethylidyne		ベンジリジン	benzylidyne

金属-炭素二重結合あるいは三重結合を形成する代表的な配位子を表 IR-10.3 にあげ，そしてつぎに1個以上の金属-炭素多重結合を含む化合物の命名法を示す例をあげる．例5における η 記号は IR-10.2.5.1 に説明してある．

表 IR-10.2 にあげる陰イオン名（メタンジイド methanediido，エタン-1-1-ジイド ethane-1,1-diido など）はそれらの配位子名としても使えるが，その場合は炭素-金属結合が二重結合か三重結合であるかを伝えることはできなくなることに注意．

例：

3.　# [W(CH$_3$CN)(C$_8$H$_8$O)(CO)$_4$]

（アセトニトリル）テトラカルボニル［(2-メトキシフェニル)メチリデン］タングステン
(acetonitrile)tetracarbonyl[(2-methoxyphenyl)methylidene]tungsten

4.　(2,4-ジメチルペンタ-1,3-ジエン-1-イル-5-イリデン)
　　トリス(トリエチルホスファン)イリジウム
(2,4-dimethylpenta-1,3-dien-1-yl-5-ylidene)tris(triethylphosphane)iridium
[Ir(C$_7$H$_9$)(PEt$_3$)$_3$]

5.　# [Mn(η^5-C$_5$H$_5$)(C$_5$H$_6$)(CO)$_2$]

ジカルボニル(η^5-シクロペンタジエニル)(3-メチルブタ-1,2-ジエン-1-イリデン)マンガン
dicarbonyl(η^5-cyclopentadienyl)(3-methylbuta-1,2-dien-1-ylidene)manganese

6.　テトラカルボニル［(ジエチルアミノ)メチリジン］ヨージドクロム
tetracarbonyl[(diethylamino)methylidyne]iodidochromium
[Cr(C$_5$H$_{10}$N)(CO)$_4$]

7.　P⌒P = Me$_2$PCH$_2$CH$_2$PMe$_2$
　　　 = エタン-1,2-ジイルビス(ジメチルホスファン)
　　　　ethane-1,2-diylbis(dimethylphosphane)

(2,2-ジメチルプロピル)(2,2-ジメチルプロピリデン)(2,2-ジメチルプロピリジン)
　［エタン-1,2-ジイルビス(ジメチルホスファン-κP)］タングステン
(2,2-dimethylpropyl)(2,2-dimethylpropylidene)(2,2-dimethylpropylidyne)◌
　[ethane-1,2-diylbis(dimethylphosphane-κP)]tungsten*
[W(C$_5$H$_9$)(C$_5$H$_{10}$)(C$_5$H$_{11}$)(dmpe)]

＊ 記号 ◌ は，（英語名称中，ハイフンのない場所で）改行して英語名称を分ける必要がある場合に（通常のハイフンに代えて）用いる．改行がなければこの記号は省略される．（改行があっても）すべてのハイフンは名称から省略できない部分であることに注意．

IR-10.2.5 不飽和分子または原子団に結合する化合物

遷移金属最初の有機金属錯体，ツァイゼ塩 Zeise's salt, $K[Pt(\eta^2-C_2H_4)Cl_3]$ の発見以来，また特にフェロセン ferrocene, $[Fe(\eta^5-C_5H_5)_2]$ 合成の最初の報告以来，不飽和有機配位子をもつ有機金属化合物の数と多様性は著しく増加した．

少なくとも2個の隣接原子により'横向き side-on'様式で中心金属に配位する配位子を含む錯体には特別な命名法を要する．これらの配位子はアルケン，アルキン，芳香族化合物のように，通常それらの多重結合のπ電子を介して配位する原子団をもつが，炭素原子がなくヘテロ原子間の結合をもつものも含まれる．これらの錯体は一般的に'**π錯体** π-complex'とよばれる．しかし，結合 (σ, π, δ) の本性ははっきりしないことが多い．したがって金属原子に結合している原子は理論的意味とは無関係に示される．すなわち，接頭語σとπは命名法では推奨されない．これらの記号は軌道の対称性とそれらの相互作用を示すものであり，命名法の目的にとっては不適切である．

アルケン，アルキン，ニトリル，ジアゼンのような配位子，またアリル (C_3H_5)，ブタジエン (C_4H_6)，シクロペンタジエニル (C_5H_5)，シクロヘプタトリエニル (C_7H_7)，シクロオクタテトラエン (C_8H_8) のような配位子は形式的に陰イオン性か中性（時には陽イオン性）と見なすことができる．これら配位子の錯体中の構造と結合は複雑で不明確なこともある．そのような配位子の名称は化学量論的組成を示すものが選択され，前の章で論じた配位子に対する名称と同様な方法で命名される．

中性分子と考えられる配位子は文献3の規則に従う名称をつけるが，これには縮合多環系または不飽和複素環配位子に適用される特別な命名法と番号付けが含まれる（文献3のP-25，P-25参照）．

（置換基をもつ）母体水素化物から水素原子を除去して誘導される置換基とみなされる配位子は，除去される水素原子数により，文献3（特にP-29）に従い，'イル yl'，'ジイル diyl'，'イリデン ylidene'，などの語尾で終わる置換名称がつけられる．（置換基をもつ）母体水素化物から水素原子を除去して得られる陰イオンとみなされる配位子には，除去される水素原子数に依存して，'イド ido'，'ジイド diido'，などの語尾をつける．

IR-10.2.5.1 イータ(η)方式

不飽和炭化水素のπ電子を介する金属への結合の特性から，形成される化合物の特有な結合様式を明確に示すために'ハプト hapto'命名法が生まれた[4]．(IR-9.2.4.3も参照)．ギリシャ文字η（イータ eta）は，配位子と中心原子間の連結様式を示すので，位相幾何学的記述法となる．金属に配位した配位子における隣接原子数は右上付き数字で示される，たとえば η^3 'イータ3 eta three'または'トリハプト trihapto'，η^4 'イータ4 eta four'または'テトラハプト tetrahapto'，η^5 'イータ5 eta five'または'ペンタハプト pentahapto'などである．シクロペンタ-2,4-ジエン-1-イル-η^2-エテン cyclopenta-2,4-dien-1-yl-η^2-ethene に対してビニル-η^5-シクロペンタジエニル vinyl-η^5-cyclopentadienyl のように，記号ηは接頭語として配位子名に付けられるか，配位子名の中で連結様式を示すのに最適な部分に付加される．

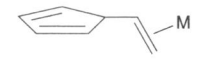

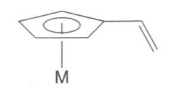

シクロペンタ-2,4-ジエン-1-イル-η^2-エテン   ビニル-η^5-シクロペンタジエニル
cyclopenta-2,4-dien-1-yl-η^2-ethene   vinyl-η^5-cyclopentadienyl

厳密にいうとあいまいであるが，配位子名 η^5-シクロペンタジエニル η^5-cyclopentadienyl はよく使用されるので，η^5-シクロペンタ-2,4-ジエン-1-イル η^5-cyclopenta-2,4-dien-1-yl の短縮形として許容さ

れる.

　これらの配位子名は錯体のフルネーム中では括弧で囲む. 下の四つの場合から上の結合様式を区別するために, 括弧などを厳密に使用することの重要性に留意してほしい. またシクロペンタ-2,4-ジエン-1-イル cyclopenta-2,4-dien-1-yl が自由原子価をもつ炭素で配位するとき, κ記号を付加しその結合を明確に示すことにも注意. 一般に, このことは数種の型の結合が関係する不飽和配位子名において必要になる (下の例17を見ると, 配位子名は 'イル yl' で終わるが, 結合は名称の他の場所に置かれたη記号を用いて表されている. また例24では一つのシクロペンタジエニル配位子中の C^1 原子が二つの中心原子に結合している).

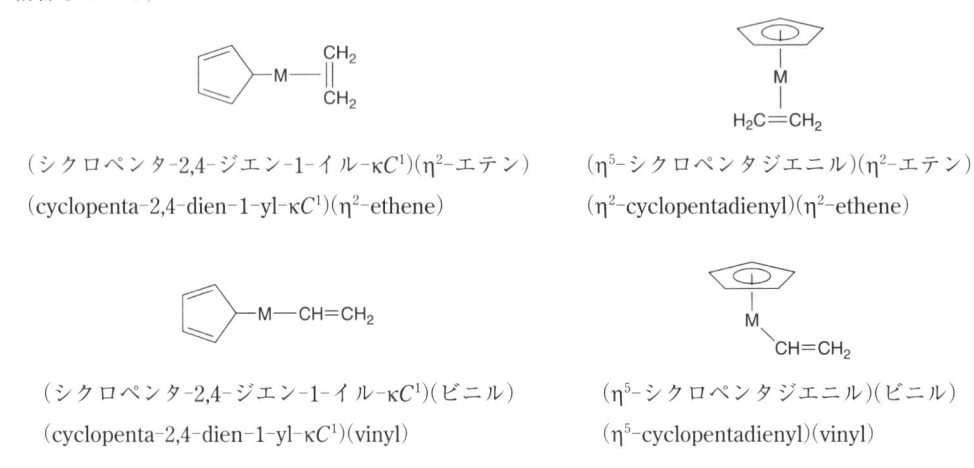

(シクロペンタ-2,4-ジエン-1-イル-κC^1)(η^2-エテン)
(cyclopenta-2,4-dien-1-yl-κC^1)(η^2-ethene)

(η^5-シクロペンタジエニル)(η^2-エテン)
(η^5-cyclopentadienyl)(η^2-ethene)

(シクロペンタ-2,4-ジエン-1-イル-κC^1)(ビニル)
(cyclopenta-2,4-dien-1-yl-κC^1)(vinyl)

(η^5-シクロペンタジエニル)(ビニル)
(η^5-cyclopentadienyl)(vinyl)

　ヘテロ原子を含む不飽和系の錯体は炭素原子と隣接のヘテロ原子の両者が配位していれば同じ様式で示される. 配位子としてはたらく代表的な不飽和分子と原子団の名を表 IR-10.4 にあげ, ついでそのような配位子を含む化合物の命名の例を示す. η接頭語を用いるときは陰イオンと置換基の短縮名が容認できることに留意してほしい, たとえば η^5-シクロヘキサ-2,4-ジエン-1-イド η^5-cyclohexa-2,4-dien-1-ido の代わりに η^5-シクロヘキサジエニド η^5-cyclohexadienido, また η^5-シクロヘキサ-2,4-ジエン-1-イル η^5-cyclohexa-2,4-dien-1-yl の代わりに η^5-シクロヘキサジエニル η^5-cyclohexadienyl が使える.

表 IR-10.4　不飽和分子と原子団の配位子名

配位子[a]	陰イオン性配位子としての体系名	中性配位子としての体系名	許容される別名
	η^3-プロペニド η^3-propenido	η^3-プロペニル η^3-propenyl	η^3-アリル η^3-allyl
	η^3-(Z)-ブテニド η^3-(Z)-butenido	η^3-(Z)-ブテニル η^3-(Z)-butenyl	
	η^3-2-メチルプロペニド η^3-2-methylpropenido	η^3-2-メチルプロペニル η^3-2-methylpropenyl	η^3-2-メチルアリル η^3-2-methylallyl
	η^4-2-メチリデンプロパン-1,3-ジイド η^4-2-methylidenepropane-1,3-diido	η^4-2-メチリデンプロパン-1,3-ジイル η^4-2-methylidenepropane-1,3-diyl	
	η^3,η^3-2,3-ジメチリデンブタン-1,4-ジイド η^3,η^3-2,3-dimethylidenebutane-1,4-diido	η^3,η^3-2,3-ジメチリデンブタン-1,4-ジイル η^3,η^3-2,3-dimethylidenebutane-1,4-diyl	η^3,η^3-2,2'-ビアリル η^3,η^3-2,2'-biallyl

IR-10.2 遷移元素の有機金属化合物命名法

表 IR-10.4 （つづき）

配位子[a]	陰イオン性配位子としての体系名	中性配位子としての体系名	許容される別名
(pentadienyl)	η^5-(Z,Z)-ペンタジエニド η^5-(Z,Z)-pentadienido	η^5-(Z,Z)-ペンタジエニル η^5-(Z,Z)-pentadienyl	
(cyclopentadienyl)	η^5-シクロペンタジエニド η^5-cyclopentadienido	η^5-シクロペンタジエニル η^5-cyclopentadienyl	
(Me5Cp)	ペンタメチル-η^5-シクロペンタジエニド pentamethyl-η^5-cyclopentadienido	ペンタメチル-η^5-シクロペンタジエニル pentamethyl-η^5-cyclopentadienyl	
(cyclohexadienyl)	η^5-シクロヘキサジエニド η^5-cyclohexadienido	η^5-シクロヘキサジエニル η^5-cyclohexadienyl	
(cycloheptatrienyl)	η^7-シクロヘプタトリエニド η^7-cycloheptatrienido	η^7-シクロヘプタトリエニル[b] η^7-cycloheptatrienyl	
(cyclooctatrienyl)	η^7-シクロオクタトリエニド η^7-cyclooctatrienido	η^7-シクロオクタトリエニル[c] η^7-cyclooctatrienyl	
(borole, Me)		1-メチル-η^5-1H-ボロール 1-methyl-η^5-1H-borole	
(pyrrolyl, N)	η^5-アザシクロペンタジエニド η^5-azacyclopentadienido	η^5-アザシクロペンタジエニル η^5-azacyclopentadienyl	η^5-1H ピロリル η^5-1H-pyrrolyl
(phospholyl, P)	η^5-ホスファシクロペンタジエニド η^5-phosphacyclopentadienido	η^5-ホスファシクロペンタジエニル η^5-phosphacyclopentadienyl	η^5-1H ホスホリル η^5-1H-phospholyl
(arsolyl, As)	η^5-アルサシクロペンタジエニド η^5-arsacyclopentadienido	η^5-アルサシクロペンタジエニル η^5-arsacyclopentadienyl	η^5-1H アルソリル η^5-1H-arsolyl
(borinin, BH)[1−]	η^6-ボリニン-1-ウイド η^6-borinin-1-uido		η^6-ボラヌイダベンゼン[d] η^6-boranuidabenzene
(diborinine, 1,4-BH)[2−]	η^6-1,4-ジボリニン-1,4-ジウイド η^6-1,4-diborinine-1,4-diuido		η^6-1,4-ジボラヌイダベンゼン[e] η^6-1,4-diboranuidabenzene

a 配位子はあたかも金属に配位しているかのように描いてある，すなわち遊離配位子ではなく結合状態の描写である．これらの配位子ならびにあとの例で使用される弧線は非局在化を表す（ベンゼンにおける円と類似）．
b η^7-トロピル η^7-tropyl が以前に使用されたが，現在は許されない．
c η^7-ホモトロピル η^7-homotropyl が以前に使用されたが，現在は許されない．
d η^6-ボラタベンゼン η^6-boratabenzene が以前に使用されたが，現在は許されない．
e η^6-1,4-ジボラタベンゼン η^6-1,4-diboratabenzene が以前に使用されたが，現在は許されない．

例：

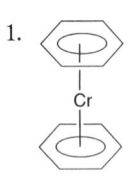

1. ビス(η^6-ベンゼン)クロム
bis(η^6-benzene)chromium
[Cr(η^6-C$_6$H$_6$)$_2$]

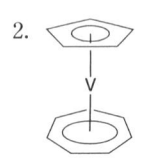

2. (η^7-シクロヘプタトリエニル)(η^5-シクロペンタジエニル)バナジウム
(η^7-cycloheptatrienyl)(η^5-cyclopentadienyl)vanadium
[V(η^5-C$_5$H$_5$)(η^7-C$_7$H$_7$)]

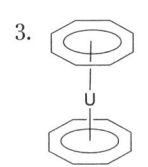

3. ビス(η^8-シクロオクタテトラエン)ウラン
bis(η^8-cyclooctatetraene)uranium（IR-10.2.6 参照）
[U(η^8-C$_8$H$_8$)$_2$]

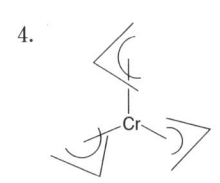

4. トリス(η^3-アリル)クロム
tris(η^3-allyl)chromium
[Cr(η^3-C$_3$H$_5$)$_3$]

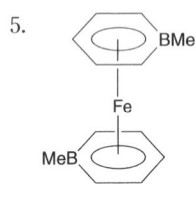

5. ビス(η^6-1-メチル-1-ボラヌイダベンゼン)鉄
bis(η^6-1-methyl-1-boranuidabenzene)iron
[Fe(η^6-C$_6$H$_8$B)$_2$]

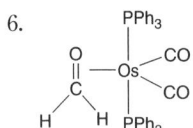

6. # [Os(η^2-CH$_2$O)(CO)$_2$(PPh$_3$)$_2$]

ジカルボニル(η^2-ホルムアルデヒド)ビス(トリフェニルホスファン)オスミウム
dicarbonyl(η^2-formaldehyde)bis(triphenylphosphane)osmium

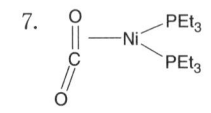

7. (η^2-二酸化炭素)ビス(トリエチルホスファン)ニッケル
(η^2-carbon dioxide)bis(triethylphosphane)nickel
[Ni(η^2-CO$_2$)(PEt$_3$)$_2$]

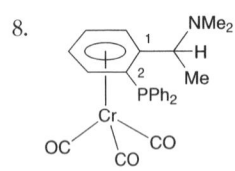

8. # [Cr(η^6-C$_{22}$H$_{24}$NP)(CO)$_3$]

トリカルボニル{N,N-ジメチル-1-[2-(ジフェニルホスファニル)-
 η^6-フェニル]エタン-1-アミン}クロム
tricarbonyl{N,N-dimethyl-1-[2-(diphenylphosphanyl)-η^6-phenyl]ethane-1-amine}chromium

IR-10.2 遷移元素の有機金属化合物命名法

9. # [NbBr₃(C₁₄H₁₈Si)]

トリブロミド[1,1′-(ジメチルシランジイル)ビス(2-メチル-η⁵-シクロペンタジエニル)]ニオブ
tribromido[1,1′-(dimethylsilanediyl)bis(2-methyl-η⁵-cyclopentadienyl)]niobium

一つの配位子のすべての不飽和原子が結合に関与しているわけではないとき，一つの配位子が複数の結合様式をとれるとき，あるいは一つの配位子が複数の金属原子を架橋するとき，ハイフンをつけた η 記号の前に，配位原子の位置番号を番号順で記す．2個以上連続した炭素原子上に広がった配位は（1,2,3,4-η）ではなく（1-4-η）のように表されるべきである．位置番号と η 記号は丸括弧で囲む．η 記号に上つき数字は不必要である．

例：

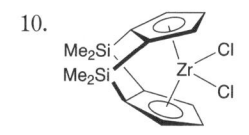

10. # [Zr(C₁₄H₁₈Si₂)Cl₂]

ジクロリド[(1-3,3a,8a:4a,5-7,7a-η)-4,4,8,8-テトラメチル-1,4,5,8-テトラヒドロ-
4,8-ジシラ-s-インダセン-1,5-ジイル]ジルコニウム
dichlorido[(1-3,3a,8a:4a,5-7,7a-η)-4,4,8,8-tetramethyl-1,4,5,8-tetrahydro-
4,8-disila-s-indacene-1,5-diyl]zirconium

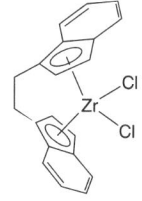

11. # [Zr(C₂₀H₁₆)Cl₂]

ジクロリド[1,1′-(エタン-1,2-ジイル)ビス(1-3,3a,7a-η-1H-インデン-1-イル)]ジルコニウム
dichlorido[1,1′-(ethane-1,2-diyl)bis(1-3,3a,7a-η-1H-inden-1-yl)]zirconium

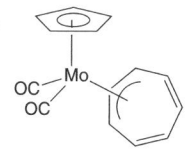

12. # [Mo(η⁵-C₅H₅)(η³-C₇H₇)(CO)₂]

ジカルボニル[(1-3-η)-シクロヘプタ-2,4,6-トリエン-1-
イル](η⁵-シクロペンタジエニル)モリブデン
dicarbonyl[(1-3-η)-cyclohepta-2,4,6-trien-1-yl](η⁵-cyclopentadienyl)molybdenum

13. [(1,2,5,6-η)-シクロオクタテトラエン](η⁵-シクロペンタジエニル)コバルト
[(1,2,5,6-η)-cyclooctatetraene](η⁵-cyclopentadienyl)cobalt
[Co(η⁵-C₅H₅)(C₈H₈)]

14.   # [Fe(C$_8$H$_{10}$O)(CO)$_3$]

トリカルボニル[(2-5-η)-(E,E,E)-オクタ-2,4,6-トリエナル]鉄
tricarbonyl[(2-5-η)-(E,E,E)-octa-2,4,6-trienal]iron

15.   # [Cr(C$_4$H$_5$)(η^5-C$_5$H$_5$)(CO)]

(η^4-ブタ-1,3-ジエン-1-イル-κC^1)カルボニル(η^5-シクロペンタジエニル)クロム
(η^4-buta-1,3-dien-1-yl-κC^1)carbonyl(η^5-cyclopentadienyl)chromium

16.   # [Cr(C$_4$H$_5$)(η^5-C$_5$H$_5$)(CO)]

[(1-3-η)-ブタ-2-エン-1-イル-4-イリデン-κC^4]カルボニル
 (η^5-シクロペンタジエニル)クロム
[(1-3-η)-but-2-en-1-yl-4-ylidene-κC^4]carbonyl(η^5-cyclopentadienyl)chromium

17.   # [Fe(C$_7$H$_{11}$O)(CO)$_3$]

トリカルボニル[(6-オキソ-κO-(2-4-η)-ヘプタ-3-エン-2-イル)鉄(1+)
tricarbonyl[(6-oxo-κO-(2-4-η)-hept-3-en-2-yl)iron(1+)

前の例に示されるように，η 記号は必要ならば κ 記号と組合わせることができる（IR-10.2.3.3 参照）．η 記号は配位子名の前にきて，κ 記号は配位子名の最後にくるか，もっと複雑な構造の場合には，配位子名のうち配位原子が担う特別な機能を示す部分のあとにくる．

例：

18.   # [Ti(η^5-C$_{11}$H$_{19}$NSi)Cl$_2$]

[N-t-ブチル(η^5-シクロペンタジエニル)ジメチルシラナミニド-κN]ジクロリドチタン
[N-tert-butyl(η^5-cyclopentadienyl)dimethylsilanaminido-κN]dichloridotitanium

IR-10.2 遷移元素の有機金属化合物命名法 199

19. # [Rh(η²-C₄H₆O)Cl(PEt₃)₂]

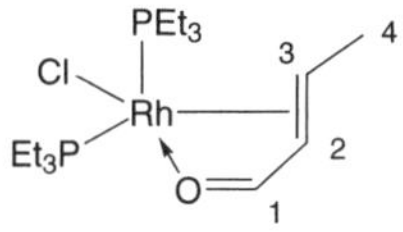

[(E)-η²-ブタ-2-エナル-κO]クロリドビス(トリエチルホスファン)ロジウム
[(E)-η²-but-2-enal-κO]chloridobis(triethylphosphane)rhodium

　記号 η¹ は使わない．ただ 1 個の σ 結合により結合したシクロペンタジエニル配位子に対しては，シクロペンタ-2,4-ジエン-1-イル cyclopenta-2,4-dien-1-yl またはシクロペンタ-2,4-ジエン-1-イル-κC^1 cyclopenta-2,4-dien-1-yl-κC^1 を用いる．

例：

20. ジカルボニル(η⁵-シクロペンタジエニル)(シクロペンタ-2,4-ジエン-1-イル-κC^1)鉄
dicarbonyl(η⁵-cyclopentadienyl)(cyclopenta-2,4-dien-1-yl-κC^1)iron
[Fe(η⁵-C₅H₅)(C₅H₅)(CO)₂]

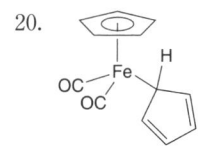

　不飽和炭化水素が架橋配位子になる場合，接頭語 μ（IR-10.2.3.1, IR-10.2.3.4 参照）は必要なら η, κ と併用する．別々の金属原子との結合を表す架橋配位子の位置番号を区別するためにコロンを使う．IR-9.2.5.6 に記した規則に則り，金属原子の番号をつけ，その番号はハイフンなしで η と κ の前に置かれる．配位子の位置番号を特定する場合，η 記号をハイフンで分け，1(2-4-η) のように，全体を丸括弧に入れる．

例：

21. # [Ni₂(η⁵-C₅H₅)(μ-C₄H₆)]

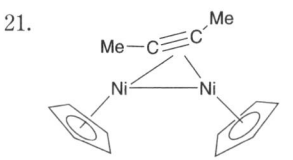

(μ-η²:η²-ブタ-2-イン)ビス[(η⁵-シクロペンタジエニル)ニッケル](Ni—Ni)
(μ-η²:η²-but-2-yne)bis[(η⁵-cyclopentadienyl)nickel](Ni—Ni)

22. # [Fe₂(μ-C₈H₈)(CO)₆]

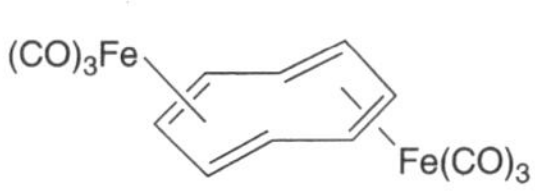

trans-[μ-(1-4-η:5-8-η)-シクロオクタテトラエン]ビス(トリカルボニル鉄)
trans-[μ-(1-4-η:5-8-η)-cyclooctatetraene]bis(tricarbonyliron)

23. # [Fe₂(μ-C₁₀H₈)(CO)₅]

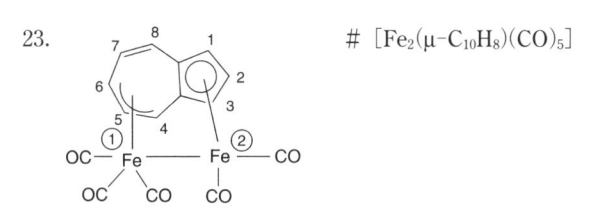

{μ-[2(1-3,3a,8a-η):1(4-6-η)]アズレン}(ペンタカルボニル-1κ³C,2κ²C)二鉄(Fe—Fe)
{μ-[2(1-3,3a,8a-η):1(4-6-η)]azurene}(pentacarbonyl-1κ³C,2κ²C)diiron(Fe—Fe)

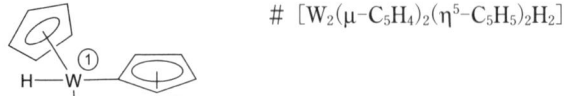

24. # [W$_2$(μ-C$_5$H$_4$)$_2$(η^5-C$_5$H$_5$)$_2$H$_2$]

(μ-1η^5-シクロペンタ-2,4-ジエン-1,1-ジイル-2κC)(μ-2η^5-シクロペンタ-2,4-ジエン-1,1-ジイル-1κC)ビス[(η^5-シクロペンタジエニル)ヒドリドタングステン]

(μ-1η^5-cyclopenta-2,4-diene-1,1-diyl-2κC)(μ-2η^5-cyclopenta-2,4-diene-1,1-diyl-1κC)bis[(η^5-cyclopentadienyl)hydridotungsten]

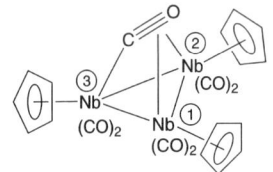

25. # [Nb$_3$(η^5-C$_5$H$_5$)$_3$(μ$_3$-CO)(CO)$_6$]

μ$_3$-1η^2:2η^2-カルボニル-3κC-*triangulo*-トリス[ジカルボニル(η^5-シクロペンタジエニル)ニオブ](3 *Nb—Nb*)

μ$_3$-1η^2:2η^2-carbonyl-3κC-*triangulo*-tris[dicarbonyl(η^5-cyclopentadienyl)niobium](3 *Nb—Nb*)

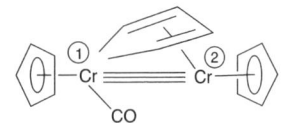

26. # [Cr$_2$(μ-C$_4$H$_4$)(η^5-C$_5$H$_5$)$_2$(CO)]

(μ-2η^4-ブタ-1,3-ジエン-1,4-ジイル-1κ^{2}C^1,C^4)カルボニル-1κC-ビス[(η^5-シクロペンタジエニル)クロム](*Cr—Cr*)

(μ-2η^4-buta-1,3-diene-1,4-diyl-1κ^{2}C^1,C^4)carbonyl-1κC-bis[(η^5-cyclopentadienyl)chromiim](*Cr—Cr*)

イータ(η)方式は炭素原子を含まないシクロトリボラジンやペンタホスホール配位子のようなπ配位性配位子にも適用できる.

例:

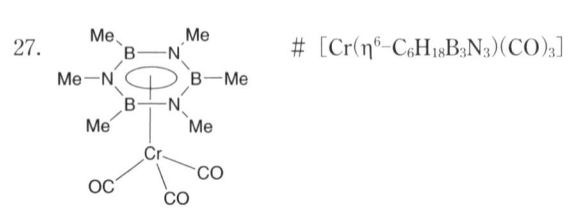

27. # [Cr(η^6-C$_6$H$_{18}$B$_3$N$_3$)(CO)$_3$]

トリカルボニル(η^6-ヘキサメチル-1,3,5,2,4,6-トリアザトリボリナン)クロム

tricarbonyl(η^6-hexamethyl-1,3,5,2,4,6-triazatriborinane)chromium   または

トリカルボニル(η^6-ヘキサメチルシクロトリボラザン)クロム

tricarbonyl(η^6-hexamethylcyclotriborazane)chromium

28.　# $[Fe(\eta^5\text{-}C_5Me_5)(\eta^5\text{-}P_5)]$

（ペンタメチル-η^5-シクロペンタジエニル）（η^5-ペンタホスホリル）鉄
(pentamethyl-η^5-cyclopentadienyl)(η^5-pentaphospholyl)iron

　この方式は二水素（すなわち $\eta^2\text{-}H_2$）錯体における H–H や'アゴスティック agostic'相互作用における飽和 C–H 結合のように，σ 結合が横向き side-on 様式で配位する配位子にも使ってよい[6]．η 記号とアゴスティック相互作用の位置番号は，他の位置番号と離して，配位子名の最後に置く．例 30 では，アゴスティック結合は半矢印で示してある．

例：

29.　# $[W(CO)_3(\eta^2\text{-}H_2)(PPr^i_3)_2]$

トリカルボニル（η^2-二水素）ビス（トリイソプロピルホスファン）タングステン
tricarbonyl(η^2-dihydrogen)bis(triisopropylphosphane)tungsten

30.　# $[Co(C_4H_7)(\eta^5\text{-}C_5H_5)]^+$

[(1–3-η)-ブタ-2-エン-1-イル-η^2-C^4,H^4](η^5-シクロペンタジエニル)コバルト(1+)
[(1–3-η)-but-2-en-1-yl-η^2-C^4,H^4](η^5-cyclopentadienyl)cobalt(1+)

31.　# $[Rh(\eta^6\text{-}C_6H_5BPh_3)(C_8H_{12})]$

(η^2,η^2-シクロオクタ-1,5-ジエン)(η^6-フェニルトリフェニルボラト)ロジウム
(η^2,η^2-cycloocta-1,5-diene)(η^6-phenyltriphenylborato)rhodium　　または
[(1,2,5,6-η)-シクロオクタ-1,5-ジエン](η^6-フェニルトリフェニルボラヌイド)ロジウム
[(1,2,5,6-η)-cycloocta-1,5-diene](η^6-phenyltriphenylboranuido)rhodium

IR-10.2.6　メタロセン命名法

　配位子として炭素環のみを含む最初の遷移元素化合物はビス(η^5-シクロペンタジエニル)鉄 $[Fe(\eta^5\text{-}C_5H_5)_2]$ であったが，この化合物は 2 個の平行な η^5-となる π 結合した環をもつ'サンドイッチ sandwich'構造である．この化合物がベンゼンの芳香族性に似て求電子置換反応を受けやすいということが認めら

れ，体系的でない名称'フェロセン ferrocene'と他の金属誘導体には類似の名称'**メタロセン metallocene**'が提案された．

例：

1. [V(η^5-C$_5$H$_5$)$_2$]　バナドセン　　vanadocene
2. [Cr(η^5-C$_5$H$_5$)$_2$]　クロモセン　　chromocene
3. [Co(η^5-C$_5$H$_5$)$_2$]　コバルトセン　cobaltocene
4. [Ni(η^5-C$_5$H$_5$)$_2$]　ニッケロセン　nickelocene
5. [Ru(η^5-C$_5$H$_5$)$_2$]　ルテノセン　　ruthenocene
6. [Os(η^5-C$_5$H$_5$)$_2$]　オスモセン　　osmocene

メタロセン誘導体は標準的有機接尾語（官能基）命名法かまたは接頭語命名法で命名する．有機官能基接尾語については文献3のP-33に記述されている．メタロセン置換基の名称は'オセニル ocenyl'，'オセンジイル ocenediyl'，'オセントリイル ocenetriyl'などが使われる．

例：

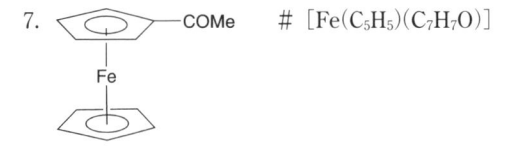

7. ＃ [Fe(C$_5$H$_5$)(C$_7$H$_7$O)]

　　アセチルフェロセン　　　　　acetylferrocene　　　　　　または
　　1-フェロセニルエタン-1-オン　1-ferrocenylethane-1-one

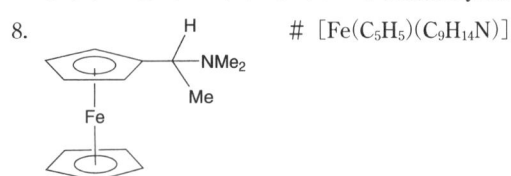

8. ＃ [Fe(C$_5$H$_5$)(C$_9$H$_{14}$N)]

　　1-[1-(ジメチルアミノ)エチル]フェロセン　　1-[1-(dimethylamino)ethyl]ferrocene
　　　または
　　フェロセニル-*N*,*N*-ジメチルエタン-1-アミン　1-ferrocenyl-*N*,*N*-dimethylethan-1-amine

置換基には，メタロセン錯体の等価なシクロペンタジエニル環上で通常の方式で最小の位置番号を与える．第一の環は1-5，第二の環には1'-5'（の番号をつける（例9, 10参照）

例：

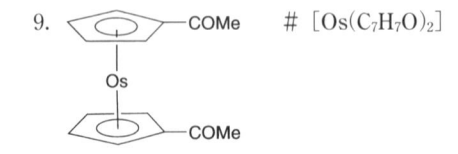

9. ＃ [Os(C$_7$H$_7$O)$_2$]

　　1,1'-ジアセチルオスモセン　1,1'-diacetylosmocene　　または
　　1,1'-(オスモセン-1,1'-ジイル)ビス(エタン-1-オン)
　　1,1'-(osmocene-1,1'-diyl)bis(ethan-1-one)

10.   # [Fe(C$_{15}$H$_{16}$O$_2$)]

1,1′-(4-カルボキシブタン-1,3-ジイル)フェロセン
1,1′-(4-carboxybutane-1,3-diyl)ferrocene   または
3,5-(フェロセン-1,1′-ジイル)ペンタン酸   3,5-(ferrocene-1,1′-diyl)pentanoic acid

11. [Ru(η^5-C$_5$Me$_5$)$_2$]
デカメチルルテノセン   decamethylruthenocene   または
ビス(ペンタメチル-η^5-シクロペンタジエニル)ルテニウム
bis(pentamethyl-η^5-cyclopentadienyl)ruthenium

12. [Cr(η^5-C$_5$Me$_4$Et)$_2$]
1,1′-ジエチルオクタメチルクロモセン   1,1′-diethyloctamethylchromocene   または
ビス(1-エチル-2,3,4,5-テトラメチル-η^5-シクロペンタジエニル)クロム
bis(1-ethyl-2,3,4,5-tetramethyl-η^5-cyclopentadienyl)chromium

13. [Co(η^5-C$_5$H$_4$PPh$_2$)$_2$]
1,1′-ビス(ジフェニルホスファニル)コバルトセン
1,1′-bis(diphenylphosphanyl)cobaltocene   または
(コバルトセン-1,1′-ジイル)ビス(ジフェニルホスファン)
(cobaltocene-1,1′-diyl)bis(diphenylphosphane)

しかしメタロセン命名法はすべての遷移元素に適用されるとは限らない．たとえば，実験式 C$_{10}$H$_{10}$Ti をもつ異性体が少なくとも2個あるが，どれもフェロセンと類似のサンドイッチ構造をもたないので，'チタノセン titanocene' とよぶべきではない．同様に，[Mn(η^5-C$_5$H$_5$)$_2$] は固体状態で鎖状構造をもち，個々のサンドイッチ構造を含まないので，'マンガノセン manganocene' という名は不適切である．しかしデカメチルマンガノセン decamethylmanganocene, [Mn(η^5-C$_5$Me$_5$)$_2$]，デカメチルレノセン decamethylrhenocene, [Re(η^5-C$_5$Me$_5$)$_2$]，は普通のサンドイッチ構造をもつ．原子番号が増すに従い，古典的なフェロセン型，ビス(η^5-シクロペンタジエニル)サンドイッチ構造はまれになる．

語尾の 'オセン ocene' はシクロペンタジエニル環が事実上平行で金属がdブロック元素のビス(η^5-シクロペンタジエニル)金属(と環置換誘導体)の分子性化合物に限定すべきである．(この命名法は[Ba(C$_5$H$_5$)$_2$]や[Sn(C$_5$H$_5$)$_2$]のようなsブロック，pブロック元素の化合物には適用されない)．

酸化された化学種はメタロセニウム(n+)塩とよばれるが，この場合語尾の 'イウム ium' は置換命名法における，中性の母体化合物に水素原子を付加したものを意味しない．このあいまいさを避けるために，たとえば[Fe(η^5-C$_5$H$_5$)$_2$]$^+$ に対して，フェロセニウム(1+)ではなくビス(η^5-シクロペンタジエニル)鉄(1+) bis(η^5-cyclopentadienyl)iron(1+) の名を使用すべきである．同じことが置換誘導体にもいえる．

例：
14. [Co(η^5-C$_5$H$_5$)$_2$][PF$_6$]
ビス(η^5-シクロペンタジエニル)コバルト(1+)ヘキサフルオリドリン酸塩
bis(η^5-cyclopentadienyl)cobalt(1+) hexafluoridophosphate

15. [Co(η⁵-C₅H₅)(η⁵-C₅H₄COMe)][BF₄]

(アセチル-η⁵-シクロペンタジエニル)(η⁵-シクロペンタジエニル)コバルト(1+)テトラフルオリドホウ酸塩

(acetyl-η⁵-cyclopentadienyl)(η⁵-cyclopentadienyl)cobalt(1+) tetrafluoridoborate

オスモセンの酸化型は固体状態で複核であり，長い Os–Os 結合をもつので，いかなる場合も 'オセニウム ocenium' を用いて命名すべきではない．しかし [Os(η⁵-C₅Me₅)₂]⁺ は単核サンドイッチ構造をもつので，デカメチルオスモセニウム(1+)イオン decamethylosmocenium(1+) ion といってもよいが，ビス(ペンタメチル-η⁵-シクロペンタジエニル)オスミウム(1+) bis(pentamethyl-η⁵-cyclopentadienyl)osmium(1+) を使うべきである．

強プロトン酸性溶媒中では，フェロセンは水素原子を付加して [Fe(η⁵-C₅H₅)₂H]⁺ になる．あいまいさを避けるために，これは付加方式に従ってビス(η⁵-シクロペンタジエニル)ヒドリド鉄(1+) bis(η⁵-cyclopentadienyl)hydridoiron(1+) とよぶべきである．

シクロペンタジエニル環に他の環が縮合した配位子から誘導される遷移元素錯体も知られている．これらの錯体の名称は炭化水素配位子の保有していた一般名あるいは半体系名から導かれる．たとえば 1H-インデン-1-イル 1H-inden-1-yl(C₉H₇)，フルオレン-9-イル fluoren-9-yl(C₁₃H₉)，アズレン azulene (C₁₀H₈) など．たとえば [Fe(η⁵-C₉H₇)₂] はビス(η⁵-インデニル)鉄 bis(η⁵-indenyl)iron，あるいはより特定すれば，ビス[(1-3,3a,7a-η)-1H-インデン-1-イル]鉄 [(1-3,3a,7a-η)-1H-inden-1-yl]iron と命名する．起こりうるあいまいさを避けるために，'ベンゾフェロセン benzoferrocene' のような縮合式命名法は用いるべきではない．

二つの η⁵-シクロペンタジエニル環に加えてさらに他の配位子が配位した多くの化合物がある．それらはしばしばメタロセンに二つの配位子が加わった化学種に属するとされる．たとえば [Ti(η⁵-C₅H₅)₂Cl₂] は 'チタノセン二塩化物 titanocene dichloride' とよばれることが多い．メタロセン命名法は 2 個の環が平行である化合物だけに適用されるので，この習慣はやめるべきである．したがって [Ti(η⁵-C₅H₅)₂Cl₂] はジクロリドビス(η⁵-シクロペンタジエニル)チタン dichloridobis(η⁵-cyclopentadienyl)titanium，[W(η⁵-C₅H₅)₂H₂]，[Ti(CO)₂(η⁵-C₅H₅)₂]，[Zr(η⁵-C₅H₅)₂Me₂] はそれぞれビス(η⁵-シクロペンタジエニル)ジヒドリドタングステン bis(η⁵-cyclopentadienyl)dihydridotungsten，ジカルボニルビス(η⁵-シクロペンタジエニル)チタン dicarbonylbis(η⁵-cyclopentadienyl)titanium，ビス(η⁵-シクロペンタジエニル)ジメチルジルコニウム bis(η⁵-cyclopentadienyl)dimethylzirconium と命名すべきである．

ビス(シクロオクタテトラエン)化合物 [U(η⁸-C₈H₈)₂] は 'ウラノセン uranocene' とよぶときがある．ジルコニウムの類似化合物 [Zr(η⁸-C₈H₈)₂] や，[Ce(η⁸-C₈H₈)₂]⁻ のようなランタノイドの類似化合物が得られる．そのような錯体では，炭素環は平行であり，結合の分子軌道はフェロセンのものに若干類似している．しかし，ランタノイド元素の中には [Sm(η⁵-C₅Me₅)₂] のように金属(II)シクロペンタジエニル錯体を形成するものがある．[U(η⁸-C₈H₈)₂] や類似化合物に 'オセン ocene' 命名法を拡充することは混乱を招くので使うべきではない．

さらに，シクロオクタテトラエン環は [Ti(η⁴-C₈H₈)(η⁸-C₈H₈)] などでは η⁴-配位子となる場合がある．したがってシクロオクタテトラエンの化合物は標準の有機金属化合物命名法を用いて命名すべきであり，たとえばビス(η⁸-シクロオクタテトラエン)ウラン bis(η⁸-cyclooctatetraene)uranium と [(1-4-η)シクロオクタテトラエン](η⁸-シクロオクタテトラエン)チタン [(1-4-η)cyclooctatetraene](η⁸-cyclooctatetraene)titanium などがある．配位子 C₈H₈²⁻ は，よく 'シクロオクタテトラエニル cyclooctatetraenyl' とよばれる．それは正しくない名称で，その名称は（まだ仮想的な）配位子 C_8H_7 に対してのみ使用できる．

IR-10.3 主要族元素の有機金属化合物命名法
IR-10.3.1 序　論

主要族元素 main group element の有機金属化合物命名法は現在発展中の分野である．この章ではそのような化合物の命名法の要点を簡単に記述し，完全な取扱いは将来の IUPAC の計画にゆだねる．13-16 族元素を含む有機化合物の命名法に関する詳細な情報は文献 3 の P-68，P-69 にある．

原理的には，遷移元素，主要族元素にかかわりなく，すべての有機金属化合物は，化合物組成が知られていれば配位化合物に適用される配位命名法に基づいて命名する．そのような名称の例は IR-7.2, IR-7.3 に記述してある．さらに，ホウ素，ケイ素，ヒ素，セレンのような元素の化合物は有機金属と見なされることが多く，一般に適当な置換基をもった母体水素化物の水素原子を置換したものと考えて命名する．

選択しなければならない場合は，13-16 族元素の有機金属化合物は置換命名法で命名し，1, 2 族元素の有機金属化合物は付加命名法で命名する．もし構造に関する情報を伝える必要性が低ければ，ときには組成命名法を用いて命名する．有機金属化合物が（上記の勧告に従えば異なる命名法に関連するかも知れない）2 個以上の中心原子を含むなら，その名称の基礎を提供するためにどちらかを選ばなければならない．IR-10.4 で一般則を勧告する．

IR-10.3.2　1, 2 族の有機金属化合物

はっきりとした配位構造をもった 1, 2 族元素の有機金属化合物は付加命名法に従って命名するが，その一般的定義と規則は IR-7 と IR-9.1, IR-9.2 に記述されている．すなわち，有機基を示す接頭語と他の配位子は金属名の前にアルファベット順におく．これらの接頭語は語尾に 'イド ido', 'ジイド diido' などを付けるが，炭化水素基の場合は語尾に置換的な 'イル yl', 'ジイル diyl' などを付ける（IR-10.2.2, IR-10.2.3 参照）．後者の命名法によると，普通の用途では有機基の名称を変えないですむ．金属中心についた水素原子は常に（接頭語 'ヒドリド hydrido' で）示さねばならないし，また環内に中心原子をもった環状化合物の名称は，下記の例 5 のように，その金属にキレート型結合することを示すために 2 価の 'ジイド diido' または 'ジイル diyl' などの適当な位置記号を用いてつくる．

1, 2 族の有機金属化合物の多くは会合分子（凝集体）として存在するか，構造溶媒を含む，あるいはその両方である．しかしそれらの名称は，凝集の程度や構造溶媒の性質または両者に注目することが望ましいとき以外は，化合物の化学量論組成のみに基づく（下記の例 3 参照）．下記の例において，異なる型の名称が，示されている化学式の意味する構造内容の違いをどのように反映しているかに注目してほしい．例のとおり，角括弧内の化学式は錯体を示す．

メタロセンの用語（IR-10.2.6）は主要族金属のビス（シクロペンタジエニル）化合物（例 6, 7 参照）には推奨できない．

例：
1. ［BeEtH］
   エチルヒドリドベリリウム　　　ethylhydridoberyllium　　　または
   エタニドヒドリドベリリウム　　ethanidohydridoberyllium

2. Na(CHCH$_2$)

   エテン化ナトリウム　sodium ethenide　　（組成名称）

   Na−CH=CH$_2$　　または　　[Na(CH=CH$_2$)]

   エテニルナトリウム　ethenylsodium　　または

   ビニルナトリウム　　vinylsodium

3. [{Li(OEt$_2$)(μ$_3$-Ph)}$_4$]

   テトラキス[(エトキシエタン)(μ$_3$-フェニル)リチウム]

   tetrakis[(ethoxyethane)(μ$_3$-phenyl)lithium]　　　　または

   テトラキス[(μ$_3$-ベンゼニド)(エトキシエタン)リチウム]

   tetrakis[(μ$_3$-benzenido)(ethoxyethane)lithium]

4. 2Na$^+$(Ph$_2$CCPh$_2$)$^{2-}$

   1,1,2,2-テトラフェニルエタン-1,2-ジイドニナトリウム）

   disodium 1,1,2,2-tetraphenylethane-1,2-diide　　（組成名称）

   Ph$_2$C(Na)−C(Na)Ph$_2$

   (μ-1,1,2,2-テトラフェニルエタン-1,2-ジイル)二ナトリウム

   (μ-1,1,2,2-tetraphenylethane-1,2-diyl)disodium　　　　　　　または

   (μ-1,1,2,2-テトラフェニルエタン-1,2-ジイド-κ$^2C^1,C^2$)二ナトリウム

   (μ-1,1,2,2-tetraphenylethane-1,2-diido-κ$^2C^1,C^2$)disodium

5. ＃[Mg(C$_{10}$H$_{16}$)]

   [2-(4-メチルペンタ-3-エン-1-イル)ブタ-2-エン-1,4-ジイル]マグネシウム

   [2-(4-methylpent-3-en-1-yl)but-2-ene-1,4-diyl]magnesium　　　　または

   [2-(4-メチルペンタ-3-エン-1-イル)ブタ-2-エン-1,4-ジイド-κ$^2C^1,C^4$]マグネシウム

   [2-(4-methylpent-3-en-1-yl)but-2-ene-1,4-diido-κ$^2C^1,C^4$]magnesium

6. [Mg(η^5-C$_5$H$_5$)$_2$]

   ビス(η^5-シクロペンタジエニル)マグネシウム　bis(η^5-cyclopentadienyl)maganesium
   　　または

   ビス(η^5-シクロペンタジエニド)マグネシウム　bis(η^5-cyclopentadienido)magnesium

7. [PPh$_4$][Li(η^5-C$_5$H$_5$)$_2$]

   ビス(η^5-シクロペンタジエニル)リチウム酸(1−)テトラフェニルホスファニウム

   tetraphenylphosphanium bis(η^5-cyclopentadienyl)lithate(1−)

   　　または

   ビス(η^5-シクロペンタジエニド)リチウム酸(1−)テトラフェニルホスファニウム

   tetraphenylphosphanium bis(η^5-cyclopentadienido)lithate(1−)

8. LiMe　　　　メタン化リチウム　　　　lithium methanide　（組成名称）

   [LiMe]　　　メチルリチウム　　　　　methyllithium

   [(LiMe)$_4$]　テトラ-μ$_3$-メチル-四リチウム　tetra-μ$_3$-methyl-tetralithium

   (LiMe)$_n$　　ポリ(メチルリチウム)　　poly(methyllithium)

IR-10.3 主要族元素の有機金属化合物命名法

9. MgIMe　　　　ヨウ化メタン化マグネシウム　magnesium iodide methanide　（組成名）
   [MgI(Me)]　　ヨージド（メタニド）マグネシウム
   　　　　　　　iodido(methanido)magnesium　（配位型の付加名）
   [MgMe]I　　　メチルマグネシウムヨウ化物　methylmagnesium iodide
   　　　　　　　（付加命名法により命名した形式的に電気陽性成分をもつ組成名称）
   $[MgI(Me)]_n$　ポリ［ヨージド（メタニド）マグネシウム］
   　　　　　　　poly[iodido(methanido)magnesium]　　または
   　　　　　　　ポリ［ヨージド（メチル）マグネシウム］
   　　　　　　　poly[iodido(methyl)magnesium]

IR-10.3.3　13-16 族の有機金属化合物

13-16 族元素の有機金属化合物は IR-6 で扱った置換命名法に従い命名する．したがって，（IR-6.2 の規則に従いつくられる）母体水素化物の名称を，母体水素化物の水素原子を置換する置換基ごとに付ける接頭語により変える．接頭語は適切な置換基型（クロロ chloro，メチル methyl，スルファニリデン sulfanylidene など）でなくてはならず，配位子型（クロリド chlorido，メタニド methanido，スルフィド sulfid など）ではない．

1 種類以上の置換基がある場合，接頭語は母体水素化物の名称の前にアルファベット順で並べ，あいまいさを防ぐために括弧を用い，倍数接頭語を必要に応じて使用する．非標準的な結合数は λ 方式（IR-6.2.2.2 参照）で示す．母体水素化物の置換誘導体命名法の概要を IR-6.3 に記述するが詳細は文献 3 にある．

例：

1. AlH_2Me　　　　　　　　　　メチルアルマン　　　　　　　　　methylalumane
2. $AlEt_3$　　　　　　　　　　　トリエチルアルマン　　　　　　　triethylalumane
3. $Me_2CHCH_2CH_2In(H)CH_2CH_2CHMe_2$　　　　　　　ビス(3-メチルブチル)インジガン
   　　　　　　　　　　　　　　　　　　　　　　　　　　　　　　bis(3-methylbutyl)indigane
4. $Sb(CH=CH_2)_3$　　　　　　　トリエテニルスチバン　　　　　　triethenylstibane　　または
   　　　　　　　　　　　　　　　トリビニルスチバン　　　　　　　trivinylstibane
5. $SbMe_5$　　　　　　　　　　　ペンタメチル-λ^5-スチバン　　pentamethyl-λ^5-stibane
6. $PhSb=SbPh$　　　　　　　　　ジフェニルジスチバン　　　　　　diphenyldistibane
7. $GeCl_2Me_2$　　　　　　　　　ジクロロジメチルゲルマン　　　　dichlorodimethylgermane
8. $GeMe(SMe)_3$　　　　　　　　メチルトリス(メチルスルファニル)ゲルマン
   　　　　　　　　　　　　　　　methyltris(methylsulfanyl)germane
9. BiI_2Ph　　　　　　　　　　　ジヨード(フェニル)ビスムタン　　diiodo(phenyl)bismuthane
10. $Et_3PbPbEt_3$　　　　　　　　ヘキサエチルジプルンバン　　　　hexaethyldiplumbane
11. $SnMe_2$　　　　　　　　　　　ジメチル-λ^2-スタンナン　　dimethyl-λ^2-stannane
12. $BrSnH_2SnCl_2SnH_2(CH_2CH_2CH_3)$　　1-ブロモ-2,2-ジクロロ-3-プロピルトリスタンナン
    　　　　　　　　　　　　　　　　　　1-bromo-2,2-dichloro-3-propyltristannane
13. $Me_3SnCH_2CH_2C\equiv CSnMe_3$　　ブタ-1-イン-1,4-ジイルビス(トリメチルスタンナン)
    　　　　　　　　　　　　　　　　　but-1-yne-1,4-diylbis(trimethylstannane)

1個以上の接尾語を使用して表現される1個以上の特性基（$-NH_2$, $-OH$, $-COOH$ など）が存在すると，最高位のそのような基をもつ母体水素化物の名称は接尾語で変わり，他の置換基は IR-6.3.1 に記述されるように接頭語により示される．置換基としてふるまうときは，問題となっている 13-16 族の母体水素化物名は語尾を 'アン ane' から 'アニル anyl'（14族元素では 'イル yl'），'アンジイル anediyl' などに変更する．

例：

14. $(EtO)_3GeCH_2CH_2COOMe$　3-(トリエトキシゲルミル)プロパン酸メチル
　　methyl 3-(triethoxygermyl)propanoate

15. $H_2As(CH_2)_4SO_2Cl$　4-アルサニルブタン-1-スルホニル塩化物
　　4-arsanylbutane-1-sulfonyl chloride

16. $OCHCH_2CH_2GeMe_2GeMe_2CH_2CH_2CHO$
　　3,3'-(1,1,2,2-テトラメチルジゲルマン-1,2-ジイル)ジプロパナール
　　3,3'-(1,1,2,2-tetramethyldigermane-1,2-diyl)dipropanal

17. $SiMe_3NH_2$　トリメチルシランアミン　trimethylsilanamine

時には炭化水素の数個（4個以上）の骨格炭素が主要族元素で置換された母体水素化物を考えることが必要あるいは望ましいことがある．この骨格代置法ではヘテロ原子は付表VIで与えられる順序で，そして適切な位置番号を前に付ける代置命名法（付表X）の 'a' 語群で表される．位置番号づけ規則は IR-6.2.4.1 に詳述してあり，この命名法は文献3の P-21.2, P-22.1 に完全な記述がある．

例：

18. $\overset{2}{Me}\overset{3}{Si}H_2\overset{4}{C}H_2\overset{5}{Si}H_2\overset{6}{C}H_2\overset{7}{C}H_2\overset{8}{Si}H_2\overset{9}{C}H_2\overset{10}{C}H_2\overset{11}{Si}H_2Me$
　　2,5,8,11-テトラシラドデカン　2,5,8,11-tetrasiladodecane

19. $\overset{2}{Me}\overset{3}{Si}H_2\overset{4}{O}\overset{}{P}(H)\overset{5}{O}CH_2Me$
　　3,5-ジオキサ-4-ホスファ-2-シラヘプタン
　　3,5-dioxa-4-phospha-2-silaheptane

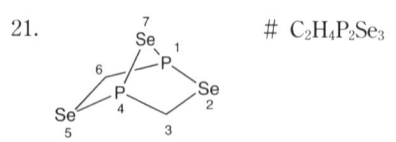

20. $\overset{1}{H}\overset{2}{S}\overset{3}{C}H=\overset{4}{N}\overset{5}{O}CH_2\overset{6}{S}e\overset{7}{C}H_2\overset{8}{O}NHMe$
　　3,7-ジオキサ-5-セレナ-2,8-ジアザノン-1-エン-1-チオール
　　3,7-dioxa-5-selena-2,8-diazanon-1-ene-1-thiol

21. ＃ $C_2H_4P_2Se_3$
　　2,5,7-トリセレナ-1,4-ジホスファビシクロ[2.2.1]ヘプタン
　　2,5,7-triselena-1,4-diphosphabicyclo[2.2.1]heptane

単環系で 13-16 族元素が炭素原子を置換すると，その構造は拡張 Hantzsh-Widman 法で命名してもよい．この命名法は IR-6.2.4.3 と文献3の P-22.2 に詳述してあるので，ここではこれ以上述べない．

文献3の P-68, P-69 は 13-16 族元素を含む有機化合物のさらに総合的な命名法を提示している．

IR-10.4 多核有機金属化合物における中心原子の順序

有機金属化合物が2個以上の異なる金属原子を含む場合，名称の基礎となる選択をしなければならない．中心金属が (i) 1-12族元素（付加方式命名法で命名する）か，(ii) 13-16族元素（置換方式命名法で命名）に属するかにより分類するのが便利である．

IR-10.4.1 1-12族のみの中心原子

両方かすべての中心原子がクラス (i) に属していれば，その化合物は IR-9.2.5 に記述した方法（そこで述べた中心原子の順序付けに対する規則が含まれている）を用いて付加命名法で命名する．フェロセニルリチウム ferrocenyllithium（フェロセニル ferrocenyl については IR-10.2.6 参照）は体系的にはつぎのように命名できる．

$(2\eta^5$-シクロペンタジエニル$)(2\eta^5$-シクロペンタ-2,4-ジエン-1-イル-1$\kappa C^1)$リチウム鉄

$(2\eta^5$-cyclopentadienyl$)(2\eta^5$-cyclopenta-2,4-diene-1-yl-1$\kappa C^1)$lithiumiron

この名称では κ 方式と η 方式の使用も示す．両方あるいはすべての中心金属がクラス (i) に属する例を IR-10.2.3.4，IR-10.2.3.5，IR-10.2.5.1 にあげる．

IR-10.4.2 1-12族および13-16族両方からの中心原子

少なくとも1個の中心原子がクラス (i) に属し，1個以上の他の金属がクラス (ii) に属する場合，この化合物はクラス (i) の金属原子を中心金属として付加的に命名する．既述の規則により，錯体の残りの原子は配位子として命名する（IR-9.1, IR-9.2, IR-10.2.1 から IR-10.2.5 参照）．

例：

1. $[Li(GePh_3)]$　　　　　（トリフェニルゲルミル）リチウム

　　　　　　　　　　　　　(triphenylgermyl)lithium

2. $(Me_3Si)_3CMgC(SiMe_3)_3$　ビス［トリス（トリメチルシリル）メチル］マグネシウム

　　　　　　　　　　　　　bis[tris(trimethylsilyl)methyl]magnesium

3. $[Mo(CO)_5(=Sn\{CH(SiMe_3)_2\}_2)]$

   ｛ビス［ビス（トリメチルシリル）メチル］-λ^2-スタンニリデン｝ペンタカルボニルモリブデン

   {bis[bis(trimethylsilyl)methyl]-λ^2-stannylidene}pentacarbonylmolybdenum

4. Ph₂Sb—⁴〔 〕¹—HgPh　　　# $[Hg(C_6H_5)(C_{18}H_{14}Sb)]$

   ［4-（ジフェニルスチバニル）フェニル］（フェニル）水銀

   [4-(diphenylstibanyl)phenyl](phenyl)mercury

5. # $[Mn_2Sb(\eta^5$-$C_5H_5)_2(C_6H_5)(CO)_4]$

   （フェニルスチバンジイル）ビス［ジカルボニル（η^5-シクロペンタジエニル）マンガン］

   (phenylstibanediyl)bis[dicarbonyl(η^5-cyclopentadienyl)manganese]

IR-10.4.3 13-16族のみの中心原子

中心原子となりうる原子が，いずれもあるいはすべてクラス (ii) に属するときは，IR-10.3.3 (より詳細には IR-6.3) に既述したように，化合物は置換命名法で命名する．母体水素化物は以下の元素順序に基づき選択される ('A＞B' は 'A が B より前に選択される' を意味する，文献 3 の P-41 参照).

N＞P＞As＞Sb＞Bi＞Si＞Ge＞Sn＞Pb＞B＞Al＞Ga＞In＞Tl＞S＞Se＞Te＞C

たとえば，ヒ素と鉛の両方を含む化合物の場合，母体水素化物は PbH_4 ではなく AsH_3 が選ばれ，鉛原子は名称中において，それ自身の置換基と共に，接辞がついた置換基として示される．

例：

1. $As(PbEt_3)_3$　トリス(トリエチルプルンビル)アルサン　tris(triethylplumbyl)arsane

2. H_2Sb-（4位）-C₆H₄-（1位）-AsH_2　　# [$As(C_6H_6Sb)H_2$]

    (4-スチバニルフェニル)アルサン　(4-stibanylphenyl)arsane

3. （オルト位 1 に $SiMe_2(OMe)$，2 に $GeMe_3$ のベンゼン）　# [$Si(C_9H_{13}Ge)Me_2(OMe)$]

    メトキシジメチル[2-(トリメチルゲルミル)フェニル]シラン

    methoxydimethyl[2-(trimethylgermyl)phenyl]silane

4. $Et_3PbCH_2CH_2CH_2BiPh_2$

    ジフェニル[3-(トリエチルプルンビル)プロピル]ビスムタン

    diphenyl[3-(trimethylplumbyl)propyl]bismuthane

5. $SiClH_2Sn(Me)=Sn(Me)SiClH_2$

    Si,Si'-(1,2-ジメチルジスタンネン-1,2-ジイル)ビス(クロロシラン)

    Si,Si'-(1,2-dimethyldistannene-1,2-diyl)bis(chlorosilane)

IR-10.5 文　献

1. *Nomenclature of Inorganic Chemistry, IUPAC Recommendations 1990*, ed. G.J. Leigh, Blackwell Scientific Publications, Oxford, 1990；邦訳：山崎一雄 訳・著，"無機化学命名法 ── IUPAC 1990 年勧告 ──"，東京化学同人 (1993).

2. Nomenclature of Organometallic Compounds of the Transition Elements, A. Salzer, *Pure Appl. Chem.*, **71**, 1557-1585 (1999).

3. *Nomenclature of Organic Chemistry, IUPAC Recommendations*, eds. W.H. Powell and H. Favre, Royal Society of Chemistry, in preparation.

4. F.A. Cotton, *J. Am. Chem. Soc.*, **90**, 6230-6232 (1993).

5. D.J. Heinekey and W.J. Oldham, Jr., *Chem. Rev.*, **93**, 913-926 (1993).

6. M. Brookhart, M.L.H. Green and L.-L. Wong, *Prog. Inorg. Chem.*, **36**, 1-124 (1988).

IR-11 固　　　　体

IR-11.1 序　論
　IR-11.1.1 総　論
　IR-11.1.2 定比相と不定比相
IR-11.2 固相の名称
　IR-11.2.1 総　論
　IR-11.2.2 鉱物名
IR-11.3 化学組成
　IR-11.3.1 近似式
　IR-11.3.2 組成が変動する相
IR-11.4 点欠陥(Kröger-Vink)記号
　IR-11.4.1 総　論
　IR-11.4.2 格子点の占有の表示
　IR-11.4.3 結晶格子点の表示
　IR-11.4.4 電荷の表示
　IR-11.4.5 欠陥のクラスターと準化学反応式の使用
IR-11.5 相の名称
　IR-11.5.1 序　論
　IR-11.5.2 推奨される記号
IR-11.6 不定比相
　IR-11.6.1 序　論
　IR-11.6.2 変調構造
　IR-11.6.3 結晶学的ずれ構造
　IR-11.6.4 単位胞の双晶または化学的双晶
　IR-11.6.5 無限適合構造
　IR-11.6.6 層間化合物
IR-11.7 多　形
　IR-11.7.1 序　論
　IR-11.7.2 結晶系の使用
IR-11.8 結　語
IR-11.9 文　献

IR-11.1 序　論
IR-11.1.1 総　論

　この章は**固体** solid の術語，命名法，記号を扱う．しかし詳細な構造情報を伝達すべき場合に，完全に体系的な名称を構築することは困難である．文献1において，この問題の取扱いが試みられている．

IR-11.1.2 定比相と不定比相

　二成分系，多成分系では，中間的結晶相（安定相あるいは準安定相）が生成する．熱力学的には，そのような相の組成はいずれも変動する．塩化ナトリウムのようないくつかの化合物では，組成変動の可能性は非常に低い．このような相は**定比相** stoichiometric phase とよばれる．しかし他の相，たとえばウスタイト wustite（通常 FeO と表す）ではかなりの組成変動が起こりうる．

　これらは**不定比相** non-stoichiometric phase と称する．一般に，組成変動の基準とする理想組成を定義することが可能である．**定比組成** stoichiometric composition といわれる理想組成では，各成分原子の数の比率が理想（秩序構造）結晶における正常な格子点の数の比率と等しい．

　ある相の均一相領域に定比組成が含まれない場合でもこの概念が使える．'不定比 non-stoichiometric' という言葉は複雑な化学式をもつ相を意味せず，**変動組成** variable composition の相のことであり，代わりの言葉は固体混合物 solid mixture である．正式には，**固溶体** solid solution という言葉を用いるが，この言葉は以下の意味にのみ適用することが望ましい[2-4]．2種以上の物質を含み，それらすべての物質が同じように取扱われるときに，その固体を**混合物** mixture という．2種以上の物質を含むが，便宜上

1種（あるいはそれ以上）の**溶媒** solvent とよばれる物質が，**溶質** solute とよばれる他の物質と異なる取扱いをされるときには，この液相あるいは固相を**溶液** solution という．不定比相に対しては，不定比に寄与する各原子や原子団を平等に扱うので**混合物** mixture という言葉がふさわしい．

IR-11.2 固相の名称
IR-11.2.1 総論

NaCl のような定比相の名称は IR-5 のようにつくり，化学式は IR-4 に従って書く．固体状態の NaCl は一つの単位が無限に繰返される網目，$(NaCl)_\infty$ でできているが，塩化ナトリウムと命名し，記号としては NaCl と表す．

しかし不定比相と固溶体に対しては，厳密に体系的な名称は不便で厄介なので，名称より化学式の方が望ましい．名称は，避けられないとき（たとえば索引に使う場合）のみに用いるべきであり，つぎのような形式にする．

例：
1. 硫化鉄(II)（鉄不足）　　　　iron(II) sulfide (iron deficient)
2. 二炭化モリブデン（炭素過剰）　molybdenum dicarbide (carbon excess)

IR-11.2.2 鉱物名

鉱物名は実際の鉱物をさすときだけに使い，化学組成を示すために使ってはならない．たとえば，方解石 calcite という名称は特定の鉱物（同じ組成の他の鉱物と対比）をさしているのであって，炭酸カルシウムという名で正確に表現できる組成の化合物に対する名称ではない．

しかし鉱物名は構造型を示すために使用してもよい．できることなら，特定名の代わりに総称を使う方がよい．たとえば，原子組成が相当異なる多くの鉱物を全部スピネルとよんでいる．この場合，個別的名称であるクロム鉄鉱 chromite，磁鉄鉱 magnetite などではなく，より総称的である'**スピネル型** *spinel* type'を使用すべきである．代表的化学式に鉱物名（英語ではイタリック体）を付記して表記する．このことは特にゼオライト型 *zeolite* type において重要である[5]．

例：
1. $FeCr_2O_4$ （スピネル型 *spinel* type）
2. $BaTiO_3$ （ペロブスカイト型 *perovskite* type）

IR-11.3 化学組成
IR-11.3.1 近似式

いかなる場合に用いられる化学式も，どのくらいの情報を伝えられるかによって変わる．組成変動の機構が不明な場合でも使用できる一般式は，記号～（約 *circa* or 'approximately' と読む）[訳注]を化学式の前につけたものである．

訳注　IUPAC が推奨している"物理化学で用いられる量・単位・記号"によると，～は（∝と同じく）"に比例する proportional to"であり，"に近似的に等しい approximately equal to"には≈を用いる，とあるが，ここでは命名法の原著に従う．

例：
1. ～FeS
2. ～CuZn

もっと情報が必要ならば，以下の表記のいずれかを使用してもよい．

IR-11.3.2 組成が変動する相

完全あるいは部分的に等電荷イオン置換により組成変動が起こる相については，お互いに置換する原子や原子団の記号をコンマで区切って並べ，丸括弧で囲む．できることなら，2種の原子や原子団のうちのどちらかが欠けても，化学式は均一相の範囲がわかるように記される．

例：
1. (Cu,Ni) は純銅から純ニッケルの全組成範囲を示す．
2. K(Br,Cl) は純 KBr から純 KCl の範囲を含む．

置換の結果，空位が生ずる相も同様に表す．

例：
3. $(Li_2,Mg)Cl_2$ は LiCl と $MgCl_2$ の中間組成の固溶体を示す．
4. $(Al_2,Mg_3)Al_6O_{12}$ は $MgAl_2O_4 (= Mg_3Al_6O_{12})$ と Al_2O_3（スピネル型）$(= Al_2Al_6O_{12})$ の中間組成の固溶体を表す．

しかし一般的に組成を示す変数を含む記号を使用すべきである．変数の範囲も明示できる．たとえば原子 B を A で置換した相は $A_{m+x}B_{n-x}C_p (0 \leq x \leq n)$ と書く．こうすればコンマと丸括弧は不要である．

例：
5. Cu_xNi_{1-x} $(0 \leq x \leq 1)$ は (Cu,Ni) と同等である．
6. KBr_xCl_{1-x} $(0 \leq x \leq 1)$ は K(Br,Cl) と同等である．
7. $Li_{2-2x}Mg_xCl_2$ $(0 \leq x \leq 1)$ は $(Li_2,Mg)Cl_2$ と同等であるが，$2Li^+$ を Mg^{2+} により置換するごとに1個の陽イオンの空位が生ずることを明確に示す．
8. $Co_{1-x}O$ は陽イオンの空位があることを示す．$x = 0$ ではこの式は定比組成 CoO に相当する．
9. $Ca_xZr_{1-x}O_{2-x}$ は Zr が一部 Ca により置換され，陰イオンの空位が生ずることを示す．$x = 0$ ではこの式は定比組成 ZrO_2 になる．

もし変数 x が小さい値に限られていれば，x の代わりに δ あるいは ε を使う．特定の組成あるいは組成範囲は変数 x（または δ, ε）の実際の数値を入れて示す．この値は一般式のあとの丸括弧に入れる．しかし変数値は式の中に直接入れてもよい．この記号は置換型あるいは**侵入型固溶体** interstitial solid solution に使える[6]．

例：
10. $Fe_{3x}Li_{4-x}Ti_{2(1-x)}O_6$ $(x = 0.35)$ または $Fe_{1.05}Li_{3.65}Ti_{1.30}O_6$
11. $LaNi_5H_x$ $(0 < x < 6.7)$
12. $Al_4Th_8H_{15.4}$
13. $Ni_{1-\delta}O$

IR-11.4 点欠陥 (Kröger-Vink) 記号
IR-11.4.1 総論

化学組成のほかに，**点欠陥** point defect，格子点の対称，**格子点の占有** site occupanay に関する情報は別の記号を用いて表す．これらの記号は点欠陥間の準化学平衡を書くのにも用いられる[6]．

IR-11.4.2 格子点の占有の表示

化学式の中で主要な記号は，特定の格子点に存在する種を空位と比べた型で表示する．

これは一般的には元素記号である．もし格子点が空位であれば，イタリック体の V で表す．（ある情況においては四角記号 □ のような他の記号を空位に対して用いるが，イタリック体の V を用いた方がよい．元素のバナジウムは立体の活字 V で書く．）

理想組成の構造における格子点とその占有状態は右下の指数で表す．最初の指数は格子点の型を示し，二番目の指数（使う場合には）は，最初の指数とコンマで離して，この点における原子数を表す．すなわち理想構造中で通常 A が占める格子点にある原子 A は A_A で示す．通常 B 原子が占める点にある原子 A は A_B と表す．そしてすべての原子 M が最初の型の結晶学的格子点にあり，すべての原子 N が 2 番目の型の結晶学的格子点にあるものを理想的組成 $M_M N_N$ とすると，$M_{M,1-x} N_{M,x} M_{N,x} N_{N,1-x}$ は無秩序構造の合金を表す．もう一つの表し方は $(M_{1-x} N_x)_M (M_x N_{1-x})_N$ である．**格子間隙** interstitial site（すなわち，理想構造において占有されていない格子点）の位置を占める化学種は下つき文字 'i' で示す．

例：

1. $Mg_{Mg,2-x} Sn_{Mg,x} Mg_{Sn,x} Sn_{Sn,1-x}$ は Mg_2Sn において，Mg 原子の一部分が Sn 位置にあること，あるいはその逆を示す．
2. $(Bi_{2-x} Te_x)_{Bi} (Bi_x Te_{3-x})_{Te}$ は Bi_2Te_3 において，Bi 原子の一部が Te 位置にあること，あるいはその逆を示す．
3. $Na_{Na,1-x} V_{Na,x} Cl_{Cl,1-x} V_{Cl,x}$ は NaCl において，x Na と x Cl 位置が空である Schottky 欠陥を示す．
4. $Ca_{Ca,1} F_{F,2-x} V_{F,x} F_{i,x}$ は CaF_2 において，x 個の F 位置が空であり，x 個の F イオンが格子間隙位置にある Frenkel 欠陥を示す．
5. $(Ca_{0.15} Zr_{0.85})_{Zr} (O_{1.85} V_{0.15})_O$，または $Ca_{Zr,0.15} Zr_{Zr,0.85} O_{O,1.85} V_{O,0.15}$ は CaO-安定化 ZrO_2 において，Zr の位置の 0.85 が Zr により占有され，Zr の位置の 0.15 が Ca により占有されること，2 個の酸素位置のうち，1.85 が酸素イオンで占有され，0.15 が空であることを示す．
6. $V_{V,1} C_{C,0.8} V_{C,0.2}$ は炭化バナジウム，VC において C の位置の 0.2 が空であることを示す．

欠陥記号は準化学反応を表すのに使用できる．

例：

7. $Na_{Na} \rightarrow V_{Na} + Na(g)$ は Na 原子が蒸発して格子中に Na の空位を残すことを示す．
8. $0.5 Cl_2(g) + V_{Cl} \rightarrow Cl_{Cl}$ は空の塩素の格子点に二塩素分子から塩素原子が入ることを示す．

IR-11.4.3 結晶格子点の表示

結晶格子点は下付き文字で区別できる．たとえば tet, oct, dod はそれぞれ四面体型，八面体型，十二面体型配位点を表す．a, b, … のような，説明がないとわからない下付き文字は認められない．酸化物や硫化物などの場合には，格子点の対称性を示す記号，たとえば四面体配位の点に対し（　），八面体配位

の点に対し［ ］，十二面体配位の点に対し｛ ｝を割り当てることで，下付き文字の数を減らせる．混乱を避けるために，そのような括弧は多重性を示すことに使用されていない場合に限る．記号の意味は文章中ではっきり説明しなければならない．

例：

1. $Mg_{tet}Al_{oct,2}O_4$ または $(Mg)[Al_2]O_4$ は正スピネルを表す．
2. $Fe_{tet}Fe_{oct}Ni_{oct}O_4$ または $(Fe)[FeNi]O_4$ は $NiFe_2O_4$（逆スピネル型 *inverse spinel* type）を表す．

IR-11.4.4 電荷の表示

電荷 charge は元素記号の右上に表示する．形式電荷を示す場合は，ふつうの習慣による．1単位の正電荷は上つきの+，n単位の正電荷は上付きの$n+$，1単位の負電荷は上付きの−，n単位の負電荷は上付きの$n-$で表示される．したがってA^{n+}は元素記号Aの1原子上のn価の形式正電荷を表す．欠陥化学においては，電荷は理想的な無欠陥結晶に対して定めるのが望ましい．この場合，これらは**有効電荷** effective charge とよばれる．1単位の有効正電荷は上付きドット $^\bullet$（IR-4.6.2 に記述したラジカルドットと混同しないこと）で示し，1単位の有効負電荷はプライム $'$，n単位の有効電荷は上付きの $^{n\bullet}$ または $^{n\prime}$ により示される．2有効電荷の場合には，二重ドット $^{\bullet\bullet}$ または二重プライム $''$ の使用が許される．したがって$A^{2\bullet}$と$A^{\bullet\bullet}$は，元素記号Aの原子が正の2有効電荷をもつことを表す．欠陥のない格子と比べて有効電荷をもたない格子点は，上付きクロス，すなわち "x" で表される．

例：

1. $Li_{Li,1-2x}Mg^\bullet_{Li,x}V'_{Li,x}Cl_{Cl}$ と $Li^x_{Li,1-2x}Mg^\bullet_{Li,x}V'_{Li,x}Cl^x_{Cl}$ は LiCl 中の $MgCl_2$ 置換型固溶体に対する等価な表現である．
2. $Y_{Y,1-2x}Zr^\bullet_{Y,2x}O''_{i,x}O_3$ と $Y^x_{Y,1-2x}Zr^\bullet_{Y,2x}O''_{i,x}O^x_3$ は Y_2O_3 中の侵入型 ZrO_2 固溶体を示す同等な表現である．
3. $Ag_{Ag,1-x}V'_{Ag,x}Ag^\bullet_{i,x}Cl_{Cl}$ は Ag^+ イオンの x 部分が Ag の位置から格子間隙位置に移り，銀位置が空になることを表す．

表 IR-11.1 異種イオン Q を含む $M^{2+}(X^-)_2$ の欠陥記号の例[a]

間隙型 M^{2+} イオン	$M^{\bullet\bullet}_i$	M 原子空位	V^x_M
間隙型 X^- イオン	X'_i	X 原子空位	V^x_X
M^{2+} イオン空位	V''_M	正常な M^{2+} イオン	M^x_M
X^- イオン空位	$V^\bullet_X$	正常な X^- イオン	X^x_X
間隙型 M 原子	M^x_i	M^{2+} 位置の Q^{3+} イオン	$Q^\bullet_M$
間隙型 X 原子	X^x_i	M^{2+} 位置の Q^{2+} イオン	Q^x_M
間隙型 M^+ イオン	$M^\bullet_i$	M^{2+} 位置の Q^+ イオン	Q'_M
M^+ イオン空位	V'_M	自由電子	e'
		自由正孔	$h^\bullet$

a　イオン性化合物 $M^{2+}(X^-)_2$ を考える．Mの形式電荷は2+であり，Xの形式電荷は1−である．もし原子Xが除去されると，Xの空位に1単位の負電荷が残る．理想的 MX_2 格子に対し空位は中性であり，したがって V_X または V^x_X で表される．もし電子もこの位置から除去されると，空位は結果として正の有効電荷をもち，$V^\bullet_X$ となる．同様にM原子を除去すると V_M，M^+ イオンを除去すると V'_M，M^{2+} イオンを除去すると V''_M が残る．もし3単位の正電荷をもつ Q^{3+} の不純物が M^{2+} 位置に置換されると，その有効電荷は1単位の正電荷である．したがってこれは $Q^\bullet_M$ で示される．

無欠陥結晶が複数の酸化状態をとる元素を含むときは形式上の電荷の方がよい．

例：

4. $La^{2+}_{La,1-3x}La^{3+}_{La,2+2x}V_{La,x}(S^{2-})_4$ $(0<x<1/3)$
5. $Cu^+_{Cu,2-x}Fe^{3+}_{Cu,x}Tl^+_{Tl}Se^{2-}_{Se,1+2x}Se^-_{Se,1-2x}$ $(0<x<1/2)$ は Fe^{3+} が $Cu^+_2Tl^+Se^{2-}Se^-$ 中の Cu^+ を部分的に置換していることを示す．

自由電子は e'，自由空孔（正孔）は $h^{\bullet}$ で表す．結晶は巨視的には中性物体であるので，形式電荷や有効電荷の和はゼロでなくてはならない．

Kröger–Vink 点欠陥表記の要点を表 IR-11.1 にまとめる．

IR-11.4.5 欠陥のクラスターと準化学反応式の使用

欠陥対あるいはより複雑なクラスターが固体中に存在できる．そのような**欠陥クラスター** defect cluster は丸括弧で囲む．クラスターの有効電荷は括弧の右上につける．

例：

1. $(Ca^{\bullet}_K V'_K)^x$ は固溶体中の中性欠陥対を表す．たとえば KCl 中の $CaCl_2$ である．
2. $(V''_{Pb}V^{\bullet}_{Cl})'$ または $(V_{Pb}V_{Cl})'$ は $PbCl_2$ 中の電荷をもった空位対を表す．

そのような欠陥クラスター生成に対して準化学反応式を書くことができる．

例：

3. $Cr^{\bullet}_{Mg}+V''_{Mg}\rightarrow(Cr_{Mg}V_{Mg})'$ は MgO 中の Cr^{3+} 不純物とマグネシウムの空位の会合反応を示す．
4. $2Cr^{\bullet}_{Mg}+V''_{Mg}\rightarrow(Cr_{Mg}V_{Mg}Cr_{Mg})^x$ は例3の系中のもう一つの可能な会合反応を示す．
5. $Gd^{\bullet}_{Ca}+F'_i\rightarrow(Gd_{Ca}F_i)^x$ は CaF_2 中の Gd^{3+} 不純物と格子間隙フッ素との双極子生成を示す．

IR-11.5 相の名称

IR-11.5.1 序論

二成分系またはさらに複雑な系の金属と固溶体の構造を示すには Pearson 記号[7] Pearson notation（IR-3.4.4 も参照）が推奨される．必要な情報をもたらさないギリシャ文字または自明でない *Strukturbericht* 方式の名称の使用は認められない．

IR-11.5.2 推奨される記号

Pearson 記号は三部分から成る．第一はイタリック体の小文字（*a, m, o, t, h, c*）で結晶系を示す．第二はイタリック体の大文字（*P, S, F, I, R*）で空間格子の種類を示し，最後の数字は通常の単位胞内の原子数を示す．表 IR-3.1 にこの系をまとめてある．

例：

1. Cu(*cF*4) は立方対称の銅で，面心格子をもち，単位胞中に4原子存在する．
2. NaCl(*cF*8) は単位胞中8原子がある立方面心格子を示す．
3. CuS(*hP*12) は単位胞中に12イオンがある六方単純格子を示す．

もし必要ならば，Pearson 記号のあとに空間群と基本となる構造の化学式をつける．

例：

4. $CaMg_{0.5}Ag_{1.5}$ ($hP12$, $P6_3/mmc$) ($MgZn_2$ 型)

IR-11.6 不定比相
IR-11.6.1 序論

不定比相 non-stoichiometric phase の構造が精密に決定されるにつれて，その命名法に関して特別な問題が生じてきた．たとえば，同族系列，不整合，半整合構造，Vernier 構造，結晶学的ずれ構造，Wadsley 欠陥，化学的双晶，無限適合相，変調構造が知られている．これらの系列に入る相の多くは複雑な構造と化学式をもっているが，組成が一定範囲にわたることは観測されない．たとえば $Mo_{17}O_{47}$ がある．これらの相は複雑な化学式にもかかわらず，本質的には定比であり，複雑な化学式が不定比化合物を示すものであるとしてはならない（IR-11.1.2 参照）．

IR-11.6.2 変調構造

変調構造 modulated structure は空間の同じ方向に沿って二つ以上の周期性をもっている．もしこの周期性の比率が整数ならばこの構造を**整合** commensurate という．もし比率が整数でなければこの構造を**不整合** non-commensurate または incommensurate という．整合の変調構造は多くの定比および不定比化合物に存在する．これらは超構造とみなされ，通常の命名法規則で記述する．不整合の変調構造は数種の定比化合物（および数種の単体）たとえば U, SiO_2, TaS_2, $NbSe_3$, $NaNO_2$, Na_2CO_3, Rb_2ZnBr_4 において限定された温度範囲で起こる．

多くの変調構造は 2 個以上の部分構造から成るとみなせる．最短の周期性をもつ部分構造はしばしば単純な**基本構造** basic structure であり，他の周期性は基本構造の変調をひき起こす．基本構造はある組成範囲内で変わらないが，他の部分構造の化学量論比が変化する．この変化が連続的に起こると，**不整合構造** non-commensurate structure をもつ不定比相が生成する．もし変化が不連続的に起こると，整合構造（基本構造の超構造）をもつ一連の（本質上定比の）**同族化合物** homologous compound が生ずるか，中間の場合は**半整合構造** semi-commensurate structure または **Vernier 構造** Vernier structure をもつ一連の化合物が生ずる．

例：

1. Mn_nSi_{2n-m}

   この構造は二つの二次原子構造をもつ $TiSi_2$ 型であり，Mn 配列は $TiSi_2$ における Ti 配列と，また Si_2 配列は $TiSi_2$ における Si_2 配列と同一である．Si を取除くと Mn 配列が全く変わらない Mn_nSi_{2n-m} となる．Si 原子は列をつくっており，Si 含有量が減るにつれて，列中の Si 原子の間隔は広くなる．このとき Si 原子の列と動かない Mn 位置との間には Vernier 関係が存在し，これは組成とともに変わり，不整合構造になる．

2. $YF_{2+x}O$

   この構造は蛍石型で，母体の YX_2 型構造の中に余分の原子層が入っている．この余分の原子層が秩序よく並んでいるときには同族系列の相が生ずる．もし無秩序ならば不整合の不定比相が生ずる．一方，部分的に配列が起こると Venier 効果，すなわち半整合効果が生ずる．他の層状構造も同様に取扱うことができる．

不適合構造 misfit structure は二つ以上の相互に不整合な単位から成り，それらは静電力または他の力で連結されている．基本構造は定義できない．不適合構造をもった化合物の組成は構造単位の周期の比率と電気的中性によって決定される．

例：

3. $Sr_{1-p}Cr_2S_{4-p}$, $p = 0.29$. ここでは Sr_3CrS_3 と $Sr_{3-x}S$ の鎖が組成 $Cr_{21}S_{36}$ のトンネルの中にある．これらの3単位の関係は不整合である．

4. $LaCrS_3$ は $(LaS)^+$ と $(CrS_2)^-$ の不整合層より成る．

IR-11.6.3 結晶学的ずれ構造

結晶学的ずれ平面 crystallographic shear plane（CS 平面と略す）とは，結晶内の平面状の断層で，これが互いに変位した二つの部分を分けている．変位を示すベクトルは結晶学的ずれベクトル（CS ベクトル）とよばれる．各 CS 平面は結晶の組成を少しずつ変化させている．それは結晶の相をつくっている結晶面の順序が CS 面で変化するからである（このことから，CS ベクトルは CS 面とある角度をなしていることになる．もしベクトルが面に平行ならば，結晶面の順序は変化せず，したがって組成の変化は生じない．面に平行な変位ベクトルは**逆位相界面** antiphase boundary とよぶ方が適切である）．

各 CS 面が結晶の組成をわずかに変化させるから，CS 面の群を含む結晶の全体組成は CS 面の数と方向に依存する．もし CS 面が無秩序ならば，結晶は不定比になり，定比の変動は CS 面の'欠陥'による．もし CS 面が秩序的で平行な配列ならば，複雑な化学式をもつ定比の相が生ずる．このときに秩序だった配列の CS 面の間隔が変化すれば，新しい組成の新しい相が生ずる．CS 面の間隔の変化によって生じた一連の相は**同族系列** homologous series とよばれる．特定の系列の一般式は配列中の CS 面の型と CS 面間の間隔に依存する．CS 面が変化すれば同族系列の化学式が変わる．

例：

1. Ti_nO_{2n-1}
母体の構造は TiO_2（ルチル型 *rutile* type）であり，CS 面は(121)面である．CS 面の秩序だった配列が存在し，$Ti_4O_7, Ti_5O_9, Ti_6O_{11}, Ti_7O_{13}, Ti_8O_{15}, Ti_9O_{17}$ の式をもつ酸化物の同族系列が生ずる．系列の式は Ti_nO_{2n-1} で，$n = 4 \sim 9$ である．

2. $(Mo, W)_nO_{3n-1}$
母体の構造は WO_3 である．CS 面は(102)面である．CS 面の秩序だった配列は，Mo_8O_{23}, Mo_9O_{26}, $(Mo,W)_{10}O_{29}, (Mo,W)_{11}O_{32}, (Mo,W)_{12}O_{35}, (Mo,W)_{13}O_{38}, (Mo,W)_{14}O_{41}$ という酸化物を生ずる．系列の式は $(Mo,W)_nO_{3n-1}$, $n = 8 \sim 14$ である．

3. W_nO_{3n-2}
母体の構造は WO_3 である．CS 面は(103)面である．CS 面の秩序だった式は，W_nO_{3n-2}, $n =$ 約 $16 \sim 25$ の酸化物が生ずる．

IR-11.6.4 単位胞の双晶または化学的双晶

一つの構造の構成部分が界面をはさんで**双晶** twin の関係にあるときの構造である．双晶面は親の結晶の組成を一定量（ゼロもあり得る）変化させる．双晶面が秩序正しく近接して配列すると同族系列の相ができる．無秩序の双晶面は不定比相をつくり，双晶面は欠陥になる．化学的双晶と結晶学的ずれの間には密接な平行関係がある（IR-11.6.3 参照）．

例:
1. $(Bi,Pb)_nS_{n-4}$
母体の構造はPbSで$cF8$($NaCl$型)の構造をもつ．双晶面はPbS単位胞に対して(311)である．同族系列の二成員，$Bi_8Pb_{24}S_{36}$と$Bi_8Pb_{12}S_{24}$が知られているが，他の成員はAg-Bi-Pb-S四成分系に存在する．各化合物間の差は双晶面の間隔によるもので，各構造は厚さの異なるPbSの板からできている．そして各板は一つおきに母体の(311)面をはさんで双晶になっている．

IR-11.6.5 無限適合構造

いくつかの系では，ある温度と組成の範囲内で，どの組成も完全に秩序ある結晶構造が生成する．ここでは組成が変わるにつれて構造がこの条件を満たすように変化する．**無限適合構造** infinitely adaptive structureという語がこの種の物質について使われる[8]．

例:
1. Cr_2O_3-TiO_2系で，$(Cr,Ti)O_{2.93}$から$(Cr,Ti)O_{2.90}$の組成範囲の化合物．
2. Nb_2O_5-WO_3系で，Nb_2O_5と$8WO_3\cdot9Nb_2O_5$($Nb_{18}W_8O_{69}$)の間のブロック型構造の化合物．

IR-11.6.6 層間化合物

ゲスト guest がホストマトリックス host matrix の中に挿入された物質がある．この現象を**インターカレーション**[訳注] intercalationとよび，生成物を**層間化合物** intercalation compoundという．層間物質のよく知られた例は，粘土ケイ酸塩，層状二カルコゲン化物やリチウム電池の電極材料である．黒鉛のインターカレーションは文献9で詳細に考察されている．層間物質はLi_xTaS_2($0<x<1$)のようなふつうの化学式か，TaS_2:xLi($0<x<1$)のようなホスト-ゲスト表示で示される．もし化学量論比が一定ならば，ふつうの化合物表示法が使える．たとえば$3TaS_2\cdot4N_2H_4$，$C_5H_5N\cdot2TiSe_2$，KC_8である．

多くの層間化合物は層状構造であり，インターカレーションは二次元反応である．**挿入** insertion という語は，時にはたとえばNa_xWO_3のようなタングステンブロンズや，$Li_xMn_2O_4$のようなスピネルなどの三次元の例に対して用いられ，またゲスト原子，イオンまたは分子のホスト結晶格子[4]中への移動を含む反応に対して，インターカレーションに代わって使われる一般用語である．より限定的には，インターカレーションはホスト構造を大きく変えない挿入反応に対して使用される[4]．もしホストの構造が，たとえば結合を切断することにより相当変化する場合は，挿入は**トポケミカル** topochemicalまたは**トポタクティック** topotactic[4]とよぶことができる．

IR-11.7 多　　形
IR-11.7.1 序　　論

多くの化合物や単体は外界の条件，温度，圧力などで結晶構造が変化する．これらの構造はその化合物の**多形** polymorphismとよばれ，ギリシャ文字，ローマ数字などを使って表示されてきた．このような非体系的表示の使用は認められない．結晶構造に基づく合理的な体系をできるだけ使うべきである（IR-3.4.4とIR-4.2.5参照）．

訳注　日本語では層間包接ということもある．

ポリタイプ polytype とポリタイポイド polytypoid は多形の特別な形態とみなされ，文献 10 において詳細に扱われる．

IR-11.7.2 結晶系の使用

多形は結晶系を示すイタリック体記号を名称または化学式のあとにつけて示す．記号は表 IR-3.1 にある．たとえば，ZnS(c) は閃亜鉛鉱構造に，ZnS(h) はウルツ鉱構造に対応する．少しゆがんだ格子は～（約，$circa$）を使って示される．たとえば少しゆがんだ立方格子は（～c）となる．さらに情報が必要なときは，できれば典型的な化合物を括弧に入れて，単純でよく知られた構造を表す．たとえば，343 K 以上の AuCd は AuCd($CsCl$ 型) とする方が AuCd(c) よりもよい．

結晶格子と点対称に深く関係している性質のときには，結晶系の略号のほかに空間群をつけ加える．詳細は文献 11 を参照．

IR-11.8 結　語

この章は固体化学の基本的記号と命名法を取扱っている．非晶質系やガラスのような分野では命名法をさらに拡大する必要がある．国際結晶学連合（the International Union of Crystallography）の出版物を参照すること．

IR-11.9 文　献

1. Nomenclature of Inorganic Structure Types, J. Lima-de-Faria, E. Hellner, F. Liebau, E. Markovicky and E. Parthé, *Acta Crystallogr., Sect. A*, **46**, 1-11 (1990).
2. M.L. McGlashan, *Chemical Thermodynamics,* Academic Press, London, 1979, pp. 35-36.
3. *Quantities, Units and Symbols in Physical Chemistry*, Second Edn., eds. I. Mills, T. Cvitas, K. Homann, N. Kallay and K. Kuchitsu, Blackwell Scientific Publications, Oxford, 1993, p. 53; Third Edn., RSC Publishing, 2007；邦訳：（独）産業技術総合研究所計量標準総合センター 訳，"物理化学で用いられる量・単位・記号"，第 3 版，（社）日本化学会 監修 (2009)．(The Green Book.)
4. *Compendium of Chemical Terminology, IUPAC Recommendations*, Second Edn., eds. A.D. McNaught, and A. Wilkinson, Blackwell Scientific Publications, Oxford, 1997. (The Gold Book.)
5. Chemical Nomenclature and Formulation of Compositions of Synthetic and Natural Zeolites, R.M. Barrer, *Pure Appl. Chem.*, **51**, 1091-1100 (1979).
6. F. A. Kröger and H.J. Vink, *Solid State Phys.*, **3**, 307-435 (1956).
7. W.B. Pearson, *A Handbook of Lattice Spacings and Structures of Metals and Alloys*, Vol. 2, Pergamon Press, Oxford, 1967, pp. 1-2. 格子定数の表と金属および半金属のデータは pp. 79-91 を参照．また P. Villars and L.D. Calvert, *Pearson's Handbook of Crystallographic Data for Intermetallic Phases*, Vols. 1-3, American Society for Metals, Metals Park, Ohio, USA, 1985 も参照のこと．
8. J.S. Anderson, *J. Chem. Soc., Dalton Trans.* 1107-1115 (1973).
9. Graphite Intercalation Compounds, Chapter II-6 in *Nomenclature of Inorganic Chemistry II, IUPAC Recommendations 2000*, eds. J.A. McCleverty and N.G. Connelly, Royal Society of Chemistry, 2001.
10. Nomenclature of Polytype Structures, A. Guinier, G.B. Bokij, K. Boll-Dornberger, J.M. Cowley, S. Durovic, H. Jagodzinski, P. Krishna, P.M. de Wolff, B.B. Zvyagin, D.E. Cox, P. Goodman, Th. Hahn, K. Kuchitsu and S.C. Abrahams, *Acta Crystallogr., Sect. A*, **40**, 399-404 (1984). また S.W. Bailey, V.A. Frank-Kamenetskii, S. Goldsztaub, A. Kato, A. Pabst, H. Schulz, H.F.W. Taylor, M. Fleischer and A. J.C. Wilson, *Acta Crystallogr., Sect. A*, **33**, 681-684 (1977) も参照のこと．

11. Structural Phase Transition Nomenclature, J.-C. Tolédano, A.M. Glazer, Th. Hahn, E. Parthé, R.S. Roth, R.S. Berry, R. Metselaar and S.C. Abrahams, *Acta Crystallogr., Sect. A*, **54**, 1028-1033 (1998). Nomenclature of magnetic, incommensurate, composition-changed morphotropic, polytype, transient-structural and quasicrystalline phases undergoing phase transitions, J.-C. Tolédano, R.S. Berry, P.J. Brown, A.M. Glazer, R. Metselaar, D. Pandey, J.M. Perez-Mato, R.S. Roth and S.C. Abrahams, *Acta Crystallogr., Sect. A*, **57**, 614-626 (2001), and erratum in *Acta Crystallogr., Sect. A*, **58**, 79 (2002).

付表 I 元素の名称, 記号, 原子番号

名称		記号	原子番号	名称		記号	原子番号
actinium	アクチニウム	Ac	89	lead	鉛	Pb[h]	82
aluminium[a]	アルミニウム	Al	13	lithium	リチウム	Li	3
americium	アメリシウム	Am	95	lutetium	ルテチウム	Lu	71
antimony	アンチモン	Sb[b]	51	magnesium	マグネシウム	Mg	12
argon	アルゴン	Ar	18	manganese	マンガン	Mn	25
arsenic	ヒ素	As	33	meitnerium	マイトネリウム	Mt	109
astatine	アスタチン	At	85	mendelevium	メンデレビウム	Md	101
barium	バリウム	Ba	56	mercury	水銀	Hg[i]	80
berkelium	バークリウム	Bk	97	molybdenum	モリブデン	Mo	42
beryllium	ベリリウム	Be	4	neodymium	ネオジム	Nd	60
bismuth	ビスマス	Bi	83	neon	ネオン	Ne	10
bohrium	ボーリウム	Bh	107	neptunium	ネプツニウム	Np	93
boron	ホウ素	B	5	nickel	ニッケル	Ni	28
bromine	臭素	Br	35	niobium	ニオブ	Nb	41
cadmium	カドミウム	Cd	48	nitrogen[j]	窒素	N	7
caesium[c]	セシウム	Cs	55	nobelium	ノーベリウム	No	102
calcium	カルシウム	Ca	20	osmium	オスミウム	Os	76
californium	カリホルニウム	Cf	98	oxygen	酸素	O	8
carbon	炭素	C	6	palladium	パラジウム	Pd	46
cerium	セリウム	Ce	58	phosphorus	リン	P	15
chlorine	塩素	Cl	17	platinum	白金	Pt	78
chromium	クロム	Cr	24	plutonium	プルトニウム	Pu	94
cobalt	コバルト	Co	27	polonium	ポロニウム	Po	84
copernicium	コペルニシウム	Cn[訳注]	112	potassium	カリウム	K[k]	19
copper	銅	Cu[d]	29	praseodymium	プラセオジム	Pr	59
curium	キュリウム	Cm	96	promethium	プロメチウム	Pm	61
darmstadtium	ダームスタチウム	Ds	110	protactinium	プロトアクチニウム	Pa	91
dubnium	ドブニウム	Db	105	radium	ラジウム	Ra	88
dysprosium	ジスプロシウム	Dy	66	radon	ラドン	Rn	86
einsteinium	アインスタイニウム	Es	99	rhenium	レニウム	Re	75
erbium	エルビウム	Er	68	rhodium	ロジウム	Rh	45
europium	ユウロピウム	Eu	63	roentgenium	レントゲニウム	Rg	111
fermium	フェルミウム	Fm	100	rubidium	ルビジウム	Rb	37
fluorine	フッ素	F	9	ruthenium	ルテニウム	Ru	44
francium	フランシウム	Fr	87	rutherfordium	ラザホージウム	Rf	104
gadolinium	ガドリニウム	Gd	64	samarium	サマリウム	Sm	62
gallium	ガリウム	Ga	31	scandium	スカンジウム	Sc	21
germanium	ゲルマニウム	Ge	32	seaborgium	シーボーギウム	Sg	106
gold	金	Au[e]	79	selenium	セレン	Se	34
hafnium	ハフニウム	Hf	72	silicon	ケイ素	Si	14
hassium	ハッシウム	Hs	108	silver	銀	Ag[l]	47
helium	ヘリウム	He	2	sodium	ナトリウム	Na[m]	11
holmium	ホルミウム	Ho	67	strontium	ストロンチウム	Sr	38
hydrogen	水素	H[f]	1	sulfur[n]	硫黄	S	16
indium	インジウム	In	49	tantalum	タンタル	Ta	73
iodine	ヨウ素	I	53	technetium	テクネチウム	Tc	43
iridium	イリジウム	Ir	77	tellurium	テルル	Te	52
iron	鉄	Fe[g]	26	terbium	テルビウム	Tb	65
krypton	クリプトン	Kr	36	thallium	タリウム	Tl	81
lanthanum	ランタン	La	57	thorium	トリウム	Th	90
lawrencium	ローレンシウム	Lr	103	thulium	ツリウム	Tm	69

訳注 112番元素には, 2010年2月19日付でIUPACから公式名称copernicium と元素記号Cnが与えられ, 2010年2月25日付で日本化学会によって日本語名称コペルニシウムが定められたので, ここに記載した.

付表 I （つづき）

名称		記号	原子番号	名称		記号	原子番号
tin	スズ	Sn[o]	50	xenon	キセノン	Xe	54
titanium	チタン	Ti	22	ytterbium	イッテルビウム	Yb	70
tungsten	タングステン	W[p]	74	yttrium	イットリウム	Y	39
uranium	ウラン	U	92	zinc	亜鉛	Zn	30
vanadium	バナジウム	V	23	zirconium	ジルコニウム	Zr	40

a　これと異なるつづりの 'aluminum' も普通に用いられる．
b　元素記号 Sb はラテン語名 stibium に由来する．
c　これと異なるつづりの 'cesium' も普通に用いられる．
d　元素記号 Cu はラテン語名 cuprum に由来する．
e　元素記号 Au はラテン語名 aurum に由来する．
f　水素の同位体 ^{2}H および ^{3}H には，それぞれジュウテリウム deuterium およびトリチウム tritium なる名称があり，記号 D および T を用いてもよい．しかし，^{2}H および ^{3}H に優先性がある (IR-3.3.2 を見よ)．
g　元素記号 Fe はラテン語名 ferrum に由来する．
h　元素記号 Pb はラテン語名 plumbum に由来する．
i　元素記号 Hg はラテン語名 hydrargyrum に由来する．
j　窒素に対する語幹 'az' はそのフランス語名 azote から導出されている．
k　元素記号 K はドイツ語名 kalium に由来する．
l　元素記号 Ag はラテン語名 argentum に由来する．
m　元素記号 Na はドイツ語名 natrium に由来する．
n　硫黄に対する語幹 'thi' はそのギリシャ語名 theion から導出されている．
o　元素記号 Sn はラテン語名 stannum に由来する．
p　元素記号 W はドイツ語名 wolfram に由来する．

付表 II　原子番号 112 番以上の元素に対して暫定的に認められた名称と記号[a]

原子番号	英語名称[b]	日本語名称[b]	記号
112（付表 I 訳注を見よ）	ununbium	ウンウンビウム	Uub
113	ununtrium	ウンウントリウム	Uut
114	ununquadium	ウンウンクアジウム	Uuq
115	ununpentium	ウンウンペンチウム	Uup
116	ununhexium	ウンウンヘキシウム	Uuh
117	ununseptium	ウンウンセプチウム	Uus
118	ununoctium	ウンウンオクチウム	Uuo
119	ununennium	ウンウンエンニウム	Uue
120	unbinilium	ウンビリニウム	Ubn
121	unbiunium	ウンビウニウム	Ubu
130	untrinilium	ウントリニリウム	Utn
140	unquadnilium	ウンクアドニリウム	Uqn
150	unpentnilium	ウンペントニリウム	Upn
160	unhexnilium	ウンヘキスニリウム	Uhn
170	unseptnilium	ウンセプトニリウム	Usn
180	unoctnilium	ウンオクトニリウム	Uon
190	unennilium	ウンエンニリウム	Uen
200	binilnilium	ビニルニリウム	Bnn
201	binilunium	ビニルウニウム	Bnu
202	binilbium	ビニルビウム	Bnb
300	trinilnilium	トリニルニリウム	Tnn
400	quadnilnilium	クアドニルニリウム	Qnn
500	pentnilnilium	ペントニルニリウム	Pnn
900	ennilnilium	エンニルニリウム	Enn

a　これらの名称は，IUPAC によって正式名称が制定されるまでのみ，用いられる．
b　たとえば，'元素 112 element 112' のように書いてもよい．

付表 III　接尾語および語尾[a]

a	接頭語の語尾母音として以下の置換様式を明示する． 代置命名法（IR-6.2.4.1）およびHantzsch–Widman命名法（IR-6.2.4.3）において，骨格炭素原子を他の元素の原子で置き換えたときに，'oxa', 'aza' のように，その置換を示す接頭語の語尾母音となる． 水素化ホウ素を基本とする命名法（IR-6.2.4.4）において，骨格ホウ素原子を他の元素の原子で置き換えたときに，'carba', 'thia' のように，その置換を示す接頭語の語尾母音となる． 天然物命名法において，ヘテロ原子を置き換える炭素原子を接頭語 'carba' で示す． すべての元素に対する 'a' 接頭語については付表Xを見よ．
ane	13–17族元素の中性飽和母体水素化物の語尾．例：thallane, cubane, cyclohexane, cyclohexasilane, diphosphane, tellane, λ^4-tellane. IR-6.2.2 および表 IR-6.1 参照． Hantzsch–Widman命名法における一連の飽和ヘテロ単環類母体名称の語尾の最後の部分．例：'irane', 'etane', 'olane', 'ane', 'inane', 'epane', 'ocane', 'onane', 'ecane' の 'ane'（IR-6.2.4.3 を見よ）．
anide	'ane' 名称をもつ母体水素化物からヒドロンを除いて生じた陰イオンの名称での，'ane' のeを外して接尾語 'ide' を加えた複合語尾．例：methanide, CH_3^-. IR-6.4.4 参照．
anium	'ane' 名称をもつ母体水素化物にヒドロンを付加して生じた陽イオンの名称で，'ane' のeを外して接尾語 'ium' を加えた複合語尾．例：phosphanium, PH_4^+. IR-6.4.1 参照．
ano	母体水素化物が2価架橋置換基となっていることを示す接頭語の語尾を 'ane' から 'ano' に変える．例：diazano, $-HNNH-$.
ate	付加名称陰イオンの一般的語尾．例：tetrahydridoaluminate(1−), $[AlH_4]^-$. IR-7.1.4 および付表 X 参照． 'ic' で終わる酸名称をもつ無機オキソ酸の陰イオンおよびエステルの名称の語尾．例：nitrate, phosphonate, trimethyl phosphate. また，有機酸の陰イオンおよびエステルの名称の語尾．例：acetate, methyl acetate, thiocyanate. 'ate' 陰イオン名称のさらに多くの例については，表 IR-8.1，表 IR-8.2，付表 X を見よ．また，'inate', 'onate' も見よ．
ato	'ate' 名称陰イオン（上記参照）が配位子となるときの名称の語尾．例：tetrahydridoaluminato(1−), nitrato, acetato. IR-7.1.3 および IR-9.2.2.3, 付表 IX 参照．また，'inato', 'onato' も見よ． ある定められた陰イオン性置換基を示す接頭語の語尾．例：carboxylato, $-C(=O)O^-$; phosphato, $-O-P(=O)(O^-)_2$. また，'onato' も見よ．
diene	'ene' を見よ．
diide	'ide' を見よ．
diido	'ido' を見よ．
diium	'ium' を見よ．
diyl	接尾語 'yl' と倍数接頭語 'di' から構成される接尾語で，母体水素化物が水素原子2個を失って生ずるジラジカル diradical, あるいは2本の単結合をもつ置換基を示す．必要があれば，位置記号を付記する．例：hydrazine-1,2-diyl, •HNNH• または $-HNNH-$; phosphanediyl, HP<. また，'ylidene' も見よ．
diylium	'ylium' を見よ．
ecane	Hantzsch–Widman命名法における飽和複素10員環母体化合物の語尾．IR-6.2.4.3 参照．
ecine	Hantzsch–Widman命名法における最大数の非集積二重結合数をもつ10員ヘテロ環母体化合物の語尾．IR-6.2.4.3 参照．
ene	二重結合をもつ不飽和非環状および環状母体構造の語尾で，対応する飽和母体水素化物名称の語尾 'ane' を置換する形となる．必要があれば，二重結合の位置と個数を示す位置記号と倍数接頭語を付記する．例：diazene, triazene, pentasil-1-ene, cyclopenta-1,3-diene. IR-6.2.2.3 および IR-6.2.2.4 参照．

（つづく）

付表 III （つづき）

ene（つづき）	特定の不飽和環状母体水素化物に許容された非系統的名称の語尾．例：benzene, azulene.
	また，'irene' および 'ocene' も見よ．
enide	'ene' 名称の母体水素化物からヒドロン 1 個を失って生じた陰イオンの名称の複合語尾．'ene' から 'e' を除いて接尾語 'ide' を加えた形となる．例：diazenide HN=N⁻．IR-6.4.4 参照．
enium	'ene' 名称の母体水素化物にヒドロン 1 個を付加して生じた陽イオンの名称の複合語尾．'ene' から 'e' を除いて接尾語 'ium' を加えた形となる．例：diazenium．IR-6.4.1 参照．
	メタロセン名称に接尾語 'ium' を加えた複合語尾．この場合，一義性に欠ける名称が得られる．IR-10.2.6 参照．
eno	マンキュード環 mancude 系名称 'ene' 語尾を縮合命名法での接頭語 'eno' とするときの語尾．（ブルーブック[b] の P-25.3 参照．）
	'ene' 語尾名称母体水素化物が 2 価架橋置換基となるときにそれを示す接頭語の語尾．例：diazeno, −N=N−.
epane	Hantzsch–Widman 命名法における飽和 7 員ヘテロ単環母体名称の語尾．IR-6.2.4.3 参照．
epine	Hantzsch–Widman 命名法における最大数の非集積二重結合をもつ 7 員ヘテロ単環母体名称の語尾．IR-6.2.4.3 参照．
etane	Hantzsch–Widman 命名法における飽和 4 員ヘテロ単環母体名称の一般的語尾．IR-6.2.4.3 参照．また，'etidine' も見よ．
ete	Hantzsch–Widman 命名法における最大数の非集積二重結合をもつ 4 員ヘテロ単環母体名称の語尾．IR-6.2.4.3 参照．
etidine	Hantzsch–Widman 命名法における含窒素飽和 4 員ヘテロ単環母体名称の語尾．IR-6.2.4.3 参照．
ic	多くの無機および有機酸の名称の語尾．例：sulfuric acid, acetic acid, benzoic acid. さらに多くの，特に無機の 'ic' 酸の例は，表 IR-8.1, 表 IR-8.2, 付表 IX を見よ．また，'inic' および 'onic' も見よ．
	元素名称の語幹に，より高次の酸化状態を示すために形式的に付加される語尾．例：ferric chloride, cupric oxide, ceric sulfate. この種の名称はもう容認できない．
ide	単原子および同種多原子陰イオン名称の語尾．例：chloride, sulfide, disulfide(2−), triiodide(1−). IR-5.3.3.2, IR-5.3.3.3 および付表 IX 参照．
	組成名称において形式的に電気的陰性な同種原子成分の名称の語尾．例：disulfur dichloride. IR-5.4 参照．
	いくつかの容認された異種多原子陰イオンの非系統的名称の語尾．例：cyanide, hydroxide.
	母体水素化物が 1 個以上のヒドロンを失って生じた陰イオンの名称の接尾語で，適切な位置記号や接頭倍数語を伴うことがある．例：hydrazinide, H₂NNH⁻; hydrazine-1,2-diide, ⁻HNNH⁻; disulfanediide, S₂²⁻; methanide, CH₃⁻.
ido	'ide' 名称の陰イオン（上記を見よ）が配位子となるときの名称の語尾．例：chlorido, disulfido(2−) または disulfanediido, hydrazinido, hydrazine-1,2-diido, methanido. IR-7.1.3, IR-9.2.2.3 および付表 IX 参照．
	ある特定の陰イオン性置換基の接頭語の語尾．例：−O⁻ に対する oxido.
inane	Hantzsch–Widman 命名法における飽和 6 員ヘテロ単環母体名称の語尾．IR-6.2.4.3 参照．
inate	'inic' オキソ酸の陰イオンおよびエステルの名称の語尾．例：borinate, phosphinate.
inato	'inate' 語尾となる陰イオン（上記を見よ）が配位子となるときの変形語尾．
ine	非系統的ではあるが使用が容認されている hydrazine (N₂H₄) 母体名称の語尾と，現在は廃止された他の 15 族元素水素化物名称の語尾．例：phosphine (PH₃).
	縮合命名法における最大数の非集積二重結合をもつ 10 員環以上の大型ヘテロ単環の語尾．例：2H-1-oxa-4,8,11-triazacyclotetradecine.

（つづく）

付表 III （つづき）

ine （つづき）	Hantzsch–Widman 命名法における多くのヘテロ単環母体名称の語尾，すなわち 'irine', 'iridine', 'etidine', 'olidine', 'ine', 'inine', 'epine', 'ocine', 'onine', 'ecine' の最終部分（IR-6.2.4.3 を見よ）． 多くの含窒素ヘテロ環水素化物母体名称の語尾．例：pyridine, acridine.
inic	$H_2X(=O)(OH)$ 型酸（X = N, P, As, Sb），たとえば stibinic acid，$HX(=O)(OH)$ 型酸（X = S, Se, Te），たとえば sulfinic acid，および borinic acid H_2BOH での母体酸名称の語尾．
inide	'ine' 名称の母体水素化物がヒドロン 1 個を失って生じた陰イオンの名称の複合語尾で，'e' を 'ide' にしたもの．例：hydrazinide, H_2NNH^-. IR-6.4.4 参照．
inine	Hantzsch–Widman 命名法における最大数の非集積二重結合をもつ 6 員ヘテロ単環母体名称の語尾．IR-6.2.4.3 参照．
inite	'inous' 名称のオキソ酸陰イオンおよびエステルの名称の語尾．例：phosphinous acid からの phosphinite，H_2PO^-.
inito	'inite' 名称陰イオン（上記を見よ）が配位子となるときの変形語尾．
inium	'ine' 名称母体構造にヒドロン 1 個が付加して生じた陽イオンの名称の複合語尾で，'ine' の 'e' を接尾語 'ium' にしたもの．例：hydrazinium, pyridinium. IR-6.4.1 参照．
ino	いくつかの非系統的置換基接頭語の語尾．例：amino, NH_2-；hydrazino, H_2NNH-. マンキュード環 mancude 系名称における 'ine' 語尾を縮合命名法における接頭語 'ino' とするときの語尾．（ブルーブック[b] の P-25.3 参照．）
inous	$H_2X(OH)$ 型酸（X = N, P, As, Sb）の母体名称の語尾．例：stibinous acid．この種の他の名称は表 IR-8.1 を見よ．
inoyl	'inic' 酸（前出を見よ）がすべてのヒドロンを失って生じた置換基に対する接頭語の語尾．例：phosphinoyl, $H_2P(O)-$；seleninoyl, $HSe(O)-$. （phosphinic acids, seleninic acids については表 IR-8.1 を見よ．）
inyl	2 価置換基 $>X=O$（X = S, Se, Te に対してそれぞれ sulfinyl, seleninyl, tellurinyl）を示す接頭語の語尾．
io	定められた陽イオン性置換基に対して許容されている代替的接頭語の語尾．例：azaniumyl に対する ammonio, pyridiniumyl に対する pyridinio（IR-6.4.9 参照）． 現在は廃止された単原子置換基接頭語の語尾．例：mercurio, $-Hg-$.
irane	Hantzsch–Widman 命名法における飽和 3 員ヘテロ単環母体名称の一般的語尾．IR-6.2.4.3 参照．また，'iridine' も見よ．
irene	Hantzsch–Widman 命名法における最大数の非集積二重結合をもつ（つまり二重結合 1 個）飽和 3 員ヘテロ単環母体名称の一般的語尾．IR-6.2.4.3 参照．また，'irine' も見よ．
iridine	Hantzsch–Widman 命名法における含窒素飽和 3 員ヘテロ単環母体名称の語尾．IR-6.2.4.3 参照．
irine	Hantzsch–Widman 命名法における最大数の非集積二重結合をもつ（つまり二重結合 1 個）飽和 3 員ヘテロ単環でヘテロ原子が窒素だけのものの母体名称の語尾．IR-6.2.4.3 参照．
ite	酸名称語尾が 'ous' あるいは 'orous' となるオキソ酸の陰イオンおよびエステル名称の語尾．例：hypochlorite（hypochlorous acid から），methyl sulfite（sulfurous acid から）．表 IR-8.1 参照．また，'inite', 'onite' も見よ．
ito	'ite' 名称陰イオン（上記を見よ）が配位子となるときの語尾．例：nitrito, sulfito. IR-7.1.3, IR-9.2.2.3, 付表 IX 参照．また，'inito', 'onito' も見よ．
ium	多くの元素とその陽イオンの名称の語尾．例：helium, seaborgium. 新元素すべての語尾（IR-3 の文献 1 参照）． 母体水素化物あるいは他の母体構造（'anium', 'enium', 'inium', 'onium', 'ynium' を見よ）へのヒドロンの付加を示す接尾語で，適切な倍数接頭語と位置記号を伴うことがある．例：hydrazinium, $H_2NNH_2^+$；hydrazine-1,2-diium, $^+H_3NNH_3^+$.

付表 III （つづき）

o	負電荷をもつ配位子を示す語尾母音；'ato', 'ido', 'ito' を見よ．
	多くの無機および有機置換基を示す接頭語の語尾母音．例：amino, chloro, oxido, sulfo, thiolato.
	縮合成分を示す接頭語の語尾母音．（ブルーブック[b]のP-25.3を見よ．）また，'eno' および 'ino' も見よ．
	官能代置命名法（IR-8.6）において酸素原子あるいはまたヒドロキシ基の代置であることを示す挿入語の語尾母音．例：amido, nitrido, thio.
ocane	Hantzsch-Widman 命名法における飽和8員ヘテロ単環母体名称の語尾．IR-6.2.4.3 参照．
ocene	いくつかの定められたビス（シクロペンタジエニル）金属化合物の名称の語尾．例：ferrocene. IR-10.2.6 参照．
ocine	Hantzsch-Widman 命名法における最大数の非集積二重結合をもつ飽和8員ヘテロ単環の母体名称の語尾．IR-6.2.4.3 参照．
ol	母体水素化物の水素原子を－OH 基で置換したことを特定化する接尾語で，適切な位置記号および倍数接頭語を伴うことがある．例：silanol, SiH_3OH; trisilane-1,3-diol, $SiH_2(OH)SiH_2SiH_2OH$.
	－SH，－SeH，－TeH にそれぞれ対応する接尾語 'thiol', 'selenol', 'tellurol' の語尾．
olane	Hantzsch-Widman 命名法における飽和5員ヘテロ単環の母体名称の一般的語尾．IR-6.2.4.3 参照．また，'olidine' も見よ．
olate	母体水素化物の水素原子を－O^-基で置換したことを特定化する接尾語で，適切な位置記号および倍数接頭語を伴うことがある．例：silanolate, SiH_3O^-; trisilane-1,3-diolate, $SiH_2(O^-)SiH_2SiH_2O^-$.
	－S^-，－Se^-，－Te^- にそれぞれ対応する接尾語 'thiolate', 'selenolate', 'tellurolate' の語尾．
olato	その陰イオンが配位子となるときの 'olate' 接尾語の変化語尾．
ole	Hantzsch-Widman 命名法における最大数の非集積二重結合をもつ飽和5員ヘテロ単環の母体名称の語尾．IR-6.2.4.3 参照．
olidine	Hantzsch-Widman 命名法における含窒素飽和5員ヘテロ単環の母体名称の語尾．IR-6.2.4.3 参照．
onane	Hantzsch-Widman 命名法における飽和9員ヘテロ単環の母体名称の語尾．IR-6.2.4.3 参照．
onate	'onic' オキソ酸の陰イオンおよびエステルの名称の語尾．例：boronate, phosphonate, tetrathionate.
onato	'onate' 語尾の陰イオンが配位子となるときの変形語尾．
	ある定められた陰イオン性置換基を示す接頭語の語尾．例：phosphonato, －$P(=O)(O^-)_2$; sulfonato, －$S(=O)_2(O^-)$.
one	母体水素化物中の同一骨格原子の2個の水素原子を置換基＝Oで置換したことを特定する接尾語で，適切な位置記号と接頭倍数語を伴うことがある．例：phosphanone, $HP=O$; pentane-2,4-dione, $CH_3C(=O)CH_2C(=O)CH_3$.
	＝S，＝Se，＝Te それぞれに対応する接尾語 'thione', 'selenone', 'telllurone' の語尾．
onic	$HXO(OH)_2$ 型酸（X＝N, P, As, Sb），たとえば stibonic acid，$HXO_2(OH)$ 型酸（X＝S, Se, Te），たとえば sulfonic acid，および boronic acid $HB(OH)_2$ での母体酸名称の語尾．表 IR-8.1 を見よ．
	dithionic, trithinic などの酸母体名称の語尾（表 IR-8.1 を見よ）．
onine	Hantzsch-Widman 命名法における最大数の非集積二重結合をもつ飽和9員ヘテロ単環の母体名称の語尾．IR-6.2.4.3 参照．
onite	'onous' オキソ酸の陰イオンおよびエステルの名称の語尾．例：phosphonite, tetrathiunite
onito	'onite' 語尾の陰イオンが配位子となるときの変形語尾．
onium	単核母体水素化物にヒドロンが付加して生ずる陽イオンの，まだ容認されている非系統名称の語尾．例：ammonium, oxonium（IR-6.4.1 を見よ）．

付表 III （つづき）

ono	'onic' 酸が水素原子を失って生ずる置換基を示す接頭語の語尾．例：$-P(=O)(OH)_2$ に対する phosphono．例外：$-S(=O)_2OH$ は 'sulfono' ではなく，むしろ 'sulfo' とすることに注意せよ．
onous	$HX(OH)_2$ 型酸（$X=N, P, As, Sb$）の母体酸名称の語尾．例：stibonous acid.
	dithionous acid, trithionous acid などの母体酸名称の語尾（表 IR-8.1 を見よ）．
onoyl	'onic' 酸がすべてのヒドロキシ基を失って生ずる置換基を示す接頭語の語尾．例：phosphonoyl, $HP(O)<$；selenonoyl, $HSe(O)_2-$．（phosphonic acid, selenoic acid については表 IR-8.1 を見よ．）
onyl	2価置換基 $>X(=O)_2$（$X=S, Se, Te$ に対してそれぞれ sulfonyl, selenonyl, telluronyl）を示す接頭語の語尾．
orane	λ^5-phosphane(PH_5) に対する phosphorane, λ^5-arsane(AsH_5) に対する arsorane, λ^5-stibane(SbH_5) に対する stiborane として容認されている代替名称の語尾．
oryl	'oric' 酸がすべてのヒドロキシ基を失って生ずる置換基を示す接頭語の語尾．例：phosphoric acid からの phosphoryl, $P(O)<$．
ous	ある定められた無機オキソ酸の母体名称の語尾．例：arsorous acid, seleninous acid．さらに多くの 'ous' 酸名称の例は表 IR-8.1 と表 IR-8.2 参照．また，'inous', 'onous' も見よ．
	より低い酸化状態を示すために元素名語幹に形式的に付加される語尾．例：ferrous chloride, cuprous oxide, cerous hyrdroxide．この種の名称はもう容認できない．
triene	'ene' を見よ．
triide	'ide' を見よ．
triium	'ium' を見よ．
triyl	母体水素化物が 3 個の水素原子を失って生ずるトリラジカルあるいは 3 本の単結合をもつ置換基を示す，接尾語 'yl' と倍数接頭語 'tri' の複合接頭語．例：borantriyl, $-B<$；trisilane-1,2,3-triyl; $-SiH_2SiHSiH_2-$；λ^5-phosphanetriyl, $H_2P\lessdot$．（また，'ylidyne' と 'ylylidene' も見よ．）
uide	母体構造への水素化物の付加を特定する接尾語で，適切な位置記号と倍数接頭語を伴うことがある．例：tellanuide, TeH_3^-．
uido	'uide' 陰イオンが配位子となるときの，その名称の変形語尾．
y	いくつかの置換基に対する接頭語の語尾母音．例：carboxy, $-COOH$；hydroxy, $-OH$；oxy, $-O-$．
	付加命名法における無機鎖状および環状構造での鎖原子および環原子を特定する接頭語の語尾母音．IR-7.4 参照．すべての元素に対するこれらの接頭語は付表 X に示してある．
yl	母体水素化物が水素原子を失って生ずるラジカルあるいは置換基を示す接頭語の語尾母音で，適切な倍数接頭語と位置記号を伴うことがある．例：hydrazinyl, $H_2NNH^{\bullet}$ または H_2NNH-；hydrazine-1,2-diyl, $^{\bullet}HNNH^{\bullet}$ または $-HNNH-$．（また，'diyl', 'ylene', 'ylidene', 'triyl', 'ylylidene', 'ylidyne' も見よ．）
	ある特定されたオキシド金属陽イオンの非系統的名称の語尾．例：oxidovanadium(2+) に対する vanadyl．この種の名称はもう容認できない．
ylene	'diyl' と同義の少数の 2 価置換基に許容されている名称の語尾．methanediyl $-CH_2-$ に対する methylene；benzenediyl $-C_6H_4-$ に対する phenylene；（benzene-1,2-diyl に対する 1,2-phenylene など）．
ylidene	母体水素化物が同一原子上の 2 個の水素原子を失って生じた二重結合をもつ 2 価置換基の名称に対する接尾語．例：azanylidene, $HN=$，ならびに対応するジラジカルの名称の接尾語．（また，'diyl' も見よ．）
ylidyne	母体水素化物が同一原子上の 3 個の水素原子を失って生じた三重結合をもつ 3 価置換基の名称に対する接尾語．例：phosphanylidyne, $P\equiv$．（また，'ylylidene', 'triyl' も見よ．）

付表 III （つづき）

ylium	母体水素化物が水素化物イオンを失って生ずる陽イオンの名称の接尾語で，適切な位置記号と倍数接頭語を伴うことがある．例：azanylium, NH_2^+；disilane-1,2-diylium, $^+H_2SiSiH_2^+$.
ylylidene	同一原子が3個の水素原子を失って生じた単結合と二重結合をもつ3価置換基の名称に対する（'yl'に 'ylidene' を加えた）複合接尾語．例：azanylylidene, $-N=$. （また，'ylidene'，'triyl' も見よ．）
yne	対応する飽和母体構造名称の語尾 'ane' の，三重結合の不飽和となる非環状および環状母体構造の組織名称における変形語尾．必要があれば，三重結合の位置と個数を特定する位置記号と倍数接頭語を付記する．例：diazyne（この名称の応用いついては 'ynium' を見よ），ethyne, penta-1,4-diyne.
ynide	'yne' 名称母体水素化物がヒドロンを失って生ずる陰イオン名称の語尾で，'e' を接尾語 'ide' とした複合語尾．例：ethynide, $CH\equiv C^-$. IR-6.4.4 参照.
ynium	'yne' 名称母体水素化物にヒドロンが付加して生じた陽イオン名称の語尾で，'e' を接尾語 'ium' とした複合語尾．例：diazynium, $N\equiv NH^+$. IR-6.4.1 参照.

a ここでの '接尾語 suffix' とは，母体物質への化学的修飾を特定化するために母体名称に付加される名称の部分である，としている．たとえば，ある特性基による母体水素化物の水素原子の置換は 'carboxylic acid', 'thiol' などの接尾語で，1個以上の水素原子の除去によるラジカルあるいは置換基の生成は 'yl', 'ylidene' などの接尾語で表す．'語尾 ending' という用語も広い意味で用いているが，化合物群に分属されるメンバーに共通する系統的名称の末尾部分（末尾の1音節または数音節）を特定的に指示するもので，たとえば，母体水素化物に対しての 'ane', 'ene', 'diene', 'yne' など，無機オキソ酸に対する 'onic acid', 'inic acid' などがこれに相当する．

b *Nomenclature of Organic Chemistry, IUPAC Recommendations*, eds. W. H. Powell and H. Favre, Royal Society of Chemistry, in preparation. (The Blue Book.)

付表 IV 倍数接頭語[訳注]

1	mono	モノ	一	21	henicosa	ヘンイコサ	二十一
2	di[a] (bis[b])	ジ（ビス）	二	22	docosa	ドコサ	二十二
3	tri (tris)	トリ（トリス）	三	23	tricosa	トリコサ	二十三
4	tetra (tetrakis)	テトラ（テトラキス）	四	30	triaconta	トリアコンタ	三十
5	penta (pentakis)	ペンタ（ペンタキス）	五	31	hentriaconta	ヘントリアコンタ	三十一
6	hexa (hexakis)	ヘキサ（ヘキサキス）	六	35	pentatriaconta	ペンタトリアコンタ	三十五
7	hepta (heptakis)	ヘプタ（ヘプタキス）	七	40	tetraconta	テトラコンタ	四十
8	octa (octakis)	オクタ（オクタキス）	八	48	octatetraconta	オクタテトラコンタ	四十八
9	nona (nonakis)	ノナ（ノナキス）	九	50	pentaconta	ペンタコンタ	五十
10	deca (decakis)	デカ（デカキス）	十	52	dopentaconta	ドペンタコンタ	五十二
11	undeca	ウンデカ	十一	60	hexaconta	ヘキサコンタ	六十
12	dodeca	ドデカ	十二	70	heptaconta	ヘプタコンタ	七十
13	trideca	トリデカ	十三	80	octaconta	オクタコンタ	八十
14	tetradeca	テトラデカ	十四	90	nonaconta	ノナコンタ	九十
15	pentadeca	ペンタデカ	十五	100	hecta	ヘクタ	百
16	hexadeca	ヘキサデカ	十六	200	dicta	ジクタ	二百
17	heptadeca	ヘプタデカ	十七	500	pentacta	ペンタクタ	五百
18	octadeca	オクタデカ	十八	1000	kilia	キリア	千
19	nonadeca	ノナデカ	十九	2000	dilia	ジリア	二千
20	icosa	イコサ	二十				

a 配位子が2個の配位原子で配位するときは，'didentate' ではなく，むしろ現実に多用されている 'bidentate' とすることが推奨される．

b bis ビス，tris トリスのような接頭語は，（1から10までが例示されているが，それ以上の数にも適用される）複数成分をもつ配位子名称や多義性を避ける場合に用いられる．

訳注　字訳された語の接頭語にはジ，トリなどが使用されるが，日本語訳された語の前の接頭語としては漢数字二，三などが使用される．この表では，例示された各倍数接頭語に対応するその漢数字を示してある．

付表 V　幾何学的および構造的特性を示す接辞（接頭語，挿入語，接尾語）

ギリシャ文字で示したものを除き，すべての幾何学的および構造的特性を示す接辞はイタリック体とする．また，すべての接辞は名称の残余部分とはハイフンで連結される．

antiprismo	正方ねじれ柱型に結合した 8 原子
arachno	開放の程度が nido と hypho の中間にあるホウ素構造
asym	無対称的
catena	鎖状構造；直鎖状重合物質を示すのによく使われる
cis	二つの基が配位圏内で隣接位置を占めている
closo	カゴ型あるいは閉鎖構造で，特にすべての面が三角形となる正多面体のホウ素骨格
cyclo	環状構造．（ここでの cyclo は構造を示す修飾語であるからイタリック体となる．有機化学命名法での 'cyclo' は分子式の変化を示すので，母体名称の一部となっている．したがって，イタリック体にはしない．）
δ（デルタ）	キレート環の配座の絶対配置を示す
Δ（デルタ）	デルタ多面体を示す構造記述語．あるいは絶対配置を示す
dodecahedro	三角十二面体型に結合した 8 原子
η（イータ）	一つの配位子上の隣接した原子団が一つの中心原子に結合していることを指定する
fac	八面体の同一面の三頂点を占める三つの基
hexahedro	六面体（例：立方体）型に結合した 8 原子
hexaprismo	六方柱型に結合した 12 原子
hypho	特にホウ素骨格での開放構造で，klado よりは閉鎖型で arachno よりは開放型
icosahedro	三角二十面体型に結合した 12 原子
κ（カッパ）	一つの配位子内の供与原子を特定する
klado	きわめて開放的なホウ素のポリ骨格構造
λ（ラムダ）	上付き数字を添え，結合数，すなわち母体化合物における当該原子骨格結合の数と結合している水素原子の数との和を示す；キレート環の配座の絶対配置を示す
Λ（ラムダ）	絶対配置を示す
mer	meridional；八面体の頂点を占める三つの基が，互いに trans となる二つの基に対して残りの一つの基が cis となる配置
μ（ミュー）	これで指定された基が二つ以上の配位中心の間を架橋していることを示す
nido	鳥の巣のような，ほとんど閉鎖されたホウ素骨格構造
octahedro	八面体型に結合した 6 原子
pentaprismo	五方柱型に結合した 10 原子
quadro	四辺形（例：正方形）型に結合した 4 原子
sym	対称的
tetrahedro	四面体型に結合した 4 原子
trans	二つの基が配位圏内において互いに直線的に反対側の位置を占めている
triangulo	三角形型に結合している 3 原子
triprismo	三角柱型に結合している 6 原子

付表 VI　元素の順位

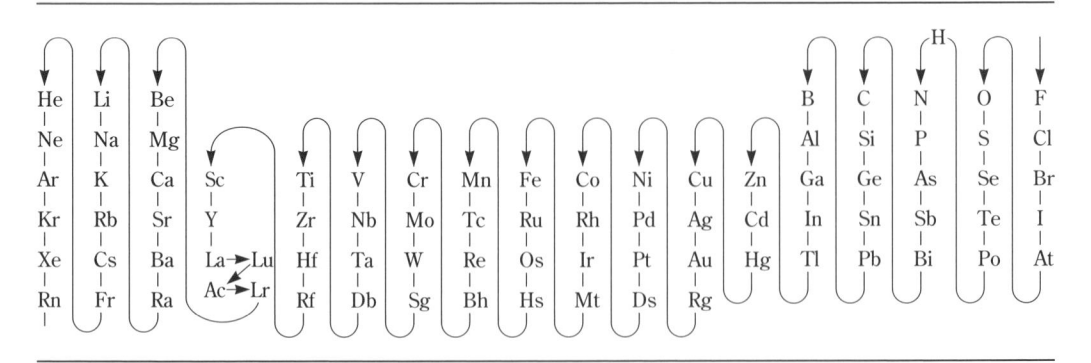

																H	
He	Li	Be										B	C	N	O	F	
Ne	Na	Mg										Al	Si	P	S	Cl	
Ar	K	Ca	Sc	Ti	V	Cr	Mn	Fe	Co	Ni	Cu	Zn	Ga	Ge	As	Se	Br
Kr	Rb	Sr	Y	Zr	Nb	Mo	Tc	Ru	Rh	Pd	Ag	Cd	In	Sn	Sb	Te	I
Xe	Cs	Ba	La→Lu	Hf	Ta	W	Re	Os	Ir	Pt	Au	Hg	Tl	Pb	Bi	Po	At
Rn	Fr	Ra	Ac→Lr	Rf	Db	Sg	Bh	Hs	Mt	Ds	Rg						

付表VII 配位子略号

配位子略号の構成および使用についての指針はIR-4.4.4に記してあり、それらの配位錯体化学式中での用法はIR-9.2.3.4で説明してある。略号はアルファベット順に記載してあるが、数字で始まる略号は、数字に続く最初の文字に従っている（たとえば、2,3,2-tetは文字 't' の位置にある）。この表から抜粋した配位子の構造式を付表Ⅷに示してある（各配位子の番号はこの表の番号となっている）。

番号と略号	系統的名称	他の名称（略号の由来）[a]
1. 4-abu	4-aminobutanato 4-アミノブタナト	
2. Ac	acetyl アセチル	
3. acac	2,4-dioxopentan-3-ido 2,4-ジオキソペンタン-3-イド	acetylacetonato アセチルアセトナト
4. acacen	2,2'-[ethane-1,2-diylbis(azanylylidene)]bis(4-oxopentane-3-ido) 2,2'-[エタン-1,2-ジイルビス(アザニールイリデン)]ビス(4-オキソペンタン-3-イド)	bis(acetylacetonato)ethylenediamine ビス(アセチルアセトナト)エチレンジアミン
5. ade	9H-purin-6-amine 9H-プリン-6-アミン	adenine アデニン
6. ado	9-β-D-ribofuranosyl-9H-purin-6-amine 9-β-D-リボフラノシル-9H-プリン-6-アミン	adenosine アデノシン
7. adp	adenosine 5'-diphosphato(3−) アデノシン 5'-ジホスファト(3−)	
8. aet	2-aminoethanethiolato 2-アミノエタンチオラト	
9. ala	2-aminopropanoato 2-アミノプロパノアト	alaninato アラニナト
10. ama	2-aminopropanedioato 2-アミノプロパンジオアト	aminomalonato アミノマロナト
11. amp	adenosine 5'-phosphato(2−) アデノシン 5'-ホスファト(2−)	adeosine monophosphato アデノシンモノホスファト
12. [9]aneN$_3$ (tacnも)	1,4,7-triazonane 1,4,7-トリアゾナン	
13. [12]aneN$_4$ (cyclenも)	1,4,7,10-tetraazacyclododecane 1,4,7,10-テトラアザシクロドデカン	
14. [14]aneN$_4$ (cyclamも)	1,4,8,11-tetraazacyclotetradecane 1,4,8,11-テトラアザシクロテトラデカン	
15. [18]aneP$_4$O$_2$	1,10-dioxa-4,7,13,16-tetraphosphacyclooctadecane 1,10-ジオキサ-4,7,13,16-テトラホスファシクロオクタデカン	
16. [9]aneS$_3$	1,4,7-trithionane 1,4,7-トリチオナン	
17. [12]aneS$_4$	1,4,7,10-tetrathiacyclododecane 1,4,7,10-テトラチアシクロドデカン	
18. arg	2-amino-5-carbamimidopentanoato 2-アミノ-5-カルバミミダミドペンタノアト	argininato アルギニナト
19. asn	2,4-diamino-4-oxobutanoato 2,4-ジアミノ-4-オキソブタノアト	asparaginato アスパラギナト
20. asp	2-aminobutanedioato 2-アミノブタンジオアト	aspartato アスパルタト

付表 VII（つづき）

番号と略号	系統的名称	他の名称（略号の由来）[a]
21. atmp	[nitrilotris(methylene)]tris(phosphonato) ［ニトリロトリス（メチレン）］トリス（ホスホナト）	aminotris(methylenephosphonato) アミノトリス（メチレンホスホナト）
22. atp	adenosine 5′-triphosphato(4−) アデノシン 5′-トリホスファト(4−)	
23. 2,3-bdta	2,2′,2″,2‴-(butane-2,3-diyldinitrilo)tetraacetato 2,2′,2″,2‴-(ブタン-2,3-ジイルジニトリロ)テトラアセタト	
24. benzo-15-crown-5	2,3,5,6,8,9,11,12-octahydro-1,4,7,10,13-benzopentaoxacyclopentadecine 2,3,5,6,8,9,11,12-オクタヒドロ-1,4,7,10,13-ベンゾペンタオキサシクロペンタデシン	
25. big	bis(carbamimidoyl)azanido ビス(カルバミミドイル)アザニド	biguanid-3-ido ビグアニド-3-イド
26. biim	2,2′-bi(1H-imidazole)-1,1′-diido 2,2′-ビ(1H-イミダゾール-1,1′-ジイド	2,2′-biimidazolato 2,2′-ビイミダゾラト
27. binap	1,1′-binaphthalene-2,2′-diylbis(diphenylphosphane) 1,1′-ビナフタレン-2,2′-ジイルビス(ジフェニルホスファン)	
28. bn	butane-2,3-diamine ブタン-2,3-ジアミン	
29. bpy	2,2′-bipyridine 2,2′-ビピリジン	
30. 4,4′-bpy	4,4′-bipyridine 4,4′-ビピリジン	
31. Bu	butyl ブチル	
32. bzac	1,3-dioxo-1-phenylbutan-2-ido 1,3-ジオキソ-1-フェニルブタン-2-イド	benzoylacetonato ベンゾイルアセトナト
33. bzim	1H-benzimidazol-1-ido 1H-ベンズイミダゾール-1-イド	
34. Bz[b]	benzyl ベンジル	
35. bztz	1,3-benzothiazole 1,3-ベンゾチアゾール	
36. cat	benzene-1,2-diolato ベンゼン-1,2-ジオラト	catecholato カテコラト
37. cbdca	cyclobutane-1,1-dicarboxylato シクロブタン-1,1-ジカルボキシラト	
38. cdta	2,2′,2″,2‴-(cyclohexane-1,2-diyldinitrilo)tetraacetato 2,2′,2″,2‴-(シクロヘキサン-1,2-ジイルジニトリロ)テトラアセタト	
39. C₅H₄Me	methylcyclopentadienyl メチルシクロペンタジエニル	
40. chxn (dach も)	cyclohexane-1,2-diamine シクロヘキサン-1,2-ジアミン	
41. cit	2-hydroxypropane-1,2,3-tricarboxylato 2-ヒドロキシプロパン-1,2,3-トリカルボキシラト	citrato シトラト

#	Abbrev.	Name	Japanese
42.	$C_5Me_5{}^c$	pentamethylcyclopentadienyl	ペンタメチルシクロペンタジエニル
43.	cod	cycloocta-1,5-diene	シクロオクタ-1,5-ジエン
44.	cot	cycloocta-1,3,5,7-tetraene	シクロオクタ-1,3,5,7-テトラエン
45.	Cp	cyclopentadienyl	シクロペンタジエニル
46.	cptn	cyclopentane-1,2-diamine	シクロペンタン-1,2-ジアミン
47.	18-crown-6	1,4,7,10,13,16-hexaoxacyclooctadecane	1,4,7,10,13,16-ヘキサオキサシクロオクタデカン
48.	crypt-211	4,7,13,18-tetraoxa-1,10-diazabicyclo[8.5.5]icosane	4,7,13,18-テトラオキサ-1,10-ジアザビシクロ[8.5.5]イコサン cryptand 211 クリプタンド 211
49.	crypt-222	4,7,13,16,21,24-hexaoxa-1,10-diazabicyclo[8.8.8]hexacosane	4,7,13,16,21,24-ヘキサオキサ-1,10-ジアザビシクロ[8.8.8]ヘキサコサン cryptand 222 クリプタンド 222
50.	Cy	cyclohexyl	シクロヘキシル
	cyclam	(14. [14]aneN₄ を見よ)	
	cyclen	(13. [12]aneN₄ を見よ)	
51.	cys	2-amino-3-sulfanylpropanoato	2-アミノ-3-スファニルプロパノアト cysteinato システイナト
52.	cyt	4-aminopyridin-2(1H)-one	4-アミノピリジン-2(1H)-オン cytosine シトシン
53.	dabco	1,4-diazabicyclo[2.2.2]octane	1,4-ジアザビシクロ[2.2.2]オクタン
	dach	(40. chxn を見よ)	
54.	dbm	1,3-dioxo-1,3-diphenylpropan-2-ido	1,3-ジオキソ-1,3-ジフェニルプロパン-2-イド dibenzoylmethanato ジベンゾイルメタナト
55.	dea	2,2'-azanediyldi(ethan-1-olato)	2,2'-アザンジイルジ(エタン-1-オラト) diethanolaminato ジエタノールアミナト
56.	depe	ethan-1,2-diylbis(diethylphosphane)	エタン-1,2-ジイルビス(ジエチルホスファン) 1,2-bis(diethylphosphino)ethane 1,2-ビス(ジエチルホスフィノ)エタン
57.	diars	benzene-1,2-diylbis(dimethylarsane)	ベンゼン-1,2-ジイルビス(ジメチルアルサン)
58.	dien	N-(2-aminoethyl)ethane-1,2-diamine	N-(2-アミノエチル)エタン-1,2-ジアミン diethylenetriamine ジエチレントリアミン
59.	[14]1,3-dieneN₄	1,4,8,11-tetraazacyclotetradeca-1,3-diene	1,4,8,11-テトラアザシクロテトラデカ-1,3-ジエン

付表 VII（つづき）

番号と略号	系統的名称	他の名称（略号の由来）[a]
60. diop	[(2,2-dimethyl-1,3-dioxalane-4,5-diyl)bis(methylene)]bis(diphenylphosphane) [(2,2-ジメチル-1,3-ジオキサラン-4,5-ジイル)ビス(メチレン)]ビス(ジフェニルホスファン)	
61. diox	1,4-dioxane　1,4-ジオキサン	
62. dipamp	ethane-1,2-diylbis[(2-methoxyphenyl)phenylphosphane] エタン-1,2-ジイルビス[(2-メトキシフェニル)フェニルホスファン]	'dimer of phenylanisylmethylphosphane' フェニルアニシルメチルホスファンの二量体
63. dma	N,N-dimethylacetamide　N,N-ジメチルアセトアミド	dimethylacetamide　ジメチルアセトアミド
64. dme	1,2-dimethoxyethane　1,2-ジメトキシエタン	
65. dmf	N,N-dimethylformamide　N,N-ジメチルホルムアミド	
66. dmg	butane-2,3-diylidenebis(azanolato) ブタン-2,3-ジイリデンビス(アザノラト)	dimethylglyoximato ジメチルグリオキシマト
67. dmpe	ethane-1,2-diylbis(dimethylphosphane) エタン-1,2-ジイルビス(ジメチルホスファン)	1,2-bis(dimethylphosphino)ethane 1,2-ビス(ジメチルホスフィノ)エタン
68. dmpm	methylenebis(dimethylphosphane) メチレンビス(ジメチルホスファン)	bis(dimethylphosphino)methane ビス(ジメチルホスフィノ)メタン
69. dmso	(methanesulfinyl)methane　(メタンスルフィニル)メタン	dimethyl sulfoxide　ジメチルスルホキシド
70. dpm	2,2,6,6-tetramethyl-3,5-dioxoheptan-4-ido 2,2,6,6-テトラメチル-3,5-ジオキソヘプタン-4-イド	dipivaloylmethanato ジピバロイルメタナト
71. dppe	ethane-1,2-diylbis(diphenylphosphane) エタン-1,2-ジイルビス(ジフェニルホスファン)	1,2-bis(diphenylphosphino)ethane 1,2-ビス(ジフェニルホスフィノ)エタン
72. dppf	1,1'-bis(diphenylphosphanyl)ferrocene　1,1'-ビス(ジフェニルホスファニル)フェロセン	
73. dppm	methylenebis(diphenylphosphane) メチレンビス(ジフェニルホスファン)	bis(diphenylphosphino)methane ビス(ジフェニルホスフィノ)メタン
74. dppp	propane-1,3-diylbis(diphenylphosphane) プロパン-1,3-ジイルビス(ジフェニルホスファン)	1,3-bis(diphenylphosphino)propane 1,3-ビス(ジフェニルホスフィノ)プロパン
75. dtmpa	(phosphonatomethyl)azanediylbis[ethane-2,1-diylnitrilobis(methylene)]tetrakis(phosphonato) (ホスホナトメチル)アザンジイルビス[エタン-2,1-ジイルニトリロビス(メチレン)]テトラキス(ホスホナト)	diethylenetriaminepentakis(methyleneophosphonato)[d] ジエチレントリアミンペンタキス(メチレンホスホナト)
76. dtpa	2,2',2'',2'''-(carboxylatomethyl)azanediylbis[ethan-2,1-diylnitrilo]tetraacetato 2,2',2'',2'''-(カルボキシラトメチル)アザンジイルビス[エタン-2,1-ジイルニトリロ]テトラアセタト	diethylenetriaminepentaacetato ジエチレントリアミンペンタアセタト

77.	ea	2-amino(ethane-1-olato) 2-アミノ(エタン-1-オラト)	ethanolaminato エタノールアミナト
78.	edda	2,2'-[ethane-1,2-diylbis(azanediyl)]diacetato 2,2'-[エタン-1,2-ジイルビス(アザンジイル)]ジアセタト	ethylenediaminediacetato エチレンジアミンジアセタト
79.	edta	2,2',2'',2'''-(ethane-1,2-diyldinitrilo)tetraacetato 2,2',2'',2'''-(エタン-1,2-ジイルジニトリロ)テトラアセタト	ethylenediaminetetraacetato エチレンジアミンテトラアセタト
80.	edtmpa	ethane-1,2-diylbis[nitrilobis(methylene)]tetrakis(phosphonato) エタン-1,2-ジイルビス[ニトリロビス(メチレン)]テトラキス(ホスホナト)	ethylenediaminetetrakis(methylene○phosphonato)[d] エチレンジアミンテトラキス(メチレンホスホナト)
81.	egta	2,2',2'',2'''-[ethane-1,2-diylbis(oxyethane-2,1-diylnitrilo)]tetraacetato 2,2',2'',2'''-[エタン-1,2-ジイルビス(オキシエタン-2,1-ジイルニトリロ)]テトラアセタト	ethylene glycol-bis(2-aminoethyl)- N,N,N',N'-tetraacetic acid エチレングリコール-ビス(2-アミノエチル)- N,N,N',N'-四酢酸
82.	en	ethane-1,2-diamine エタン-1,2-ジアミン	
83.	Et	ethyl エチル	
84.	Et$_2$dtc	N,N'-diethylcarbamodithioato N,N'-ジエチルカルバモジチオアト	N,N'-diethyldithiocarbamato N,N'-ジエチルジチオカルバマト
85.	fod	6,6,7,7,8,8,8-heptafluoro-2,2-dimethyl-3,5-dioxooctan-4-ido 6,6,7,7,8,8,8-ヘプタフルオロ-2,2-ジメチル-3,5-ジオキシオクタン-4-イド	
86.	fta	1,1,1-trifluoro-2,4-dioxopentan-3-ido 1,1,1-トリフルオロ-2,4-ジオキシペンタン-3-イド	trifluoroacetylacetonato トリフルオロアセチルアセトナト
87.	gln	2,5-diamino-5-oxopentanoato 2,5-ジアミノ-5-オキシペンタノアト	glutaminato グルタミナト
88.	glu	2-aminopentanedioato 2-アミノペンタンジオアト	glutamato グルタマト
89.	gly	aminoacetato アミノアセタト	glycinato グリシナト
90.	gua	2-amino-9H-purin-6(1H)-one 2-アミノ-9H-プリン-6(1H)-オン	guanine グアニン
91.	guo	2-amino-9-β-D-ribofuranosyl-9H-purin-6(1H)-one 2-アミノ-9-β-D-リボフラノシル-9H-プリン-6(1H)-オン	guanosine グアノシン
92.	hdtmpa	hexane-1,6-diylbis[nitrilobis(methylene)]tetrakis(phosphonato) ヘキサン-1,6-ジイルビス[ニトリロビス(メチレン)]テトラキス(ホスホナト)	hexamethylenediaminetetrakis(methylene○phosphanato)[d] ヘキサメチレンジアミンテトラキス(メチレンホスファナト)
93.	hedp	1-hydroxyethane-1,1-diylbis(phosphonato) 1-ヒドロキシエタン-1,1-ジイルビス(ホスホナト)	1-hydroxyethane-1,1-diphosphonato 1-ヒドロキシエタン-1,1-ジホスホナト

付表 VII（つづき）

番号と略号	系統的名称	他の名称（略号の由来）[a]
94. hfa	1,1,1,5,5,5-hexafluoropentane-2,4-dioxopentan-3-ido 1,1,1,5,5,5-ヘキサフルオロペンタン-2,4-ジオキソペンタン-3-イド	hexafluoroacetylacetonato ヘキサフルオロアセチルアセトナト
95. his	2-amino-3-(imidazol-4-yl)propanoato 2-アミノ-3-(イミダゾール-4-イル)プロパノアト	histidinato ヒスチジナト
96. hmpa	hexamethylphosphoric triamide ヘキサメチルリン酸トリアミド	
97. hmta	1,3,5,7-tetraazatricyclo[3.3.1.1^{3,7}]decane 1,3,5,7-テトラアザトリシクロ[3.3.1.1^{3,7}]デカン	hexamethylenetetramine ヘキサメチレンテトラミン
98. ida	2,2'-azanediyldiacetato 2,2'-アザンジイルジアセタト	iminodiacetato イミノジアセタト
99. ile	2-amino-3-methylpentanoato 2-アミノ-3-メチルペンタノアト	isoleucinato イソロイシナト
100. im	1H-imidazol-1-ido 1H-イミダゾール-1-イド	
101. isn	pyridine-4-carboxamide ピリジン-4-カルボキサミド	isonicotinamide イソニコチンアミド
102. leu	2-amino-4-methylpentanoato 2-アミノ-4-メチルペンタノアト	leucinato ロイシナト
103. lut	2,6-dimethylpyridin 2,6-ジメチルピリジン	lutidine ルチジン
104. lys	2,6-diaminohexanoato 2,6-ジアミノヘキサノアト	lysinato リシナト
105. mal	2-hydroxybutanedioato 2-ヒドロキシブタンジオアト	malato マラト
106. male	(Z)-butenedioato (Z)-ブテンジオアト	maleato マレアト
107. malo	propanedioato プロパンジオアト	malonato マロナト
108. Me	methyl メチル	
109. 2-Mepy	2-methylpyridine 2-メチルピリジン	
110. met	2-amino-4-(methylsulfanyl)butanoato 2-アミノ-4-(メチルスルファニル)ブタノアト	methioninato メチオニナト
111. mnt	1,2-dicyanoethene-1,2-dithiolato 1,2-ジシアノエテン-1,2-ジチオラト	maleonitriledithiolato マレオニトリルジチオラト
112. napy	1,8-naphtyridine 1,8-ナフチリジン	
113. nbd	bicyclo[2.2.1]hepta-2,5-diene ビシクロ[2.2.1]ヘプタ-2,5-ジエン	norbornadiene ノルボルナジエン
114. nia	pyridine-3-carboxamide ピリジン-3-カルボキサミド	nicotinamide ニコチンアミド
115. nmp	N-methylpyrolidine N-メチルピロリジン	
116. nta	2,2',2''-nitrilotriacetato 2,2',2''-ニトリロトリアセタト	
117. oep	2,3,7,8,12,13,17,18-octaethylporphyrin-21,23-dido 2,3,7,8,12,13,17,18-オクタエチルポルフィリン-21,23-ジイド	

118.	ox	ethanedioato エタンジオアト	oxalato オキサラト
119.	pc	phthalocyanine-29,31-diido フタロシアニン-29,31-ジイド	
120.	1,2-pdta	2,2′,2″,2‴-(propane-1,2-diylnitrilo)tetraacetato 2,2′,2″,2‴-(プロパン-1,2-ジイルニトリロ)テトラアセタト	1,2-propylenediaminetetraacetato 1,2-プロピレンジアミンテトラアセタト
121.	1,3-pdta	2,2′,2″,2‴-(propane-1,3-diylnitrilo)tetraacetato 2,2′,2″,2‴-(プロパン-1,3-ジイルニトリロ)テトラアセタト	1,3-propylenediaminetetraacetato 1,3-プロピレンジアミンテトラアセタト
122.	Ph	phenyl フェニル	
123.	phe	2-amino-3-phenylpropanoato 2-アミノ-3-フェニルプロパノアト	phenylalaninato フェニルアラニナト
124.	phen	1,10-phenanthroline 1,10-フェナントロリン	
125.	pip	piperidine ピペリジン	
126.	pmdien	2,2′-(methylazanediyl)bis(N,N-dimethylethan-1-amine) 2,2′-(メチルアザンジイル)ビス(N,N-ジメチルエタン-1-アミン)	N,N,N′,N″,N″ pentamethyldiethylene triamine[d] N,N,N′,N″,N″-ペンタメチルジエチレントリアミン
127.	pn	propane-1,2-diamine プロパン-1,2-ジアミン	
128.	ppIX	2,18-bis(2-carboxyethyl)-3,7,12,17-tetramethyl-8,13-divinylporphyrin-21,23-diido 2,18-ビス(2-カルボキシエチル)-3,7,12,17-テトラメチル-8,13-ジビニルポルフィリン-21,23-ジイド	protoporphyrinato IX プロトポルフィリナト IX
129.	pro	pyrrolidine-2-carboxylato ピロリジン-2-カルボキシラト	prolinato プロリナト
130.	ptn	pentane-2,4-diamine ペンタン-2,4-ジアミン	
131.	py	pyridine ピリジン	
132.	pyz	pyrazine ピラジン	
133.	pz	1H-pyrazol-1-ido 1H-ピラゾール-1-イド	
134.	qdt	quinoxaline-2,3-dithiolato キノキサリン-2,3-ジチオラト	
135.	quin	quinolin-8-olato キノリン-8-オラト	
136.	sal	2-hydroxybenzoato 2-ヒドロキシベンゾアト	salicylato サリチラト
137.	salan	2-[(phenylimino)methyl]phenolato 2-[(フェニルイミノ)メチル]フェノラト	salicylideneanilinato サリチリデンアニリナト
138.	saldien	2,2′-[azanediylbis(ethane-2,1-diylazanylylidenemethanylylidene)]diphenolato 2,2′-[アザンジイルビス(エタン-2,1-ジイルアザニルイリデンメタニルイリデン)]ジフェノラト	bis(salicylidene)diethylenetriaminato ビス(サリチリデン)ジエチレントリアミナト
139.	salen	2,2′-[ethane-1,2-diylbis(azanylylidenemethanylylidene)]diphenolato 2,2′-[エタン-1,2-ジイルビス(アザニルイリデンメタニルイリデン)]ジフェノラト	bis(salicylidene)ethylenediaminato ビス(サリチリデン)エチレンジアミナト

付表 VII（つづき）

番号と略号	系統的名称	他の名称（略号の由来）[a]
140. salgly	N-(2-oxidobenzylidene)glycinato N-(2-オキシドベンジリデン)グリシナト	salicylideneglycinato サリチリデングリシナト
141. salpn	2,2′-[propane-1,2-diylbis(azanylylidenemethanylylidene)]diphenolato 2,2′-[プロパン-1,2-ジイルビス(アザニルイリデンメタニルイリデン)]ジフェノラト	bis(salicylidene)propylenediaminato ビス(サリチリデン)プロピレンジアミナト
142. saltn	2,2′-[propane-1,3-diylbis(azanylylidenemethanylylidene)]diphenolato 2,2′-[プロパン-1,3-ジイルビス(アザニルイリデンメタニルイリデン)]ジフェノラト	bis(salicylidene)trimethylenediaminato ビス(サリチリデン)トリメチレンジアミナト
143. sdta[e]	2,2′,2″,2‴-[(1,2-diphenylethane-1,2-diyl)dinitrilo]tetraacetato 2,2′,2″,2‴-[(1,2-ジフェニルエタン-1,2-ジイル)ジニトリロ]テトラアセタト	stilbenediaminetetraacetato スチルベンジアミンテトラアセタト
144. sep[f]	1,3,6,8,10,13,16,19-octaazabicyclo[6.6.6]icosane 1,3,6,8,10,13,16,19-オクタアザビシクロ[6.6.6]イコサン	
145. ser	2-amino-3-hydroxypropanoato　2-アミノ-3-ヒドロキシプロパノアト	serinato　セリナト
146. stien[e]	1,2-diphenylethane-1,2-diamine　1,2-ジフェニルエタン-1,2-ジアミン	stilbenediamine　スチルベンジアミン
tacn (12. [9]aneN₃ を見よ)		1,4,7-triazacyclononane 1,4,7-トリアザシクロノナン
147. tap	propane-1,2,3-triamine　プロパン-1,2,3-トリアミン	1,2,3-triaminopropane 1,2,3-トリアミノプロパン
148. tart	2,3-dihydroxybutanedioato　2,3-ヒドロキシブタンジオアト	tartrato　タルトラト
149. tcne	ethenetetracarbonitrile　エテンテトラカルボニトリル	tetracyanoethylene　テトラシアノエチレン
150. tcnq	2,2′-(cyclohexa-2,5-diene-1,4-diylidene)di(propanedinitrile) 2,2′-(シクロヘキサ-2,5-エン-1,4-ジイリデン)ジ(プロパンジニトリル)	tetracyanoquinodimethane テトラシアノキノジメタン
151. tdt	4-methylbenzene-1,2-dithiolato　4-メチルベンゼン-1,2-ジチオラト	
152. tea	2,2′,2″-nitrilotri(ethan-1-olato) 2,2′,2″-ニトリロトリ(エタン-1-オラト)	triethanolaminato トリエタノールアミナト
153. terpy	2,2′:6′,2″-terpyridine　2,2′:6′,2″-テルピリジン	terpyridine　テルピリジン
154. 2,3,2-tet	N,N′-bis(2-aminoethyl)propane-1,3-diamine N,N′-ビス(2-アミノエチル)プロパン-1,3-ジアミン	1,4,8,11-tetraazaundecane 1,4,8,11-テトラアザウンデカン
155. 3,3,3-tet	N,N′-bis(3-aminopropyl)propane-1,3-diamine N,N′-ビス(3-アミノプロピル)プロパン-1,3-ジアミン	1,5,9,13-tetraazatridecane 1,5,9,13-テトラアザトリデカン
156. tetren	N,N′-(azanediyldiethane-2,1-diyl)di(ethane-1,2-diamine) N,N′-(アザンジイルジエタン-2,1-ジイル)ジ(エタン-1,2-ジアミン)	tetraethylenepentamine テトラエチレンペンタミン
157. tfa	trifluoroacetato　トリフルオロアセタト	

158.	thf	oxolane オキソラン	tetrahydrofuran テトラヒドロフラン
159.	thiox	1,4-oxathiane 1,4-オキサチアン	thioxane チオキサン
160.	thr	2-amino-3-hydroxybutanoato 2-アミノ-3-ヒドロキシブタノアト	threoninato トレオニナト
161.	tht	thiolane チオラン	tetrahydrothiophene テトラヒドロチオフェン
162.	thy	5-methylpyrimidine-2,4(1H,3H)-dione 5-メチルピリミジン-2,4(1H,3H)-ジオン	thymine チミン
163.	tmen	N,N,N',N'-tetramethylethane-1,2-diamine N,N,N',N'-テトラメチルエタン-1,2-ジアミン	
164.	tmp	5,10,15,20-tetrakis(2,4,6-trimethylphenyl)porphyrin-21,23-diido 5,10,15,20-テトラキス(2,4,6-トリメチルフェニル)ポルフィリン-21,23-イド	5,10,15,20-tetramesitylporphyrin-21,23-ido 5,10,15,20-テトラメシチルポルフィリン-21,23-イド
165.	tn	propane-1,3-diamine プロパン-1,3-ジアミン	trimethylenediamine トリメチレンジアミン
166.	Tol (o-, m- or p-)	2-, 3- or 4-methylphenyl 2-、3-または4-メチルフェニル	tolyl (o-, m- or p-) トリル (o-, m- または p-)
167.	Tp	hydridotris(pyrazolido-N)borato(1−) or tris(1H-pyrazol-1-yl)boranuido ヒドリドトリス(ピラゾリド-N)ボラト(1−) または トリス(1H-ピラゾール-1-イル)ボラヌイド	hydrotris(pyrazolyl)borato ヒドロトリス(ピラゾリル)ボラト
168.	Tp[g]	tris(3,5-dimethylpyrazolido-N)hydridoborato(1−) トリス(3,5-ジメチルピラゾリド-N)ヒドリドボラト(1−)	hydridotris(3,5-dimethylpyrazolyl)borato ヒドリドトリス(3,5-ジメチルピラゾリル)ボラト
169.	tpp	5,10,15,20-tetraphenylporphyrin-21,23-diido 5,10,15,20-テトラフェニルポルフィリン-21,23-ジイド	
170.	tren	N,N-bis(2-aminoethyl)ethane-1,2-diamine N,N-ビス(2-アミノエチル)エタン-1,2-ジアミン	tris(2-aminoethyl)amine トリス(2-アミノエチル)アミン
171.	trien	N,N'-bis(2-aminoethyl)ethane-1,2-diamine N,N'-ビス(2-アミノエチル)エタン-1,2-ジアミン	triethylenetetramine トリエチレンテトラミン
172.	triphos[h]	[(phenylphosphanediyl)bis(ethane-2,1-diyl)]bis(diphenylphosphane) [(フェニルホスファンジイル)ビス(エタン-2,1-ジイル)]ビス(ジフェニルホスファン)	
173.	tris	2-amino-2-(hydroxymethyl)propane-1,3-diol 2-アミノ-2-(ヒドロキシメチル)-1,3-ジオール	tris(hydroxymethyl)aminomethane トリス(ヒドロキシメチル)アミノメタン

付表 VII（つづき）

番号と略号	系統的名称	他の名称（略号の由来）[a]
174. trp	2-amino-3-(1H-indol-3-yl)propanoato 2-アミノ-3-(1H-インドール-3-イル)-1,3-プロパノアト	tryptophanato トリプトファナト
175. tsalen	2,2′-[ethane-1,2-diylbis(azanylylidenemethanylylidene)]dibenzenethiolato 2,2′-[エタン-1,2-ジイルビス(アザニルイリデンメタニルイリデン)]ジベンゼンチオラト	bis(thiosalicylidene)ethylenediaminato ビス(チオサリチリデン)エチレンジアミナト
176. ttfa	4,4,4-trifluoro-1,3-dioxo-1-(2-thienyl)butan-2-ido 4,4,4-トリフルオロ-1,3-ジオキソ-1-(2-チエニル)ブタン-2-イド	thenoyltrifluoroacetonato テノイルトリフルオロアセトナト
177. ttha	2,2′,2′′-(ethane-1,2-diylbis{[(carboxylatomethyl)azanediyl]ethane-2,1-diylnitrilo})tetraacetato 2,2′,2′′-(エタン-1,2-ジイルビス{[(カルボキシラトメチル)アザンジイル]エタン-2,1-ジイルニトリロ})テトラアセタト	triethylenetetraminehexaacetato トリエチレンテトラミンヘキサアセタト
178. ttp	5,10,15,20-tetrakis(4-methylphenyl)porphyrin-21,23-diido 5,10,15,20-テトラキス(4-メチルフェニル)ポルフィリン-21,23-ジイド	5,10,15,20-tetra-p-tolylporphyrin-21,23-diido 5,10,15,20-テトラ-p-トリルポルフィリン-21,23-ジイド
179. tu	thiourea チオ尿素	
180. tyr	2-amino-3-(4-hydroxyphenyl)propanoato 2-アミノ-3-(4-ヒドロキシフェニル)プロパノアト	tyrosinato チロシナト
181. tz	1,3-thiazole 1,3-チアゾール	thiazole チアゾール
182. ura	pyrimidine-2,4(1H,3H)-dione ピリミジン-2,4(1H,3H)-ジオン	uracil ウラシル
183. val	2-amino-3-methylbutanoato 2-アミノ-3-メチルブタノアト	valinato バリナト

[a] これらの名称の多くは、もはや許容されていない。
[b] Bzはこれまでしばしば'benzoyl'の略号として、また'benzyl'の略号として、混乱を招く原因になり得るからである。
[c] pentamethylcyclopentadienyl ペンタメチルシクロペンタジエニルの略号としてCp*を使用するときに用いている。行が変わるためにやむを得ず一つの名称を分割しなければならないときに用いている。星印*は、励起状態、光学活性物質、その他の名称を特定するのに用いられるものを、それらの代替としてPhCO, PhCH₂を用いることが望ましい。
[d] この記号は、行が変わるためにやむを得ず一つの名称を分割しなければならないときに用いている。行が変えるがなければ、この記号は除外される。ハイフンはすべて名称の中の必要な部分であることに注意する。[訳注：英語名称、日本語名称のいずれにおいても、名称が行変えとなる末尾に記されたハイフンは名称の一部である。]
[e] この略号は、この配位子中にC=C二重結合が存在することを意味することを正しくない非系統的名称 stilbenediamine に由来している。
[f] この略号は、この配位子が陰イオン性であることを意味することを正しくない非系統的名称 sepulchrate に由来している。
[g] 略号 Tp は、脚注 c で述べた理由から、Tp* より望ましい。hydridotris(pyrazolido-N)borate 置換体となる配位子の略号設定の一般方式が提案されている [S. Trofimenko, Chem. Rev., 93, 943-980 (1993)]。たとえば、Tp が Tp[Me] となると、ピラゾール環の 3- と 5- の位置をメチル基が置換していることを上付き文字で示している。
[h] 略号 triphos を、リン原子 4 個をもつ配位子 PhP(CH₂PPh₂)₃ の略号として用いるべきではない。

付表 VIII　配位子（抜粋）の構造式（番号は付表 VII と合致）

付表 VIII 配位子の構造式

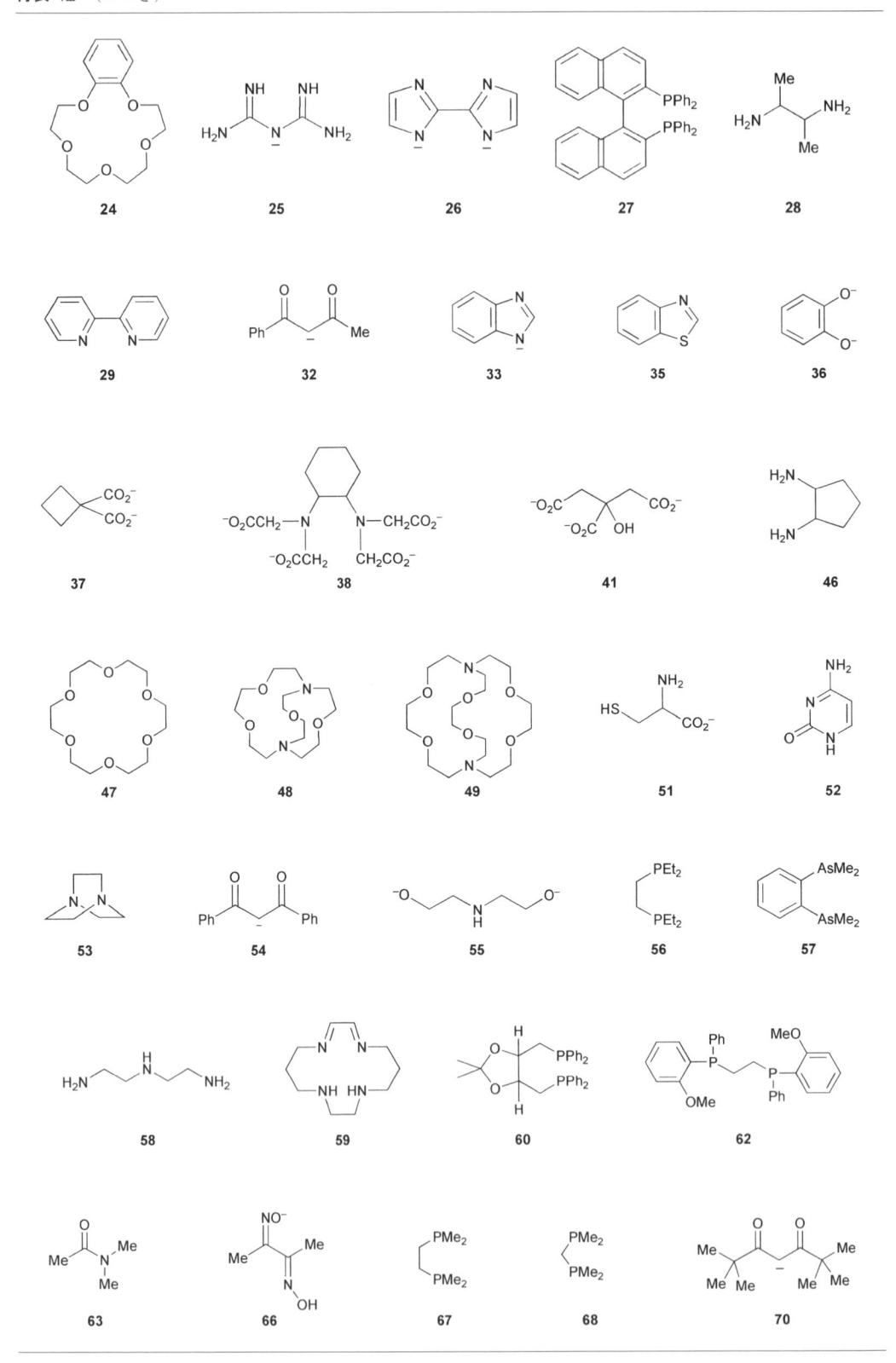

付表 VIII （つづき）

付表 VIII 配位子の構造式

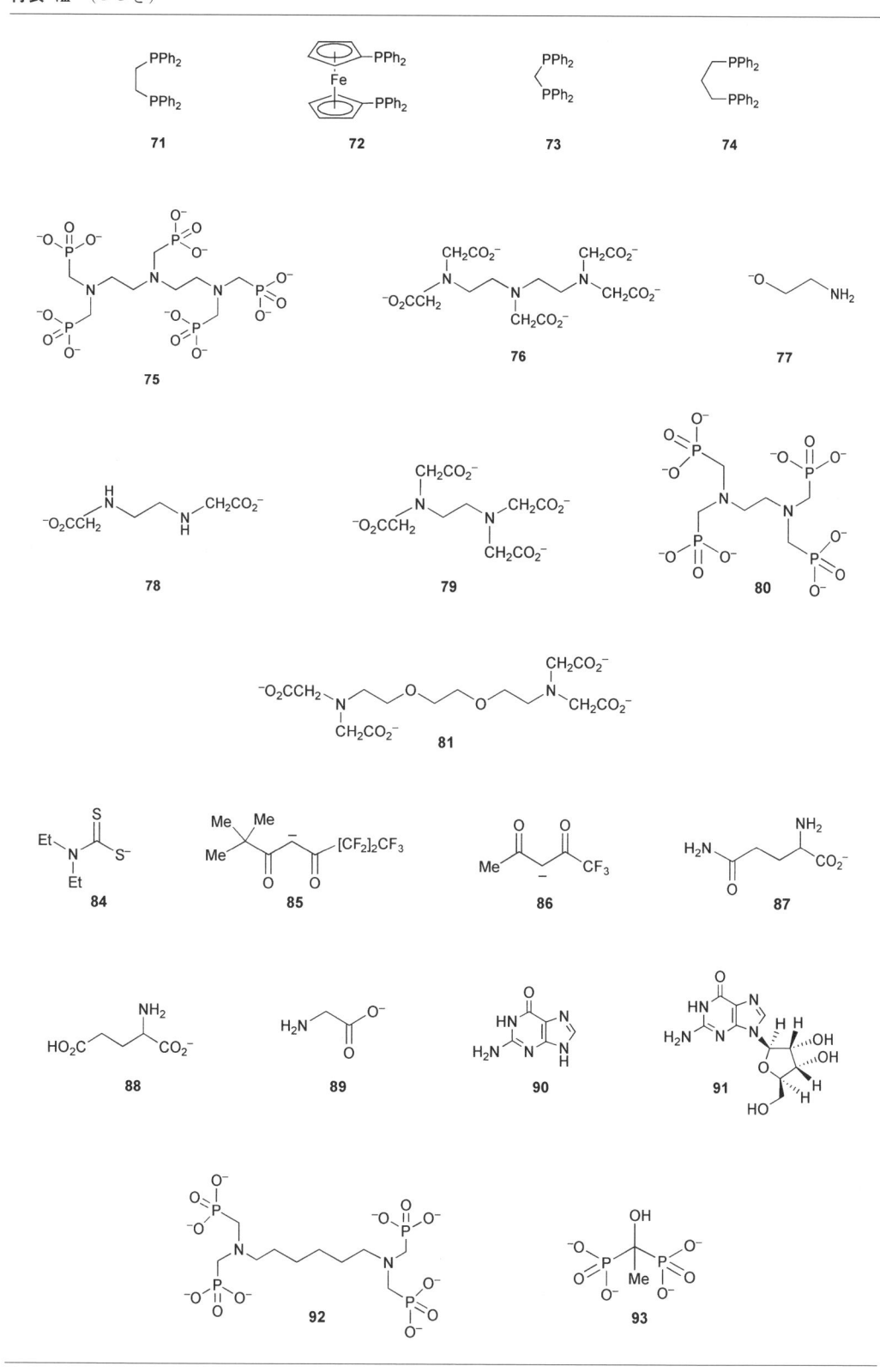

付表 VIII （つづき）

付表 VIII （つづき）

付表 Ⅷ （つづき）

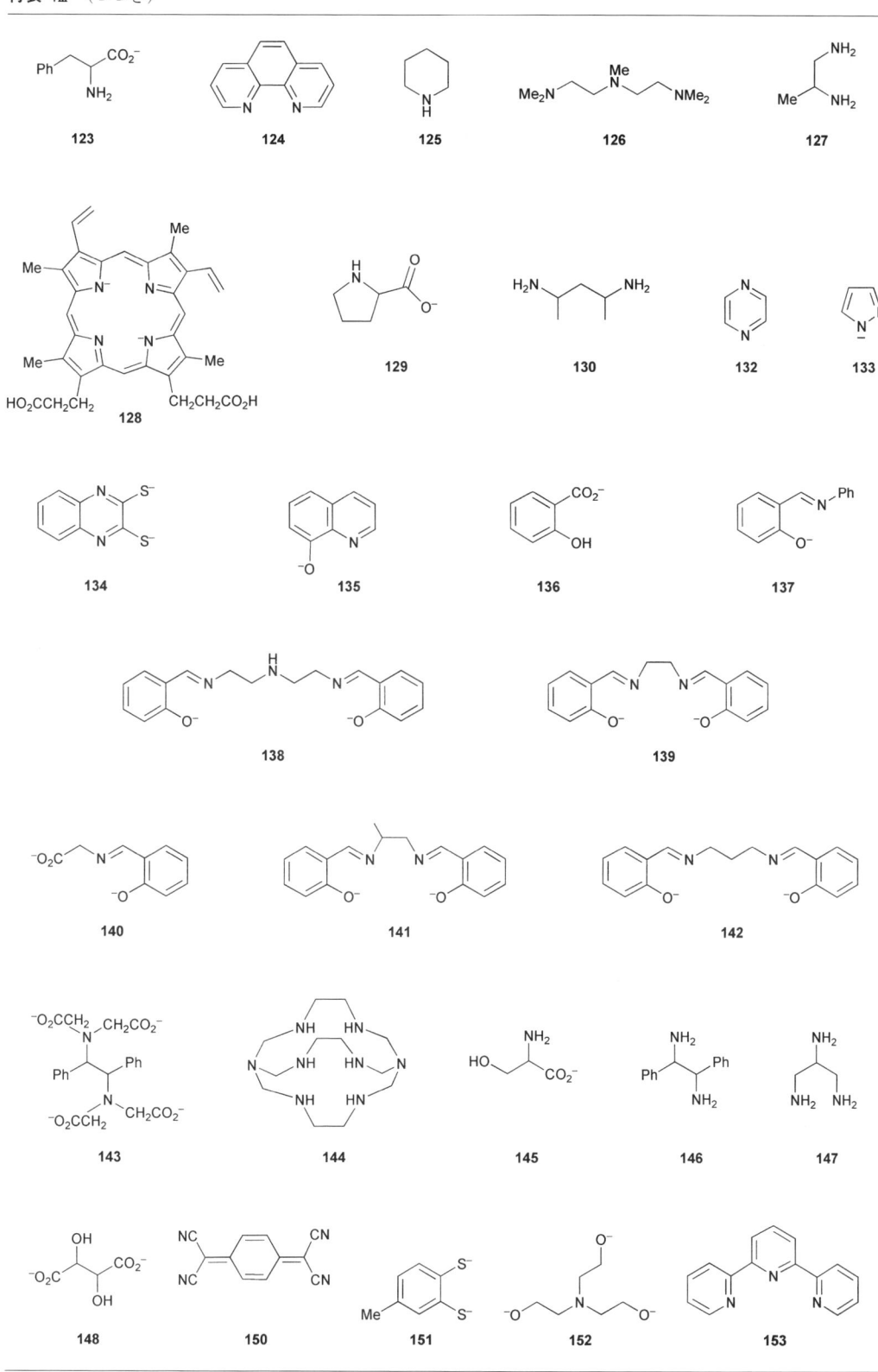

付表 VIII　配位子の構造式

付表 VIII　（つづき）

付表 IX 同種原子系、二元系ならびにその他の簡単な系の分子、イオン、化合物、ラジカルおよび置換基の名称

この表には相当数の同種原子系の化合物や化学種、ならびにヘテロ多原子系化学種の名称を示してあるので、簡単な化合物の名称一覧になるとともに、その他およびより複雑な化合物の名称を導き例証するための資料としても利用できるであろう。この表を通覧する必要があろう。対象とする化合物（やその類縁化合物）を確認するには、同じ化学式で命名できる。しかし、ケイ素とゲたとえば、カリウムの酸化物のすべてについて名称を掲げているが、対応する他のアルカリ金属の酸化物についてはここで示す必要性はないので、ルマニウムの無機酸に対応する塩基の名称はここで示す必要性はないことになる。いくつかの水素化物の名称は示されているので、対応するススと鉛の水素化物の名称はここで示す必要性はないことになる。

表 IR-8.1 と表 IR-8.2 にはさらに多数の酸の名称を収めてある。炭素を含む化合物と置換基については、きわめて少数だけを例示した。特に、一般的なアルキル基などに帰属される有機配位子、アミン、ホスフィン、カルボキシラート、チオラート、フェノラート、（部分的に）脱ヒドロン化したアミン、ホスファン、アルサンなど、ここに現れる化学式をアルファベット順に収載している。おおむねね収載されている。

表の第 1 列には、ここに現れる化学式をアルファベット順に収載している。三元化学種の場合、原子の配置順序に従っている。たとえば、アンモニアは 'NH$_3$' とされるが、ヒドラジンは 'H$_2$Se' とされ、AlLi は 'LiAl' とされている。相互検索すればこの表の中の正しい位置を見つけ出せるはずである。しかしながら、三元および四元化学種の配列にはアルファベット順ではなく、表 VI（IR-4.4）の位置順による方式の方が特別な形式の化学式が示'HO$_n$P' の位置が収載されている。これらの配列は IR-4.4.2.2 に説明してある。第 1 列の右側の列には、特定の構造を強調するための特別な形式の化学式が示してある。第 1 列 'BrHO$_3$' に対しては、表 IR-8.2 に示した 2 種の形式である 'HBrO$_3$'、'[BrO$_2$(OH)]' ではなく、'HOBrO$_2$' が示されている。印刷上の都合で 1 行にきれない名称の行末には記号 '>' を付けてあるが、この表の次の行に転記されるときには除かれるべきである。よって、表中に印刷されているハイフンは、すべて名称の構成要素である。元素記号に付随したときには記号 '>' および '<' の記号も、その行の原子から隣接する 2 原子への 2 本の単結合を示している。

あるの化合物に対して、適用可能であるときには、各種の名称を、定比組成名 (IR-5)、置換名称 (IR-6)、付加名称 (IR-7)、水素名称 (IR-8) の順に示してある。全く体系的ではなく、また上記の命名法のいずれのも能わない許容名称、セミコロンのあとに示してある。式と名称の配列順序は優先性を示すものではないが、実際には、特定の目的名称を用いるのが良いである。配位化合物と見なせる分子性化合物ならば、[NaCl] と付加化合物、伝統的に使用されている '塩化ナトリウム sodium chloride' とするのが良い。同様な処置は、AlH$_3$ に対する '三水素化アルミニウム aluminium trihydride'、あるいは H$_2$S に対する '二硫化水素 dihydrogen disulfide' のように、構造説明はなくても当該化学組成をしめす定比組成名称をもつ一群の水素化合物にも適用される。この場合、分子性物質である [AlH$_3$] に対する 'アルマン alumane' あるいは 'トリヒドリドアルミニウム trihydridoaluminium' や HSSH に対する 'ジスルファン disulfane' のように、（ある種の誘導体の命名にはどうしても必要なために）分子性化合物を特定化するためには、（ある種の誘導体の命名にはどうしても必要な）母体水素化物名称あるいは付加名称も用いられることになる。

上記の実例に示したように、取り上げた対象の相違点を強調するために、この付表では分子性物質であることを角括弧で示してあることに注意されたい。それらは、普通には角括弧などは表記されていない。角括弧で示された式はまた、配位型付加名称に対応している。

非電荷電子または基の化学式	名称		
	非荷電原子または分子（対イオン、ラジカルを含む）あるいは置換基[a]	陽イオン（陽イオンラジカルを含む）または陽イオン性置換基[a]	陰イオン（陰イオンラジカルを含む）または陰イオン性置換基[b]、配位子[c]
Ac	actinium アクチニウム	actinium アクチニウム	actinide[d] アクチニウム化物	actinido アクチニド
Ag	silver 銀	silver 銀	argentide 銀化物	argentido アルゲンチド
Al	aluminium アルミニウム	aluminium (general) アルミニウム（一般） Al$^+$, aluminium(1+) アルミニウム(1+) Al^{3+}, aluminium(3+) アルミニウム(3+)	aluminide (general) アルミニウム化物（一般） Al$^-$, aluminide(1−) アルミニウム化物(1−)	aluminido (general) アルミニド（一般） Al$^-$, aluminido(1−) アルミニド(1−)
AlCl (つづく)	AlCl, aluminium monochloride 一塩化アルミニウム	AlCl$^+$, chloridoaluminium(1+) クロリドアルミニウム(1+)		

付表 IX （つづき）

非荷電原子または基の化学式	非荷電原子または分子（対イオン，ラジカルを含む）あるいは置換基[a]	陽イオン（陽イオンラジカルを含む）または陽イオン性置換基[b,訳注]	陰イオン（陰イオンラジカルを含む）または陰イオン性置換基[b,訳注]	配位子[c]
AlCl（つづき）	[AlCl], chloridoaluminium クロリドアルミニウム			
AlCl₃ (Al₂Cl₆ も見よ)	AlCl₃, aluminium trichloride 三塩化アルミニウム [AlCl₃], trichloroalumane トリクロロアルマン, trichloridoaluminium トリクロロドアルミニウム			
AlCl₄			AlCl₄⁻, tetrachloroalumanuide テトラクロロアルマヌイド, tetrachloridoaluminate(1−) テトラクロリドアルミン酸(1−)	AlCl₄⁻, tetrachloroalumanuido テトラクロロアルマヌイド, tetrachloridoaluminato(1−) テトラクロリドアルミナト(1−)
AlH	AlH, aluminium monohydride 一水素化アルミニウム [AlH], λ¹-alumane λ¹-アルマン（母体水素化物名称）, hydridoaluminium ヒドリドアルミニウム	AlH⁺, hydridoaluminium(1+) ヒドリドアルミニウム(1+)		
AlH₂	−AlH₂, alumanyl アルマニル			
AlH₃	AlH₃, aluminium trihydride 三水素化アルミニウム [AlH₃], alumane アルマン（母体水素化物名称）, trihydridoaluminium トリヒドリドアルミニウム	AlH₃•⁺, alumaniumyl アルマニウミジル, trihydridoaluminate(•1−)[e] トリヒドリドアルミン酸(•1−)	AlH₃•⁻, alumanuidyl アルマヌイジル, trihydridoaluminate(•1−) トリヒドリドアルミン酸(•1−)	
AlH₄			AlH₄⁻, alumanuide アルマヌイド, tetrahydridoaluminate(1−) テトラヒドリドアルミン酸(1−)	AlH₄⁻, alumanuido アルマヌイド, tetrahydridoaluminato(1−) テトラヒドリドアルミナト(1−)
AlO	AlO, aluminium mon(o)oxide 一酸化アルミニウム [AlO], oxidoaluminium オキシドアルミニウム	AlO⁺, oxidoaluminium(1+) オキシドアルミニウム(1+)	AlO⁻, oxidoaluminate(1−) オキシドアルミン酸(1−)	AlO⁻, oxidoaluminato(1−) オキシドアルミナト(1−)

AlSi	AlSi, aluminium monosilicide 一ケイ化アルミニウム [AlSi], silicidoaluminium シリシドアルミニウム		
Al_2	Al_2, dialuminium ニアルミニウム	Al_2^-, dialuminide(1−) ニアルミニウム化物(1−)	
Al_2Cl_6	$[Cl_2Al(\mu\text{-}Cl)_2AlCl_2]$, di-μ-chlorido-bis(dichlorido○ aluminium) ジ-μ-クロリド-ビス(ジクロリドアルミニウム)		
Al_4		Al_4^{2-}, tetraaluminide(2−) 四アルミニウム化物(2−)	
Am	americium アメリシウム	americide アメリシウム化物	americido アメリシド
Ar	argon (general) アルゴン (一般) Ar^+, argon(1+) アルゴン(1+)		argonido アルゴニド
ArBe	$ArBe^+$, beryllidoargon(1+) ベリリドアルゴン(1+)		
ArF	ArF^+, fluoridoargon(1+) フッ化アルゴン $[ArF]$, fluoridoargon フルオリドアルゴン(1+)		
ArHe	$ArHe^+$, helidoargon(1+) ヘリドアルゴン(1+)		
ArLi	$ArLi^+$, lithidoargon(1+) リチドアルゴン(1+)		
Ar_2	Ar_2, diargon ニアルゴン Ar_2^+, diargon(1+) ニアルゴン(1+)		
As	arsenic ヒ素 >As−, arsanetriyl アルサントリイル AsH^{2+}, arsanebis(ylium)(2+) アルサンビス(イリウム)(2+), hydridoarsenic(2+) ヒドリドヒ素(2+)	arsenide (general) ヒ化物 (一般) As^{3-}, arsenide(3−) ヒ化物(3−), arsanetriide アルサントリイド; arsenide ヒ化物	arsenido (general) アルセニド (一般) As^{3-}, arsantriido アルサントリイド; arsenido アルセニド
AsH (つづく)	AsH, arsenic monohydride 一水素化ヒ素 $AsH^•$, arsanylidene アルサニリデン, hydridoarsenic(2•) ヒドリドヒ素(2•)	AsH^{2-}, arsanediide アルサンジイド, hydridoarsenate(2−) ヒドリドヒ酸(2−)	AsH^{2-}, arsanediido アルサンジイド, hydridoarsenato(2−) ヒドリドアルセナト(2−)

付表 IX（つづき）

非荷電原子または基の化学式	名称 非荷電原子または分子（対イオン、ラジカルを含む）あるいは置換基[b,訳注]	陽イオン（陽イオンラジカルを含む）または陽イオン性置換基[a]	陰イオン（陰イオンラジカルを含む）または陰イオン性置換基[b,訳注]	配位子[c]
AsH（つづき）	>AsH, arsanediyl アルサンジイル =AsH, arsanylidene アルサニリデン			
AsHO	>AsH(O), oxo-λ⁵-arsanediyl オキソ-λ⁵-アルサンジイル； arsonoyl アルソノイル =AsH(O), oxo-λ⁵-arsanylidene オキソ-λ⁵-アルサニリデン； arsonylidene アルソニリデン			
AsHO₂	>AsO(OH), hydroxy(oxo)-λ⁵-arsanediyl ヒドロキシ(オキソ)-λ⁵-アルサンジイル； hydroxyarsoryl ヒドロキシアルソリル =AsO(OH), hydroxy(oxo)-λ⁵-arsanylidene ヒドロキシ(オキソ)-λ⁵-アルサニリデン； hydroxyarsorylidene ヒドロキシアルソリリデン		AsHO₂²⁻, hydridodioxidoarsenate(2−) ヒドリドジオキシドアルセナト酸(2−)； arsonite 亜アルソン酸	AsHO₂²⁻, hydridodioxidoarsenato(2−) ヒドリドジオキシドアルセナト(2−)； arsonito アルソニト
AsHO₃			AsHO₃²⁻, hydridotrioxidoarsenate(2−) ヒドリドトリオキシドアルセナト酸(2−)； arsonate アルソン酸	AsHO₃²⁻, hydridotrioxidoarsenato(2−) ヒドリドトリオキシドアルセナト(2−)； arsonato アルソナト
AsH₂	AsH₂, aresenic dihydride 二水素化ヒ素 AsH₂•, arsanyl アルサニル, dihydridoarsenic(•) ジヒドリドヒ素(•) −AsH₂, arsanyl アルサニル	AsH₂⁺, arsanylium アルサニリウム, dihydridoarsenic(1+) ジヒドリドヒ素(1+),	AsH₂⁻, arsanide アルサニド, dihydridoarsenate(1−) ジヒドリドアルセナト酸(1−)	AsH₂⁻, arsanido アルサニド, dihydridoarsenato(1−) ジヒドリドアルセナト(1−)

AsH_2O	$-AsH_2O$, oxo-λ⁵-arsanyl オキシド-λ⁵-アルサニル； arsinoyl アルシノイル		AsH_2O^-, dihydridooxidoarsenate(1−) ジヒドリドオキシドヒ酸(1−)； arsinite 亜アルシン酸	AsH_2O^-, dihydridooxidoarsenato(1−) ジヒドリドオキシドアルセナト(1−)； arsinito アルシニト
AsH_2O_2			$AsH_2O_2^-$, dihydridodioxidoarsenate(1−) ジヒドリドジオキシドヒ酸(1−)； arsinate アルシン酸	$AsH_2O_2^-$, dihydridodioxidoarsenato(1−) ジヒドリドジオキシドアルセナト(1−)； arsinato アルシナト
AsH_2O_3	$-As(O)(OH)_2$, dihydroxyoxo-λ⁵-arsanyl ジヒドロキシオキソ-λ⁵-アルサニル； dihydroxyarsoryl ジヒドロキシアルソリル， arsono アルソノ		$AsO(OH)_2^-$, dihydroxidooxidoarsenate(1−) ジヒドロキシドオキシドヒ酸(1−)	$AsO(OH)_2^-$, dihydroxidooxidoarsenato(1−) ジヒドロキシドオキシドアルセナト(1−)
AsH_3	AsH_3, arsenic trihydride 三水素化ヒ素 [AsH_3], arsane (parent hydride name) アルサン（母体水素化物名称）， trihydridoarsenic トリヒドリドヒ素	$AsH_3^{\bullet+}$, arsaniumyl アルサニウミル， trihydridoarsenic(•1+) トリヒドリドヒ素(•1+) $-AsH_3^+$, arsaniumyl アルサニウミル	$AsH_3^{\bullet-}$, arsanuidyl アルサヌイジル， trihydridoarsenate(•1−)[e] トリヒドリドヒ酸(•1−)	
AsH_4	$-AsH_4$, λ⁵-arsanyl λ⁵-アルサニル	AsH_4^+, arsanium アルサニウム， tetrahydridoarsenic(1+) テトラヒドリドヒ素(1+)		
AsH_5	AsH_5, arsenic pentahydride 五水素化ヒ素 [AsH_5], λ⁵-arsane (parent hydride name) λ⁵-アルサン（母体水素化物名称）， pentahydridoarsenic ペンタヒドリドヒ素			
AsO （つづく）	>As(O)−, oxo-λ⁵-arsanetriyl オキソ-λ⁵-アルサントリイル； arsoryl アルソリル =As(O)−, oxo-λ⁵-arsanylylidene オキソ-λ⁵-アルサニルイリデン； arsorylidene アルソリリデン			

付表 IX（つづき）

非荷電原子または基の化学式	名称 非荷電原子または分子（対イオン、ラジカルを含む）あるいは置換基[a]	陽イオン（陽イオンラジカルを含む）または陽イオン性置換基[a]	陰イオン（陰イオンラジカルを含む）または陰イオン性置換基[b,訳注]	配位子[c]
AsO（つづき）	＝As(O), oxo-λ⁵-arsanylidyne オキソ-λ⁵-アルサニリジン； arsorylidyne アルソリリジン			
AsO₃			AsO₃³⁻, trioxidoarsenate(3−) トリオキシドアルセナト(3−)； arsenite 亜ヒ酸， arsorite 亜アルソール酸 −As(=O)(O⁻)₂, dioxidooxo-λ⁵-arsanyl ジオキシドオキシ-λ⁵-アルサニル； arsonato アルソナト	AsO₃³⁻, trioxidoarsenate(3−) トリオキシドアルセナト(3−)； arsenito アルセニト， arsorito アルソリト
AsO₄			AsO₄³⁻, tetraoxidoarsenate(3−) テトラオキシドアルセナト(3−)； arsenate ヒ酸， arsorate アルソール酸	AsO₄³⁻, tetraoxidoarsenato(3−) テトラオキシドアルセナト(3−)； arsenato アルセナト， arsorato アルソラト
AsS₄			AsS₄³⁻, tetrasulfidoarsenate(3−) テトラスルフィドアルセナト(3−)	AsS₄³⁻, tetrasulfidoarsenato(3−) テトラスルフィドアルセナト(3−)
As₂H			HAs=As⁻, diarsenide ジアルセニド HAsAs²⁻, diarsanetriide ジアルサントリイド	HAs=As⁻, diarsenido ジアルセニド HAsAs³⁻, diarsanetriido ジアルサントリイド
As₂H₂	HAs=AsH, diarsene ジアルセン		H₂AsAs²⁻, diarsane-1,1-diide ジアルサン-1,1-ジイド HAsAsH²⁻, diarsane-1,2-diide ジアルサン-1,2-ジイド	HAs=AsH, diarsene ジアルセン H₂AsAs²⁻, diarsane-1,1-diido ジアルサン-1,1-ジイド HAsAsH²⁻, diarsane-1,2-diido ジアルサン-1,2-ジイド
As₂H₄	H₂AsAsH₂, diarsane ジアルサン			H₂AsAsH₂, diarsane ジアルサン
As₄	As₄, tetraarsenic 四ヒ素			As₄, tetraarsenic 四ヒ素
At	astatine (general) アスタチン（一般） At•, astatine(•) アスタチン(•)， monoastatine 一アスタチン	astatine アスタチン	At⁻, astatide(1−) アスタチン化物(1−)； astatide アスタチン化物	astatido (general) アスタチド（一般） At⁻, astatido(1−) アスタチド(1−) astatido アスタチド

AtH	HAtを見よ			
At₂	At₂ diastatine ニアスタチン			
Au	gold 金	gold (general) 金 (一般) Au⁺, gold(1+) 金(1+) Au³⁺, gold(3+) 金(3+)	auride 金化物	aurido アウリド
B	boron ホウ素 >B–, boranetriyl ボラントリイル ≡B, boranylidyne ボラニリジン	boron (general) ホウ素 (一般) B⁺, boron(1+) ホウ素(1+) B³⁺, boron(3+) ホウ素(3+)	boride (general) ホウ化物 (一般) B⁻, boride(1−) ホウ化物(1−) B³⁻, boride(3−) ホウ化物(3−)	borido (general) ボリド (一般) B⁻, borido(1−) ボリド(1−) B³⁻, borido(3−) ボリド(3−); boride ホウリド
BH	>BH, boranediyl ボランジイル =BH, boranylidene ボラニリデン	BH²⁺, boranebis(ylium) ボランビス(イリウム), hydridoboron(2+) ヒドリドホウ素(2+)	BH²⁻, boranediide ボランジイド, hydridoborate(2−) ヒドリドホウ酸(2−)	BH²⁻, boranediido ボランジイド, hydridoborato(2−) ヒドリドボラト(2−)
BHO₃			BO₂(OH)²⁻, hydroxidodioxidoborate(2−) ヒドロキシドジオキシドホウ酸(2−); hydrogenborate ホウ酸水素	BO₂(OH)²⁻, hydroxidodioxidoborato(2−) ヒドロキシドジオキシドボラト(2−); hydrogenborato ヒドロゲンボラト
BH₂	–BH₂, boranyl ボラニル	BH₂⁺, boranylium ボラニリウム, dihydridoboron(1+) ジヒドリドホウ素(1+)	BH₂⁻, boranide ボラニド, dihidoridoborate(1−) ジヒドリドホウ酸(1−)	BH₂⁻, boranido ボラニド, dihidoridoborato(1−) ジヒドリドボラト(1−)
BH₂O	–BH(OH), hydroxyboranyl ヒドロキシボラニル			
BH₂O₂	–B(OH)₂, dihydroxyboranyl ジヒドロキシボラニル; borono ボロノ			
BH₃	BH₃, boron trihydride 三水素化ホウ素 [BH₃], borane (parent hydride name) ボラン (母体水素化物名), trihydridoboron トリヒドリドホウ素	BH₃⁻, boraniumyl ボラニウミル, trihydridoboron(•1+) トリヒドリドホウ素(•1+)	BH₃⁻, boraniumidyl ボラヌイジル, trihydridoborate(•1−)ᵉ トリヒドリドホウ酸(•1−) –BH₃⁻, boranuidyl ボラヌイジル	BH₃⁻, trihydridoborato(•1−) トリヒドリドボラト(•1−)
BH₄		BH₄⁺, boranium ボラニウム, tetrahydridoboron(1+) テトラヒドリドホウ素(1+)	BH₄⁻, boranuide ボラヌイド, tetrahydridoborate(1−) テトラヒドリドホウ酸(1−)	BH₄⁻, boranuide ボラヌイド, tetrahydridoborato(1−) テトラヒドリドボラト(1−)
BO	BO, boron mon(o)xide 一酸化ホウ素 [BO], oxidoboron オキシドホウ素	BO⁺, oxidoboron(1+) オキシドホウ素(1+)	BO⁻, oxidoborate(1−) オキシドホウ酸(1−)	BO⁻, oxidoborato(1−) オキシドボラト(1−)

付表 IX（つづき）

非荷電原子または基の化学式	非荷電原子または分子（対イオン、ラジカルを含む）あるいは置換基[a]	陽イオン（陽イオンラジカルを含む）または陽イオン性置換基[a]	陰イオン（陰イオンラジカルを含む）または陰イオン性置換基[b, 訳注]	配位子[c]
		名称		
BO_2			$(BO_2^-)_n = -(OBO)_n^{n-}$, catena-poly[oxidoborate-μ-oxido(1−)] catena-ポリ[オキシドホウ酸-μ-オキシド(1−)]; metaborate メタホウ酸	
BO_3			BO_3^{3-}, trioxidoborate(3−) トリオキシドホウ酸(3−); borate ホウ酸	BO_3^{3-}, trioxidoborato(3−); borato ボラト
Ba	barium バリウム	barium バリウム		
BaO	barium oxide 酸化バリウム			
BaO_2	$Ba^{2+}O_2^{2-}$, barium dioxide(2−) 二酸化(2−)バリウムまたはバリウム二酸化物(2−); barium peroxide 過酸化バリウム		baride バリウム化物	barido バリド
Be	beryllium ベリリウム	beryllium (general) ベリリウム（一般） Be^+, beryllium(1+) ベリリウム(1+) Be^{2+}, beryllium(2+) ベリリウム(2+)	beryllide ベリリウム化物	beryllido ベリリド
BeH	BeH, beryllium monohydride 一水素化ベリリウム [BeH], hydridoberyllium ヒドリドベリリウム	BeH^+, hydridoberyllium(1+) ヒドリドベリリウム(1+)	BeH^-, hydridoberyllate(1−) ヒドリドベリリウム酸(1−)	BeH^-, hydridoberyllato(1−) ヒドリドベリラト(1−)
Bh	bohrium ボーリウム	bohrium ボーリウム	bohride ボーリウム化物	bohrido ボーリド
Bi	bismuth ビスマス	bismuth ビスマス	bismuthide (general) ビスマス化物（一般） Bi^{3-}, bismuthide(3−) ビスマス化物(3−), bismuthanetriide ビスムタントリイド; bismuthide ビスマス化物	bismuthido (general) ビスムチド（一般） Bi^{3-}, bismuthido(3−) ビスムチド(3−); bismuthanetriido ビスムタントリイド; bismuthido ビスムチド

BiH	>BiH, bismuthanediyl ビスムタンジイル =BiH, bismuthanylidene ビスムタニリデン BiH•, bismuthanylidene ビスムタニリデン, hydridobismuth(2•) ヒドリドビスマス(2•)	BiH²⁺, bismuthanebis(ylium) ビスムタンビス(イリウム), hydridobismuth(2+) ヒドリドビスマス(2+)	BiH²⁻, bismuthanediide ビスムタンジイド, hydridobismuthato(2−) ヒドリドビスムタト(2−)
BiH₂	−BiH₂, bismuthanyl ビスムタニル BiH₂•, bismuthanyl ビスムタニル, dihydridobismuth(•) ジヒドリドビスマス(•)	BiH₂⁺, bismuthanylium ビスムタニリウム, dihydridobismuth(1+) ジヒドリドビスマス(1+)	BiH₂⁻, bismuthanide ビスムタニド, dihydridobismuthate(1−) ジヒドリドビスマス酸(1−)	BiH₂⁻, bismuthanido ビスムタニド, dihydridobismuthato(1−) ジヒドリドビスムタト(1−)
BiH₃	BiH₃, bismuth trihydride 三水素化ビスマス [BiH₃], bismuthane (parent hydride name) ビスムタン (母体水素化物名称), tiryhydridobismuth トリヒドリドビスマス =BiH₃, λ⁵-bismuthanylidene λ⁵-ビスムタニリデン	BiH₃•⁺, bismuthaniumyl ビスムタニウミル, trihydridobismuth(•1+) トリヒドリドビスマス(•1+)	BiH₃•⁻, bismuthanuidyl ビスムタヌイジル, trihydridobismuthate(•1−)ᵉ トリヒドリドビスマス酸(•1−)	
BiH₄		BiH₄⁺, bismuthanium ビスムタニウム, tetrahydridobismuth(1+) テトラヒドリドビスマス(1+)		
Bi₅		Bi₅⁴⁺, pentabismuth(4+) ペンタビスマス(4+)		
Bk	berkelium バークリウム	berkelium バークリウム	berkelide バークリド バークリウム化物ᵉ	berkelido バークリド
Br	bromine (general) 臭素 (一般) Br•, bromine(•) 臭素(•), monobromine 一臭素 −Br, bromo ブロモ	bromine (general) 臭素 (一般) Br⁺, bromine(1+) 臭素(1+)	bromide (general) 臭化物 (一般)ᵉ Br⁻, bromide(1−) 臭化物(1−); bromide 臭化物	bromido (general) ブロミド (一般) Br⁻, bromido(1−) ブロミド(1−); bromido ブロミド
BrCN	BrCN, cyanobromane シアノブロマン, bromidonitridocarbon ブロミドニトリド炭素			

付表 IX（つづき）

非荷電原子または基の化学式	非荷電原子または分子（対イオン，ラジカルを含む）あるいは置換基[a]	陽イオン（陽イオンラジカルを含む）または陽イオン性置換基[b, 訳注]	陰イオン（陰イオンラジカルを含む）または陰イオン性置換基[b, 訳注]	配位子[c]
BrH	HBr を見よ			
BrHO	HOBr, bromanol ブロマノール, hydroxidobromine[f] ヒドロキシドブロミン, hypobromous acid 次亜臭素酸			
BrHO$_2$	HOBrO, hydroxy-λ^3-bromanone ヒドロキシ-λ^3-ブロマノン, hydroxidooxidobromine ヒドロキシドオキシドブロミン; bromous acid 亜臭素酸			
BrHO$_3$	HOBrO$_2$, hydroxy-λ^5-bromanedione ヒドロキシ-λ^5-ブロマンジオン, hydroxidodioxidobromine ヒドロキシドジオキシドブロミン; bromic acid 臭素酸			
BrHO$_4$	HOBrO$_3$, hydroxy-λ^7-bromanetrione ヒドロキシ-λ^7-ブロマントリオン, hydroxidotrioxidobromine ヒドロキシドトリオキシドブロミン; perbromic acid 過臭素酸			
Br$_2$	Br$_2$, dibromine 二臭素	Br$_2^{\bullet+}$, dibromine($\bullet$1+) 二臭素($\bullet$1+)	Br$_2^{\bullet-}$, dibromide($\bullet$1−) 二臭化物($\bullet$1−)	Br$_2$, dibromine 二臭素
Br$_3$	Br$_3$, tribromine 三臭素		Br$_3^-$, tribromide(1−) 三臭化物(1−); tiribromide 三臭化物	Br$_3^-$, tribromide(1−) トリブロミド(1−); tribromido トリブロミド
C	carbon (general) 炭素 (一般), C, monocarbon 一炭素 >C<, methanetetrayl メタンテトライル =C=, methanediylidene メタンジイリデン	carbon (general) 炭素 (一般) C$^+$, carbon(1+) 炭素(1+)	carbide (general) 炭化物 (一般), C$^-$, carbide(1−) 炭化物(1−), C^{4-}, carbide(4−) 炭化物(4−), methanetetraide メタンテトライド; carbide 炭化物	carbido (general) カルビド (一般) C$^-$, carbido(1−) カルビド(1−) C^{4-}, carbido(4−) カルビド(4−), methanetetrayl メタンテトライル, methanetetraido メタンテトライド

CCINS				ClSCN•⁻, (chloridosulfato)∋ nitridocarbonate(•1−) (クロリドスルファト)ニトリド炭酸 (•1−)
CH	CH•, hydridocarbon(•) ヒドリド炭素(•), CH³, methylidyne メチリジン, hydridocarbon(3•) ヒドリド炭素(3•), carbyne カルビン ≡CH, methylidyne メチリジン −CH=, methanylylidene メタニルイリデン −CH<, methanetriyl メタントリイル	CH⁺, λ²-methanylium λ²-メタニリウム, hydridocarbon(1+) ヒドリド炭素(1+)		CH⁻, λ²-methanide λ²-メタン化物, hydridocarbonate(1−) ヒドリド炭酸(1−) CH³⁻, methanetride メタントリイド, hydridocarbonate(3−) ヒドリド炭酸(3−)	CH⁻, λ²-methanido λ²-メタニド, hydridocarbonato(1−) ヒドリドカルボナト(1−), CH³⁻, methanetriyl メタネトリイル, methanetrido メタントリド, hydridocarbonato(3−) ヒドリドカルボナト(3−)
CHN	HCN, hydrogen cyanide シアン化水素 HCN = [CHN], methanenitrile メタンニトリル, hydridonitridocarbon ヒドリドニトリド炭素; formonitrile ホルモニトリル >C=NH, carbonimidoyl カーボンイミドイル =C=NH, iminomethylidene イミノメチリデン, carbonimidoylidene カーボンイミドイリデン,				
CHNO	HCNO = [N(CH)O]•, formonitrile oxide ホルモニトリル酸化物, (hydridocarbonato)oxidonitrogen (ヒドリドカルボナト)オキシド窒素 HNCO = [C(NH)O]•, (hydridonitrato)oxidocarbon (ヒドリドニトラト)オキシド炭素; isocyanic acid イソシアン酸			HNCO•⁻, (hydridonitrato)oxido∋ carbonate(•1−) (ヒドリドニトラト)オキシド炭酸 (•1−) HOCN•⁻ hydroxidonitridocarbonate(•1−) ヒドロキシドニトリド炭酸(•1−)	HNCO•⁻, (hydridonitrato)oxido∋ carbonato(•1−) (ヒドリドニトラト)オキシドカルボナト(•1−) HOCN•⁻, hydroxidonitridocarbonato(•1−) ヒドロキシドニトリドカルボナト (•1−)

(つづく)

258

付表 IX（つづき）

非荷電原子または基の化学式	名称			配位子[c]
	非荷電原子または分子（対イオン，ラジカルを含む）あるいは置換基[a]	陽イオン（陽イオンラジカルを含む）または陽イオン性置換基[b,訳注]	陰イオン（陰イオンラジカルを含む）または陰イオン性置換基[b,訳注]	
CHNO（つづき）	HOCN ＝ [C(OH)N], hydroxidonitridocarbon ヒドロキシドニトリド炭素；cyanic acid シアン酸 HONC ＝ [NC(OH)], λ²-methylidenehydroxylamine λ²-メチリデンヒドロキシルアミン, carbidohydroxidonitrogen カルビドヒドロキシド窒素			
CHNOS			HONCS$^{\bullet-}$, (hydroxidonitrato)sulfido⚬carbonate(•1−) (ヒドロキシドニトラト)スルフィド炭酸(•1−) HOSNC$^{\bullet-}$, (hydroxidosulfato)nitrido⚬carbonate(•1−) (ヒドロキシドスルファト)ニトリド炭酸(•1−)	HONCS$^{\bullet-}$, (hydroxidonitrato)sulfido⚬carbonato(•1−) (ヒドロキシドニトラト)スルフィドカルボナト(•1−) HOSNC$^{\bullet-}$, (hydroxidosulfato)nitrido⚬carbonato(•1−) (ヒドロキシドスルファト)ニトリドカルボナト(•1−)
CHNO$_2$			HOOCN$^{\bullet-}$, (dioxidanido)nitrido⚬carbonate(•1−) (ジオキシダニド)ニトリド炭酸(•1−) HONCO$^{\bullet-}$, (hydroxidonitrato)oxido⚬carbonate(•1−) (ヒドロキシドニトラト)オキシド炭酸(•1−)	HOOCN$^{\bullet-}$, (dioxidanido)nitrido⚬carbonato(•1−) (ジオキシダニド)ニトリドカルボナト(•1−) HONCO$^{\bullet-}$, (hydroxidonitrato)oxido⚬carbonato(•1−) (ヒドロキシドニトラト)オキシドカルボナト(•1−)
CHNS	HCNS ＝ HC≡N⁺S⁻ ＝ [N(CH)S], (methylidyneammoniumyl)sulfanide (メチリジンアンモニウミル)スルファニド，			

		(hydridocarbonato)sulfidonitrogen (ヒドリドカルボナト)スルフィド窒素 HNCS = [C(NH)S], (hydridonitrato)sulfidocarbon (ヒドリドニトラト)スルフィド炭素；isothiocyanic acid イソチオシアン酸 HSCN = [CN(SH)], nitridosulfanidocarbon ニトリドスルファニド炭素；thiocyanic acid チオシアン酸 HSNC = [NC(SH)], λ^2-methylidenethiohydroxylamine λ²-メチリデンチオヒドロキシルアミン, carbidosulfanidonitrogen カルビドスルファニド窒素
CHNSe		HCNSe = HC≡N⁺Se⁻ = [N(CH)Se], (methylidyneammoniumyl)selanide (メチリジンアンモニウミル)セラニド, (hydridocarbonato)selenidonitrogen (ヒドリドカルボナト)セレニド窒素 HNCSe = [C(NH)Se], (hydridonitrato)selenidocarbon (ヒドリドニトラト)セレニド炭素；isoselenocyanic acid イソセレノシアン酸 HSeCN = [CN(SeH)], nitridoselanidocarbon ニトリドセラニド炭素；selenocyanic acid セレノシアン酸 HSeNC = [NC(SeH)], λ^2-methylideneselenohydroxylamine λ²-メチリデンセレノヒドロキシルアミン, carbidoselanidonitrogen カルビドセラニド窒素

付表 IX （つづき）

非荷電原子または基の化学式	名称		
	非荷電原子または分子（対イオン，ラジカルを含む）あるいは置換基[a]	陽イオン（陽イオン性置換基を含む）	陰イオン（陰イオンラジカルを含む）[b],訳注 配位子[c]
CHO	HCO•, oxomethyl オキシメチル, hydridooxidocarbon(•) ヒドリドオキシド炭素(•), −CH(O), methanoyl メタノイル, formyl ホルミル		
CHOS₂	HOCS₂•, hydroxidodisulfidocarbon(•) ヒドロキシドジスルフィド炭素(•)		
CHO₂	HOCO•, hydroxidooxidocarbon(•) ヒドロキシドオキシド炭素(•)		
CHO₃	HOCO₂•, hydroxidodioxidocarbon(•) ヒドロキシドジオキシド炭素(•), HOOCO•, (dioxidanido)oxidocarbon(•) (ジオキシダニド)オキシド炭素(•)		HCO₃⁻, hydroxidodioxidocarbonate(1−) ヒドロキシドジオキシドカルボナト(1−); hydrogencarbonate 炭酸水素 ヒドロゲンカルボナト
CH₂	CH₂, λ²-methane λ²-メタン CH₂²•, methylidene メチリデン dihydridocarbon(2•) ジヒドリド炭素(2•); −CH₂, methylidene メチリデン carben カルベン >CH₂, methanediyl メタンジイル, methylene メチレン =CH₂, methylidene メチリデン		CH₂²⁻, methanediide メタンジイド, dihydridocarbonate(2−) ジヒドリド炭酸(2−) −CH₂⁻, methanidyl メタニジル >CH₂, methanediyl メタンジイル, methylene メチレン =CH₂, methylidene メタンジイド, dihydridocarbonato(2−) ジヒドリドカルボナト =CH₂, methanediido メタンジイド, dihydridocarbonato(2−) ジヒドリドカルボナト
CH₂N	H₂CN•, dihydridonitridocarbon(•) ジヒドリドニトリド炭素(•)		
CH₂NO	H₂NCO•, (dihydridonitrato)oxidocarbon(•) (ジヒドリドニトラト)オキシド炭素(•), HNCOH•, (hydridonitrato)hydroxidocarbon(•) (ヒドリドニトラト)ヒドロキシド炭素(•)		

261

CH$_3$	CH$_3^{\bullet}$, methyl メチル, −CH$_3$ または −Me, methyl メチル	CH$_3^+$, methylium メチリウム, trihydridocarbon(1+) トリヒドリド炭素(1+)	CH$_3^-$, methanide メタニド, trihydridocarbonato(1−) トリヒドリドカルボナト(1−)
CH$_4$	CH$_4$, methane (parent hydride name) メタン (母体水素化物); tetrahydridocarbon テトラヒドリド炭素	CH$_4^{+\bullet}$, methaniumyl メタニウミル, tetrahydridocarbon($\bullet$1+) テトラヒドリド炭素($\bullet$1+)	CH$_4^{-\bullet}$, methanuidyl メタヌイジル, tetrahydridocarbonato($\bullet$1−) テトラヒドリドカルボナト($\bullet$1−)^e
CH$_5$		CH$_5^+$, methanium メタニウム, pentahydridocarbon(1+) ペンタヒドリド炭素(1+)	
CN	CN$^{\bullet}$, nitridooxidocarbon($\bullet$) ニトリドオキシド炭素($\bullet$); cyanyl シアニル, cyano シアノ −CN, cyano シアノ −NC, isocyano イソシアノ	CN$^+$, azanylidynemethylium アザニリジンメチリウム, nitridocarbon(1+) ニトリド炭素(1+)	CN$^-$, nitridocarbonato(1−) ニトリドカルボナト(1−) 一般; CN$^-$, nitridocarbonato(1−) ニトリドカルボナト(1−); cyanido = [nitridocarbonato(1−)-κC] シアニド = [ニトリドカルボナト(1−)-κC]
			nitridocarbonato (general) ニトリドカルボナト (一般)
			CN$^-$, nitridocarbonate(1−) ニトリド炭酸(1−); cyanide シアン化物
CN$_2$			NCN^{2-}, dinitridocarbonato(2−) ジニトリドカルボナト(2−)
			NCN^{2-}, dinitridocarbonate(2−) ジニトリド炭酸(2−)
CNO	OCN$^{\bullet}$, nitridooxidocarbon($\bullet$) ニトリドオキシド炭素($\bullet$) −OCN, cyanato シアナト −NCO, isocyanato イソシアナト −ONC, λ^2-methylideneazanylylideneoxy λ^2-メチリデンアザニリリデンオキシ −CNO, (oxo-λ^5-azanylidyne)methyl (オキソ-λ^5-アザニリジン)メチル		OCN$^-$, nitridooxidocarbonato(1−) ニトリドオキシドカルボナト(1−); cyanato シアナト ONC$^-$, carbidooxidonitrato(1−) カルビドオキシドニトラト(1−); fulminato フルミナト
			OCN$^-$, nitridooxidocarbonate(1−) ニトリドオキシド炭酸(1−); cyanate シアン酸 ONC$^-$, carbidooxidonitrate(1−) カルビドオキシド硝酸(1−); fulminate 雷酸 OCN$^{2-\bullet}$, nitridooxidocarbonate($\bullet$2−) ニトリドオキシド炭素($\bullet$2−)
CNS	SCN$^{\bullet}$, nitridosulfidocarbon($\bullet$) ニトリドスルフィド炭素($\bullet$) −SCN, thiocyanato チオシアナト −NCS, isothiocyanato イソチオシアナト		SCN$^-$, nitridosulfidocarbonato(1−) ニトリドスルフィドカルボナト(1−); thiocyanato チオシアナト SNC$^-$, carbidosulfidonitrato(1−) カルビドスルフィドニトラト(1−)
(つづく)			SCN$^-$, nitridosulfidocarbonate(1−) ニトリドスルフィド炭酸(1−); thiocyanate チオシアン酸 SNC$^-$, carbidosulfidonitrate(1−) カルビドスルフィド硝酸(1−)

付表 IX（つづき）

非荷電原子または基の化学式	名称			配位子[c]
	非荷電原子または分子（対イオン、ラジカルを含む）[a]	陽イオン（陽イオンラジカルを含む）、または陽イオン性置換基[a]	陰イオン（陰イオンラジカルを含む）または陰イオン性置換基[b],訳注	
CNS（つづき）	−SNC, λ^2-methylidene⊃azanylidenesulfanediyl λ^2-メチリデンアザニリデンスルファンジイル −CNS, (sulfanylidene-λ^5-azanylidyne)methyl (スルファニリデン-λ^5-アザニリジン)メチル			
CNSe	SeCN•, nitridoselenidocarbon(•) ニトリドセレニド炭素(•) −SeCN, selenocyanato セレノシアナト −NCSe, isoselenocyanato イソセレノシアナト −SeNC, λ^2-methylidene⊃azanylideneselanediyl λ^2-メチリデンアザニリデンセランジイル −CNSe, (selanylidene-λ^5-azanylidyne)methyl (セラニリデン-λ^5-アザニリジン)メチル		SeCN$^-$, nitridoselenidocarbonate(1−) ニトリドセレニド炭酸(1−); selenocyanate セレノシアン酸 SeNC$^-$, carbidoselenidonitrate(1−) カルビドセレニド硝酸	SeCN$^-$, nitridoselenidocarbonato(1−) ニトリドセレニドカルボナト(1−); selenocyanato セレノシアナト SeNC$^-$, carbidoselenidonitrato(1−) カルビドセレニドニトラト(1−)
CO	CO, carbon mon(o)oxide 一酸化炭素 >C=O, carbonyl カルボニル =C=O, carbonylidene カルボニリデン	CO•$^+$, oxidocarbon(•1+) オキシド炭素(•1+) CO^{2+}, oxidocarbon(2+) オキシド炭素(2+)	CO•$^-$, oxidocarbonate(•1−) オキシド炭酸(•1−)	CO, oxidocarbon オキシド炭素, oxidocarbonate (general) オキシドカルボナト（一般）; carbonyl = oxidocarbon-κC (general) カルボニル = オキシド炭素 κC（一般） CO•$^+$, oxidocarbon(•1+) オキシド炭素(•1+) CO•$^-$, oxidocarbonato(•1−) オキシドカルボナト(•1−)

COS	C(O)S, carbonyl sulfide 硫化カルボニル, oxidosulfidocarbon オキシドスルフィド炭素		
CO_2	CO_2, carbon dioxide 二酸化炭素, dioxidocarbon ジオキシド炭素	$CO_2^{\bullet-}$, oxidooxomethyl オキシドオキシメチル, dioxidocarbonate($\bullet$1−) ジオキシド炭酸($\bullet$1−)	CO_2, dioxidocarbon ジオキシド炭素 $CO_2^{\bullet-}$, oxidooxomethyl オキシドオキシメチル, dioxidocarbonato($\bullet$1−) ジオキシドカルボナト($\bullet$1−)
CO_3		$CO_3^{\bullet-}$, trioxidocarbonate($\bullet$1−) トリオキシド炭酸($\bullet$1−), $OCOO^{\bullet-}$, (dioxido)oxidocarbonate($\bullet$1−) (ジオキシド)オキシド炭酸($\bullet$1−), oxidoperoxidocarbonate($\bullet$1−) オキシドペルオキシド炭酸($\bullet$1−) CO_3^{2-}, trioxidocarbonate(2−) トリオキシド炭酸(2−); carbonate 炭酸	CO_3^{2-}, trioxidocrbonato(2−) トリオキシドカルボナト(2−); carbonato カルボナト
CS	carbon monosulfide 一硫化炭素 >C=S, carbonothioyl カルボノチオイル; thiocarbonyl チオカルボニル =C=S, carbonothioylidene カルボノチオイリデン	$CS^{\bullet+}$, sulfidocarbon($\bullet$1+) スルフィド炭素($\bullet$1+)	$CS^{\bullet-}$, sulfidocarbonate($\bullet$1−) スルフィド炭酸($\bullet$1−)	CS, sulfidocarbon スルフィド炭素, sulfidocarbonato スルフィドカルボナト, thiocarbonyl (general) チオカルボニル (一般) $CS^{\bullet+}$, sulfidocarbon($\bullet$1+) スルフィド炭素($\bullet$1+) $CS^{\bullet-}$, sulfidocarbonato($\bullet$1−) スルフィドカルボナト($\bullet$1−)
CS_2	CS_2, disulfidocarbon ジスルフィド炭素, carbon disulfide 二硫化炭素	$CS_2^{\bullet-}$, sulfidothioxomethyl スルフィドチオオキシメチル, disulfidocarbonate($\bullet$1−) ジスルフィド炭酸($\bullet$1−)	CS_2, disulfidocarbon ジスルフィド炭素 $CS_2^{\bullet-}$, sulfidothioxomethyl スルフィドチオオキシメチル, disulfidocarbonato($\bullet$1−) ジスルフィドカルボナト($\bullet$1−)

付表 IX（つづき）

非荷電原子または基の化学式	名称			
	非荷電原子または分子（対イオン、ラジカルを含む）あるいは置換基[a]	陽イオン（陽イオンラジカルを含む）または陽イオン性置換基[a]	陰イオン（陰イオンラジカルを含む）または陰イオン性置換基[b,訳注]	配位子[c]
CS_3			CS_3^{2-}, trisulfidocarbonate(2−) トリスルフィド炭酸(2−)	CS_3^{2-}, trisulfidocarbonato(2−) トリスルフィドカルボナト(2−)
C_2	C_2, dicarbon 二炭素	C_2^+, dicarbon(1+) 二炭素(1+)	C_2^-, dicarbide(1−) 二炭化物(1−) C_2^{2-}, dicarbide(2−) 二炭化物(2−), ethynediide エチンジイド, acetylenediide アセチレンジイド; acetylide アセチリド	dicarbido (general) ジカルビド（一般） C_2^{2-}, dicarbido(2−) ジカルビド(2−), ethynediido エチンジイド, ethyne-1,2-diyl エチン-1,2-ジイル
C_2H	$HCC^\bullet$, ethynyl エチニル, hydridodicarbon($\bullet$) ヒドリド二炭素($\bullet$)			
C_2N_2	NCCN, ethanedinitrile エタンジニトリル, bis(nitridocarbon)($C-C$) ビス(ニトリド炭素)($C-C$); oxalonitrile オキサロニトリル		$NCCN^{\bullet-}$, bis(nitridocarbonate)($C-C$)($\bullet$1−) ビス(ニトリド炭酸)($C-C$)($\bullet$1−)	
$C_2N_2O_2$	NCOOCN, dioxidanedicarbonitrile ジオキシダンジカルボニトリル, bis[cyanidooxygen]($O-O$) ビス[シアニドオキシゲン]($O-O$)		$NCOOCN^{\bullet-}$, bis[cyanidooxygenate]($O-O$)($\bullet$1−)[e] ビス[シアニドオキシゲナト]($O-O$)($\bullet$1−) $OCNNCO^{\bullet-}$, bis(carbonylnitrate)($N-N$)($\bullet$1−)[e] ビス(カルボニルニトラト)($N-N$)($\bullet$1−)	$NCOOCN^{\bullet-}$, bis[cyanidooxygenato]($O-O$)($\bullet$1−) ビス[シアニドオキシゲナト]($O-O$)($\bullet$1−) $OCNNCO^{\bullet-}$, bis(carbonylnitrato)($N-N$)($\bullet$1−) ビス(カルボニルニトラト)($N-N$)($\bullet$1−)
$C_2N_2S_2$	NCSSCN, disulfanedicarbonitrile ジスルファンジカルボニトリル, bis[cyanidosulfur]($S-S$) ビス[シアニド硫黄]($S-S$)		$NCSSCN^{\bullet-}$, bis[cyanidosulfate]($S-S$)($\bullet$1−)[e] ビス[シアニド硫酸]($S-S$)($\bullet$1−)	$NCSSCN^{\bullet-}$, bis[cyanidosulfato]($S-S$)($\bullet$1−) ビス[シアニドスルファト]($S-S$)($\bullet$1−)
C_3O_2	C_3O_2, tricarbon dioxide 三酸化二炭素 O=C=C=C=O, propa-1,2-diene-1,3-dione プロパ-1,2-ジエン-1,3-ジオン			

$C_{12}O_9$	$C_{12}O_9$, dodecacarbon nonaoxide 九酸化十二炭素			
Ca	calcium カルシウム	calcium (general) カルシウム (一般) Ca^{2+}, calcium(2+) カルシウム(2+)		calcido カルシド
Cd	cadmium カドミウム	cadmium (general) カドミウム (一般) Cd^{2+}, cadmium(2+) カドミウム(2+)		cadmide カドミド
Ce	cerium セリウム	cerium (general) セリウム (一般) Ce^{3+}, cerium(3+) セリウム(3+) Ce^{4+}, cerium(4+) セリウム(4+)		cerido セリド
Cf	californium カリホルニウム	californium カリホルニウム	californide カリホルニウム化物	californido カリホルニド
Cl	chlorine (general) 塩素 (一般) $Cl^\bullet$, chlorine(•) 塩素(•), monochlorine 一塩素 $-Cl$, chloro クロロ	chlorine (general) 塩素 (一般) Cl^+, chlorine(1+) 塩素(1+)	chloride (general) 塩化物 (一般) Cl^-, chloride(1−) 塩化物(1−); chloride 塩化物	chlorido (general) クロリド (一般) Cl^-, chlorido(1−) クロリド(1−); chlorido クロリド
ClF	ClF, fluoridochlorine フルオリド塩素, chlorine monofluoride 一フッ化塩素	ClF^+, fluoridochlorine(1+) フルオリド塩素(1+)		
ClF_2			ClF_2^-, difluoridochlorate(1−) ジフルオリドクロラト(1−)	ClF_2^-, difluoridochlorato(1−) ジフルオリドクロラト(1−)
ClF_4		ClF_4^+, tetrafluoridochlorine(1+) テトラフルオリド塩素(1+)	ClF_4^-, tetrafluoridochlorate(1−) テトラフルオリド塩素酸(1−)	ClF_4^-, tetrafluoridochlorato(1−) テトラフルオリドクロラト(1−)
ClH	HCl を見よ			
ClHN			$NHCl^-$, chloroazanide クロロアザニド, chlorohydridonitrate(1−) クロリドヒドリド硝酸(1−)	$NHCl^-$, chloroazanido クロロアザニド, chloridohydridonitrato(1−) クロリドヒドリドニトラト(1−)
ClHO	HOCl, chloranol クロラノール, hydroxidochlorine' ヒドロキシド塩素; hypochlorous acid 次亜塩素酸		$HOCl^\bullet$, hydroxidochlorate(•1−) ヒドロキシド塩素酸(•1−)	

付表 IX（つづき）

非荷電原子または基の化学式	非荷電原子または分子（対イオン、ラジカルを含む）あるいは置換基[a]	名称 陽イオン（陽イオンラジカルを含む）、または陽イオン性置換基	名称 陰イオン（陰イオンラジカルを含む）、または陰イオン性置換基[b,訳注]	配位子[c]
$ClHO_2$	HOClO, hydroxy-λ^3-chloranone ヒドロキシ-λ^3-クロラノン, hydroxidooxidochlorine ヒドロキシドオキシドクロリン; chlorous acid 亜塩素酸			
$ClHO_3$	$HOClO_2$, hydroxy-λ^5-chloranedione ヒドロキシ-λ^5-クロランジオン, hydroxidodioxidochlorine ヒドロキシドジオキシドクロリン; chloric acid 塩素酸			
$ClHO_4$	$HOClO_3$, hydroxy-λ^7-chloranetrione ヒドロキシ-λ^7-クロラントリオン, hydroxidotrioxidochlorine ヒドロキシドトリオキシドクロリン; perchloric acid 過塩素酸			
Cl_2	Cl_2, dichlorine 二塩素	$Cl_2^{•+}$, dichlorine(•1+) 二塩素(•1+)	$Cl_2^{•-}$, dichloride(•1−) 二塩化物(•1−)	Cl_2, dichlorine 二塩素 $Cl_2^{•-}$, dichlorido(•1−) ジクロリド(•1−)
Cl_2OP	$-PCl_2(O)$, dichlorooxo-λ^5-phosphanyl ジクロロオキソ-λ^5-ホスファニル, phosphorodichloridoyl ホスホロジクロリドイル			
Cl_4		Cl_4^+, tetrachlorine(1+) 四塩素(1+)		
Cm	curium キュリウム	curium キュリウム	curide キュリウム化物	curido キュリド
Co	cobalt コバルト	cobalt (general) コバルト（一般） Co^{2+}, cobalt(2+) コバルト(2+) Co^{3+}, cobalt(3+) コバルト(3+)	cobaltide コバルト化物	cobaltido コバルチド
Cr	chromium クロム	chromium (general) クロム（一般） Cr^{2+}, chromium(2+) クロム(2+) Cr^{3+}, chromium(3+) クロム(3+)	chromide クロム化物	chromido クロミド

CrO	CrO, chromium mon(o)oxide 一酸化クロム, chromium(II) oxide 酸化クロム(II)		
CrO$_2$	CrO$_2$, chromium dioxide 二酸化クロム, chromium(IV) oxide 酸化クロム(IV)		
CrO$_3$	CrO$_3$, chromium trioxide 三酸化クロム, chromium(VI) oxide 酸化クロム(VI)		
CrO$_4$	[Cr(O$_2$)$_2$], diperoxidochromium ジペルオキシドクロム	CrO$_4^{2-}$, tetraoxidochromate(2−) テトラオキシドクロム酸(2−); CrO$_4^{3-}$, tetraoxidochromate(3−) テトラオキシドクロム酸(3−); CrO$_4^{4-}$, tetraoxidochromate(4−) テトラオキシドクロム酸(4−)	CrO$_4^{2-}$, tetraoxidochromato(2−) テトラオキシドクロマト(2−); chromato クロマト; CrO$_4^{3-}$, tetraoxidochromato(3−) テトラオキシドクロマト(3−); CrO$_4^{4-}$, tetraoxidochromato(4−) テトラオキシドクロマト(4−)
CrO$_5$	[CrO(O$_2$)$_2$], oxidodiperoxidochromium オキシドジペルオキシドクロム		
CrO$_6$		CrO$_2$(O$_2$)$_2^{2-}$, dioxidodiperoxidochromate(2−) ジオキシドジペルオキシドクロム酸(2−)	
CrO$_8$		Cr(O$_2$)$_4^{2-}$, tetraperoxidochromate(2−) テトラペルオキシドクロム酸(2−); Cr(O$_2$)$_4^{3-}$, tetraperoxidochromate(3−) テトラペルオキシドクロム酸(3−)	
Cr$_2$O$_3$	Cr$_2$O$_3$, dichromium trioxide 三酸化二クロム, chromium(III) oxide 酸化クロム(III)		
Cr$_2$O$_7$		Cr$_2$O$_7^{2-}$, heptaoxidodichromate(2−) ヘプタオキシドニクロム酸(2−); O$_3$CrOCrO$_3^{2-}$, μ-oxido-bis(trioxidochromate)(2−) μ-オキシド-ビス(トリオキシドクロム酸)(2−); dichromate ニクロム酸	Cr$_2$O$_7^{2-}$, heptaoxidodichromato(2−) ヘプタオキシドニクロマト(2−); O$_3$CrOCrO$_3^{2-}$, μ-oxido-bis(trioxidochromato)(2−) μ-オキシド-ビス(トリオキシドクロマト)(2−); dichromato ジクロマト

付表 IX（つづき）

非荷電原子または基の化学式	非電荷原子または分子（対イオン、ラジカルを含む）あるいは置換基[a]	名 陽イオン（陽イオンラジカルを含む）または陽イオン性置換基[a]	称 陰イオン（陰イオンラジカルを含む）または陰イオン性置換基[b], [訳注]	配位子[c]
Cs	caesium セシウム	caesium セシウム	caeside セシド化物	caesido セシド
Cu	copper 銅	copper (general) 銅（一般） Cu⁺, copper(1+) 銅(1+) Cu²⁺, copper(2+) 銅(2+)	cupride 銅化物	cuprido クプリド
D H を見よ				
D₂ H₂ を見よ				
D₂O H₂O を見よ				
Db	dubnium ドブニウム	dubnium ドブニウム	dubnide ドブニウム化物	dubnido ドブニド
Ds	darmstadtium ダームスタチウム	darmstadtium ダームスタチウム	darmstadtide ダームスタチウム化物	darmstadtido ダームスタチド
Dy	dysprosium ジスプロシウム	dysprosium ジスプロシウム	dysproside ジスプロシウム化物	dysprosido ジスプロシド
Er	erbium エルビウム	erbium エルビウム	erbide エルビウム化物	erbido エルビド
Es	einsteinium アインスタイニウム	einsteinium アインスタイニウム	einsteinide アインスタイニウム化物	einsteinido アインスタイニド
Eu	europium ユウロピウム	europium ユウロピウム	europide ユウロピウム化物	europdo ユウロピド
F	fluorine フッ素（•） F•, fluorine(•) フッ素（•）、monofluorine 一フッ素 –F, fluoro フルオロ	fluorine (general) フッ素（一般） F⁺, fluorine(1+) フッ素(1+)	fluoride (general) フッ化物（一般） F⁻, fluoride(1−) フッ化物(1−) fluoride フッ化物	F⁻, fluorido(1−) フルオリド(1−)； fluorido フルオリド
FH HF を見よ				
FHO	HFO, fluoranol フルオラノール、fluoridohydridooxygen フルオリドヒドリド酸素			
FNS	NSF, fluoridonitridosulfur フルオリドニトリド硫黄			
FN₃	FNNN, fluorido-1κF-trinitrogen(2 N–N) フルオリド-1κF-三窒素(2 N–N)			
FO OF を見よ				
F₂	F₂, difluorine ニフッ素	F₂⁺, difluorine(•1+) ニフッ素(•1+)	F₂⁻, difluoride(•1−) ニフッ化物(•1−)	F₂, difluorine ニフッ素

F_2N_2	FN=NF, difluorido-1κF,2κF-dinitrogen(N–N) ジフルオリド-1κF,2κF-二窒素(N–N), difluorodiazene ジフルオロジアゼン		
Fe	iron (general) 鉄 (一般) Fe^{2+}, iron(2+) 鉄(2+) Fe^{3+}, iron(3+) 鉄(3+)	ferride 鉄化物	ferrido フェリド
Fm	fermium フェルミウム	fermide フェルミウム化物	fermido フェルミド
Fr	francium フランシウム	francide フランシウム化物	francido フランシド
Ga	gallium ガリウム	gallide ガリウム化物	gallido ガリド
GaH_2	–GaH_2, gallanyl ガラニル		
GaH_3	GaH_3, gallium trihydride 三水素化ガリウム [GaH_3], gallane (parent hydride name) ガラン (母体水素化物名), trihydridogallium トリヒドリドガリウム		
Gd	gadolinium ガドリニウム	gadolinide ガドリニウム化物	gadolinido ガドリニド
Ge	germanium ゲルマニウム >Ge<, germanetetrayl ゲルマンテトライル =Ge=, germanediylidene ゲルマンジイリデン ≡Ge, germylidyne ゲルミリジン Ge^{2+}, germanium(2+) ゲルマニウム(2+) Ge^{4+}, germanium(4+) ゲルマニウム(4+)	germide (general) ゲルマニウム化物 (一般) Ge^{4-}, germide(4–) ゲルマニウム化物(4–); germide ゲルミド	germido (general) ゲルミド (一般) Ge^{4-}, germido(4–) ゲルミド(4–); germido ゲルミド
GeH	>GeH–, germanetriyl ゲルマントリイル =GeH–, germanylidene ゲルマニリデン ≡GeH, germylidyne ゲルミリジン		
GeH_2	>GeH_2, germanediyl ゲルマンジイル =GeH_2, germylidene ゲルミリデン		
GeH_3	–GeH_3, germyl ゲルミル GeH_3^+, germylium ゲルミリウム, trihydridogermanium(1+) トリヒドリドゲルマニウム(1+)	GeH_3^-, germanide ゲルマニド(1–), trihydridogermanate(1–) トリヒドリドゲルマン酸	GeH_3^- germanido ゲルマニド, trihydridogermanato(1–) トリヒドリドゲルママト(1–)

付表 IX （つづき）

非荷電原子または基の化学式	名称 非荷電原子または分子（対イオン、ラジカルを含む）あるいは置換基[a]	名称 陽イオン（陽イオンラジカルを含む）、または陽イオン性置換基[a]	名称 陰イオン（陰イオンラジカルを含む）または陰イオン性置換基[b],[註]	配位子[c]
GeH_4	GeH_4, germane（parent hydride name）ゲルマン（母体水素化物名）, tetrahydridogermanium テトラヒドリドゲルマニウム			
Ge_4			Ge_4^{4-}, tetragermide(4−) 四ゲルマニウム化物(4−)	
H	hydrogen 水素 H$^{\bullet}$, hydrogen($\bullet$) 水素($\bullet$), monohydrogen 一水素 （天然または不特定同位体組成にて） ^{1}H$^{\bullet}$, protium($\bullet$) プロチウム($\bullet$), monoprotium モノプロチウム ^{2}H$^{\bullet}$ = D$^{\bullet}$, deuterium($\bullet$), monodeuterium モノジュウテリウム ^{3}H$^{\bullet}$ = T$^{\bullet}$, tritium($\bullet$), monotritium モノトリチウム	hydrogen (general) 水素（一般） H^+, hydrogen(1+), hydron ヒドロン （天然または不特定同位体組成にて） $^1H^+$, protium(1+) プロチウム(1+), proton プロトン $^2H^+ = D^+$, deuterium(1+) ジュウテリウム(1+), deuteron ジュウテロン $^3H^+ = T^+$, tritium(1+), triton トリトン	hydride (general) 水素化物（一般） H^-, hydride 水素化物 （天然または不特定同位体組成にて） $^1H^-$, protide(1−) プロチウム化物(1−) $^2H^- = D^-$, deuteride ジュウテリウム化物 $^3H^- = T^-$, tritide トリチウム化物	hydrido ヒドリド protido プロチド deuterido ジュウテリド tritido トリチド
HAt	HAt, hydrogen astatide アスタチン化水素 [HAt], astatidohydrogen アスタチド水素			
HBr	HBr, hydrogen bromide 臭化水素 [HBr], bromane (parent hydride name) ブロマン（母体水素化物名）, bromidohydrogen ブロミド水素			
HCO	CHO を見よ			
HCl	HCl, hydrogen chloride 塩化水素 [HCl], chlorane (parent hydride name) クロラン（母体水素化物名）, chloridohydrogen クロリド水素	HCl^+, chloraniumyl クロラニウミル, chloridohydrogen($\bullet$1+) クロリド水素($\bullet$1+)		

HF	HF, hydrogen fluoride フッ化水素 [HF], fluoran (parent hydride name) フルオラン（母体水素化物名）, fluoridohydrogen フルオリド水素	HF^+, fluoraniumyl フルオラニウミル, fluoridohydrogen($\bullet$1+) フルオリド水素($\bullet$1+)
HF_2		FHF^-, fluorofluoranuide フルオロフルオラヌイド, μ-hydrido-difluorate(1−) μ-ヒドリドージフッ素酸(1−), difluoridohydrogenate(1−) ジフルオリド水素酸(1−)
HI	HI, hydrogen iodide ヨウ化水素 [HI], iodane (parent hydride name) ヨーダン（母体水素化物名）, iodidohydrogen ヨージド水素	
HIO	HOI, iodanol ヨーダノール, hydroxyiodoiodine[f] ヒドロキシドヨウ素; hypoiodous acid 次亜ヨウ素酸	
HIO_2	HOIO, hydroxy-λ^3-iodanone ヒドロキシ-λ^3-ヨーダノン, hydroxidooxidoiodine ヒドロキシドオキシドヨウ素; iodous acid 亜ヨウ素酸	
HIO_3	$HOIO_2$, hydroxy-λ^5-iodanedione ヒドロキシ-λ^5-ヨーダンジオン, hydroxidodioxidoiodine ヒドロキシドジオキシドヨウ素, iodic acid ヨウ素酸	$HOIO_2^{\bullet-}$, hydroxidodioxidoiodate($\bullet$1−) ヒドロキシドジオキシドヨウ素酸($\bullet$1−)
HIO_4	$HOIO_3$, hydroxy-λ^7-iodanetrione ヒドロキシ-λ^7-ヨーダントリオン, hydroxidotrioxidoiodine ヒドロキシドトリオキシドヨウ素; periodic acid 過ヨウ素酸	
H_nN, N_mH_n	N_mH_n を見よ	

付表 IX（つづき）

非荷電原子または基の化学式	名称		
	非荷電原子または分子（対イオン，ラジカルを含む）あるいは置換基[a]	陽イオン（陽イオンラジカルを含む）または陽イオン性置換基	陰イオン（陰イオンラジカルを含む）または陰イオン性置換基[b,訳注]	配位子[c]
$HMnO_4$	$HMnO_4$ = $[MnO_3(OH)]$, hydroxidotrioxidomanganese ヒドロキシドトリオキシドマンガン		$HMnO_4^-$ = $[MnO_3(OH)]^-$, hydroxidotrioxidomanganate(1−) ヒドロキシドトリオキシドマンガン酸(1−)	
HNO	HNO = $[NH(O)]$, azanone アザノン, hydridooxidonitrogen ヒドリドオキシド窒素 $HON^{2\bullet}$, hydroxidonitrogen(2•) ヒドロキシド窒素(2•) >$NH(O)$, oxo-λ^5-azanediyl オキソ-λ^5-アザンジイル; azonoyl アゾノイル =$NH(O)$, oxo-λ^5-azanylidene オキソ-λ^5-アザニリデン; azonoylidene アゾノイリデン >$N-OH$, hydroxyazanediyl ヒドロキシアザンジイル =$N-OH$, hydroxyazanylidene ヒドロキシアザニリデン; hydroxyimino ヒドロキシイミノ	$HNO^{\bullet+}$ = $[NH(O)]^{\bullet+}$, hydridooxidonitrogen(•+) ヒドリドオキシド窒素(•+)	HON^{2-}, hydroxidonitrate(2−) ヒドロキシド硝酸(2−)	HON^{2-}, hydroxydonitrato(2−) ヒドロキシドニトラト(2−)
HNO_2	HNO_2 = $[NO(OH)]$, hydroxidooxidonitrogen ヒドロキシドオキシド窒素; nitrous acid 亜硝酸 >$N(O)(OH)$, hydroxyoxo-λ^5-azanediyl ヒドロキシドオキソ-λ^5-アザンジイル; hydroxyazoryl ヒドロキシアゾリル =$N(O)(OH)$, hydroxyoxo-λ^5-azanylidene ヒドロキシオキソ-λ^5-アザニリデン; hydroxyazorylidene ヒドロキシアゾリリデン			

HNO_3	$HNO_3 = [NO_2(OH)]$, hydroxidodioxidonitrogen ヒドロキシドジオキシド窒素; nitric acid 硝酸 $HNO(O_2) = [NO(OOH)]$, dioxidanidooxidonitrogen ジオキサニドオキシド窒素; peroxynitric acid ペルオキシ亜硝酸		
HNO_4	$HNO_4 = [NO_2(OOH)]$, (dioxidanido)dioxidonitrogen (ジオキサニド)ジオキシド窒素; peroxynitric acid ペルオキシ硝酸		
HNS	>S(=NH), imino-λ^4-sulfanediyl イミノ-λ^4-スルファンジイル; sulfinimidoyl スルフィンイミドイル		
HN_2O_2	$-NHNO_2$, nitroazanyl ニトロアザニル, nitroamino ニトロアミノ	[HON=NO]$^-$, 2-hydroxydiazen-1-olate 2-ヒドロキシアゼン-1-オラート, hydroxido-1κO-oxido-2κO-dinitrate(N—N)(1−) ヒドロキシド-1κO-オキシド-2κO-二硝酸	
HN_2O_3		$HN_2O_3^- = N(H)(O)NO_2^-$, hydrido-1$\kappa H$-trioxido-1$\kappa O,2\kappa^2 O$-dinitrate($N$—$N$)(1−) ヒドリド-1$\kappa H$-トリオキシド-1$\kappa O,2\kappa^2 O$-二硝酸($N$—$N$)(1−)	
HN_3O		$HON_3^\bullet$, hydroxido-1κO-trinitrate(2N—N)($\bullet$1−) ヒドロキシド-1κO-三硝酸(2N—N)($\bullet$1−)	
HO	HO$^\bullet$, oxidanyl オキシダニル, hydridooxygen($\bullet$) ヒドリド酸素($\bullet$); hydroxyl ヒドロキシル −OH, oxidanyl オキシダニル; hydroxy ヒドロキシ	HO$^+$, oxydanylium オキシダニリウム, hydridooxygen(1+) ヒドリド酸素(1+); hydroxylium ヒドロキシリウム	HO$^-$, oxidanide オキシダニド, hydridooxygenate(1−) ヒドリド酸素(1−); hydroxide 水酸化物	HO$^-$, oxidanido オキシダニド; hydroxido ヒドロキシド

付表 IX（つづき）

非荷電原子または基の化学式	名称			配位子[c]
	非電荷原子または分子（対イオン、ラジカルを含む）あるいは置換基[a]	陽イオン（陽イオンラジカルを含む）または陽イオン性置換基[b, 訳注]	陰イオン（陰イオンラジカルを含む）または陰イオン性置換基[b, 訳注]	
HOP	HPO＝[P(H)O], phosphanone ホスファノン, hydridooxidophosphorus ヒドリドオキシドリン; >PH(O), oxo-λ^5-phosphanediyl オキソ-λ^5-ホスファンジイル; ＝PH(O), oxo-λ^5-phosphanoyl ホスホノイル ＝PH(O), oxo-λ^5-phosphanylidene オキソ-λ^5-ホスファニリデン; ＝P–OH, hydroxyphosphanylidene ホスホニリデン ヒドロキシホスファニリデン			
HOS	–SH(O), oxo-λ^4-sulfanyl オキソ-λ^4-スルファニル –SOH, hydroxysulfanyl ヒドロキシスルファニル –OSH, sulfanyloxy スルファニルオキシ		HSO⁻, sulfanolate スルファノラート, hydridooxidosulfate(1–) ヒドリドオキシド硫酸 (1–)	HSO⁻, sulfanolato スルファノラト hydridooxidosulfato(1–) ヒドリドオキシドスルファト (1–)
HOSe	–SeH(O), oxo-λ^4-selanyl オキソ-λ^4-セラニル –SeOH, hydroxyselanyl ヒドロキシセラニル –OSeH, selanyloxy セラニルオキシ			
HO₂	HO₂•, dioxidanyl ジオキシダニル(•), hydridodioxygen(•) ヒドリドニ酸素 (•) –OOH, dioxidanyl ジオキシダニル; sulfanyloxy ヒドロペルオキシ hydroperoxy ヒドロペルオキシ	HO₂⁺, dioxidanylium ジオキシダニリウム, hydridodioxygen(1+) ヒドリドニ酸素 (1+)	HO₂⁻, dioxidanide ジオキシダニド, hydrogen(peroxide)(1–) ヒドロゲン（ペルオキシド）(1–)	HO₂⁻, dioxidanido ジオキシダニド, hydrogen(peroxido)(1–) ヒドロゲン（ペルオキシド）(1–)
HO₂P	P(O)(OH), hydroxyphosphanone ヒドロキシホスファノン, hydroxidooxidophosphorus ヒドロキシドオキシドリン		HOPO•⁻, hydroxidooxidophosphate(•1–) ヒドロキシドオキシドホスファト酸(•1–)	HOPO•⁻, hydroxidooxidophosphato(•1–) ヒドロキシドオキシドホスファト (•1–)

	>P(O)(OH), hydroxyoxo-λ^5-phosphanediyl ヒドロキシオキソ-λ^5-ホスファンジイル; hydroxyphosphoryl ヒドロキシホスホリル =P(O)(OH), hydroxyoxo-λ^5-phosphanylidene ヒドロキシオキソ-λ^5-ホスファニリデン; hydroxyphosphorylidene ヒドロキシホスホリリデン	HPO_2^{2-}, hydridodioxidophosphate(2−) ヒドリドジオキシドリン酸(2−)	HPO_2^{2-}, hydridodioxidophosphato(2−) ヒドリドジオキシドホスファト(2−)
HO_2S	$HOOS^\bullet$, hydrido-1κH-sulfido-2κS-dioxygen($\bullet$) ヒドリド-1κH-スルフィド-2κS 二酸素($\bullet$) $HOSO^\bullet$, hydroxidooxidosulfur($\bullet$) ヒドロキシドオキシド硫黄($\bullet$) $HSOO^\bullet$ (hydridosulfato) dioxygen($\bullet$) (ヒドリドスルファト) 二酸素($\bullet$) −S(O)(OH), hydroxyoxo-λ^4-sulfanyl ヒドロキシオキソ-λ^4-スルファニル; hydroxysulfinyl ヒドロキシスルフィニル, sulfino スルフィノ −S(O)$_2$H, dioxo-λ^6-sulfanyl ジオキソ-λ^6-スルファニル	$HOSO^-$, hydroxysulfanolate ヒドロキシスルファノラート, hydroxidooxidosulfate(1−) ヒドロキシドオキシド硫酸(1−)	$HOSO^-$, hydroxysulfanolato ヒドロキシスルファノラト, hydroxidooxidosulfato(1−) ヒドロキシドオキシドスルファト(1−)
HO_2Se	−Se(O)(OH), hydroxyoxo-λ^4-selanyl ヒドロキシオキソ-λ^4-セラニル; hydroxyseleninyl ヒドロキシセレニニル, selenino セレニノ		

(つづく)

付表 IX （つづき）

非荷電原子または基の化学式	名称		配位子[c]
	非荷電原子または分子（対イオン、ラジカルを含む）あるいは置換基[a]	陽イオン（陽イオン性置換基を含む）	陰イオン（陰イオンラジカルを含む）または陰イオン性置換基[b, 訳注]
HO$_2$Se （つづき）	−Se(O)$_2$H, dioxo-λ^6-selanyl ジオキソ-λ^6-セラニル		
HO$_3$	HO$_3^•$, hydridotrioxygen(•) ヒドリド三酸素(•) HOOO$^•$, trioxidanyl トリオキシダニル, hydrido-1κH-trioxygen(2 O—O)(•) ヒドリド-1κH-三酸素(2 O—O)(•) −OOOH, trioxidanyl トリオキシダニル		
HO$_3$P	P(O)$_2$(OH), hydroxy-λ^5-phosphanedione ヒドロキシ-λ^5-ホスファンジオン, hydroxidodioxidophosphorus ヒドロキシドジオキシドリン		HOPO$_2^{•-}$, hydroxidodioxidophosphato(•1−) ヒドロキシドジオキシドホスファト(•1−), PHO$_3^{2-}$, hydridotrioxidophosphato(2−) ヒドリドトリオキシドホスファト(2−); phosphonato ホスホナト HPO$_3^{2-}$ = PO$_2$(OH)$^{2-}$, hydroxidodioxidophosphato(2−) ヒドロキシドジオキシドホスファト(2−); hydrogenphosphito ヒドロゲンホスフィト
			PHO$_3^{2-}$, hydridotrioxidophosphate(2−) ヒドリドトリオキシドリン酸(2−); phosphonate ホスホン酸(2−) HPO$_3^{2-}$ = PO$_2$(OH)$^{2-}$, hydroxidodioxidophosphate(2−) ヒドロキシドジオキシドリン酸(2−); hydrogenphosphite 亜リン酸水素
HO$_3$S	−S(O)$_2$(OH), hydroxydioxo-λ^6-sulfanyl ヒドロキシジオキソ-λ^6-スルファニル, hydroxysulfonyl ヒドロキシスルホニル; sulfo スルホ		HSO$_3^-$, hydroxidodioxidosulfato(1−) ヒドロキシドジオキシドスルファト(1−), hydrogensulfito ヒドロゲンスルフィト
			HSO$_3^-$, hydroxidodioxidosulfate(1−) ヒドロキシドジオキシド硫酸(1−), hydrogensulfite 亜硫酸水素

HO₃Se	HOSeO₂•, hydroxidodioxidoselenium(•), ヒドロキシドジオキシドセレン(•), −Se(O)₂(OH), hydroxydioxo-λ⁶-selanyl, ヒドロキシジオキソ-λ⁶-セラニル, hydroxyselenonyl, ヒドロキシセレノニル; selenono セレノノ	HSeO₃⁻, hydroxidodioxidoselenate(1−), ヒドロキシドジオキシドセレン酸(1−)	HSeO₃⁻, hydroxidodioxidoselenato(1−), ヒドロキシドジオキシドセレナト(1−)
HO₄P		HOPO₃•⁻ = PO₃(OH)•⁻, hydroxidotrioxidophosphate(•1−), ヒドロキシドトリオキシドリン酸(•1−), HPO₄²⁻, hydroxidotrioxidophosphate(2−), ヒドロキシドトリオキシドリン酸(2−); hydrogenphosphate リン酸水素	HOPO₃•⁻ = PO₃(OH)•⁻, hydroxidotrioxidophosphato(•1−), ヒドロキシドトリオキシドホスファト(•1−), HPO₄²⁻, hydroxidotrioxidophosphato(2−), ヒドロキシドトリオキシドホスファト(2−); hydrogenphosphato ヒドロゲンホスファト
HO₄S	HOSO₃•, hydroxidotrioxidosulfur(•), ヒドロキシドトリオキシド硫黄(•), −OS(O)₂(OH), hydroxysulfonyloxy, ヒドロキシスルホニルオキシ; sulfooxy スルホオキシ	HSO₄⁻, hydroxidotrioxidosulfate(1−), ヒドロキシドトリオキシド硫酸(1−); hydrogensulfate 硫酸水素	HSO₄⁻, hydroxidotrioxidosulfato(1−), ヒドロキシドトリオキシドスルファト(1−); hydrogensulfato ヒドロゲンスルファト
HO₄Se		HSeO₄⁻, hydroxidotrioxidoselenate(1−), ヒドロキシドトリオキシドセレン酸(1−)	HSeO₄⁻, hydroxidotrioxidoselenato(1−), ヒドロキシドトリオキシドセレナト(1−)
HO₅P		HOPO₄•⁻ = PO₂(OH)(OO)•⁻, (dioxido)hydroxidodioxido⊂phosphate(•1−), (ジオキシド)ヒドロキシドジオキシドリン酸(•1−)	PO₂(OH)(OO)•⁻, (dioxido)hydroxidodioxido⊂phosphato(•1−), (ジオキシド)ヒドロキシドジオキシドホスファト(•1−)

付表 IX（つづき）

非荷電原子または基の化学式	名称			配位子[c]
	非荷電原子または分子（対イオン、ラジカルを含む）あるいは置換基[a]	陽イオン（陽イオンラジカルを含む）または陽イオン性置換基	陰イオン（陰イオンラジカルを含む）または陰イオン性置換基[b, 訳注]	
HO_2S	$HOSO_2^\bullet = [SO_2(OH)(OO)]^\bullet$, (dioxido)hydroxidodioxidosulfur(•), (ジオキシド)hydroxidodioxidosulfur(•), ジオキシド)hydroxidodioxidosulfur(•)ヒドロキシドジオキシド硫黄(•)			
HS	–SH, sulfanyl スルファニル, HS•, sulfanyl スルファニル, hydridosulfur(•) ヒドリド硫黄(•)	HS^+, sulfanylium スルファニリウム, hydridosulfur(1+) ヒドリド硫黄(1+)	HS^-, sulfanide スルファニド, hydrogen(sulfide)(1−) ヒドロゲン(スルフィド)(1−)	HS^-, sulfanido スルファニド, hydrogen(sulfido)(1−) ヒドロゲン(スルフィド)(1−)
HS_2	–SSH, disulfanyl ジスルファニル		HSS^-, disulfanide ジスルファニド	HSS^-, disulfanido ジスルファニド
HS_3	–SSSH, trisulfanyl トリスルファニル		$HSSS^-$, trisulfanide トリスルファニド	$HSSS^-$, trisulfanido トリスルファニド
HS_4	–SSSSH, tetrasulfanyl テトラスルファニル		$HSSSS^-$, tetrasulfanide テトラスルファニド	$HSSSS^-$, tetrasulfanido テトラスルファニド
HS_5	–SSSSSH, pentasulfanyl ペンタスルファニル		$HSSSSS^-$, pentasulfanide ペンタスルファニド	$HSSSSS^-$, pentasulfanido ペンタスルファニド
HSe	HSe•, selanyl セラニル, hydridoselenium(•) ヒドリドセレン(•), –SeH, selanyl セラニル	HSe^+, selanylium セラニリウム, hydridoselenium(1+) ヒドリドセレン(1+)	HSe^-, selanide セラニド, hydrogen(selenide)(1−) ヒドロゲン(セレニド)(1−)	HSe^-, selanido セラニド, hydrogen(selenido)(1−) ヒドロゲン(セレニド)(1−)
HSe_2	–SeSeH, diselanyl ジセラニル		$HSeSe^-$, diselanide ジセラニド	$HSeSe^-$, diselanido ジセラニド
HTe	HTe•, tellanyl テラニル, hydridotellurium(•) ヒドリドテルル(•), –TeH, tellanyl テラニル	HTe^+, tellanylium テラニリウム, hydridotellurium(1+) ヒドリドテルル(1+)	HTe^-, tellanide テラニド, hydrogen(tellanide)(1−) ヒドロゲン(テラニド)(1−)	
HTe_2	–TeTeH, ditellanyl ジテラニル		$HTeTe^-$, ditellanide ジテラニド	$HTeTe^-$, ditellanido ジテラニド
H_2	H_2, dihydrogen 二水素, D_2, dideuterium 二ジュウテリウム, T_2, ditritium 二トリチウム	$H_2^{\bullet+}$, dihydrogen(•1+) 二水素(•1+), $^1H_2^{\bullet+}$, diprotium(•1+) 二プロチウム(•1+), $D_2^{\bullet+}$, dideuterium(•1+) 二ジュウテリウム(•1+), $T_2^{\bullet+}$, ditritium(•1+) 二トリチウム(•1+)		

H$_2$Br	H$_2$Br$^\bullet$, λ^3-bromanyl λ^3-ブロマニル, dihydridobromine(•) ジヒドリド臭素(•)	H$_2$Br$^+$, bromanium ブロマニウム(1+), dihydridobromine(1+) ジヒドリド臭素(1+)	
H$_2$Cl	H$_2$Cl$^\bullet$, λ^3-chloranyl λ^3-クロラニル, dihydridochlorine(•) ジヒドリド塩素(•)	H$_2$Cl$^+$, chloranium クロラニウム(1+), dihydridochlorine(1+) ジヒドリド塩素(1+)	
H$_2$F	H$_2$F$^\bullet$, λ^3-fluoranyl λ^3-フルオラニル, dihydridofluorine(•) ジヒドリドフッ素(•)	H$_2$F$^+$, fluoranium フルオラニウム, dihydridofluorine(1+) ジヒドリドフッ素(1+)	
H$_2$I	H$_2$I$^\bullet$, λ^3-iodanyl λ^3-ヨーダニル, dihydridoiodine(•) ジヒドリドヨウ素(•)	H$_2$I$^+$, iodanium ヨーダニウム(1+), dihydridoiodine(1+) ジヒドリドヨウ素(1+)	
H$_2$IO$_2$	−I(OH)$_2$, dihydroxy-λ^3-iodanyl ジヒドロキシ-λ^3-ヨーダニル		
H$_2$MnO$_4$	H$_2$MnO$_4$ = [MnO$_2$(OH)$_2$], dihydroxidodioxidomanganese ジヒドロキシドジオキシドマンガン		
H$_2$N$_m$	N$_m$H$_2$ を見よ		
H$_2$NO	H$_2$NO$^\bullet$, aminooxidanyl アミノオキシダニル, dihydridooxidonitrogen(•) ジヒドリドオキシド窒素(•); aminoxyl アミノキシル HONH$^\bullet$, hydroxyazanyl ヒドロキシアザニル, hydridohydroxidonitrogen(•) ヒドリドヒドロキシド窒素(•) −NH(OH), hydroxyazanyl ヒドロキシアザニル, hydroxyamino ヒドロキシアミノ −ONH$_2$, aminooxy アミノオキシ −NH$_2$(O), oxo-λ^5-azanyl オキソ-λ^5-アザニル; azinoyl アジノイル		HONH$^-$, hydroxyazanide ヒドロキシアザニド, hydridohydroxidonitrate(1−) ヒドリドヒドロキシド硝酸(1−) H$_2$NO$^-$, azanolate アザノラート, amiooxidanide アミノオキシダニド, dihydridooxidonitrate(1−) ジヒドリドオキシド硝酸(1−)	HONH$^-$, hydroxyazanido ヒドロキシアザニド, hydridohydroxidonitrato(1−) ヒドリドヒドロキシドニトラト(1−) H$_2$NO$^-$, azanolato アザノラト, amiooxidanido アミノオキシダニド, dihydridooxidonitrato(1−) ジヒドリドオキシドニトラト(1−)

付表 IX（つづき）

非荷電原子または基の化学式	名称		
	非荷電原子または分子（対イオン，ラジカルを含む）あるいは置換基[a]	陽イオン（陽イオンラジカルを含む）または陽イオン性置換基	陰イオン（陰イオンラジカルを含む）または陰イオン性置換基[b, 訳注]	配位子[c]
H_2NOS	$-S(O)NH_2$, azanyloxo-λ^4-sulfanyl アザニルオキソ-λ^4-スルファニル; aminosulfinyl アミノスルフィニル			
H_2NO_2S	$-S(O)_2NH_2$, azanyldioxo-λ^6-sulfanyl アザニルジオキソ-λ^6-スルファニル; aminosulfonyl アミノスルホニル; sulfamoyl スルファモイル			
H_2NO_3		$[NO(OH)_2]^+$, dihydroxidooxidonitrogen(1+) ジヒドロキシドオキシドキッ素(1+)		
H_2NS	$-SNH_2$, azanylsulfanyl アザニルスルファニル; aminosulfanyl アミノスルファニル $-NH_2(S)$, sulfanylidene-λ^5-azanyl スルファニリデン-λ^5-アザニル; azinothioyl アジノチオイル			
H_2N_m	N_mH_2 を見よ			
H_2O	H_2O, dihydrogen oxide 酸化二水素; water 水 $H_2O = [OH_2]$, oxidane (parent hydride name) オキシダン（母体水素化物名）, dihydridooxygen ジヒドリド酸素 ^1H_2O, diprotium oxide 酸化ニプロチウム; ($^1H_2$)water （$^1H_2$）水 $D_2O = {}^2H_2O$, dideuterium oxide 酸化ニジュウテリウム; ($^2H_2$)water （$^2H_2$）水 $T_2O = {}^3H_2O$, ditritiuim oxide 酸化ニトリチウム; ($^3H_2$)water （$^3H_2$）水			H_2O, aqua アクア

280

H_2OP	$-PH_2O$, oxo-λ^5-phosphanyl オキソ-λ^5-ホスファニル; phosphinoyl ホスフィノイル		PH_2O^-, dihydridooxidophosphate(1−) ジヒドリドオキシドホスファト(1−); phosphinito ホスフィニト
H_2OSb	$-SbH_2O$, oxo-λ^5-stibanyl オキソ-λ^5-スチバニル; stibinoyl スチビノイル		
H_2O_2	H_2O_2, dihydrogen peroxide 過酸化二水素; hydrogen peroxide 過酸化水素 HOOH, dioxidane (parent hydride name) ジオキシダン (母体水素化物名), bis(hydridooxygen)(O—O) ビス(ヒドリド酸素)(O—O)	$HOOH^{•+}$, dioxidaniumyl ジオキシダニウミル, bis(hydridooxygen)(O—O)(•1+) ビス(ヒドリド酸素)(O—O)(•1+)	$HOOH$, dioxidane ジオキシダン
H_2O_2P	$-P(OH)_2$, dihydroxyphosphanyl ジヒドロキシホスファニル $-PH(O)(OH)$, hydroxyoxo-λ^5-phosphanyl ヒドロキシオキソ-λ^5-ホスファニル		$PH_2O_2^-$, dihydridodioxido⊖ phosphate(1−) ジヒドリドジオキシドホスフェート(1−); phosphinate ホスフィナト
H_2O_3B			$H_2BO_3^- = [BO(OH)_2]^-$, dihydroxidooxoborate(1−) ジヒドロキシドオキシドボラト(1−); dihydrogenborato ジヒドロゲンボラト
H_2O_3P (つづく)	$-P(O)(OH)_2$, dihydroxyoxo-λ^5-phosphanyl ジヒドロキシオキソ-λ^5-ホスファニル; dihydroxyphosphoryl ジヒドロキシホスホリル, phosphono ホスホノ		$[PHO_2(OH)]^-$, hytridohydroxydodioxido⊖ phosphate(1−) ヒドリドヒドロキシドジオキシドホスファト(1−); hydrogenphosphonato ヒドロゲンホスホナト

付表 IX （つづき）

非荷電原子または基の化学式	名称		
	非電原子または分子（対イオン，ラジカルを含む）あるいは置換基[a]	陽イオン（陽イオン性置換基，ラジカルを含む）または陰イオン性置換基[b], [訳注]	陰イオン（陰イオンラジカルを含む）または陰イオン性置換基[a]	配位子[c]
H_2O_3P（つづき）			[$PO(OH)_2$]$^-$, dihydroxidooxidophosphate(1−) ジヒドロキシドオキシドホスファト(1−); dihydrogenphosphite 亜リン酸二水素	[$PO(OH)_2$]$^-$, dihydroxidooxidophosphato(1−) ジヒドロキシドオキシドホスフィト(1−); dihydrogenphosphito ジヒドロゲンホスフィト
H_2O_4P	$(HO)_2PO_2^\bullet$, (dihydroxido)dioxidophosphorus(•) (ジヒドロキシド)ジオキシドリン(•)		$H_2PO_4^-$, dihydroxidodioxidophosphate(1−) ジヒドロキシドジオキシドホスファト(1−); dihydrogenphosphate リン酸二水素	$H_2PO_4^-$, dihydroxidodioxidophosphato(1−) ジヒドロキシドジオキシドホスファト(1−); dihydrogenphosphato ジヒドロゲンホスファト
$H_2O_5P_2$			$P_2H_2O_5^{2-}$ = [$PH(O)_2OPH(O)_2$]$^{2-}$, μ-oxido-bis(hydridodioxido phosphate)(2−) μ-オキシド-ビス(ヒドリドジオキシドリン酸)(2−); diphosphonate ジホスホン酸	$P_2H_2O_5^{2-}$ = [$PH(O)_2OPH(O)_2$]$^{2-}$, μ-oxido-bis(hydridodioxido phosphato)(2−) μ-オキシド-ビス(ヒドリドジオキシドホスファト)(2−); diphosphonato ジホスホナト
H_2PS	$-PH_2(S)$, sulfanylidene-λ⁵-phosphanyl スルファニリデン-λ⁵-ホスファニル; phosphinothioyl ホスフィノチオイル			
H_2Po	H_2Po, dihydrogen polonide ポロニウム化二水素 H_2Po = [PoH_2], polane (parent hydride name) ポラン（母体水素化物名）, dihydridopolonium ジヒドリドポロニウム			
H_2S	H_2S, dihydrogen sulfide 硫化二水素; hydrogen sulfide 硫化水素	$H_2S^{\bullet+}$, sulfaniumyl スルファニウミル, dihydridosulfur(•1+) ジヒドリド硫黄(•1+)	$H_2S^{\bullet-}$, sulfanuidyl スルファヌイジル, dihydridosulfate(•1−)[e] ジヒドリド硫酸(•1−)	H_2S, sulfane スルファン

	$H_2S = [SH_2]$, sulfane (parent hydride name) スルファン（母体水素化物名）, dihydridosulfur ジヒドリド硫黄	$-SH_2^+$, sulfaniumyl スルファニウミル	
H_2S_2	H_2S_2, dihydrogen disulfide 二硫化二水素, HSSH, disulfane (parent hydride name) ジスルファン（母体水素化物名）, bis(hydridosulfur)$(S-S)$ ビス(ヒドリド硫黄)$(S-S)$	$HSSH^{\bullet+}$, disulfaniumyl ジスルファニウミル, bis(hydridosulfur)$(S-S)(\bullet 1+)$ ビス(ヒドリド硫黄)$(S-S)(\bullet 1+)$	$HSSH^{\bullet-}$, disulfanuidyl ジスルファヌイジル, bis(hydridosulfate)$(S-S)(\bullet 1-)^e$ ビス(ヒドリド硫酸)$(S-S)(\bullet 1-)$	HSSH disulfane ジスルファン
H_2S_3	H_2S_3, dihydrogen trisulfide 三硫化二水素, HSSSH, trisulfane (parent hydride name) トリスルファン（母体水素化物名）			HSSSH, trisulfane トリスルファン
H_2S_4	H_2S_4, dihydrogen tetrasulfide 四硫化二水素, HSSSSH, tetrasulfane (parent hydride name) テトラスルファン（母体水素化物名）			HSSSSH, tetrasulfane テトラスルファン
H_2S_5	H_2S_5, dihydrogen pentasulfide 五硫化二水素, HSSSSSH, pentasulfane (parent hydride name) ペンタスルファン（母体水素化物名）			HSSSSSH, pentasulfane ペンタスルファン
H_2Se	H_2Se, dihydrogen selenide セレン化二水素; hydrogen selenide セレン化水素 $H_2Se = [SeH_2]$, selane (parent hydride name) セラン（母体水素化物名）, dihydridoselenium ジヒドリドセレン	$H_2Se^{\bullet+}$, selaniumyl セラニウミル, dihydridoselenium$(\bullet 1+)$ ジヒドリドセレン$(\bullet 1+)$ $-SeH_2^+$, selaniumyl セラニウミル	$H_2Se^{\bullet-}$, selanuidyl セラヌイジル, dihydridoselenate$(\bullet 1-)^e$ ジヒドリドセレン酸$(\bullet 1-)$	H_2Se, selane セラン

付表 IX（つづき）

非荷電原子または基の化学式	名称			
	非荷電原子または分子（対イオン、ラジカルを含む）あるいは置換基[a]	陽イオン（陽イオンラジカルを含む）または陽イオン性置換基[a]	陰イオン（陰イオンラジカルを含む）または陰イオン性置換基[b, 訳注]	配位子[c]
H_2Se_2	H_2Se_2, dihydrogen diselenide ニセレン化二水素 HSeSeH, diselane (parent hydride name) ジセラン（母体水素化物名） bis(hydroselenium)(Se—Se) ビス(ヒドリドセレン)(Se—Se)	HSeSeH$^{•+}$, diselaniumyl ジセラニウミル, bis(hydroselenium)(Se—Se)($•1+$) ビス(ヒドリドセレン)(Se—Se)($•1+$)	HSeSeH$^{•-}$, diselanuidyl ジセラヌイジル, bis(hydroselenate)(Se—Se)($•1-$) ビス(ヒドリドセレン)酸(Se—Se)($•1-$)	HSeSeH, diselane ジセラン
H_2Te	H_2Te, dihydrogen tellanide テルル化二水素; hydrogen tellanide テルル化水素 $H_2Te = [TeH_2]$, tellane (parent hydride name) テラン（母体水素化物名）, dihydridotellurium ジヒドリドテルル	$H_2Te^{•+}$, tellaniumyl テラニウミル, dihydridotellurium($•1+$) ジヒドリドテルル($•1+$) −TeH$_2^+$, tellaniumyl テラニウミル	$H_2Te^{•-}$, tellanuidyl テラヌイジル, dihydridotellurate($•1-$) ジヒドリドテルル酸($•1-$)	H_2Te, tellane テラン
H_3		H_3^+, trihydrogen(1+) 三水素(1+)		
H_3N_m N_mH_3 を見よ				
H_3NO	$HONH_2$, azanol アザノール, dihydridohydroxidonitrogen ジヒドリドヒドロキシド窒素; hydroxylamine (parent name for organic derivatives) ヒドロキシルアミン（有機誘導体母体名）	$HONH_2^+$, hydroxyazaniumyl ヒドロキシアザニウミル, dihydridohydroxidonitrogen($•1+$) ジヒドリドヒドロキシド窒素($•1+$)		HONH$_2$, azanol アザノール, dihydridohydroxidonitrogen ジヒドリドヒドロキシド窒素; hydroxylamine ヒドロキシルアミン
H_3NP	$−PH_2(=NH)$, imino-λ^5-phosphanyl イミノ-λ^5-ホスファニル; phosphinimidoyl ホスフィンイミドイル			
H_3O		H_3O^+, oxidanium オキシダニウム, trihydridooxygen(1+) トリヒドリドオキシド酸素(1+), aquahydrogen(1+) アクア水素(1+);		

			oxonium (*not* hydronium) オキソニウム（ヒドロニウムではない）
H_3OS		$H_3OS^+ = [SH_3(O)]^+$, oxo-λ^5-sulfanylium オキソ-λ^5-スルファニリウム, trihydridooxidosulfur(1+) トリヒドリドオキシドオキシド硫黄(1+)	
H_3OSi	$-OSiH_3$, silyloxy シリルオキシ		
H_3O_4S		$[SO(OH)_3]^+ = H_3SO_4^+$, trihydroxidooxidosulfur(1+) トリヒドロキシドオキシド硫黄(1+), trihydrogen(tetraoxidosulfate)(1+) （テトラオキシド硫酸）三水素(1+)	
H_3O_5P	$[PO(OH)_2(OOH)]$, (dioxidanido)dihydroxido oxidophophorus (ジオキシダニド)ジヒドロキシドオキシドリン; peroxyphosphoric acid ペルオキシリン酸, phosphoroperoxoic acid ホスホロペルオキシ酸		
H_3S	$H_3S^\bullet$, λ^4-sulfanyl λ^4-スルファニル, trihydridosulfur($\bullet$) トリヒドリド硫黄($\bullet$)	H_3S^+, sulfanium スルファニウム, trihydridosulfur(1+) トリヒドリド硫黄(1+)	H_3S^-, sulfanuide スルファヌイド, trihydridosulfate(1−) トリヒドリド硫酸(1−)
H_3Se	$H_3Se^\bullet$, λ^4-selanyl λ^4-セラニル, trihydridoselenium($\bullet$) トリヒドリドセレン($\bullet$)	H_3Se^+, selanyl selanium セラニウム, trihydridoselenium(1+) トリヒドリドセレン(1+)	H_3Se^-, selanuide セラヌイド, trihydridoselenate(1−) トリヒドリドセレン酸(1−)
H_3Te	$H_3Te^\bullet$, λ^4-tellanyl λ^4-テラニル, trihydridotellurium($\bullet$) トリヒドリドテルル($\bullet$)	H_3Te^+, tellanium テラニウム, trihydridotellurium(1+) トリヒドリドテルル(1+)	H_3Te^-, tellanuide テラヌイド, trihydridotellurate(1−) トリヒドリドテルル酸(1−)
H_4N_m	N_mH_4 を見よ		

付表 IX （つづき）

非荷電原子または基の化学式	名称		
	非荷電原子または分子（対イオン、ラジカルを含む）あるいは置換基[a]	陽イオン（陽イオンラジカルを含む）または陽イオン性置換基[a]	陰イオン（陰イオンラジカルを含む）または陰イオン性置換基[b, 訳注]	配位子[c]
H_4NO		$NH_2OH_2^+$, aminooxidanium アミノオキシダニウム, aquadihydridonitrogen(1+) アクアジヒドリド窒素(1+) NH_3OH^+, hydroxyazanium ヒドロキシアザニウム, trihydridohydroxidonitrogen(1+) トリヒドリドヒドロキシド窒素(1+); hydroxyammonium ヒドロキシアンモニウム		
H_4O		H_4O^{2+}, oxidanediium オキシダンジイウム, tetrahydridooxygen(2+) テトラヒドリド酸素(2+)		
H_5IO_6	$IO(OH)_5$, pentahydroxy-λ⁷-iodanone ペンタヒドロキシ-λ⁷-ヨーダノン, pentahydroxidooxidoiodine ペンタヒドロキシドオキシドヨウ素; orthoperiodic acid オルト過ヨウ素酸			
H_5N_2	N_2H_5 を見よ			
H_5O_2		$[H(H_2O)_2]^+$, μ-hydrido-bis(dihydridooxygen)(1+) μ-ヒドリド-ビス(ジヒドリド酸素)(1+), diaquahydrogen(1+) ジアクア水素(1+)		
H_6N_2	N_2H_6 を見よ			

H_nN_m, N_mH_n を見よ

He	helium ヘリウム	helium (general) ヘリウム (一般) He$^{\bullet+}$, helium($\bullet$1+) ヘリウム($\bullet$1+)	helide ヘリウム化物	helide ヘリド
HeH		HeH$^+$, hydridohelium(1+) ヒドリドヘリウム(1+)		
He$_2$		He$_2^+$, dihelium(1+) 二ヘリウム(1+) He$_2^{2+}$, dihelium(2+) 二ヘリウム(2+)		
Hf	hafnium ハフニウム	hafnium ハフニウム	hafnide ハフニウム化物	hafnido ハフニド
Hg	mercury 水銀	mercury (general) 水銀 (一般) Hg^{2+}, mercury(2+) 水銀(2+)	mercuride 水銀化物	mercurido メルクリド
Hg$_2$		Hg$_2^{2+}$, dimercury(2+) 二水銀(2+)		
Ho	holmium ホルミウム	holmium ホルミウム	holmide ホルミウム化物	holmido ホルミド
Hs	hassium ハッシウム	hassium ハッシウム	hasside ハッシウム化物	hassido ハッシド
I	iodine (general) ヨウ素 (一般) I$^{\bullet}$, iodine($\bullet$) ヨウ素($\bullet$), monoiodine 一ヨウ素 —I, iodo ヨード	iodine (general) ヨウ素 (一般) I$^+$, iodine(1+) ヨウ素(1+)	iodide (general) ヨウ化物 (一般) I$^-$, iodide(1−) ヨウ化物(1−); iodide ヨウ化物	I$^-$, iodido(1−) ヨージド(1−) iodido ヨージド
ICl$_2$	ICl$_2^{\bullet}$, dichloridoiodine ジクロロドヨウ素 —ICl$_2$, dichloro, dichloridoiodanyl ジクロロドーλ^3-ヨーダニル	ICl$_2^+$, dichloroiodanium ジクロロヨーダニウム, dichloridoiodine(1+) ジクロリドヨウ素(1+)		
IF	IF, iodine fluoride フッ化ヨウ素 [IF], fluoridoiodine フルオリドヨウ素			
IF$_4$	IF$_4^+$, tetrafluoro-λ^3-iodanium テトラフルオロ-λ^3-ヨーダニウム, tetrafluoridoiodine(1+) テトラフルオリドヨウ素(1+)		IF$_4^-$, tetrafluoro-λ^3-iodanuide テトラフルオロ-λ^3-ヨーダヌイド, tetrafluoridoiodate(1−) テトラフルオリドヨウ素酸(1−)	IF$_4^-$, tetrafluoro-λ^3-iodanuido テトラフルオロ-λ^3-ヨーダヌイド, tetrafluoridoiodato(1−) テトラフルオリドヨーダト(1−)
IF$_6$			IF$_6^-$, hexafluoro-λ^5-iodanuide ヘキサフルオロ-λ^5-ヨーダヌイド, hexafluoridoiodate(1−) ヘキサフルオリドヨウ素酸(1−)	IF$_6^-$, hexafluoro-λ^5-iodanuido ヘキサフルオロ-λ^5-ヨーダヌイド, hexafluoridoiodato(1−) ヘキサフルオリドヨーダト(1−)
IH	HI を見よ			

付表 IX（つづき）

非荷電原子または基の化学式	非荷電原子または分子（対イオン，ラジカルを含む，あるいは置換基）[a]	名 陽イオン（陽イオンラジカルを含む）または陽イオン性置換基[a]	称 陰イオン（陰イオンラジカルを含む）または陰イオン性置換基[b, 訳注]	配位子[c]
I_2	diiodine 二ヨウ素	$I_2^{•+}$, diiodine(•1+) 二ヨウ素(•1+)	$I_2^{•-}$, diiodide(•1−) 二ヨウ化物(•1−)	I_2, diiodine 二ヨウ素
I_3	triiodide 三ヨウ素		I_3^-, triiodide(1−) 三ヨウ化物 三ヨウ素化物; triiodide 三ヨウ化物	I_3^-, triiodido(1−) トリヨージド(1−); triiodido トリヨージド
In	indium インジウム	indium インジウム	indide インジウム化物	indido インジド
InH_2	$-InH_2$, indiganyl インジガニル			
InH_3	InH_3, indium trihydride 三水素化インジウム [InH_3], indigane （parent hydride name） インジガン（母体水素化物名）, trihydridoindium トリヒドリドインジウム			
Ir	iridium イリジウム	iridium イリジウム	iridide イリジウム化物	iridido イリジド
K	potassium カリウム	potassium カリウム	potasside カリウム化物	potassido ポタシド
KO_2	KO_2, potassium dioxide(1−) 二酸化(1−)カリウム; potassium superoxide 超酸化カリウム			
KO_3	KO_3, potassium trioxide(1−) 三酸化(1−)カリウム; potassium ozonide オゾン化カリウム			
K_2O	K_2O, dipotassium oxide 酸化二カリウム			
K_2O_2	K_2O_2, dipotassiuim dioxide(2−) 二酸化(2−)二カリウム; potassium peroxide 過酸化カリウム			
Kr	krypton クリプトン	krypton クリプトン	kryptonide クリプトン化物	kryptonido クリプトニド
La	lanthanum ランタン	lanthanum ランタン	lanthanide[d] ランタン化物	lanthanido ランタニド

Li	lithium リチウム	lithium (general) リチウム (一般) Li⁺, lithium(1+) リチウム(1+)	lithide (general) リチウム化物 (一般) Li⁻, lithide(1−) リチウム化物(1−); lithide リチウム化物	lithido リチド Li⁻, lithido(1−) リチド(1−); lithido リチド
LiAl	[LiAl], aluminidolithium アルミニドリチウム			
LiBe	[LiBe], beryllidolithium ベリリドリチウム			
LiCl	LiCl, lithium chloride 塩化リチウム [LiCl], chloridolithium クロリドリチウム	LiCl⁺, chloridolithium(1+) クロリドリチウム(1+)	LiCl⁻, chloridolithate(1−) クロリドリチウム酸(1−)	LiCl⁻, chloridolithato(1−) クロリドリチウト(1−)
LiH	LiH, lithium hydride 水素化リチウム [LiH], hydridolithium ヒドリドリチウム	LiH⁺, hydridolithium(1+) ヒドリドリチウム(1+)	LiH⁻, hydridolithate(1−) ヒドリドリチウム酸(1−)	LiH⁻, hydridolithato(1−) ヒドリドリチウト(1−)
LiMg	LiMg, lithium monomagneside マグネシウム化リチウム	LiMg⁺, magnesidolithium(1+) マグネシドリチウム(1+)		
Li₂	Li₂, dilithium 二リチウム	Li₂•⁺, dilithium(•1+) 二リチウム(•1+)	Li₂•⁻, dilithide(•1−) 二リチウム化物(•1−)	Li₂•⁻, dilithido(•1−) ジリチド(•1−)
Lr	lawrencium ローレンシウム	lawrencium ローレンシウム	lawrencide ローレンシウム化物	lawrencido ローレンシド
Lu	lutetium ルテチウム	lutetium ルテチウム	lutetide ルテチウム化物	lutetido ルテチド
Md	mendelevium メンデレビウム	mendelevium メンデレビウム	mendelevide メンデレビウム化物	mendelevido メンデレビド
Mg	magnesium マグネシウム	magnesium (general) マグネシウム (一般) Mg⁺, magnesium(1+) マグネシウム(1+) Mg²⁺, magnesium(2+) マグネシウム(2+)	magneside (general) マグネシウム化物 (一般) Mg⁻, magneside(1−) マグネシウム化物(1−)	magnesido マグネシド Mg⁻, magnesido(1−) マグネシド(1−)
Mn	manganese マンガン	manganese (general) マンガン (一般) Mn²⁺, manganese(2+) マンガン(2+) Mn³⁺, manganese(3+) マンガン(3+)	manganide マンガン化物	manganido マンガニド
MnO	MnO, manganese mon(o)oxide 一酸化マンガン, manganese(II) oxide 酸化マンガン(II)			

290

付表 IX （つづき）

非荷電原子または基の化学式	名称 非荷電原子または分子（対イオン，ラジカルを含む）あるいは置換基[b, 訳注]	陽イオン（陽イオンラジカルを含む）または陽イオン性置換基[a]	陰イオン（陰イオンラジカルを含む）または陰イオン性置換基[b, 訳注]	配位子[c]
MnO_2	MnO_2, manganese dioxide 二酸化マンガン，manganese(IV) oxide 酸化マンガン(IV)			
MnO_3		MnO_3^+, trioxidomanganese(1+) トリオキシドマンガン(1+)		
MnO_4			MnO_4^-, tetraoxidomanganate(1−)酸 テトラキシドマンガン(1−)酸 permanganate 過マンガン酸 MnO_4^{2-}, tetraoxidomanganate(2−)酸 テトラキシドマンガン(2−)酸 manganate(VI) マンガン酸(VI) MnO_4^{3-}, tetraoxidomanganate(3−)酸 テトラキシドマンガン(3−)酸 manganate(V) マンガン酸(V)	MnO_4^-, tetraoxidomanganato(1−) テトラオキシドマンガナト(1−), permanganato ペルマンガナト MnO_4^{2-}, tetraoxidomanganato(2−) テトラオキシドマンガナト(2−), manganato(VI) マンガナト(VI) MnO_4^{3-}, tetraoxidomanganato(3−) テトラオキシドマンガナト(3−), manganato(V) マンガナト(V)
Mn_2O_3	Mn_2O_3, dimanganese trioxide 三酸化二マンガン，manganese(III) oxide 酸化マンガン(III)			
Mn_2O_7	Mn_2O_7, dimanganese heptaoxide 七酸化二マンガン，manganese(VII) oxide 酸化マンガン(VII) $[O_3MnOMnO_3]$, μ-oxido-bis(trioxidomanganese) μ-オキシド-ビス(トリオキシドマンガン)			
Mn_3O_4	Mn_3O_4, trimanganese tetraoxide 四酸化三マンガン $Mn^{II}Mn^{III}_2O_4$, manganese(II,III) tetraoxide 四酸化マンガン(II,III)			

Mo	molybdenum モリブデン	molybdenum モリブデン	molybdenide モリブデン化物	molybdenido モリブデニド
Mt	meitnerium マイトネリウム	meitnerium マイトネリウム	meitneride マイトネリウム化物	meitnerido マイトネリド
Mu	$Mu^{\bullet} = \mu^+ e^-$, muonium ミューオニウム	$Mu^+ = \mu^+$, muon ミューオン	$Mu^- = \mu^+(e^-)_2$, muonide ミューオン化物	
N	nitrogen 窒素 $N^{\bullet}$, nitrogen(•) 窒素(•), mononitrogen 一窒素; $-N<$, azanetriyl アザントリイル; nitrilo ニトリロ $-N=$, azanylidene アザニルイデン $\equiv N$, azanylidyne アザニリジン	nitrogen (general) 窒素 (一般) N^+, nitrogen(1+) 窒素(1+)	nitride (general) 窒化物 (一般) N^{3-}, nitride(3−) 窒化物(3−), azanetriide アザントリイド; nitride ニトリド $=N-$, azanylidene アザニリデン; amidylidene アミジリデン $-N^{2-}$, azanediidyl アザンジイル	N^{3-}, nitrido(3−) ニトリド(3−), azanetriido アザントリイド
NCO	CNO を見よ			
NCS	CNS を見よ			
NCl$_2$			NCl$_2^-$, dichloroazanide ジクロロアザニド, dichloridonitrate(1−) ジクロリドニトラト(1−)	NCl$_2^-$, dichloroazanido ジクロロアザニド, dichloridonitrato(1−) ジクロリドニトラト(1−)
NF			NF^{2-}, fluoroazanediide フルオロアザンジイド, fluoridonitrate(2−) フルオリドニトラト(2−)	NF^{2-}, fluoroazanediido フルオロアザンジイド, fluoridonitrato(2−) フルオリドニトラト(2−)
NF$_3$	NF$_3$, nitrogen trifluoride 三フッ化窒素 [NF$_3$], trifluoroazane トリフルオロアザン, trifluoridonitrogen トリフルオリド窒素			NF$_3$, trifluoroazane トリフルオロアザン, trifluoridonitrogen トリフルオリド窒素
NF$_4$		NF$_4^+$, tetrafluoroammonium テトラフルオロアンモニウム, tetrafluoroazanium テトラフルオロアザニウム(1+) tetrafluoridonitrogen(1+) テトラフルオリド窒素(1+)		

付表 IX（つづき）

非荷電原子または基の化学式	名称		
	非荷電原子または分子（対イオン、ラジカルを含む）あるいは置換基[a]	陽イオン（陽イオンラジカルを含む）または陽イオン性置換基	陰イオン（陰イオンラジカルまたは陰イオン性置換基[b, 訳注]）	配位子[c]
NH	NH², azanylidene アザニリデン（2•）; hydridonitrogen(2•) ヒドリドニトロゲン(2•); nitrene ニトレン；>NH, azanediyl アザンジイル アザンビス(イリウム), −NH, azanylidene アザニリデン; imino イミノ	NH⁺, azanyliumdiyl アザニリウムジイル, hydridonitrogen(1+) ヒドリドニトロゲン(1+); NH²⁺, azanebis(ylium) アザンビス(イリウム), hydridonitrogen(2+) ヒドリドニトロゲン(2+)	NH, azanediyl アザンジイル, hydridonitrate(1−) ヒドリドニトラト(1−); NH²⁻, azanediide アザンジイド, hydridonitrate(2−) ヒドリドニトラト(2−); imide イミド; −NH⁻, azanylidyl アザニリジル, amidyl アミジル	NH²⁻, azanediido アザンジイド, hydridonitrato(2−) ヒドリドニトラト(2−); imido イミド
NH₂	NH₂•, azanyl アザニル, dihydridonitrogen(•) ジヒドリドニトロゲン(•); aminyl アミニル；−NH₂, azanyl アザニル；amino アミノ	NH₂⁺, azanylium アザニリウム, dihydridonitrogen(1+) ジヒドリドニトロゲン(1+)	NH₂⁻, azanide アザニド, dihydridonitrate(1−) ジヒドリドニトラト(1−); amide アミド	NH₂⁻, azanido アザニド, dihydridonitrato(1−) ジヒドリドニトラト(1−), amido アミド
NH₃	NH₃, azane（parent hydride name）アザン（母体水素化物名）；amine（parent name for certain organic derivatives）アミン（有機誘導体母体名）, trihydridonitrogen トリヒドリドニトロゲン; ammonia アンモニア	NH₃•⁺, azaniumyl アザニウミル, trihydridonitrogen(•+) トリヒドリドニトロゲン(•+); −NH₃⁺, azaniumyl アザニウミル; ammonio アンモニオ	NH₃•⁻, azanuidyl アザヌイジル, trihydridonitrate(•−)[e] トリヒドリドニトラト(•−)	NH₃, ammine アンミン
NH₄		NH₄⁺, λ⁵-azanyl λ⁵-アザニル, tetrahydridonitrogen(•) テトラヒドリドニトロゲン(•)	NH₄⁺, azanium アザニウム; ammonium アンモニウム	
NO	NO, nitrogen mon(o)oxide (not nitric oxide 一酸化窒素（酸化窒素ではない）; NO•, oxoazanyl オキソアザニル,	NO⁺, oxidonitrogen(1+) (not nitrosyl) オキシドニトロゲン(1+)（ニトロシルではない）	NO⁻, oxidonitrate(1−) オキシドニトラト(1−); NO⁽²•⁾⁻, oxidonitrate(2•−) オキシドニトラト(2•−)	NO, oxidonitrogen (general) オキシドニトロゲン（一般）nitrosyl = oxidonitrogen-κN (general) ニトロシル＝オキシドニトロゲン-κN（一般）

	oxidonitrogen(•) オキシド窒素(•); nitrosyl ニトロシル -N=O, oxoazanyl オキソアザニル; nitroso ニトロソ >N(O)-, oxo-λ^5-azanetriyl オキソ-λ^5-アザントリイル; azoryl アゾリル =N(O)-, oxo-λ^5-azanylylidene オキソ-λ^5-アザニリリデン; azorylidene アゾリリデン ≡N(O), oxo-λ^5-azanylidyne オキソ-λ^5-アザニリジン; azorylidyne アゾリリジン -O$^+$=N$^-$, azanidylideneoxidaniumyl アザニジリデンオキシダニウミル	NO$^{•2+}$, oxidonitrogen(•2+) オキシド窒素(•2+)		NO$^+$, oxidonitrogen(1+) オキシド窒素(1+) NO$^-$, oxidonitrato(1-) オキシドニトラト(1-)
NO$_2$	NO$_2$, nitrogen dioxide 二酸化窒素 NO$_2^•$ = ONO$^•$, nitrosooxidanyl ニトロソオキシダニル, dioxidonitrogen(•) ジオキシド窒素(•); nitryl ニトリル -NO$_2$, nitro ニトロ -ONO, nitrosooxy ニトロソオキシ	NO$_2^+$, dioxidonitrogen(1+) ジオキシド窒素(1+) (*not* nitryl) (ニトリルではない)	NO$_2^-$, dioxidonitrate(1-) ジオキシドニトラト(1-) 亜硝酸 nitrite 亜硝酸 NO$_2^{•2-}$, dioxidonitrate(•2-) ジオキシドニトラト(•2-) 亜硝酸	NO$_2^-$, dioxidonitrato(1-) ジオキシドニトラト(1-); nitrito ニトリト NO$_2^{•2-}$, dioxidonitrato(•2-) ジオキシドニトラト(•2-)
NO$_3$	NO$_3$, nitrogen trioxide 三酸化窒素 NO$_3^•$ = O$_2$NO$^•$, nitrooxidanyl ニトロオキシダニル, trioxidonitrogen(•) トリオキシド窒素(•) ONOO$^•$, nitrosodioxidanyl ニトロソジオキシダニル, oxidoperoxidonitrogen(•) オキシドペルオキシド窒素(•) -ONO$_2$, nitrooxy ニトロオキシ		NO$_3^-$, trioxidonitrate(1-) トリオキシドニトラト(1-); nitrate 硝酸 NO$_3^{•2-}$, trioxidonitrate(•2-) トリオキシドニトラト(•2-) 硝酸 [NO(OO)]$^-$, oxidoperoxidonitrate(1-) オキシドペルオキシドニトラト硝酸(1-); peroxynitrite ペルオキシ亜硝酸	NO$_3^-$, trioxidonitrato(1-) トリオキシドニトラト(1-); nitrato ニトラト NO$_3^{•2-}$, trioxidonitrato(•2-) トリオキシドニトラト(•2-) [NO(OO)]$^-$, oxidoperoxidonitrato(1-) オキシドペルオキシドニトラト(1-); peroxynitrito ペルオキシニトリト

付表 IX（つづき）

非荷電原子または基の化学式	名称 非荷電原子または分子（対イオン、ラジカルを含む）あるいは置換基[a]	称 陽イオン（陽イオンラジカルを含む）または陽イオン性置換基[a]	陰イオン（陰イオンラジカルを含む）または陰イオン性置換基[b],註	配位子[c]
NO_4			$NO_2(O_2)^-$, dioxidoperoxidonitrate(1−) ジオキシドペルオキシドニトラト硝酸(1−); peroxynitrate ペルオキシニトラト硝酸	$NO_2(O_2)^-$, dioxidoperoxidonitrato(1−) ジオキシドペルオキシドニトラト(1−); peroxynitrato ペルオキシニトラト
NS	NS, nitrogen monosulfide 一硫化窒素 NS•, sulfidonitrogen(•) スルフィド窒素(•) −N=S, sulfanylideneazanyl スルファニリデンアザニル; thionitroso チオニトロソ	NS^+, sulfidonitrogen(1+) (not thionitrosyl) スルフィド窒素(1+) (チオニトロシルではない)	NS^-, sulfidonitrate(1−) スルフィド硝酸	NS, sulfidonitrogen スルフィド窒素, sulfidonitrato スルフィドニトラト, thionitrosyl (general) チオニトロシル (一般) NS^+, sulfidonitrogen(1+) スルフィド窒素(1+) NS^-, sulfidonitrato(1−) スルフィドニトラト(1−)
N_2	N_2, dinitrogen 二窒素 =N+=N−, (azanidylidene)azaniumylidene (アザニジリデン)アザニウミリデン; diazo ジアゾ =NN=, diazane-1,2-diylidene ジアザン-1,2-ジイリデン; hydrazinediylidene ヒドラジンジイリデン −N=N−, diazene-1,2-diyl ジアゼン-1,2-ジイル; azo アゾ	$N_2^{•+}$, dinitrogen(•1+) 二窒素(•1+) N_2^{2+}, dinitrogen(2+) 二窒素(2+) −N$^+$≡N, diazyn-1-ium-1-yl ジアジン-1-イウム-1-イル	N_2^{2-}, dinitride(2−) 二窒化物(2−) N_2^{4-}, dinitride(4−) 二窒化物(4−); diazanetetraide ジアザンテトライド; hydrazinetetraide ヒドラジンテトライド	N_2, dinitrogen 二窒素 N_2^{2-}, dinitrido(2−) ジニトリド(2−) N_2^{4-}, dinitrido(4−) ジニトリド(4−); diazanetetraido ジアザンテトライド; hydrazinetetraido ヒドラジンテトライド
N_2H		$N=NH^+$, diazynium ジアジニウム	$N=NH^-$, diazenide ジアゼニド NNH^{3-}, diazanetriide ジアザントリイド; hydrazinetriide ヒドラジントリイド	$N=NH$, diazene ジアゼニド $-N=NH_2^+$, diazinetriido ジアザントリイド, hydrazinetriido ヒドラジントリイド
N_2H_2	HN=NH, diazene ジアゼン $-N=NH_2^+$, diazene-2-ium-1-ide ジアゼン-2-イウム-1-イド	$HNNH^{2+}$, diazenediium ジアゼンジイウム	$HNNH^{2-}$, diazane-1,2-diide ジアザン-1,2-ジイド,	HN=NH, diazene ジアゼン $-N=NH_2^+$, diazene-2-ium-1-ido ジアゼン-2-イウム-1-イド

294

			HNNH^{2-}, diazane-1,2-diide ジアザン-1,2-ジイド, hydrazine-1,2-diido ヒドラジン-1,2-ジイド, H$_2$NN^{2-}, diazane-1,1-diide ジアザン-1,1-ジイド, hydrazine-1,1-diido ヒドラジン-1,1-ジイド
N$_2$H$_3$	H$_2$NNH$^\bullet$, diazanyl ジアザニル, trihydridodinitrogen(N–N)($\bullet$) トリヒドリドニ窒素(N–N)($\bullet$); hydrazinyl ヒドラジニル; –NHNH$_2$, diazanyl ジアザニル; hydrazinyl ヒドラジニル; $^{2-}$NNH$_3^+$, diazan-2-ium-1,1-diide ジアザン-2-イウム-1,1-ジイド	HN=NH$_2^+$, diazenium ジアゼニウム	$^{2-}$NNH$_3^+$, diazan-2-ium-1,1-diido ジアザン-2-イウム-1,1-ジイド, H$_2$NN$^-$, diazanido ジアザニド, hydrazinido ヒドラジニド
N$_2$H$_4$	H$_2$NNH$_2$, diazane (parent hydride name) ジアザン (母体水素化物名), hydrazine (parent name for organic derivatives) ヒドラジン (有機誘導体母体名); $^-$NHNH$_3^+$, diazan-2-ium-1-ide ジアザン-2-イウム-1-イド	H$_2$NNH$_2^{\bullet+}$, diazaniumyl ジアザニウミル, bis(dihydridonitrogen)○ (N–N)($\bullet$1+) ビス(ジヒドリド窒素) (N–N)($\bullet$1+); hydraziniumyl ヒドラジニウミル; H$_2$N=NH$_2^{2+}$, diazenediium ジアゼンジイウム	H$_2$NNH$_2$, diazane ジアザン hydrazine ヒドラジン, $^-$NHNH$_3^+$, diazan-2-ium-1-ido ジアザン-2-イウム-1-イド
N$_2$H$_5$		H$_2$NNH$_3^+$, diazanium ジアザニウム, hydrazinium ヒドラジニウム	
N$_2$H$_6$		H$_3$NNH$_3^{2+}$, diazanediium ジアザンジイウム, hydrazinediium ヒドラジンジイウム	

付表 IX（つづき）

非荷電原子または基の化学式	名称 非荷電原子または分子（対イオン、ラジカルを含む）あるいは置換基[a]	陽イオン（陽イオンラジカルを含む）または陽イオン性置換基[a]	陰イオン（陰イオンラジカルを含む）または陰イオン性置換基[b, 訳注]	配位子[c]
N_2O	N_2O, dinitrogen oxide (*not* nitrous oxide) 酸化二窒素（亜酸化窒素ではない） NNO, oxidodinitrogen(N–N) オキシド二窒素(N–N) –N(O)=N–, azoxy アゾキシ		$N_2O^{\bullet-}$, oxidodinitrate($\bullet$1–) オキシド二硝酸($\bullet$1–)	N_2O, dinitrogen oxide (general) 酸化二窒素（一般） NNO, oxidodinitrogen(N–N) オキシド二窒素(N–N) $N_2O^{\bullet-}$, oxidodinitrato($\bullet$1–) オキシドジニトラト($\bullet$1–)
N_2O_2	N_2O_2, dinitrogen dioxide 二酸化二窒素 ONNO, bis(oxidonitrogen)(N–N) ビス(オキシド窒素)(N–N)		$N_2O_2^{2-}$, diazenediolate ジアゼンジオラート bis(oxidonitrate)(N–N)(2–) ビス(オキシド硝酸)(N–N)(2–)	$N_2O_2^{2-}$, bis(oxidonitrato)(N–N)(2–) ビス(オキシドニトラト)(N–N)(2–)
N_2O_3	N_2O_3, dinitrogen trioxide 三酸化二窒素 O_2NNO, trioxido-1κ²O,2κO-dinitrogen(N–N) トリオキシド-1κ²O,2κO-二窒素(N–N) $NO^+NO_2^-$, oxidonitrogen(1+) dioxidonitrate(1–) オキシド窒素(1+)ジオキシド硝酸(1–) ONONO, dinitrosooxidane ジニトロソオキシダン, μ-oxido-bis(oxidonitrogen) μ-オキシド-ビス(オキシド窒素)		$N_2O_3^{2-} = [O_2NNO]^{2-}$, trioxido-1κ²$O$,2κ$O$-dinitrate($N$–$N$)(2–) トリオキシド-1κ²$O$,2κ$O$-二硝酸($N$–$N$)(2–)	
N_2O_4	N_2O_4, dinitrogen tetraoxide 四酸化二窒素 O_2NNO_2, bis(dioxidonitrogen)(N–N) ビス(ジオキシド窒素)(N–N) ONOONO, 1,2-dinitrosodioxidane 1,2-ジニトロソジオキシダン, bis(nitrosyloxygen)(O–O) ビス(ニトロシル酸素)(O–O),			

	2,5-diazy-1,3,4,6-tetraoxy-[6]catena 2,5-ジアジ-1,3,4,6-テトラオキシ-[6]カテナ NO$^+$NO$_3^-$, oxidonitrogen(1+) trioxidonitrate(1−) トリオキシド硝酸(1−)オキシド窒素(1+)		
N$_2$O$_5$	N$_2$O$_5$, dinitrogen pentaoxide 五酸化二窒素 O$_2$NONO$_2$, dinitrooxidane ジニトロオキシダン, μ-oxido-bis(dioxidonitrogen)($N-N$) μ-オキシド-ビス(ジオキシド窒素)($N-N$) NO$_2^+$NO$_3^-$, dioxidonitrogen(1+) trioxidonitrate(1−) トリオキシド硝酸(1−)ジオキシド窒素(1+)		
N$_3$	N$_3^\bullet$, trinitrogen($\bullet$) 三窒素($\bullet$) $^-$N=N$^+$=N$^-$, azido アジド	N$_3^-$, trinitride(1−) 三窒化物(1−); azide アジド	N$_3^-$, trinitrido(1−) トリニトリド(1−); azido アジド
N$_3$H	N$_3$H, hydrogen trinitride(1−) 三窒化(1−)水素; hydrogen azide アジ化水素 [NNNH], hydrido-1κH-trinitrogen(2 $N-N$) ヒドリド-1κH-三窒素(2 $N-N$)		
N$_3$H$_2$	$^-$NHN=NH, triaz-2-en-1-yl トリアズ-2-エン-1-イル		
N$_3$H$_4$	$^-$NHNHNH$_2$, triazan-1-yl トリアザン-1-イル		
N$_5$	N$_5^+$, pentanitrogen(1+) 五窒素(1+)		
N$_6$		N$_6^{\bullet-}$, hexanitride($\bullet$1−) 六窒化物($\bullet$1−)	N$_6^{\bullet-}$, hexanitrido($\bullet$1−) ヘキサニトリド($\bullet$1−)

付表 IX（つづき）

非荷電原子または基の化学式	非荷電原子または分子（対イオン，ラジカルを含む）あるいは置換基[a]	名 称 — 陽イオン（陽イオンラジカルを含む），または陽イオン性置換基[a]	名 称 — 陰イオン（陰イオンラジカルを含む），または陰イオン性置換基[b,訳注]	配位子[c]
Na	sodium ナトリウム	sodium (general) ナトリウム（一般） Na^+, sodium(1+) ナトリウム(1+)	sodide (general) ナトリウム化物（一般） Na^-, sodide(1−) ナトリウム化物(1−)；sodide ナトリウム化物	sodido ソジド Na^-, sodido(1−) ソジド(1−)；sodido ソジド
NaCl	NaCl, sodium chloride 塩化ナトリウム [NaCl], chloridosodium クロリドナトリウム	$NaCl^+$, chloridosodium(1+) クロリドナトリウム(1+)	$NaCl^-$, chloridosodate(1−) クロリドナトリウム酸(1−)	
Na_2	Na_2, disodium 二ナトリウム	Na_2^+, disodium(1+) 二ナトリウム(1+)	Na_2^-, disodide(1−) 二ナトリウム化物(1−)	Na_2^-, disodido(1−) ジソジド(1−)
Nb	niobium ニオブ	niobium ニオブ	niobide ニオブ化物	niobido ニオビド
Nd	neodymium ネオジム	neodymium ネオジム	neodymide ネオジム化物	neodymido ネオジミド
Ne	neon ネオン	neon (general) ネオン（一般） Ne^+, neon(1+) ネオン(1+)	neonide ネオン化物	neonido ネオニド
NeH		NeH^+, hydrideoneon(1+) ヒドリドネオン(1+)		
NeHe		$NeHe^+$, helidoneon(1+) ヘリドネオン(1+)		
Ni	nickel ニッケル	nickel (general) ニッケル（一般） Ni^{2+}, nickel(2+) ニッケル(2+) Ni^{3+}, nickel(3+) ニッケル(3+)	nickelide ニッケル化物	nickelido ニッケリド
No	nobelium ノーベリウム	nobelium ノーベリウム	nobelide ノーベリウム化物	nobelido ノーベリド
Np	neptunium ネプツニウム	neptunium ネプツニウム	neptunide ネプツニウム化物	neptunido ネプツニド
NpO_2	NpO_2, neptunium dioxide 二酸化ネプツニウム	NpO_2^+, dioxidoneptunyl(1+) [*not* neptunyl(1+)] ジオキシドネプツニウム(1+) [ネプツニル(1+) ではない] NpO_2^{2+}, dioxidoneptunium(2+) [*not* neptunyl(2+)] ジオキシドネプツニウム(2+) [ネプツニル(2+) ではない]		

O	oxygen (general) 酸素 (一般) O, monooxygen 一酸素 $O^{2\bullet}$, oxidanylidene オキシダニリデン, monooxygen(2•) 一酸素 (2•) >O, oxy オキシ epoxy (in ring) エポキシ (環中) =O, oxo オキソ	oxygen (general) 酸素 (一般) $O^{\bullet+}$, oxygen(•1+) 酸素(•1+)	oxide (general) 酸化物 (一般) $O^{\bullet-}$, oxidanidyl オキシダニジル, oxide(•1−) 酸化物(•1−) O^{2-}, oxide(2−) 酸化物 (2−) −O, oxido オキシド	O^{2-}, oxido オキシド
OBr	OBr, oxygen (mono)bromide[f] 臭化 (一) 酸素 $OBr^\bullet$, bromidooxygen(•)[f] ブロミド酸素 (•); bromosyl ブロモシル −BrO, oxo-λ^3-bromanyl オキソ-λ^3-ブロマニル; bromosyl ブロモシル −OBr, bromooxy ブロモオキシ	OBr^+, bromidooxygen(1+)[f] ブロミド酸素(1+) (ブロモシルではない)	OBr^-, bromidooxygenate(1−)[f] ブロミド酸素酸(1−); oxidobromate(1−)[f] オキシド臭素酸(1−), hypobromite 次亜臭素酸	OBr^-, bromidooxygenato(1−)[f] ブロミドオキシゲナト (1−); oxydobromato(1−) オキシドブロマト (1−) hypobromito ヒポブロミト
OCN	CNO を見よ			
OCl	OCl, oxygen (mono)chloride[f] (一) 塩化酸素 $OCl^\bullet$, chloridooxygen(•)[f] クロリド酸素 (•); chlorosyl クロロシル −ClO, oxo-λ^3-chloranyl オキソ-λ^3-クロラニル; chlorosyl クロロシル −OCl, chlorooxy クロロオキシ		OCl^-, chloridooxygenate(1−)[f] クロリド酸素酸(1−); oxidochlorate(1−)[f] オキシド塩素酸(1−), hypochlorite 次亜塩素酸	OCl^-, chloridooxygenato(1−)[f] クロリドオキシゲナト(1−); oxidochlorato(1−) オキシドクロラト(1−) hypochlorito ヒポクロリト
OD_2	H_2O を見よ			
OF	OF, oxygen (mono)fluoride (一)フッ化酸素 $OF^\bullet$, fluoridooxygen(•) フルオリド酸素 (•) −FO, oxo-λ^3-fluoranyl オキソ-λ^3-フルオラニル; fluorosyl フルオロシル	OF^+, fluoridooxygen(1+) フルオリド酸素(1+)	OF^-, fluoridooxygenate(1−) フルオリド酸素酸(1−)	

付表 IX （つづき）

非荷電原子または基の化学式	非荷電原子または分子（対イオン、ラジカルを含む）あるいは置換基[a]	陽イオン（陽イオンラジカルを含む）または陽イオン性置換基[a]	陰イオン（陰イオンラジカルを含む）または陰イオン性置換基[b, 訳注]	配位子[c]
OF_2	OF_2, oxygen difluoride 二フッ化酸素 [OF_2], difluoridooxygen ジフルオリド酸素			
OH_n	H_nO ($n = 1$–4) を見よ			
O^tH_2	H_2O を見よ			
OI	OI, oxygen (mono)iodide[f] （一）ヨウ化酸素 OI[•], iodidooxygen(•) ヨージド酸素 iodosyl ヨードシル $-$IO, oxo-λ^3-iodanyl オキソ-λ^3-ヨーダニル; iodosyl ヨードシル $-$OI, iodooxy ヨードオキシ	OI$^+$, iodidooxygen(1+)[f] (not iodosyl) ヨージド酸素(1+) （ヨードシルではない）	OI$^-$, iodidooxygenate(1$-$)[f] ヨージド酸素酸(1$-$); oxidoiodate(1$-$)[f] オキシドヨーダト(1$-$), hypoiodite 次亜ヨウ素酸 OI$^{•2-}$, iodidooxygenate(•2$-$)[f] ヨージド酸素酸(•2$-$)	OI$^-$, iodidooxygenato(1$-$)[f] ヨージドオキシゲナト(1$-$); oxidoiodato(1$-$)[f] オキシドヨーダト(1$-$), hypoiodito ヒポヨージト
ONC	CNO を見よ			
OT_2	H_2O を見よ			
O_2	O_2, dioxygen 二酸素 $O_2^{•}$, dioxidanediyl ジオキシダンジイル, dioxygen(2•) 二酸素(2•) $-$OO$-$, dioxidanediyl ジオキシダンジイル; peroxy ペルオキシ	$O_2^{•+}$, dioxidanyliumyl ジオキシダンイリウミル, dioxygen(•1+) 二酸素(•1+) O_2^{2+}, dioxidanebis(ylium) ジオキシダンビス(イリウム), dioxygen(2+) 二酸素(2+)	$O_2^{•-}$, dioxidanidyl ジオキシダニジル, dioxide(•1$-$) 二酸化物(•1$-$), superoxide (not hyperoxide) スペルオキシド（ヒペルオキシドではない） O_2^{2-}, dioxidanediide ジオキシダンジイド, dioxide(2$-$) 二酸化物(2$-$); peroxide 過酸化物	dioxide (general) ジオキシド（一般） O_2, dioxygen 二酸素 $O_2^{•-}$, dioxido(•1$-$) ジオキシド(•1$-$); superoxido スペルオキシド O_2^{2-}, dioxanediido ジオキシダンジイド, dioxido(2$-$) ジオキシド(2$-$); peroxido ペルオキシド
O_2Br	O_2Br, dioxygen bromide[f] 臭化二酸素 $BrO_2^{•}$, dioxidobromine(•) ジオキシド臭素	BrO_2^+, dioxidobromine(1+) (not bromyl) ジオキシド臭素(1+) (ブロミルではない)	BrO_2^-, dioxidobromate(1$-$) ジオキシド臭素酸(1$-$); bromite 亜臭素酸	BrO_2^-, dioxidobromato(1$-$) ジオキシドブロマト(1$-$); bromito ブロミト

	−BrO$_2$, dioxo-λ^5-bromanyl ジオキソ-λ^5-ブロマニル; bromyl ブロミル −OBrO, oxo-λ^3-bromanyloxy オキシン-λ^3-ブロマニルオキシ		
O$_2$Cl	O$_2$Cl, dioxygen chloride^f 塩化二酸素 ClO$_2^\bullet$, dioxidochlorine(•) ジオキシド塩素 ClOO$^\bullet$, chloridodioxygen($O-O$)(•) クロリド二酸素($O-O$)(•) −ClO$_2$, dioxo-λ^5-chloranyl ジオキシン-λ^5-クロラニル; chloryl クロリル −OClO, oxo-λ^3-chloranyloxy オキシン-λ^3-クロラニルオキシ	ClO$_2^+$, dioxidochlorine(1+) (*not* chloryl) ジオキシド塩素(1+) (クロリルではない)	ClO$_2^-$, dioxidochlorate(1−) ジオキシド塩素酸(1−); chlorite 亜塩素酸	ClO$_2^-$, dioxidochlorato(1−) ジオキシドクロロラト(1−); chlorito クロリト
O$_2$Cl$_2$		O$_2$Cl$_2^+$, (dioxygen dichloride)(1+)^f (二塩化二酸素)(1+)		
O$_2$F$_2$	O$_2$F$_2$, dioxygen difluoride 二フッ化二酸素 FOOF, difluorodioxidane ジフルオロジオキシダン, bis(fluorodioxygen)($O-O$) ビス(フルオリド酸素)($O-O$)			
O$_2$I	O$_2$I, dioxygen iodide^f ヨウ化二酸素 IO$_2^\bullet$, dioxidoiodine(•) ジオキシドヨウ素(•) −IO$_2$, dioxo-λ^5-iodanyl ジオキシン-λ^5-ヨーダニル; iodyl ヨージル −OIO, oxo-λ^3-iodanyloxy オキシン-λ^3-ヨーダニルオキシ	IO$_2^+$, dioxidoiodine(1+) (*not* iodyl) ジオキシドヨウ素(1+) (ヨージルではない)	IO$_2^-$, dioxidoiodate(1−) ジオキシドヨウ素酸(1−); iodite 亜ヨウ素酸	IO$_2^-$, dioxidoiodato(1−) ジオキシドヨーダト(1−); iodito ヨージト
O$_3$	O$_3$, trioxygen 三酸素 ozone オゾン −OOO−, trioxidanediyl トリオキシダンジイル		O$_3^{\bullet-}$, trioxidanidyl トリオキシダニジル, trioxide(•1−) 三酸化物(•1−); ozonide オゾニド	O$_3$, trioxygen 三酸素; ozone オゾン O$_3^{\bullet-}$, trioxido(•1−) トリオキシド(•1−); ozonido オゾニド

付表 IX（つづき）

非荷電原子または基の化学式	名称			
	非荷電原子または分子（対イオン、ラジカルを含む）あるいは置換基[f]	陽イオン（陽イオンラジカルを含む）または陽イオン性置換基[a]	陰イオン（陰イオンラジカルを含む）または陰イオン性置換基[b, 訳注]	配位子[c]
O_3Br	O_3Br, trioxygen bromide[f] 臭化三酸素 $BrO_3^{\bullet}$, trioxidobromine($\bullet$) トリオキシド臭素 –BrO_3, trioxo-λ^7-bromanyl perbromyl ペルブロミル –$OBrO_2$, trioxo-λ^5-bromanyloxy ジオキソ-λ^5-ブロマニルオキシ	BrO_3^+, trioxidobromine(1+) (*not* perbromyl) トリオキシド臭素(1+) （ペルブロミルではない）	BrO_3^-, trioxidobromate(1−) トリオキシド臭素酸(1−)； bromate 臭素酸	BrO_3^-, trioxidobromato(1−) トリオキシドブロマト(1−)； bromato ブロマト
O_3Cl	O_3Cl, trioxygen chloride[f] 塩化三酸素 $ClO_3^{\bullet}$, trioxidochlorine($\bullet$) トリオキシド塩素 –ClO_3, trioxo-λ^7-chloranyl perchloryl ペルクロリル –$OClO_2$, trioxo-λ^5-chloranyloxy ジオキソ-λ^5-クロラニルオキシ	ClO_3^+, trioxidochlorine(1+) (*not* perchloryl) トリオキシド塩素(1+) （ペルクロリルではない）	ClO_3^-, trioxidochlorate(1−) トリオキシド塩素酸(1−)； chlorate 塩素酸	ClO_3^-, trioxidochlorato(1−) トリオキシドクロラト(1−)； chlorato クロラト
O_3I	O_3I, trioxygen iodide[f] ヨウ化三酸素 $IO_3^{\bullet}$, trioxidoiodine($\bullet$) トリオキシドヨウ素 –IO_3, trioxo-λ^7-iodanyl periodyl ペルヨージル –OIO_2, trioxo-λ^5-iodanyloxy ジオキソ-λ^5-ヨーダニルオキシ	IO_3^+, trioxidoiodine(1+) (*not* periodyl) トリオキシドヨウ素(1+) （ペルヨージルではない）	IO_3^-, trioxidoiodate(1−) トリオキシドヨウ素酸(1−)； iodate ヨウ素酸	IO_3^-, trioxidoiodato(1−) トリオキシドヨーダト(1−)； iodato ヨーダト
O_4Br	O_4Br, tetraoxygen bromide[f] 臭化四酸素 $BrO_4^{\bullet}$, tetraoxidobromine($\bullet$) テトラオキシド臭素 –$OBrO_3$, trioxo-λ^7-bromanyloxy トリオキシド-λ^7-ブロマニルオキシ		BrO_4^-, tetraoxidobromate(1−) テトラオキシド臭素酸(1−)； perbromate 過臭素酸	BrO_4^-, tetraoxidobromato(1−) テトラオキシドブロマト(1−)； perbromato ペルブロマト

O_4Cl	O_4Cl, tetraoxygen chloride^f 塩化四酸素 $ClO_4^{\bullet}$, tetraoxidochlorine($\bullet$) テトラオキシド塩素素($\bullet$) $-OClO_3$, trioxo-λ^7-chloranyloxy トリオキシノ-λ^7-クロラニルオキシ		ClO_4^-, tetraoxidochlorato(1−) テトラオキシドクロラト(1−); perchlorato ペルクロラト
			ClO_4^-, tetraoxidochlorate(1−) テトラオキシド塩素素酸(1−); perchlorate 過塩素酸
O_4I	O_4I, tetraoxygen iodide^f ヨウ化四酸素 $IO_4^{\bullet}$, tetraoxidoiodine($\bullet$) テトラオキシドヨウ素($\bullet$) $-OIO_3$, trioxo-λ^7-iodanyloxy トリオキシノ-λ^7-ヨーダニルオキシ		IO_4^-, tetraoxidoiodato(1−) テトラオキシドヨーダト(1−); periodato ペルヨーダト
			IO_4^-, tetraoxidoiodate(1−) テトラオキシドヨウ素酸(1−); periodate 過ヨウ素酸
O_5I			IO_5^{3-}, pentaoxidoiodato(3−) ペンタオキシドヨーダト(3−)
			IO_5^{3-}, pentaoxidoiodate(3−) ペンタオキシドヨウ素酸(3−)
O_6I			IO_6^{5-}, hexaoxidoiodato(5−) ヘキサオキシドヨーダト(5−) orthoperiodato オルトペルヨーダト
			IO_6^{5-}, hexaoxidoiodate(5−) ヘキサオキシドヨウ素酸(5−) orthoperiodate オルト過ヨウ素酸
O_9I_2			$I_2O_9^{4-}$, nonaoxidodiiodato(4−) ノナオキシドニヨーダト(4−) $[O_3I(\mu\text{-}O)_3IO_3]^{4-}$, tri-$\mu$-oxido-bis(trioxidoiodato)(4−) トリ-μ-オキシド-ビス(トリオキシドヨーダト)(4−)
			$I_2O_9^{4-}$, nonaoxidodiiodate(4−) ノナオキシドニヨウ素酸(4−) $[O_3I(\mu\text{-}O)_3IO_3]^{4-}$, tri-$\mu$-oxido-bis(trioxidoiodate)(4−) トリ-μ-オキシド-ビス(トリオキシドヨウ素酸)(4−)
Os	osmium オスミウム	osmium オスミウム	osmido オスミド
			osmide オスミウム化物
P	phosphorus (general) リン (一般) $P^{\bullet}$, phosphorus($\bullet$) リン($\bullet$), monophosphorus 一リン $>P-$, phosphanetriyl ホスファントリイル	phosphorus (general) リン (一般) P^+, phosphorus(1+) リン(1+)	P^{3-}, phosphido ホスフィド, phosphanetriido ホスファントリイド
			phosphide (general) リン化物 (一般) P^-, phosphide(1−) リン化物(1−) P^{3-}, phosphide(3−) リン化物(3−); phosphanetride ホスファントリイド; phosphide リン化物
PF			PF^{2-}, fluorophosphanediido フルオロホスファンジイド, fluoridophosphato(2−) フルオリドホスファト(2−)
			PF^{2-}, fluorophosphanediide フルオロホスファンジイド, fluoridophosphate(2−) フルオリドリン酸(2−)

付表 IX （つづき）

非荷電原子または基の化学式	名称			配位子[c]
	非荷電原子または分子（対イオン、ラジカルを含む）あるいは置換基[a]	陽イオン（陽イオンラジカルを含む）、または陽イオン性置換基[a]	陰イオン（陰イオンラジカルを含む）、または陰イオン性置換基[b], [訳注]	
PF_2			PF_2^-, difluorophosphanide ジフルオロホスファニド, difluoridophosphate(1−) ジフルオリドホスファト(1−)酸	PF_2^-, difluorophosphanido ジフルオロホスファニド, difluoridophosphato(1−) ジフルオリドホスファト(1−)
PF_3	PF_3, phosphorus trifluoride 三フッ化リン [PF_3], trifluorophosphane トリフルオロホスファン, trifluoridophosphorus トリフルオリドリン			
PF_4		PF_4^+, tetrafluorophosphanium テトラフルオロホスファニウム, tetrafluoridophosphorus(1+) テトラフルオリドリン(1+)	PF_4^-, tetrafluorophosphanuide テトラフルオロホスファヌイド, tetrafluoridophosphate(1−) テトラフルオリドホスファト(1−)酸	PF_4^-, tetrafluorophosphanuido テトラフルオロホスファヌイド, tetrafluoridophosphato(1−) テトラフルオリドホスファト(1−)
PF_5	PF_5, phosphorus pentafluoride 五フッ化リン [PF_5], pentafluoro-λ^5-phosphane ペンタフルオロ-λ^5-ホスファン, pentafluoridophosphorus ペンタフルオリドリン			
PF_6			PF_6^-, hexafluoro-λ^5-phosphanuide ヘキサフルオロ-λ^5-ホスファヌイド, hexafluoridophosphate(1−) ヘキサフルオリドホスファト(1−)酸	PF_6^-, hexafluoro-λ^5-phosphanuido ヘキサフルオロ-λ^5-ホスファヌイド, hexafluoridophosphato(1−) ヘキサフルオリドホスファト(1−)
PH	$PH^\bullet$, phosphanylidene ホスファニリデン, hydridophosphorus(2$\bullet$) ヒドリドリン(2$\bullet$), >PH, phosphanediyl ホスファンジイル, =PH, phosphanylidene ホスファニリデン	$PH^{\bullet+}$, phosphanyliumyl ホスファニリウミル, hydridophosphorus($\bullet$1+) ヒドリドリン($\bullet$1+), PH^{2+}, phosphanebis(ylium) ホスファンビス(イリウム), hydridophosphorus(2+) ヒドリドリン(2+)	$PH^{\bullet-}$, phosphanidyl ホスファニジル, hydridophosphate(1−) ヒドリドリン酸(1−), PH^{2-}, phosphanediide ホスファンジイド, hydridophosphate(2−) ヒドリドリン酸(2−)	PH^{2-}, phosphanediido ホスファンジイド, hydridophosphato(2−) ヒドリドホスファト(2−)

304

PH$_2$	PH$_2^•$, phosphanyl ホスファニル, dihydridophosphorus(•) ジヒドリドリン(•) −PH$_2$, phosphanyl ホスファニル	PH$_2^+$, phosphanylium ホスファニリウム, dihydridophosphorus(1+) ジヒドリドリン(1+)	PH$_2^-$, phosphanide ホスファニド, dihydridophosphate(1−) ジヒドリドホスファト(1−)	PH$_2^-$, phosphanido ホスファニド, dihydridophosphato(1−) ジヒドリドホスファト(1−)
PH$_3$	PH$_3$, phosphorus trihydride 三水素化リン [PH$_3$], phosphane (parent hydride name) ホスファン (母体水素化物名), trihydridophosphorus トリヒドリドリン	PH$_3^{•+}$, phosphaniumyl ホスファニウムミル, trihydridophosphorus(•1+) トリヒドリドリン(•1+) −PH$_3^+$, phosphaniumyl ホスファニウムミル	PH$_3^{•-}$, phosphanuidyl ホスファヌイジル, trihydridophosphate(•1−)^e トリヒドリドリン酸(•1−)	PH$_3$, phosphane ホスファン
PH$_4$	−PH$_4$, λ^5-phosphanyl λ^5-ホスファニル	PH$_4^+$, phosphanium ホスファニウム, tetrahydridophosphorus(1+) テトラヒドリドリン(1+)	PH$_4^-$, phosphanuide ホスファヌイド, tetrahydridophosphate(1−) テトラヒドリドリン酸(1−)	PH$_4^-$, phosphanuido ホスファヌイド, tetrahydridophosphato(1−) テトラヒドリドホスファト(1−)
PH$_5$	PH$_5$, phosphorus pentahydride 五水素化リン [PH$_5$], λ^5-phosphane (parent hydride name) λ^5-ホスファン (母体水素化物名), pentahydridophosphorus ペンタヒドリドリン			
PN	P≡N, nitridophosphorus ニトリドリン >P=N, azanylidene-λ^5-phosphanediyl アザニリデン-λ^5-ホスファンジイル; phosphoronitridoyl ホスホロニトリドイル			
PO	PO$^•$, oxophosphanyl オキソホスファニル, oxidophosphorus(•) オキシドリン(•), phosphorus mon(o)oxide 一酸化リン; >P(O)−, oxo-λ^5-phosphanetriyl オキソ-λ^5-ホスファントリイル; phosphoryl ホスホリル	PO$^+$, oxidophosphorus(1+) (not phosphoryl) オキシドリン(1+) (ホスホリルではない)	PO$^-$, oxidophosphate(1−) オキシドリン酸(1−)	
(つづく)				

付表 IX（つづき）

非電荷原子または基の化学式	名称			配位子[c]
	非荷電原子または分子（対イオン、ラジカルを含む）あるいは置換基[a]	陽イオン（陽イオンラジカルを含む）または陽イオン性置換基	陰イオン（陰イオンラジカルを含む）または陰イオン性置換基[b, 注]	
PO（つづき）	$=P(O)-$, oxo-λ^5-phosphanylidene オキソ-λ^5-ホスファニルイリデン; phosphorylidene ホスホリリデン $\equiv P(O)$, oxo-λ^5-phosphanylidyne オキソ-λ^5-ホスファニリジン; phosphorylidyne ホスホリリジン			
PO_2	$-P(O)_2$, dioxo-λ^5-phosphanyl ジオキシ-λ^5-ホスファニル		PO_2^-, dioxidophosphate(1−) ジオキシドリン酸(1−)	PO_2^-, dioxidophosphato(1−)ジオキシドホスファト(1−)
PO_3			PO_3^-, trioxidophosphate(1−) トリオキシドリン酸(1−) $PO_3^{•2-}$, trioxidophosphate(•2−) トリオキシドリン酸(•2−) PO_3^{3-}, trioxidophosphate(3−) トリオキシドリン酸(3−); phosphite 亜リン酸 $(PO_3^-)_n = +P(O)_2O+_n''$, catena-poly[(dioxidophosphate-μ-oxido)(1−)] catena-ポリ[(ジオキシドリン酸 μ-オキシド)(1−)]; metaphosphate メタリン酸 $-P(O)(O^-)_2$, dioxidooxo-λ^5-phosphanyl ジオキシドオキソ-λ^5-ホスファニル; phosphonato ホスホナト	PO_3^-, trioxidophosphato(1−) トリオキシドホスファト(1−) $PO_3^{•2-}$, trioxidophosphato(•2−) トリオキシドホスファト(•2−) PO_3^{3-}, trioxidophosphato(3−) トリオキシドホスファト(3−); phosphito ホスフィト
PO_4			$PO_4^{•2-}$, tetraoxidophosphate(•2−) テトラオキシドリン酸(•2−) PO_4^{3-}, tetraoxidophosphate(3−) テトラオキシドリン酸(3−); phosphate リン酸	PO_4^{3-}, tetraoxidophosphato(3−) テトラオキシドホスファト(3−); phosphato ホスファト

PO_5		$PO_5^{•2-} = PO_3(OO)^{•2-}$, trioxidoperoxidophosphate($•2-$) トリオキシドペルオキシドリン酸($•2-$) $PO_5^{3-} = PO_3(OO)^{3-}$, trioxidoperoxidophosphate($3-$) トリオキシドペルオキシドリン酸($3-$); peroxyphosphate ペルオキシリン酸, phosphoroperoxoate ホスホロペルオキソ酸	$PO_5^{•2-} = PO_3(OO)^{•2-}$, trioxidoperoxidophosphate($•2-$) トリオキシドペルオキシドホスファト($•2-$); $PO_5^{3-} = PO_3(OO)^{3-}$, trioxidoperoxidophosphate($3-$) トリオキシドペルオキシドホスファト($3-$); peroxyphosphato ペルオキシホスファト, phosphoroperoxoato ホスホロペルオキソアト
PS	$PS^•$, sulfidophosphorus($•$) スルフィドリン($•$); $-PS$, thiophosphoryl チオホスホリル	PS^+, sulfidophosphorus($1+$) スルフィドリン($1+$) (not thiophosphoryl) スルフィドリル($1+$) (チオホスホリルではない)	
PS_4			PS_4^{3-}, tetrasulfidophosphate($3-$) テトラスルフィドホスファト($3-$)
PS_4 acid			PS_4^{3-}, tetrasulfidophosphate($3-$) テトラスルフィドリン酸($3-$)
P_2	P_2, diphosphorus 二リン	P_2^+, diphosphorus($1+$) 二リン($1+$)	P_2; diphosphorus 二リン P_2^-, diphosphido($1-$) ジホスフィド($1-$) P_2^{2-}, diphosphido($2-$) ジホスフィド($2-$)
P_2 ide			P_2^-, diphosphide($1-$) 二リン化物($1-$) P_2^{2-}, diphosphide($2-$) 二リン化物($2-$)
P_2H			$HP=P^-$, diphosphenido ジホスフェニド PPH^{3-}, diphosphanetriido ジホスファントリイド
P_2H ide			$HP=P^-$, diphosphenide ジホスフェニド PPH^{3-}, diphosphanetriide ジホスファントリイド
P_2H_2	$HP=PH$, diphosphene (parent hydride name) ジホスフェン(母体水素化物名) $H_2P-P^•$, diphosphanylidene ジホスファニリデン $=PPH_2$, diphosphanylidene =ジホスファニリデン $-HPPH-$, diphosphane-1,2-diyl ジホスファン-1,2-ジイル		$HP=PH$, diphosphene ジホスフェン $HPPH^{2-}$, diphosphane-1,2-diide ジホスファン-1,2-ジイド H_2PP^{2-}, diphosphane-1,1-diide ジホスファン-1,1-ジイド
P_2H_2 ide			$HPPH^{2-}$, diphosphane-1,2-diido ジホスファン-1,2-ジイド H_2PP^{2-}, diphosphane-1,1-diido ジホスファン-1,1-ジイド

308

付表 IX（つづき）

非荷電原子または基の化学式	名称			
	非荷電原子または分子（対イオン，ラジカルを含む）あるいは置換基[a]	陽イオン（陽イオンラジカルを含む），または陽イオン性置換基[a]	陰イオン（陰イオンラジカルを含む），または陰イオン性置換基[b, 訳注]	配位子[c]
P_2H_3	$H_2PPH^{\bullet}$, diphosphanyl ジホスファニル, trihydridodiphosphorus($P-P$)($\bullet$) トリヒドリドジニリン($P-P$)($\bullet$) -HPPH$_2$, diphosphanyl ジホスファニル		H_2PPH^-, diphosphanide ジホスファニド	H_2PPH^-, diphosphanido ジホスファニド
P_2H_4	H_2PPH_2, diphosphane (parent hydride name) ジホスファン（母体水素化物名）		H_2PPH_2, diphosphane ジホスファン	H_2PPH_2, diphosphane ジホスファン
P_2O_6			$O_3PPO_3^{3-}$, bis(trioxidophosphate)($P-P$)(4-) ビス(トリオキシドリン酸)($P-P$)(4-); hypodiphosphate 次亜二リン酸	$O_3PPO_3^{3-}$, bis(trioxidophosphato)($P-P$)(4-) ビス(トリオキシドホスファト)($P-P$)(4-); hypodiphosphate ヒポジホスファト
P_2O_7			$O_3POPO_3^{4-}$, μ-oxido-bis(trioxidophosphate)(4-) μ-オキシド-ビス(トリオキシドリン酸)(4-); diphosphate 二リン酸	$O_3POPO_3^{4-}$, μ-oxido-bis(trioxidophosphato)(4-) μ-オキシド-ビス(トリオキシドホスファト)(4-); diphosphate ジホスファト
P_2O_8			$O_3POOPO_3^{4-}$, μ-peroxido-1κO,2κO'-bis(trioxidophosphate)(4-) μ-ペルオキシド-1κO,2κO'-ビス(トリオキシドリン酸)(4-); peroxydiphosphate ペルオキシジリン酸	$O_3POOPO_3^{4-}$, μ-peroxido-1κO,2κO'-bis(trioxidophosphato)(4-) μ-ペルオキシド-1κO,2κO'-ビス(トリオキシドホスファト)(4-); peroxydiphosphato ペルオキシジホスファト
P_4	P_4, tetraphosphorus 四リン			P_4, tetraphosphorus 四リン
Pa	protactinium プロトアクチニウム	protactinium プロトアクチニウム	protactinide プロトアクチニウム化物	protactinido プロトアクチニド
Pb	lead 鉛	lead (general) 鉛（一般） Pb^{2+}, lead(2+) 鉛(2+) Pb^{4+}, lead(4+) 鉛(4+)	plumbide 鉛化物	plumbido プルンビド

PbH$_4$	PbH$_4$, plumbane (parent hydride name) プルンバン（母体水素化物名）, tetrahydridolead テトラヒドリド鉛, lead tetrahydride 四水素化鉛		
Pb$_9$		Pb$_9^{4-}$, nonaplumbide(4−) 九鉛化物(4−)	
Pd	palladium パラジウム	palladium (general) パラジウム（一般）Pd^{2+}, palladium(2+) パラジウム(2+) Pd^{4+}, palladium(4+) パラジウム(4+)	palladide パラジウム化物	palladido パラジド
Pm	promethium プロメチウム	promethium プロメチウム	promethide プロメチウム化物	promethido プロメチド
Po	polonium ポロニウム	polonium ポロニウム	polonide ポロニウム化物	polonido ポロニド
PoH$_2$	H$_2$Po を見よ			
Pr	praseodymium プラセオジム	praseodymium プラセオジム	praseodymide プラセオジム化物	praseodymido プラセオジミド
Pt	platinum 白金	platinum (general) 白金（一般）Pt^{2+}, platinum(2+) 白金(2+) Pt^{4+}, platinum(4+) 白金(4+)	platinide 白金化物	platinido プラチニド
Pu	plutonium プルトニウム	plutonium プルトニウム	plutonide プルトニウム化物	plutonido プルトニド
PuO$_2$	PuO$_2$, plutonium dioxide 二酸化プルトニウム	PuO$_2^+$, dioxidoplutonium(1+) [not plutonyl(1+)] ジオキシドプルトニウム(1+) [プルトニル(1+) ではない] PuO$_2^{2+}$, dioxidoplutonium(2+) [not plutonyl(2+)] ジオキシドプルトニウム(2+) [プルトニル(2+) ではない]		
Ra	radium ラジウム	radium ラジウム	radide ラジウム化物	radido ラジド
Rb	rubidium ルビジウム	rubidium ルビジウム	rubidide ルビジウム化物	rubidido ルビジド
Re	rhenium レニウム	rhenium レニウム	rhenide レニウム化物	rhenido レニド
ReO$_4$			ReO$_4^-$, tetraoxidorhenate(1−) テトラオキシドレニウム酸(1−) ReO$_4^{2-}$, tetraoxidorhenate(2−) テトラオキシドレニウム酸(2−)	ReO$_4^-$, tetraoxidorhenato(1−) テトラオキシドレナト(1−) ReO$_4^{2-}$, tetraoxidorhenato(2−) テトラオキシドレナト(2−)
Rf	rutherfordium ラザホージウム	rutherfordium ラザホージウム	rutherfordide ラザホージウム化物	rutherfordido ラザホージド

付表 IX（つづき）

非荷電原子または基の化学式	名称			配位子[c]
	非荷電原子または分子（対イオン、ラジカルを含む）あるいは置換基[a]	陽イオン（陽イオンラジカルを含む）、または陽イオン性置換基[a]	陰イオン（陰イオンラジカルを含む）、または陰イオン性置換基[b, 訳注]	
Rg	roentgenium レントゲニウム	roentgenium レントゲニウム	roentgenide レントゲニウム化物	roentgenido レントゲニド
Rh	rhodium ロジウム	rhodium ロジウム	rhodide ロジウム化物	rhodido ロジド
Rn	radon ラドン	radon ラドン	radonide ラドン化物	radonido ラドニド
Ru	ruthenium ルテニウム	ruthenium ルテニウム	ruthenide ルテニウム化物	ruthenido ルテニド
S	sulfur (general) 硫黄（一般） S, monosulfur 一硫黄 =S, sulfanylidene スルファニリデン チオキソ thioxo チオキソ –S–, sulfanediyl スルファンジイル	sulfur (general) 硫黄（一般） S[+], sulfur(1+) 硫黄(1+)	sulfide (general) 硫化物（一般） S[•−], sulfanidyl スルファニジル、sulfide(•1−) 硫化物(•1−) S[2−], sulfanediide スルファンジイド、sulfide(2−) 硫化物(2−) sulfide スルフィド –S–, sulfido スルファニド	sulfide (general) スルフィド（一般） S[•−], sulfanidyl スルファニジル、sulfido(•1−) スルフィド(•1−) S[2−], sulfanediido スルファンジイド、sulfido(2−) スルフィド(2−);
SCN	CNS を見よ			
SH	HS を見よ			
SH₂	H₂S を見よ			
SNC	CNS を見よ			
SO	SO, sulfur mon(o)oxide 一酸化硫黄 [SO], oxidosulfur オキシド硫黄 >SO, oxo-λ⁴-sulfanediyl オキソ-λ⁴-スルファンジイル；sulfinyl スルフィニル	SO[•+], oxidosulfur(•1+) オキシド硫黄(•1+) (not sulfinyl or thionyl オキシド硫黄(•1+)（スルフィニルあるいはチオニルではない）	SO[•−], oxidosulfate(•1−) オキシド硫酸(•1−)	[SO], oxidosulfur オキシド硫黄
SO₂	SO₂, sulfur dioxide 二酸化硫黄 [SO₂], dioxidosulfur ジオキシド硫黄 >SO₂, dioxo-λ⁶-sulfanediyl ジオキソ-λ⁶-スルファンジイル；sulfuryl スルフリル、sulfonyl スルホニル		SO₂[•−], dioxidosulfate(•1−) ジオキシド硫酸(•1−) SO₂[2−], dioxidosulfate(2−) ジオキシド硫酸(2−) sulfanediolate スルファンジオラート	[SO₂], dioxidosulfur ジオキシド硫黄 SO₂[2−], dioxidosulfato ジオキシドスルファト(2−) sulfanediolato スルファンジオラート
SO₃	SO₃, sulfur trioxide 三酸化硫黄		SO₃[•−], trioxidosulfate(•1−) トリオキシド硫酸(•1−)	SO₃[2−], trioxidosulfato(2−) トリオキシドスルファト(2−); sulfito スルフィト

			SO_3^{2-}, trioxidosulfate(2−) トリオキシド硫酸(2−); sulfite 亜硫酸 $-S(O)_2(O^-)$, oxidodioxo-λ^6-sulfanyl オキシドジオキソ-λ^6-スルファニル; sulfonato スルホナト	
SO_4		$-OS(O)_2O-$, sulfonylbis(oxy) スルホニルビス(オキシ)	$SO_4^{\bullet-}$, tetraoxidosulfate(•1−) テトラオキシド硫酸(•1−) SO_4^{2-}, tetraoxidosulfate(2−) テトラオキシド硫酸(2−); sulfate 硫酸	SO_4^{2-}, tetraoxidosulfato(2−) テトラオキシドスルファト(2−); sulfato スルホナト
SO_5			$SO_5^{\bullet-}=SO_3(OO)^{\bullet-}$, trioxidoperoxidosulfate(•1−) トリオキシドペルオキシド硫酸(•1−) $SO_5^{2-}=SO_3(OO)^{2-}$, trioxidoperoxidosulfate(2−) トリオキシドペルオキシドオキシド硫酸(2−); peroxysulfate ペルオキソ硫酸, sulfuroperoxoate スルフロペルオキソ酸	$SO_5^{2-}=SO_3(OO)^{2-}$, trioxidoperoxidosulfato(2−) トリオキシドペルオキシドスルファト(2−); peroxysulfato ペルオキソスルファト, sulfuroperoxoato スルフロペルオキソナト
S_2	$S_2^{\bullet+}$, disulfur(•1+) 二硫黄(•1+)	S_2, disulfur 二硫黄 $-SS-$, disulfanediyl ジスルファンジイル $>S=S$, sulfanylidene-λ^4-sulfanediyl スルファニリデン-λ^4-スルファンジイル; sulfinothioyl スルフィノチオイル	$S_2^{\bullet-}$, disulfanidyl ジスルファニジル, disulfide(•1−) 二硫化物(•1−) S_2^{2-}, disulfide(2−) 二硫化物(2−) disulfanediide ジスルファンジイド $-SS^-$, disulfanidyl ジスルファニジル	S_2^{2-}, disulfido(2−) ジスルフィド(2−), disulfanediido ジスルファンジイド
S_2O		$>S(=O)(=S)$, oxosulfanylidene-λ^6-sulfanediyl オキソスルファニリデン-λ^6-スルファンジイル; sulfonothioyl スルホノチオイル		

付表 IX（つづき）

非荷電原子または基の化学式	名称			配位子[c]
	非荷電原子または分子（対イオン、ラジカルを含む）あるいは置換基[a]	陽イオン（陽イオンラジカルを含む）または陽イオン性置換基[b], 脚注	陰イオン（陰イオンラジカルを含む）または陰イオン性置換基	
S_2O_2			$S_2O_2^{2-}$ = $OSSO^{2-}$, disulfanediolate, bis(oxidosulfate)($S-S$)($2-$) ビス(オキシドスルファト)($S-S$)($2-$) ジスルファンジオラート, $S_2O_2^{2-}$ = $SOOS^{2-}$, dioxidanedithiolate ジオキシダンジチオラート, peroxybis(sulfanide) ペルオキシビス(スルファニド), bis(sulfidooxygenate)($O-O$)($2-$) ビス(スルフィドオキシゲナト)($O-O$)($2-$) ジオキシドスルフィド硫酸 ($2-$), $S_2O_2^{2-}$ = SO_2S^{2-}, dioxido-1κ^2O-disulfate($S-S$)($2-$) ジオキシド-1κ^2O-ジスルファト($S-S$)($2-$), dioxidosulfidosulfate($2-$) ジオキシドスルフィドスルファト($2-$), thiosulfito チオスルフィト, sulfurothioito スルフロチオイト スルフロ亜チオ酸	$S_2O_2^{2-}$ = $OSSO^{2-}$, disulfanediolato ジスルファンジオラト, bis(oxidosulfato)($S-S$)($2-$) ビス(オキシドスルファト)($S-S$)($2-$) $S_2O_2^{2-}$ = $SOOS^{2-}$, dioxidanedithiolato ジオキシダンジチオラト, peroxybis(sulfanido) ペルオキシビス(スルファニド), bis(sulfidooxygenato)($O-O$)($2-$) ビス(スルフィドオキシゲナト)($O-O$)($2-$), $S_2O_2^{2-}$ = SO_2S^{2-}, dioxido-1κ^2O-disulfato($S-S$)($2-$) ジオキシド-1κ^2O-ジスルファト($S-S$)($2-$), dioxidosulfidosulfato($2-$) ジオキシドスルフィドスルファト($2-$), thiosulfito チオスルフィト, sulfurothioito スルフロチオナト
S_2O_3			$S_2O_3^{\bullet-}$ = $SO_3S^{\bullet-}$, trioxido-1κ^3O-disulfate($S-S$)($\bullet 1-$) トリオキシド-1κ^3O-二硫酸($\bullet 1-$), trioxidosulfidosulfate($\bullet 1-$) トリオキシドスルフィドスルファト($\bullet 1-$), $S_2O_3^{2-}$ = SO_3S^{2-}, trioxido-1κ^3O-disulfate($S-S$)($2-$) トリオキシド-1κ^3O-二硫酸($2-$); trioxidosulfidosulfate($2-$) トリオキシドスルフィド二硫酸($2-$), thiosulfate チオ硫酸, sulfurothioate スルフロチオ酸	$S_2O_3^{\bullet-}$ = $SO_3S^{\bullet-}$, trioxido-1κ^3O-disulfato($S-S$)($2-$) トリオキシド-1κ^3O-ジスルファト($S-S$)($2-$), trioxidosulfidosulfato($2-$) トリオキシドスルフィドスルファト($2-$), thiosulfato チオスルファト, sulfurothioato スルフロチオナト

S$_2$O$_4$	S$_2$O$_4^{2-}$ = O$_2$SSO$_2^{2-}$, bis(dioxidosulfate)(S—S)(2−) ビス(ジオキシドスルファト)(S—S)(2−); dithionite ジチオン酸	S$_2$O$_4^{2-}$ = O$_2$SSO$_2^{2-}$, bis(dioxidosulfate)(S—S)(2−) ビス(ジオキシドスルファト)(S—S)(2−); dithionito ジチオニト
S$_2$O$_5$	S$_2$O$_5^{2-}$ = O$_3$SSO$_2^{2-}$, pentaoxido-1κ^{3}O,2κ^{2}O-disulfate(S—S)(2−) ペンタオキシド-1κ^{3}O,2κ^{2}O-ジスルファト(S—S)(2−) 二硫酸; S$_2$O$_5^{2-}$ = O$_2$SOSO$_2^{2-}$, μ-oxido-bis(dioxidosulfate)(2−) μ-オキシド-ビス(ジオキシド硫酸)(2−)	S$_2$O$_5^{2-}$ = O$_3$SSO$_2^{2-}$, pentaoxido-1κ^{3}O,2κ^{2}O-disulfate(S—S)(2−) ペンタオキシド-1κ^{3}O,2κ^{2}O-ジスルファト(S—S)(2−); S$_2$O$_5^{2-}$ = O$_2$SOSO$_2^{2-}$, μ-oxido-bis(dioxidosulfato)(2−) μ-オキシド-ビス(ジオキシドスルファト)(2−)
S$_2$O$_6$	S$_2$O$_6^{2-}$ = O$_3$SSO$_3^{2-}$, bis(trioxidosulfate)(S—S)(2−) ビス(トリオキシド硫酸)(S—S)(2−); dithionate ジチオナト酸	S$_2$O$_6^{2-}$ = O$_3$SSO$_3^{2-}$, bis(trioxidosulfate)(S—S)(2−) ビス(トリオキシドスルファト)(S—S)(2−); dithionato ジチオナト
S$_2$O$_7$	S$_2$O$_7^{2-}$ = O$_3$SOSO$_3^{2-}$, μ-oxido-bis(trioxidosulfate)(2−) μ-オキシド-ビス(トリオキシド硫酸)(2−); disulfate 二硫酸	S$_2$O$_7^{2-}$ = O$_3$SOSO$_3^{2-}$, μ-oxido-bis(trioxidosulfato)(2−) μ-オキシド-ビス(トリオキシドスルファト)(2−); disulfato ジスルファト
S$_2$O$_8$	S$_2$O$_8^{2-}$ = O$_3$SOOSO$_3^{2-}$, μ-peroxido-1κO,2κO′-bis(trioxidosulfate)(2−) μ-ペルオキシド-1κO,2κO′-ビス(トリオキシド硫酸)(2−); peroxydisulfate ペルオキシ二硫酸	S$_2$O$_8^{2-}$ = O$_3$SOOSO$_3^{2-}$, μ-peroxido-1κO,2κO′-bis(trioxidosulfato)(2−) μ-ペルオキシド-1κO,2κO′-ビス(トリオキシドスルファト)(2−); peroxydisulfato ペルオキシジスルファト
S$_3$	S$_3$, trisulfur 三硫黄 -SSS-, trisulfanediyl トリスルファンジイル	S$_3^{2+}$, trisulfur(2+) 三硫黄(2+)	S$_3^{\bullet-}$, trisulfido(•1−) 三硫化物(•1−) SSS$^{\bullet-}$, trisulfanidyl トリスルファニジル

(つづく)

付表 IX（つづき）

非荷電原子または基の化学式	名称			
	非荷電原子または分子（対イオン、ラジカルを含む）、あるいは置換基[a]	陽イオン（陽イオンラジカルを含む）、または陽イオン性置換基[a]	陰イオン（陰イオンラジカルを含む）、または陰イオン性置換基[b,訳注]	配位子[c]
S_3（つづき）	$>S(=S)_2$, bis(sulfanylidene)-λ^6-sulfanediyl ビス(スルファニリデン)-λ^6-スルファンジイル; sulfonodithioyl スルホノジチオイル, dithiosulfonyl ジチオスルホニル		S_3^{2-}, trisulfide(2−) 三硫化物(2−) SSS$^{\bullet-}$, trisulfanediide トリスルファンジイド	S_3^{2-}, trisulfido(2−) トリスルフィド(2−) SSS$^{\bullet-}$, trisulfanediido トリスルファンジイド
S_4	S_4, tetrasulfur 四硫黄 −SSSS−, tetrasulfanediyl テトラスルファンジイル	S_4^{2+}, tetrasulfur(2+) 四硫黄(2+)	S_4^{2-}, tetrasulfide(2−) 四硫化(2−) SSSS^{2-}, tetrasulfanediide テトラスルファンジイド	S_4^{2-}, tetrasulfido(2−) テトラスルフィド(2−) SSSS^{2-}, tetrasulfanediido テトラスルファンジイド
S_4O_6			$S_4O_6^{2-} = O_3SSSSO_3^{2-}$, disulfanedisulfonate ジスルファンジスルホン酸, bis[(trioxidosulfato) sulfate]○(S−S)(2−) ビス[(トリオキシドスルファト)スルファート](S−S)(2−); tetrathionate テトラチオン酸 $S_4O_6^{\bullet 3-} = O_3SSSSO_3^{\bullet 3-}$, bis[(trioxidosulfato) sulfate]○(S−S)(•3−) 硫酸](S−S)(•3−)	$S_4O_6^{2-} = O_3SSSSO_3^{2-}$, disulfanedisulfonato ジスルファンジスルホナト, bis[(trioxidosulfato)sulfato]○(S−S)(2−) ビス[(トリオキシドスルファト)スルファート](S−S)(2−); tetrathionato テトラチオナト $S_4O_6^{\bullet 3-} = O_3SSSSO_3^{\bullet 3-}$, bis[(trioxidosulfato)sulfato]○(S−S)(•3−) ビス[(トリオキシドスルファト)スルファート](S−S)(•3−)
S_5	S_5, pentasulfur 五硫黄		S_5^{2-}, pentasulfide(2−) 五硫化物 SSSSS^{2-}, pentasulfanediide ペンタスルファンジイド	S_5^{2-}, pentasulfido(2−) ペンタスルフィド(2−) SSSSS^{2-}, pentasulfanediido ペンタスルファンジイド
S_8	S_8, octasulfur 八硫黄	S_8^{2+}, octasulfur(2+) 八硫黄(2+)	S_8^{2-}, octasulfide(2−) 八硫化物(2−) $S[S]_6S^{2-}$, octasulfanediide オクタスルファンジイド	S_8^{2-}, octasulfido(2−) オクタスルフィド(2−) $S[S]_6S$, octasulfanediido オクタスルファンジイド

Sb	antimony アンチモン >Sb−, stibanetriyl スチバントリイル	antimony アンチモン	antimonido (general) アンチモニド (一般) Sb^{3-}, antimonido(3−) アンチモニド(3−), stibanetriide スチバントリイド
SbH	SbH$^{\bullet}$, stibanylidene スチバニリデン, stibanediyl スチバンジイル >SbH, stibanediyl スチバンジイル =SbH, stibanylidene スチバニリデン	SbH^{2+}, stibanebis(ylium) スチバンビス(イリウム) hydridoantimony(2+) ヒドリドアンチモン(2+)	SbH^{2-}, stibanediido スチバンジイド, hydridoantimonato(2−) ヒドリドアンチモナト(2−)
SbH$_2$	SbH$_2^{\bullet}$, stibanyl スチバニル, dihydridoantimony(•) ジヒドリドアンチモン(•) −SbH$_2$, stibanyl スチバニル	SbH$_2^+$, stibanylium スチバニリウム, dihydridoantimony(1+) ジヒドリドアンチモン(1+)	SbH$_2^-$, stibanide スチバニド, dihydridoantimonate(1−) ジヒドリドアンチモナト(1−)
SbH$_3$	SbH$_3$, antimony trihydride 三水素化アンチモン [SbH$_3$], stibane (parent hydride name) スチバン (母体水素化物名), trihydridoantimony トリヒドリドアンチモン	SbH$_3^{\bullet+}$, stibaniumyl スチバニウミル, trihydridoantimony(•1+) トリヒドリドアンチモン(•1+) −SbH$_3^+$, stibaniumyl スチバニウミル	SbH$_3^{\bullet-}$, stibanuidyl スチバヌイジル, trihydridoantimonate(•1−)^e トリヒドリドアンチモン酸(•1−)
SbH$_4$	−SbH$_4$, λ^5-stibanyl λ^5-スチバニル	SbH$_4^+$, stibanium スチバニウム, tetrahydridoantimony(1+) テトラヒドリドアンチモン(1+)	
SbH$_5$	SbH$_5$, antimony pentahydride 五水素化アンチモン [SbH$_5$], λ^5-stibane (parent hydride name) λ^5-スチバン (母体水素化物名), pentahydridoantimony ペンタヒドリドアンチモン		
Sc	scandium スカンジウム	scandium スカンジウム	scandido スカンジド
Se (つづく)	selenium (general) セレン (一般) Se, monoselenium 一セレン >Se, selandiyl セランジイル	selenium セレン	selenide (general) セレニド (一般) Se$^{\bullet-}$, selanidyl セラニジル selenide(•1−) セレニド(•1−)

付表 IX (つづき)

非荷電原子または基の化学式	名称 — 非荷電原子または分子 (対イオン, ラジカルを含む) あるいは置換基[a]	名称 — 陽イオン (陽イオンラジカルを含む) または陽イオン性置換基	名称 — 陰イオン (陰イオンラジカルを含む) または陰イオン性置換基[b], 酸	配位子[c]
Se (つづき)	=Se, selanylidene セラニリデン; selenoxo セレノキソ		Se²⁻, selanediide セラニジイド, selenide(2−) セレニド化物	Se²⁻, selanediido セラニジイド, selenido(2−) セレニド(2−)
SeCN	CNSe を見よ			
SeH	HSe を見よ			
SeH₂	H₂Se を見よ			
SeO	SeO, selenium mon(o)oxide 一酸化セレン [SeO], oxidoselenium オキシドセレン >SeO, seleninyl セレニニル			[SeO], oxidoselenium オキシドセレン
SeO₂	SeO₂, selenium dioxide 二酸化セレン [SeO₂], dioxidoselenium ジオキシドセレン >SeO₂, selenonyl セレノニル		SeO₂²⁻, dioxidoselenate(2−) ジオキシドセレナト(2−)	[SeO₂], dioxidoselenium ジオキシドセレン SeO₂²⁻, dioxidoselenato(2−) ジオキシドセレナト(2−)
SeO₃	SeO₃ selenium trioxide 三酸化セレン		SeO₃•⁻, trioxidoselenate(•1−) トリオキシドセレン酸(•1−) SeO₃²⁻, trioxidoselenate(2−) トリオキシドセレン酸(2−); selenite 亜セレン酸	SeO₃•⁻, trioxidoselenato(•1−) SeO₃²⁻, trioxidoselenato(2−) トリオキシドセレナト(2−); selenito セレニト
SeO₄			SeO₄²⁻, tetraoxidoselenate(2−) テトラオキシドセレン酸(2−); selenate セレン酸	SeO₄²⁻, tetraoxidoselenato(2−) テトラオキシドセレナト(2−); selenato セレナト
Sg	seaborgium シーボーギウム	seaborgium シーボーギウム	seaborgide シーボーギウム化物	seaborgido シーボーギド
Si	silicon ケイ素 >Si<, silanetetrayl シラネテトラチイル =Si=, silanediylidene シランジイリデン	silicon (general) ケイ素 (一般) Si⁺, silicon(•1+) ケイ素(•1+) Si⁴⁺, silicon(4+) ケイ素(4+)	silicide (general) ケイ化物 (一般) Si⁻, silicide(•1−) ケイ化物(•1−) Si⁴⁻, silicide(4−) ケイ化物(4−); silicide ケイ化物	silicido (general) シリシド (一般) Si⁻, silicido(•1−) シリシド(•1−) Si⁴⁻, silicido(4−) シリシド(4−); silicido シリシド
SiC	SiC, silicon carbide 炭化ケイ素 [SiC], carbidosilicon カルビドケイ素	SiC⁺, carbidosilicon(1+) カルビドケイ素(1+)		
SiH	SiH⁺, silanyliumdiyl シラニリウムジイル, hydridosilicon(1+) ヒドリドケイ素(1+)	SiH⁺, silanyliumdiyl シラニリウムジイル, hydridosilicon(1+) ヒドリドケイ素(1+)	SiH⁻, silanidediyl シラニドジイル, hydridosilicate(1−) ヒドリドケイ酸(1−)	

SiH_2	$SiH_2^{2\bullet}$, silylidene シリリデン, dihydridosilicon(2•) ジヒドリドケイ素(2•) >SiH_2, silanediyl シランジイル =SiH_2, silylidene シリリデン		
SiH_3	$SiH_3^\bullet$, silyl シリル, trihydridosilicon(•) トリヒドリドケイ素(•) -SiH_3, silyl シリル	SiH_3^+, silylium シリリウム, trihydridosilicon(1+) トリヒドリドケイ素(1+)	SiH_3^-, silanide シラニド, trihydrosilicate(1-) トリヒドリドケイ酸(1-)
SiH_4	SiH_4, silicon tetrahydride 四水素化ケイ素 [SiH_4], silane (parent hydride name) シラン (母体水素化物名), tetrahydridosilicon テトラヒドリドケイ素		
SiO	SiO, oxidosilicon オキシドケイ素, silicon mon(o)oxide 一酸化ケイ素	SiO^+, oxidosilicon(1+) オキシドケイ素(1+)	
SiO_2	SiO_2, silicon dioxide 二酸化ケイ素		
SiO_3			$SiO_3^{\bullet-}$, trioxidosilicate(•1-) トリオキシドケイ酸(•1-) (SiO_3^{2-})$_n$ = $\{Si(O)_2O\}_n^{2n-}$, catena-poly[dioxidosilicate-μ-oxido)(1-)] catena-ポリ[(ジオキシドケイ酸-μ-オキシド)(1-)]; metasilicate メタケイ酸
SiO_4			SiO_4^{4-}, tetraoxidosilicate(4-) テトラオキシドケイ酸(4-); silicate ケイ酸
Si_2	Si_2, disilicon 二ケイ素	Si_2^+, disilicon(1+) 二ケイ素(1+)	Si_2^-, disilicide 二ケイ化物(1-)
Si_2H_4 (つづく)	>$SiHSiH_3$, disilane-1,1-diyl ジシラン-1,1-ジイル -SiH_2SiH_2-, disilane-1,2-diyl ジシラン-1,2-ジイル		

付表 IX（つづき）

非荷電原子または基の化学式	非荷電原子または分子（対イオン、ラジカルを含む、あるいは置換基[a]）	名称 陽イオン（陽イオンラジカルを含む、または陽イオン性置換基[a]）	名称 陰イオン（陰イオンラジカルを含む、または陰イオン性置換基[b, 訳注]）	配位子[c]
Si_2H_4（つづき）	=SiHSiH$_3$, disilanylidene ジシラニリデン			
Si_2H_5	$Si_2H_5^•$, disilanyl ジシラニル, pentahydridodisilicon(Si—Si)(•) ペンタヒドリドニケイ素(Si—Si)(•) —Si_2H_5, disilanyl ジシラニル	$Si_2H_5^+$, disilanyliium ジシラニリウム	$Si_2H_5^-$, disilanide ジシラニド	$Si_2H_5^-$, disilanido ジシラニド
Si_2H_6	Si_2H_6, disilane (parent hydride name) ジシラン（母体水素化物名）			Si_2H_6, disilane ジシラン
Si_2O_7			$Si_2O_7^{6-}$, μ-oxido-bis(trioxidosilicate)(6−) μ-オキシド-ビス(トリオキシドケイ酸)(6−); disilicate ニケイ酸	$Si_2O_7^{6-}$, μ-oxido-bis(trioxidosilicato)(6−) (μ-オキシド-ビス(トリオキシドシリカト)(6−); disilicato ジシリカト
Si_4			Si_4^{4-}, tetrasilicide(4−) 四ケイ化物(4−)	
Sm	samarium サマリウム	samarium サマリウム	samaride サマリウム化物	samarido サマリド
Sn	tin スズ	tin (general) スズ（一般） Sn^{2+}, tin(2+) スズ(2+) Sn^{4+}, tin(4+) スズ(4+)	stannide スズ化物	stannido スタンニド
$SnCl_3$			$SnCl_3^-$, trichloridostannate(1−) トリクロリドスズ酸(1−)	$SnCl_3^-$, trichloridostannato(1−) トリクロリドスタンナト(1−)
SnH_4	SnH_4, tin tetrahydride 四水素化スズ [SnH_4], stannane (parent hydride name) スタンナン（母体水素化物名）, tetrahydridotin テトラヒドリドスズ			
Sn_5			Sn_5^{2-}, pentastannide(2−) 五スズ化物(2−)	Sn_5^{2-}, pentastannido(2−) ペンタスタンニド(2−)
Sr	strontium ストロンチウム	strontium ストロンチウム	strontide ストロンチウム化物	strontido ストロンチド
T	H を見よ			

T_2	H_2 を見よ			
T_2O	H_2O を見よ			
Ta	tantalum タンタル	tantalide タンタル化物	tantalido タンタリド	
Tb	terbium テルビウム	terbide テルビウム化物	terbido テルビド	
Tc	technetium テクネチウム	technetide テクネチウム化物	technetido テクネチド	
TcO_4		TcO_4^-, tetraoxidotechnetate(1−) テトラオキシドテクネチウム酸(1−) TcO_4^{2-}, tetraoxidotechnetate(2−) テトラオキシドテクネチウム酸(2−)	TcO_4^-, tetraoxidotechnetato(1−) テトラオキシドテクネタト(1−) TcO_4^{2-}, tetraoxidotechnetato(2−) テトラオキシドテクネタト(2−)	
Te	tellurium テルル >Te, tellanediyl テランジイル =Te, tellanylidene テラニリデン; telluroxo テルロキソ	telluride (general) テルル化物 (一般) $Te^{\bullet-}$, tellanidyl テラニジル, telluride($\bullet$1−) テルル化物($\bullet$1−) Te^{2-}, tellanediide テランジイド, telluride(2−) テルル化物(2−); tellurate テルル酸	tellurido (general) テルリド (一般) $Te^{\bullet-}$, tellanidyl テラニジル, tellurido($\bullet$1−) テルリド($\bullet$1−) Te^{2-}, tellanediido テランジイド, tellurido(2−) テルリド(2−);	
TeH	HTe を見よ			
TeH_2	H_2Te を見よ			
TeO_3		$TeO_3^{\bullet-}$, trioxidotellurate($\bullet$1−) トリオキシドテルル酸($\bullet$1−) TeO_3^{2-}, trioxidotellurate(2−) トリオキシドテルル酸(2−)	$TeO_3^{\bullet-}$, trioxidotellurato($\bullet$1−) トリオキシドテルラト($\bullet$1−) TeO_3^{2-}, trioxidotellurato(2−) トリオキシドテルラト(2−)	
TeO_4		TeO_4^{2-}, tetraoxidotellurate(2−) テトラオキシドテルル酸(2−); tellurate テルル酸	TeO_4^{2-}, tetraoxidotellurato(2−) テトラオキシドテルラト(2−); tellurato テルラト	
TeO_6		TeO_6^{6-}, hexaoxidotellurate(6−) ヘキサオキシドテルル酸(6−); orthotellurate オルトテルル酸	TeO_6^{6-}, hexaoxidotellurato(6−) ヘキサオキシドテルラト(6−); orthotellurato オルトテルラト	
Th	thorium トリウム	thoride トリウム化物	thorido トリド	
Ti	titanium チタン	titanide チタン化物	titanido チタニド	
TiO	TiO, titanium(II) oxide 酸化チタン(II)	TiO^{2+}, oxidotitanium(2+) オキシドチタン(2+)		
Tl	thallium タリウム	thallide タリウム化物	thallido タリド	
TlH_2	−TlH_2, thallanyl タラニル			

付表 IX （つづき）

非荷電原子または基の化学式	名称			
	非荷電原子または分子（対イオン，ラジカルを含む）あるいは置換基[a]	陽イオン（陽イオンラジカルを含む）または陽イオン性置換基[a]	陰イオン（陰イオンラジカルを含む）または陰イオン性置換基[b,訳注]	配位子[c]
TlH$_3$	TlH$_3$, thallium trihydride 三水素化タリウム [TlH$_3$], thallane (parent hydide name) タラン（母体水素化物名），trihydridothallium トリヒドリドタリウム			
Tm	thulium ツリウム	thulium ツリウム	thulide ツリウム化物	thulido ツリド
U	uranium ウラン	uranium ウラン	uranide ウラン化物	uranido ウラニド
UO$_2$	UO$_2$, uranium dioxide 二酸化ウラン	UO$_2^+$, dioxidouranium(1+) [not uranyl(1+)] ジオキシドウラン(1+) [ウラニル(1+) ではない] UO$_2^{2+}$, dioxidouranium(2+) [not uranyl(2+)] ジオキシドウラン(2+) [ウラニル(2+) ではない]		
V	vanadium バナジウム	vanadium バナジウム	vanadide バナジウム化物	vanadido バナジド
VO	VO, vanadium(II) oxide 酸化バナジウム(II)，vanadium mon(o)oxide 一酸化バナジウム	VO^{2+}, oxidovanadium(2+) (not vanadyl) オキシドバナジウム(2+) （バナジルではない）		
VO$_2$	VO$_2$, vanadium(IV) oxide 酸化バナジウム(IV)，vanadium dioxide 二酸化バナジウム	VO$_2^+$, dioxidovanadium(1+) ジオキシドバナジウム(1+)		
W	tungsten タングステン	tungsten タングステン	tungstide タングステン化物	tungstido タングスチド
Xe	xenon キセノン	xenon キセノン		xenonido キセノニド
Y	yttrium イットリウム	yttrium イットリウム	yttride イットリウム化物	yttrido イットリド
Yb	ytterbium イッテルビウム	ytterbium イッテルビウム	ytterbide イッテルビウム化物	ytterbido イッテルビド
Zn	zinc 亜鉛	zinc 亜鉛	zincide 亜鉛化物	zincido ジンシド

Zr	zirconium ジルコニウム	zirconium ジルコニウム	zirconide ジルコニウム化物	zirconido ジルコニド
ZrO	ZrO, zirconium(II) oxide 酸化ジルコニウム	ZrO^{2+}, zirconium(2+) オキシドジルコニウム(2+)		

a 第1列が元素記号一つだけのとき、第2列および第3列には元素名がそのまま示してある。その種が定比組成名称中で電気的陽性成分となるときは、変更を加えていない元素名が一般にそのまま使用される(IR-5.2 および IR-5.4)。同種多原子陽イオンの名称もその元素名をそのままに、適当な倍数接頭語と電荷数を付け加えて構成される(IR-5.3.2.1 から IR-5.3.2.3)。いくつか選んだ例として、gold(1+); gold(3+); mercury(2+); dimercury(2+); 水銀(2+)のような特定の陽イオン名称を表中に示した。

b 第1列が元素記号一つだけのとき、第4列にはその元素に語尾を'ide化物'形式を用い、適当な接頭倍数語を付け加えた名称、および同種多原子陰イオンなどの名称もこれらの語尾変化形を用い、適当な接頭倍数語を付け加えた名称がもちいられる(IR-5.3.3.1 から IR-5.3.3.3)。表中には、arsenide(3−) と化物、chloride(1−) 塩化物、oxide(2−) 酸化物、dioxide(2−) 二酸化物、容認されている短縮形のoxide化物、ide形式が修飾語 'general' で修飾されていない oxide 酸化物のように、'ide化物、形式が修飾語 '(general)'を付記してある。陰イオンの名称が具体的になるときに、いくつかの特定の陰イオン名称が示されている例である。表中には修飾される例が示されている例では、第4列の最初に、修飾されていない'ide化物'形式が修飾語 '(general)' を付記してある。

c 配位子名として用いるためには必要がある配位子名もある。常に括弧で囲む必要があるときには、それが配位子名であることを示している。したがって、元素群 Ac, Th, Pa, U, Np, Pu, Am, Cm, Bk, Cf, Es, Fm, Md, No, Lrの総称を、元素群 La, Ce, Pr, Nd, Pm, Sm, Eu, Gd, Tb, Dy, Ho, Er, Tm, Yb, Luの総称として 'lanthanoid ランタノイド' を用いるべきである (IR-3.5 参照)。

'dioxido ジオキシド'をこのように記したときには、2個の 'oxido オキシド' と区別するためである。倍数接頭語を括弧で囲まねばならない、常に括弧で囲む必要がないくるのだから、配位子名を括弧で囲まないときには 2個の 'oxido オキシド' のような配位子名が、二つの別々の配位子として記されている。 'nitrido カルボナト' と 'carbonato カルボナト'のように、二つ以上の配位子を含む 'nitridocarbonato ニトリドカルボナト' のような配位子が、簡略にするために、括弧は省略されている。しかしこの表では、常に括弧で囲むことも括弧で囲まないこともできるが、括弧を省略してもよくわかるときには省略している。 'nitrido(•1−)' のように、配位子の電荷について言及しなくても良いときには、省略して良い。 '[dioxido(•1−)]' (ジオキシドの電荷が付記されている配位子名) では、特に配位子の電荷について言及しないときには、一般に括弧を省略してもよいことに留意されたい。たとえば、'dioxido(•1−)' 二酸化物(•1−) であるときには、 'dioxido(•1−)' ジオキシド(•1−)' とすることができる。

d 'actinide アクチニウム化物' および 'lanthanide ランタン化物' の語尾 'ide 化物' は、それが陰性イオンであることを示している。したがって、元素群 Ac, Th, Pa, U, Np, Pu, Am, Cm, Bk, Cf, Es, Fm, Md, No, Lr を、元素群 La, Ce, Pr, Nd, Pm, Sm, Eu, Gd, Tb, Dy, Ho, Er, Tm, Yb, Lu の総称として 'actinoid アクチノイド'、元素群 La, Ce, Pr, Nd, Pm, Sm, Eu, Gd, Tb, Dy, Ho, Er, Tm, Yb, Lu の総称として 'lanthanoid ランタノイド' を用いるべきである (IR-3.5 参照)。

e 本勧告中のラジカルの名称には、"Names for Inorganic Radicals", W. H. Koppenol, Pure. Appl. Chem., 72, 437–446 (2000) で与えられていた名称とは異なるものがある。第一に、水素とそれ以外の元素だけからなる陰イオンラジカルの構成イオン付加型付加名称は 'trihydridoborate(•1−)' ではなく、$BH_3^{•-}$ の配位型付加名称は 'trihydridoborate(•1−)' トリヒドリドホウ酸(•1−)' であって、'trihydridoboride(•1−)' トリヒドリドホウ化物(•1−)' ではない。第二に、'hydridodioxido ヒドリドジオキシド' (配位子 'dioxidanido ジオキシダニド') のような、配位子名の連結用法ではない用法である。第三に、推奨されていない用法である。第三に、複核化合物の付加命名法において中心原子が付加されているような一般原則 (IR-7.1.2 に記述されている一般原則を見よ)。たとえば、ここでは NCSSCN は 'bis[cyanidosulfur](S−S) ビス[シアニドスルフル](S−S)' ではなく 'bis(nitridosulfidocarbonate)(S−S) ビス(ニトリドスルフィド炭酸)(S−S)(•1−)' と命名され、(S−S)(•1−) とはしない。

f ここでの推奨用例は付表 VI に規定する元素順序に厳密に従うため、酸素と、塩素・臭素・ヨウ素それぞれの順序は、伝統的名称とは逆になってしまっている。塩化二酸素と、次亜ハロゲン酸・ハロゲン酸に対する付加名称がその相当例であり、中心原子選択規則 (IR-7.1.2) によるとハロゲン化物より酸素が優先する。しかし、OX^-、XO^-、XO_2^-、XO_3^-、XO_4^- (X=Cl, Br, I) の系列における2番目以降での付加名称がオキシドハロゲン酸(1−)、トリオキシドハロゲン酸(1−)、テトラオキシドハロゲン酸(1−) (構造の中心を占めるハロゲン原子が中心原子となる) となるので、体系的名称を 'oxygenate 酸素酸' に代わって、付加名称 'oxidochlorate(1−) オキシド塩素酸(1−)'、'oxidobromate(1−) オキシド臭素酸(1−)'、'oxidoiodate(1−) オキシドヨウ素酸(1−)' が容認される。同様の見解は $HOCl$, $HOCl^•$ などに対しても適用される。

訳注 陰イオン名称末尾の "イオン" は脚注を含めてすべて省略してある。

付表 X　陰イオン名称，置換命名法で用いられる 'a' 語群および鎖状環状命名法で用いられる 'y' 語群

元素名[訳注1]	陰イオン名称[a,訳注2]		'a' 語群		'y' 語群	
actinium	actinate	アクチニウム酸	actina	アクチナ	actiny	アクチニ
aluminium	aluminate	アルミン酸	alumina	アルミナ	aluminy	アルミニ
americium	americate	アメリシウム酸	america	アメリカ	americy	アメリシ
antimony	antimonate	アンチモン酸	stiba[b]	スチバ	stiby[b]	スチビ
argon	argonate	アルゴン酸	argona	アルゴナ	argony	アルゴニ
arsenic	arsenate	ヒ　酸	arsa	アルサ	arsy	アルシ
astatine	astatate	アスタチン酸	astata	アスタタ	astaty	アスタチ
barium	barate	バリウム酸	bara	バラ	bary	バリ
berkelium	berkelate	バークリウム酸	berkela	バークラ	berkely	バークリ
beryllium	beryllate	ベリリウム酸	berylla	ベリラ	berylly	ベリリ
bismuth	bismuthate	ビスマス酸	bisma	ビスマ	bismy	ビスミ
bohrium	bohrate	ボーリウム酸	bohra	ボーラ	bohry	ボーリ
boron	borate	ホウ酸	bora	ボラ	bory	ボリ
bromine	bromate	臭素酸	broma	ブロマ	bromy	ブロミ
cadmium	cadmate	カドミウム酸	cadma	カドマ	cadmy	カドミ
caesium	caesate	セシウム酸	caesa	セサ	caesy	セシ
calcium	calcate	カルシウム酸	calca	カルカ	calcy	カルシ
californium	californate	カリホルニウム酸	calforna	カリホルナ	californy	カリホルニ
carbon	carbonate	炭　酸	carba	カルバ	carby	カルビ
cerium	cerate	セリウム酸	cera	セラ	cery	セリ
chlorine	chlorate	塩素酸	chlora	クロラ	chlory	クロリ
chromium	chromate	クロム酸	chroma	クロマ	chromy	クロミ
cobalt	cobaltate	コバルト酸	cobalta	コバルタ	cobalty	コバルチ
copper	cuprate[c]	銅　酸	cupra[c]	クプラ	cupry[c]	クプリ
curium	curate	キュリウム酸	cura	キュラ	cury	キュリ
darmstadtium	darmstadtate	ダームスタチウム酸	darmstadta	ダームスタタ	darmstadty	ダームスタチ
deuterium	deuterate	ジュウテリウム酸	duetera	ジュウテラ	deutery	ジュウテリ
dubnium	dubnate	ドブニウム酸	dubna	ドブナ	dubny	ドブニ
dysprosium	dysprosate	ジスプロシウム酸	dysprosa	ジスプロサ	dysprosy	ジスプロシ
einsteiniuim	einsteinate	アインスタイニウム酸	einsteina	アインスタイナ	einsteiny	アインスタイニ
erbium	erbate	エルビウム酸	erba	エルバ	erby	エルビ
europium	europate	ユウロピウム酸	europa	ユウロパ	europy	ユウロピ
fermium	fermate	フェルミニウム酸	ferma	フェルマ	fermy	フェルミ
fluorine	fluorate	フッ素酸	fluora	フルオラ	fluory	フルオリ
francium	francate	フランシウム酸	franca	フランカ	francy	フランシ
gadolinium	gadolinate	ガドリニウム酸	gadolina	ガドリナ	gadoliny	ガドリニ
gallium	gallate	ガリウム酸	galla	ガラ	gally	ガリ
germanium	germanate	ゲルマニウム酸	germa	ゲルマ	germy	ゲルミ
gold	aurate[d]	金　酸	aura[d]	アウラ	aury[d]	アウリ
hafnium	hafnate	ハフニウム酸	hafna	ハフナ	hafny	ハフニ
hassium	hassate	ハッシウム酸	hassa	ハッサ	hassy	ハッシ
helium	helate	ヘリウム酸	hela	ヘラ	hely	ヘリ
holmium	holmate	ホルミウム酸	holma	ホルマ	holmy	ホルミ
hydrogen	hydrogenate	水素酸	—		hydrony	ヒドロニ
indium	indate	インジウム酸	inda	インダ	indy	インジ
iodine	iodate	ヨウ素酸	ioda	ヨーダ	iody	ヨージ
iridium	iridate	イリジウム酸	irida	イリダ	iridy	イリジ
iron	ferrate[e]	鉄　酸	ferra[e]	フェラ	ferry[e]	フェリ
krypton	kryptonate	クリプトン酸	kryptona	クリプトナ	kryptony	クリプトニ

付表 X 陰イオン名称，置換命名法で用いられる 'a' 語群および鎖状環状命名法で用いられる 'y' 語群

付表 X （つづき）

元素名[訳注1]	陰イオン名称[a,訳注2]		'a' 語群		'y' 語群	
lanthanum	lanthanate	ランタン酸	lanthana	ランタナ	lanthany	ランタニ
lawrencium	lawrencate	ローレンシウム酸	lawrenca	ローレンカ	lawrency	ローレンシ
lead	plumbate[f]	鉛酸	plumba[f]	プルンバ	plumby[f]	プルンビ
lithium	lithate	リチウム酸	litha	リタ	lithy	リチ
lutetium	lutetate	ルテチウム酸	luteta	ルテタ	lutety	ルテチ
magnesium	magnesate	マグネシウム酸	magnesa	マグネサ	magnesy	マグネシ
manganese	manganate	マンガン酸	mangana	マンガナ	mangany	マンガニ
meitnerium	meitnerate	マイトネリウム酸	meitnera	マイトネラ	meitnery	マイトネリ
mendelevium	mendelevate	メンデレビウム酸	mendeleva	メンデレバ	mendelevy	メンデレビ
mercury	mercurate	水銀酸	mercura	メルクラ	mercury	メルクリ
molybdenum	molybdate	モリブデン酸	molybda	モリブダ	molybdy	モリブジ
neodymium	neodymate	ネオジム酸	neodyma	ネオジマ	neodymy	ネオジミ
neon	neonate	ネオン酸	neona	ネオナ	neony	ネオニ
neptunium	neptunate	ネプツニウム酸	neptuna	ネプツナ	neptuny	ネプツニ
nickel	nickelate	ニッケル酸	nickela	ニッケラ	nickely	ニッケリ
niobium	niobate	ニオブ酸	nioba	ニオバ	nioby	ニオビ
nitrogen	nitrate	硝酸	aza[g]	アザ	azy[g]	アジ
nobelium	nobelate	ノーベリウム酸	nobela	ノーベラ	nobely	ノーベリ
osmium	osmate	オスミウム酸	osma	オスマ	osmy	オスミ
oxygen	oxygenate	酸素酸	oxa	オキサ	oxy	オキシ
palladium	palladate	パラジウム酸	pallada	パラダ	pallady	パラジ
phosphorus	phosphate	リン酸	phospha	ホスファ	phosphy	ホスフィ
platinum	platinate	白金酸	platina	プラチナ	platiny	プラチニ
plutonium	plutonate	プルトニウム酸	plutona	プルトナ	plutony	プルトニ
polonium	polonate	ポロニウム酸	polona	ポロナ	polony	ポロニ
potassium	potassate	カリウム酸	potassa	ポタッサ	potassy	ポタッシ
praseodymium	praseodymate	プラセオジム酸	praseodyma	プラセオジマ	praseodymy	プラセオジミ
promethium	promethate	プロメチウム酸	prometha	プロメタ	promethy	プロメチ
protactinium	protactinate	プロトアクチニウム酸	protactina	プロトアクチナ	protactiny	プロトアクチニ
protium	protate	プロチウム酸	prota	プロタ	proty	プロチ
radium	radate	ラジウム酸	rada	ラダ	rady	ラジ
radon	radonate	ラドン酸	radona	タドナ	radony	ラドニ
rhenium	rhenate	レニウム酸	rhena	レナ	rheny	レニ
rhodium	rhodate	ロジウム酸	rhoda	ロダ	rhody	ロジ
roentgenium	roentgenate	レントゲニウム酸	roentgena	レントゲナ	roentgeny	レントゲニ
rubidium	rubidate	ルビジウム酸	rubida	ルビダ	rubidy	ルビジ
ruthenium	ruthenate	ルテニウム酸	ruthena	ルテナ	rutheny	ルテニ
rutherfordium	rutherfordate	ラザホージウム酸	rutherforda	ラザホーダ	rutherfordy	ラザホージ
samarium	samarate	サマリウム酸	samara	サマラ	samary	サマリ
scandium	scandate	スカンジウム酸	scanda	スカンダ	scandy	スカンジ
seaborgium	seaborgate	シーボーギウム酸	seaborga	シーボーガ	seaborgy	シーボーギ
selenium	selenate	セレン酸	selena	セレナ	seleny	セレニ
silicon	silicate	ケイ酸	sila	シラ	sily	シリ
silver	argentate[h]	銀酸	argenta[h]	アルゲンタ	argenty[h]	アルゲンチ
sodium	sodate	ナトリウム酸	soda	ソーダ	sody	ソージ
strontium	strontate	ストロンチウム酸	stronta	ストロンタ	stronty	ストロンチ
sulfur	sulfate	硫酸	thia[i]	チア	sulfy	スルフィ
tantalum	tantalate	タンタル酸	tantala	タンタラ	tantaly	タンタリ
technetium	technetate	テクネチウム酸	techneta	テクネタ	technety	テクネチ
tellurium	tellurate	テルル酸	tellura	テルラ	tellury	テルリ

付表 X （つづき）

元素名[訳注]	陰イオン名称		'a' 語群		'y' 語群	
terbium	terbate	テルビウム酸	terba	テルバ	terby	テルビ
thallium	thallate	タリウム酸	thalla	タラ	thally	タリ
thorium	thorate	トリウム酸	thora	トラ	thory	トリ
thulium	thulate	ツリウム酸	thula	ツラ	thuly	ツリ
tin	stannate[j]	スズ酸	stanna[j]	スタンナ	stanny[j]	スタンニ
titanium	titanate	チタン酸	titana	チタナ	titany	チタニ
tritium	tritate	トリチウム酸	trita	トリタ	trity	トリチ
tungsten	tungstate	タングステン酸	tungsta	タングスタ	tungsty[k]	タングスチ
uranium	uranate	ウラン酸	urana	ウラナ	urany	ウラニ
vanadium	vanadate	バナジウム酸	vanada	バナダ	vanady	バナジ
xenon	xenonate	キセノン酸	xenona	キセノナ	xenony	キセノニ
ytterbium	yetterbate	イッテルビウム酸	ytterba	イッテルバ	ytterby	イッテルビ
yttrium	yttrate	イットリウム酸	yttra	イットラ	yttry	イッテリ
zinc	zincate	亜鉛酸	zinca	ジンカ	zincy	ジンシ
zirconium	zirconate	ジルコニウム酸	zircona	ジルコナ	zircony	ジルコニ

a その原子を中心原子として含むヘテロ原子陰イオンに対する付加名称で用いられる語尾変化した元素名称．
b 名称 stibium から．
c 名称 cuprum から．
d 名称 aurum から．
e 名称 ferrum から．
f 名称 plumbum から．
g 名称 azote から．
h 名称 argentum から．
i 名称 theion から．
j 名称 stannum から．
k "Nomenclature of Inorganic Chains and Ring Compounds", E. O. Fluck and R. S. Laitinenm, *Pure Appl. Chem.*, **69**, 1659–1692 (1997) と Chaptes II-5 of *Nomenclature of Inorganic Chemsitry II, IUPAC Recommendations 2000,* eds. J. A. MaCleverty and N. G. Connelly, Royal Society of Chemistry, 2001 では，'wolframy' が用いられていた．

訳注 日本語元素名は付表 I に記載してある．

付録 1 化合物名日本語表記の原則[†]

1.1 外国語で命名された化合物名を日本語で書くとき，(*a*) 日本語に翻訳する場合，(*b*) 原語をそのまま仮名書きする場合，および (*c*) 両者を併用する場合があるが，いずれの場合にも，一つの原語に対して一つの日本語が対応するように心がける．

例：(*a*) 硫酸銅，安息香酸
(*b*) アンモニア，エタノール
(*c*) 塩化ホスホリル，パルミチン酸

1.2 従来の文部省学術用語集に採用されていた既定用語，および従来ひろく慣用されてきた日本語の化合物名は，なるべく変えないようにするが，原則としては，かな書きの通則をきめて，全体的に統一をはかるように配慮する．

1.3 かな書きの方法としては，原語の発音とは関係なく，原語の綴字が機械的にかな書きに移されるような「字訳」の方法をとる．

従来の化合物命名法でも，かな書きの原則は同じであったが，従来はかな書きの方法を「音訳」と表現していたため，原語の発音をかな書きにするという意味に翻訳されやすく，誤解を生じていたので，今後は「字訳」という表現をとる．

注：たとえば methane, nitrobenzene はメタン，ニトロベンゼンとし，英語の発音に近いメセイン，ナイトロベンジーンというような書き方はしない．

1.4 化合物名を字訳するときは，英語つづりの名称を原語とし，そのアルファベット文字をかな文字との対応表によってかな文字に変えたものを，原則として，日本語名の基準とする．

例：benzene, Benzol は次項に示す字訳規準表によれば，ベンゼン，ベンゾールとなるが，日本語名としてはベンゼンを採用する．

1.5 アルファベット文字の綴字をかな文字に移すための対応表（字訳規準表とよぶ）の作製にあたっては，従来普遍的に慣用されてきた化合物名がなるべく変わらないように配慮してある．

1.6 既定用語で，英語以外の外国語を原語として字訳された化合物名が普遍的に慣用されているものは，すでに固定された日本語名と認め，英語を原語とする字訳名に改めることはしない．

例：ドイツ語 Palmitinsäure の字訳に由来するパルミチン酸という日本語名は固定された慣用名として認め，英語の palmitic acid の字訳によるパルミト酸という日本語名は採用しない．

元素名については，従来の日本語名がすべて固定しているので，改変しない．たとえば，Na に対する日本語名はナトリウムで，英語名の字訳にあたるソジウムを使わない．また，キュリウム，ユウロピウムなど，字訳の通則の例外となるような名称も改変しない．

1.7 数を表す接頭語 mono-, di-, tri-, tetra- などを日本語にするとき，翻訳名の前では"一，二，三，四"などと翻訳し，字訳名の前では"モノ，ジ，トリ，テトラ"などと字訳する．ただし，元素名の前ではすべて"一，二"などと翻訳する．

例：calcium diacetate,　　　　　二酢酸カルシウム
ethylenediaminetetraacetic acid　エチレンジアミン四酢酸
tetraethyllead　　　　　　　　テトラエチル鉛

[†] 付録1，付録2は，日本化学会 化合物命名法委員会編，"化合物命名法（補訂7版）"より抜粋して転載．

disodium succinate　　　　　　コハク酸二ナトリウム

1.8 既定用語として，字訳の通則に従わないかな書きを残す場合には，用語集などに字訳の通則の例外であることを明示するように考慮する．

　　例：サリチル酸，クレゾール，ストリキニーネ，コルヒチン，など．

付録 2　化合物名字訳規準

2.1　原　　語

この規準は，普通のアルファベット文字で書かれた化合物名を日本語で字訳するときの基準である．かな文字に字訳する化合物名は，原則として，英語を原語とするが，従来の慣習で，英語以外の外国語を原語として字訳された化合物名が，日本語として定着していると認められるものは，そのまま使う．

2.2　字訳すべき文字

記号，**翻訳すべき部分**，語尾の e を除き，原語のすべてのアルファベット文字を字訳する．前記の e が複合名の中間にあるときも同様に扱う．原語の記号はすべてそのまま使う．

　　例：2,4-dinitroaniline　　　　　2,4-ジニトロアニリン
　　　　5α-cholestan-3β-ol　　　　　5α-コレスタン-3β-オール
　　　　2,4-di-*O*-acetyl-D-glucose　2,4-ジ-*O*-アセチル-D-グルコース

2.3　子音字と母音字

子音字とは英語字母のうち a, e, i, o, u を除いた 21 字母とする．

母音字とは a, e, i, o, u, y（直後に母音が来ないとき，または母音が来るが y が音節末尾のとき）の 6 字母とする．

　　注：methyl, cyano などの y は母音字．yohimbine などの y は子音字．
　　　　ch, ff, gh, ll, pf, ph, qu, rh, rr, rrh, sc, sh, th は子音字 1 個と同様に扱う．

2.4　原語と字訳語の文字対応

(a) 子音字 1 個とそれに続く母音字 1 個は組み合わせて表 I の字訳規準表 A 欄により字訳する．
(b) 母音字を伴わない子音字は字訳規準表 B 欄により字訳する．
(c) 直前が子音字でない母音字はローマ綴りと同じに字訳する．

　　例：auxin　　アウキシン　　ionone　　イオノン　　thiirane　チイラン
　　　　thiuram　チウラム　　guanidine　グアニジン　　linalool　リナロオール

(d) 元素名 iodine に関連のある io は「ヨー」と字訳する（上記 c 項の例外）．

　　例：iodobenzene　ヨードベンゼン　iodide　ヨージド*
　　　　*「ヨウ化」または「ヨウ化物」と翻訳する場合もある．

(e) 母音字 y は i と同様，æ またはそれに代る ae は e と同様，œ またはそれに代る oe は e と同様，ou は u と同様，eu は oi と同様に字訳する（上記 c 項の例外）．

　　例：cæsium（英）＝caesium（IUPAC 名，英）＝cesium（米）　セシウム
　　　　œstrone（英）＝oestrone（英）＝estrone（米）　エストロン
　　　　coumarin　クマリン　　leucine　ロイシン

付録 2　化合物名字訳規準

表 I　化合物名の字訳規準表

（子音字）	字　訳 A. 子音字とそれに続く母音字との組合わせ					B. 子音字		備　考
	（母音字）					同じ字，他の子音字が次に来るとき	他の子音字が次に来るときまたは単語末尾のとき	
	a	i,y	u	e	o			
	ア	イ	ウ	エ	オ			子音字と組合わせられてない母音字
b	バ	ビ	ブ	ベ	ボ	促	ブ	
c	カ	シ	ク	セ	コ	促	ク*	*ch＝k；ch, k, qu の前の c は促音；sc は別項
d	ダ	ジ	ズ	デ	ド	促	ド	
f	ファ	フィ	フ	フェ	ホ	*	フ	*ff＝f；pf＝p
g	ガ	ギ	グ	ゲ	ゴ	促	グ	gh＝g
h	ハ	ヒ	フ	ヘ	ホ	—	長	sh, th は別項；ch＝k；gh＝g；ph＝f；rh, rrh＝r
j	ジャ	ジ	ジュ	ジェ	ジョ	—	ジュ	
k	カ	キ	ク	ケ	コ	促	ク	
l	ラ	リ	ル	レ	ロ	*	ル	*ll＝l
m	マ	ミ	ム	メ	モ	ン	ム*	*b, f, p, pf, ph の前の m はン
n	ナ	ニ	ヌ	ネ	ノ	ン	ン	
p	パ	ピ	プ	ペ	ポ	促	プ*	*pf＝p, ph＝f
qu	クア	キ	—	クエ	クオ	—	—	
r	ラ	リ	ル	レ	ロ	*	ル*	*rr, rh, rrh＝r
s	サ	シ	ス	セ	ソ	促	ス*	*sc, sh は別頭
sc	スカ	シ	スク	セ	スコ	—	スク	
sh	シャ	シ	シュ	シェ	ショ	—	シュ	
t	タ	チ	ツ	テ	ト	促	ト*	*th は別項
th	タ	チ	ツ	テ	ト	—	ト	
v	バ	ビ	ブ	ベ	ボ	—	ブ	
w	ワ	ウィ	ウ	ウェ	ウォ	—	ウ	
x	キサ	キシ	キス	キセ	キソ	—	キス	
y	ヤ	イ	ユ	イエ	ヨ	—	*	*この場合は母音字
z	ザ	ジ	ズ	ゼ	ゾ	促	ズ	

注：「促」は促音化（例：saccharin サッカリン），「長」は長音化（例：prehnitene プレーニテン）

(f) 下記の語尾は上記 (a)〜(c) 項の例外とし，下に示すように字訳する．

al　（ア）ール	ase　（ア）ーゼ	ate　（ア）ート[1]	ol　（オ）ール	ole　（オ）ール
oll　（オ）ール	ose　（オ）ース	ot　（オ）ート	it　（イ）ット	itee　（イ）ット
yt　（イ）ット				

上記の（ア）は字訳規準表 A 欄のア列の文字であることを表し，原語の語尾直前の文字によりどの行のかなになるかきまる．（イ），（オ）についても同様である[2]．

例：hexanal　ヘキサナール　　amylase　アミラーゼ　　acetate　アセタート*
　　anisol　アニソール　　glucose　グルコース　　nitrite　ニトリット*

＊「酢酸——」または「酢酸塩」，「亜硝酸塩」などと翻訳する場合もある．

---

[1] 有機酸エステルなど，とくに工業原料，工業製品などの名称では，英語の「音訳」による "（エ）ート" もよく使われる．
[2] これらの接尾語は，直前の子音字と組み合わせて字訳することになる．

2.5 基本名

基本名とは,IUPAC Nomenclature of Organic Chemistry, Section C に規定された principal chain または parent に該当する名称で,その字訳は **2.4** による.

例: hexane ヘキサン fluorene フルオレン
thiophene チオフェン phenothiazine フェノチアジン

2.6 複合名

基本名に,基本名語幹(例: acet, benz, succin, phthal),官能種類名(functional class name 例: aldehyde, amine, nitrile),接頭語 (例: di, cyclo, chloro),接尾語 (例: ene, ol, yl, oyl) などが組み合わせられて複合名を作る.

(a) 複合名は語構成要素ごとに **2.4** によって字訳する.

例: methylanthracene メチルアントラセン(メチラントラセンとしない)
benzaldehyde ベンズアルデヒド(ベンザルデヒドとしない)
benzylamine ベンジルアミン(ベンジラミンとしない)
pyridinamine ピリジンアミン(ピリジナミンとしない)
acetamide アセトアミド(アセタミドとしない)

(b) 語構成要素の二つ以上が短縮融合してできた語の融合箇所の子音字―母音字は組み合わせて **2.4** (a) に従って字訳する.

例: hydro-oxy → hydroxy ヒドロキシ
methyl-oxy → methoxy メトキシ
meso-oxalyl → mesoxalyl メソキサリル
oxal-amoyl → oxamoyl オキサモイル
sulfur-amoyl → sufamoyl スルファモイル
methyl-acrylic acid → methacrylic acid メタクリル酸
chloro-anil → chloranil クロラニル

ただし,語尾 e が脱落して他の要素と結合するのは短縮融合ではない.

例: hexane-amide → hexanamide ヘキサンアミド

また,語幹と官能種類名との結合は,短縮融合ではない.

例: benzamide ベンズアミド succinimide スクシンイミド
acetamidine アセトアミジン

(c) 異性,異量などを表す iso, para などの接頭語が母音で始まる基本名(または他の構成要素)につくとき,接頭語末尾の a または o が脱落することがある.これらはいずれも脱落前の形にして字訳する.

例: iso-oxazole → isoxazole イソオキサゾール
para-aldehyde → paraldehyde パラアルデヒド
proto-actinium → protactinium プロトアクチニウム

有機化合物の置換命名法で,tetra, hexa などの数を表す接頭語が,特性基を表す接頭語あるいは接頭語の前につくときも,同様に字訳する.

例: tetra-ol → tetrol テトラオール hexa-one → hexone ヘキサオン

(d) 母音字で始まる接尾語とその前の子音字は組み合わせて **2.4** (a) に従って字訳する．該当する接尾語には -ene, -yne, -ol, -olate, -al, -one, -ate, -oate, -yl, -oyl, -ylene, -ylidene, -ylidyne, -olide, -ide, -ine, -ium, -onium などがある．

  例：ethanol エタノール   hexenone ヘキセノン
    butenyl ブテニル   anilinium アニリニウム

aldehyde, amine, imine, amide などの官能種類名は，上記 (a) 項に従って字訳する．

  例：cinnamaldehyde シンナムアルデヒド（シンナマルデヒドとしない）
    ethylamine   エチルアミン（エチラミンとしない）

(e) euphony o（英語の場合，発音しやすいように，語構成要素末尾につけ加えられる o）とその前の子音字は組み合わせて **2.4** (a) に従って字訳する．基名などの末尾の o もこれに該当する．

  例：butyrolactone ブチロラクトン   propiononitrile プロピオノニトリル

(f) 二重結合 1 個をもつ橋かけ環炭化水素，スピロ炭化水素の名称は，炭素原子数を表す基本名語幹の後に母音 a があるものとして字訳する．

  例：bicyclo[2.2.1]hept-2-ene ビシクロ[2.2.1]ヘプタ-2-エン
    spiro[4.4]non-2-ene   スピロ[4.4]ノナ-2-エン

ただし，不飽和結合 1 個をもつ鎖式および単環炭水素の場合は，位置番号が炭化水素名の前につく名称（Chemical Abstracts 方式）に基づいて日本語名をつくる．

  例：2-butene 2-ブテン（IUPAC 名 but-2-ene はブタ-2-エンと字訳する）

2.7 字訳規準表の適用範囲と例外

 字訳基準表を適用してアルファベット文字をかな文字に字訳するのは，学術用語として使われる化合物名に限定する．化学工業製品や医薬品などの商品名，あるいは鉱物名，酵素名などには，本稿の字訳規準表に準拠しない慣用名が普及しているものも多数あるが，これらの慣用名まで規準表にもとづいて直ちに改変しようというのではない．

  例：acetate   アセテート（工業製品として）   indanthrene dye インダンスレン染料
    Neutral Red ニュートラルレッド   aureomycin   オーレオマイシン
    lysozyme   リゾチーム

また，物質名以外の一般化学用語にも，この字訳規準表はそのままでは適用できない．

  例：monomer モノマー   polymer ポリマー
    wax   ワックス   emulsion エマルション

学術用語としての化合物名であっても，字訳規準表の例外となる字訳名が定着しているものは，例外として認めなければならない．

  例：alcohol アルコール（規準表によればアルコホール）
    ether   エーテル（規準表によればエテル）
    succin— スクシン（規準表によればスッシン）

また，異なる原語を規準表によって字訳すると同じ日本語名になってしまうような場合には，特殊の例外規定が必要となる．次に示す典型的な例については，下に記す便法を講ずることが，文部省学術用語集にも記載されている．

  例：allyl アリル   benzine ベンジン
    aryl   アリール   benzyne ベンザイン

欧 文 索 引

Δ 230
δ 230
η 145,193,198,230
η convention 181
κ 139,188,198,230
κ convention 181
Λ 230
λ 85,230
μ 58,186,199,230
π 193
π-complex 193
σ 193

A

a 224
A-2 160
abbreviation 138
4-abu 231
Ac 231
acac 231
acacen 231
acid 109
actina 322
actinate 322
actinide 45
actinoid 45
actiny 322
addition compound 11
additive nomenclature 6,97
ade 231
ado 231
adp 231
aet 231
affix 15
ala 231
alkali metal 45
alkaline earth metal 45
allotrope 42
alphabetical order 35
alumina 322
aluminate 322
aluminy 322
ama 231
america 322
americate 322
americy 322
amid(o) 124
ammine 98

amp 231
ane 84,182,224
[9]aneN$_3$ 231
[12]aneN$_4$ 231
[14]aneN$_4$ 231
[18]aneP$_4$O$_2$ 231
[9]aneS$_3$ 231
[12]aneS$_4$ 231
angular 160
anide 224
anion 62
anium 224
ano 224
antimonate 322
antiprismo 157,230
aP 43
approximately 212
aqua 98
Arabic numeral 27,33
arachno 79,230
arg 231
argenta 323
argentate 323
argentum 324
argenty 323
argona 322
argonate 322
argony 322
arsa 322
arsenate 322
arsoric 120
arsorous 120
arsy 106,322
asn 231
asp 231
assembly 104
astata 322
astatate 322
astaty 322
asterisk 31,57
asym 230
ate 62,65,93,98,106,146,224
atmp 232
ato 98,224
atomic number 41
atp 232
aura 322
aurate 322
aurum 324
aury 322
aza 323

azaborane 86
azanol 120
azote 324
azy 106,323

B

bara 322
barate 322
bary 322
basic structure 217
2,3-bdta 232
benzo-15-crown-5 232
benzoyl 240
benzyl 98
berkela 322
berkelate 322
berkely 322
berylla 322
beryllate 322
berylly 322
bi 41
bidentate 131,229
big 232
biim 232
binap 232
binary species 50
bis 32,67,99,229
bisma 322
bismuthate 322
bismy 322
bn 232
bohra 322
bohrate 322
bohry 322
bora 322
borane 78
boranes 78
η^6-boratabenzene 195
borate 322
borazin(e) 85
borazole 85
boron group 45
boroxin 85
boroxole 85
borthiin 85
borthiole 85
bory 106,322
4,4′-bpy 232

bpy 232
brace 15
bracket 15
bridging index 132,186
bridging ligand 132,147,186,189
bridging multiplicity 28
broma 322
bromate 322
bromid(o) 124
bromo 124
bromy 322
Bu 232
butyl 95
Bz 232,240
bzac 232
bzim 232
bztz 232

C

C 43
cadma 322
cadmate 322
cadmy 322
caesa 322
caesate 322
caesy 322
calca 322
calcate 322
calcy 322
californa 322
californate 322
californy 322
carba 322
carbane 75
carbonate 322
carbonyl 98
carborane 86
carby 106,322
cat 232
catena 104,105
catena 230
catenacycle 104,105
cation 61
cbdca 232
cdta 232
central atom 130
central structural unit 156
CEP (Casey, Evans, Powell) 156
cera 322
cerate 322
cery 322
cF 43
chain compound 52
chalcogen 45
chalcogenide 45
charge 41,138
charge number 67
chelating ligand 187

chelation 131,181
chlora 322
chlorate 113,322
chlorid(o) 124
chlorido 98,207
chlorite 113
chloro 124,207
chlory 322
chroma 322
chromate 322
chromite 212
chromocene 202
chromy 322
chxn 232
cI 43
circa 212
cis 162～164,230
cit 232
closo 79,230
cobalta 322
cobaltate 322
cobaltocene 202
cobalty 322
cod 233
cofiguration 172
colon 25,38
comma 25,38
commensurate 217
compositional nomenclature 5,59
configuration index 162
conformation 172
coordination compound 129
coordination entity 129
coordination number 130,180
coordination polyhedron 130
cot 233
Cp 233
Cp* 240
cP 43
cptn 233
18-crown-6 233
crypt-211 233
crypt-222 233
crystal class 43
crystallographic shear plane 218
crystal system 43
CSU (central structural unit) 156
CU-8 160,161
cube 160
cube 157
cubic 43
cupra 322
cuprate 322
cuprum 324
cupry 322
cura 322
curate 322
cury 322
Cy 233
cyanid(o) 124
cyano 124

cyclam 231,233
cycle 104,105
cyclen 231,233
cyclic module 104
cyclo 230
cyclohexyl 95
cys 233
cyt 233

D

dabco 233
dach 232,233
darmstadta 322
darmstadtate 322
darmstadty 322
d-block element 45
dbm 233
DD-8 160
dea 233
deca 229
decakis 229
delta 171
denticity 131
depe 233
deuterate 322
deuterium 42
deuteron 42
deutery 322
di 32,60,76,98,104,229
diacid 120
diars 233
diastereoisomer 158,162
η^6-1,4-diboratabenzene 195
dicta 229
didentate 229
dien 233
diene 224
[14]1,3-dieneN$_4$ 233
diide 93,224
diido 185,193,205,224
diium 91,224
dilia 229
dinuclear entity 150
diop 234
diox 234
dioxidane 76
dipamp 234
disulfanedisulfuric acid 120
disulfurous acid 120
diyl 185,193,205,224
diylium 92,224
dma 234
dme 234
dmf 234
dmg 234
dmpe 234
dmpm 234
dmso 234,55

docosa 229
dodeca 229
dodecahedro 157,230
dodecahedron 160
donor atom 138
dopentaconta 229
dot 24
dpm 234
dppe 234
dppf 234
dppm 234
dppp 234
dtmpa 234
dtpa 234
dubna 322
dubnate 322
dubny 322
duetera 322
dysprosa 322
dysprosate 322
dysprosy 322

E

ea 235
ecane 84,224
ecine 84,224
edda 235
edta 235
edtmpa 235
egta 235
einsteina 322
einsteinate 322
einsteiny 322
electronegativity 50
elision 27
em-dash 23
empirical formula 46
en 63,235
enantiomer 158
en-dash 23
ending 229
ene 224
enide 225
enium 225
enn 41
eno 225
epane 84,225
epine 84,225
erba 322
erbate 322
erby 322
ese 63
Et 235
eta 193
eta convention 181
etane 84,225
Et₂dtc 235
ete 84,225

ethyl 95
etidine 84,225
europa 322
europate 322
europy 322
excited state 57

F

F 43
fac 162,164,230
f-block element 45
ferma 322
fermate 322
fermy 322
ferra 322
ferrate 322
ferrocene 193,202
ferrum 324
ferry 322
fluora 322
fluorate 322
fluorid(o) 124
fluoro 124
fluory 322
fod 235
formonitrile oxide 120
franca 322
francate 322
francy 322
fta 235
fulminate 120
fulminic acid 120
functional replacement 74
functional replacement nomenclature 124

G

gadolina 322
gadolinate 322
gadoliny 322
galla 322
gallate 322
gally 322
generalized stoichiometric name 59
geometrical isomer 158
germa 322
germanate 322
germy 106,322
gln 235
glu 235
gly 235
Greek letter 31
gua 235
guest 219
guo 235

H

hafna 322
hafnate 322
hafny 322
halide 45
halogen 45
halogenide 45
Hantzsch-Widman 命名法 37,83,87
hapticity 28,181
hapto 193
hassa 322
hassate 322
hassy 322
──で使われる接尾語 84
HBPY-8 160,161,166
HBPY-9 160,161,166
hdtmpa 235
hecta 229
hedp 235
hela 322
helate 322
hely 322
henicosa 229
hentriaconta 229
hepta 229
heptaconta 229
heptadeca 229
heptagonal bipyramid 160
heptakis 229
hex 41
hexa 229
hexaconta 229
hexadeca 229
hexagonal 43
hexagonal bipyramid 160
hexahedro 157,230
hexakis 229
hexaprismo 230
hexyl 95
hfa 236
his 236
hmpa 236
hmta 236
holma 322
holmate 322
holmy 322
homologous compound 217
η^7-homotropyl 195
host matrix 219
hP 43
hR 43
hydrido 205
hydrogen 122
hydrogenate 322
hydrogen name 65,110,123
hydrogen nomenclature 122
hydrogen peroxide 76

hydron 42
hydrony 106,322
hydroxido 98
hyphen 22
hypho 79,230
hypobromous acid 113
hypochlorite 113
hypodinitrite 120
hypodinitrous 120
hypodisulfuric acid 120
hypodisulfurous acid 120
hyponitrite 120
hyponitrous acid 120

I

I 43
ic 63,110,225
icosa 229
icosahedro 157,230
ida 236
ide 62,63,65,93,98,182,225
ido 98,182,193,205,225
ile 236
im 236
inane 84,225
inate 225
inato 225
incommensurate 217
inda 322
indate 322
indicated hydrogen 83
indy 322
ine 63,84,225
infinitely adaptive structure 219
infix 15
inic 226
inide 226
inine 84,226
inite 226
inito 226
inium 226
inner transition element 45
ino 226
inorganic acid 10
inous 226
inoyl 226
intercalation 219
intercalation compound 219
International Union of Crystallography 220
interstitial site 214
interstitial solid solution 213
inyl 226
io 226
ioda 322
iodate 322
iodid(o) 124
iodo 124

iody 322
ionic charge 49
irane 84,226
irene 84,226
irida 322
iridate 322
iridine 84,226
iridy 322
irine 226
isn 236
isofulminic acid 120
isotope 41
isotopically labelled compound 55
isotopically modified compound 55
isotopically substituted compound 55
italic 30
ite 62,98,226
ito 98,226
ium 8,63,91,106,226

K, L

kappa convention 181
kilia 229
klado 79,230
Kröger-Vink 表記 24,36
Kröger-Vink 記号 214
kryptona 322
kryptonate 322
kryptony 322

*L-*2 160
lamda 171
lanthana 323
lanthanate 323
lanthanide 45
lanthanoid 45
lanthany 323
lawrenca 323
lawrencate 323
lawrency 323
leu 236
ligand 97,130
linear 160
litha 323
lithate 323
lithy 323
long dashe 23
lut 236
luteta 323
lutetate 323
lutety 323
lys 236

M

magnesa 323

magnesate 323
magnesy 323
magnetite 212
main group element 205
mal 236
male 236
malo 236
mancude 83,84
mangana 323
manganate 323
mangany 323
mass 41
Me 236
meitnera 323
meitnerate 323
meitnery 323
mendeleva 323
mendelevate 323
mendelevy 323
2-Mepy 236
mer 162,164,230
mercura 323
mercurate 323
mercury 323
met 236
metallocene 202
metal-metal bond 133
metal-metal bonding 149,189
methanido 207
methyl 95,207
λ^2-methylidenehydroxylamine 120
mixture 211,212
mnt 236
modulated structure 217
molecular formula 47
molybda 323
molybdate 323
molybdy 323
mono 60,229
monoatomic anion 63
monoatomic cation 61
monoclinic 43
monooxide 60
monoxide 60
mP 43
mS 43
multiplicative prefix 15,32,67
muon 42
muonium 42

N

naphthyl 95
napy 236
nbd 236
neodyma 323
neodymate 323
neodymy 323
neona 323

neonate 323
neony 323
neptuna 323
neptunate 323
neptuny 323
net charge 181
nia 236
nickela 323
nickelate 323
nickelocene 202
nickely 323
nido 79,230
nil 41
nioba 323
niobate 323
nioby 323
nitrate 113,323
nitric acidium 120
nitrite 113
nitrosyl 98
nmp 236
nobela 323
nobelate 323
nobely 323
noble gas 45
nodal descriptor 105
nona 229
nonaconta 229
nonadeca 229
nonakis 229
non-commensurate 217
non-commensurate structure 217
non-stoichiometric 211
non-stoichiometric phase 211,217
nta 236

O

o 227
OC-6 160,161,164
ocane 84,227
ocene 227
ocenediyl 202
ocenetriyl 202
ocenyl 202
OCF-7 160,161
ocine 84,227
oct 41
OCT-8 160,161
octa 229
octaconta 229
octadeca 229
octahedro 157,230
octahedron 160
octahedron, face monocapped 160
octahedron, *trans*-bicapped 160
octakis 229
octatetraconta 229
OD-8 161

oep 236
oF 43
ogen 63
oI 43
ol 227
olane 84,227
olate 227
olato 227
ole 84,227
olidine 84,227
on 63
onane 84,227
onate 227
onato 227
one 227
onic 227
onine 84,227
onite 227
onito 227
onium 227
ono 228
onous 228
onoyl 228
onyl 228
oP 43
optical isomer 158
orane 228
organometallic compound 179
ortho 120
orthorhombic 43
orus 63
oryl 228
oS 43
osma 323
osmate 323
osmocene 202
osmy 323
ous 228
ox 237
oxa 323
oxidation number 56,67,138,181
oxidation state 56,131
oxy 106,323
oxygenate 323

P

P 43
pallada 323
palladate 323
pallady 323
parenthesis 15
parent hydride 37,74
PBPY-7 160,161,166
pc 237
1,2-pdta 237
1,3-pdta 237
Pearson 記号 43,216
pent 41

penta 32,60,229
pentaconta 229
pentacta 229
pentadeca 229
pentadentate 131
pentagonal bipyramid 160
pentakis 32,67,229
pentamethylcyclopentadienyl 240
pentaprismo 230
pentatriaconta 229
pentyl 95
perchlorate 113
peroxo 124,126
peroxy 124,126
Ph 237
$PhCH_2$ 240
phe 237
phen 237
phenyl 95
phospha 323
phosphaborane 86
phosphate 323
phosphy 106,323
pip 237
platina 323
platinate 323
platiny 323
plumba 323
plumbate 323
plumbum 324
plumby 323
pmdien 237
pn 237
pnictide 45
pnictogen 45
point defect 214
polona 323
polonate 323
polony 323
poly 42
polygon 130
polyhedral symbol 159
polymorphism 219
polynuclear complex 145
polytype 220
polytypoid 220
potassa 323
potassate 323
potassy 323
ppIX 237
praseodyma 323
praseodymate 323
praseodymy 323
prefix 15
primary valence 129
prime 32
pro 237
prometha 323
promethate 323
promethy 323
propyl 95

prota 323
protactina 323
protactinate 323
protactiny 323
protate 323
protium 42
proton 42
proty 323
ptn 237
py 237
pyz 237
pz 237

Q, R

qdt 237
quad 41
quadro 157,230
quin 237

R 43
rada 323
radate 323
radical 57
radona 323
radonate 323
radony 323
rady 323
rare earth metal 45
rare gas 45
reference axis 164
rhena 323
rhenate 323
rhoda 323
rhodate 323
rhombohedral 43
roentgena 323
roentgenate 323
roentgeny 323
Roman numeral 29
rubida 323
rubidate 323
rubidy 323
ruthena 323
ruthenate 323
ruthenocene 202
rutheny 323
rutherforda 323
rutherfordate 323
rutherfordy 323

S

S 43
sal 237
salan 237
saldien 237

salen 237
salgly 238
salpn 238
saltn 238
samara 323
samarate 323
samary 323
sandwich 201
SAPR-8 160,161
scanda 323
scandate 323
scandy 323
sdta 238
seaborga 323
seaborgate 323
seaborgy 323
secondary valence 129
see-saw 160
selectively labelled compound 55
selena 323
selenate 323
selenic acid 113
seleno 124
seleny 106,323
semicolon 26,38
semi-commensurate structure 217
sep 238
sept 41
sepulchrate 240
ser 238
sila 323
silicate 323
sily 106,323
site occupanay 214
skeletal replacement 74
skeletal replacement nomenclature 82
soda 323
sodate 323
sody 323
solid mixture 211
solid solution 211
solidus 24
solute 212
solution 212
solvent 212
SP-4 159,160,163
space 26
specifically labelled compound 55
spinel type 212
SPY-4 159,160,165
SPY-5 160,161,165
square antiprism 160
square plane 160
square pyramid 160
SS-4 159,160,166
standard bonding number 74
stanna 324
stannate 324
stannum 324
stanny 106,324
stereoisomer 158

stiba 322
stibium 324
stiboric 120
stiborous 120
stiby 106,322
stien 238
stilbenediamine 240
stoichiometric composition 211
stoichiometric name 5,59
stoichiometric phase 211
stronta 323
strontate 323
stronty 323
structural descriptor 58
structural formura 47
Strukturbericht 方式 216
substituent 74
substitutive nomenclature 5,74
suffix 15,229
sulfanedisulfuric acid 120
sulfanylidene 207
sulfate 323
sulfato 98
sulfenic acid 120
sulfid 207
sulfinyl 120
sulfonyl 120
sulfoxylic acid 120
sulfuric acidium 120
sulfy 106,323
sym 230

T

T-4 159,160
tacn 231,238
tantala 323
tantalate 323
tantaly 323
tap 238
tart 238
TBPY-5 160,161,166
tcne 238
tcnq 238
tdt 238
tea 238
techneta 323
technetate 323
technety 323
tellura 323
tellurate 323
telluro 124
tellury 106,323
terba 324
terbate 324
terby 324
terpy 238
2,3,2-tet 238
3,3,3-tet 238

tetra 32,60,76,98,229
tetraconta 229
tetradeca 229
tetradentate 131
tetragonal 43
tetrahedro 157,230
tetrahedron 160
tetrakis 32,67,229
tetren 238
tfa 238
thalla 324
thallate 324
thally 324
theion 324
theny 323
thf 239,55
thia 323
thiaborane 86
thio 124
thiox 239
thody 323
thora 324
thorate 324
thory 324
thr 239
tht 239
thula 324
thulate 324
thuly 324
thy 239
tI 43
titana 324
titanate 324
titanium group 45
titany 324
tmen 239
tmp 239
tn 239
Tol 239
topochemical 219
topotactic 219
Tp 239
Tp´ 239,240
Tp* 240
Tp^{Me2} 240
tP 43
TP-3 159,160
tpp 239
TPR-6 160,161
TPRS-7 160,161
TPRS-8 160,161
TPRS-9 160,161
TPRT-8 160,161
TPY-3 159,160,167
trans 162～164,230
transition element 45
tren 239
tri 32,41,60,76,98,104,229
triaconta 229
triangulo 157,230

triclinic 43
tricosa 229
trideca 229
tridentate 131
trien 239
triene 228
trigonal bipyramid 160
trigonal *P* 43
trigonal plane 160
trigonal prism 160
trigonal prism, square-face bicapped 160
trigonal prism, square-face monocapped 160
trigonal prism, square-face tricapped 160
trigonal prism, triangular-face bicapped 160
trigonal pyramid 160
triide 228
triido 185
triium 91,228
triphos 239,240
triprismo 157,230
tris 32,67,99,229,239
trita 324
tritate 324
tritium 42
triton 42
trity 324
triyl 185,228
triylium 92
η^7-tropyl 195
trp 240
TS-3 159,160,166
tsalen 240
T-shape 160
ttfa 240
ttha 240
ttp 240
tu 240
tungsta 324
tungstate 324
tungsty 324
twin 218
tyr 240
tz 240

U

uide 93,228
uido 228
um 63
un 41
undeca 229
ur 63
ura 240
urana 324

uranate 324
urany 324

V, W

val 240
vanada 324
vanadate 324
vanadocene 202
vanady 324
variable composition 211
Vernier structure 217
von Baeyer 表記法 87
Wadsley 欠陥 217
Werner-type coordination compound 97

X, Y

xenona 324
xenonate 324
xenony 324
y 63,228
yetterbate 324
ygen 63
yl 94,182,193,205,228
ylene 190,228
ylidene 94,190,193,228
ylidyne 94,190,228
ylium 92,229
ylylidene 229
yne 229
ynide 229
ynium 229
y terms 106
ytterba 324
ytterby 324
yttra 324
yttrate 324
yttry 324

Z

Zeise's salt 193
zeolite type 212
zinca 324
zincate 324
zincy 324
zircona 324
zirconate 324
zircony 324

和文索引

あ

アインスタイナ 322
アインスタイニ 322
アインスタイニウム酸 322
アウラ 322
アウリ 322
亜鉛酸 324
亜塩素酸イオン 113
アクア 98
アクチナ 322
アクチニ 322
アクチニウム酸 322
アクチニド 45
アクチノイド 45
アゴスティック結合 201
ア ザ 323
アザノール 120
アザボラン 86
亜―酸 62
ア ジ 106,323
亜硝酸イオン 113
アスタタ 322
アスタチ 322
アスタチン酸 322
ア ト 98
アート 93,98,106
アミド 124
アメリカ 322
アメリシ 322
アメリシウム酸 322
アラクノ 79
アラビア数字 27,33
R/S 方式 167
アルカリ金属 45
アルカリ土類金属 45
アルゲンタ 323
アルゲンチ 323
アルゴナ 322
アルゴニ 322
アルゴン酸 322
アルサ 322
アルシ 106,322
アルシン 75
アルファベット順 35,50
アルミナ 322
アルミニ 322
アルミン酸 322

ア ン 76,84,182
アンチモン酸 322
アンミン 98
アンモニア 98

い

イウム 8,91,106
イオン 98
　——の名称 61,247
イオン対の比 136
イオン電荷 49,138
イコサ 229
異種多原子陰イオン 64
異種多原子陽イオン 62
イソ雷酸 120
イータ(η) 193
イータ方式 145,181,193
イタリック体 30
一 60
1,2 族の有機金属化合物 205
一冠八面体 160,161
一酸化物 60
イッテリ 324
イッテルビ 324
イッテルビウム酸 324
イットラ 324
イットリウム酸 324
一般的定比組成名称 59,66
イ ト 98
イ ド 93,98,182,193,205
イナン 84
イニン 84
イラン 84
イリウム 92
イリジ 322
イリジウム酸 322
イリジン 84,94,190
イリダ 322
イリデン 94,190,193
イ ル 94,182,193,205
イレン 84,190
イ ン 84
陰イオン 62,96
　——性置換基の名称 247
　——性配位子の名称 9
　——の水素名称の省略形 123
　——の置換誘導体 94
　——の名称 8,247,322

　——ラジカルの名称 247
　母体水素化物から誘導される—— 93
インジ 322
インジウム酸 322
インダ 322
インターカレーション 219
インダン 75

う, え

ウイド 93
ウェルナー型配位化合物 97
ウラナ 324
ウラニ 324
ウラン酸 324
ウ ン 41
ウンデカ 229
英数字順 50
エカン 84
'a' 語群 322
エシン 84
エタン 84
エチジン 84
エチル 95
エ ト 84
エパン 84
エピン 84
f ブロック元素 45
エルバ 322
エルビ 322
エルビウム酸 322
エ ン 41
塩素酸 322
塩素酸イオン 113
塩の化学式 38,53

お

オカン 84
オキサ 323
オキシ 106,323
オキソ酸 114
オキソ酸誘導体 125
　——の官能基代置名称 124
オクタ 229

和文索引

オクタキス 229
オクタコンタ 229
オクタデカ 229
オクタテトラコンタ 229
オクト 41
オシン 84
オスマ 323
オスミ 323
オスミウム酸 323
オスモセン 202
オセニル 202
オセンジイル 202
オセントリイル 202
オナン 84
オニン 84
オラン 84
オリジン 84
オール 84
折れ線 160

か

過塩素酸イオン 113
化学式 46
化学組成 212
化学的双晶 217
架橋指数 132
架橋数 186
架橋多重度 28
架橋配位子 132,147,186,189,199
角括弧 15,16,51,56,138
化合物の名称 247
過酸化水素 76
括弧 15,47,138
カッパ(κ)方式 139,145,181,188
カテナ 104,105
カテナサイクル 104,105
カドマ 322
カドミ 322
カドミウム酸 322
ガドリナ 322
ガドリニ 322
ガドリニウム酸 322
化物 62,65
ガラ 322
ガリ 322
カリウム酸 323
ガリウム酸 322
カリホルナ 322
カリホルニ 322
カリホルニウム酸 322
カルカ 322
カルコゲン 45
カルコゲン化物 45
カルシ 322
カルシウム酸 322
カルバ 322
カルバボラン類の化学式 52
カルバン 75

カルビ 106,322
カルボニル 98
カルボラン 86
官能基代置命名法 74,124

き

幾何異性体 158
幾何構造 159
希ガス 45
貴ガス 45
記号の記載順序 50
　　配位化合物の化学式中の── 137
ギ酸ニトリルオキシド 120
基準軸 164
キセノナ 324
キセノニ 324
キセノン酸 324
希土類金属 45
基本構造 217
9配位多面体 161
キュラ 322
キュリ 322
キュリウム酸 322
鏡像異性体 158
　　──の区別 167
供与原子 138
キリア 229
ギリシャ文字 31
キレート環配座 173
キレート配位 131
キレート配位子 187
金酸 322
銀酸 323
金属-金属結合 133,149,189
金属-炭素多重結合
　　──を形成する化合物 190
　　──を形成する配位子 191
金属-炭素単結合
　　──を形成する化合物 181,185
　　──を形成する配位子 181,183,186

く

クアド 41
句読点 38
クプラ 322
クプリ 322
クラスター 57
クラド 79
クリプトナ 322
クリプトニ 322
クリプトン酸 322
クロソ 79
黒点 24
クロマ 322

黒丸 24,57,61
クロミ 322
クロム酸 322
クロム鉄鉱 212
クロモセン 202
クロラ 322
クロリ 322
クロリド 98,124,207
クロロ 124,207

け

ケイ酸 323
形式電荷 215
ゲスト 219
欠陥記号 215
欠陥のクラスター 216
結晶学的ずれ平面 218
結晶系 220
結晶格子点の表示 214
結晶多形同素体 43
ゲルマ 322
ゲルマニウム酸 322
ゲルミ 106,322
原子の記号 40
原子の名称 40
原子番号 41
元素 40,42
元素序列 9

こ

五 60
光学異性体 158
光学活性化合物の式 57
格子間隙 214
格子点の占有 214
構造記号 58
構造式 47
鉱物名 212
国際結晶学連合 220
固相
　　──の構造情報 49
　　──の名称 212
固体 211
固体混合物 211
骨格代置(命名)法 74,82
5配位多面体 161
コバルタ 322
コバルチ 322
コバルト酸 322
コバルトセン 202
五方両錐 160,161
固溶体 211
コロン 25,38
混合物 211,212
コンマ 25,38

さ

サイクル 104,105
錯体 129
　——の化学式 10
　——の立体配置 158
鎖状化合物 52
サマラ 323
サマリ 323
サマリウム酸 323
三 60
酸 62,65,109,146
三角形 159,160
(三角)十二面体 160,161
三核の構造 151
三角面二冠三方柱 160,161
酸化状態 56,131
酸化数 56,136,138,181
　——を利用した名称 67
三 斜 43
三重陽子 42
酸素酸 323
サンドイッチ構造 201
3配位多面体 160
三 方 43
三方錐 159,160
　——構造のR/S方式 167
　——中心 167
三方柱 160,161
　——構造のC/A方式 171
三方両錐 160,161
　——構造のC/A方式 168

し

ジ 32,76,98,104,229
四 60
CIP則 162
次亜塩素酸イオン 113
次亜臭素酸 113
次亜硝酸 120
次亜硝酸イオン 120
ジアステレオ異性体 158,162
シアニド 124
シアノ 124
ジイド 93,193,205
ジイリウム 92
ジイル 185,193,205
ジウム 91
C/A系 169
C/A方式 167,168,169
CS平面 218
ジオキシダン 76
四角面一冠三方柱 160,161
四角面三冠三方柱 160,161
四角面二冠三方柱 160,161

ジクタ 229
σ結合 180
シクロヘキシル 95
指示水素 83
シス 162,163,164
ジスプロサ 322
ジスプロシ 322
ジスプロシウム酸 322
ジスルファン二硫酸 120
シーソー 159,160
シーソー系 166
シーソー構造のC/A方式 169
7配位多面体 161
実験式 46
七方両錐 160,161
質量 41
磁鉄鉱 212
次二亜硫酸 120
次二硫酸 120
4配位正方錐 159
4配位多面体 160
シーボーガ 323
シーボーギ 323
シーボーギウム酸 323
η^6-1,4-ジボラタベンゼン 195
四面体 159,160
　——構造のR/S方式 167
斜交直線方式 171,173
斜 線 24
斜 方 43
周期表に準拠する元素の順序 36
集合体 104
13-16族の有機金属化合物 207
臭素酸 322
ジュウテラ 322
ジュウテリ 322
ジュウテリウム 42
ジュウテリウム酸 322
ジュウテロン 42
十二面体 160,161
重陽子 42
主原子価 129
主要族元素 205
　——の有機金属化合物命名法 205
準化学方程式 216
小括弧 15
晶 系 43
硝酸 323
硝酸イオン 113
晶 族 43
正味電荷 181
シラ 323
ジラジカル 98
シリ 106,323
ジリア 229
ジルコナ 324
ジルコニ 324
ジルコニウム酸 324
ジンカ 324
新元素の記号 41
新元素の体系的命名法 41

ジンシ 324
侵入型固溶体 213

す

水銀酸 323
水素 122
水素化ホウ素 78
　——での骨格代置 86
水素化ポリホウ素 79
水素原子の分布を示す体系的名称 81
水素酸 322
水素名称 65,110,121,123
水素命名法 122
水和物 71
数字 27
スカンジ 323
スカンジウム酸 323
スカンダ 323
スズ酸 324
スタシナ 324
スタンニ 106,324
スチバ 322
スチビ 106,322
スチビン 75
ストロンタ 323
ストロンチ 323
ストロンチウム酸 323
スピネル型 212
スペース 26
スルファト 98
スルファニリデン 207
スルファン二硫酸 120
スルフィ 106,323
スルフィド 207
スルフィニル 120
スルフェン酸 120
スルホキシル酸 120
スルホニル 120

せ, そ

整合 217
成分比の表示 67
正 方 43
正方錐 160
　——構造のC/A方式 168
　——配位系 165
正方ねじれ柱 160,161
ゼオライト型 212
セサ 322
セシ 322
セシウム酸 322
節記号 105
接辞 15
　幾何学的および構造的特性を
　　　示す—— 230

和文索引

絶対配置　167
接頭語　15,88,230
接尾語　15,88,230
　　──（Hantzsch-Widman 方式）　84
セプト　41
セミコロン　26,38,56
セラ　322
セリ　322
セリウム酸　322
セレナ　323
セレニ　106,323
セレノ　124
セレン酸　113,323
遷移元素　45
　　──の有機金属化合物命名法　180
全角ダッシュ　23
旋光の符号　57

層間化合物　219
双晶　218
挿入　219
挿入語　15,230
相の名称　216
側原子価　129
ソージ　323
組成が変動する相　213
組成名称　122
組成命名法　5,59
ソーダ　323

た

対イオンの名称　247
大括弧　15
体心格子　43
多核クラスター　156
多核錯体　145
　　──の付加名称　10
多核の構造　151
多核母体水素化物　76
多核有機金属化合物
　　──における中心原子の順序　209
多角形　130
多環母体水素化物　78
　　ヘテロ原子からなる──　87
多形　219
ダームスタタ　322
ダームスタチ　322
ダームスタチウム酸　322
多面体記号　159,160
多面体クラスター　80
多面体構造の C/A 方式　168
タラ　324
タリ　324
タリウム酸　324
単核体　98
単核母体水素化物　74
単環母体水素化物　77
　　ヘテロ原子からなる──　83

タングスタ　324
タングスチ　324
タングステン酸　324
単原子陰イオン　63
単原子成分の倍数表示　69
単原子陽イオン　61
炭酸　322
単斜　43
単純格子　43
単体　42
タンタラ　323
タンタリ　323
タンタル酸　323

ち

チア　323
チオ　124
置換陰イオン　94
置換基の名称　247
置換原子団　94,95
置換命名法　5,38
置換陽イオン　92
置換ラジカル　95
チタナ　324
チタニ　324
チタン酸　324
チタン族　45
中括弧　15
中心原子　130
　　──の順序　134,209
　　1-12 族のみの──　209
　　1-12 族および 13-16 族両方からの──　209
　　13-16 族のみの──　210
中心構造単位　156
長ダッシュ　23
直線　160
直方　43

つ，て

ツァイゼ塩　193
ツラ　324
ツリ　324
ツリウム酸　324

T-型　159,160
T-型系　166
底心格子　43
定比相　211
定比組成　211
定比組成名称　5,59
d ブロック元素　45
デカ　229
デカキス　229
テクネタ　323

テクネチ　323
テクネチウム酸　323
鉄酸　322
テトラ　32,76,98,229
テトラキス　32,67,99,229
テトラコンタ　229
テトラデカ　229
デルタ　171
δ 結合　180
テルバ　324
テルビ　324
テルビウム酸　324
テルラ　323
テルリ　106,323
テルル酸　323
テルロ　124
電荷　41,138,215
電荷数　66,136
　　──を利用した名称　67
電気陰性度　50
電気的陰性成分　66
電気的陽性成分　66
点欠陥　214
点欠陥記号　214

と

同位体　41
同位体修飾　38
同位体修飾化合物　55
同位体置換化合物　55
同位体標識化合物　55
銅酸　322
同種多原子陰イオン　64
同種多原子成分表示　69
同種多原子陽イオン　61
同族化合物　217
同族系列　218
同素体　42
同素多形　42
特性基　38
特定位置標識化合物　55,56
特定数標識化合物　55,56
ドコサ　229
ドット　24,57
ドデカ　229
ドブナ　322
ドブニ　322
ドブニウム酸　322
ドペンタコンタ　229
トポケミカル　219
トポタクティック　219
トラ　324
トランス　162,163,164
トランス二冠八面体　160,161
トリ　32,41,76,98,104,229,324
トリアコンタ　229
トリイリウム　92
トリイル　185

和文索引

トリウム　91
トリウム酸　324
トリコサ　229
トリス　32,67,99,229
トリス(二座配位子)八面体型錯体
　　　　　　　　　　173
トリタ　324
トリチ　324
トリチウム　42
トリチウム酸　324
トリデカ　229
トリトン　42
η^7-トロピル　195

な，に

内遷移元素　45
中　黒　24
ナトリウム酸　323
ナフチル　95
鉛　酸　323
波括弧　15,21

二　60
二亜硫酸　120
ニオバ　323
ニオビ　323
ニオブ酸　323
ニクトゲン　45
ニクトゲン化物　45
二元化学種　50
二元化合物の定比組成名称　60
ニコーゲン　45
ニコーゲン化物　45
ニッケラ　323
ニッケリ　323
ニッケル酸　323
ニッケロセン　202
ニ　ド　79
ニトロシル　98
二分ダッシュ　23
ニ　ル　41

ね，の

ネオジマ　323
ネオジミ　323
ネオジム酸　323
ネオナ　323
ネオニ　323
ネオン酸　323
ネプツナ　323
ネプツニ　323
ネプツニウム酸　323

ノ　ナ　229
ノナキス　229

ノナコンタ　229
ノナデカ　229
ノーベラ　323
ノーベリ　323
ノーベリウム酸　323

は

配位化合物　38,128,129
　　——の化学式　51,137
　　——の名称　134
配位子　38,97,130
　　——の構造式　241
　　——の錯体中での数　134
　　——の順序　134
　　——の表記　98
　　——の名称　247
　　——の名称中での表記　135
　　——の優先順位　174
　　——の略号　54,231
配位数　130,180
配位多面体　130,160
配位中心　58
配位命名法(付加命名法)　132
π 結合　180
配　座　172
π 錯体　193
配座数　131
倍数接頭語　15,32,67
配　置　172
配置指数　162
ハイフォ　79
ハイフン　22,58,240
バークラ　322
バークリ　322
バークリウム酸　322
8配位多面体　161
八面体　160,161
　　——構造のC/A方式　169
　　——配位系　164
白金酸　323
ハッサ　322
ハッシ　322
ハッシウム酸　322
バナジ　324
バナジウム酸　324
バナダ　324
バナドセン　202
ハフサ　322
ハプト数　28,181
ハプト命名法　193
ハフニ　322
ハフニウム酸　322
バ　ラ　322
パラジ　323
パラジウム酸　323
パラダ　323
バ　リ　322
バリウム酸　322

パーレン　15
ハロゲン　45
ハロゲン化物　45
半整合構造　217

ひ

ビ　41
非荷電原子の名称　247
非環状水素化物　76
非環状母体水素化物　76
ヒ　酸　322
菱面体　43
　　——格子　43
ビ　ス　32,67,99,229
ビス(二座配位子)八面体型錯体　173
ビスマ　322
ビスマス酸　322
ビスミ　322
ヒドリド　205
ヒドロキシド　98
ヒドロニ　106,322
ヒドロン　42,91
非標準結合数　74
標準結合数　74

ふ

ファク　162,164
フェニル　95
フェラ　322
フェリ　322
フェルマ　322
フェルミ　322
フェルミウム酸　322
フェロセン　193,202
付加化合物　11
　　——の化学式　48,54
　　——の名称　71
付加式名称
　　酸の——　111
付加命名法　6,97
複核錯体　150
不整合　217
　　——構造　217
ブチル　95
フッ素酸　322
不定比　211
不定比相　211,217
不飽和炭化水素　199
不飽和分子
　　——と原子団の配位子名　194
　　——または原子団に結合する
　　　　　　　　　化合物　193
プライム　32,163,164
プライム方式　175
ブラケット　15

和文索引

プラス符号 22
プラセオジマ 323
プラセオジミ 323
プラセオジム酸 323
プラチナ 323
プラチニ 323
ブラベ格子 43
フランカ 322
フランシ 322
フランシウム酸 322
フルオラ 322
フルオリ 322
フルオリド 124
フルオロ 124
プルトナ 323
プルトニウム酸 323
プルンバ 323
プルンビ 323
ブレース 15
プロアクチナ 323
プロタ 323
プロチ 323
プロチウム 42
プロチウム酸 323
プロトアクチニ 323
プロトアクチニウム酸 323
プロトン 42
プロピル 95
ブロマ 322
ブロミ 322
ブロミド 124
プロメタ 323
プロメチ 323
プロメチウム酸 323
ブロモ 124
分子式 47
分子の名称 247

へ

平面四角形 159,160
　　──配位系 163
ヘキサ 229
ヘキサキス 229
ヘキサコンタ 229
ヘキサデカ 229
ヘキシル 95
ヘキス 41
ヘクタ 229
ヘテロ原子
　　──からなる多環母体水素化物 87
　　──からなる単環母体水素化物 83
　　──からなる母体水素化物 82
ヘプタ 229
ヘプタキス 229
ヘプタコンタ 229
ヘプタデカ 229
ヘラ 322
ヘリ 322

ヘリウム酸 322
ベリラ 322
ベリリ 322
ベリリウム酸 322
ペルオキシ 124,126
ペルオキソ 124,126
ヘンイコサ 229
ベンジル 98
ペンタ 32,229
ペンタキス 32,67,229
ペンタクタ 229
ペンタコンタ 229
ペンタデカ 229
ペンタトリアコンタ 229
ペンタメチルシクロペンタジエニル
　　　　　　　　　　 240
変調構造 217
ペンチル 95
ペント 41
変動組成 211
ヘントリアコンタ 229

ほ

母音省略 27
ホウ酸 322
ホウ素族 45
星　印 31,57,240
ホスファ 323
ホスファボラン 86
ホスフィ 106,323
ホスフィン 75
ホスホニウム 62
母体水素化物 37,74
　　ヘテロ原子からなる── 82
　　──からの誘導体の式 52
　　──から誘導される陽イオン 91
　　──の名称 74
　　──誘導体の置換式名称 88
ポタッサ 323
ポタッシ 323
η^7-ホモトロピル 195
ボラ 322
ボーラ 322
ボラジン 85
ボラゾール 85
η^6-ボラタベンゼン 195
ボラン 78
ボラン類 78
ポリ 106,322
ボーリ 322
ポリ 42
ボーリウム酸 322
ポリタイプ 220
ポリタイポイド 220
ポリラジカル 98
ボルチイン 85
ボルチオール 85
ホルマ 322

ホルミ 322
ホルミウム酸 322
ボロキシン 85
ボロキソール 85
ポロナ 323
ポロニ 323
ポロニウム酸 323

ま 行

マイトネラ 323
マイトネリ 323
マイトネリウム酸 323
マイナス符号 22
マグネサ 323
マグネシ 323
マグネシウム酸 323
丸括弧 15,18,57,61,66,138
マンガナ 323
マンガニ 323
マンガン酸 323
マンキュード環 83,84
ミューオニウム 42
ミューオン 42
ミュー(μ)方式 186
無機オキソ酸
　　──の化学式 52
無機酸 10,109
　　──の名称 10
無限適合構造 219
無限適合相 217
命名法ガイドライン 7
メタニド 207
メタロセン 202
メタロセン命名法 201
λ^2-メチリデンヒドロキシルアミン
　　　　　　　　　　 120
メチル 95,207
メル 162,164
メルクラ 323
メルクリ 323
面心格子 43
メンデレバ 323
メンデレビ 323
メンデレビウム酸 323

モノ 229
モリブジ 323
モリブダ 323
モリブデン酸 323

や 行

約 212

和文索引

有機金属化合物　179
有機金属化合物命名法　180
有効電荷　215
優先順位数　174
ユウロパ　322
ユウロピ　322
ユウロピウム酸　322
陽イオン　61,96
　　母体水素化物から誘導される——
　　　　　　　　　　　　　91,92
　　——性置換基の名称　247
　　——の置換誘導体　92
　　——の名称　8,247
　　——ラジカルの名称　247
溶　液　212
陽　子　42
溶　質　212
ヨウ素酸　322
溶　媒　212
ヨージ　322
ヨージド　124
ヨーダ　322
ヨード　124

ら

雷　酸　120
ラザホージ　323
ラザホージウム酸　323
ラザホーダ　323
ラジ　323

ラジウム酸　323
ラジカル　57,94,96,98
　　——ドット　24,98
　　——の名称　61,247
ラ　ダ　323
ラドナ　323
ラドニ　323
ラドン酸　323
ラムダ　85,171
ランタナ　323
ランタニ　323
ランタニド　45
ランタノイド　45
ランタン酸　323

り～ろ

リ　タ　323
リ　チ　323
リチウム酸　323
立体異性体　158
立体化学での優先順序　38
立　方　43
立方錐　161
立方体　160,161
略　号　138
硫　酸　323
両錐構造の C/A 方式　171
両錐配位系　166
リン酸　323
ルテタ　323

ルテチ　323
ルテチウム酸　323
ルテナ　323
ルテニ　323
ルテニウム酸　323
ルテノセン　202
ルビジ　323
ルビジウム酸　323
ルビダ　323

励起状態　57
　　——の表示　57
レ　ナ　323
レ　ニ　323
レニウム酸　323
レントゲナ　323
レントゲニ　323
レントゲニウム酸　323

6配位多面体　161
ロ　ジ　323
ロジウム酸　323
ロ　ダ　323
六　方　43
六方両錐　160,161
ローマ数字　29
ローレンカ　323
ローレンシ　323
ローレンシウム酸　323

わ

'y' 語群　36,106,322

化 学 式 索 引

A

Ac 54,222,247

Ag 222,247

Al 222,247
Al$_2$ 249
Al$_4$ 249
[Al$_3$CSi]$^-$ 150,155
AlCl 247
AlCl$_3$ 248
AlCl$_4$ 248
[AlCl$_4$]$^-$ 28
Al$_2$Cl$_6$ 249
Al$_2$Cl$_4$(μ–Cl)$_2$ 101,102
[Al$_2$Cl$_4$(μ–Cl)$_2$] 132
AlCl$_3 \cdot$4EtOH 71
AlEt$_3$ 207
AlH 248
AlH$_2$ 248
AlH$_3$ 36,75,248
AlH$_4$ 248
AlH$_2$Me 207
AlK(SO$_4$)$_2 \cdot$12H$_2$O 72
AlO 248
[Al(OH)$_6$]$^{3+}$ 100
[Al(POCl$_3$)$_6$]$^{3+}$ 100
AlSi 249
Al$_2$(SO$_4$)$_3 \cdot$12H$_2$O 6
Al$_2$(SO$_4$)$_3 \cdot$K$_2$SO$_4 \cdot$24H$_2$O 72

Am 222,249

Ar 42,222,249
Ar$_2$ 249
ArBe 249
ArF 249
ArFH 66
[ArFH] 99
ArHF 66
ArHe 249
ArLi 249

As 222,249
As$_4$ 252
As$_n$ 44
[As(C$_6$H$_5$Sb)H$_2$] 210
AsCl$_2$GeH$_3$ 37

[AsClH(OH)S] 127
AsH 249
AsH$_2$ 250
AsH$_3$ 75,251
AsH$_4$ 251
AsH$_5$ 251
As$_2$H 252
As$_2$H$_2$ 252
As$_2$H$_4$ 252
AsHO 250
AsHO$_2$ 250
AsHO$_3$ 250
AsH$_2$O 251
AsH$_2$O$_2$ 251
AsH$_2$O$_3$ 251
[AsH(OH)$_2$] 117
[AsH$_2$(OH)] 117
[AsHO(OH)$_2$] 117
[AsH$_2$O(OH)] 117
AsO 251
AsO$_3$ 252
AsO$_4$ 252
[As(OH)$_3$] 117
[AsO(OH)$_3$] 117
As(PbEt$_3$)$_3$ 210
AsS$_4$ 252
EtAsCl(OH)S 111,124
HAsCl(OH)S 127
HAsH$_2$O 117
HAsH$_2$O$_2$ 117
H$_2$As(CH$_2$)$_4$SO$_2$Cl 208
H$_2$AsHO$_2$ 117
H$_2$AsHO$_3$ 117
H$_3$AsO$_3$ 117
H$_3$AsO$_4$ 117
Me$_2$As$^-$ 136
PhAsO(OH)$_2$ 110

At 222,252
At$_2$ 253
AtH → HAt を見よ

Au 222,253
[AuXe$_4$]$^{2+}$ 134
K[AuS(S$_2$)] 36

B

B 222,253
B(BF$_2$)$_3$ 91

B(BH$_2$)$_3$ 90
B$_3$C$_2$H$_5$ 5
[B$_6$C$_2$H$_8$]$^{2-}$ 6
closo-B$_3$C$_2$H$_5$ 86
nido-B$_4$C$_2$H$_8$ 86
closo-B$_{10}$C$_2$H$_{12}$ 86
[B{(C$_2$H$_5$)$_2$O}H$_3$] 72
BH 253
BH$_2$ 253
BH$_2$$^+$ 92
BH$_3$ 75,253
BH$_3$$^{\bullet+}$ 62
BH$_4$ 253
[BH$_4$]$^-$ 94,100
B$_2$H$_6$ 29,78,80
B$_3$H$_3$ 80
B$_3$H$_5$ 80
B$_4$H$_4$ 80
B$_6$H$_{10}$ 21
B$_{10}$H$_{14}$ 29
B$_{20}$H$_{16}$ 78
arachno-B$_4$H$_{10}$ 79
arachno-B$_7$H$_{13}$ 81
closo-B$_{10}$H$_{10}$$^{2-}$ 80
nido-B$_5$H$_9$ 79,81
BH=BBH$_2$ 80
BH$_2$BHBH$_2$ 80
nido-B$_5$H$_6$(CH$_3$)$_2$F 91
BH$_3 \cdot$(C$_2$H$_5$)$_2$O 72
[BH$_2$Cl$_2$]$^-$ 100
[BH$_3$CN]$^-$ 94
B$_2$H$_5$(NH$_2$) 91
BHO$_3$ 253
BH$_2$O 253
BH$_2$O$_2$ 253
B$_3$H$_3$O$_3$ 85
[BH(OH)$_2$] 114
[BH$_2$(OH)] 114
[BH$_2$(py)$_2$]$^+$ 100
B$_3$H$_7$S$_3$ 85
B$_5$H$_8$SiH$_3$ 25
B$_3$N$_3$H$_{16}$ 85
B$_5$N$_5$H$_8$ 88
(BO$_2$$^-$)$_n$ 114
BO 253
BO$_2$ 254
BO$_3$ 254
[BO$_3$]$^{3-}$ 114
[B(OH)$_3$] 114
$-$[B(OH)O]$-$$_n$ 114
B(OMe)$_3$ 99

[BO(OH)$_2$]$^-$ 114
[BO$_2$(OH)]$^{2-}$ 114
C$_2$H$_{16}$B$_5$N$_2$ 108
HBH$_2$O 114
H$_2$BHO$_2$ 114
(HBO$_2$)$_n$ 114
HBO$_3^{2-}$ 114,124
H$_2$BO$_3^-$ 114,124
H$_3$BO$_3$ 114
H$_2$B$_2$(O$_2$)$_2$(OH)$_4$ 121
Na[B(NO$_3$)$_4$] 20

Ba 222,254
Ba(BrF$_4$)$_2$ 67
BaO 254
BaO$_2$ 70,254

Be 222,254
[BeEtH] 205
BeH 254
[Be$_4$(μ_4-O)(μ-O$_2$CMe)$_6$] 152
BF$_3$·2H$_2$O 24,71

Bh 222,254

Bi 222,254
Bi$_5$ 255
Bi$_5^{4+}$ 62
BiClO 35
BiCl$_3$·3PCl$_5$ 24,71
BiH 255
BiH$_2$ 255
BiH$_3$ 75,255
BiH$_4$ 255
BiI$_2$Ph 207
Na$_3$Bi$_5$ 5

Bk 222,255

Br 222,255
Br$_2$ 256
Br$_3$ 256
BrCN 255
BrH 256
BrHO 256
BrHO$_2$ 256
BrHO$_3$ 256
BrHO$_4$ 256
[BrO$_2$]$^-$ 119
[BrO$_3$]$^-$ 119
[BrO$_4$]$^-$ 119
[BrO(OH)] 119
[BrO$_2$(OH)] 119
[BrO$_3$(OH)] 119
HBr 75,270
H$_2$Br 279
H$_2$Br$^\bullet$ 95
H$_2$Br$^-$ 95
HBrO 119
HBrO$_2$ 119
HBrO$_3$ 119

HBrO$_4$ 119

C

C 222,256
C$_2$ 264
C$_2^{2-}$ 64
C$_{60}$ 43
C$_n$ 44
$-$C$\equiv$C$-$ 186
CClNS 257
CH 257
CH$_2$ 260
CH$_2^{2\bullet}$ 95
CH$_3$ 261
CH$_3^-$ 182
CH$_3-$ 182,183
CH$_4$ 75,261,75
CH$_5$ 261
CH$_5^-$ 100
C$_2$H 264
C$_3$H$_4$= 191
C$_3$H$_5-$ 184
C$_4$H$_6$= 191
C$_4$H$_7-$ 184
C$_5$H$_4$= 191
C$_5$H$_5$ 184
(C$_5$H$_5$)$^-$ 182
C$_6$H$_5$ 184
C$_6$H$_5^-$ 182
C$_6$H$_{11}-$ 182
C$_9$H$_7-$ 183
C$_{10}$H$_7-$ 183
$-$CH$_2-$ 186
$-$C$_6$H$_4-$ 186
(CH$_3$)$_2$C= 191
(CH$_3$)$_3$C$-$ 183
(CH$_3$)$_3$CCH$_2-$ 184
(CH$_3$)$_3$CCH= 191
(CH$_3$)$_2$CH$-$ 183
CH$_3$CH$_2^-$ 182
CH$_3$CH$_2-$ 182,183
C$_6$H$_5$CH$_2$ 184
$-$CH$_2$CH$_2-$ 186
$-$CH=CH$-$ 186
CH$_3$CH$_2$C(CH$_3$)H$-$ 183
(CH$_2$=CHCH$_2$)$-$ 182
(CH$_3$)$_2$CHCH$_2-$ 183
CH$_2$=CHCH$_2-$ 183
CH$_3$CH$_2$CH$_2-$ 183
CH$_3$[CH$_2$]$_2$CH$_2-$ 182,183
$-$CH$_2$CH$_2$CH$_2-$ 186
$-$CH$_2$[CH$_2$]$_2$CH$_2-$ 186
CH$_3$[CH$_2$]$_2$C(Me)H$-$ 182,183
HC$\equiv$ 191
H$_2$C= 191
HC$\equiv$C$-$ 184
H$_2$C=C= 191
H$_2$C=C=C= 191

H$_2$C=CH 184
H$_2$C=HCHC= 191
2CHCl$_3$·4H$_2$S·9H$_2$O 23
C$_7$H$_{21}$FSi$_3$ 104
C$_5$H$_4$Me 232
CHN 257
CH$_2$N 260
CHNO 257
CHNO$_2$ 258
CH$_2$NO 260
C$_4$H$_8$NO$-$ 183
CHNOS 258
CHNS 258
CHNSe 259
CHO 260
CHO$_2$ 260
CHO$_3$ 260
C$_2$H$_3$O$-$ 184
C$_3$H$_5$O$-$ 184
C$_4$H$_7$O$-$ 184
C$_7$H$_5$O$-$ 184
CH$_3$O[CH$_2$]$_2$O[CH$_2$]$_2$SiH$_2$CH$_2$SCH$_3$ 82
CHOS$_2$ 260
CH$_3$SCH$_2$SiH$_2$CH$_2$CH$_2$OCH$_2$CH$_2$OCH$_3$ 33
C$_5$Me$_5$ 233
CN 261
CN$^-$ 135
CN$_2$ 261
C$_2$N$_2$ 264
[C(NH)O] 114
[C(NH)S] 126
CNO 261
C$_2$N$_2$O$_2$ 264
[C(N)O]$^-$ 114
[C(N)OH] 114
CNS 261
C$_2$N$_2$S$_2$ 264
CNSe 262
[C(N)(SH)] 126
CO 68,262
CO$_2$ 263
CO$_3$ 263
C$_3$O$_2$ 264
C$_{12}$O$_9$ 265
[CO$_3$]$^{2-}$ 114
[CO(OH)$_2$] 114
[CO$_2$(OH)]$^-$ 114
COS 263
EtC$\equiv$ 191
EtCH= 191
MeC$\equiv$ 191
Me$_2$C= 191
MeCH= 191
PhC$\equiv$ 191
PhCH$_2$ 240
PhCO 240
PhHC= 191
Na(CHCH$_2$) 206
Na$-$CH=CH$_2$ 206

化 学 式 索 引

[Na(CH=CH$_2$)] 206
2Na$^+$(Ph$_2$CCPh$_2$)$^{2-}$ 206

Ca 222,265
CaCl$_2$·8NH$_3$ 71
Ca(HCO$_3$)$_2$ 67
Ca(NO$_3$)$_2$ 67
Ca$_3$P$_2$ 60
Ca$_2$P$_2$O$_7$ 67
Ca$_3$(PO$_4$)$_2$ 33,67

Cd 222,265
3CdSO$_4$·8H$_2$O 23,27,72

Ce 222,265

Cf 222,265

Cl 222,265
Cl$^-$ 63,135
Cl$_2$ 266
Cl$_2^{\bullet-}$ 20,64,24
Cl$_4$ 266
ClClF$^+$ 103
ClClO 103
ClF 265
ClF$_2$ 265
ClF$_4$ 265
ClH 265
ClHN 265
ClHO 265
ClHO$_2$ 266
ClHO$_3$ 266
ClHO$_4$ 266
ClO$^{\bullet}$ 24
ClO$_2$ 9
ClO$_3^-$ 65
[ClO$_2$]$^-$ 119
[ClO$_3$]$^-$ 119
[ClO$_4$]$^-$ 119
ClOCl 99
ClOF 66
ClOO$^{\bullet}$ 20,103
[ClO(OH)] 119
[ClO$_2$(OH)] 119
[ClO$_3$(OH)] 119
Cl$_2$OP 266
HCl 60,75,270
H$_2$Cl 279
HClO 119
HClO$_2$ 119
HClO$_3$ 119
HClO$_4$ 119

Cm 222,266

Cn 222

Co 222,266
[Co(η^5-C$_5$H$_5$)$_2$] 202
[Co(C$_4$H$_7$)(η^5-C$_5$H$_5$)]$^+$ 201
[Co(η^5-C$_5$H$_5$)(C$_8$H$_8$)] 197
[Co(η^5-C$_5$H$_5$)(η^5-C$_5$H$_4$COMe)][BF$_4$] 204
[Co(η^5-C$_5$H$_5$)$_2$][PF$_6$] 203
[Co(η^5-C$_5$H$_4$PPh$_2$)$_2$] 203
[CoCl$_4$]$^{2-}$ 63
[Co{ClC(CH$_2$NHCH$_2$CH$_2$◯ NHCH$_2$)$_3$CCl}]$^{3+}$ 5
[CoCl(NH$_3$)$_5$]$^{2+}$ 28
[CoCl$_3$(NH$_3$)$_3$] 6,21,30
[CoCl(NH$_3$)$_5$]Cl$_2$ 134,136
[CoCl(NH$_3$)$_4$(NO$_2$)]Cl 137
[Co(CO)$_4$]$^-$ 22
[{Co(CO)$_3$}CBr] 22
[{Co(CO)$_3$}$_3$(μ$_3$-CBr)] 157
[Co(edta)(OH$_2$)]$^-$ 142
(+)$_{589}$-[Co(en)$_3$]$^{3+}$ 23
(+)$_{589}$-[Co(en)$_3$]Cl$_3$ 21
[Co(en)$_3$]Cl$_3$ 137
[Co(H$_2$N[CMe$_2$]$_2$NH$_2$)$_2$(η^2-O$_2$)]$^+$ 139
fac-[Co(NH$_3$)$_3$(NO$_2$)$_3$] 165
[Co(NH$_3$)$_6$]Cl$_3$ 136
[Co(NH$_3$)$_6$]Cl(SO$_4$) 68
[Co(NH$_3$)$_6$]ClSO$_4$ 69
mer-[Co(NH$_3$)$_3$(NO$_2$)$_3$] 165
[{Co(NH$_3$)$_3$}$_2$(μ-NO$_2$)(μ-OH)$_2$]$^{3+}$ 25,151
[Co{(μ-OH)$_2$Co(NH$_3$)$_4$}$_3$]$^{6+}$ 148,153
Co$_2$O$_3$·nH$_2$O 72
nido-[(η^5-C$_5$Me$_5$)$_2$Co$_2$B$_8$H$_{12}$] 87
[(H$_3$N)$_3$Co(μ-NO$_2$)(μ-OH)$_2$◯ Co(NH$_3$)$_2$(py)]$^{3+}$ 151
[Co$_3$(μ$_3$-C$_2$H$_3$)(CO)$_9$] 190
[Co$_4$(CO)$_{12}$] 157

Cp 54

Cr 222,266
Cr^{3+} 61
[Cr(AsPh$_3$)(CO)$_2$(MeCN)$_2$(NO)]$^+$ 165
[Cr(AsPh$_3$)(CO)$_2$(NCMe)$_2$(NO)]$^+$ 29
[Cr(C$_7$H$_{11}$)$_4$] 184
[Cr(η^3-C$_3$H$_5$)$_3$] 196
[Cr(η^5-C$_5$H$_5$)$_2$] 202
[Cr(η^6-C$_6$H$_6$)$_2$] 196
[Cr(η^6-C$_6$H$_{18}$B$_3$N$_3$)(CO)$_3$] 200
[Cr(C$_4$H$_5$)(η^5-C$_5$H$_5$)(CO)] 198
[Cr$_2$(μ-C$_4$H$_4$)(η^5-C$_5$H$_5$)$_2$(CO)] 200
[Cr(C$_5$H$_{10}$N)(CO)$_4$I] 192
[Cr(η^6-C$_{22}$H$_{24}$NP)(CO)$_3$] 196
[CrCl$_2$(NH$_3$)$_4$]$^+$ 36
[Cr(η^5-C$_5$Me$_4$Et)$_2$] 203
[CrCo$_2$(C$_{10}$H$_{12}$N$_2$O$_8$)(NH$_3$)$_6$(OH$_2$)◯ (μ-OH)$_2$]$^{3+}$ 149,153
[{Cr(NH$_3$)$_5$}$_2$(μ-OH)]$^{5+}$ 22,150
CrO 267
CrO$_2$ 267
CrO$_3$ 267
CrO$_4$ 267
CrO$_5$ 267
CrO$_6$ 267
CrO$_8$ 267
Cr$_2$O$_3$ 267
Cr$_2$O$_7$ 267
[Cr$_2$O$_7$]$^{2-}$ 146
[Cr$_2$O$_6$(μ-O)]$^{2-}$ 147
[Cr$_2$(μ-O)(OH)$_8$(μ-OH)]$^{5-}$ 38
[(H$_3$N)$_5$Cr(μ-OH)Cr(NH$_2$Me)◯ (NH$_3$)$_4$]$^{5+}$ 151
Cr$_{23}$C$_6$ 60
HCrO$_4^-$ 10,122
H$_2$CrO$_4$ 122
H$_2$Cr$_2$O$_7$ 122

Cs 222,268

Cu 222,268
Cu$^+$ 61
Cu^{2+} 61
[Cu(C$_{21}$H$_{22}$N$_5$S)Cl]$^+$ 143
[Cu(C$_{21}$H$_{23}$N$_5$S)Cl]$^+$ 143
[CuCl$_4$]$^{2-}$ 65
[CuCl$_2$(NH$_2$Me)$_2$] 20
[CuCl$_2${O=C(NH$_2$)$_2$}$_2$] 137
[Cu$_4$(μ$_3$-I)$_4$(PEt$_3$)$_4$] 157
CuK$_5$Sb$_2$ 66
[{Cu(py)}$_2$(μ-O$_2$CMe)$_4$] 150
[(bpy)(H$_2$O)Cu(μ-OH)$_2$◯ Cu(bpy)(SO$_4$)] 151
Cu$_5$Zn$_8$ 60
K$_5$CuSb$_2$ 66

D

D（→Hも見よ）268
D$^-$ 135

Db 222,268

Ds 222,268

Dy 222,268

E

Er 222,268

Es 222,268

Eu 222,268

F

F 222,268
F$_2$ 268
FArH 66,99

FClO 66,99
FH → HF を見よ
FHO 268
FN$_3$ 268
F$_2$N$_2$ 269
FNS 268
FO 268

Fe 222,269
Fe$_n$ 44
[Fe(CCPh)$_2$(CO)$_4$] 32
[Fe(η^5-C$_5$H$_5$)$_2$] 193
[Fe(η^6-C$_6$H$_8$B)$_2$] 196
[Fe(η^5-C$_5$H$_5$)(C$_5$H$_5$)(CO)$_2$] 199
[Fe(η^5-C$_5$H$_5$)(C$_{10}$H$_{11}$)(CO)(PPh$_3$)] 185
[Fe(C$_5$H$_5$)(C$_9$H$_{14}$N)] 202
[Fe$_2$(μ-C$_8$H$_8$)(CO)$_6$] 199
[Fe$_2$(μ-C$_{10}$H$_8$)(CO)$_5$] 199
[Fe(C$_{15}$H$_{16}$O$_2$)] 202
[Fe(C$_5$H$_5$)(C$_7$H$_7$O)] 202
[Fe(C$_7$H$_{11}$O)(CO)$_3$] 198
[Fe(C$_8$H$_{10}$O)(CO)$_3$] 198
[Fe(η^5-C$_5$Me$_5$)(η^5-P$_5$)] 201
[Fe(CNMe)$_6$]Br$_2$ 137
[Fe(CO)$_4$]$^{2-}$ 65
[Fe(CO)$_5$] 68
$closo$-[(OC)$_3$FeB$_3$C$_2$H$_5$] 87
[Fe(CO)$_3$(PPh$_3$)$_2$] 166
[Fe$_2$(μ-CO)$_3$(CO)$_6$] 22
FeSO$_4$ 67,68
[{Fe(CO)$_4$}$_2${Pt(PPh$_3$)$_2$}] 154
Fe$_4$[Fe(CN)$_6$]$_3$ 69
[{Fe(NO)$_2$}$_2$(μ-PPh$_2$)$_2$] 150
Fe$_2$O$_3$ 32
Fe$_2$S$_3$ 20,70
[Fe$_2$Pt(CO)$_8$(PPh$_3$)$_2$] 154
Fe$_2$(SO$_4$)$_3$ 67,68
Fe$_3$O$_4$ 60,68
H$_4$[Fe(CN)$_6$] 121
K$_4$[Fe(CN)$_6$] 67,68,136
K$_4$[Fe(CO)$_6$] 68
Na$_2$[Fe(CO)$_4$] 69
SrFeO$_3$ 35

Fm 222,269

Fr 222,269

G

Ga 222,269
GaH$_2$ 269
GaH$_3$ 75,269
[Ga{OS(O)Me}$_3$] 99

Gd 222,269

Ge 222,269
Ge$_4$ 270

[Ge$_2$(CH$_2$Ph)Cl$_3$(NHPh)$_2$] 103
GeCl$_2$Me$_2$ 207
GeH 269
GeH$_2$ 269
GeH$_3$ 269
GeH$_3^\bullet$ 95
GeH$_3^-$ 64,93
GeH$_3^-$ 95
GeH$_4$ 75,270
(EtO)$_3$GeCH$_2$CH$_2$COOMe 208
GeH(SMe)$_3$ 89
GeMe(SMe)$_3$ 207
GeSi$_2$H$_4$ 34
[Cl(PhNH)$_2$GeGeCl$_3$] 103
OCHCH$_2$CH$_2$GeMe$_2$GeMe$_2$CH$_2$CH$_2$ CHO 208
Ge$_3$H$_4$ 77
Ge$_4$H$_5$Br$_3$ 89
PhGeCl$_2$SiCl$_3$ 89
Si$_2$GeH$_4$ 84
Si$_2$GeH$_6$ 84
Si$_4$GeH$_{12}$ 82

H

H 42,222,270
H$^+$ 61
H$^-$ 135
H$_3^+$ 62
^{1}H$^+$ 61
^{2}H$^+$ 61
^{2}H$^-$ 135
^{3}H$^+$ 61
H$_2$ 278
H$_3$ 284
HAt 75,270
HCN 122
HCNO 114
HCO → CHO を見よ
HCO$_3^-$ 114,124,65
H$_2$CO$_3$ 114
HF 75,271
HF$_2$ 271
H$_2$F 279
[HF$_2$]$^-$ 100
H$_3$Ge$^-$ 184
H^{3}HO 21
H$_2$N$_m$ 279,280
H$_n$N$_m$ → N$_m$H$_n$ を見よ
HNCO 114,53
HNCO$^{\bullet-}$ 9
HO 273
HO$_2$ 274
HO$_2^-$ 122
HO$_3$ 276
HO$_3^\bullet$ 103
H$_2$O 75,280
H$_2$O$_2$ 76,122,281
H$_3$O 284

H$_3$O$^+$ 62,92
H$_3$O$_2^+$ 92
H$_4$O 286
H$_4$O^{2+} 62,92
H$_5$O$_2$ 286
H$_2$O$_3$B 281
HOCN 114,53
HOC(O)$^\bullet$ 99
[H(OH$_2$)$_2$]$^+$ 100
HON$_3^{\bullet-}$ 103
HONC 114
[H(py)]$^+$ 100

He 222,287
He$^{\bullet+}$ 61
He$_2$ 287
HeH 287

Hf 222,287

Hg 222,287
[Hg(CHCl$_2$)Ph] 20,99
[Hg(C$_6$H$_5$)(C$_{18}$H$_{14}$Sb)] 209
HgCl$_2$ 70
[HgMePh] 99
Hg$_2$ 287
Hg$_2^{2+}$ 62
Hg$_2$Cl$_2$ 70
[(HgMe)$_4$(μ_4-S)]$^{2+}$ 158

Ho 222,287

Hs 222,287

I

I 222,287
I$^+$ 61
I$_2$ 288
I$_3$ 288
I$_3^-$ 8,64
IBr 66
ICl$_2$ 287
[ICl$_2$]$^+$ 100
IF 287
IF$_4$ 287
IF$_6$ 287
IH$_5$ 29
[IO$_2$]$^-$ 119
[IO$_3$]$^-$ 119
[IO$_4$]$^-$ 119
[IO$_6$]$^{5-}$ 119
[IO(OH)] 119
[IO(OH)$_5$] 119
[IO$_2$(OH)] 119
[IO$_3$(OH)] 119
HI 75,271
H$_2$I 279
HIO 120,271

化 学 式 索 引　　　　349

HIO$_2$　119,271
HIO$_3$　119,271
HIO$_4$　119,271
H$_2$IO$_2$　279
H$_5$IO$_6$　119,286

In　222,288
InH$_2$　288
InH$_3$　75,288
Me$_2$CHCH$_2$CH$_2$In(H)CH$_2$CH$_2$CHMe$_2$
　　　　207

Ir　222,288
[Ir(C$_7$H$_{10}$)(PEt$_3$)$_3$]$^+$　188
[Ir(C$_7$H$_9$)(PEt$_3$)$_3$]　192
[ClHgIr(CO)Cl$_2$(PPh$_3$)$_2$]　150

K, L

K　222,288
KCl·MgCl$_2$·6H$_2$O　11
KMgCl$_3$　67
KMgF$_3$　35

Kr　222,288
8Kr·46H$_2$O　71
8Kr·46^{2}H$_2$O　71

La　222,288

Li　222,289
Li$_2$　289
LiAl　289
[LiAl$_4$]$^-$　108
LiBe　289
LiCl　289
Li[CuMe$_2$]　184
[Li(GePh$_3$)]　209
LiH　289
LiMe　206
[LiMe]　206
[(LiMe)$_4$]　206
(LiMe)$_n$　206
LiMg　289
[{Li(OEt$_2$)(μ$_3$-Ph)}$_4$]　206
[PPh$_4$][Li(η^5-C$_5$H$_5$)$_2$]　206

Lr　222,289

Lu　222,289

M

Md　222,289

Me　54

Mg　222,289
[Mg(η^5-C$_5$H$_5$)$_2$]　206
[Mg(C$_{10}$H$_{16}$)]　206
MgCl(OH)　5
MgIMe　207
[MgI(Me)]　207
[MgI(Me)]$_n$　207
[MgMe]I　207
(Me$_3$Si)$_3$CMgC(SiMe$_3$)$_3$　209

Mn　222,289
Mn$_n$　44
[Mn(η^5-C$_5$H$_5$)(C$_5$H$_6$)(CO)$_2$]　192
[Mn(C$_{12}$H$_9$N$_2$)(CO)$_4$]　188
[Mn$_2$(CO)$_{10}$]　21,23,30,150
MnO　289
MnO$_2$　68,71,290
MnO$_3$　290
MnO$_4$　290
Mn$_2$O$_3$　290
Mn$_2$O$_7$　290
[Mn$_2$Sb(η^5-C$_5$H$_5$)$_2$(C$_6$H$_5$)(CO)$_4$]　209
Mn$_3$O$_4$　290
Mn$_n$Si$_{2n-m}$　217
HMnO$_4$　122,272
H$_2$MnO$_4$　122,279
Na[Mn(CO)$_5$]　68

Mo　222,291
[Mo(η^5-C$_5$H$_5$)(η^3-C$_7$H$_7$)(CO)$_2$]　197
[Mo(C$_{11}$H$_{22}$S$_4$)Cl$_3$]　141
[Mo(CO)$_5$(=Sn{CH(SiMe$_3$)$_2$}$_2$)]　209
[Mo$_2$Fe$_2$S$_4$(SPh)$_4$]$^{2-}$　146,148,153
[Mo$_6$S$_8$]$^{2-}$　158
(Mo,W)$_n$O$_{3n-1}$　218
HMo$_6$O$_{19}$$^-$　65
[HMo$_6$O$_{19}$]$^-$　21
H$_2$Mo$_6$O$_{19}$　121
H$_2$[Mo$_6$O$_{19}$]　121
H$_3$[Mo$_{12}$O$_{36}$(PO$_4$)]　121
H$_3$[PMo$_{12}$O$_{40}$]　121

Mt　222,291

Mu　291

N

N　42,222,291
N^{3-}　64
N$_2$　42,294
N$_2$$^{(2•)2+}$　61
N$_3$　297
N$_3$$^•$　43
N$_3$$^-$　64
N$_5$　297
N$_6$　297
NCCN　101,102,107
NCCN$^{•-}$　101,102,107

[N(CH)O]　114
NCl$_2$　291
NCO　→CNOを見よ　291
[N(C)O]$^-$　114
[N(C)OH]　114
NCS　→CNSを見よ　291
(NC)SS(CN)　101,102
(NC)SS(CN)$^{•-}$　101,102
NCSSCN　107
NCSSCN$^{•-}$　107
[NCSSCN]　102
[NCSSCN]$^{•-}$　102
NF　291
NF$_3$　291
NF$_4$　291
[NF$_4$]$^+$　92
NH　292
NH$^{2•}$　95,99
NH^{2-}　93
NH$_2$　292
NH$_2$$^•$　95
NH$_2$$^-$　64,93
NH$_2$$^{2-}$　95
NH$_3$　75,292
NH$_4$　292
NH$_4$$^+$　62,92
N$_2$H　294
N$_2$H$_2$　77,294
N$_2$H$_3$　295
N$_2$H$_4$　76,295
N$_2$H$_5$　295
N$_2$H$_5$$^+$　92
N$_2$H$_6$　295
N$_2$H$_6$$^{2+}$　92
N$_3$H　297
N$_3$H$_2$　297
N$_3$H$_4$　297
N$_5$H　77
N$_5$H$_5$　77
[NH$_2$]$_2$　76
NH$_2$[CH$_2$]$_2$NH[CH$_2$]$_2$CH$_2$　82
NH$_2$[CH$_2$]$_2$NH[CH$_2$]$_2$NH[CH$_2$]$_2$NH$_2$
　　　　82
NH$_4$Cl　5
[^{15}N]H$_2$[^{2}H]　18
NH$_2$N=NNHNH$_2$　77
NH$_2$O$^•$　96
NH$_2$O$^-$　96
[NH$_2$OH]　115
[NHO(OH)$_2$]　115
[NH$_2$O(OH)]　115
[NMe$_4$]$^+$　93
N(NH$_2$)O$_2$　125
NO　60,292
NO$^{(2•)-}$　100
NO$_2$　6,60,68,293
NO$_2$$^-$　63
NO$_3$　293
NO$_4$　294
NO$_4$$^-$　125
N$_2$O　68,296

N_2O_2 296
N_2O_3 296
N_2O_4 60,296
N_2O_5 297
$[NO_2]^-$ 115
$[NO_3]^-$ 115
$[N_2O_2]^{2-}$ 115
NO_2NH_2 125
$[NO(OH)]$ 115
$[NO(OH)_2]^+$ 115
$[NO_2(OH)]$ 115
$[NO(OO)]^-$ 125
$[NO_2(OO)]^-$ 125
$[NO(OOH)]$ 125
$[NO_2(OOH)]$ 125
NS 294
N_2S_{11} 18,107
N_2S_{16} 108
NSC^- 53
HNCS 126
HNH_2O_2 115
H_2NHO 115
H_2NHO_3 115
H_2NN^{2-} 93
$H_2NNH^{\bullet}$ 95
H_2NNH^- 93
H_2NNH- 95
$^{\bullet}HNNH^{\bullet}$ 34,95
$^-HNNH^-$ 8,9,34,93
$-HNNH-$ 95
$^+HNN=NH$ 92
$^+H_3NN=NH$ 92
$^-HNN=NH$ 93
$HN=NNHMe$ 89
$H_2NN=NHNNH_2$ 33
HNO 272
HNO_2 115,272
HNO_3 115,273
HNO_4 125,273
HN_2O_2 273
$HN_2O_2^-$ 115
HN_2O_3 273
HN_3O 273
H_2NO 279
H_2NO_3 280
$H_2NO_3^+$ 10,115,122
$H_2N_2O_2$ 115
H_3NO 284
H_4NO 286
H_2NOS 280
H_2NO_2S 280
H_3NP 284
HNS 273
H_2NS 280
$HONH^{\bullet}$ 6,96
$HONH^-$ 96
$[HON=NO]^-$ 115
$[HON=NOH]$ 115
$MeCONH^-$ 136
$MeCONH_2$ 136
$MeCOO^-$ 136

$MeNH^-$ 8,94,136
$MeNH_2$ 136
$MeNHN=NMe$ 90
$Me_3N^+-N^--Me$ 96

Na 222,298
Na^+ 61
Na_2 298
NaCN 5
NaCl 5,26,298
NaO_2CMe 5
Na_2CO_3 67
$2Na_2CO_3\cdot 3H_2O_2$ 71
$Na_2SO_4\cdot 10H_2O$ 72

Nb 222,298
$[NbBr_3(C_{14}H_{18}Si)]$ 197
$[Nb_3(\eta^5-C_5H_5)_3(\mu_3-CO)(CO)_6]$ 200

Nd 222,298

Ne 222,298
NeH 298
NeHe 298

Ni 222,298
$[NiBr_2(dmpe)]$ 139
$[NiBr_2(Me_2PCH_2CH_2PMe_2)]$ 139
$[Ni(\eta^5-C_5H_5)_2]$ 202
$[Ni_2(\mu-C_4H_6)(\eta^5-C_5H_5)]$ 199
$[\{Ni(\eta^5-C_5H_5)\}_3(\mu-CO)_2]$ 28
$[Ni(\eta^2-CO_2)(PEt_3)_2]$ 196
NiSn 60
$K_4[Ni(CN)_4]$ 68

No 222,298

Np 222,298
NpO_2 298

O

O 222,299
$O^{\bullet+}$ 61
$O^{\bullet-}$ 64
O^{2-} 64
O_2 43,300
$O_2^{\bullet+}$ 62
$O_2^{\bullet-}$ 64
O_2^{2-} 8,64
O_2^+ 62
O_2^- 64
O_3 5,43,301
O_3^- 64
$(OBO)_n^{n-}$ 114
OBr 299
O_2Br 300
O_3Br 302
O_4Br 302

$[OBr]^-$ 119
OCl 299
OCl^- 65
OCl_2 60
O_2Cl 9,36,60,301
O_2Cl_2 301
$O_2Cl_2^+$ 66
O_3Cl 302
O_4Cl 303
$[OCl]^-$ 119
OClF 66
OClO 101
OCN → CNO も見よ
OCN^- 114
$OCO^{\bullet-}$ 100
OF 299
OF_2 300
O_2F_2 301
$OH^{\bullet}$ 95
OH_n 300
OH^- 95
O^1H_2 300
$[O(H)Br]$ 119
$[O(H)Cl]$ 119
$[O(H)I]$ 120
OI 300
$[OI]^-$ 120
O_2I 301
O_3I 302
O_4I 303
O_5I 303
O_6I 303
O_9I_2 303
ONC 300
ONC^- 114
$[ON=NO]^{2-}$ 115
$[O_3S(\mu-O_2)SO_3]^{2-}$ 148
OT_2 300
$HO[^{18}O]H$ 18
KO_2 70,288
KO_3 70,288
K_2O 70,288
K_2O_2 70,288
$[MeOH_2]^+$ 93

Os 222,303
$[Os(\eta^5-C_5H_5)_2]$ 202
$[Os(C_7H_7O)_2]$ 202
$[Os(\eta^2-CH_2O)(CO)_2(PPh_3)_2]$ 196
$[OsEt(NH_3)_5]Cl$ 184
$[Os_2(\mu-C_2H_4)(CO)_8]$ 190
$[Os_3(CO)_{12}]$ 26,152
$[Os_3(CO)_{12}(SiCl_3)_2]$ 154
$K_2[OsCl_5N]$ 137

P

P 222,303
$P\equiv$ 95

化 学 式 索 引

P_2 307
P_4 43,308
P_n 44
PBrClI 66
PCl_3 5,6
PCl_5 68
$[PCl_4]^+$ 92
PCl_3O 67
$[PCl_3O]$ 125
PF 303
PF_2 304
PF_3 304
PF_4 304
PF_5 304
PF_6 304
$[PF_6]^-$ 65,94,100
$[PFO_3]^{2-}$ 100
PH 74,304
$PH^{\bullet}$ 95
PH^{2-} 63
PH_2 305
$PH_2^{\bullet}$ 95
PH_2^+ 92
PH_2^- 63
PH_3 75,305
PH_4 305
PH_4^+ 62
PH_5 74,110,305
P_2H 307
P_2H_2 307
P_2H_3 308
P_2H_4 76,308
P_4H_{14} 76
$[PH_2]_2$ 76
$[PH_6]^-$ 100
PH_2Cl 89
PH_2Et 89
$PH_2N=PNHPHNHPH_2$ 83
$P_2H_2O_5^{2-}$ 116
$[P(H)O_2]$ 116
$[PHO_3]^{2-}$ 115
$[PH(OH)_2]$ 116
$[PH_2(OH)]$ 116
$[PHO(OH)_2]$ 115,120
$[PHO_2(OH)]^-$ 115
$[PH_2O(OH)]$ 116
PH_2S^- 93
PN 305
PO 305
PO_2 306
PO_3 306
$PO_3^{\bullet 2-}$ 100
PO_4 306
PO_5 307
P_2O_6 308
P_2O_7 308
P_2O_8 308
$P_3N_3H_6$ 86
P_4O_{10} 26
$[PO_3]^{3-}$ 116
$[PO_4]^{3-}$ 115

$[PO_5]^{3-}$ 125
$[P_2O_8]^{4-}$ 125
$[P(OH)_3]$ 115,120
$PO(NMe_2)_3$ 110
$[P(O)OH]$ 116
$[PO(OH)_2]^-$ 115
$[PO(OH)_3]$ 110,115
$[PO_2(OH)]^{2-}$ 116
$[PO_2(OH)_2]^-$ 115
$[PO_3(OH)]^{2-}$ 115
$+P(O)(OH)O+_n$ 116
$[PO(OH)_2(OOH)]$ 125
$PO(OMe)_3$ 110
$[PO_3(OO)]^{3-}$ 125
PS 307
PS_4 307
PS_4^{3-} 8
$P_4S_3I_2$ 107
$[PSO_7]^{2-}$ 146
$C_5H_{12}FN_4O_3PS$ 107
$C_2H_4P_2Se_3$ 208
$[ClPHPH_3]^+$ 93
HOP 274
HO_2P 274
HO_3P 276
HO_4P 277
HO_5P 277
H_2OP 281
H_2O_2P 281
H_2O_3P 281
H_2O_4P 282
$H_2O_5P_2$ 282
H_3O_5P 285
$HP<$ 95
$HP=$ 95
H_2P^- 95
$HPHO_3^-$ 124
HPH_2O 116
HPH_2O_2 116
H_2PHO_2 116
H_2PHO_3 115
$H_2P_2H_2O_5$ 116
$HP=NP^{\bullet}NHPH^{\bullet}$ 95
$(HPO_3)_n$ 116
HPO_2 116
HPO_3^{2-} 116,124
HPO_4^{2-} 115,124
$H_2PO_3^-$ 115,124
$H_2PO_4^-$ 10,115,124,65
$H_2P_2O_7^{2-}$ 121
$H_2P_3O_{10}^{3-}$ 7
H_3PO_3 115
H_3PO_4 110,115
H_3PO_5 125
$H_3P_3O_9$ 112,116
$H_4P_2O_6$ 116
$H_4P_2O_7$ 116
$H_4P_2O_8$ 125
$H_5P_3O_{10}$ 113,116
$[^{18}O,^{32}P]H_3PO_4$ 26
$^+H_3PPHPH_3^+$ 92

H_2PS 282
$MePH^-$ 94,136
$MePH_2$ 136
$NaNH_4[HPO_4]$ 66
$PhP(CH_2PPh_2)_3$ 240

Pa 222,308

Pb 222,308
Pb_9 309
Pb_9^{4-} 64
$[Pb_2(CH_2Ph)_2F_4]$ 103
$PbEt_4$ 89
Pb_2Et_6 101
$PbH_3^{\bullet}$ 95
PbH_3^- 95
PbH_4 75,309
$Et_3Pb[CH_2]_3BiPh_2$ 210
$Et_3PbCH_2CH_2CH_2BiPh_2$ 210
$Et_3PbPbEt_3$ 90,207
$[Et_3PbPbEt_3]^-$ 101
H_2Pb_3 76
H_3Pb^- 184
$LiPb(C_6H_5)_3$ 103
$LiPbPh_3$ 103
$Me_3PbPbMe_2^{\bullet}$ 96
$Me_3PbPbMe_2^-$ 96

Pd 222,309
$[PdBr_2(PPhBu^t_2)_3]$ 165
$[Pd_3(NH_3)_5(NH_2Me)(\mu-OH)_3]$ 155
$K_2[PdCl_4]$ 137

Pm 222,309

Po 222,309
H_2Po 75,282

Pr 222,309

Pt 222,309
$[Pt(\eta^2-C_2H_4)Cl_3]^-$ 6,20
$[\{Pt(\eta^2-C_2H_4)Cl(\mu-Cl)\}_2]$ 16
$[Pt(C_6H_{18}N_4)Cl]^+$ 140,141
$[Pt(C_{28}H_{36}N_{13}O_{16}P_2)(NH_3)_2]$ 144
$[Pt(C_{15}H_{12}O)(PPh_3)_2]$ 188
$[Pt(C_4H_8)(PPh_3)_2]$ 188
$[PtCl_4]^{2-}$ 32
$[PtCl_3(\eta^2-C_2H_4)]^-$ 10
$[PtCl_2(edta)]^{4-}$ 141,142
$[PtCl(H_2N[CH_2]_2NH[CH_2]_2\frown NH[CH_2]_2NH_2)]^+$ 141
$[PtCl_2(MeCN)(py)]$ 163,164
$[PtCl(NH_2Me)(NH_3)_2]Cl$ 137
$[\{PtCl(PPh_3)\}_2(\mu-Cl)_2]$ 150
$[Pt\{C(O)Me\}Me(PEt_3)_2]$ 185
$[Pt(edta)]^{2-}$ 142
$[\{Pt(\mu_3-I)(Me_3)\}_4]$ 28
$[(PtMe_3)_4(\mu_3-I)_4]$ 158
$[Pt(NH_2CH_2CO_2)_2]$ 30
$[Pt(PPh_3)_4]$ 33

$H_2[PtCl_6] \cdot 2H_2O$ 122
$K[Pt(\eta^2-C_2H_4)Cl_3]$ 193
$Na[PtBrCl(NH_3)(NO_2)]$ 137

Pu 222,309
PuO_2 309

R

Ra 222,309

Rb 222,309

Re 222,309
ReO_4 309
$[Re_2Br_8]^{2+}$ 133
$[Re_2Br_8]^{2-}$ 146,150
$[Re_2(\mu-C_2H_4)(CO)_{10}]$ 189
$[Re_2Cl_8]^{2-}$ 147,149
$[ReCo(CO)_9]$ 133,146,147,149
$[ReMn(\mu-C_2H_5)(CO)_{10}]$ 189
$[(CO)_5ReCo(CO)_4]$ 10,34
$Cs_3[Re_3Cl_{12}]$ 149

Rf 222,310

Rg 222,310

Rh 222,310
$[Rh(\eta^6-C_6H_5BPh_3)(C_8H_{12})]$ 201
$[Rh(C_5H_3O)ClH(PPr^i_3)_2]$ 189
$[Rh(\eta^2-C_4H_6O)Cl(PEt_3)_2]$ 199
$[Rh(C_8H_5)(PPh_3)_2(py)]$ 185
$[Rh_3(C_{30}H_{25}P_2)(CO)_3(\mu-Cl)Cl]^+$ 154
$Rh_3Cl(\mu-Cl)(CO)_3\{\mu_3-Ph_2PCH_2$
    $P(Ph)CH_2PPh_2\}_2]^+$ 16,32
$[Rh_3H_3\{P(OMe)_3\}_6]$ 145
$[Rh_4(\mu-C_4H_5N_2)_4(CO)_8]$ 156
$[Rh_4(\mu-C_4H_5N_2)_4(CO)_6(PMe_3)_2]$ 156

Rn 222,310

Ru 222,310
$[Ru(\eta^5-C_5H_5)_2]$ 202
$[Ru(C_{10}H_7)(dmpe)_2H]$ 185
$[Ru(\eta^5-C_5Me_5)_2]$ 203
$[(H_3N)_5Ru(\mu-pyz)Ru(NH_3)_5]^{5+}$ 26

S

S 222,310
S_2 311
S_2^{2-} 63,64
S_3 313
S_4 314
S_4^{2+} 62
S_5 314
S_6 43
S_8 43,44,314
S_n 43
S_2Cl_2 36
$[SCl_2O]$ 126
$[SCl_2O_2]$ 126
SCN →CNSを見よ 310
SCN^- 126,53
$[SEtMePh]^+$ 93
SF_6 68,89
SH^- 93
SH_6 74
$[SHO]^-$ 117
$[SH(OH)]$ 117
$[SHO(OH)]$ 117
$[SHO_2(OH)]$ 117
SNC →CNSを見よ
$[S(NH_2)_2O_2]$ 126
$[S(NH_2)O_2(OH)]$ 126
SO 310
SO_2 310
SO_3 310
SO_3^{2-} 65
SO_4 311
SO_5 311
S_2O 311
S_2O_2 312
S_2O_3 312
$S_2O_3^{2-}$ 126
S_2O_4 313
S_2O_5 313
S_2O_6 313
S_2O_7 313
S_2O_8 313
S_4O_6 314
$[SO_2]^{2-}$ 117
$[SO_3]^{2-}$ 117
$[SO_4]^{2-}$ 117
$[SO_5]^{2-}$ 125
$[S_2O_4]^{2-}$ 118
$[S_2O_5]^{2-}$ 118
$[S_2O_6]^{2-}$ 118
$[S_2O_7]^{2-}$ 117
$[S_2O_8]^{2-}$ 125
$SOCl_2$ 126
SO_2Cl_2 126
$S(OH)_2$ 120
$[S(OH)_2]$ 117
$[S(OH)_2S]$ 126
$[SO(OH)_2]$ 117
$[SO(OH)_3]^+$ 6,111,117
$[SO_2(OH)]^-$ 117
$[SO_2(OH)_2]$ 111,117
$[SO_3(OH)]^-$ 112,117
$[SO_2(OH)(OOH)]$ 125
$[SO(OH)_2S]$ 126
$[SO(OH)(SH)]$ 126
$[SO_2(OH)(SH)]$ 126
$[SO_2S]^{2-}$ 126
$[SO_3S]^{2-}$ 126
CS 263

CS_2 263
CS_3 264
HOS 274
HO_2S 275
HO_3S 276
HO_4S 277
HO_5S 278
H_3OS 285
H_3O_4S 285
HS 278
HS^- 65
HS_2 278
HS_3 278
HS_4 278
HS_5 278
$H_{10}S_4$ 76
$H_{12}S_5$ 76
H_2S 75,122,282
$H_2S^{\bullet-}$ 65
H_2S_2 283
H_2S_3 283
H_2S_4 283
H_2S_5 283
H_3S 285
H_3S^- 65
HSCN 126
$8H_2S \cdot 46H_2O$ 21,29
$HSHO_2$ 117
$HSHO_3$ 117
HSO^- 117
HSO_3^- 117,124
HSO_4^- 112,117,124
H_2SO_2 117
H_2SO_3 117
H_2SO_4 111,117
H_2SO_5 125
$H_2S_2O_2$ 126
$H_2S_2O_3$ 126
$H_2S_2O_4$ 118
$H_2S_2O_5$ 118
$H_2S_2O_6$ 118
$H_2S_2O_7$ 117
$H_2S_2O_8$ 125
$H_2S_3O_6$ 111,118
$H_2S_4O_6$ 111,118
$H_2S_nO_6$ 111
$H_3SO_4^+$ 6,111,117
HSOH 117,120
$HSSH^{\bullet-}$ 8,101,107,18
H_5SSSH_4SH 33
$MeOS(O)O^-$ 136
MeOS(O)OH 136
Na_2S_3 70

Sb 222,315
$Sb(CH=CH_2)_3$ 207
SbF_4^+ 62
SbH 315
SbH_2 315
SbH_3 75,315
SbH_4 315

化 学 式 索 引　　　353

SbH$_5$　315
[SbH(OH)$_2$]　117
[SbH$_2$(OH)]　117
[SbHO(OH)$_2$]　117
[SbH$_2$O(OH)]　117
SbMe$_5$　207
[Sb(OH)$_3$]　117
[Sb(OH)$_6$]$^-$　100
[SbO(OH)$_3$]　117
Sb$_2$H$_2$　77
Sb$_2$H$_2$O$_2$　34,84
Sb$_2$H$_2$SO　37
Sb$_2$H$_2$SeO　37
H$_2$OSb　281
HSbH$_2$O　117
HSbH$_2$O$_2$　117
H$_2$SbHO$_2$　117
H$_2$SbHO$_3$　117
H$_3$SbO$_3$　117
H$_3$SbO$_4$　117
H$_3$SbO$_2$S$_2$　5
PhSb=SbPh　207

Sc　222,315

Se　222,315
SeCN　→CNSeを見よ　316
SeH　→HSeを見よ　316
SeH$_2$　→H$_2$Seを見よ　316
[SeHO(OH)]　119
[SeHO$_2$(OH)]　118
SeHSeSeH　76
SeO　316
SeO$_2$　316
SeO$_3$　316
SeO$_4$　316
[SeO$_3$]$^{2-}$　118
[SeO$_4$]$^{2-}$　118
[SeO(OH)$_2$]　118
[SeO$_2$(OH)$_2$]　118
C$_2$H$_4$P$_2$Se$_3$　208
HOS(O)$_2$SeSH　36
HSCH=NOCH$_2$SeCH$_2$ONHMe　208
HOSe　274
HO$_2$Se　275
HO$_3$Se　277
HO$_4$Se　277
HOS(O)$_2$SeSH　37
HSe　278
HSe$_2$　278
H$_2$Se　75,283
H$_2$Se$_2$　284
H$_2$Se$_3$　76
H$_2$Se　285
HSeHO$_2$　119
H$_2$SeO$_3$　118,120
H$_2$SeO$_4$　118
Ph[CH$_2$]$_2$Se$^-$　135

Sg　222,316

Si　222,316
Si$_2$　317
Si$_4$　318
SiC　60,316
[Si(C$_9$H$_{13}$Ge)Me$_2$(OMe)]　210
SiCl$_4$　60
Si$_3$Cl$_8$　103,107
SiH　316
SiH$_2$　317
SiH$_2$$^{2\bullet}$　95
SiH$_3$　317
SiH$_3$$^\bullet$　95
SiH$_3$$^+$　92
SiH$_3$$^-$　93
SiH$_3$—　95
SiH$_4$　75,317
Si$_2$H$_4$　317
Si$_2$H$_5$　318
Si$_2$H$_5$$^+$　92
Si$_2$H$_6$　318
Si$_4$H$_{10}$　76
Si$_7$H$_9$Cl$_7$　90
Si$_8$H$_{16}$　77
Si$_{10}$H$_8$　78
Si$_{10}$H$_{18}$　78,34
Si$_{10}$H$_{22}$　90
SiH$_2$ClSiHClSiH$_2$Cl　22,25
SiH$_3$GeH$_2$SiH$_2$SiH$_3$　33
SiH$_3$NH$_2$　89
SiH$_3$NHSiH$_3$　83
SiH$_3$O$^-$　93
SiH$_3$OH　89
[SiH$_3${P(H)Me}]　99
SiH$_3$[SiH$_2$]$_2$COOH?　89
SiH$_3$[SiH$_2$]$_2$GeH$_2$SiH$_3$　82
SiH$_3$[SiH$_2$]$_2$SiH$_3$　76
SiH$_3$SiH$_2$SiHF$_2$　5
SiH$_3$[SSiH$_2$]$_2$SSiH$_3$　83
SiMe$_3$NH$_2$　208
Si$_3$N$_3$H$_3$　85
SiO　317
SiO$_2$　317
SiO$_3$　317
SiO$_4$　317
Si$_2$O$_7$　318
[SiO$_4$]$^{4-}$　114
[Si$_2$O$_7$]$^{6-}$　115
$-$(SiO$_3$)$_n$$^{2n-}$　114
Si(OH)$_4$　89,99
[Si(OH)$_4$]　114
$-$(Si(OH)$_2$O)$_n$　114
C$_6$H$_{18}$SeSi$_2$　104
ClSiH$_2$SiHCl[SiH$_2$]$_3$Cl　90
ClSiH$_2$ClSiHClSiH$_2$SiH$_3$　34
(2R,3S)-ClSiH$_2$SiHClSiHClSiH$_2$SiH$_3$　21
H$_3$OSi　285
[(HO)$_3$SiOSi(OH)$_3$]　115
HOSiH$_2$SiH$_2$SiH$_2$HClSiH$_2$Cl　34
H$_3$Si—　184
(H$_2$SiO$_3$)$_n$　114

H$_4$SiO$_4$　114
H$_6$Si$_2$O$_7$　115
MeP(H)SiH$_3$　99
MePHSiH$_3$　89
Me$_3$Si—　182
MeSiH$_2$[CH$_2$]$_2$SiH$_2$[CH$_2$]$_2$SiH$_2$
　　　　　[CH$_2$]$_2$SiH$_2$Me　208
MeSiH$_2$OP(H)OCH$_2$Me　208
[O$_3$SiOSiO$_3$]$^{6-}$　115

Sm　222,318

Sn　223,318
Sn$_5$　318
Sn$_5$$^{2-}$　64
Sn$_n$　44
SnCl$_3$　318
SnCl$_3$$^-$　94
SnH$_2$　74
SnH$_3$$^\bullet$　95
SnH$_3$$^-$　93
SnH$_3$—　95
SnH$_4$　75,318
SnH$_3$[OSnH$_2$]$_2$OSnH$_3$　83
$^-$SnH$_2$OSnH$_2$OSnH$_2$OSnH$_2$OSnCl$_3$　94
SnMe$_2$　207
BrSnH$_2$SnCl$_2$SnH$_2$(CH$_2$CH$_2$CH$_3$)　207
C$_3$H$_{11}$BrCl$_2$Sn$_3$　90
H$_3$Sn—　184
Sn$_2$H$_6$　76
[SnH$_3$]$_2$　76
HSnCl$_2$[OSnH$_2$]Cl　90
Me$_3$SnCH$_2$CH$_2$C≡CSnMe$_3$　207
SiClH$_2$Sn(Me)=Sn(Me)SiClH$_2$　210

Sr　222,318

T

T　→Hを見よ　318
T$_2$　→H$_2$を見よ　319

Ta　222,319

Tb　222,319

Tc　222,319
TcO$_4$　319

Te　222,319
[Te(C$_5$H$_9$)Me(NCO)$_2$]　100
[TeHO(OH)]　119
[TeHO$_2$(OH)]　119
TeO$_3$　319
TeO$_4$　319
TeO$_6$　319
[TeO$_4$]$^{2-}$　119
[TeO$_6$]$^{6-}$　119
[Te(OH)$_6$]　119

[TeO(OH)$_2$]　119
[TeO$_2$(OH)$_2$]　119
HTe　278
HTe$_2$　278
H$_2$Te　36, 75, 284
H$_2$Te$^{•+}$　96
H$_2$Te$^{•-}$　96
H$_3$Te　285
HTeHO$_2$　119
HTeHO$_3$　119
H$_2$TeO$_3$　119
H$_2$TeO$_4$　119
H$_6$TeO$_6$　119

Th　222, 319

Ti　223, 319
[Ti(η^5-C$_{11}$H$_{19}$NSi)Cl$_2$]　198
[TiCl$_3$Me]　182
TiO　319
TiO$_2$(O)　27
Ti$_n$O$_{2n-1}$　218
CaTiO$_3$　35
MgTiO$_3$　30

Tl　222, 319
TlH$_2$　319
TlH$_3$　75, 320
TlH$_2$CN　89
TlH$_2$OOOTlH$_2$　89
TlI$_3$　33, 69
Tl(I$_3$)　69

NaTl(NO$_3$)$_2$　26

Tm　222, 320
T$_2$O　→H$_2$Oを見よ　319

U

U　223, 320
[U(η^8-C$_8$H$_8$)$_2$]　196
UO$_2$　320
(UO$_2$)$_2$SO$_4$　67, 68
UO$_2$SO$_4$　67, 68
U(S$_2$O$_7$)$_2$　67

V

V　223, 320
[V(η^5-C$_5$H$_5$)$_2$]　202
[V(η^5-C$_5$H$_5$)(η^7-C$_7$H$_7$)]　196
VO　320
VO$_2$　320

W

W　223, 320
[W(C$_5$H$_9$)(C$_5$H$_{10}$)(C$_5$H$_{11}$)(dmpe)]　192
[W(CH$_3$CN)(C$_8$H$_8$O)(CO)$_4$]　192
[W(CO)$_3$(η^2-H$_2$)(PPr$^i_3$)$_2$]　201
[W$_2$(μ-C$_5$H$_4$)$_2$(η^5-C$_5$H$_5$)$_2$H$_2$]　200
W$_n$O$_{3n-2}$　218
[WRe(η^5-C$_5$H$_5$)$_3$(μ-CO)$_2$(CO)]　190
H$_4$[SiW$_{12}$O$_{40}$]　121
H$_4$[W$_{12}$O$_{36}$(SiO$_4$)]　121
H$_6$[W$_{18}$O$_{54}$(PO$_4$)$_2$]　121
H$_6$[P$_2$W$_{18}$O$_{62}$]　121

X, Y

Xe　223, 320

Y　223, 320
YF$_{2+x}$O　217

Yb　223, 320

Z

Zn　223, 320
ZnI(OH)　35

Zr　223, 321
[Zr(C$_{20}$H$_{16}$)Cl$_2$]　197
[Zr(C$_{14}$H$_{18}$Si$_2$)Cl$_2$]　197
ZrO　321

第 1 版 第 1 刷 2010 年 3 月 25 日 発行

無 機 化 学 命 名 法
—— IUPAC 2005 年勧告 ——

Ⓒ 2 0 1 0

訳　著	社団法人 日本化学会 化合物命名法委員会
発行者	小 澤 美 奈 子
発　行	株式会社 東京化学同人

東京都文京区千石 3-36-7(℡112-0011)
電話 03-3946-5311・FAX 03-3946-5316
URL：http://www.tkd-pbl.com/

印　刷　中央印刷株式会社
製　本　株式会社 松 岳 社

ISBN 978-4-8079-0727-4
Printed in Japan